高等学校自动化类专业教材

过程辨识建模与控制

刘 涛 郝首霖 那 靖 王友清 著

化学工业出版社

·北京·

内 容 简 介

本书系统地介绍了一套面向工业过程控制工程的辨识建模和控制系统设计方法及应用技术，主要基于第一作者和合作者们关于工业过程辨识建模和控制方面的成果整理而形成，并且汇编了一些必要的基础知识，以便读者从零开始学习并最终掌握这套工程技术理论与应用方法。

本书分两部分：第一部分针对过程控制工程领域中，按照阶跃响应特性划分的对象类型，详细阐述了开环稳定、积分和不稳定过程的动态特性辨识建模方法以及采样系统和非线性系统的参数估计方法；第二部分从基本的单回路控制结构和内模控制原理开始，逐步深入介绍了先进的两自由度控制、采样控制、主动抗扰控制、反饱和控制、串级控制、多回路控制、多变量解耦控制以及批次过程控制与运行优化理论和应用方法等。

本书的特点是由浅入深地介绍过程控制工程基本理论与研究成果，注重理论分析与实际应用相结合，每章介绍的主要方法都配有仿真或工程应用案例，并且在各章后附有主要方法的仿真程序，以便读者参考和应用测试。同时，各章后配有练习题和仿真作业，以便教师教学使用。

本书可作为自动化类及相关专业本科生及研究生的教材，也可供工业过程控制工程领域的学者和技术人员参考。

图书在版编目（CIP）数据

过程辨识建模与控制/刘涛等著. —北京：化学工业出版社，2021.4（2021.8 重印）

ISBN 978-7-122-38671-7

Ⅰ. ①过… Ⅱ. ①刘… Ⅲ. ①过程控制-系统辨识②过程控制-系统建模 Ⅳ. ①TP273

中国版本图书馆 CIP 数据核字（2021）第 040952 号

责任编辑：宋　辉　　　装帧设计：关　飞
责任校对：李　爽

出版发行：化学工业出版社（北京市东城区青年湖南街 13 号　邮政编码 100011）
印　　装：天津盛通数码科技有限公司
787mm×1092mm　1/16　印张 22　字数 621 千字　　2021 年 8 月北京第 1 版第 2 次印刷

购书咨询：010-64518888　　　售后服务：010-64518899
网　　址：http://www.cip.com.cn
凡购买本书，如有缺损质量问题，本社销售中心负责调换。

定　　价：66.00 元

前言

随着现代工业的快速发展，愈发广泛和深入地需要先进的生产过程动态特性建模与控制理论。本书第一作者长期从事工业过程辨识建模和控制系统设计方面的研究工作，于 2012 年出版一部关于这方面的英文专著，由 Springer 出版社在其“Advances in Industrial Control”（简译高级过程控制）丛书序列出版，受到国内外很多同行专家和学者们的好评和引用，近些年来继续深入地开展了有关研究工作，并且指导郝首霖博士（本书第二作者）同那靖教授、王友清教授合作，在控制工程领域国际重要期刊发表了一系列相关研究成果论文。考虑到上述英文专著和近期的相关研究论文已形成一套比较完善的关于过程动态特性辨识建模与控制系统设计的理论与应用方法，作者们决定合力编写一本中文著作，以便国内控制工程领域的学者、高校师生以及工程技术人员参考使用。

本书在内容安排上按照由浅入深和循序渐进的原则，汇编了一些关于系统辨识和内模控制原理的基础知识，以方便初学者从零开始学习和掌握这套工程技术理论与应用方法；在表达上尽量通俗易懂，将理论分析与实际应用相结合；每章介绍的主要方法都给出具体的计算机仿真或工程应用案例，在各章后附有主要方法的计算机仿真程序。同时，各章后配有练习题和计算机仿真作业，便于高校的专业课程教学使用。本书既可作为自动化类及相关专业本科生及研究生的教材，也可供工业过程控制工程领域的学者和技术人员参考。

全书分为两部分，第一部分是关于过程动态响应特性的辨识建模，第二部分是基于建模的控制系统设计。这两部分内容既相互独立，又有内在联系。在实际过程控制工程中，第一部分的内容为开展第二部分的工作提供对象特性认知和设计基础，从而便于高校的专业课程教学根据课时量选用本书的章节内容进行合理安排以及感兴趣的学者和工程技术人员根据知识基础和实际需求选择其中的部分内容作参考使用。

本书内容共 15 章，其中第 1 章为绪论，首先介绍工业生产过程动态特性辨识建模的范围、典型和常用的模型结构以及模型拟合准则与指标，然后简要介绍过程控制系统的组成与主要任务、技术发展现状以及控制系统的稳定性判据与性能指标。

第 2～6 章为过程辨识建模部分，针对过程控制工程领域按照阶跃响应特性划分的对象类型，在第 2～3 章中分别详细地阐述开环稳定、积分和不稳定过程的动态特性辨识建模方法，尤其是分别给出上述三种不同类型过程的开环和闭环辨识实验设计方法、频率响应估计方法、低价模型参数估计方法，重点讲述带时滞参数的一阶和二阶过程传递函数模型的辨识算法。对于实际工程应用中辨识实验存在负载干扰的问题，提出一种抗扰辨识方法，可保证一致无偏估计模型参数；为便于应用于工业计算机监控系统，在第 4～5 章中专门介绍基于持续激励条件辨识采样系统模型的一些参数估计算法，并且分析这些算法的收敛性和一致性估计条件；对于非线性系统，在第 6 章中给出一种具有通用性的自适应参数辨识算法，并且分析一致收敛性条件。对于第 2～6 章中介绍的各种过程模型辨识和参数估计方法，都逐一给出具体的应用案例，并且与现有文献中提出的一些方法做对比，从而验证说明每种方法的有效性和优点。

第 7～15 章为控制系统设计部分，第 7 章首先介绍最基本的单回路控制结构和基于过程建模的内模控制（IMC）原理，然后讲述控制工程中最广泛应用的 PID 控制器整定方法，尤其是基于

IMC 设计的 PID 整定公式，以便实际工程应用；第 8 章介绍两种先进的两自由度控制方案，一种用于开环稳定和积分过程，另一种用于开环不稳定过程。两种控制结构都能相对独立地调节和优化系统设定点跟踪和闭环抗扰性能，从而克服一个单回路控制结构只能在这两方面性能之间折中的根本缺陷；第 9 章讲述采样控制系统的设计方法，分别针对开环稳定、积分和不稳定过程详细介绍了两自由度控制方法，并且给出了一种基于无时滞输出预估器的两自由度控制方案，可以通用于带有时滞响应的开环稳定、积分和不稳定过程；为进一步提高系统抗扰性能，在第 10 章介绍一种主动抗扰控制（ADRC）方法，通过设计能同时预估系统状态和扰动响应的扩展状态观测器（ESO），建立能改善抗扰性能的两自由度控制方法；为了解决工程实践中经常遇到的过程输入饱和约束问题，第 11 章中讲述两种基于 ADRC 的反饱和控制方案，分别用于具有对称和非对称饱和输入约束的情况；针对串级生产过程，第 12 章介绍两种串级控制方案，分别用于开环稳定和不稳定过程，通过可检测的中间级过程输出反馈，设计双闭环控制结构以提高系统抗扰性能；对于多变量过程，第 13 章介绍系统输入-输出变量配对选择原则和方法，分析多回路控制系统的可控性，给出一种多回路控制系统 PID 整定方法；第 14 章中介绍一种解析设计多变量解耦控制系统的方法，能实现标称系统各路输出响应之间的完全解耦调节，而且，给出一种两自由度解耦控制方法，能进一步提高各路输出响应的抗扰性能；针对批次生产过程，第 15 章基于工程中常用的单回路 PI 控制器和 IMC 控制结构，分别提出一种迭代学习控制（ILC）方法，对于时不变批次过程，可以实现每一时刻完全跟踪期望输出轨迹，而且，为进一步提高每个批次运行中消除时变性负载干扰的性能，给出一种基于广义 ESO 预估系统状态和扰动来更新系统设定点指令的间接型 ILC 设计方法。对于上述各章中介绍的控制方法，都分别给出计算机仿真和工程应用案例，并且与近期文献中提出的一些控制方法做对比，检验和例证了这些方法的有效性和优点。

本书在编写过程中，得到清华大学黄德先教授和北京化工大学朱群雄教授的指导和帮助，山东科技大学周东华教授对书中内容提出了一些宝贵意见，大连理工大学先进控制技术研究所的研究生耿新鹏、臧儒东和周勇志等参与了编写文字和图表，以及制作计算机仿真和实验装置演示案例等工作，在此向他们表示衷心的感谢！

本书的出版得到大连理工大学教材出版基金项目、《过程控制工程》本科教学质量工程项目、“兴辽英才计划”科技创新领军人才项目（编号：XLYC1902030）、国家自然科学基金重点项目（编号：61633006）、优秀青年科学基金项目（编号：61922037 和 61822308）的资助支持，一并致谢。

为了便于读者学习，本书提供书中案例的计算机仿真程序，扫描下方二维码，复制链接，即可在电脑端下载。

由于作者的水平和学识有限，书中不妥之处，敬请专家学者、同仁们以及广大读者们批评指正。

扫描二维码下载计算机仿真程序

著者

目录

第二部分 控制系统设计 /113

第1章 绪 论

随着现代工业的快速发展，涌现出了很多先进控制理论与应用技术，其中基于过程动态特性建模的内模控制理论、鲁棒控制以及模型预测控制方法等在实际工程应用中得到广泛认可，体现出优越的控制性能，并且带动了过程动态特性建模方法与应用。本章首先介绍工业生产过程动态特性辨识建模的基本思想和实验方法，列出一些常用的模型结构、拟合准则以及参数估计评价指标，然后回顾基于建模的控制系统设计基本原理与方法，介绍评估控制系统的一些常用稳定性判据以及性能指标，以便于对后续章节的学习和理解。

1.1 过程动态特性辨识建模

1.1.1 过程辨识建模的对象范围

工业生产过程的动态特性辨识建模是利用过程输入和输出数据建立能反映生产过程输入和输出之间动态响应关系的传递函数模型。不同于基于物质或能量守恒定律的生产过程机理建模方法，实际工程中生产系统的动态特性辨识建模是针对广义对象[1]，如图 1.1 所示。

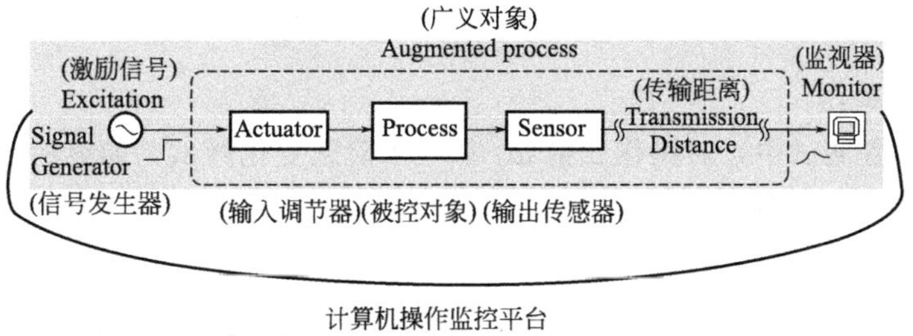

图 1.1　工业生产过程计算机监控平台的广义对象辨识建模描述

由图 1.1 可见，广义对象除了被控生产过程本身以外，还包括输入调节器（执行机构）、输出传感器以及信号传输线路等，由此建模的目的是用于控制系统设计和生产系统动态响应监测。这样的生产控制系统组成在现代工业中基本上都是采用计算机监控平台或工控机进行构建，意味着图 1.1 中如虚线框所示的广义对象是相对于计算机监控平台而言，即从监控平台发出激励信号到接收生产过程输出检测信号的外部组件和环节，都可视为广义对象。由于实际生产过程的控制系统普遍存在时滞响应（也称死区时间），如生产过程物料装载或排出、热能或动量交换、输入操作机构执行滞后和输出传感器检测分析滞后等都会引起时滞响应，广义对象的动态特性辨识建模通常需要考虑时滞参数估计，即辨识带有时滞参数的模型结构，从而方便控制系统设计和有效地提高控制性能。为便于理解，这里以一个化工原料搅拌釜混合系统的案例[2] 做动态特性辨识建模说明，如图 1.2 所示。

图 1.2 中，标注为 1 的输入管道流体是原料 A 和 B 按照一定比例的初始混合液，该路管道流

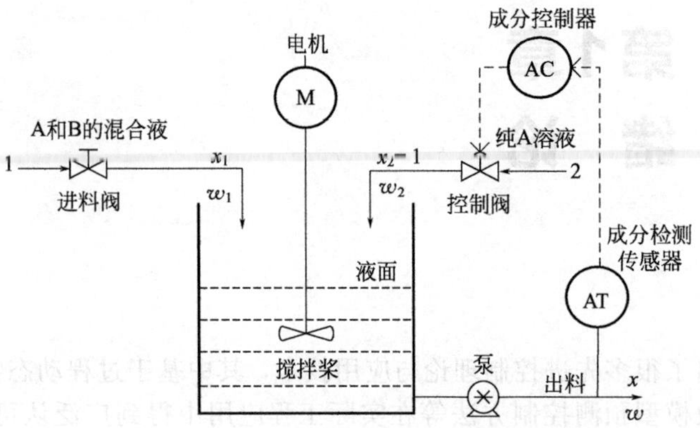

图 1.2 化工原料搅拌釜混合系统的过程示意图

量为常值，记为 $w_1(m^3/s)$，原料 A 的含量（浓度）记为 x_1，它在实际操作过程中通常带有时变不确定性；标注为 2 的另一路输入管道流体是纯原料 A 的液体，其含量 x_2 是固定的，为简化分析记为 $x_2=1$，该路管道流量记为 $w_2(m^3/s)$；该混合系统输出的液体流量记为 $w(m^3/s)$，其中原料 A 的含量记为 x。为保证该混合系统输出的液体中物料 A 的含量达到期望值（记为 x_{sp}），图中所示的控制方案是通过设置在输出管道上的成分检测传感器（AT）检测物料 A 的含量，反馈给成分控制器（AC），来实时调节第 2 路输入管道的流量阀开度，从而控制混合系统输出物料 A 的含量。该混合系统的物料平衡关系模型如下：

$$\frac{d(V\rho x)}{dt}=w_1x_1+w_2-wx \tag{1.1}$$

其中，V 和 ρ 分别表示搅拌釜内的溶液体积和密度。如果按照文献［2］中的假设 V 和 ρ 保持不变来分析操作变量 w_2 与混合输出 x 之间的动态响应关系，可以近似简化得到如下动态平衡关系模型：

$$V\rho\frac{d(\Delta x)}{dt}=\Delta w_2-w\Delta x \tag{1.2}$$

其中，Δx 和 Δw_2 分别表示在系统稳态运行条件（w_1 和 x_1 均为定值）附近的相对变化量。

对式(1.2) 两边取拉普拉斯变换 $L(\cdot)$，可以求得 Δx 和 Δw_2 的传递函数模型如下：

$$L(\Delta x)=\frac{1}{a_1s+a_0}L(\Delta w_2) \tag{1.3}$$

其中，$a_1=V\rho$，$a_0=w$。

然而在实际工程测试中，对操作变量 w_2 做一个阶跃变化测试，如突然增大 20%，得到的搅拌釜混合输出响应 x 的变化如图 1.3 所示。

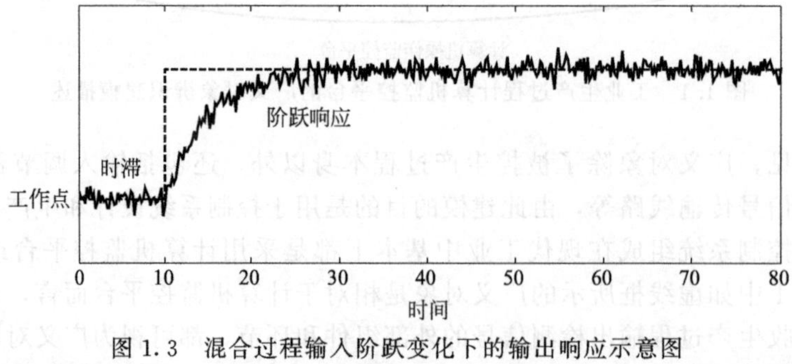

图 1.3 混合过程输入阶跃变化下的输出响应示意图

可见混合输出 x 在初始时段有明显的滞后响应，注意输出检测信号的波动是由测量噪声引起。如果采用基于阶跃激励实验的辨识建模方法（如文献[1] 中第二章介绍的阶跃响应辨识方法），可以得出如下传递函数模型：

$$L(\Delta x)=\frac{k}{\tau s+1}e^{-\theta s}L(\Delta w_2) \tag{1.4}$$

其中，k 和 τ 分别表示过程增益和时间常数，类似于式(1.3) 中的 a_1 和 a_0；θ 表示时间滞后因子，能够反映真实过程操作的时间滞后响应特性，从而克服上述传统机理建模不能反映实际时滞响应的缺陷。

因此，本书着重介绍带有时滞参数的生产过程传递函数辨识建模方法。有关的模型形式连同其他一些常见的模型分类，在下一节中做简要介绍。

1.1.2 典型的过程动态特性描述模型

在过程控制工程领域，主要采用频域（拉普拉斯变换）和离散域（z 变换）的模型描述过程动态特性。频域分析常用的单输入单输出过程动态响应模型形式如下：

$$G_n(s)=\frac{b_m s^m+b_{m-1}s^{m-1}+\cdots+b_1 s+b_0}{a_n s^n+a_{n-1}s^{n-1}+\cdots+a_1 s+a_0}\mathrm{e}^{-\theta s} \tag{1.5}$$

其中，s 表示拉普拉斯变换算子，$b_i(i=1,2,\cdots,m)$ 和 $a_j(j=1,2,\cdots,n)$ 分别是反映过程输出和输入动态特性的模型参数，对于开环稳定型过程，b_0/a_0 表示过程静态增益，反映过程输入和输出之间的稳态质量或能量守恒关系；θ 表示时间滞后响应参数，如果令 $\theta=0$，该模型退化为无时滞的线性有理传递函数。一般情况下要求 $n>m$，以保证传递函数模型的正则性，即满足过程输入与输出之间的因果关系。

离散域分析常用的单输入单输出过程动态响应模型形式如下：

$$y(k)=\frac{B(z^{-1})}{A(z^{-1})}z^{-d}u(k) \tag{1.6}$$

其中，z^{-1} 表示 z 变换算子，即 $y(t-1)=z^{-1}y(t)$，k 为采样时刻；d 是一个整数型时滞参数，多项式 $A(z^{-1})$和 $B(z^{-1})$ 可分别表示为

$$A(z^{-1})=1+a_1 z^{-1}+\cdots+a_{n_a}z^{-n_a} \tag{1.7}$$

$$B(z^{-1})=b_1 z^{-1}+\cdots+b_{n_b}z^{-n_b} \tag{1.8}$$

$A(z^{-1})$和 $B(z^{-1})$ 互质。如果 $A(z^{-1})$ 的全部零点都位于 z 平面的单位圆以内，表明建模对象是开环稳定型过程。

如果令 $d=0$，上述模型退化为线性系统辨识理论[3,4] 中常采用的 ARX(Auto-regression with extra input）模型，亦称为输出观测器（Observer)/预报器（Predictor)[5]；如果 $A(z^{-1})=1$，该模型退化为有限脉冲响应（Finite impulse response，缩写 FIR）模型。此外，还有如下几种常见的描述无时滞响应过程的离散域单输入单输出模型。

（1）输出误差（Output error，缩写 OE）模型

$$y(k)=\frac{B(z^{-1})}{A(z^{-1})}u(k)+e(k) \tag{1.9}$$

其中，$e(k)$ 表示由输出测量噪声或模型失配造成的误差。

（2）ARMAX（Auto-regressive moving average with exogenous variables）模型

$$A(z^{-1})y(k)=B(z^{-1})u(k)+D(z^{-1})v(k) \tag{1.10}$$

其中，$v(k)$ 表示白噪声或外部干扰；$D(z^{-1})=1+d_1 z^{-1}+\cdots+d_{n_d}z^{-n_d}$ 用于描述有色噪声或外部干扰的动态特性。

（3）Box-Jenkins 模型

$$y(k)=\frac{B(z^{-1})}{A(z^{-1})}u(k)+\frac{D(z^{-1})}{C(z^{-1})}v(k) \tag{1.11}$$

其中，$v(k)$和$D(z^{-1})$含义同上，$C(z^{-1})=1+c_1z^{-1}+\cdots+c_{n_c}z^{-n_c}$用于描述不同于由过程输入引起的输出动态响应特性。注意这种模型结构是基于假设由过程输入引起的输出响应和由噪声或干扰引起的输出响应满足线性叠加原理，类似假设适用于上述ARMAX模型。

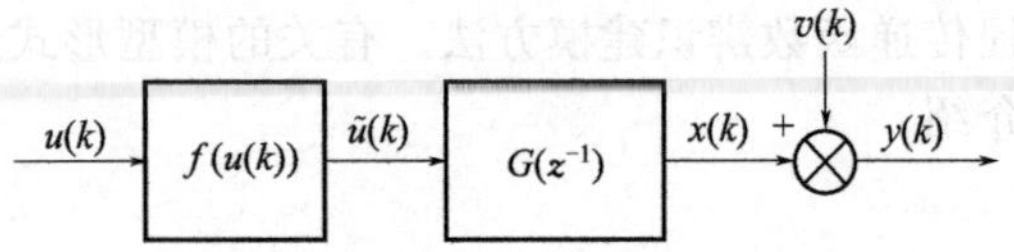

图 1.4　输入非线性 Hammerstein 模型结构示意图

(4) 输入非线性 Hammerstein 模型

该模型由一个静态非线性映射函数和一个线性有理传递函数串联组成，如图 1.4 所示。

过程输入和输出的动态响应关系描述如下：

$$\begin{cases}\tilde{u}(k)=f(u(k))\\ \quad\quad =\alpha_1f_1(u(k))+\alpha_2f_2(u(k))+\cdots+\alpha_{nc}f_{nu}(u(k))\\ x(k)=G(z^{-1})\tilde{u}(k)\\ y(k)=x(k)+v(k)\end{cases}\tag{1.12}$$

其中，$f_i(u(k))(i=1,2,\cdots,nu)$是根据先验知识选取的基函数，如选用幂次多项式基函数$f_i(u(k))=u^i(k)$等；$\alpha_i(i=1,2,\cdots,nu)$是这些基函数组合的拟合参数；$G(z^{-1})=B(z^{-1})/A(z^{-1})$是一个线性有理传递函数，如前所述。

(5) 输出非线性 Wiener 模型

该模型由一个线性有理传递函数和一个静态非线性映射输出函数串联组成，如图 1.5 所示。

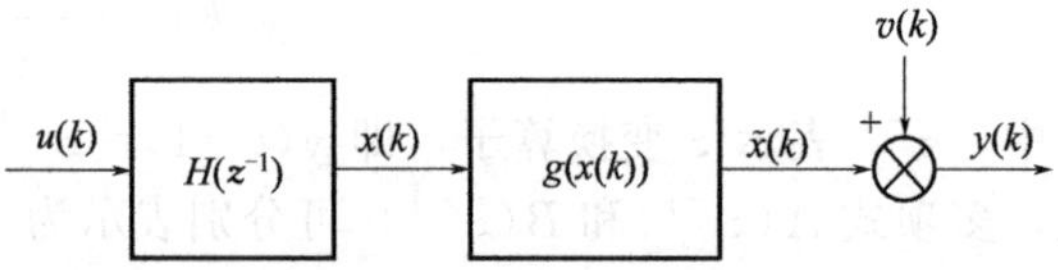

图 1.5　输出非线性 Wiener 模型结构示意图

过程输入和输出的动态响应关系描述如下：

$$\begin{cases}y(k)=\tilde{x}(k)+v(k)\\ \tilde{x}(k)=g(x(k))\\ \quad\quad =\beta_1g_1(x(k))+\beta_2g_2(x(k))+\cdots+\beta_{ny}g_{ny}(x(k))\\ x(k)=H(z^{-1})u(k)\end{cases}\tag{1.13}$$

其中，$g_i(x(k))(i=1,2,\cdots,ny)$亦是根据先验知识选取的基函数，如选用幂次多项式基函数$g_i(x(k))=x^i(k)$等；$\beta_i(i=1,2,\cdots,ny)$是这些基函数组合的拟合参数；$H(z^{-1})=D(z^{-1})/C(z^{-1})$是一个线性有理传递函数，如前所述。

(6) 三明治非线性模型

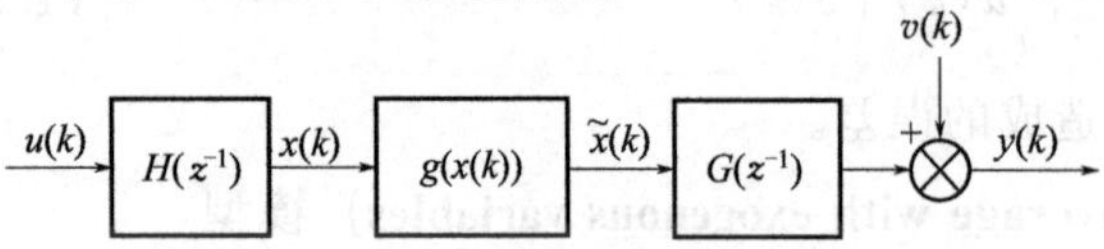

图 1.6　三明治非线性模型结构示意图

该模型由两个线性有理传递函数和一个静态非线性映射输出函数串联组成，如图 1.6 所示。

过程输入和输出的动态响应关系描述如下：

$$\begin{cases}y(k)=G(z^{-1})\tilde{x}(k)+v(k)\\ \tilde{x}(k)=g(x(k))\\ \quad\quad =\beta_1g_1(x(k))+\beta_2g_2(x(k))+\cdots+\beta_{ny}g_{ny}(x(k))\\ x(k)=H(z^{-1})u(k)\end{cases}\tag{1.14}$$

其中，$g_i(x(k))$、$G(z^{-1})$、$H(z^{-1})$ 如前所述。

(7) Hammerstein-Wiener 组合非线性模型

该模型由两个线性有理传递函数和一个静态非线性映射输出函数串联组成，如图 1.7 所示。

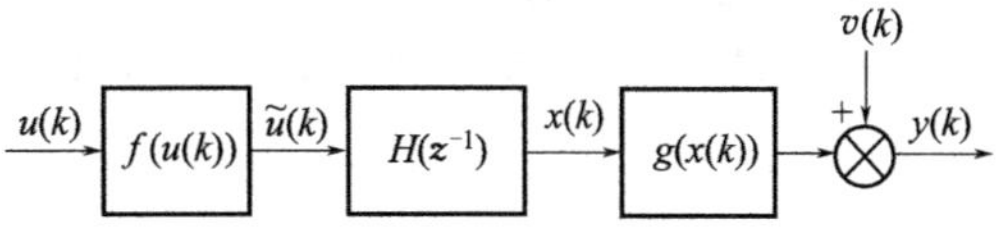

图 1.7　Hammerstein-Wiener 组合非线性模型结构示意图

过程输入和输出的动态响应关系描述如下：

$$\begin{cases} y(k)=\tilde{x}(k)+v(k) \\ \tilde{x}(k)=g(x(k)) \\ \qquad =\beta_1 g_1(x(k))+\beta_2 g_2(x(k))+\cdots+\beta_{ny} g_{ny}(x(k)) \\ x(k)=H(z^{-1})\tilde{u}(k) \\ \tilde{u}(k)=f(u(k)) \\ \qquad =\alpha_1 f_1(u(k))+\alpha_2 f_2(u(k))+\cdots+\alpha_{nc} f_{nu}(u(k)) \end{cases} \tag{1.15}$$

其中，$f_i(u(k))$、$g_i(x(k))$、$H(z^{-1})$ 如前所述。

需要说明，上述几种模型都属于时不变模型结构，用于描述具有时不变动态响应特性的过程系统，辨识建模的主要任务是估计模型参数。对于具有时变性动态特性的系统，现有国内外文献[1-7] 给出的辨识建模方法主要是基于上述常用的一些模型结构，通过引入时间调度参数，建立分时段估计模型参数和随时间窗口滑动估计等算法，以有效地描述时变性动态响应。

对于多变量过程的动态特性辨识建模，主要有两种方式：一种是直接推广上述单输入单输出系统的传递函数建模方法，建立多输入和多输出变量之间的传递函数矩阵描述形式：

$$\begin{bmatrix} y_1 \\ \vdots \\ y_m \end{bmatrix}=\begin{bmatrix} g_{1,1} & \cdots & g_{1,r} \\ \vdots & \vdots & \vdots \\ g_{m,1} & \cdots & g_{m,r} \end{bmatrix}\begin{bmatrix} u_1 \\ \vdots \\ u_r \end{bmatrix}+\begin{bmatrix} v_1 \\ \vdots \\ v_r \end{bmatrix} \tag{1.16}$$

其中，传递函数矩阵中各元素 $g_{i,j}(i=1,2,\cdots,m,\ j=1,2,\cdots,r)$ 采用如前所述的单输入单输出模型结构进行辨识。

另一种方式是建立多变量过程的状态空间模型（亦称子空间模型）：

$$\begin{cases} \boldsymbol{x}(k+1)=\boldsymbol{A}\boldsymbol{x}(k)+\boldsymbol{B}\boldsymbol{u}(k)+\boldsymbol{w}(k) \\ \boldsymbol{y}(k)=\boldsymbol{C}\boldsymbol{x}(k)+\boldsymbol{v}(k) \end{cases} \tag{1.17}$$

其中，$\boldsymbol{u}(k)\in\Re^{n_u}$，$\boldsymbol{x}(k)\in\Re^{n_x}$，$\boldsymbol{y}(k)\in\Re^{n_y}$ 分别表示输入变量、状态变量、输出变量；$\boldsymbol{A}\in\Re^{n_x\times n_x}$，$\boldsymbol{B}\in\Re^{n_x\times n_u}$，$\boldsymbol{C}\in\Re^{n_y\times n_x}$ 是状态模型参数矩阵；$\boldsymbol{w}(k)\in\Re^{n_x}$ 表示状态干扰或噪声；$\boldsymbol{v}(k)\in\Re^{n_y}$ 表示输出测量噪声。

该模型的突出优点是对于单输入单输出过程和多变量过程都采用统一的模型结构，相应建立的模型参数矩阵辨识方法可以统一应用于单变量和多变量过程。而且，可以进一步基于 Kalman 滤波器转化为新息状态方程形式[5]：

$$\begin{cases} \boldsymbol{x}(k+1)=\boldsymbol{A}\boldsymbol{x}(k)+\boldsymbol{B}\boldsymbol{u}(k)+\boldsymbol{w}(k)+\boldsymbol{K}\boldsymbol{e}(k) \\ \boldsymbol{y}(k)=\boldsymbol{C}\boldsymbol{x}(k)+\boldsymbol{e}(k) \end{cases} \tag{1.18}$$

其中，$\boldsymbol{e}(k)\in\Re^{n_y}$ 表示信息转化后的噪声，$\boldsymbol{K}\in\Re^{n_x\times n_y}$ 是 Kalman 增益矩阵。该模型可以统一地用于开环和闭环辨识多变量过程，自 20 世纪 90 年代以后受到不断增多的关注和发展[8-10]。但是对于带有时滞响应的生产过程，需要单独辨识时滞参数，然后加入上述状态空间模型的输入变量或输出变量。此外，状态空间辨识建模涉及基于相似变换估计状态模型参数矩阵（$\boldsymbol{A}$，

$\boldsymbol{B}$，$\boldsymbol{C}$）的问题，例如同一过程传递函数矩阵模型可以对应两组不同的状态模型参数矩阵估计结果（$\boldsymbol{A}_1$，$\boldsymbol{B}_1$，$\boldsymbol{C}_1$，$\boldsymbol{D}$）和（$\boldsymbol{A}_2$，$\boldsymbol{B}_2$，$\boldsymbol{C}_2$，$\boldsymbol{D}$），也即存在

$$\begin{cases}\boldsymbol{G}=\boldsymbol{C}_1(z\boldsymbol{I}-\boldsymbol{A}_1)^{-1}\boldsymbol{B}_1=\boldsymbol{C}_2(z\boldsymbol{I}-\boldsymbol{A}_2)^{-1}\boldsymbol{B}_2\\ \boldsymbol{A}_1=\boldsymbol{T}^{-1}\boldsymbol{A}_2\boldsymbol{T},\boldsymbol{B}_1=\boldsymbol{T}^{-1}\boldsymbol{B}_2,\boldsymbol{C}_1=\boldsymbol{C}_2\boldsymbol{T}\end{cases} \tag{1.19}$$

其中，$\boldsymbol{T}\in\Re^{n_x\times n_x}$ 是一个相似变换矩阵，这给状态模型参数估计的收敛性分析带来困难，由于状态模型参数矩阵 $\boldsymbol{A}$ 的特征根在不同相似变换下保持不变，现有文献就主要针对这些特征根做一致性估计和收敛性分析。限于篇幅，本书不做状态空间辨识建模方法的深入介绍，感兴趣的读者可以参考如上所述的相关文献和专著[11,12]进行学习和研究。

1.2 模型拟合准则与评价指标

由于对实际生产过程的动态特性辨识建模不依赖于过程机理模型，因此需要选择一个合适的模型结构来建立反映生产过程输入和输出之间动态响应关系的传递函数模型。如果该过程的机理模型结构可用于描述过程输入和输出之间动态响应关系，则可考虑采用该机理模型结构进行参数辨识，通过输出拟合误差来评价参数估计的准确性和精度。否则，需要考虑如下一些基本准则来选取模型结构对过程动态响应特性进行拟合[3-5]。

① 实用性。工业过程辨识建模的目的是描述在一定工况条件下具有重复性的过程动态特性，以便预测过程输出响应和设计控制系统。因此，建立的动态响应模型应该具有明确的物理概念和意义，能够反映一定工况条件或范围内的重复性过程响应特性，尤其是在生产过程/系统的稳态运行工况条件附近的动态特性，从而有助于控制设计以提高系统性能。

② 泛化性。辨识模型应该能够反映在一定工况条件或范围内的过程响应基本特性，避免对随机性的过程动态响应特性进行建模，或对某一特殊工况条件下的响应特征做过度拟合而引起对相近工况条件的较大误差，以保证模型的泛化适用性。

③ 悭吝性。根据节省原理（Parsimony），模型结构应尽量简单，其中待辨识的参数尽可能少，以便于建立模型辨识算法。对于线性系统辨识，可以采用 Akaike Information Criterion（AIC）准则确定模型的最优阶次，例如对于线性 ARMAX 模型：

$$A(z^{-1})y(k)=B(z^{-1})u(k)+v(k) \tag{1.20}$$

其中，$u(k)$ 和 $y(k)$ 分别是模型的输入和输出变量；$v(k)$ 是均值为零、方差为 σ_v^2 的白噪声。

$$\begin{cases}A(z^{-1})=1+a_1z^{-1}+\cdots+a_{n_a}z^{-n_a}\\ B(z^{-1})=b_1z^{-1}+\cdots+b_{n_b}z^{-n_b}\end{cases} \tag{1.21}$$

待辨识参数向量记为 $\boldsymbol{\theta}=[a_1,a_2,\cdots,a_{n_a},b_1,b_2,\cdots,b_{n_b}]$，观测数据长度记为 L，模型拟合的输出误差记为 ε，相应的 AIC 准则可表示为

$$\mathrm{AIC}(n_a+n_b)=L\lg\frac{1}{L}\sum_{k=1}^{L}\varepsilon^2(k)+2(n_a+n_b) \tag{1.22}$$

当 $\mathrm{AIC}(n_a+n_b)$ 达到最小值时，即可确定最佳的模型阶次（n_a+n_b）。

④ 拟合准则简易性。选择模型拟合准则函数（亦称损失函数）应便于建立辨识算法和实现全局最小（凸优化），避免出现非线性和非凸多局部最小值问题。一般而言，辨识算法的收敛性与拟合准则函数性质有关，某些准则函数可能导致辨识算法非全局或一直收敛，然而拟合准则函数的性质通常与模型结构和参数的个数相关。

为了评价模型辨识的准确性和可靠性，常用的一些指标如下。

a. 输出误差平方和：

$$J(\boldsymbol{\theta})=\sum_{k=1}^{L}\varepsilon^{2}(k) \tag{1.23}$$

其中，模型参数和变量定义如同式(1.22)。

需要指出，直接采用该误差指标可能使模型参数辨识问题变成复杂的非线性优化问题。例如，对于式(1.20) 中的线性 ARMAX 模型，对应的拟合准则函数为

$$J(\boldsymbol{\theta})=\sum_{k=1}^{L}\left[\widehat{y}(k)-\frac{B(z^{-1})}{A(z^{-1})}u(k)\right]^{2} \tag{1.24}$$

其中，$\widehat{y}(k)$ 表示实际测量的输出值。该准则函数通常需要用到梯度下降法、牛顿迭代算法等求解最优值，因此可能使辨识算法变得复杂且难以保证全局最小值。

b. 广义误差平方和：

$$J(\boldsymbol{\theta})=\sum_{k=1}^{L}\varepsilon^{2}(k,\boldsymbol{\theta}) \tag{1.25}$$

其中，$\varepsilon(k,\boldsymbol{\theta})=\mathrm{M}_2^{-1}(y(k))-\mathrm{M}_1(u(k))$，$\mathrm{M}_2^{-1}(y(k))$ 是关于 $y(k)$ 的一个输出逆模型，$\mathrm{M}_1(u(k))$ 是关于 $u(k)$ 的一个输入模型。通常 $\mathrm{M}_2^{-1}(y(k))$ 和 $\mathrm{M}_1(u(k))$ 可由模型分解得到，例如对于式(1.20) 中的线性 ARMAX 模型，有

$$\begin{cases}\mathrm{M}_2^{-1}(y(k)):A(z^{-1})=1+a_1z^{-1}+\cdots+a_{n_a}z^{-n_a}\\ \mathrm{M}_1(u(k)):B(z^{-1})=b_1z^{-1}+\cdots+b_{n_b}z^{-n_b}\end{cases} \tag{1.26}$$

因此，广义误差可写成：

$$\varepsilon(k,\boldsymbol{\theta})=A(z^{-1})y(k)-B(z^{-1})u(k) \tag{1.27}$$

从而使拟合准则函数是关于模型参数的线性函数，方便求解最优值和实现参数估计的一致收敛性。

c. 加权（广义）误差平方和：

$$J(\boldsymbol{\theta})=\frac{1}{L}\sum_{k=1}^{L}\Lambda(k)\varepsilon^{2}(k,\boldsymbol{\theta}) \tag{1.28}$$

其中，$\Lambda(k)$ 是对长度为 L 的观测数据序列做加权的因子，根据辨识实验的数据采集可靠性和受干扰情况进行选取，以提高辨识模型的可靠性。

d. 遗忘（广义）误差平方和：

$$J(\boldsymbol{\theta})=\frac{1}{L}\sum_{k=1}^{L}\mu(k)\varepsilon^{2}(k,\boldsymbol{\theta}) \tag{1.29}$$

其中，$\mu(k)$ 称为遗忘因子，作用类似于上述加权因子，主要用于在线递归或迭代辨识，基于窗口长度为 L 的观测数据序列进行计算，通过选取 $\mu(k)$ 的大小来调节算法收敛的速度和抗扰性能。

e. 最大频率响应误差：

$$ERR=\max_{\omega}\{|[G(\mathrm{j}\omega)-\hat{G}(\mathrm{j}\omega)]/G(\mathrm{j}\omega)|\} \tag{1.30}$$

其中，$G(\mathrm{j}\omega)$ 和 $\hat{G}(\mathrm{j}\omega)$ 分别表示实际过程传递函数和辨识模型在频率 ω 处的响应值，通常取 $\omega\in[0,\omega_{\mathrm{c}}]$，这里 ω_{c} 指被辨识过程的相位穿越频率，即$\angle G(\mathrm{j}\omega_{\mathrm{c}})=-\pi$，由于不能预先知晓 ω_{c}，实际应用中经常采用一个预估值 $\hat{\omega}_{\mathrm{c}}$，即根据实际系统频率响应特性取 $\hat{\omega}_{\mathrm{c}}$ 在 ω_{c} 附近范围内，如 $\hat{\omega}_{\mathrm{c}}\in[0.9,1.2]\omega_{\mathrm{c}}$，或采用一个低阶辨识模型来估算 $\hat{\omega}_{\mathrm{c}}$。

1.3 过程控制系统组成与技术发展

1.3.1 过程控制系统组成与主要任务

一个简单过程控制系统是由被控对象、一个测量传感器（包括变送器）、一个控制器以及一个执行器所组成，亦称为单回路反馈控制系统。这种闭环控制结构是工业过程控制领域最基本、最常见、应用最广泛的控制系统，通常作为一个生产车间或企业生产集成监控系统的底层控制单元。图 1.8 示出工业生产过程中两个典型的单回路控制系统方案。

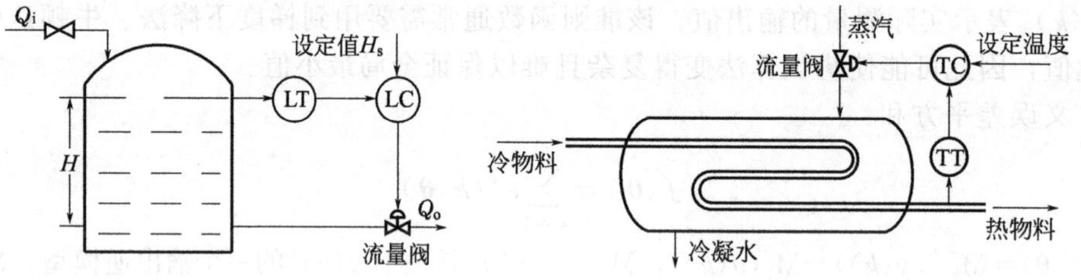

(a) 储液罐的液位控制系统　　(b) 换热器的出料温度控制系统

图 1.8　典型的单回路控制系统方案示意图

图 1.8(a) 中 LT 和 LC 分别表示液位传感器和控制器，图 1.8(b) 中 TT 和 TC 分别表示温度传感器和控制器，这两种控制方案的执行器都为流量调节阀。为便于控制分析，以图 1.8 (a) 示出的液位控制系统为例，画出该控制系统的方框图如下。

由图 1.9(a) 可见，为便于控制系统设计，可以将储液罐、流量阀以及液位传感器看作一个广义对象。图 1.9(b) 为基于频域传递函数模型表示的单回路控制系统，其中 $G_f(s)$ 表示干扰源 F（如储液罐进料流量 Q_i 或出料流量 Q_o 的波动）的传递函数。说明一下，在很多实际控制系统分析中 F 也表示成被控对象输入侧的干扰（记为 D_i）或被控对象输出侧的干扰（记为 D_o），以便于抗扰性能分析。

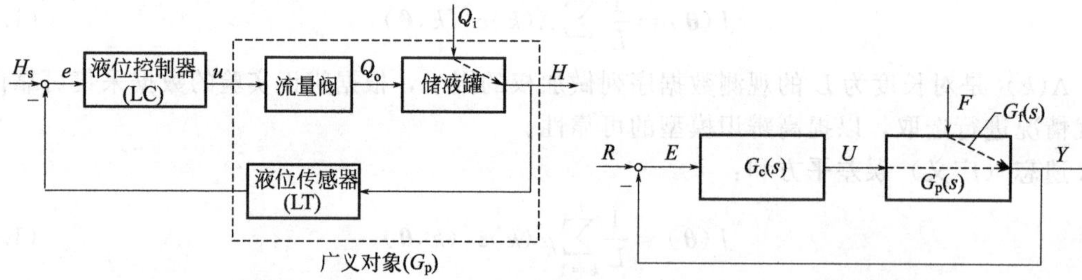

(a) 控制工艺　　(b) 单回路控制结构

图 1.9　液位控制系统的方框图

在过程控制工程领域，构建控制系统的主要任务有两方面：一是设定点跟踪，即对如图 1.9 所示的系统设定值 H_s（亦记为 R）实现准确的系统输出（稳态实现 $H=H_s$ 或 $Y=R$）；二是抗扰控制，即消除过程干扰的不利影响，保证系统输出达到设定值（或轨迹）并且维持不变。

如果过程干扰可通过设置测量传感器检测出来，可以考虑采用前馈控制方式来提高抗扰性能，如图 1.10 所示。

图 1.10(a) 示出一个对如图 1.8(b) 所示换热器出料温度调节过程的前馈控制方案，由于可以对进料的流量波动造成的干扰实时检测，因此这个前馈控制方案可以有效地提高该换热器出料温度控制的抗扰性能。说明一下，对于出料流量波动引起的干扰，可以采用类似的前馈控

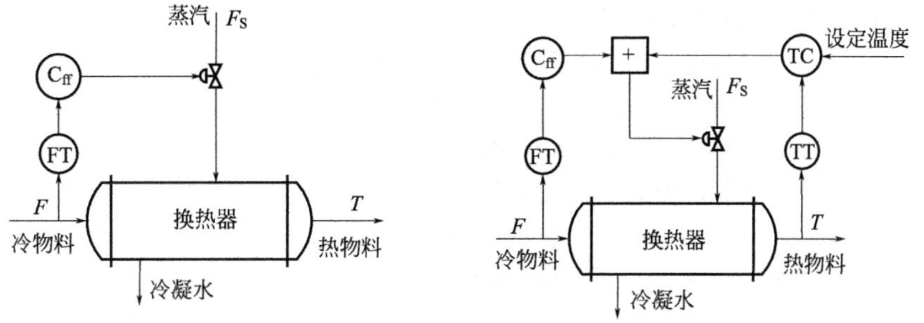

(a) 前馈控制方案　　(b) 前馈控制与单回路反馈控制相结合的方案

图 1.10　换热器出料温度控制系统

制方案以提高系统抗扰性能。在实际工程应用中，前馈控制方案很少单独采用，主要原因是它属于开环控制，不能保证完全消除干扰的影响和实现稳态输出无偏差，因此通常与如上所述的闭环反馈控制方案结合使用，如图 1.10(b) 所示。

另一种基于设置测量传感器抑制扰动的控制系统组成称为串级控制方案，例如一个化工精馏塔温度调节过程的串级控制系统，如图 1.11 所示。其中，PT 和 PC 分别表示压力传感器和控制器，TT 和 TC 分别表示温度传感器和控制器，TC 的输出 u_1 是 PC 的设定点输入信号。

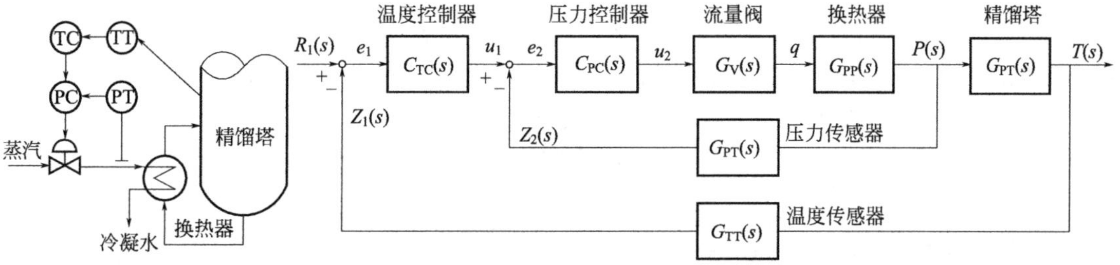

(a) 串级控制工艺　　(b) 串级控制方框图

图 1.11　一个化工精馏塔温度调节的串级控制系统方案

串级控制系统组成的特点是由两个单回路嵌套形成，分别称为内环和外环。上述控制方案中内环用于快速消除由蒸汽管道压力波动引起干扰的不利影响，外环能克服精馏塔散热等干扰对其温度调节的不利影响，注意两个控制回路共用一个执行器（蒸汽流量阀）。类似地，可以组建基于双温度（或流量、压力）回路的串级控制系统，以提高系统抗扰性能。

为了克服单回路控制结构不能分别调节系统设定点跟踪性能和抗扰控制性能的缺点，已有文献如［1，13，14］提出一些两自由度控制方案，如图 1.12 所示。

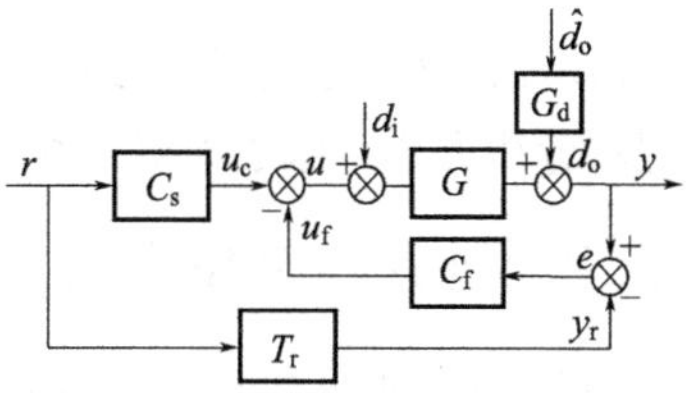

图 1.12　两自由度控制系统方案

其中，C_s 是设定点跟踪控制器；C_f 是抗扰控制器；$T_r = C_s G_m$ 是期望的系统传递函数；G_m 是被控对象 G 的模型；d_i 和 d_o 分别表示被控对象输入侧和输出侧的干扰；G_d 表示被控对象输出侧干扰的传递函数。

显然，上述两自由度控制方案中系统设定点跟踪是开环控制方式，在标称情况下（即$G = G_m$），如果没有干扰（即 $d_i = d_o = 0$），则有 $e = 0$，因此 C_f 不起作用，仅由 C_s 控制系统设定点跟踪性能，当存在干扰或模型失配时，使得 $e \neq 0$，从而 C_f 发挥作用，利用闭环控制结构可以消除干扰和过程摄动（$G \neq G_m$）的不利影响。所以，这样的两自由度控制方案可以实现分别调节系统设定点跟踪性能和抗扰控制性能。需要指出，相对于单回路控制系统，一个两自由度控制系统需要采用两个以上的控制器和辅助控制器（如 T_r），其他组成部件基本相同。

此外，还有一些结构相对复杂的过程控制系统组成方案，包含有多个测量传感器、执行器、控制器或逻辑操作单元等，如选择性控制、分程控制、比值控制、顺序逻辑控制等方案。其中选择性控制系统是指在控制回路中引入选择器的系统，主要用于生产过程的极限安全控制（亦称超驰控制），如在非正常工况下，为避免过程运行重要参数（如温度、压力、流量等）超出安全范围，强制控制系统转为安全操作模式，或对多点输出测量值进行选择性反馈控制，以及对多种过程操作模式进行选择性的控制执行。分程控制系统一般是指用一个控制器操纵若干个执行器（如流量调节阀），按照输出信号的不同区间范围操作不同的执行器。比值控制系统是用于实现两种或两种以上过程变量（如不同物料的流量）按照一定的比例关系执行的控制系统。顺序逻辑控制系统主要是指用于间歇（亦称批次）生产过程的控制系统，这类生产过程将有限量的物质原料按照规定的加工顺序，在一个或多个设备中加工，以获得有限量的产品，通过周期性地重复生产过程产出更多的相同（或相近）产品，控制系统需要根据工艺要求制定明确的任务顺序，确定生产设备的组成和操作条件，完成顺序运行逻辑和输出目标。一般而言，上述相对复杂的过程控制系统需要结合具体生产行业的工艺要求进行控制设计，不同的工艺过程和操作条件可能会要求不同的控制变量选择和实施方案，但就控制回路的性能和控制器设计，可以采用一些共同的控制律和参数整定方法。鉴于现有文献如［15-20］已对这些相对复杂的过程控制系统组成和方案设计有大量的工程应用案例介绍，本书不再逐一赘述，将着重介绍共性的控制回路性能分析和控制器设计。

对于多变量生产过程组建控制系统，除了上述单变量控制系统的主要任务之外，还需要考虑消除或减小各操作输入变量和输出变量之间的耦合作用，以便过程操作和运行。例如，图 1.13 示出一个夹套式连续搅拌反应釜的双变量控制系统。

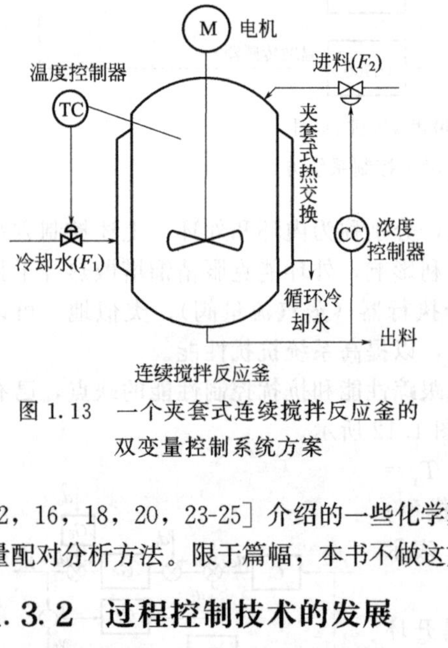

图 1.13　一个夹套式连续搅拌反应釜的双变量控制系统方案

由图 1.13 可见，反应釜内化学放热反应过程（如三氧化硫溶水生成硫酸工艺）的温度变化影响出料浓度，需要同时调节进料量以保证出口浓度不变。然而进料量变化会影响反应器内温度，需要调节冷却水流量以保证反应釜内溶液温度。因此，两个控制回路中任一回路的动作将导致另一回路做相应调节，带来解耦调节的问题。很多化工生产装置在操作控制系统中加装了静态或动态解耦器，以实现解耦调节，然后基于解耦器设计控制回路以达到过程解耦控制的性能要求。需要说明，多变量生产过程的控制回路设计需要选择合适的输入和输出变量配对，已有文献如［21-24］给出了一些基本的变量配对原则和选取方法，然而很多实际生产过程还需要结合工艺操作要求来确定最佳的变量配对，如文献［2，16，18，20，23-25］介绍的一些化学聚合和裂化工艺，以及冶金行业的多变量生产过程及其变量配对分析方法。限于篇幅，本书不做这方面的详细论述，请感兴趣的读者参考有关文献和书籍。

1.3.2　过程控制技术的发展

早期的工业过程控制方法以人工操作经验和手动整定开环或闭环控制器为主[15,21,22]，其中典型代表性的是比例-积分-微分（PID）控制方法[26]，由于具有实现简单、物理意义明确等优点，PID 控制器迄今为止在过程控制工程领域应用最为广泛，而且随着电子器件技术的快速发展，涌现了一些新的数字型 PID、分数阶 PID、学习型 PID 等形式[27-29]，有关的理论研究和工程应用方法近几十年来一直是过程控制领域的重要探讨方向。近些年来基于过程辨识建模得到的低阶模型，发展了一系列解析设计和定量整定 PID 控制器的方法（参见文献［1，14，

27]），以及基于内模原理的低阶控制器解析设计方法[1,13,14,24]，相对于已有的其他 PID 整定方法，可以显著提高控制系统性能，在工程实践中受到愈加广泛的应用和认可。

由于实际生产过程普遍存在时变不确定性，以及受到各种各样的外界或内部干扰，如生产过程添加原料或输出产物、环境温度或气压变化等，鲁棒控制理论与应用方法受到越来越多的关注，自 20 世纪 90 年代以来得到了长足的发展[30-35]。现已发展的鲁棒控制理论主要基于线性系统传递函数或状态空间模型设计控制器，根据对过程不确定性界的估计和描述，建立 H 无穷控制性能指标，采用小增益定理分析闭环控制系统的鲁棒稳定性。针对带有时滞响应的线性系统，有少量学者提出了一些鲁棒控制理论分析与控制器综合方法[36-38]，在一些航空飞行器和机械工程装置中得到了有效的应用，由于需要检测系统内部状态做反馈控制，因而在难以检测生产过程内部状态的过程控制工程领域应用很少。如今发展基于状态观测器的鲁棒控制方法是过程控制工程领域的重要研究方向之一。

为了解决多变量耦合、多目标优化以及过程输入或系统输出受约束等问题，模型预测控制理论与应用方法自 20 世纪 80 年代提出以来，在精细化工、冶金、能源等行业生产过程控制领域得到了越来越广泛的应用和发展[39-42]。其突出优点是对于单输入单输出系统和多输入多输出生产过程，都可以基于统一的状态空间描述来建立控制系统性能优化目标，并且可结合过程输入和输出的约束条件一起进行寻优求解时间域的控制律，在时间序列上实现实时滚动优化。当然，现有的模型预测控制方法也有不足之处，如控制系统性能非常依赖于模型的准确性，当模型与实际过程的动态特性不够匹配时，会导致控制性能具有很大的保守性，甚至难以保证控制系统的稳定性。此外，对于实际生产过程的时变不确定性，现有模型预测控制理论的鲁棒稳定性分析和判据还远不够完善[41,42]，尤其是如何在各种过程操作约束条件下分析控制系统的鲁棒稳定性，有待于长足的研究和探讨。

对于间歇（批次）生产过程，利用历史批次数据建立迭代学习控制方法，可以逐批渐进地提高控制系统性能，甚至实现在生产周期内每一时刻完全跟踪期望的设定值（轨迹），因此近二十年来受到越来越多的工程应用和推广[43,44]。对于时不变线性和非线性生产系统，已经形成了比较完善的迭代学习控制理论和应用方法[45-49]，成功地应用于机械加工、运动控制系统如机器臂往复操作等。然而对于大量存在时变不确定性的化工批次生产过程，例如在合成氨反应罐的批次生产过程中，催化酶的活性会随时间和批次不断下降，引起生产过程的时变性和批次不确定性。如何建立鲁棒迭代学习控制方法以克服随时间和批次变化的不利影响，尤其是对于带有时滞响应的批次生产过程，如何实现鲁棒跟踪系统设定值（或期望输出轨迹）、消除重复性和不可重复性负载干扰的影响，有待于深入和长足的研究和探索。

需要说明，自 20 世纪 80 年代亦发展起来了一些智能控制理论与应用方法，包括专家系统、模糊控制、人工神经网络控制以及近年来出现的机器学习和深度学习等人工智能方法[50]，对于含有大量不确定性和难以建模的复杂生产过程，在过程描述、调度管理以及决策优化等方面发挥了重要作用。然而在如前所述的过程控制系统构建、设定点跟踪和抗扰性能设计以及鲁棒稳定性分析等方面难以应用和论证最优性。虽然有少数文献如［16，18，20］介绍了智能控制方法在一些复杂化工生产过程的控制工程应用案例，但尚未形成一套系统化且可广泛应用于不同行业复杂生产过程的智能控制理论与应用方法。因此，本书不做关于过程控制工程的智能控制方法介绍，对此感兴趣的读者可以参考相关的文献资料。

1.4 控制系统稳定性与性能指标

1.4.1 稳定性判据

控制系统设计的一个关键问题是要确保稳定性。对于一个开环控制系统而言，只要系统传递函数是稳定型的，例如其频域传递函数的极点都位于复平面的左半平面，则认为该系统是稳定的。然而对于一个闭环控制系统，稳定型分析要复杂得多，尤其是当被控过程存在时变不确定性以及外部或内部干扰的情况，因此在过程控制工程领域，设计闭环控制系统必须分析鲁棒稳定性以及镇定被控对象的不确定性（包括未建模动态）和干扰的能力（亦称稳定性裕度）。对于一个单输入单输出线性系统，常用的两种确定闭环控制系统稳定性的方法如下[2,24,51,52]。

① 检验闭环系统的极点。即计算 $1+H(s)=0$ 的根，其中 $H(s)$ 是环绕闭环回路的传递函数，例如一个单位反馈控制系统的前向通道传递函数。闭环系统稳定的充要条件是所有的闭环极点都在复平面的左半开平面（LHP）内（不包含虚轴上的极点）。需要说明，闭环系统传递函数的极点对应其状态空间描述中 A 矩阵的特征值，因此可以类似地从系统状态空间描述来检验其稳定性。

② 在复平面上绘制 $H(s)$ 的频率响应曲线，确定其围绕临界点（位于负实轴上 -1 点处）的次数。根据奈奎斯特（Nyquist）判据（参见文献[51，52]），当围绕次数等于开环不稳定极点（即复右半平面内极点）个数时，闭环系统保持稳定。说明一下，对于开环稳定的系统，有一个经典的判别闭环系统稳定性的充要条件称为伯德（Bode）稳定判据，即

$$\angle H(\mathrm{j}\omega_{180})<1 \tag{1.31}$$

其中，ω_{180} 是使 $\angle H(\mathrm{j}\omega_{180})=-180°$ 的相位穿越频率。

关于单输入单输出线性系统，还有一些其他的稳定性判据和检验方法，如劳斯-霍尔维茨（Routh-Hurwitz）判据和根轨迹法等。感兴趣的读者可以参考有关文献如［51-54］。

对于带有时变不确定性的被控对象，一种常用的不确定性描述形式是加性不确定性，记为 Δ_A，可在频域将被控对象表示成

$$G_A(s)=G_0(s)+\Delta_A(s) \tag{1.32}$$

其中，$\Delta_A(s)=W_1(s)\Delta(s)W_2(s)$，$\Delta(s)$ 表示标准化的摄动，即 $\|\Delta(s)\|_\infty<1$，$W_1(s)$ 和 $W_2(s)$ 是稳定的传递函数，用于描述不确定性的幅值（上界）和频率特性，将被控对象 $G_A(s)$ 界定在其标称模型 $G_0(s)$ 的一个邻域内。例如，令 $W_1(s)=\boldsymbol{I}$（单位阵）和 $W_2(s)=w(s)\boldsymbol{I}$，其中 $w(s)$ 是一个标量函数，则 $G_A(s)$ 在复平面内表示一个以 $G_0(s)$ 为中心，在每一频率 ω 上以 $w(\mathrm{j}\omega)$ 为半径的圆盘区域。

另一种常用的不确定性描述形式是乘性不确定性，记为 Δ_M，可在频域将被控对象表示成

$$G_M(s)=G_0(s)(\boldsymbol{I}+\Delta_{M\text{-}I}(s)) \tag{1.33}$$

或

$$G_M(s)=(\boldsymbol{I}+\Delta_{M\text{-}O}(s))G_0(s) \tag{1.34}$$

其中，$\Delta_{M\text{-}I}(s)=W_1(s)\Delta(s)W_2(s)$ 表示乘性输入不确定性，$\Delta_{M\text{-}O}(s)$ 表示乘性输出不确定性，亦可用类似于 $\Delta_{M\text{-}I}(s)$ 的形式描述。

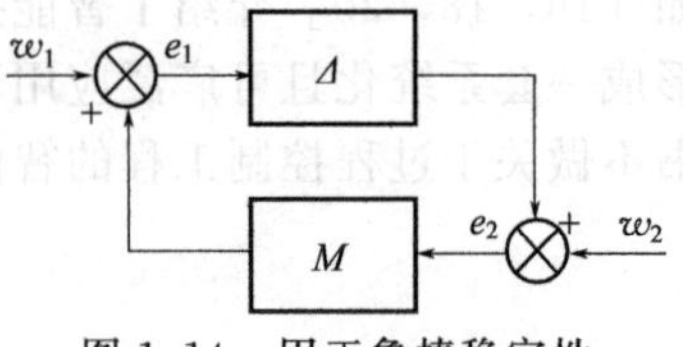

图 1.14　用于鲁棒稳定性分析的 M-Δ 结构

针对上述带有不确定性的被控对象及其闭环控制系统，现有文献如［30-35］广泛采用如图 1.14 所示的互联系统形式来分析鲁棒稳定性。

基于上述 M-Δ 结构分析闭环控制系统鲁棒稳定性的小增益定理如下。

小增益定理[30]：对于一个可由如图 1.14 所示 M-Δ 形式描述的互联系统，如果 M 是一个实有理且有界的传递函数，令 $\gamma>0$，该闭环系统对所有满足：

（ⅰ）$\|\Delta(s)\|_\infty\leqslant 1/\gamma$ 的 Δ（可由实有理且有界的传递函数描述）保证内部稳定性，当且仅当 $\|M(s)\|_\infty\leqslant\gamma$；

(ⅱ) $\|\Delta(s)\|_\infty<1/\gamma$ 的 Δ（可由实有理且有界的传递函数描述）保证内部稳定性，当且仅当 $\|M(s)\|_\infty<\gamma$。

需要说明，对于单输入单输出线性系统，上述小增益定理与奈奎斯特稳定判据是等价的，即令 $\gamma=1$，可得一个单回路控制系统保证鲁棒稳定性的充要条件是

$$|T(\mathrm{j}\omega)\Delta(\mathrm{j}\omega)|<1, \forall\omega\in[0,\infty) \tag{1.35}$$

或

$$|H(\mathrm{j}\omega)\Delta(\mathrm{j}\omega)|<|1+H(\mathrm{j}\omega)|, \forall\omega\in[0,\infty) \tag{1.36}$$

其中，$T(\mathrm{j}\omega)$ 表示相对于不确定性 Δ 的闭环系统传递函数；$H(\mathrm{j}\omega)$ 是环绕闭环回路的传递函数，亦即一个单位反馈控制系统的前向通道传递函数。图 1.15 示出在复平面内要求不包围（−1，j0）点的奈奎斯特稳定判据。

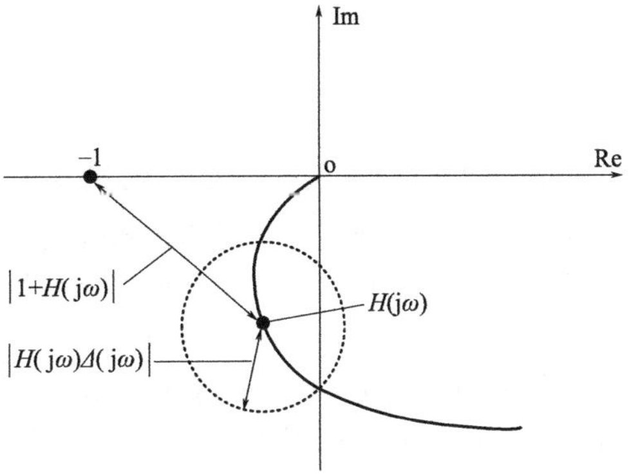

图 1.15　复平面内的奈奎斯特稳定判据示意图

对于多变量系统，由于存在矩阵之间传递的方向性，需要根据对象不确定性的描述形式和指定结构进行相应的鲁棒稳定性分析，没有统一的范式，亦不能直接推广应用单输入单输出系统的稳定性判据。感兴趣的读者可以参考关于多变量鲁棒 H_∞ 控制理论和 μ 分析综合方法的文献如［24，30］等。

当采用状态空间模型描述多变量系统时，一般采用一个广义的能量函数［亦称李雅普诺夫（Lyapunov）函数］来分析系统稳定性，该函数值在系统平衡点为零，在其他点为正，因此如能证明此函数沿系统的状态（包括输出）轨迹递减，则可确定系统是渐进稳定的，能达到平衡点。例如对于采样时间域描述的多变量线性系统：

$$\boldsymbol{x}(k+1)=\boldsymbol{A}\boldsymbol{x}(k) \tag{1.37}$$

选取一种常用的 Lyapunov 函数形式 $V(\boldsymbol{x})=\boldsymbol{x}^{\mathrm{T}}\boldsymbol{P}\boldsymbol{x}$，其中是 $\boldsymbol{P}$ 一个正定矩阵，由此可得其增量表达式：

$$\begin{aligned}\Delta V(\boldsymbol{x})&=V(\boldsymbol{A}\boldsymbol{x})-V(\boldsymbol{x})\\&=\boldsymbol{x}^{\mathrm{T}}\boldsymbol{A}^{\mathrm{T}}\boldsymbol{P}\boldsymbol{A}\boldsymbol{x}-\boldsymbol{x}^{\mathrm{T}}\boldsymbol{P}\boldsymbol{x}\\&=\boldsymbol{x}^{\mathrm{T}}(\boldsymbol{\Lambda}^{\mathrm{T}}\boldsymbol{P}\boldsymbol{\Lambda}-\boldsymbol{P})\boldsymbol{x}\end{aligned} \tag{1.38}$$

然后令另一个正定矩阵 $\boldsymbol{Q}$ 为

$$\boldsymbol{A}^{\mathrm{T}}\boldsymbol{P}\boldsymbol{A}-\boldsymbol{P}=-\boldsymbol{Q} \tag{1.39}$$

方程(1.39) 称为 Lyapunov 方程。可以证明，如果线性系统是稳定的，则该方程肯定有解。因此，一个常用的、基于 Lyapunov 函数确定多变量线性系统稳定性的方法是，选取一个正定矩阵 $\boldsymbol{Q}$，解上述 Lyapunov 方程，如果有可行解 $\boldsymbol{P}$ 是正定矩阵，则可判定该系统为渐进稳定的。

对于采用状态空间模型描述多变量系统的能控性和能观性以及基于状态反馈或输出反馈的控制系统稳定性分析和判据，在线性系统控制理论参考文献如［51，55，56］中有专门的详细介绍，这里不再逐一赘述。

1.4.2　控制性能指标

控制系统的性能指标一般应根据生产过程的控制要求确定。不同的工艺过程对控制的要求会不同。例如，一个贮水池液位控制系统通常只需要保证液位不溢出或排空，然而一个精细化工蒸馏釜的温度控制精度可能要求在正、负零点几摄氏度。在过程控制工程领域，主要从系统设定点跟踪和抗扰控制两方面评估一个控制系统的性能。一般以一个单位阶跃型信号作为设定

点指令或过程干扰来测试和评价系统输出响应性能，如图 1.16 所示。

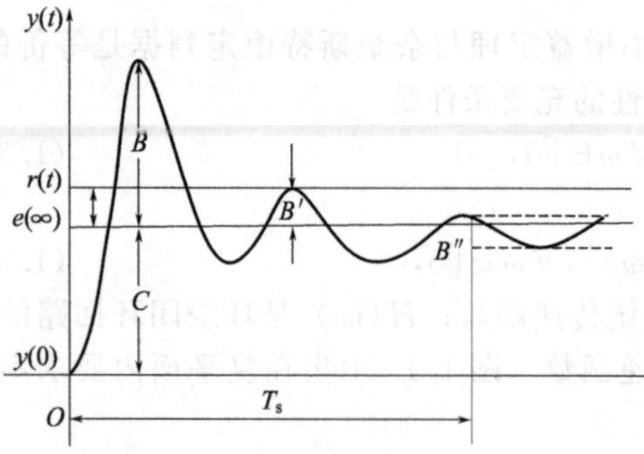

(a) 设定点跟踪响应

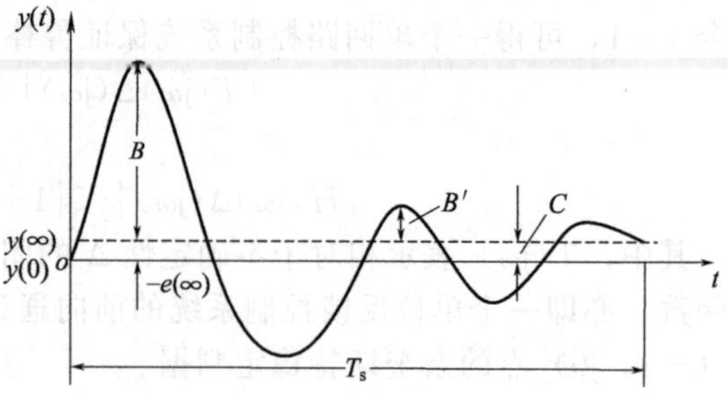

(b) 干扰输出响应

图 1.16　阶跃测试下的系统响应示意

常用的阶跃响应评价指标如下。

(1) 最大动态偏差 e_{max} 或超调量 σ

最大动态偏差或超调量是描述被控变量偏离设定值最大程度的物理量，也是衡量过渡过程稳定性的一个动态指标。对于定值控制系统，过渡过程的最大动态偏差是指被控变量第一个波的峰值与最终稳态值之和的绝对值，如图 1.16(b) 中 $|e_{max}|=|B+C|$。对于随动控制系统而言，通常采用超调量 σ 这个指标来表示被控变量偏离设定值的程度，其定义为第一个波的峰值与最终稳态值之差，如图 1.16(a) 中的 B。超调量 σ 一般以百分数给出，即

$$\sigma=\frac{B}{C}\times 100\% \tag{1.40}$$

最大动态偏差或超调量越大，生产过程瞬时偏离设定值就越远。对于某些工艺要求比较高的生产过程，如存在爆炸极限的化学反应，需要限制最大动态偏差的允许值。同时，需要考虑到扰动可能会出现，由此造成偏差叠加，因而需要更多地限定最大动态偏差值。

(2) 余差 $e(\infty)$

余差是控制系统过渡过程结束时设定值与被控变量稳态值之差，即 $e(\infty)=r-y(\infty)$。如图 1.16(a) 是随动控制系统的过渡过程，余差为 $r-y(\infty)=r-C$，C 是 $y(t)$ 的最终值 $y(\infty)$。如图 1.16(b) 所示的定值控制系统过渡过程中，余差以 C 表示，即 $y(t)$ 的最终值 $y(\infty)$。余差是反映控制准确性的一个重要稳态指标，一般希望其为零或不超过预定的范围。但不是所有的控制系统对余差都有很高的要求，如一个生活区锅炉房贮水槽的液位控制，对余差的要求就不是很高，而往往允许液位在一定范围内变化。

(3) 上升时间 T_r 和恢复时间 T_s

上升时间 T_r 是指一个随动控制系统的输出首次达到稳态值的 90%所需的时间，反映系统设定点跟踪性能。恢复时间 T_s 亦称暂态响应时间，表示控制系统经历暂态响应的过渡过程时间长短，也就是控制系统在受到单位阶跃型设定点变化或外部干扰后，被控输出变量从原有的稳态值达到新的稳态值所需要的时间。对于随动控制系统的设定点跟踪任务，系统输出变量进入稳态值附近±5%或±2%范围内所需要的时间称为恢复时间。恢复时间短，表示控制系统的过渡过程快，因此恢复时间越短越好，它是反映控制快速性的一个指标。

(4) 衰减比 n

衰减比是衡量过渡过程稳定性的动态指标，它的定义是第一个波的振幅与同方向第二个波的振幅之比。在图 1.16 中用 B 表示第一个波的振幅，B'表示同方向第二个波的振幅，则 $n=$

B/B'。显然，对衰减振荡而言，n 恒大于1。n 越小，意味着控制系统的振荡过程越剧烈，稳定度也越低；n 趋近于1时，控制系统的过渡过程趋近于等幅振荡过程。反之，n 越大，则控制系统的稳定度也就越高；当 n 趋于无穷大时，控制系统的过渡过程变为非振荡过程。早期的过程控制理论［2，15-17，26］建议单回路控制系统的衰减比在4∶1到10∶1的范围内，以保证足够的稳定裕度。

在实际控制工程中，一些常用的评价控制系统输出误差的指标如下。

① 平方积分误差（ISE）

$$J=\int_0^{\infty} e^2\,dt \tag{1.41}$$

② 绝对值积分误差（IAE）

$$J=\int_0^{\infty} |e|\,dt \tag{1.42}$$

③ 时间乘以绝对值的积分误差（ITAE）

$$J=\int_0^{\infty} |e|\,t\,dt \tag{1.43}$$

④ 系统输入或输出信号的变化总和（TV）

$$TV=\sum_{i=1}^{\infty} |v_i| \tag{1.44}$$

其中，$v_i=y_i-y_{i-1}$ 或 $v_i=u_i-u_{i-1}$ 表示在控制系统暂态响应期间顺序采样时刻前后的系统输入或输出信号变化量。

需要说明，这些控制指标在不同的控制系统工程中各有其重要性，而且相互之间又有着内在的联系，实际应用中很难同时满足这几个性能指标最优。因此，应根据实际生产过程的具体要求做有针对性地选取控制性能指标，用于设计控制器以实现期望的控制系统性能。

关于鲁棒控制性能评估，对于单输入单输出线性系统，基于经典的奈奎斯特稳定判据而建立的幅值裕度和相位裕度如图1.17所示。

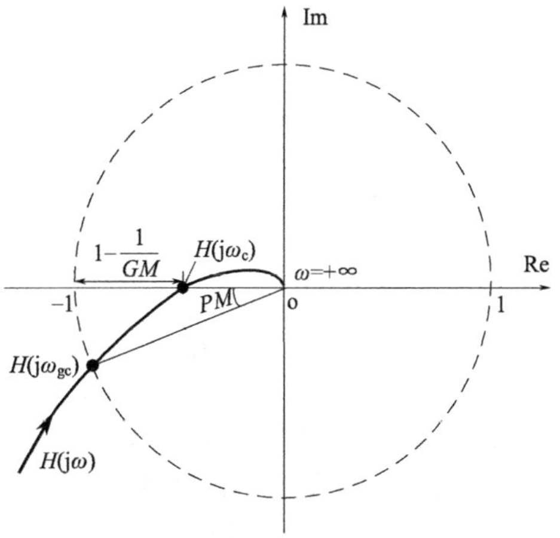

图1.17　一个单回路控制系统的幅值裕度和相位裕度示意图

其中，ω_c 是相位穿越频率，即 $\angle H(j\omega_c)=-\pi$；ω_{gc} 是增益穿越频率，即 $|H(j\omega_{gc})|=1$。增益裕度定义为

$$GM=\frac{1}{|H(j\omega_c)|} \tag{1.45}$$

相位裕度定义为

$$PM=\angle H(j\omega_{gc})+\pi \tag{1.46}$$

在频域控制系统设计中，通常将一个单输入单输出线性系统的闭环传递函数 $T(j\omega)$（亦称余灵敏度函数）和灵敏度函数 $S(j\omega)$ 分别表示为关于环绕闭环回路传递函数 $H(j\omega)$（亦即一个单位反馈控制系统的前向通道传递函数）的函数形式：

$$T(j\omega)=\frac{H(j\omega)}{1+H(j\omega)} \tag{1.47}$$

$$S(j\omega)=\frac{1}{1+H(j\omega)} \tag{1.48}$$

分别记 $T(j\omega)$ 和 $S(j\omega)$ 的最大峰值为

$$M_T = \max_{\omega} |T(j\omega)| \tag{1.49}$$

$$M_S = \max_{\omega} |S(j\omega)| \tag{1.50}$$

由于 $T(j\omega)+S(j\omega)=1$，图 1.18 示意一个单回路控制系统的 $T(j\omega)$ 和 $S(j\omega)$ 的幅值变化关系。由图 1.18 可见，闭环系统带宽 ω_b 通常定义为 $|S(j\omega)|$ 从零升至 $1/\sqrt{2}=0.707(\approx -3dB)$ 的频率范围。有一些文献如［24，52］亦定义闭环系统最大传输带宽 ω_{bT} 为 $|T(j\omega)|$ 从稳态单位幅值降至 $1/\sqrt{2}=0.707(\approx -3dB)$ 的频率范围。一般而言，增大闭环系统带宽会使系统动态性能加快，如上升时间变短，这是由于高频信号更容易通过系统引起输出动态响应，但是带宽大也意味着系统对噪声更为敏感，从而降低鲁棒稳定性。反之，减小系统带宽会使系统输出响应变慢，但会保证更好的鲁棒稳定性。

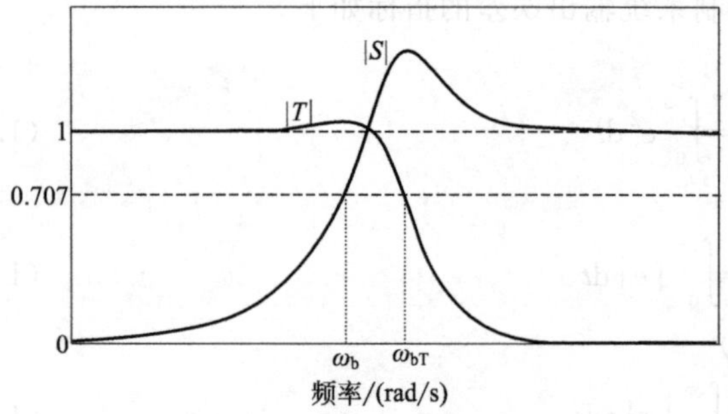

图 1.18　一个单回路控制系统的频域幅值和相位裕度示意图

上述 $T(j\omega)$ 和 $S(j\omega)$ 的峰值与增益裕度 GM 和相位裕度 PM 之间有密切的关系。鲁棒控制文献[24] 指出，对于给定的 M_S，存在如下关系：

$$GM \geqslant \frac{M_S}{M_S-1} \tag{1.51}$$

$$PM \geqslant 2\arcsin\left(\frac{1}{2M_S}\right) \geqslant \frac{1}{M_S} \tag{1.52}$$

例如对于 $M_S=2$，则有 $GM\geqslant 2$ 和 $PM\geqslant 29^\circ$。类似地，对于给定的 M_T，存在如下关系：

$$GM \geqslant 1+\frac{1}{M_T} \tag{1.53}$$

$$PM \geqslant 2\arcsin\left(\frac{1}{2M_T}\right) \geqslant \frac{1}{M_T} \tag{1.54}$$

例如，对于 $M_T=2$，则有 $GM\geqslant 1.5$ 和 $PM\geqslant 29^\circ$。早期的控制理论中如 Nichols 作图法和 M 圆线法等（参见文献[51-53]）通过选取期望的 M_S 或 M_T 值来设计控制系统性能。

对于如图 1.14 所示 M-Δ 形式描述的带不确定性单输入单输出系统，鲁棒过程控制理论[13] 给出如下评估鲁棒控制性能的条件：

$$|T(j\omega)\Delta_M(j\omega)| + |w_s S(j\omega)| < 1, \forall \omega \in [0,\infty) \tag{1.55}$$

或等价于：

$$\sup_{\omega\in[0,\infty)} [|T(j\omega)\Delta_M(j\omega)| + |w_s S(j\omega)|] < 1 \tag{1.56}$$

其中，w_s 是一个权重因子，可以根据系统设定点跟踪类型或过程干扰特性进行选取，例如对于一种阶跃型系统设定值，可取 $w_s=1/j\omega$。

1.5 本章小结

本章首先介绍了工业生产过程辨识建模的对象范围和目标，通过举例说明辨识建模方法与过程机理建模的区别。然后介绍了在系统辨识领域常用的一些描述对象动态特性的模型分类和结构特点以及模型拟合准则和误差评价指标，阐明本书面向过程控制工程着重讲述的模型辨识方法，包括基于经济简便的阶跃激励实验辨识开环稳定型、积分型以及不稳定型过程的方法、基于持续激励实验抗扰辨识采样系统的方法以及辨识估计非线性系统参数的方法等，这些内容组成本书的第一部分—过程辨识建模，将分别在第 2～6 章做详细介绍。

随后，介绍了典型常见的一些过程控制系统组成，说明了各自的主要控制任务和实现功能，简要回顾了近几十年来过程控制技术的发展历程，包括主要的过程控制理论与应用方法，一并列出已发展的分析控制系统稳定性和鲁棒性的主要判据和条件以及评价控制系统性能的常用指标。在此说明，本书的第二部分内容是控制系统设计，包括基于内模控制原理的单回路控制方法、两自由度控制系统设计方法、串级控制系统设计方法、多回路控制设计方法、多变量解耦控制方法、批次生产过程的迭代学习控制方法等，将分别在第 7～15 章做详细介绍。

习 题

1. 简述工业生产过程辨识建模的对象范围。举一个实例说明什么是广义辨识对象。

2. 请列举一些过程控制工程常用的辨识模型，说明：各自在描述过程动态特性方面的区别。

3. 请写出一个带有时滞响应的单输入单输出生产过程的频域二阶传递函数形式，说明开环稳定型、积分型以及不稳定型过程的传递函数极点在复平面的分布情况。

4. 简述一个单回路控制系统的组成，请举例说明，画出控制系统方框图。

5. 过程控制系统的主要任务是什么？如何实现控制系统设定点跟踪和抗扰性能相对独立地调节？请画出这样的一个控制系统方框图加以说明。

6. 为什么用于分析单输入单输出线性系统稳定性的小增益定理条件与奈奎斯特稳定判据是等价的？

参考文献

[1] Liu T.，Gao F. Industrial Process Identification and Control Design：Step-test and Relay-experiment-based Methods. Springer：London UK，2012.

[2] SeborgD. E.，Edgar T. F.，Mellichamp D. A. Process Dynamics and Control，2nd Edition，John Wiley & Sons，New Jersey，USA，2004.

[3] SöderströmT.，Stoica P. System Identification，Prentice Hall，New York，1989.

[4] 萧德云. 系统辨识理论与应用. 北京：清华大学出版社，2014.

[5] LjungL. System Identification：Theory for the User，2nd Edition，Prentice Hall，Englewood Cliff，New Jersey，1999.

[6] 潘立登，潘仰东. 系统辨识与建模. 北京：化学工业出版社，2004.

[7] 丁锋，系统辨识新论. 北京：科学出版社，2013.

[8] QinS. J. An overview of subspace identification，Computers & Chemical Engineering，2006，30：1502-1513.

[9] Liu T.，Hou J.，Qin S. J.，Wang W. Subspace model identification under load disturbance with unknown transient and periodic dynamics. Journal of Process Control，2020，85：100-111.

[10] Liu T.，Huang B.，Qin S. J. Bias-eliminated subspace model identification under time-varying deterministic type load disturbance. Journal of Process Control，2015，25 (1)：41-49.

[11] Van Overschee，P.，De Moor，B. Subspace Identification for Linear Systems Theory，Implementation，Applications. Kluwer Academic Publishers：London UK，1996.

[12] Katayama，T. Subspace Methods for System Identification. Springer：London UK，2005.

[13] Morari M.，Zafiriou E. Robust Process Control. Prentice Hall：Englewood Cliffs，New Jersey，1989.

［14］ Zhang W. D. Quantitative Process Control Theory，CRC Press：Boca Raton，Florida，2011.
［15］ 王骥程，祝和云. 化工过程控制工程. 北京：化学工业出版社，1991.
［16］ 俞金寿，蒋慰孙. 过程控制工程. 3 版. 北京：电子工业出版社，2007.
［17］ 黄德先，王京春，金以慧. 过程控制系统. 北京：清华大学出版社，2011.
［18］ 罗健旭，黎冰，黄海燕，何衍庆. 过程控制工程. 3 版. 北京：化学工业出版社，2015.
［19］ 孙洪程，李大字. 过程控制工程设计. 3 版. 北京：化学工业出版社，2020.
［20］ 戴连奎，张建明，谢磊. 过程控制工程. 4 版. 北京：化学工业出版社，2020.
［21］ Shinskey F. G. Process Control System，4th Edition，McGraw Hill，New York，1996.
［22］ 钱学森，宋健. 工程控制论. 北京：科学出版社，1983.
［23］ McAvoy T. J. Interaction Analysis. ISA Society of America：Research Triangle Park，NC，1983.
［24］ SkogestadS.，Postlethwaite I. Multivariable Feedback Control：Analysis and Design，2nd Edition，Wiley，Chichester，2005.
［25］ Zhu Y. Multivariable System Identification for Process Control，London：Elsevier Science，2001.
［26］ Åström K. J.，Hägglund T. PID Controller：Theory，Design，and Tuning，2nd Edition，ISA Society of America：Research Triangle Park，NC，1995.
［27］ Åström K. J.，Wittenmark B. Computer-Controlled System：Theory and Design. Prentice Hall：Upper Saddle River，NJ，1997.
［28］ Chen T.，Bruce F. Optimal sampled-data control systems. Springer：London UK，1995.
［29］ Goodwin G. C.，Graebe L.，Salgado M. E. Control System Design. Prentice Hall：Upper Saddle River，NJ，2001.
［30］ Zhou K. M.，Doyle J. C.，Glover K. Robust and Optimal Control，Prentice Hall，Englewood Cliffs，New Jersey，1995.
［31］ 冯纯伯，田玉平，忻欣. 鲁棒控制系统设计. 南京：东南大学出版社，1995.
［32］ 周克敏，毛剑琴，钟宜生，林岩. 鲁棒与最优控制. 北京：国防工业出版社，2006.
［33］ 梅生伟，申铁龙，刘康志. 现代鲁棒控制理论与应用. 北京：清华大学出版社，2008.
［34］ 吴敏，何勇，佘锦华. 鲁棒控制理论. 北京：高等教育出版社，2010.
［35］ 王娟，张涛，徐国凯. 鲁棒控制理论及应用. 北京：电子工业出版社，2011.
［36］ Zhang H.，Xie L. Control and Estimation of Systems with Input/Output Delays. Springer：Berlin，2007.
［37］ Wu M.，He Y.，She J. H. Stability Analysis and Robust Control of Time-Delay Systems. Springer：Berlin，2010.
［38］ Zhou B. Truncated Predictor Feedback for Time-Delay Systems. Springer：Berlin，2014.
［39］ Camacho E. F.，Bordons C. Model Predictive Control. Springer：London，2004.
［40］ 席裕庚. 预测控制. 2 版. 北京：国防工业出版社，2013.
［41］ 陈虹. 模型预测控制. 北京：科学出版社，2013.
［42］ 丁宝苍. 工业预测控制. 北京：机械工业出版社，2016.
［43］ Bonvin，D.，Srinivasan，B.，Hunkeler，D.（2006）. Control and optimization of batch processes. IEEE Control Systems Magazine，26（1），34-45.
［44］ Wang Y.，Gao F.，Doyle F.（2009）. Survey on iterative learning control，repetitive control，and run-to-run control. Journal of Process Control，19（10），1589-1600.
［45］ Moore K. L. Iterative Learning Control for Deterministic Systems. Springer：London，1993.
［46］ Rogers E.，Galkowski K.，Owens D. H. Control Systems Theory and Applications for Linear Repetitive Processes. Springer：Berlin，2007.
［47］ 孙明轩，黄宝健. 迭代学习控制. 北京：国防工业出版社，1999.
［48］ 谢胜利，田森平，谢振东，迭代学习控制的理论与应用. 北京：科学出版社，2005.
［49］ 王友清，周东华，高福荣，迭代学习控制的二维模型理论及其应用. 北京：科学出版社，2013.
［50］ 叶佩军，王飞跃. 人工智能-原理与技术. 北京：清华大学出版社，2020.
［51］ Franklin G. F.，Powell J. D.，Emami-Naeini A. Feedback Control of Dynamic Systems（the seventh edition）. Pearson：Essex，UK，2015.

[52] 孙亮. 自动控制原理. 3版. 北京：高等教育出版社，2011.
[53] 王建辉，顾树生. 自动控制原理. 2版. 北京：清华大学出版社，2014.
[54] 李晓秀，宋丽蓉. 自动控制原理. 2版. 北京：机械工业出版社，2019.
[55] 张嗣瀛，高立群. 现代控制理论. 2版. 北京：清华大学出版社，2017.
[56] 刘豹，唐万生. 现代控制理论. 3版. 北京：机械工业出版社，2019.

第一部分　过程辨识建模

第2章 基于阶跃响应实验辨识开环稳定过程

由于阶跃响应实验具有简便性和经济性的优点，在过程控制工程领域广泛用于辨识开环稳定过程的基本动态特性[1-3]。一般情况下，当待辨识过程处于零初始状态或非零稳态时进行开环阶跃实验。对于非零初始稳态的情况，可以根据过程输入和输出之间的稳态关系将其归一化为零输入的情况，以便观察和测量在过程输入发生阶跃变化下的输出动态响应（亦称暂态响应），从而采用这样的输出响应数据辨识过程动态特性的模型。当然，较大的输入阶跃变化幅值有助于更好地观察输出动态响应。然而，在工程实践中过程输入和输出的变化范围受制于过程的操作约束。基于阶跃响应辨识实验和暂态响应数据，早期文献如［4-7］提出一些基于拟合暂态输出响应中明显特征点的低阶过程传递函数模型辨识方法，因简单和有效而受到较多的工程应用，但是模型拟合的精度不高。文献[8]采用数值积分来推导阶跃响应的时域表达式，给出一种辨识一阶加时滞（FOPDT）传递函数模型参数的算法，能达到较好的模型拟合效果。该方法后来进一步扩展用于辨识二阶加时滞（SOPDT）或高阶带时滞参数的传递函数模型[9,10]，相对于以往的辨识方法能显著提高模型拟合的准确性。为解决同步估计时滞参数和有理传递函数模型参数引起的非线性计算问题，文献[11]通过对阶跃响应数据进行线性滤波，提出一种基于最小二乘拟合的迭代辨识算法，可以对一个实际高阶过程确定出拟合误差较小的低阶带时滞参数模型。

为了克服测量噪声的不利影响，通常采用多次阶跃响应实验数据基于统计平均原理进行参数估计或模型验证。为进一步降低进行辨识实验的成本，文献如［10，12］等提出基于单次阶跃响应实验的鲁棒辨识方法。对于初始过程条件不为零的情况，当存在测量噪声或未知的负载扰动时，很难判断待辨识过程是否已达到稳态，而且对于具有慢时间常数或长时滞的生产过程，等待完全的过程稳态以进行阶跃辨识实验会非常耗时耗力甚至不切实际。为解决这样的工程应用问题，文献[13]通过将过程输出及其导数的初始状态都纳入待辨识参数，提出一种鲁棒辨识算法，可以有效地克服不稳定或未知初始过程条件的影响。文献[14]通过构造不依赖于过程初始条件的数值积分进行参数估计，给出另一种鲁棒辨识算法，能在未知初始过程条件和静态扰动的情况下提高辨识模型参数的准确性。文献[15，16]针对在非零初始过程条件或存在具有慢动态特性的负载扰动的情况，提出基于分段阶跃响应实验数据进行模型参数估计的鲁棒辨识方法。此外，文献[17]利用加入阶跃变化和随后将其去除而得到的两段暂态输出响应数据，建立最小二乘回归算法，可以实现无偏参数估计。

为便于在线辨识过程动态响应模型参数和在线整定控制器，现有文献如［18-23］提出一些闭环激励和阶跃响应辨识方法。需要说明，一个闭环阶跃响应辨识实验的阶跃激励信号通常加在系统设定点上，而不是在过程输入端，因为加在过程输入上的任何外部信号都类似于负载扰动，很可能会被闭环反馈结构消除其作用。此外，一般在闭环系统已经进入稳定运行状态之后进行闭环阶跃响应辨识实验。为了便于辨识过程动态特性模型，闭环控制器尽可能采用一个简单形式，如比例（P）、比例-积分（PI）或比例-积分-微分（PID）型控制器等，以便推导过程响应与闭环系统响应之间的定量关系。

本章首先介绍一种基于阶跃激励实验的过程频率响应特性估计方法[12]，然后给出一些辨识低阶过程模型参数的方法。对于初始过程条件不为零或存在未知干扰的情况，介绍一种鲁棒辨识方法[17]。最后，讲述一种基于闭环系统阶跃响应实验辨识低阶模型参数的方法[23]，便于在线估计过程模型参数和整定控制器以提高系统性能。

2.1 阶跃实验与频率响应估计

对于一个单输入单输出（SISO）的开环稳定过程，在过程输入端加入一个阶跃激励信号，过程输出响应如图 2.1 所示。

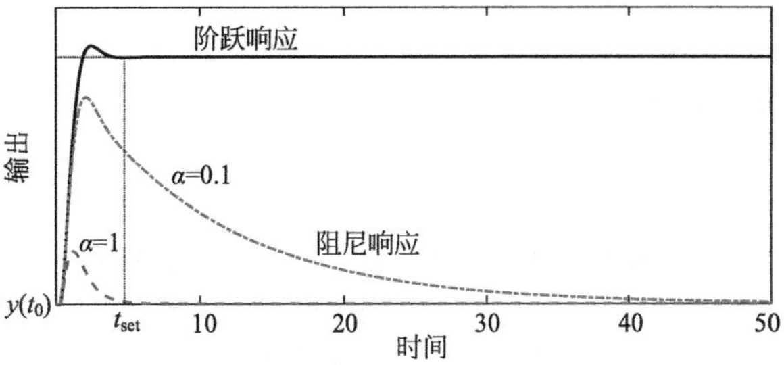

图 2.1　在阶跃响应实验结果中选择衰减因子 α 的示意说明

由图 2.1 可见，在阶跃输入下的过程输出响应不能进行傅里叶变换，因为 $t\to\infty$ 时 $\Delta y(t)\neq 0$，其中 $\Delta y(t)=y(t)-y(t_0)$，$y(t_0)$ 表示初始稳态输出值。然而，将 $s=\alpha+\mathrm{j}\omega$ 代入过程输出响应的拉普拉斯变换：

$$\Delta Y(s)=\int_0^{\infty}\Delta y(t)\mathrm{e}^{-st}\mathrm{d}t \tag{2.1}$$

可以将其表示为

$$\Delta Y(\alpha+\mathrm{j}\omega)=\int_0^{\infty}[\Delta y(t)\mathrm{e}^{-\alpha t}]\mathrm{e}^{-\mathrm{j}\omega t}\mathrm{d}t \tag{2.2}$$

注意，如果 $\alpha>0$，则存在 $t>t_N$ 时有 $y(t)\mathrm{e}^{-\alpha t}=0$，其中 t_N 可以由 $\Delta y(t_N)\mathrm{e}^{-\alpha t_N}\to 0$ 基于数值计算精度确定，因为 $\Delta y(t)$ 在阶跃输入变化下的暂态响应之后达到稳定值。

所以，通过将 α 视为阶跃响应的衰减因子，可进行拉普拉斯变换，从测量 t_N 时间长度以内的阶跃响应数据点中计算出

$$\Delta Y(\alpha+\mathrm{j}\omega)=\int_0^{t_N}[\Delta y(t)\mathrm{e}^{-\alpha t}]\mathrm{e}^{-\mathrm{j}\omega t}\mathrm{d}t \tag{2.3}$$

对于在初始过程稳态下的阶跃实验，即 $t\leqslant t_0$ 时 $y(t)=c$，如图 2.1 所示，通过对 t_0 进行时移（即令 $t_0=0$），可以定义过程输入的阶跃变化为

$$\Delta u(t)=\begin{cases}0, & t\leqslant 0\\ h, & t>0\end{cases} \tag{2.4}$$

其中，h 是阶跃变化的幅值。可以解析推导出它的拉普拉斯变换为

$$\Delta U(\alpha+\mathrm{j}\omega)=\int_0^{\infty}h\mathrm{e}^{-(\alpha+\mathrm{j}\omega)t}\mathrm{d}t=\frac{h}{\alpha+\mathrm{j}\omega} \tag{2.5}$$

利用式(2.3) 和式(2.5)，可以得出过程的频率响应估计为

$$G(\alpha+\mathrm{j}\omega)=\frac{\alpha+\mathrm{j}\omega}{h}\Delta Y(\alpha+\mathrm{j}\omega) \tag{2.6}$$

注意，当 $\alpha\to\infty$ 时，$G(\alpha+\mathrm{j}\omega)\to 0$。相反，$\alpha\to 0$，则要求 t_N 很大来准确计算式(2.6)。因此，需要适当选择 α。考虑到一个阶跃实验中的全部暂态响应数据都应该用于估计过程的频率响应特性，建议采用如下条件选择 α：

$$|\Delta y(t_{\mathrm{set}})|T_{\mathrm{s}}\mathrm{e}^{-\alpha t_{\mathrm{set}}}>\delta \tag{2.7}$$

其中，$\Delta y(t_{\mathrm{set}})=y(t_{\mathrm{set}})-y(0)$ 表示对应于过程过渡时间（t_{set}）的暂态输出响应，其中$y(0)$

表示阶跃实验前的初始稳态输出值；T_s 为计算式(2.3) 中数值积分的采样周期；δ 为计算精度水平，实际可取小于 $|\Delta y(t_{set})|T_s \times 10^{-6}$。

由式(2.7) 可知：

$$\alpha < \frac{1}{t_{set}} \ln \frac{|\Delta y(t_{set})| T_s}{\delta} \tag{2.8}$$

说明：为了克服测量噪声的不利影响，可以参照 δ 取 α 的下界，选取 α 尽可能小，以保证计算式(2.3) 的准确性。

根据上述准则选定 α 后，就可以根据对计算式(2.3) 的数值精度要求来确定时间长度 t_N，即

$$|\Delta y(t_N)| T_s e^{-\alpha t_N} < \delta \tag{2.9}$$

由此可确定

$$t_N > \frac{1}{\alpha} \ln \frac{|\Delta y(t_N)| T_s}{\delta} \tag{2.10}$$

从式(2.3) 和式(2.6) 可以看出，频率响应估计的数值积分取决于 α 的选择，而不是阶跃响应的时间长度。在实际应用中，阶跃激励实验数据的测量长度满足过程输出响应进入稳态即可。如果上述数值积分需要更长的输出响应数据，可以利用输出响应稳态值进行补充。

对于实际中具有非常慢动态特性的过程，如果选取符合条件式(2.8) 的 α 同时满足 $\alpha < \delta$，会影响计算式(2.6) 的准确性。在这种情况下，建议采用一个时间尺度因子来对输出响应进行拉普拉斯变换，即 $L[\Delta y(t/\lambda)] = \lambda \Delta Y[\lambda(\alpha + j\omega)]$，其中 λ 是时间缩放因子，从而可以有效地计算频率响应 $G[\lambda(\alpha + j\omega)]$，然后用于模型拟合和参数估计。

为了提高在测量噪声下辨识模型参数的准确性，根据如下适用于初始过程稳态的拉普拉斯变换：

$$L\left[\int_0^t \Delta y(\tau) d\tau\right] = \frac{\Delta Y(s)}{s} \tag{2.11}$$

可采用下式计算过程频率响应：

$$G(\alpha + j\omega) = \frac{\dfrac{\Delta Y(\alpha + j\omega)}{\alpha + j\omega}}{\dfrac{\Delta U(\alpha + j\omega)}{\alpha + j\omega}} = \frac{(\alpha + j\omega)^2}{h} \int_0^{t_N} \left[\int_0^t \Delta y(\tau) d\tau\right] e^{-\alpha t} e^{-j\omega t} dt \tag{2.12}$$

可以看出，在上式的频率响应估计中，使用测得的输出响应数据的时间积分 $\int_0^t \Delta y(\tau) d\tau$ 来计算外层积分，而不是使用单个输出响应数据 $[\Delta y(t) = y(t) - y(t_0)]$，因此由统计平均原理可知，这有助于减少随机测量噪声的不利影响。

2.2 常用模型结构的参数辨识方法

2.2.1 带时滞参数的一阶模型和重复极点高阶模型

一个开环稳定过程的 FOPDT 模型一般表示为

$$\hat{G}(s) = \frac{k_p}{\tau_p s + 1} e^{-\theta s} \tag{2.13}$$

其中，k_p 表示过程静态增益；θ 表示过程时滞；τ_p 表示过程时间常数。

基于上一节中介绍的过程频率响应估计方法，本节提出一种模型参数估计算法，可以用于更一般的情况，即具有重复极点的高阶模型：

$$\hat{G}(s)=\frac{k_p}{(\tau_p s+1)^m}e^{-\theta s} \tag{2.14}$$

其中，m 表示重复极点数，亦称为模型阶次。显然，$m=1$ 对应的就是 FOPDT 模型。

为了避免混淆，本节中将复变函数 $F(s)$ 关于拉普拉斯算子 s 的 n 阶导数表示为

$$F^{(n)}(s)=\frac{d^n}{ds^n}F(s),n\geqslant 1 \tag{2.15}$$

由式(2.2) 和式(2.6) 可知

$$G^{(1)}(s)=\frac{1}{h}\int_0^{\infty}(1-st)\Delta y(t)e^{-st}dt \tag{2.16}$$

$$G^{(2)}(s)=\frac{1}{h}\int_0^{\infty}t(st-2)\Delta y(t)e^{-st}dt \tag{2.17}$$

因此，通过令 $s=\alpha$，选择 α 以及计算式(2.3) 的准则，可以计算出式(2.16) 和式(2.17) 中的数值积分。然后利用数值计算精度条件，可以确定合适的时间长度 t_N，即

$$|(1-\alpha t_N)\Delta y(t_N)|T_s e^{-\alpha t_N}<\delta \tag{2.18}$$

$$|t_N(\alpha t_N-2)\Delta y(t_N)|T_s e^{-\alpha t_N}<\delta \tag{2.19}$$

对于 $s\in\Re_+$，在式(2.14) 两侧取自然对数，可以得到

$$\ln[\hat{G}(s)]=\ln(k_p)-m\ln(\tau_p s+1)-\theta s \tag{2.20}$$

然后，对式(2.20) 两侧取关于 s 的一阶和二阶导数，可得

$$\frac{\hat{G}^{(1)}(s)}{\hat{G}(s)}=-\frac{m\tau_p}{\tau_p s+1}-\theta \tag{2.21}$$

$$\frac{\hat{G}^{(2)}(s)\hat{G}(s)-[\hat{G}^{(1)}(s)]^2}{\hat{G}^2(s)}=\frac{m\tau_p^2}{(\tau_p s+1)^2} \tag{2.22}$$

为简单起见，式(2.21) 的左侧用 $Q_1(s)$ 表示，式(2.22) 的左侧用 $Q_2(s)$ 表示。

将 $s=\alpha$、$\hat{G}(\alpha)=G(\alpha)$、$\hat{G}^{(1)}(\alpha)=G^{(1)}(\alpha)$ 和 $\hat{G}^{(2)}(\alpha)=G^{(2)}(\alpha)$ 代入式(2.22)，可得

$$\tau_p=\begin{cases}\dfrac{-\alpha Q_2(\alpha)+\sqrt{mQ_2(\alpha)}}{\alpha^2 Q_2(\alpha)-m}, & \alpha^2 Q_2(\alpha)-m>0\\[2ex] \dfrac{\alpha Q_2(\alpha)+\sqrt{mQ_2(\alpha)}}{m-\alpha^2 Q_2(\alpha)}, & \alpha^2 Q_2(\alpha)-m<0\end{cases} \tag{2.23}$$

因此，其余的两个模型参数可以从式(2.24) 和式(2.25) 推导为

$$\theta=-Q_1(\alpha)-\frac{m\tau_p}{\tau_p\alpha+1} \tag{2.24}$$

$$k_p=(\tau_p\alpha+1)^m G(\alpha)e^{\alpha\theta} \tag{2.25}$$

上述用于辨识带时滞参数的单极点或重复极点过程模型的算法命名为 Algorithm-SS-Ⅰ，归纳如下：

(ⅰ) 根据式(2.8)、式(2.10)、式(2.18) 和式(2.19) 选择 α 和 t_N，从式(2.6) [或式(2.12)]、式(2.16) 和式(2.17) 中计算 $G(\alpha)$、$G^{(1)}(\alpha)$ 和 $G^{(2)}(\alpha)$；

(ⅱ) 根据式(2.21) 和式(2.22) 的左侧计算 $Q_1(\alpha)$ 和 $Q_2(\alpha)$；

(ⅲ) 根据式(2.23) 计算过程时间常数 τ_p；

(ⅳ) 根据式(2.24) 计算过程时滞 θ；

(ⅴ) 根据式(2.25) 计算过程静态增益 k_p。

令 $m=1$，由上述算法可以辨识一个 FOPDT 模型的全部参数。根据临界相位条件，可用该 FOPDT 模型估计出待辨识过程的截止角频率，记为 ω_{rc}，即

$$-\theta\omega_{rc}-\arctan(\tau_p\omega_{rc})=-\pi \tag{2.26}$$

说明：对于采用低阶模型拟合高阶过程动态响应特性的情况，ω_{rc} 可以用来指定模型拟合的频率范围，以确保模型对过程动态基本特性的可靠拟合。

需要指出，在应用上述 Algorithm-SS-I辨识算法时，当选择 α 时应该检验 $Q_2(\alpha)>0$ 是否成立，因为 FOPDT 或具有重复极点的高阶模型只适合描述无超调或振荡响应特性的稳定过程。

2.2.2 带时滞参数和不同极点的二阶模型

对于一个开环稳定过程，具有两个不同极点的 SOPDT 模型一般表示为

$$\widehat{G}(s)=\frac{k_p}{a_2s^2+a_1s+1}e^{-\theta s} \tag{2.27}$$

其中，k_p 表示过程静态增益；θ 表示过程时滞；a_1 和 a_2 为反映过程基本动态响应特性的正系数。

对式(2.27) 两侧取关于 s 的一阶和二阶导数，得到

$$Q_1(s)=-\frac{2a_2s+a_1}{a_2s^2+a_1s+1}-\theta \tag{2.28}$$

$$Q_2(s)=\frac{2a_2^2s^2+2a_1a_2s+a_1^2-2a_2}{(a_2s^2+a_1s+1)^2} \tag{2.29}$$

其中，$Q_1(s)$ 和 $Q_2(s)$ 分别与式(2.21) 和式(2.22) 的左侧相同，可以根据式(2.6)［或式(2.12)］、式(2.16) 和式(2.17) 中的频率响应估计公式进行计算。

然后，将 $s=\alpha$ 代入式(2.29) 并重新组织所得到的表达式，可得

$$Q_2(\alpha)=-(\alpha^4a_2^2+\alpha^2a_1^2+2\alpha^3a_1a_2+2\alpha^2a_2+2\alpha a_1)Q_2(\alpha)+2\alpha^2a_2^2+2\alpha a_1a_2+a_1^2-2a_2 \tag{2.30}$$

为了求解式(2.30) 中的 a_2 和 a_1，可以将式(2.30) 改写为

$$\psi(\alpha)=\boldsymbol{\phi}(\alpha)^T\boldsymbol{\gamma} \tag{2.31}$$

其中，

$$\begin{cases}\psi(\alpha)=Q_2(\alpha)\\ \boldsymbol{\phi}(\alpha)=[-4,-2\alpha Q_2(\alpha),2\alpha^2-\alpha^4Q_2(\alpha),2\alpha-2\alpha^3Q_2(\alpha),1-\alpha^2Q_2(\alpha)]^T\\ \boldsymbol{\gamma}=[a_2,a_1,a_2^2,a_1a_2,a_1^2+2a_2]^T\end{cases} \tag{2.32}$$

因此，根据式(2.8) 中给出的准则选择5个不同的 α 值，并定义 $\boldsymbol{\Psi}=[\psi(\alpha_1),\psi(\alpha_2),\cdots,\psi(\alpha_5)]^T$ 和 $\boldsymbol{\Phi}=[\boldsymbol{\phi}(\alpha_1),\boldsymbol{\phi}(\alpha_2),\cdots,\boldsymbol{\phi}(\alpha_5)]^T$，可以得到如下的最小二乘解

$$\boldsymbol{\gamma}=(\boldsymbol{\Phi}^T\boldsymbol{\Phi})^{-1}\boldsymbol{\Phi}^T\boldsymbol{\Psi} \tag{2.33}$$

显然，$\boldsymbol{\Phi}$ 的所有列都是相互线性独立的，所以在计算式(2.33) 时保证 $\boldsymbol{\Phi}$ 是非奇异的，对应 $\boldsymbol{\gamma}$ 具有唯一解。

然后，可以从式(2.33) 中直接得出模型参数

$$\begin{cases}a_2=\boldsymbol{\gamma}(1)\\ a_1=\boldsymbol{\gamma}(2)\end{cases} \tag{2.34}$$

注意，在 $\boldsymbol{\gamma}$ 的参数估计中存在三个冗余拟合条件，如果模型结构与过程特性相匹配，肯定可以满足这些条件。在模型不匹配的情况下，可能会导致参数估计不一致。为了提高模型拟合精度，特别是在辨识高阶过程时，可以通过取 a_1 和 a_2 的自然对数，将 $\boldsymbol{\gamma}(1)$、$\boldsymbol{\gamma}(2)$、

$\boldsymbol{\gamma}(3)$、$\boldsymbol{\gamma}(4)$ 一起使用来建立基于最小二乘的拟合解，即

$$\begin{bmatrix}1 & 0\\0 & 1\\2 & 0\\1 & 1\end{bmatrix}\begin{bmatrix}\ln a_2\\ \ln a_1\end{bmatrix}=\begin{bmatrix}\ln\boldsymbol{\gamma}(1)\\ \ln\boldsymbol{\gamma}(2)\\ \ln\boldsymbol{\gamma}(3)\\ \ln\boldsymbol{\gamma}(4)\end{bmatrix} \tag{2.35}$$

相应地，可以分别从式(2.28) 和式(2.27) 中求解出其余模型参数：

$$\theta=-Q_1(\alpha)-\frac{2a_2\alpha+a_1}{a_2\alpha^2+a_1\alpha+1} \tag{2.36}$$

$$k_{\mathrm{p}}=(a_2\alpha^2+a_1\alpha+1)^2G(\alpha)\mathrm{e}^{\alpha\theta} \tag{2.37}$$

上述用于辨识带时滞参数且有两个不同极点的 SOPDT 过程模型的算法命名为 Algorithm-SS-Ⅱ，归纳如下。

Algorithm-SS-Ⅱ

（ⅰ）根据式(2.8)、式(2.10)、式(2.18) 和式(2.19) 选择 α 和 t_N，从式(2.6)［或式(2.12)］、式(2.16) 和式(2.17) 中计算 $G(\alpha)$、$G^{(1)}(\alpha)$ 和 $G^{(2)}(\alpha)$；

（ⅱ）根据式(2.21) 和式(2.22) 的左侧计算 $Q_1(\alpha)$ 和 $Q_2(\alpha)$；

（ⅲ）根据式(2.23) 和式(2.24)［或式(2.25)］计算 a_2 和 a_1；

（ⅳ）根据式(2.36) 计算过程时滞 θ；

（ⅴ）根据式(2.37) 计算过程静态增益 k_{p}。

2.2.3 带时滞参数和不同极点的高阶模型

对于一个开环稳定过程，带时滞参数和不同极点的高阶模型一般表示为

$$\widehat{G}(s)=\frac{b_ms^m+b_{m-1}s^{m-1}+\cdots+b_1s+b_0}{a_ns^n+a_{n-1}s^{n-1}+\cdots+a_1s+1}\mathrm{e}^{-\theta s} \tag{2.38}$$

其中，b_0 表示过程静态增益（对应 FOPDT 模型中的 k_{p}）；$a_i>0(i=1,2,\cdots,n)$，$n>m$ 表示过程传递函数模型的严格正则性。

将式(2.38) 代入式(2.6) 得到

$$a_ns^n\Delta Y(s)+a_{n-1}s^{n-1}\Delta Y(s)+\cdots+a_1s\Delta Y(s)+\Delta Y(s)=(b_ms^m+b_{m-1}s^{m-1}+\cdots+b_1s+b_0)\frac{h}{s}\mathrm{e}^{-\theta s} \tag{2.39}$$

可以改写成参数估计形式

$$\psi(s)=\boldsymbol{\phi}(s)^{\mathrm{T}}\boldsymbol{\gamma} \tag{2.40}$$

其中，

$$\begin{cases}\psi(s)=\Delta Y(s)\\ \boldsymbol{\phi}(s)=[-s^n\Delta Y(s),-s^{n-1}\Delta Y(s),\cdots,-s\Delta Y(s),hs^{m-1}\mathrm{e}^{-\theta s},\cdots,h\mathrm{e}^{-\theta s},h\mathrm{e}^{-\theta s}/s]^{\mathrm{T}}\\ \boldsymbol{\gamma}=[a_n,a_{n-1},\cdots,a_1,b_m,\cdots,b_1,b_0]^{\mathrm{T}}\end{cases} \tag{2.41}$$

因此，令 $s=\alpha$ 并选择不同的 α 值，其数量记为 M_{p}，可指定 $M_{\mathrm{p}}=n+m+1$，构造 $\boldsymbol{\Psi}=[\psi(\alpha_1),\psi(\alpha_2),\cdots,\psi(\alpha_{M_{\mathrm{p}}})]^{\mathrm{T}}$ 和 $\boldsymbol{\Phi}=[\boldsymbol{\phi}(\alpha_1),\boldsymbol{\phi}(\alpha_2),\cdots,\boldsymbol{\phi}(\alpha_{M_{\mathrm{p}}})]^{\mathrm{T}}$，从而可以在预估（或预知）过程时滞参数（$\theta$）的情况下，利用式(2.40) 进行模型参数估计。如果选择 $M_{\mathrm{p}}>n+m+1$，则可以采用式(2.33) 建立最小二乘拟合算法。

关于辨识过程时滞参数，可以从阶跃响应实验中直接读取过程时滞的可能值，也可以用前

述 Algorithm-SS-Ⅰ辨识算法估计出一个 FOPDT 模型的时滞参数值。然后将此估计值作为初始值，采用以下对输出响应的拟合条件进行一维搜索：

$$err=\frac{1}{N_s}\sum_{h=1}^{N_s}[y(kT_s)-\hat{y}(kT_s)]^2<\varepsilon \tag{2.42}$$

其中，$y(kT_s)$ 和 $\hat{y}(kT_s)$ 分别表示在阶跃激励实验下的过程输出和模型输出；T_s 是采样周期，N_s、T_s 是过渡过程时间。

因此，对于实际指定的拟合精度水平 ε，通过在一个可能的时滞参数范围内进行一维搜索，从式(2.40) 和式(2.41) 得出模型参数的最优估计值。为简单起见，一维搜索步长大小可取为 T_s 的倍数。最佳拟合模型对应最小的 err 值。

上述用于辨识带时滞参数且有不同极点的高阶过程模型的算法命名为 Algorithm-SS-Ⅲ，归纳如下：

（ⅰ）根据式(2.8) 和式(2.10) 选择 α_k 和 t_N，由式(2.3) 计算 $\Delta Y(\alpha_k)(k=1,2,\cdots,M_p)$；

（ⅱ）从阶跃实验或应用 Algorithm-SS-Ⅰ或 Algorithm-SS-Ⅱ辨识得出的低阶模型中获得过程时滞参数的初始估计值；

（ⅲ）从式(2.40) 和式(2.41) 中求解其余模型参数；

（ⅳ）如果满足式(2.42) 中的拟合条件，则结束算法，否则，通过在阶跃实验中观察的可能时滞参数范围内，对其进行一维搜索，返回步骤（ⅲ）。

需要说明，应用上述辨识算法 Algorithm-SS-Ⅰ、Algorithm-SS-Ⅱ和 Algorithm-SS-Ⅲ时，如果相应的模型结构与过程动态响应特性匹配，则可以保证辨识模型参数的准确性。在辨识高阶过程时，如果存在模型不匹配的情况，由于上述算法只在零频率（即 $\omega=0$）附近建立频率响应拟合关系，因而可能无法保证较好的拟合效果。为了提高在实际指定的频率范围内模型拟合的准确性，例如设计过程控制系统和整定控制器最关注的低频范围 [1-3，22]，这里介绍另一种辨识算法如下。

记 $s=\alpha+j\omega_k(k=1,2,\cdots,M)$，其中 M 为指定频率范围内代表性频率响应点的数量，建立模型拟合的目标函数

$$J_{\rm opt}=\sum_{k=0}^{M}\rho_k\left|G(\alpha+j\omega_k)-\hat{G}(\alpha+j\omega_k)\right|^2<err^2 \tag{2.43}$$

其中，$G(\alpha+j\omega_k)$ 和 $\hat{G}(\alpha+j\omega_k)$ 分别表示过程和模型在 $s=\alpha+j\omega_k$ 处的频率响应；err 是实际指定的拟合精度水平；$\rho_k(k=1,2,\cdots,M)$ 是在指定频率范围内对各频率响应点拟合的加权系数。

考虑到在阶跃实验下的过程输出响应一般具有较少的高频部分，相对于测量噪声的信噪比(SNR) 较低，建议选用

$$\omega_M=(1.0\sim2.0)\omega_{\rm rc} \tag{2.44}$$

$$\rho_k=\eta^k\Big/\sum_{k=0}^{M}\eta^k,\eta\in[0.9,0.99] \tag{2.45}$$

其中，$\omega_{\rm rc}$ 是前面提及的通过辨识低阶模型估计的过程截止角频率。

实际中如果存在中频或低频噪声，应根据过程响应特性和测量传感器设计一个去噪低通滤波器，以排除或减少这种噪声的影响。

注意，由于 $\sum_{k=0}^{M}\rho_k err^2=err^2$，式(2.43) 中的目标函数同已有文献如 [22，23] 中使

用的如下频率响应误差指标具有对应关系：

$$err=\max_{\omega\in[0,\omega_c]}\{|[G(j\omega)-\hat{G}(j\omega)]/G(j\omega)|\} \tag{2.46}$$

其中，ω_c 是对应于 $\angle G(j\omega_c)=-\pi$ 的截止角频率。事实上，ω_c 的准确值在实际中很难得知，因此采用上面的 ω_M 代替 ω_c 足以达到计算的目的。

将式(2.6) 和式(2.38) 代入式(2.43) 的左侧，令其等于零，然后将所得表达式整理成式(2.40) 的形式，可以得出以下参数估计的加权最小二乘解：

$$\boldsymbol{\gamma}=(\overline{\boldsymbol{\Phi}}^{\mathrm{T}}\boldsymbol{W}\overline{\boldsymbol{\Phi}})^{-1}\overline{\boldsymbol{\Phi}}^{\mathrm{T}}\boldsymbol{W}\overline{\boldsymbol{\Psi}} \tag{2.47}$$

其中，$\boldsymbol{\gamma}=[a_n,a_{n-1},\cdots,a_1,b_m,\cdots,b_1,b_0]^{\mathrm{T}}$，$\boldsymbol{W}=\mathrm{diag}\{\rho_1,\cdots,\rho_M,\rho_1,\cdots,\rho_M\}$，

$$\overline{\boldsymbol{\Psi}}=\begin{bmatrix}\mathrm{Re}[\boldsymbol{\Psi}]\\ Im[\boldsymbol{\Psi}]\end{bmatrix},\overline{\boldsymbol{\Phi}}=\begin{bmatrix}\mathrm{Re}[\boldsymbol{\Phi}]\\ Im[\boldsymbol{\Phi}]\end{bmatrix},$$

$$\boldsymbol{\Psi}=[\psi(\alpha+j\omega_1),\psi(\alpha+j\omega_2),\cdots,\boldsymbol{\psi}(\alpha+j\omega_M)]^{\mathrm{T}}$$

$$\boldsymbol{\Phi}=[\boldsymbol{\phi}(\alpha+j\omega_1),\boldsymbol{\phi}(\alpha+j\omega_2),\cdots,\boldsymbol{\phi}(\alpha+j\omega_M)]^{\mathrm{T}}$$

$\boldsymbol{\psi}(\alpha+j\omega_k)$ 和 $\boldsymbol{\phi}(\alpha+j\omega_k)$ 与式(2.41) 中形式相同，不同之处在于 $s=\alpha+j\omega_k$。

容易验证 $\overline{\boldsymbol{\Phi}}$ 的所有列都是线性无关的，因此保证 $(\overline{\boldsymbol{\Phi}}^{\mathrm{T}}\boldsymbol{W}\overline{\boldsymbol{\Phi}})^{-1}$ 是非奇异的，从而可得参数估计的唯一解。在实际应用中，建议选取 $M\in[10,50]$ 以取得在辨识精度和计算代价之间的权衡。

需要指出，上述辨识方法需要预估（或预知）过程的时滞参数（θ），才能从式(2.47) 中估计出其余的模型参数。类似于上述 Algorithm-SS-Ⅲ辨识算法，可以根据式(2.42) 中的拟合条件对 θ 进行一维搜索，从而实现最优参数估计。

上述可用于辨识带时滞参数的任意阶次过程模型的算法命名为 Algorithm-SS-Ⅳ，相对于上述三种辨识算法能提高指定频率范围内的模型拟合精度，其步骤归纳如下。

（ⅰ）根据式(2.8) 和式(2.10) 选择 α 和 t_N，由式(2.3) 计算 $\Delta Y(\alpha+j\omega_k)(k=1,2,\cdots,M)$，其中用于选择 ω_M 的 ω_{rc} 可以采用 Algorithm-SS-Ⅰ或 Algorithm-SS-Ⅱ辨识得出的初始模型估计；

（ⅱ）从阶跃实验或应用 Algorithm-SS-Ⅰ或 Algorithm-SS-Ⅱ辨识得出的低阶模型中获得过程时滞参数的初始估计值；

（ⅲ）从式(2.47) 中求解其余模型参数；

（ⅳ）如果满足式(2.42) 中的拟合条件，则结束算法。否则，通过在阶跃实验中观察的可能时滞参数范围内，对其进行一维搜索，返回步骤（ⅲ）。

值得一提的是，如果采用的模型结构与过程动态特性相匹配，则式(2.42) 中时域拟合条件的最小化可以保证式(2.43) 中频域目标函数的最小化。然而在模型不匹配的情况下，利用如式(2.43) 所示的频域目标函数和式(2.42) 来估计模型参数，虽然可以权衡对时域输出响应与过程频率响应特性的拟合，但不能保证实现式(2.43) 或式(2.42) 的全局最小化。

2.2.4 一致性参数估计分析和模型结构选择

在有测量噪声的情况下，需要阐明上述辨识算法是否能保证一致性估计。对于模型匹配的情形，由于建立了解析公式进行参数估计，辨识算法 Algorithm-SS-Ⅰ和 Algorithm-SS-Ⅱ可以确保收敛的参数估计，但能否达到一致估计，本质上取决于第 2.1 节介绍的频率响应估计算法是否具有无偏性，本节将对此进行分析。关于辨识算法 Algorithm-SS-Ⅲ和 Algorithm-SS-Ⅳ，由于采用式(2.42) 中的时域拟合准则，因此即使使用无偏的频率响应估计进行模型拟合，也

需说明是否能达到一致的参数估计。

为了说明前面第 2.1 节介绍的频率响应估计算法在测量噪声下能否保证无偏性的问题，给出以下定理。

定理 2.1 如果在阶跃响应辨识实验中存在高斯型测量白噪声，记为 $\zeta(t) \sim N(0,\sigma_\zeta^2)$，则可以通过获得无偏频率响应估计如下

$$Y(\alpha+\mathrm{j}\omega)=\lim_{M_s\to\infty}\frac{1}{M_s}\sum_{i=1}^{M_s}\hat{Y}_i(\alpha+\mathrm{j}\omega) \tag{2.48}$$

估计误差的方差上界为

$$\lim_{M_s\to\infty}\sigma_e^2 \leqslant \frac{T_s^2\sigma_\zeta^2}{1-\mathrm{e}^{-2T_s\alpha}} \tag{2.49}$$

其中，$Y(\alpha+\mathrm{j}\omega)=L[y(t)]$，$\hat{Y}_i(\alpha+\mathrm{j}\omega)=L[\hat{Y}_i(t)]$；$y(t)$ 为阶跃响应的输出真值，$\hat{Y}_i(t)=y(t)+\zeta_i(t)$ 是每次测试中测得的输出响应值；M_s 为阶跃实验的次数；T_s 为采样周期。

证明：令 $s=\alpha+\mathrm{j}\omega(\alpha>0)$ 进行 $\hat{y}_i(t)=y(t)+\zeta_i(t)$ 的拉普拉斯变换，得到

$$\hat{Y}_i(\alpha+\mathrm{j}\omega)=Y(\alpha+\mathrm{j}\omega)+\xi_i(\alpha+\mathrm{j}\omega) \tag{2.50}$$

其中

$$\hat{Y}_i(\alpha+\mathrm{j}\omega)=\int_0^\infty[\hat{y}_i(t)\mathrm{e}^{-\alpha t}]\mathrm{e}^{-\mathrm{j}\omega t}\,\mathrm{d}t=\int_0^{t_{N_i}}[\hat{y}_i(t)\mathrm{e}^{-\alpha t}]\mathrm{e}^{-\mathrm{j}\omega t}\,\mathrm{d}t \tag{2.51}$$

$$\xi_i(\alpha+\mathrm{j}\omega)=\int_0^\infty[\zeta_i(t)\mathrm{e}^{-\alpha t}]\mathrm{e}^{-\mathrm{j}\omega t}\,\mathrm{d}t \tag{2.52}$$

不失一般性地假设上述输出响应的拉普拉斯变换基于零初始过程状态。根据式(2.10) 中选择 t_{N_i} 的条件，可知

$$\int_0^\infty[\zeta_i(t)\mathrm{e}^{-\alpha t}]\mathrm{e}^{-\mathrm{j}\omega t}\,\mathrm{d}t=\int_0^{t_{N_i}}[\zeta_i(t)\mathrm{e}^{-\alpha t}]\mathrm{e}^{-\mathrm{j}\omega t}\,\mathrm{d}t \tag{2.53}$$

对于 $M_s>1$，由式(2.50) 可知

$$Y(\alpha+\mathrm{j}\omega)=\frac{1}{M_s}\sum_{i=1}^{M_s}\hat{Y}_i(\alpha+\mathrm{j}\omega)-\frac{1}{M_s}\sum_{i=1}^{M_s}\xi_i(\alpha+\mathrm{j}\omega) \tag{2.54}$$

令 $\hat{t}_N=\max\{t_{N_i}\}$，$i=1,2,\cdots,M_s$，可得

$$\sum_{i=1}^{M_s}\xi_i(\alpha+\mathrm{j}\omega)=\int_0^{\hat{t}_N}\left[\sum_{i=1}^{M_s}\zeta_i(t)\right]\mathrm{e}^{-(\alpha+\mathrm{j}\omega)t}\,\mathrm{d}t \tag{2.55}$$

对于服从高斯分布的白噪声，有

$$\lim_{M_s\to\infty}\sum_{i=1}^{M_s}\zeta_i(t)=0 \tag{2.56}$$

因此，将式(2.55) 和式(2.56) 代入式(2.54)，得出定理 2.1 中的式(2.48)。相应地，$\xi_i(\alpha+\mathrm{j}\omega)=L[\zeta_i(t)](i=1,2,\cdots,M_s)$ 的方差可以计算为

$$\sigma_e^2=\frac{1}{M_s}\sum_{i=1}^{M_s}\left[\int_0^{\hat{t}_N}\zeta_i(t)\mathrm{e}^{-(\alpha+\mathrm{j}\omega)t}\,\mathrm{d}t\right]\left[\int_0^{\hat{t}_N}\zeta_i(t)\mathrm{e}^{-(\alpha+\mathrm{j}\omega)t}\,\mathrm{d}t\right]^* \tag{2.57}$$

令 $\hat{N}=\hat{t}_N/T_s$，可以用数值计算式(2.57) 为

$$\begin{aligned}\sigma_e^2&=\frac{1}{M_s}\sum_{i=1}^{M_s}\left[\sum_{k=0}^{\hat{N}-1}T_s\zeta_i(kT_s)\mathrm{e}^{-kT_s(\alpha+\mathrm{j}\omega)}\right]\left[\sum_{k=0}^{\hat{N}-1}T_s\zeta_i(kT_s)\mathrm{e}^{-kT_s(\alpha-\mathrm{j}\omega)}\right]\\&=\frac{T_s^2}{M_s}\sum_{i=1}^{M_s}\left\{\sum_{k=0}^{\hat{N}-1}\zeta_i^2(kT_s)\mathrm{e}^{-2kT_s\alpha}+2\sum_{k=1}^{\hat{N}-1}\sum_{l=0}^{k-1}\zeta_i(kT_s)\zeta_i(lT_s)\mathrm{e}^{-kT_s\alpha}\cos[(k-l)\omega T_s]\right\}\end{aligned}$$

$$=\frac{T_s^2}{M_s}\left\{\sum_{k=0}^{\hat{N}-1}\left[\sum_{i=1}^{M_s}\zeta_i^2(kT_s)\right]e^{-2kT_s\alpha}\right\}+\frac{2T_s^2}{M_s}\sum_{k=1}^{\hat{N}-1}\sum_{l=0}^{k-1}\left\{\left[\sum_{i=1}^{M_s}\zeta_i(kT_s)\zeta_i(lT_s)\right]e^{-kT_s\alpha}\cos[(k-l)\omega T_s]\right\} \tag{2.58}$$

注意，$k\neq l(i=1,2,\cdots,M_s)$ 时 $\zeta_i(kT_s)$ 与 $\zeta_i(lT_s)$ 不相关，因此

$$\lim_{M_s\to\infty}\frac{1}{M_s}\sum_{i=1}^{M_s}\zeta_i(kT_s)\zeta_i(lT_s)=0, k\neq l \tag{2.59}$$

此外，有

$$\lim_{M_s\to\infty}\frac{1}{M_s}\sum_{i=1}^{M_s}\zeta_i^2(kT_s)=\sigma_\zeta^2 \tag{2.60}$$

将式(2.59) 和式(2.60) 代入式(2.58)，利用 $e^{-2T_s\alpha}<1$ 进行求和，可得定理 2.1 中的式(2.49)。证毕。 □

从式(2.49) 可以看出，σ_e^2 与 T_s^2 成正比。如果 $T_s\ll 1$，则当 $M_s\to\infty$时可保证 σ_e^2 远小于测量噪声方差 (σ_ζ^2)。在实际应用中，一般建议取 $M_s=5\sim20$，以权衡辨识实验次数和参数估计的准确性。

基于上述无偏频率响应估计，可以得出以下推论。

推论 2.1 如果在阶跃响应辨识实验中存在高斯型测量白噪声，记为 $\zeta(t)\sim N(0,\sigma_\zeta^2)$，基于无偏频率响应估计，利用式(2.42) 中的时域拟合条件，可以通过 Algorithm-SS-Ⅲ或 Algorithm-SS-Ⅳ来保证参数估计的一致性。

证明： 将实际测得的阶跃响应表示为 $\hat{y}(t)=y(t)+\zeta(t)$，其中 $y(t)$ 为阶跃响应的输出真值。记 $\widehat{y}(t)$ 是用 Algorithm-SS-Ⅲ 或 Algorithm-SS-Ⅳ 得出的模型给出的阶跃响应。由式(2.42) 可知

$$err=\frac{1}{N_s}\sum_{k=1}^{N_s}[\hat{y}(kT_s)-\widehat{y}(kT_s)]^2 \tag{2.61}$$

为了评估模型拟合的标准差，对式(2.61) 取数学期望，得到

$$\begin{aligned}E(err)&=E(\hat{y}-\widehat{y})^2\\&=E(y+\zeta-\widehat{y})^2\\&=E(y-\widehat{y})^2+2E[\zeta(y-\widehat{y})]+E(\zeta)^2\end{aligned} \tag{2.62}$$

由于 $\zeta(kT_s)(k=1,2,\cdots,N_s)$ 是一个高斯随机信号序列，当 $N_s\to\infty$时均值为零，$E(\zeta)^2=\sigma_\zeta^2$，并且它与 $y(kT_s)-\widehat{y}(kT_s)(k=1,2,\cdots,N_s)$ 不相关，即 $E[\zeta(y-\widehat{y})]=0$。因此，可知

$$E(err)=E(y-\widehat{y})^2+\sigma_\zeta^2 \tag{2.63}$$

上式表明，只有当 $E(y-\widehat{y})^2$ 取最小值时才能达到下限 min(err)。换句话说，只有最优模型才能达到这个下界，与测量噪声无关。

注意，当预先给定过程时滞参数 (θ) 值时，根据上述无偏频率响应估计，其余模型参数可以由 Algorithm-SS-Ⅲ或 Algorithm-SS-Ⅳ唯一得出。因此，通过在可能的范围内一维搜索时滞参数，可以唯一确定式(2.61) 的最小值，从而得到一致的模型辨识参数估计。证毕。 □

在实际应用中，很多情况下不能确切知道待辨识的过程的真实模型结构，尤其是对于高阶过程系统。虽然 FOPDT 或 SOPDT 低阶模型被广泛用于控制系统的设计[1-3,24]，但如果一个高阶模型能使时域输出响应或频域响应的拟合误差显著减小，则宜采用该高阶模型设计控制系统或整定控制器，以达到更好的控制性能。因此，为便于从阶跃辨识实验中确定可表示过程动态响应特性的最佳模型结构，给出以下定理。

定理 2.2 对于如式(2.38) 所示的一般模型结构，在阶跃响应辨识实验中存在高斯型测量白

噪声 $\zeta(t) \sim N(0,\sigma_\zeta^2)$ 的情况下，采用辨识算法 Algorithm-SS-Ⅳ和如下假设检验条件，可以唯一地确定最佳拟合的模型阶次：

$$H_0: 1-\frac{\sum_{k=1}^{N_s}[\hat{y}(kT_s)-\widehat{y}(kT_s)]^2|_{n=n_2}}{\sum_{k=1}^{N_s}[\hat{y}(kT_s)-\widehat{y}(kT_s)]^2|_{n=n_1}} \geqslant \beta \tag{2.64}$$

其中，$\hat{y}(kT_s)$ 和 $\widehat{y}(kT_s)$ 分别表示从阶跃实验中测得的过程输出和模型输出；n_1 为当前模型阶次；n_2 为有待验证的更高模型阶次，β 为置信水平。

证明：对于任意阶次的模型都有 $E(\hat{y}-\widehat{y})^2 \geqslant 0$，由式(2.63) 可知

$$\min(err) \geqslant E(y-\widehat{y}_{\mathrm{op}})^2+\sigma_\zeta^2 \tag{2.65}$$

其中，$\widehat{y}_{\mathrm{op}}(t)$ 表示最优模型的阶跃响应。显而易见，如果 $y=\widehat{y}_{\mathrm{op}}$，就有 $\min(err)=\sigma_\zeta^2$，意味着辨识模型和过程特性完全匹配。

对于如式(2.38) 所示的模型结构，由前面推论 2.1 可知，利用 Algorithm-SS-Ⅳ可获得唯一的最优参数估计。因此，利用 Algorithm-SS-Ⅳ单调地增加模型阶次进行参数估计，利用式(2.64) 给出的统计假设检验条件，可以唯一地确定能达到如式(2.65) 所示的拟合误差下界的最优模型阶次。证毕。 □

在实际应用中，一般建议选取置信水平 $\beta=0.9$ 进行上述统计假设检验，由式(2.64) 可知，如果式(2.61) 所示的 err 不大于当前模型的十分之一，则可接受当前选择的模型阶次。

2.2.5 应用案例

这里采用已有文献中研究的四个应用案例来说明本章介绍的辨识算法对频率响应估计和模型参数估计的有效性和准确性，并且结合测量噪声实验来验证说明可达到的辨识鲁棒性。为评估测量噪声水平，定义噪信比

$$\mathrm{NSR}=\frac{\mathrm{mean}(\mathrm{abs}(\mathrm{noise}))}{\mathrm{mean}(\mathrm{abs}(\mathrm{signal}))} \tag{2.66}$$

或信噪比 $\mathrm{SNR}=20\lg(1/\mathrm{NSR})$(dB)。

为评估辨识精度，采用如式(2.46) 所示的 err 指标评价辨识模型的频率响应拟合误差，采用式(2.42) 中的 err 指标来评价对时域输出响应的拟合效果。

例 2.1 考虑文献[8] 中研究的一个 FOPDT 过程：

$$G_1=\frac{1}{s+1}\mathrm{e}^{-s}$$

文献[8] 基于一个在单位阶跃激励信号下的辨识实验，采用针对时域输出响应的最小二乘拟合算法给出一个 FOPDT 模型，$G_m=1.00\mathrm{e}^{-1.00s}/(0.997s+1)$。为做比较，这里以采样周期 $T_s=0.01\mathrm{s}$ 进行相同的阶跃实验。根据式(2.8) 和式(2.10) 中给出的准则，选择 $\alpha=0.5$ 和 $t_N=30\mathrm{s}$ 来应用本章的辨识算法 Algorithm-SS-Ⅰ，可以得到完全准确的 FOPDT 模型。

为了验证说明选取不同 α 进行辨识的鲁棒性，在不同随机测量噪声水平（NSR＝0,5%,10%,15%,20%,25%,30%）下，取 $\alpha=0.1,0.2,\cdots,1.0$ 得出的频率响应估计误差（err）绘制在图 2.2 中。

可以看出，当没有测量噪声时（NSR＝0），对于 α 的不同选择都会得到 $err=0$，即能准确辨识 FOPDT 模型。当 NSR≠0 时，在相同的噪声水平下，α 值越小，err 就越小，这说明基于更多的测量数据应用式(2.6)［或式(2.12)］进行频率响应估计，可以获得更好的抗噪效果。特别是在 $\alpha=0.1$ 的情况下，可以看出在不同的噪声水平下，err 几乎变为零。

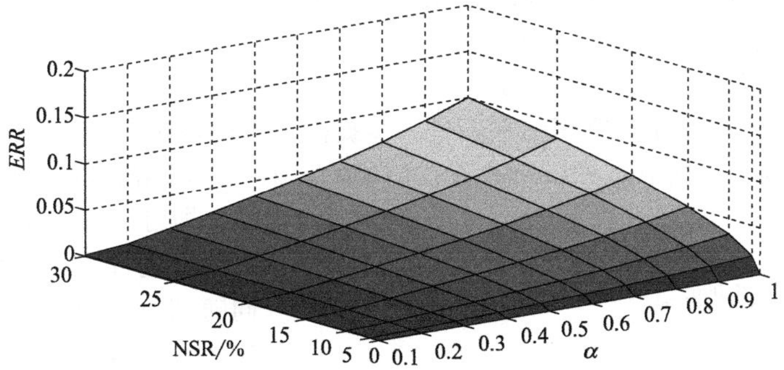

图 2.2　对例 2.1 选取不同 α 值下的频率响应估计误差

为了验证说明在测量噪声下的参数估计一致性，在不同随机噪声水平（NSR=5%,10%,20%,30%）下，基于一定数量的阶跃响应实验（$M_s=1,5,10,20$），对于 $G_1(0.5)=0.4044$ 的频率响应估计结果列于表 2.1 中。其中不同的阶跃响应实验是在仿真测试时通过随机改变噪声发生器的“种子”来模拟的。表 2.1 的最后一行为 $M_s=20$ 时的辨识模型，各行列出的模型参数用辨识结果的均值及其括号内的样本标准差表示。

表 2.1　例 2.1 在不同的测量噪声水平下对于 $G_1(0.5)=0.4044$ 的频率响应估计

M_s	NSR=5%	err	NSR=10%	err	NSR=20%	err	NSR=30%	err
1	0.4066	0.55%	0.4088	1.09%	0.4133	2.21%	0.4179	3.32%
5	0.4031	0.32%	0.4019	0.61%	0.3995	1.22%	0.3971	1.82%
10	0.4034	0.26%	0.4024	0.49%	0.4005	0.97%	0.3985	1.46%
20	0.4038	0.15%	0.4033	0.28%	0.4022	0.54%	0.4011	0.81%
模型	$\frac{0.9986(\pm0.008)e^{-1.0024(\pm0.024)s}}{1.0059(\pm0.085)s+1}$		$\frac{0.9973(\pm0.015)e^{-1.0051(\pm0.048)s}}{1.0087(\pm0.167)s+1}$		$\frac{0.9947(\pm0.031)e^{-1.0115(\pm0.096)s}}{1.0034(\pm0.347)s+1}$		$\frac{1.0016(\pm0.037)e^{-0.9887(\pm0.117)s}}{1.0799(\pm0.479)s+1}$	

可以看出，在不同的噪声水平下都能获得很好的辨识精度，并且随着阶跃响应实验次数的增加，可以逐渐达到对频率响应的一致估计。而且，容易验证，在上述各种随机噪声水平下，频率响应估计误差的样本标准差比测量噪声的样本标准差小得多，与定理 2.1 的结论一致。

例 2.2　考虑文献[11，15] 中研究的一个 SOPDT 过程：

$$G_2=\frac{1.25}{0.25s^2+0.7s+1}e^{-0.234s}$$

为了便于说明，采用一个基于单位阶跃信号的辨识实验，输出响应如图 2.1 所示。采样周期取为 $T_s=0.01$s，注意它不是实际过程时滞的整数倍。根据式(2.8) 和式(2.10) 给出的准则，选择$\alpha=0.2$ 和 $t_N=100$s 来应用本章的辨识算法 Algorithm-SS-Ⅰ，可得出一个 FOPDT 模型：

$$G_{m-1}=\frac{1.2505}{0.232s+1}e^{-0.708s}$$

用该模型可以估计出过程频率响应的一个参考截止角频率为 $\omega_{rc}=3.4786$rad/s。

然后取 $\alpha=0.2,0.4,0.6,0.8,1.0$，容易验证本章的辨识算法 Algorithm-SS-Ⅱ 和 Algorithm-SS-Ⅲ 都能得到准确的 SOPDT 模型。此外，可以验证，基于频率响应估计的 11 个点，$G_2(0.2+j\omega_k)$，其中 $\omega_k=k\omega_{rc}/10$，$k=0, 1, 2, \cdots, 10$，本章的辨识算法 Algorithm-SS-Ⅳ 同样能得到准确的 SOPDT 模型。

为了检验在测量噪声下的辨识鲁棒性，假设存在随机测量噪声 $N(0,\sigma_\xi^2=0.024)$，造成 NSR=10%。仿真测试时，通过对噪声发生器的“种子”从 1 变化到 200 进行 200 次蒙特卡洛

实验，基于上述频率响应估计的辨识算法 Algorithm-SS-Ⅳ给出

$$G_{\mathrm{m}-2}=\frac{1.25(\pm 0.006)}{0.25(\pm 0.03)s^{2}+0.7(\pm 0.03)s+1}\mathrm{e}^{-0.234(\pm 0.04)s}$$

相较于文献[11，15]中示出的辨识结果，进一步提高了辨识鲁棒性。

为进一步检验辨识算法 Algorithm-SS-Ⅳ在测量噪声下不采用无偏频率响应估计的辨识鲁棒性，即对于每次实验中的频率响应估计结果进行模型辨识，图 2.3 示出不同随机噪声水平（NSR＝1％，5％，10％，15％，20％，25％，30％）下的辨识结果，其中每个模型参数的估计结果以垂直线性段和括号中的 200 次蒙特卡洛实验下的样本标准差表示。每个线性段中的方形实点表示 200 个辨识结果的均值，上、下横线分别对应于参数估计的最大值和最小值。注意，对于一维搜索时滞参数的方法，采用等于采样周期的搜索步长，以及参数估计约束条件：$a_1>0$ 和 $a_2>0$，在 NSR＝30％的最坏情况下估计出时滞的可能范围为 $\theta\in(0,0.5]$。

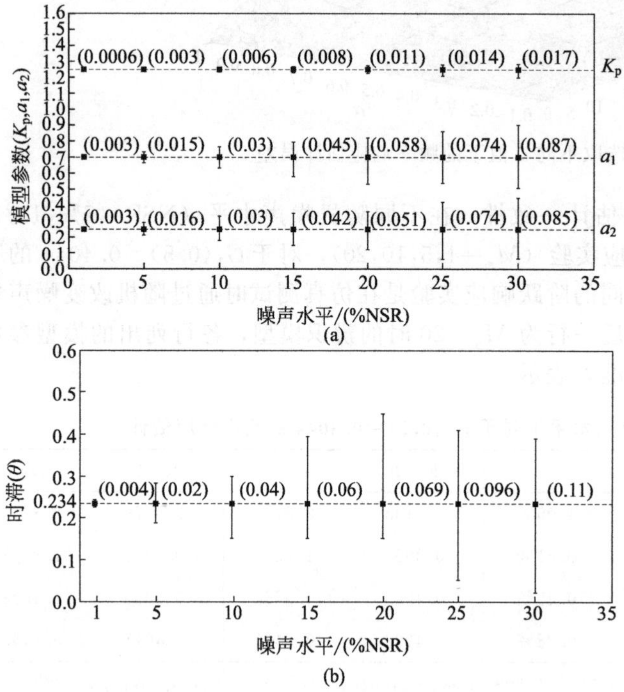

图 2.3　对例 2.2 在 200 次蒙特卡洛实验下的抗噪辨识结果

由图 2.3 可见，虽然没有使用无偏频率响应估计，辨识算法 Algorithm-SS-Ⅳ亦能保持较好的辨识鲁棒性。

此外，为了检验选取不同 α 值应用辨识算法 Algorithm-SS-Ⅳ的鲁棒性，图 2.4 示出在 NSR＝10％的噪声水平下对于选取 $\alpha=0.1,0.2,\cdots,1.0$ 和频率范围（0.5～5.0）ω_{rc} 得到的模型阶跃响应拟合误差。

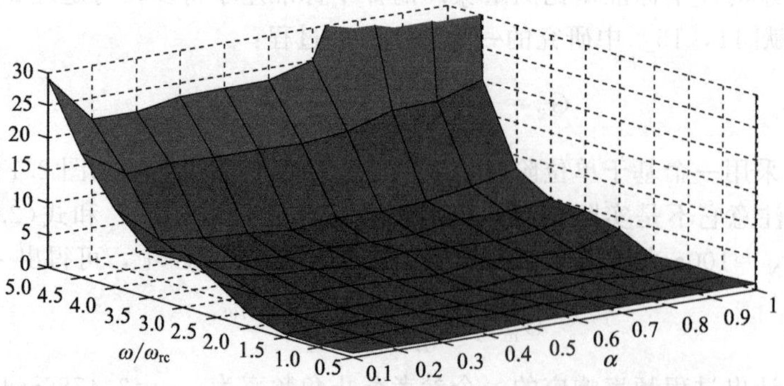

图 2.4　对例 2.2 选取不同 α 值辨识模型的阶跃响应拟合误差

可以看出，在相同的频率范围内进行模型拟合，选取不同 α 值辨识模型得到的 err 指标几乎相同。注意，err 相对于模型拟合的频率范围逐渐增大，原因是随频率升高，对于过程频率响应的估计精度降低。由此验证说明如果采用阶跃响应辨识实验，宜选用低频范围内的频率响应估计来进行模型拟合和参数估计。

例 2.3　考虑文献[9-11,15]中研究的一个含有右半平面（RHP）零点的 SOPDT 过程：

$$G_3=\frac{-4s+1}{9s^2+2.4s+1}e^{-s}$$

参照文献[9] 中在一个单位阶跃激励信号下的辨识实验，取 $\alpha=0.05, 0.1, 0.15, 0.2$，$t_N=200s$，采用本章的辨识算法 Algorithm-SS-Ⅲ基于对过程时滞参数的零初值估计进行一维搜索，拟合精度水平设置为 $err\leqslant 1\times 10^{-4}$，由此得出辨识模型：

$$G_m=\frac{-3.9989s+0.9998}{9.0183s^2+2.3951s+1}e^{-s}$$

利用该模型可以计算出待辨识过程的一个参考截止角频率为 $\omega_{rc}=0.366rad/s$。说明：由于模型失配的问题，辨识算法 Algorithm-SS-Ⅰ和 Algorithm-SS-Ⅱ不能给出一个可接受的 FOPDT 或 SOPDT 模型，现有文献[9, 10] 亦例证了不宜用一个 FOPDT 模型拟合该过程。

图 2.5 示出对 $G_3(0.2+j\omega_k)$ 的频率响应估计，其中 $\omega_k=k\omega_{rc}/10$，$k=0,1,2,\cdots,10$，可见达到较好的估计准确性。因此，采用辨识算法 Algorithm-SS-Ⅳ亦可以得到准确的过程模型。

为了检验在输出测量噪声下的辨识鲁棒性，假设阶跃实验中存在随机测量噪声 $N(0, \sigma_\xi^2=0.015)$，造成 NSR=10%。由此对上述各点的频率响应估计仍绘制在图 2.5 中以便比较，可见本章给出的频率响应估计方法具有较好的辨识鲁棒性。基于上述在测量噪声下的频率响应估计，采用本章的辨识算法 Algorithm-SS-Ⅳ得出一个辨识模型：

$$G_m=\frac{-3.96945s+0.9978}{9.0537s^2+2.3906s+1}e^{-1.03s}$$

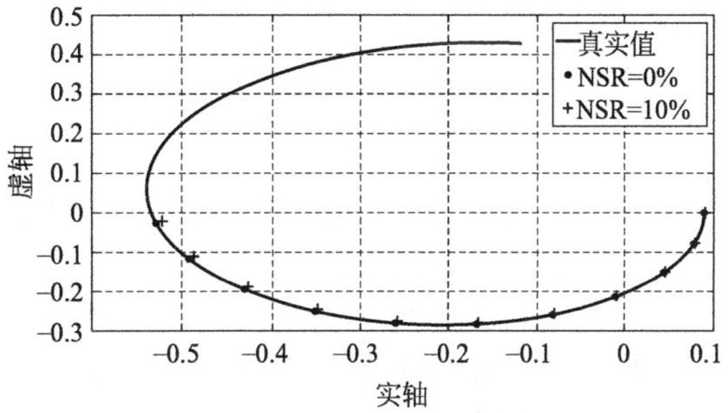

图 2.5　对例 2.3 的频率响应估计

该模型在暂态响应时间 $t_{set}=50s$ 内对应输出拟合误差指标 $err=1.93\times 10^{-5}$，明显小于文献[10] 中给出的 $err=6.25\times 10^{-4}$。可以验证，在该噪声水平下，进行 5～10 次阶跃激励实验，采用本章的方法可以获得无偏频率响应估计。

例 2.4　考虑文献[9, 10] 中研究的一个高阶稳定过程：

$$G_4=\frac{2.15(-2.7s+1)(158.5s^2+6s+1)}{(17.5s+1)^4(20s+1)}e^{-14s}$$

基于文献[9, 10] 中实施的一个单位阶跃激励辨识实验，取 $\alpha=0.01$ 和 $t_N=800s$，本章的辨识算法 Algorithm-SS-Ⅰ得出一个 FOPDT 模型：

$$G_{m-1}=\frac{2.1434}{53.2173s+1}e^{-49.2712s}$$

该模型在暂态响应时间 $t_{set}=500s$ 内对应输出拟合误差指标 $err=4.54\times 10^{-3}$。

说明：基于对 $G_4(0.01+j\omega_k)$ 的频率响应估计，其中 $\omega_k=k\omega_{rc}/10$，$k=0,1,2,\cdots,10$，$\omega_{rc}=0.0407rad/s$ 由上述 FOPDT 模型估算出来，采用本章的辨识算法 Algorithm-SS-Ⅳ可以得到进一步提高的拟合精度，得出一个 FOPDT 模型为

$$G_{m-1}=\frac{2.1771}{55.0668s+1}e^{-51.57s}$$

对应于 $err=3.41\times 10^{-3}$。

为了比较，采用本章的辨识算法 Algorithm-SS-Ⅳ可得出一个 SOPDT 模型：

$$G_{m-2}=\frac{2.1413e^{-27.96s}}{1903.0013s^2+70.9754s+1}$$

对应于 $err=2.74\times10^{-4}$；同样也可以得出一个三阶模型：

$$G_{m-3}=\frac{244.0559s^2+9.0939s+2.1507}{27587.1611s^3+2297.2191s^2+79.6136s+1}e^{-25.48s}$$

对应于 $err=3.67\times10^{-6}$；而且还可以得出一个四阶模型：

$$G_{m-4}=\frac{33.1113s^3+340.8036s^2+13.7927s+2.1486}{320502.235s^4+45289.5023s^3+2879.9862s^2+85.7314s+1}e^{-21.28s}$$

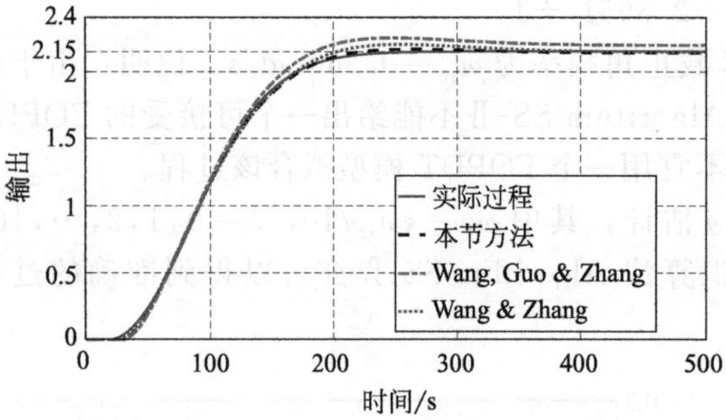

图 2.6　对例 2.4 辨识出的 SOPDT 模型的阶跃响应拟合效果

对应于 $err=6.81\times10^{-7}$。

选取置信水平 $\beta=0.9$ 来应用式(2.64)中的模型结构选择准则，可以确定上述三阶模型为描述该过程动态响应特性的最佳模型。

图 2.6 示出上述辨识出的 SOPDT 模型与文献[9，10] 给出的 SOPDT 模型在相同阶跃激励实验下的拟合效果。说明：文献[9] 中的 SOPDT 模型对应 $err=4.53\times10^{-3}$，文献[10] 中的 SOPDT 模型对应 $err=5.68\times10^{-4}$。

2.3　抗扰辨识模型参数的方法

对于实际工程应用中存在非零或不稳定初始过程条件以及未知动态特性干扰的情况，本节介绍一种修改常规的阶跃响应实验的方案以鲁棒辨识开环稳定过程，相应地给出鲁棒辨识 FOPDT 和 SOPDT 模型参数的算法。

2.3.1　阶跃响应实验设计

在上一节中已讲述了在阶跃激励信号下的过程暂态响应数据可用于模型辨识。为了克服非稳态初始过程条件或未知负载扰动对模型辨识的不利影响，这里提出一种改进的阶跃响应实验方案以准确地辨识开环稳定过程的动态特性，如图 2.7 和图 2.8 所示，其中 t_0 表示加入阶跃激励信号的时刻。当过程暂态响应基本结束后，去除该阶跃激励信号的时刻记为 t_{ss}。

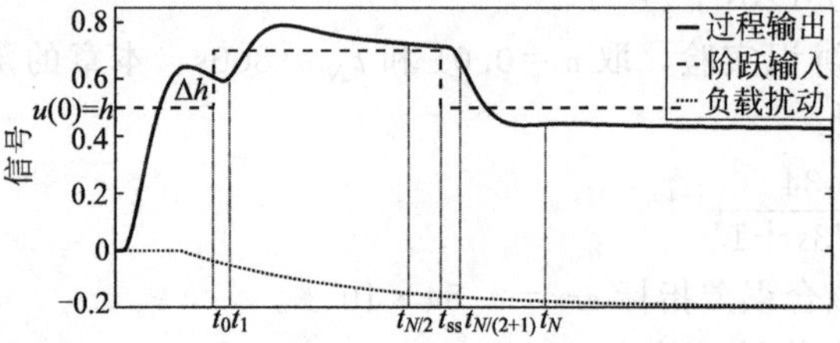

图 2.7　在不稳定的初始过程条件和负载扰动下改进的阶跃实验

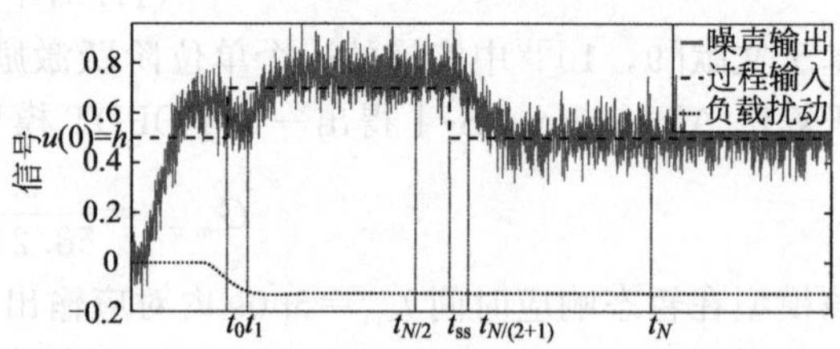

图 2.8　在不稳定的初始过程条件、测量噪声和负载扰动下改进的阶跃实验

为了有效地从上述阶跃实验中提取暂态响应数据，应该保证在测量噪声下可以观察出由阶跃激励信号引起的过程输出动态响应变化，并且随后能观察到过程输出响应基本进入稳态，从而可以明确地去除阶跃激励信号，以采集消除该激励信号后的过程暂态响应数据，如图 2.7 或图 2.8 所示。注意，用于鲁棒辨识模型的阶跃响应数据分为两段，一段对应于加入阶跃激励信号（即 $t_1\sim t_{N/2}$），另一段对应于去除该激励信号［即 $t_{N/(2+1)}\sim t_N$］。这样选取实验数据的一

个重要优点是，由两段数据组成的输入激励时间序列和相应的输出响应时间序列，不会同由非稳初始过程条件或负载扰动产生的暂态响应时间序列产生相关性。

说明一下，在上述修改的阶跃实验方案中，应提前观测一下过程输出情况。如果初始过程输出 $y(t_0)$ 呈下降趋势，即 $\dot{y}(t_0)<0$，则建议在过程输入（u）端加入一个正阶跃变化，如图 2.7 所示，以便观察到输出响应的明显拐点。然后可以取第一段阶跃响应数据的起点（t_1）进行辨识。相反，如果初始过程输出有上升的趋势，则应相应引入负阶跃变化。如果不能清楚地观察到初始过程输出的趋势，特别是在高测量噪声水平的情况下，如图 2.8 所示，可以使用正或负阶跃变化，其幅度应设置得大一些，以使过程输出产生可观察到的波动。第一段数据的终点（$t_{N/2}$）可以取为去除阶跃变化的时间或稍早的时间，其中 N 为用于辨识模型的阶跃响应数据个数。

当然，理想的情况是在过程响应完全进入稳态后再去除阶跃激励信号。然而，在存在测量噪声或负载扰动的情况下，会不便观察或等到过程输出的稳态。因此，建议在观察到过程输出响应基本进入稳态后，即可去除阶跃激励信号。相应地，在去除该激励信号后输出响应的第一个明显拐点可作为第二段数据的起点［$t_{N/(2+1)}$］。第二段数据的终点（t_N）可以取为过程输出响应基本恢复到在阶跃激励实验之前状态的时刻，如图 2.7 或图 2.8 所示。需要指出，如果确定不存在负载扰动，则不需要在去除阶跃激励信号之前等待过程输出响应进入稳态，后续介绍的辨识算法会说明原因。

为了权衡辨识精度和计算代价，一般性地建议用于辨识模型的两段暂态响应数据总数（N）在 50～200 的范围内。

2.3.2 模型参数辨识

为了对开环稳定过程辨识低阶传递函数模型以便于控制设计，这里考虑一个典型的低阶模型结构：

$$G=\frac{b_1 s+b_0}{a_2 s^2+a_1 s+1}\mathrm{e}^{-\theta s} \tag{2.67}$$

对应的时域输出响应形式为

$$a_2\ddot{y}(t)+a_1\dot{y}(t)+y(t)=b_1\dot{u}(t-\theta)+b_0 u(t-\theta)+l(t) \tag{2.68}$$

其中，$y(t)$ 表示过程输出；$u(t)$ 表示过程输入；$l(t)$ 表示负载扰动引起的输出偏差；θ 表示过程时滞；b_0 通常称为过程静态增益。

对于 $b_1<0$，式(2.67) 表示含有一个复右半平面（RHP）零点的 SOPDT 模型。当 $b_1=0$ 时，该 SOPDT 模型可能有三种阶跃响应类型，即通常所说的欠阻尼响应（含一对复数极点）、临界阻尼响应（含双重极点）和过阻尼响应（含两个不同的实数极点）。当 $b_1=0$ 和 $a_2=0$ 时对应一个 FOPDT 模型。

为便于讲述清楚，下面详细介绍辨识含有一个零点的 SOPDT 模型的参数估计算法，然后简要介绍辨识不含零点的 SOPDT 模型和 FOPDT 模型的参数估计算法。

(1) 含有一个零点的 SOPDT 模型参数估计

对于非零初始稳态条件 $y(t_0)\neq 0$ 和 $u(t_0)=h\,(h\in\Re)$，通过对 t_0 的时移，即令 $t_0=0$，可将上述改进的阶跃实验中输入激励信号表示为

$$u(t)=\begin{cases}h, & 0\leqslant t\leqslant\theta\\ h+\Delta h, & \theta<t\leqslant t_{ss}+\theta\\ h, & t>t_{ss}+\theta\end{cases} \tag{2.69}$$

对于 $t_1\leqslant t\leqslant t_{ss}+\theta$，其中 $t_1\geqslant t_0+\theta$，可以通过令 $t_0=0$ 推导出

$$\int_0^t u(t)\mathrm{d}t=\int_0^\theta h\,\mathrm{d}t+\int_\theta^t(h+\Delta h)\mathrm{d}t=(h+\Delta h)t-\Delta h\theta \tag{2.70}$$

$$\int_0^t \dot{u}(t)\mathrm{d}t = \int_0^{\theta_-} 0\mathrm{d}t + \int_{\theta_-}^{\theta_+} \dot{u}(t)\mathrm{d}t + \int_{\theta_+}^{t} 0\mathrm{d}t = \Delta h \tag{2.71}$$

同样，对于 $t_{ss}+\theta<t\leqslant t_N$，可以推导出

$$\int_0^t u(t)\mathrm{d}t = \int_0^{\theta} h\mathrm{d}t + \int_0^{t_{ss}+\theta} (h+\Delta h)\mathrm{d}t + \int_{t_{ss}+\theta}^{t} (h+\Delta h)\mathrm{d}t = \Delta h t_{ss} + ht \tag{2.72}$$

$$\int_0^t \dot{u}(t)\mathrm{d}t = \int_0^{\theta_-} 0\mathrm{d}t + \int_{\theta_-}^{\theta_+} \dot{u}(t)\mathrm{d}t + \int_{\theta_+}^{t_{ss}+\theta_-} 0\mathrm{d}t + \int_{t_{ss}+\theta_-}^{t_{ss}+\theta_+} \dot{u}(t)\mathrm{d}t + \int_{t_{ss}+\theta_+}^{t} 0\mathrm{d}t = 0 \tag{2.73}$$

为了表述简便，将 $f(t)$ 的时间函数的多重积分表示为

$$\int_{[0,t]}^{(m)} f(t) = \int_0^t \int_0^{\tau_{m-1}} \cdots \int_0^{\tau_1} f(\tau_0)\mathrm{d}\tau_0 \mathrm{d}\tau_1 \cdots \mathrm{d}\tau_{m-1}, m \geqslant 2 \tag{2.74}$$

对于 $t_1\leqslant t\leqslant t_{ss}+\theta$，由式(2.70) 可知

$$\int_{[0,t]}^{(2)} u(t) = \int_0^{\theta}\int_0^{\tau_1} h\mathrm{d}\tau_0\mathrm{d}\tau_1 + \int_{\theta}^{t} [(h+\Delta h)\tau_1 - \Delta h\theta]\mathrm{d}\tau_1 = \frac{h+\Delta h}{2}t^2 - \Delta ht\theta + \frac{\Delta h}{2}\theta^2 \tag{2.75}$$

类似地，可以推导出

$$\int_{[0,t]}^{(2)} u(t) = \begin{cases} \dfrac{h+\Delta h}{2}t^2 - \Delta ht\theta + \dfrac{\Delta h}{2}\theta^2, \theta < t \leqslant t_{ss}+\theta \\ \dfrac{h}{2}t^2 + \Delta ht_{ss}t - \dfrac{\Delta h}{2}t_{ss}^2 - \Delta ht_{ss}\theta, t > t_{ss}+\theta \end{cases} \tag{2.76}$$

$$\int_{[0,t]}^{(3)} u(t) = \begin{cases} \dfrac{h+\Delta h}{6}t^3 - \dfrac{\Delta h}{2}t^2\theta + \dfrac{\Delta h}{2}t\theta^2 - \dfrac{\Delta h}{6}\theta^3, \theta < t \leqslant t_{ss}+\theta \\ \dfrac{h}{6}t^3 + \dfrac{\Delta h}{2}t_{ss}t^2 - \dfrac{\Delta h}{2}t_{ss}^2 t + \dfrac{\Delta h}{6}t_{ss}^3 + \left(\dfrac{\Delta h}{2}t_{ss}^2 - \Delta ht_{ss}t\right)\theta + \dfrac{\Delta h}{2}t_{ss}\theta^2, t > t_{ss}+\theta \end{cases} \tag{2.77}$$

$$\int_{[0,t]}^{(2)} \dot{u}(t) = \begin{cases} \Delta h(t-\theta), \theta < t \leqslant t_{ss}+\theta \\ \Delta ht_{ss}, t > t_{ss}+\theta \end{cases} \tag{2.78}$$

$$\int_{[0,t]}^{(3)} \dot{u}(t) = \begin{cases} \dfrac{\Delta h}{2}t^2 - \Delta ht\theta + \dfrac{\Delta h}{2}\theta^2, \theta < t \leqslant t_{ss}+\theta \\ \Delta ht_{ss}t - \dfrac{\Delta h}{2}t_{ss}^2 - \Delta ht_{ss}\theta,\ t > t_{ss}+\theta \end{cases} \tag{2.79}$$

$$\int_{[0,t]}^{(3)} \dot{y}(t) = \int_{[0,t]}^{(2)} y(t) - \frac{1}{2}y(0)t^2 \tag{2.80}$$

$$\int_{[0,t]}^{(3)} \ddot{y}(t) = \int_{[0,t]}^{(1)} y(t) - y(0)t - \frac{1}{2}\dot{y}(0)t^2 \tag{2.81}$$

利用式(2.69) 对过程输入的表述，可以将式(2.68) 中的时域输出响应表示为

$$a_2\ddot{y}(t) + a_1\dot{y}(t) + y(t) = b_1\dot{u}(t) + b_0 u(t) + l(t) \tag{2.82}$$

通过对式(2.82) 的两边进行三重积分，并利用式(2.77)、式(2.79)、式(2.80) 和式(2.81) 重新整理所得方程，可以得到一个参数估计形式：

$$\psi(t) = \boldsymbol{\phi}^{\mathrm{T}}(t)\boldsymbol{\gamma} + \varepsilon(t) \tag{2.83}$$

其中 $\varepsilon(t)$ 表示拟合残差，并且有

$$\begin{cases} \psi(t) = \int_{[0,t]}^{(3)} y(t) \\ \boldsymbol{\phi}(t) = \left[-\int_{[0,t]}^{(1)} y(t), -\int_{[0,t]}^{(2)} y(t), F_0(t), F_1(t), F_2(t), F_3(t), 1, t, t^2, \cdots, t^q\right]^{\mathrm{T}} \\ \boldsymbol{\gamma} = [a_2, a_1, b_0, b_0\theta - b_1, b_0\theta^2 - 2b_1\theta, b_0\theta^3 - 3b_1\theta^2, \eta_0, \eta_1, \eta_2, \cdots, \eta_q]^{\mathrm{T}} \end{cases} \tag{2.84}$$

$$F_0(t)=\begin{cases}\dfrac{h+\Delta h}{6}t^3, \theta<t\leqslant t_{ss}+\theta \\ \dfrac{h}{6}t^3+\dfrac{\Delta h}{2}t_{ss}t^2-\dfrac{\Delta h}{2}t_{ss}^2 t+\dfrac{\Delta h}{6}t_{ss}^3, t>t_{ss}+\theta\end{cases} \tag{2.85}$$

$$F_1(t)=\begin{cases}-\dfrac{\Delta h}{2}t^2, \theta<t\leqslant t_{ss}+\theta \\ \dfrac{\Delta h}{2}t_{ss}^2-\Delta h t_{ss}t, t>t_{ss}+\theta\end{cases} \tag{2.86}$$

$$F_2(t)=\begin{cases}\dfrac{\Delta h}{2}t, \theta<t\leqslant t_{ss}+\theta \\ \dfrac{\Delta h}{2}t_{ss}, t>t_{ss}+\theta\end{cases} \tag{2.87}$$

$$F_3(t)=\begin{cases}-\dfrac{\Delta h}{6}, \theta<t\leqslant t_{ss}+\theta \\ 0, t>t_{ss}+\theta\end{cases} \tag{2.88}$$

说明：在上述参数估计形式中，根据线性叠加原理将系统响应分解为由输入激励信号引起的强迫输出响应以及由过程非零初始状态和负载扰动引起的非强迫输出响应。对于非强迫输出响应采用麦克劳林（Maclaurin）级数逼近，因此 $y(0)$、$\dot{y}(0)$ 和 $l(t)$ 的作用在如式(2.83)所示的参数估计形式中近似表示为

$$\hat{Q}(t)=\sum_{j=0}^{q}\eta_j t^j \tag{2.89}$$

其中，$\eta_j(j=0,1,2,\cdots,q)$ 包含在参数向量 $\boldsymbol{\gamma}$ 中。这是基于以下事实：非零初始过程条件和负载扰动所产生的输出响应一般性地可以表示为

$$Q(t)=\sum_{j=0}^{m}\alpha_j \mathrm{e}^{-\beta_j t} \tag{2.90}$$

其中，$\alpha_j=\sum_{i=0}^{r}c_i t^i$，$c_i\in\Re$，$\mathrm{Re}(\beta_j)\in\Re_+$，$r$ 由过程重复极点数和输入类型决定，m 为过程模型的不同极点数。而且，式(2.90) 中的指数项可以进一步展开表示为

$$\mathrm{e}^{-\mathrm{Re}(\beta_j)t}=1-\mathrm{Re}(\beta_j)t+\frac{[\mathrm{Re}(\beta_j)]^2}{2!}t^2+\frac{[-\mathrm{Re}(\beta_j)]^3}{3!}t^3+\cdots+\frac{[-\mathrm{Re}(\beta_j)]^n}{n!}t^n+R_n(t) \tag{2.91}$$

其中

$$\lim_{t\to\infty}R_n(t)=\lim_{t\to\infty}\frac{[-\mathrm{Re}(\beta_j)t]^{n+1}}{(n+1)!}\mathrm{e}^{-\delta\mathrm{Re}(\beta_j)t}=0, \delta\in(0,1) \tag{2.92}$$

如果不存在负载扰动，即 $l(t)=0$，则可以利用式(2.80) 和式(2.81) 得知，在式(2.89) 中取 $q=2$，可求解如式(2.83) 所示的参数估计问题，并且利用式(2.83) 可以推导出 $\eta_0=0$、$\eta_1=a_2 y(0)$ 和 $\eta_2=[a_1 y(0)+a_2\dot{y}(0)]/2$。

对于存在常值负载扰动的情况下，即 $l(t)=c$，$c\in\Re$，如果模型结构与过程相匹配，类上分析可知，取 $q=3$ 足以进行参数估计。

对于存在未知动态特性负载扰动的情况下，选取 q 的大小（亦称阶次）直接决定式(2.89) 对非强迫输出响应的近似精度，由此影响对模型参数估计的准确性。这就解释了为什么在上述修改的阶跃实验中有必要等过程暂态响应基本进入稳态后再去除阶跃激励信号，从而便于用式(2.89) 准确表示由非零初始过程条件和负荷扰动所引起的暂态响应。

当然，如果用式(2.89) 不能准确地逼近在时变性负载扰动下的非强迫输出响应，可能会影响由式(2.83) 给出的模型参数估计的准确性。然而，可能产生如此影响的时变性负载扰动可以在如前所述的阶跃激励实验中，通过在去除阶跃激励信号后继续观测输出响应是否进入稳态而进行判断。而且，可以通过重复上述阶跃实验进行验证对模型参数估计的一致性。

为了确定 q 的合适阶次以求解式(2.83) 中的输出响应拟合问题，可以采用一种统计假设检验的方法。也就是说，取初始估计 $q=3$ 进行迭代，如果在第 k 个迭代步骤不满足以下收敛条件，则可以使用更新律 $q(k+1)=q(k)+1$，

$$J_p=\sqrt{\frac{1}{p}\sum_{i=1}^{p}[\gamma^{[k]}(i)-\gamma^{[k-1]}(i)]^2}<\varepsilon \tag{2.93}$$

其中，ε 是实际指定的用于评估模型参数拟合方差的阈值；p 是待辨识的模型参数的个数。由式(2.84) 可知，$\gamma(i)(i=1,2,\cdots,p)$ 对应的模型参数与用于逼近非强迫输出响应的麦克劳林级数的系数 $\eta_j(j=0,1,2,\cdots,q)$ 相对独立。

因此，利用如前所述的两段阶跃响应数据，令 $\boldsymbol{\Psi}=[\psi(t_1),\psi(t_2),\cdots,\psi(t_N)]^{\mathrm{T}}$ 和 $\boldsymbol{\Phi}=[\boldsymbol{\phi}(t_1),\boldsymbol{\phi}(t_2),\cdots,\boldsymbol{\phi}(t_N)]^{\mathrm{T}}$，可以建立用于参数估计的最小二乘算式：

$$\boldsymbol{\Psi}=\boldsymbol{\Phi}\boldsymbol{\gamma} \tag{2.94}$$

相应地，参数向量可以求解为

$$\boldsymbol{\gamma}=(\boldsymbol{\Phi}^{\mathrm{T}}\boldsymbol{\Phi})^{-1}\boldsymbol{\Phi}^{\mathrm{T}}\boldsymbol{\Psi} \tag{2.95}$$

为了说明求解式(2.95) 中 $\boldsymbol{\Phi}^{\mathrm{T}}\boldsymbol{\Phi}$ 的可逆性，给出以下定理。

定理 2.3 $\boldsymbol{\Phi}^{\mathrm{T}}\boldsymbol{\Phi}$ 在如图 2.7 所示的改进型阶跃实验下保证可逆。

证明： 由式(2.84) 可知，$\boldsymbol{\Phi}$ 中的最后 q 列都是具有不同幂次的时间向量，所以它们彼此线性无关。同时，$\boldsymbol{\Phi}$ 中的前两列分别是过程输出响应的单积分和双积分序列，显然与最后 q 列线性无关。基于如图 2.7 所示的阶跃实验，$F_j(t)(j=0,1,2,3)$ 都是分段连续时间函数，所以 $\boldsymbol{\Phi}$ 中的相应列不仅彼此线性无关，而且与 $\boldsymbol{\Phi}$ 中的其余列线性无关。因此，$\boldsymbol{\Phi}$ 保证列满秩。由于 $\mathrm{rank}(\boldsymbol{\Phi}^{\mathrm{T}}\boldsymbol{\Phi})=\mathrm{rank}(\boldsymbol{\Phi})$，所以可以确定 $\boldsymbol{\Phi}^{\mathrm{T}}\boldsymbol{\Phi}$ 是可逆的。证毕。 □

需要说明，如果采用常规的阶跃实验进行辨识，则暂态响应数据只对应上述改进型阶跃实验的第一段数据。从式(2.85)～式(2.88) 可以看出，得到的 $F_j(t)(j=0,1,2)$ 都是时间函数，并且 $F_3(t)$ 变成常数，它们在 $\boldsymbol{\Phi}$ 中对应的列一定会与最后 $q+1$ 列线性相关，从而导致 $\boldsymbol{\Phi}^{\mathrm{T}}\boldsymbol{\Phi}$ 不可逆而不能求解。由此说明，常规的阶跃实验不能用于在不稳定的初始过程条件或负载扰动下进行参数估计。

基于求解式(2.95)，可以从 $\boldsymbol{\gamma}(i)(i=1,2,\cdots,p)$ 中得出模型参数如下

$$[a_2,a_1,b_0,b_1,\theta]^{\mathrm{T}}=\left[\boldsymbol{\gamma}(1),\boldsymbol{\gamma}(2),\boldsymbol{\gamma}(3),\pm\sqrt{\boldsymbol{\gamma}^2(4)-\boldsymbol{\gamma}(3)\boldsymbol{\gamma}(5)},[b_1+\boldsymbol{\gamma}(4)]/\boldsymbol{\gamma}(3)\right]^{\mathrm{T}} \tag{2.96}$$

显然，正 b_1 表示最小相位过程，负 b_1 对应带有初始反向响应的非最小相位过程（在阶跃输入下的初始输出响应与其最终响应方向相反），这显然在实际过程操作中可以观察出来。因此，b_1 只有唯一的选择。

需要注意的是，如果所采用的模型结构能很好地拟合实际过程动态响应特性，则一定能满足求解式(2.95) 中参数向量的冗余拟合条件 $\boldsymbol{\gamma}(6)$。在模型不匹配的情况下，可利用该条件建立模型参数的最小二乘拟合条件，以提高模型拟合精度，如前面第 2.2 节所述。

对于存在测量噪声 $\zeta(t)$ 的情况，可以表示 $\hat{y}(t)=y(t)+\zeta(t)$，其中 $\hat{y}(t)$ 是实际测量的过程输出，$y(t)$ 指真实的过程输出。将 $\hat{y}(t)$ 代入式(2.82)，然后对式(2.82) 的两边进行三重积分，可以得到

$$\psi(t)=\boldsymbol{\phi}^{\mathrm{T}}(t)\boldsymbol{\gamma}+\nu(t) \tag{2.97}$$

其中

$$\begin{cases}\psi(t)=\int_{[0,t]}^{(3)}\hat{y}(t)\\ \boldsymbol{\phi}(t)=\left[-\int_{[0,t]}^{(1)}\hat{y}(t),-\int_{[0,t]}^{(2)}\hat{y}(t),F_0(t),F_1(t),F_2(t),F_3(t),1,t,t^2,\cdots,t^q\right]^{\mathrm{T}}\\ \boldsymbol{\gamma}=[a_2,a_1,b_0,b_0\theta-b_1,b_0\theta^2-2b_1\theta,b_0\theta^3-3b_1\theta^2,\eta_0,\eta_1,\eta_2,\cdots,\eta_q]^{\mathrm{T}}\\ \nu(t)=a_2\int_{[0,t]}^{(1)}\zeta(t)+a_1\int_{[0,t]}^{(2)}\zeta(t)+\int_{[0,t]}^{(3)}\zeta(t)\end{cases} \tag{2.98}$$

从式(2.97) 和式(2.98) 可以看出，$\boldsymbol{\phi}(t)$ 与由测量噪声引起的 $\nu(t)$ 相关。因此，采用式(2.95) 进行参数估计不能保证一致性。为了解决这个问题，可以采用辅助变量（Ⅳ）方法[25]。下面定理给出一种选取Ⅳ矩阵以保证参数估计一致性的方法。

定理 2.4 如果选取 $\boldsymbol{Z}=[\boldsymbol{z}_1,\boldsymbol{z}_2,\cdots,\boldsymbol{z}_N]^{\mathrm{T}}$ 作为Ⅳ矩阵，其中 $\boldsymbol{z}_i=[1/t_i^{p+1},1/t_i^p,\cdots,1/t_i,1,t_i,t_i^2,\cdots,t_i^q]^{\mathrm{T}}$，则可满足两个约束条件：① $\lim\limits_{N\to\infty}(\boldsymbol{Z}^{\mathrm{T}}\boldsymbol{\Phi})/N$ 可逆；② $\lim\limits_{N\to\infty}(\boldsymbol{Z}^{\mathrm{T}}\boldsymbol{\upsilon})/N=0$，其中 $\boldsymbol{\upsilon}=[\nu(t_1),\nu(t_2),\cdots,\nu(t_N)]^{\mathrm{T}}$。由此保证 $\boldsymbol{\gamma}=(\boldsymbol{Z}^{\mathrm{T}}\boldsymbol{\Phi})^{-1}\boldsymbol{Z}^{\mathrm{T}}\boldsymbol{\Psi}$ 给出一致的参数估计。

证明： 根据系统辨识理论[25]，定理 2.2 中的两个约束条件可以保证一致性参数估计，它们实际上表明所选取的辅助变量必须与回归变量相关，但与测量噪声无关。因此，需要证明所提出的Ⅳ矩阵满足这两个约束条件。

对于第一个约束条件，需要指出当 $N\to\infty$ 时能保证$(\boldsymbol{Z}^{\mathrm{T}}\boldsymbol{\Phi})/N$ 是非奇异的。前面在求解式(2.95) 时已经阐明当 $N\geqslant\dim(\boldsymbol{\gamma})$ 时 $\boldsymbol{\Phi}^{\mathrm{T}}$ 保证行满秩，类似地可知 $\boldsymbol{Z}^{\mathrm{T}}$ 亦保证行满秩。注意如下等价关系

$$\mathrm{rank}(\boldsymbol{Z}^{\mathrm{T}})=\mathrm{rank}(\boldsymbol{\Phi}^{\mathrm{T}}) \tag{2.99}$$

$$\mathrm{rank}(\boldsymbol{Z}^{\mathrm{T}})=\mathrm{rank}(\boldsymbol{Z})=\mathrm{rank}(\boldsymbol{Z}^{\mathrm{T}}\boldsymbol{Z}) \tag{2.100}$$

$$\mathrm{rank}(\boldsymbol{\Phi}^{\mathrm{T}})=\mathrm{rank}(\boldsymbol{\Phi})=\mathrm{rank}(\boldsymbol{\Phi}^{\mathrm{T}}\boldsymbol{\Phi}) \tag{2.101}$$

此外，还有等价表达式

$$\left(\frac{1}{N}\boldsymbol{Z}^{\mathrm{T}}\boldsymbol{\Phi}\right)^{\mathrm{T}}\left(\frac{1}{N}\boldsymbol{Z}^{\mathrm{T}}\boldsymbol{\Phi}\right)=\boldsymbol{\Phi}^{\mathrm{T}}\left(\frac{1}{N^2}\boldsymbol{Z}\boldsymbol{Z}^{\mathrm{T}}\right)\boldsymbol{\Phi} \tag{2.102}$$

记

$$\boldsymbol{A}=\frac{1}{N^2}\boldsymbol{Z}\boldsymbol{Z}^{\mathrm{T}} \tag{2.103}$$

对于 $0<t_1<t_2<\cdots<t_N$，容易验证

$$\boldsymbol{X}^{\mathrm{T}}\boldsymbol{A}\boldsymbol{X}\geqslant 0,\forall\boldsymbol{X}\in\Re^{N\times 1}\ \text{和}\ \boldsymbol{X}^{\mathrm{T}}\boldsymbol{A}\boldsymbol{X}=0\Leftrightarrow\boldsymbol{X}=0 \tag{2.104}$$

这表明 $\boldsymbol{A}$ 是正定的。因此可得

$$\mathrm{rank}(\boldsymbol{\Phi}^{\mathrm{T}}\boldsymbol{A}\boldsymbol{\Phi})=\mathrm{rank}(\boldsymbol{\Phi}^{\mathrm{T}}) \tag{2.105}$$

所以，从式(2.102) 和式(2.105) 可以得出结论，$(\boldsymbol{Z}^{\mathrm{T}}\boldsymbol{\Phi})/N$ 是非奇异的。

对于第二个约束条件，当 $N\to\infty$时，可以将测量噪声序列 $\zeta(t_i)(i=1,2,\cdots,N)$ 视为零均值的高斯白噪声序列。因此，相应的 $\nu(t_i)(i=1,2,\cdots,N)$ 可以确定为零均值的随机分布，它与上述改进型阶跃实验中的起始时刻或任何其他时刻（例如 t_0）都不相关。因此，随机向量 $\boldsymbol{\upsilon}$ 与由不同幂次的时间变量组成 $\boldsymbol{Z}^{\mathrm{T}}$ 的行是不相关的。对于只包含常数的 $\boldsymbol{Z}^{\mathrm{T}}$ 的行，即 $[1,1,\cdots,1]$，其与 $\boldsymbol{\upsilon}$ 的内积为

$$\lim_{N\to\infty}\frac{1}{N}\sum_{i=1}^{N}\nu(t_i)=0 \tag{2.106}$$

因此，定理 2.2 中的第二个约束条件也得到满足。证毕。 □

(2) 不含零点的 SOPDT 模型参数估计

在上述辨识算法中令 $b_1=0$，可以直接用于估计不含零点的 SOPDT 模型。唯一不同的是，式(2.84) 中的参数向量修改为 $\boldsymbol{\gamma}=[a_2,a_1,b_0,b_0\theta,b_0\theta^2,b_0\theta^3,\eta_0,\eta_1,\eta_2,\cdots,\eta_q]^{\mathrm{T}}$。因此，模型参数确定为

$$[a_2,a_1,b_0,\theta]^{\mathrm{T}}=[\boldsymbol{\gamma}(1),\boldsymbol{\gamma}(2),\boldsymbol{\gamma}(3),\boldsymbol{\gamma}(4)/\boldsymbol{\gamma}(3)]^{\mathrm{T}} \tag{2.107}$$

(3) FOPDT 模型参数估计

由于 $b_1=0$ 和 $a_2=0$，通过对式(2.82) 的两边进行双重积分，并利用式(2.76) 和式(2.78) 重新整理所得方程，可以得到类似于式(2.83) 的参数估计形式，其中

$$\begin{cases}\psi(t)=\int_{[0,t]}^{(2)}y(t)\\ \boldsymbol{\phi}(t)=\left[-\int_{[0,t]}^{(1)}y(t),F_0(t),F_1(t),F_2(t),1,t,t^2,\cdots,t^q\right]^{\mathrm{T}}\\ \boldsymbol{\gamma}=[a_1,b_0,b_0\theta,b_0\theta^2,\eta_0,\eta_1,\eta_2,\cdots,\eta_q]^{\mathrm{T}}\end{cases} \tag{2.108}$$

$$F_0(t)=\begin{cases}\dfrac{h+\Delta h}{2}t^2, & \theta<t\leqslant t_{ss}+\theta\\ \dfrac{h}{2}t^2+\Delta ht_{ss}t-\dfrac{\Delta h}{2}t_{ss}^2, & t>t_{ss}+\theta\end{cases} \tag{2.109}$$

$$F_1(t)=\begin{cases}-\Delta ht, & \theta<t\leqslant t_{ss}+\theta\\ -\Delta ht_{ss}, & t>t_{ss}+\theta\end{cases} \tag{2.110}$$

$$F_2(t)=\begin{cases}\dfrac{\Delta h}{2}, & \theta<t\leqslant t_{ss}+\theta\\ 0, & t>t_{ss}+\theta\end{cases} \tag{2.111}$$

容易验证，对于没有负载扰动的情况，在式(2.89) 中取 $q=1$ 就可以求解如式(2.83) 所示的参数估计问题，并且可以推导出 $\eta_0=0$ 和 $\eta_1=a_1y(0)$。对于存在常值负载扰动的情况下，如果模型结构与过程相匹配，类上分析可知，取 $q=2$ 足以进行参数估计。

相应地，利用式(2.95) 和式(2.108) 可以求解出模型参数为

$$[a_1,b_0,\theta]^{\mathrm{T}}=[\boldsymbol{\gamma}(1),\boldsymbol{\gamma}(2),\boldsymbol{\gamma}(3)/\boldsymbol{\gamma}(2)]^{\mathrm{T}} \tag{2.112}$$

为了获得在测量噪声下的一致性估计，根据定理 2.2 可以取相应的Ⅳ向量为 $z_i=[1/t_i^4,1/t_i^3,1/t_i^2,1/t_i,1,t_i,t_i^2,\cdots,t_i^q]^{\mathrm{T}}$。

需要指出，如果令 $u(0)=0$（即 $t<t_0=0$ 时 $h=0$），上述所有辨识算法都可以直接应用于零或非零初始稳态过程条件，不管是否存在负荷扰动。在这种情况下，如果没有负载扰动，则可以令 $q=0$ 来逼近非强迫输出响应。需要注意的是，上述辨识算法显然可以扩展到初始过程输入也是时变的情况，只是需要将其作为已知量进行明确表示和计算。

2.3.3 应用案例

这里用现有文献中的三个案例来说明上述鲁棒辨识算法的有效性和准确性。为了评估可达到的辨识精度，采用如前面一节中式(2.42) 所示的暂态响应误差指标。

例 2.5 考虑文献[11, 15] 中研究的一个 SOPDT 过程：

$$G_5=\frac{1.25\mathrm{e}^{-0.234s}}{0.25s^2+0.7s+1}$$

相应的时域输出响应形式为

$$0.25\ddot{y}(t)+0.7\dot{y}(t)+y(t)=1.25u(t-0.234)+l(t)$$

为了验证说明，假设初始条件为 $y(t_0)=0.6$，$\dot{y}(t_0)=-0.06$，$u(t_0)=0.5$，如图 2.7 所示。由于可见初始过程输出有下降趋势，在 $t_0=3$s 时加入幅值 $\Delta h=0.2$ 的阶跃激励信号，在这之前，并且在 $t=2$s 时向过程输出加入一个传递函数为 $G_d=0.2/(0.5s+1)$ 的慢单位阶跃扰动。在过程输出响应基本进入稳态的时间段里，如 $t_{ss}=10$s 时去除阶跃激励信号。

选取两个时间段［3.5，10］s 和［10.5，20］s 内的暂态响应数据，应用上述不含零点的 SOPDT 模型参数辨识算法，取 $N=100$ 和 $q=8$，参数估计结果列于表 2.2 中，可见取得较好的辨识精度。说明：对于非零初始过程状态和负载扰动的影响，采用麦克劳林级数逼近非强迫输出响应在 $q=8$ 时收敛，如式(2.93) 所示的阈值为 $\varepsilon=5\%$。

表 2.2　在各种测量噪声水平下的抗扰辨识结果

NSR	案例	辨识模型	拟合误差(err)
0	2.5	$\dfrac{1.2507e^{-0.2536s}}{0.2503s^2+0.6994s+1}$	3.88×10^{-5}
	2.6	$\dfrac{(-4.000s+1.0000)e^{-1.0187s}}{9.0000s^2+2.4000s+1}$	4.04×10^{-6}
1%	2.5	$\dfrac{1.247e^{-0.2501s}}{0.2548s^2+0.7021s+1}$	6.19×10^{-5}
	2.6	$\dfrac{(-4.0039s+0.9971)e^{-1.0189s}}{9.0459s^2+2.4125s+1}$	276×10^{-5}
10%	2.5	$\dfrac{1.2202e^{-0.2234s}}{0.2998s^2+0.7153s+1}$	9.22×10^{-4}
	2.6	$\dfrac{(-4.0425s+0.9726)e^{-0.9307s}}{9.421s^2+2.5255s+1}$	1.08×10^{-3}
20%	2.5	$\dfrac{1.1914e^{-0.2338s}}{0.3209s^2+0.6886s+1}$	3.11×10^{-3}
	2.6	$\dfrac{(-4.0968s+0.9437)e^{-0.823s}}{9.8338s^2+2.676s+1}$	4.4×10^{-3}

为了检验在测量噪声下的辨识鲁棒性，假设在过程输出测量中加入随机噪声 $N(0,\sigma_N^2=0.45\%)$，造成 NSR=10%，同时在 $t=2$s 时过程输入中加入幅值为0.1 的阶跃型负载扰动，如图 2.8 所示。重复上述阶跃实验，选取两个时间段［4，10］s 和［11，25］s 内的暂态响应数据（可以明显地观察加入和去除阶跃激励信号的过程动态响应），应用上述辨识算法，取 $q=3$，得到的辨识结果列于表 2.2 中。可见该辨识算法能保证较好的辨识鲁棒性。表 2.2 亦列出了在 NSR=1%和 20%下的结果，以说明可以达到的辨识精度。

例 2.6　考虑文献[9，10，13］中研究的一个含 RHP 零点的 SOPDT 过程：

$$G_6=\frac{(-4s+1)e^{-s}}{9s^2+2.4s+1}$$

相应的时域输出响应形式为

$$9\ddot{y}(t)+2.4\dot{y}(t)+y(t)=-4\dot{u}(t-1)+u(t-1)+l(t)$$

假设初始条件为 $y(0)=0.5$、$\dot{y}(0)=-0.026$ 和 $u(0)=0.5$，可从幅值为 0.5 的阶跃响应中产生。此外，负载扰动仍采用例 2.2 中的慢动态情况，以便验证。

同样采用例 2.5 中的阶跃实验，选取两个时间段［6.5，10］s 和［15，35］s 内的暂态响应数据，应用上述含有一个零点的辨识算法，取 $N=100$ 和 $q=7$，得到的辨识结果列于表 2.2 中，再次验证可以达到很好的辨识精度。同时也表明，使用较长的时间长度来收集第二段暂态响应数据，相对于例 2.2 中使用的拟合误差阈值 $\varepsilon=5\%$，减少了用麦克劳林级数逼近非强迫

输出响应的阶次 q。重复例 2.5 中的测量噪声实验，并取 $t_{ss}=35\text{s}$，选取两个时间段［8，35］s 和［40，65］s 内的暂态响应数据，并且取 $q=3$，得到的辨识结果亦列于表 2.2 中，可见具有较好的辨识鲁棒性。

例 2.7 考虑文献[26] 中研究的一个高阶稳定过程，

$$25\dddot{y}(t)+35\ddot{y}(t)+11\dot{y}(t)+y(t)=u(t-2.5)+l(t)$$

初始条件为 $y(0)=2$，$\dot{y}(0)=0.4$，$\ddot{y}(0)=-0.4$ 和 $u(0)=0$，并且存在常值负载扰动 $l(t)=1$。为了比较，这里考虑相同的初始过程条件，而且假设一个非零输入 $u(0)=1.5$。由于可见初始过程输出有增长趋势，在 $t_0=0\text{s}$ 时加入幅值 $\Delta h=-0.5$ 的阶跃激励信号，然后在 $t_{ss}=10\text{s}$ 时去除该激励信号。

选取两个时间段［5，10］s 和［15，45］s 内的暂态响应数据，应用上述 FOPDT 模型的辨识算法，取 $N=100$ 和 $q=3$，得出一个 FOPDT 模型 $G_{m-2}=1.0025e^{-3.4681s}/(25.2131s^2+10.0171s+1)$，对应 $err=1.32\times10^{-5}$。应用上述不含零点的 SOPDT 模型辨识算法，得出一个 SOPDT 模型 $G_m=0.03411e^{-3.11s}/(s^2+0.3486s+0.03366)$，对应 $err=1.46\times10^{-4}$。图 2.9 示出这些模型的阶跃响应拟合效果。可以看出，两个 SOPDT 模型都比 FOPDT 模型达到更好的拟合效果，相比之下，这里的辨识方法给出的 SOPDT 模型进一步提高了拟合精度。

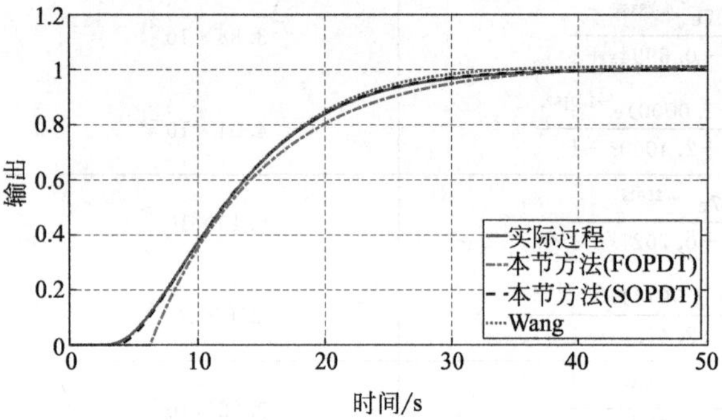

图 2.9　对例 2.7 的阶跃响应拟合

2.4 基于闭环系统阶跃响应实验辨识模型参数

很多化工生产过程由于经济性和安全性方面的原因，不便于做开环辨识测试，尤其是对于一些已有的闭环控制系统，期望通过闭环系统辨识来提高对过程动态特性建模的准确性，以改善控制系统设计和在线整定控制器。为便于实施闭环系统辨识实验，一般采用比较简单的低阶控制器（例如 PID）保持闭环系统的稳定性，如图 2.10 所示。其中，G 表示待辨识过程（亦称被控对象）；C 为闭环控制器；r 表示设定点；u 为过程输入；y 为过程输出。基于闭环控制器，可以确保在闭环系统进入稳态后将一个阶跃激励信号加入闭环系统设定点，以便观测针对系统设定点指令的暂态响应和辨识相应的过程。

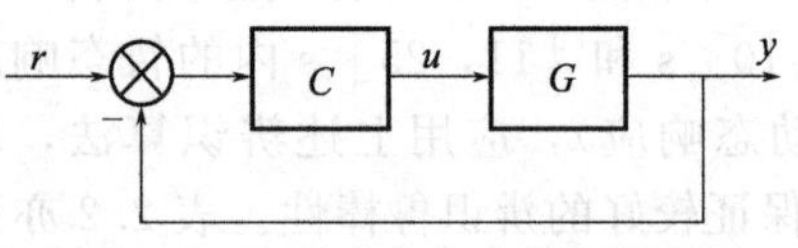

图 2.10　阶跃响应实验的闭环配置

2.4.1 对象频率响应估计

一个典型的闭环系统阶跃响应如图 2.11 所示。

不难看出，闭环系统的阶跃响应不能进行傅里叶变换，因为 $t\to\infty$ 时 $\Delta y(t)\neq0$，其中 $\Delta y(t)=y(t)-y(t_0)$，$y(t_0)$ 表示对应于设定点初值的初始稳定输出值。然而，如果令

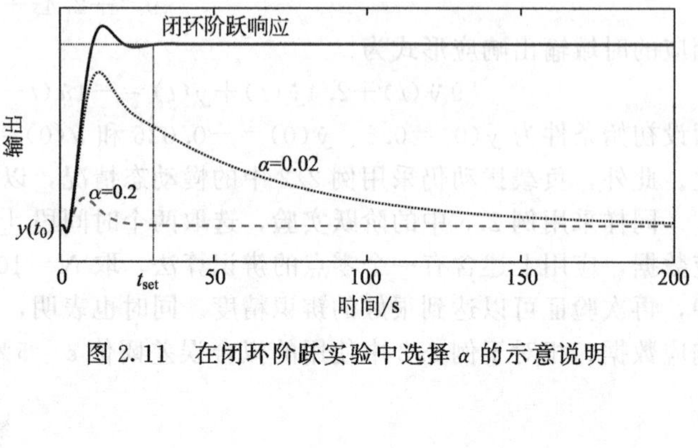

图 2.11　在闭环阶跃实验中选择 α 的示意说明

$s=\alpha+\mathrm{j}\omega$ 对该阶跃响应进行拉普拉斯变换：

$$\Delta Y(s)=\int_0^{\infty}\Delta y(t)\mathrm{e}^{-st}\mathrm{d}t \tag{2.113}$$

可得

$$\Delta Y(\alpha+\mathrm{j}\omega)=\int_0^{\infty}[\Delta y(t)\mathrm{e}^{-\alpha t}]\mathrm{e}^{-\mathrm{j}\omega t}\mathrm{d}t \tag{2.114}$$

因此，与前面第 2.1 节介绍的在开环阶跃实验下的频率响应估计类似，通过将 α 视为对闭环阶跃响应做拉普拉斯变换的衰减因子，从而可以利用有限时间长度的阶跃响应数据计算系统输出的频率响应

$$\Delta Y(\alpha+\mathrm{j}\omega)=\int_0^{t_N}[\Delta y(t)\mathrm{e}^{-\alpha t}]\mathrm{e}^{-\mathrm{j}\omega t}\mathrm{d}t \tag{2.115}$$

对于在初始系统稳态下的闭环阶跃实验，即 $t\leqslant t_0$ 时 $y(t)=r(t)=c$，其中 c 为常数，t_0 为阶跃响应实验的起始时刻，通过对 t_0 进行时移（即令 $t_0=0$），可以定义系统设定点的阶跃变化为

$$\Delta r(t)=\begin{cases}0, & t\leqslant 0\\ h, & t>0\end{cases} \tag{2.116}$$

其中，h 是阶跃变化的幅值，它关于 $s=\alpha+\mathrm{j}\omega$ 的拉普拉斯变换可解析地推导为

$$\Delta R(\alpha+\mathrm{j}\omega)=\int_0^{\infty}h\mathrm{e}^{-(\alpha+\mathrm{j}\omega)t}\mathrm{d}t=\frac{h}{\alpha+\mathrm{j}\omega} \tag{2.117}$$

利用式(2.115) 和式(2.117)，可以得出闭环系统的频率响应为

$$T(\alpha+\mathrm{j}\omega)=\frac{\alpha+\mathrm{j}\omega}{h}\Delta Y(\alpha+\mathrm{j}\omega),\alpha>0 \tag{2.118}$$

注意，选择 α 和 t_N 的准则与式(2.8) 和式(2.10) 中提出的准则相同。

如果存在较高的测量噪声水平，则可通过下式计算闭环系统的频率响应以提高准确性：

$$T(\alpha+\mathrm{j}\omega)=\frac{\dfrac{\Delta Y(\alpha+\mathrm{j}\omega)}{\alpha+\mathrm{j}\omega}}{\dfrac{\Delta R(\alpha+\mathrm{j}\omega)}{\alpha+\mathrm{j}\omega}}=\frac{(\alpha+\mathrm{j}\omega)^2}{h}\int_0^{t_N}\left[\int_0^t\Delta y(\tau)\mathrm{d}\tau\right]\mathrm{e}^{-\alpha t}\mathrm{e}^{-\mathrm{j}\omega t}\mathrm{d}t \tag{2.119}$$

根据如式(2.15) 所示的复变函数关于拉普拉斯算子 s 的 n 阶导数定义，由式(2.113) 和式(2.118) 可得

$$T^{(1)}(s)=\frac{1}{h}\int_0^{\infty}(1-st)\Delta y(t)\mathrm{e}^{-st}\mathrm{d}t \tag{2.120}$$

$$T^{(2)}(s)=\frac{1}{h}\int_0^{\infty}t(st-2)\Delta y(t)\mathrm{e}^{-st}\mathrm{d}t \tag{2.121}$$

因此，通过令 $s=\alpha$ 并根据计算式(2.115) 的准则选择 α，式(2.120) 和式(2.121) 中的时间积分可以用有限时间长度的阶跃响应数据进行数值计算。利用如下数值计算的精度条件可以确定相应的时间长度 t_N：

$$|(1-\alpha t_N)\Delta y(t_N)|T_s\mathrm{e}^{-\alpha t_N}<\delta \tag{2.122}$$

$$|t_N(\alpha t_N-2)\Delta y(t_N)|T_s\mathrm{e}^{-\alpha t_N}<\delta \tag{2.123}$$

从图 2.10 可以推导出闭环系统的传递函数为

$$T(s)=\frac{G(s)C(s)}{1+G(s)C(s)} \tag{2.124}$$

利用已知的控制器形式 $C(s)$，可以从式(2.124) 中反推出过程频率响应为

$$G(s)=\frac{T(s)}{C(s)[1-T(s)]} \tag{2.125}$$

相应地，可以从式(2.125) 中推导出 $G(s)$ 的一阶导数和二阶导数分别为

$$G^{(1)}=\frac{T^{(1)}C+C^{(1)}T(T-1)}{C^2(1-T)^2} \tag{2.126}$$

$$G^{(2)}=\frac{CT^{(2)}+2C^{(1)}T^{(1)}T+C^{(2)}T(T-1)}{C^2(1-T)^2}-\frac{2[CT^{(1)}+C^{(1)}T(T-1)][C^{(1)}(1-T)-CT^{(1)}]}{C^3(1-T)^3} \tag{2.127}$$

如果在如图 2.10 所示的闭环系统中采用经典的 PID 控制器进行阶跃辨识实验，其形式一般为

$$C(s)=k_{\mathrm{C}}+\frac{1}{\tau_{\mathrm{I}}s}+\frac{\tau_{\mathrm{D}}s}{\tau_{\mathrm{F}}s+1} \tag{2.128}$$

其中，k_{C} 表示控制器增益；τ_{I} 表示积分时间常数；τ_{D} 表示微分时间常数；τ_{F} 表示低通滤波器的时间常数，通常取 $\tau_{\mathrm{F}}=(0.01\sim0.1)\tau_{\mathrm{D}}$。容易推导出

$$C^{(1)}(s)=-\frac{1}{\tau_{\mathrm{I}}s^2}+\frac{\tau_{\mathrm{D}}}{(\tau_{\mathrm{F}}s+1)^2} \tag{2.129}$$

$$C^{(2)}(s)=\frac{2}{\tau_{\mathrm{I}}s^3}-\frac{2\tau_{\mathrm{D}}\tau_{\mathrm{F}}}{(\tau_{\mathrm{F}}s+1)^3} \tag{2.130}$$

因此，通过将 $s=\alpha+\mathrm{j}\omega_k\,(k=1,2,\cdots,M)$ 代入式(2.125)，其中 M 为实际指定的频率范围内用于辨识拟合的频率响应点的数量，可以估计出过程频率响应 $G(\alpha+\mathrm{j}\omega_k)$ 以进行模型拟合。

2.4.2 模型参数辨识

基于上述的过程频率响应估计，可以采用第 2.2 节介绍的辨识算法进行模型辨识。如果所采用的模型结构与过程相匹配，则第 2.2 节给出的所有辨识算法都能得到准确的参数估计。为简单起见，可以首先选用第 2.2.1 节和第 2.2.1 节中的辨识算法 Algorithm-SS-Ⅰ和 Algorithm-SS-Ⅱ。当存在模型不匹配时，特别是对于高阶过程的辨识，建议选用第 2.2.3 节中的辨识算法 Algorithm-SS-Ⅳ，以提高在实际指定频率范围内的拟合精度。

为了针对一个高阶过程辨识低阶模型如 FOPDT 或 SOPDT，以便设计控制系统和整定控制器，下面介绍一种可以提高低频范围拟合精度的辨识算法，该算法类似于前面第 2.2 节中的辨识算法 Algorithm-SS-Ⅳ。

将由式(2.125) 采用 $s=\alpha+\mathrm{j}\omega_k\,(k=1,2,\cdots,M)$ 估计的过程频率响应和式(2.13) 中的 FOPDT 模型或式(2.27) 中的 SOPDT 模型代入式(2.43) 中拟合目标的左侧，并令其等于零，可以推导出用于参数估计的加权最小二乘解为

$$\boldsymbol{\gamma}=(\overline{\boldsymbol{\Phi}}^{\mathrm{T}}\boldsymbol{W}\overline{\boldsymbol{\Phi}})^{-1}\overline{\boldsymbol{\Phi}}^{\mathrm{T}}\boldsymbol{W}\overline{\boldsymbol{\Psi}} \tag{2.131}$$

其中加权矩阵为 $\boldsymbol{W}=\mathrm{diag}\{\rho_1,\cdots,\rho_M,\rho_1,\cdots,\rho_M\}$，

$$\overline{\boldsymbol{\Psi}}=\begin{bmatrix}\mathrm{Re}[\boldsymbol{\Psi}]\\ \mathrm{Im}[\boldsymbol{\Psi}]\end{bmatrix},\ \overline{\boldsymbol{\Phi}}=\begin{bmatrix}\mathrm{Re}[\boldsymbol{\Phi}]\\ \mathrm{Im}[\boldsymbol{\Phi}]\end{bmatrix} \tag{2.132}$$

$$\boldsymbol{\Psi}=[\psi(\alpha+\mathrm{j}\omega_1),\psi(\alpha+\mathrm{j}\omega_2),\cdots,\psi(\alpha+\mathrm{j}\omega_M)]^{\mathrm{T}}$$

$$\boldsymbol{\Phi}=[\boldsymbol{\phi}(\alpha+\mathrm{j}\omega_1),\boldsymbol{\phi}(\alpha+\mathrm{j}\omega_2),\cdots,\boldsymbol{\phi}(\alpha+\mathrm{j}\omega_M)]^{\mathrm{T}}$$

为了辨识如式(2.13) 所示的 FOPDT 模型，相应的 $\psi(\alpha+\mathrm{j}\omega_k)$、$\boldsymbol{\phi}(\alpha+\mathrm{j}\omega_k)$ 和 $\boldsymbol{\gamma}$ 形式为

$$\begin{cases}\psi(\alpha+\mathrm{j}\omega_k)=G_1(\alpha+\mathrm{j}\omega_k)\\ \boldsymbol{\phi}(\alpha+\mathrm{j}\omega_k)=[-(\alpha+\mathrm{j}\omega_k)G_1(\alpha+\mathrm{j}\omega_k),\mathrm{e}^{-(\alpha+\mathrm{j}\omega_k)\theta}]^{\mathrm{T}}\\ \boldsymbol{\gamma}=[\tau_{\mathrm{p}},k_{\mathrm{p}}]^{\mathrm{T}}\end{cases} \tag{2.133}$$

为了辨识如式(2.27) 所示的 SOPDT 模型，相应的 $\psi(\alpha+\mathrm{j}\omega_k)$、$\boldsymbol{\phi}(\alpha+\mathrm{j}\omega_k)$ 和 $\boldsymbol{\gamma}$ 形式为

$$\begin{cases}\psi(\alpha+\mathrm{j}\omega_k)=G_2(\alpha+\mathrm{j}\omega_k)\\ \boldsymbol{\phi}(\alpha+\mathrm{j}\omega_k)=[-(\alpha+\mathrm{j}\omega_k)G_2(\alpha+\mathrm{j}\omega_k),-(\alpha+\mathrm{j}\omega_k)^2G_2(\alpha+\mathrm{j}\omega_k),\mathrm{e}^{-(\alpha+\mathrm{j}\omega_k)\theta}]^{\mathrm{T}}\\ \boldsymbol{\gamma}=[a_1,a_2,k_{\mathrm{p}}]^{\mathrm{T}}\end{cases} \tag{2.134}$$

容易验证，式(2.131) 中 $\overline{\boldsymbol{\Phi}}$ 的所有列都是彼此线性无关的，保证 $(\overline{\boldsymbol{\Phi}}^{\mathrm{T}}\boldsymbol{W}\overline{\boldsymbol{\Phi}})^{-1}$ 是非奇异的。所以，式(2.131) 给出的参数估计只有唯一解。为便于实际应用，建议取 $M\in[10,50]$ 以权衡拟合精度和计算代价。

因此，FOPDT 模型参数可以从式(2.133) 中求解为

$$\begin{cases}\tau_{\mathrm{p}}=\boldsymbol{\gamma}(1)\\ k_{\mathrm{p}}=\boldsymbol{\gamma}(2)\end{cases} \tag{2.135}$$

类似地，SOPDT 模型参数可以从式(2.134) 中求解为

$$\begin{cases}a_1=\boldsymbol{\gamma}(1)\\ a_2=\boldsymbol{\gamma}(2)\\ k_{\mathrm{p}}=\boldsymbol{\gamma}(3)\end{cases} \tag{2.136}$$

注意，上述辨识算法需要预知过程时滞参数 (θ) 以从式(2.131) 中推导出其余的模型参数。在实际应用中，可以从阶跃响应实验或用第 2.2.1 节和第 2.2.1 节中的辨识算法 Algorithm-SS-Ⅰ或 Algorithm-SS-Ⅱ得出一个时滞参数估计值，然后用它作为初值在一个可能的范围内进行一维搜索，以拟合闭环阶跃响应的指标作为收敛条件，即

$$err=\frac{1}{N_{\mathrm{s}}}\sum_{k=1}^{N_{\mathrm{s}}}[\Delta y(kT_{\mathrm{s}})-\Delta\hat{y}(kT_{\mathrm{s}})]^2<\varepsilon \tag{2.137}$$

其中，$\Delta y(kT_{\mathrm{s}})$ 和 $\Delta\hat{y}(kT_{\mathrm{s}})$ 分别表示在闭环阶跃实验的过程和模型输出，N_{s}、T_{s} 为闭环系统暂态响应时间。通过指定拟合误差阈值 ε，可以获得达到 err 最小值的模型参数估计。一维搜索步长可取为采样周期的倍数以便计算。

显然，如果采用的模型结构与过程相匹配，则最小化式(2.137) 中的时域响应拟合误差可以保证式(2.43) 中的频域目标函数最小化。当存在模型不匹配时，结合式(2.43) 和式(2.137) 来确定模型参数，可以权衡时域响应拟合和频率响应拟合之间的折中，但不能保证式(2.43) 或式(2.137) 的全局最小化。

2.4.3 应用案例

这里采用文献中研究的三个案例来说明上述辨识算法对闭环系统频率响应估计和模型参数估计的有效性和准确性。在所有辨识实验中，取采样周期为 $T_{\mathrm{s}}=0.01\mathrm{s}$。

例 2.8 考虑文献[27] 中研究的一个 FOPDT 稳定过程：

$$G(s)=\frac{1}{s+1}\mathrm{e}^{-0.5s}$$

基于两个带有比例 (P) 型控制器的闭环继电反馈辨识实验，文献[27] 得出一个 FOPDT 模型 $G_{\mathrm{m}}=1.0\mathrm{e}^{-0.5s}/(0.9996s+1)$。为了比较，这里采用一个带有增益为 $k_{\mathrm{c}}=3.5$ 的比例型控制器的单位反馈控制结构进行闭环阶跃实验，系统输出响应特性类似于文献[27] 中的控制系统。通过在系统设定点加入一个幅值为 $h=0.5$ 的阶跃激励信号，闭环系统阶跃响应类似于图 2.11 所示。根据式(2.8) 和式(2.10) 给出的准则，选取 $\alpha=0.1$ 和 $t_N=200\mathrm{s}$ 以应用本章的辨识算法 Algorithm-SS-Ⅰ，得到一个 FOPDT 模型 $G_{\mathrm{m}}=1.0\mathrm{e}^{-0.5002s}/(0.9998s+1)$，验证在模型匹配的情况下达到较好的辨识精度。此外，基于对过程频率响应 $G(0.1+\mathrm{j}\omega_k)$ 的估计，

其中 $\omega_k=k\omega_{rc}/10$，$k=0,1,2,\cdots,10$，$\omega_{rc}=3.6718\text{rad/s}$ 是用上述 FOPDT 模型估计出来，应用上一节中给出的辨识算法同样可以得到准确的过程模型。

为了检验在不同选取 α 值（$\alpha=0.1,0.2,0.5$）和不同测量噪声水平（NSR=0,5%,20%）下的辨识鲁棒性，表 2.3 列出基于多组闭环阶跃实验（$N=1,10,20$）的频率响应估计结果。说明一下，仿真测试时通过随机改变噪声发生器的“种子”来模拟不同的阶跃响应实验，相应地，$N=10$ 和 $N=20$ 的辨识结果由均值及其括号中的样本标准差来表示。可以看出，在 NSR=0 的情况下，对于 α 的不同选择，都能准确地估计辨识对象的频率响应。在同一噪声水平下，取较小的 α 值有助于更好的辨识鲁棒性，反映在数值计算中基于统计平均原理可有效消除随机噪声的影响。

表 2.3　对例 2.8 在不同测量噪声水平下的频率响应估计

过程频率响应	实验次数	NSR=0	相对误差	NSR=5%	相对误差	NSR=20%	相对误差
$G(\alpha=0.1)=0.8648$	$N=1$	0.8648	0	0.8645	0.03%	0.8634	0.15%
	$N=10$	0.8648	0	0.8647(±0.0017)	0.01%	0.8637(±0.0069)	0.12%
$G(\alpha=0.2)=0.754$	$N=1$	0.754	0	0.7544	0.05%	0.7518	0.29%
	$N=10$	0.754	0	0.7538(±0.0019)	0.04%	0.7554(±0.0078)	0.19%
$G(\alpha=0.5)=0.5192$	$N=1$	0.5192	0	0.5204	0.24%	0.5242	0.97%
	$N=10$	0.5192	0	0.5185(±0.0021)	0.12%	0.5167(±0.0085)	0.48%
	$N=20$	0.5192	0	0.5189(±0.0019)	0.06%	0.5179(±0.0078)	0.24%

假设在上述闭环系统阶跃实验的过程输出测量中加入随机噪声 $N(0,\ \sigma_\xi^2=0.94\%)$，造成 NSR=20%，并且将该输出测量用于反馈控制。仿真测试时利用噪声发生器的“种子”从 1 变化到 100 进行 100 次蒙特卡洛实验，应用上一节中介绍的基于式(2.137) 建立的辨识算法，得到模型辨识结果为

$$G_m=\frac{1.0003(\pm 0.006)}{0.9904(\pm 0.25)s+1}e^{-0.5012(\pm 0.042)s}$$

其中，模型参数由 100 次蒙特卡洛实验下的均值及其括号中的样本标准差表示。由此说明，该辨识算法可以在较高的噪声水平下保证一致的参数估计。

例 2.9　考虑文献[28] 中研究的一个高阶稳定过程

$$G(s)=\frac{-s+1}{(6s+1)(2s+1)^2}e^{-s}$$

文献[28] 采用一种解析模型降阶的方法，给出一个 SOPDT 模型 $G_m=1.0e^{-3s}/[(6s+1)(3s+1)]$，由此整定闭环 PID 控制器 $C=(1+1/6s)(3s+1)/(0.03s+1)$。这里利用该 PID 控制器在系统设定点加入一个单位阶跃激励信号进行闭环阶跃实验，根据式(2.8) 和式(2.10) 给出的准则，选取 $\alpha=0.01$ 和 $t_N=1500\text{s}$ 以应用本章的辨识算法 Algorithm-SS-Ⅰ，得到一个 FOPDT 模型 $G_{m-1}=0.9992e^{-6.6268s}/(5.2148s+1)$，对应产生系统暂态响应时间段 [0，30] s 的拟合误差 $err=6.39\times10^{-2}$。相比之下，基于选取 $\alpha=0.01,0.11,0.21,0.31,0.41$ 和 $t_N=1200\text{s}$，本章的辨识算法 Algorithm-SS-Ⅱ 得出一个 SOPDT 模型 $G_{m-2}=0.9107e^{-3.18s}/(23.6983s^2+5.4853s+1)$，对应于 $err=3.09\times10^{-2}$。为了在整定 PID 控制器所涉及的低频范围内提高模型拟合精度，基于对过程频率响应 $G(0.01+j\omega_k)$ 的估计，其中 $\omega_k=k\omega_{rc}/10$，$k=0,1,2,\cdots,10$，$\omega_{rc}=0.3188$ 是利用上述 FOPDT 模型估计出来，应用上一节给出的辨识算法得出一个 SOPDT 模型 $G_{m-2}=0.9986e^{-3.04s}/(18.6132s^2+8.7483s+1)$，对应于 $err=6.04\times10^{-5}$。说明：Skogestad[28] 给出的 SOPDT 模型对应于 $err=1.98\times10^{-4}$。两种方法得出的 SOPDT 模型的奈奎斯特曲线拟合效果如图 2.12 所示。

可以看出，本节方法的 SOPDT 模型的奈奎斯特曲线几乎与真实过程的奈奎斯特曲线完全重合，尤其是在低频范围内。

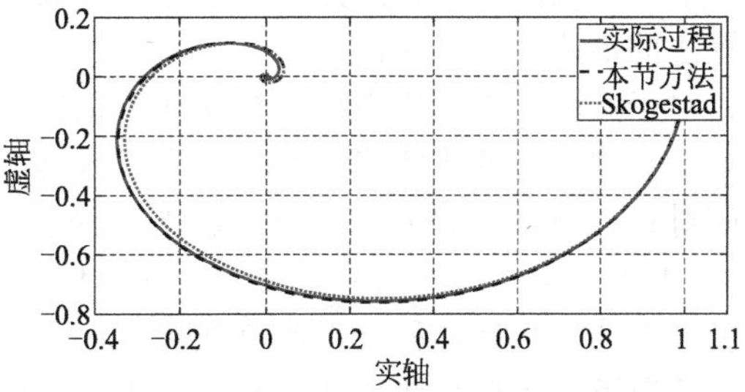

图 2.12　对例 2.9 辨识的 SOPDT 模型的奈奎斯特曲线拟合效果

例 2.10　考虑文献[29]中研究的另一个高阶稳定过程：

$$G(s)=\frac{1}{(4s^2+2.8s+1)(s+1)^2}e^{-2.2s}$$

基于闭环继电反馈实验进行频率响应估计，文献[29]整定闭环 PID 控制器 $C=0.314(1+1/2.59s+2.103s)/(0.1s+1)$。这里利用该 PID 控制器在系统设定点加入一个单位阶跃激励信号进行闭环阶跃实验，根据式(2.8)和式(2.10)给出的准则，选取 $\alpha=0.05$ 和 $t_N=500$s 以应用本章的辨识算法 Algorithm-SS-Ⅰ，得到一个 FOPDT 模型 $G_{m-1}=1.0005e^{-5.2748s}/(1.754s+1)$，对应产生系统暂态响应时间段［0，50］s 中的拟合误差 $err=1.09\times10^{-3}$。基于对过程频率响应 $G(0.05+j\omega_k)$ 的估计，其中，$\omega_k=k\omega_{rc}/10$，$k=0,1,2,\cdots,10$，$\omega_{rc}=0.4657$ 是利用上述 FOPDT 模型估计出来，应用上一节给出的辨识算法得出一个 SOPDT 模型 $G_{m-2}=0.9934e^{-3.54s}/(5.5069s^2+3.4095s+1)$，对应于 $err=1.51\times10^{-5}$。这两个辨识模型的奈奎斯特曲线拟合效果如图 2.13 所示。

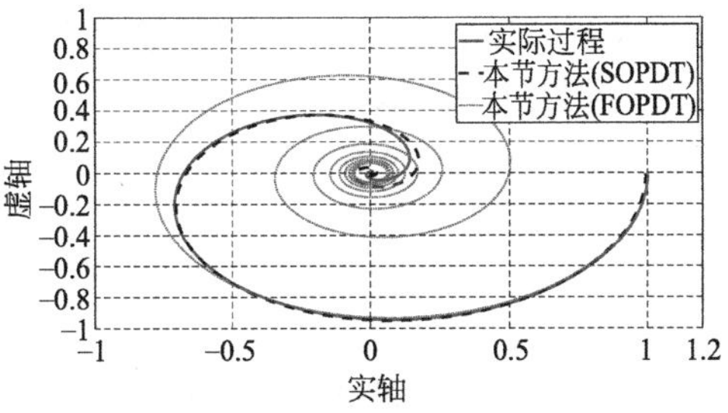

图 2.13　例 2.10 所辨识的 FOPDT 和 SOPDT 模型的奈奎斯特图

可以看出，在低频范围内，FOPDT 和 SOPDT 模型的奈奎斯特曲线几乎与真实过程的奈奎斯特曲线完全重合。相比之下，SOPDT 模型在较高频率范围的拟合效果更好。

2.5　本章小结

本章首先介绍了一种基于工程实践中广泛采用的开环阶跃响应实验辨识过程频率响应特性的方法[12]，通过引入一个衰减因子对过程输出响应做拉普拉斯变换，可以利用有限时间长度的阶跃响应数据有效地估计过程频率响应特性。根据数值计算的精度要求给出选取衰减因子和阶跃响应数据时间长度的准则。通过对一些应用案例在不同测量噪声水平下做数值计算来估计过程频率响应，验证该方法具有较好的准确性和抗噪性能。基于待辨识过程的频率响应估计，介绍了四种辨识算法，其中 Algorithm-SS-Ⅰ算法用于辨识带时滞参数的一阶模型和重复极点高阶模型，Algorithm-SS-Ⅱ算法用于辨识带时滞参数和不同极点的二阶模型，Algorithm-SS-Ⅲ算法用于辨识时滞参数和不同极点的高阶模型，Algorithm-SS-Ⅳ算法用于辨识带时滞参数的任意阶次过程模型。如果模型结构与过程特性匹配，通过理论分析，阐明这四种辨识算法都能实现无偏估计模型参数。当模型不匹配时，前三种辨识算法可用于以较小的计算代价得出一个低阶过程模型，可以有效地描述过程低频响应特性。第四种辨识算法 Algorithm-SS-Ⅳ相对于上述前三种辨识算法能提高在指定频率范围内的模型拟合精度，尤其是对于设计控制系统和整定控制器较为关注的过程截止频率范围以内，但需要采用一维搜索时滞参数的策略，计算量相对大一些。此外，对于辨识实际工程中未知阶次的稳定过程，给出一种基于假设检验条件来确定最佳模型阶次拟合的方法。通过已有文献中研究的一些应用案例，有效地验证了这四种辨识算法的准确性和可靠性。

对于实际工程应用中存在非零或不稳定初始过程条件以及未知动态特性干扰的情况，本章介绍了一种改进的阶跃响应实验方案[17]，以克服由非零初始过程条件和负载干扰引起的输出响应对过程模型参数估计的不利影响。该实验方案的突出优点是采用两段过程暂态响应数据（分别由加入阶跃激励信号和之后去除该信号产生）来组成观测数据序列进行参数估计，因而不会同由非稳初始过程条件或负载扰动产生的暂态响应时间序列产生相关性，从而保证在模型匹配情况下的无偏参数估计。基于工程实践中常用的 FOPDT 和 SOPDT 模型结构，给出了相应的参数辨识算法。通过已有文献中研究的三个应用案例，验证了这些辨识算法可以实现抗扰无偏估计模型参数，而且对于一个高阶稳定过程，相对于现有文献的方法能达到更好的低阶模型拟合效果。

对于很多化工生产过程要求闭环系统辨识建模以便于设计控制系统或在线整定控制器的问题，本章介绍了一种基于闭环阶跃响应实验估计闭环系统的被控对象频率响应特性的方法[23]。通过采用类似于前面估计开环稳定过程频率响应特性的方法估计闭环系统频率响应，基于闭环控制结构和已知的控制器形式，反推出被控对象的频率响应。然后给出一种基于拟合对象频率响应的模型参数估计算法，类似于前面介绍的辨识算法 Algorithm-SS-Ⅳ，采用一维搜索时滞参数的策略来确定最佳拟合的模型参数，可以有效地提高低频范围的拟合精度。通过三个应用案例与现有文献中的闭环辨识方法做比较，验证说明了该方法的可靠性和优点。

习 题

1. 为什么对开环稳定过程的阶跃响应不能进行傅里叶变换？请举例说明采用何种输入激励信号可以对输出响应进行傅里叶变换？

2. 在对一个开环稳定过程的阶跃激励实验中，如何选取衰减因子和输出响应数据长度来保证估计过程频率响应的有效性和准确性？

3. 请比较说明四种辨识算法 Algorithm-SS-Ⅰ、Algorithm-SS-Ⅱ、Algorithm-SS-Ⅲ、Algorithm-SS-Ⅳ的优缺点。

4. 请简要说明为什么辨识算法 Algorithm-SS-Ⅳ对于一个高阶稳定过程可以得出唯一达到最佳拟合阶跃响应的低阶模型？

5. 对于例 2.1，能否选取衰减因子 $\alpha=1.5$ 进行模型参数估计？请编写应用于该例的辨识算法的仿真程序，并且验证输出响应误差拟合结果。

6. 对于例 2.4，如果选取衰减因子 $\alpha=0.005$，应该如何选取时间长度 t_N 进行参数估计？请编写仿真程序和比较验证相对于选取 $\alpha=0.01$ 得到的辨识效果。

7. 当存在不稳定初始过程条件或负载干扰时，为什么采用常规的阶跃激励实验不能保证在模型匹配情况下的无偏参数估计？

8. 第 2.3 节中介绍的改进型阶跃激励实验有何优点？如何实施一个有效的实验测试？

9. 为什么第 2.3 节中介绍的鲁棒辨识方法要求在一个阶跃实验中的过程暂态响应基本进入稳态后再去除阶跃激励信号？在测量噪声下如何提高该方法对模型参数估计的准确性？

10. 对于例 2.6，假设初始条件为 $y(0)=0.2$、$\dot{y}(0)=0.01$ 和 $u(0)=0.3$，请编写应用于该例的辨识算法的仿真程序，并且验证说明能否达到无偏参数估计。

11. 闭环辨识对象的频率响应特性与开环辨识有何不同？请举例说明如何对一个开环稳定过程选取一个合适的控制器做闭环辨识？

12. 第 2.4 节中介绍的模型参数辨识算法与前面第 2.2 节中的辨识算法 Algorithm-SS-Ⅳ有

何区别？请说明两种辨识算法得到的频率响应是否一致？为什么？

13. 对于例 2.8 中的 FOPDT 稳定过程，如何应用提高在较高测量噪声水平如 NSR＝20％下的模型参数估计精度？请编写相应的辨识算法程序进行仿真验证。

14. 对于例 2.9 中的高阶稳定过程，能否采用一个比例型控制器做闭环辨识？请编写出两种辨识 SOPDT 模型的参数估计算法，验证说明哪种辨识算法能达到更好的输出响应拟合效果。

参考文献

[1] Luyben W. L. Process Modeling, Simulation, and Control for Chemical Engineers. New York: McGraw Hill, 1990.

[2] Seborg D. E., Edgar T. F., Mellichamp D. A. Process Dynamics and Control, 2nd Edition, Hoboken: Wiley, 2004.

[3] 王树青，戴连奎，祝和云，等. 工业过程控制工程，北京：化学工业出版社，2004.

[4] Rake H. Step response and frequency response methods. Automatica, 1980, 16: 519-526.

[5] Åström K. J., Hägglund T. PID Controller: Theory, Design, and Tuning, 2nd Edition. Research Triangle Park, NC: ISA Society of America, 1995.

[6] Rangaiah G. P., Krishnaswamy P. R. Estimating second-order dead time parameters from underdamped process transients. Chemical Engineering Science, 1996, 51: 1149-1155.

[7] Huang H. P., Lee M. W., Chen C. L. A system of procedures for identification of simple models using transient step response. Industrial & Engineering Chemistry Research, 2001, 40: 1903-1915.

[8] Bi Q., Cai W. J., Lee E. L., Wang Q. G., Hang C. C., Zhang Y. Robust identification of first-order plus dead-time model from step response. Control Engineering Practice, 1999, 7: 71-77.

[9] Wang Q. G., Guo X., Zhang Y. Direct identification of continuous time delay systems from step responses. Journal of Process Control, 2001, 11: 531-542.

[10] Wang Q. G., Zhang Y. Robust identification of continuous systems with dead-time from step responses. Automatica, 2001, 37: 377-390.

[11] Ahmed S., Huang B., Shah S. L. Parameter and delay estimation of continuous-time models using a linear filter, Journal of Process Control, 2006, 16: 323-331.

[12] Liu T., Gao F. A frequency domain step response identification method for continuous-time processes with time delay. Journal of Process Control, 2010, 20 (7): 800-809.

[13] Ahmed S., Huang B., Shah S. L. Identification from step responses with transient initial conditions. Journal of Process Control, 2008, 18: 121-130.

[14] Wang Q. G., Liu M., Hang C. C., Zhang Y., Zheng W. X. Integral identification of continuous-time delay systems in the presence of unknown initial conditions and disturbances from step tests. Industrial & Engineering Chemistry Research, 2008, 47: 4929-4936.

[15] Liu M., Wang Q. G., Huang B., Hang C. C. Improved identification of continuous-time delay processes from piecewise step tests. Journal of Process Control, 2007, 17: 51-57.

[16] Liu T., Zhou F., Yang Y., Gao F. Step response identification under inherent-type load disturbance with application to injection molding. Industrial & Engineering Chemistry Research, 2010, 49 (22): 11572-11581.

[17] Liu T., Gao F. Robust step-like identification of low-order process model under nonzero initial conditions and disturbance. IEEE Transactions on Automatic Control, 2008, 53: 2690-2695.

[18] 潘立登，潘仰东. 系统辨识与建模. 北京：化学工业出版社，2004.

[19] Zheng W. X. Identification of closed-loop systems with low-order controllers. Automatica, 1996, 32: 1753-1757.

[20] Jin H. P., Heung I. P., Lee I.-B. Closed-loop on-line process identification using a proportional controller. Chemical Engineering Science, 1998, 53 (9): 1713-1724.

[21] Li S. Y., Cai W. J., Mei H., Xiong Q. Robust decentralized parameter identification for two-input two-output process from closed-loop step responses. Control Engineering Practice, 2005, 13: 519-531.

[22] Yu C. C. Autotuning of PID Controllers: A Relay Feedback Approach, 2nd Edition. London: Springer, 2006.

[23] Liu T., Shao C. Closed-loop step identification of low-order continuous-time process model with time delay for enhanced controller autotuning. International Journal of Systems, Control and Communications, 2012, 4 (4): 225-249.

[24] Ogunnaike B. A., Ray W. H. Process Dynamics, Modeling, and Control, New York: Oxford University Press, 1994.

[25] Söderström T., Stoica P. System Identification, New York: Prentice Hall, 1989.

[26] Wang Q. G., Liu M., Hang C. C., Tang W. Robust process identification from relay tests in the presence of nonzero initial conditions and disturbance. Industrial & Engineering Chemistry Research, 2006, 47: 4063-4070.

[27] Padhy P. K., Majhi S. Relay based PI-PD design for stable and unstable FOPDT processes, Computers & Chemical Engineering, 2006, 30: 790-796.

[28] Skogestad S. Simple analytical rules for model reduction and PID controller tuning, Journal of Process Control, 2003, 13: 291-309.

[29] Huang H. P., Jeng J. C., Luo K. Y. Auto-tune system using single-run relay feedback test and model-based controller design, Journal of Process Control, 2005, 15: 713-727.

附 辨识算法程序

扫描本书前言中的二维码，下载计算机仿真程序。

(1) 例 2.1 的辨识算法 Algorithm-SS-Ⅰ仿真程序伪代码及图形化编程方框图

行号	参数辨识程序伪代码	注释
1	$T=80$	仿真时间(s)
2	$T_s=0.01$	采样周期(s)
3	$h=1$	阶跃输入信号的幅值
4	$\text{NSR}=\dfrac{\text{mean(abs(noise))}}{\text{mean(abs(signal))}}$； $\text{SNR}=20\log_{10}(1/\text{NSR})$	测量噪声的噪信比 信噪比
5	$G=\dfrac{1}{s+1}e^{-s}$	辨识对象
6	sim('OpenloopSteptestforFOPDTstableprocess')	调用仿真图形化组件模块系统，如图 2.14 所示
7	$\alpha=0.5; t_N=30$	定义衰减因子与采集数据时间长度(s)
8	$G(\alpha)=\dfrac{\alpha}{h}\int_0^{t_N}\Delta y(t)e^{-\alpha t}dt$； $G^{(1)}(\alpha)=\dfrac{1}{h}\int_0^{t_N}(1-\alpha t)\Delta y(t)e^{-\alpha t}dt$； $G^{(2)}(\alpha)=\dfrac{1}{h}\int_0^{t_N}t(\alpha t-2)\Delta y(t)e^{-\alpha t}dt$	计算对象频率响应 $G(\alpha)$、$G^{(1)}(\alpha)$和 $G^{(2)}(\alpha)$
9	$\hat{G}(\alpha)=G(\alpha);\hat{G}^{(1)}(\alpha)=G^{(1)}(\alpha);\hat{G}^{(2)}(\alpha)=G^{(2)}(\alpha)$	对象频率响应估计赋值给模型
10	$Q_1(\alpha)=\dfrac{\hat{G}^{(1)}(\alpha)}{\hat{G}(\alpha)}$； $Q_2(\alpha)=\dfrac{\hat{G}^{(2)}(\alpha)\hat{G}(\alpha)-[\hat{G}^{(1)}(\alpha)]^2}{\hat{G}^2(\alpha)}$	计算 $Q_1(\alpha)$和 $Q_2(\alpha)$
11	$\tau_p=\dfrac{\alpha Q_2(\alpha)+\sqrt{mQ_2(\alpha)}}{m-\alpha^2Q_2(\alpha)}$	计算时间常数 τ_p。如果 $\alpha^2Q_2(\alpha)-m<0$，则采用式(2.23)中的第 2 个公式来计算 τ_p

续表

行号	参数辨识程序伪代码	注释
12	$\theta=-Q_1(\alpha)-\frac{m\tau_p}{\tau_p\alpha+1}$	计算过程时滞 θ
13	$k_p=(\tau_p\alpha+1)^m G(\alpha)e^{\alpha\theta}$	计算过程静态增益 k_p
14	Display(k_p,τ_p,θ)	输出参数辨识结果
程序变量	T_s 为采样周期，α 为衰减因子，t_N 为采集数据时间长度	
程序输入	输入激励 $u(t)$为幅值为 1 的阶跃信号，测量噪声 $v(t)$噪信比为 NSR=0,5%,10%,15%,20%,25%,30%	
程序输出	FOPDT 模型的时间常数 τ_p、过程时滞 θ 和过程静态增益 k_p	

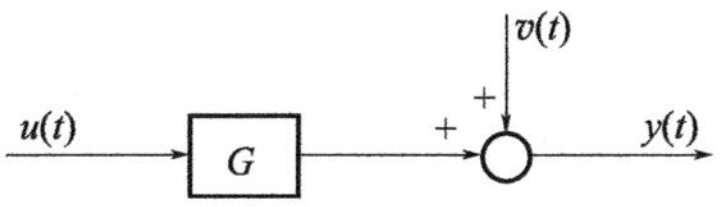

图 2.14　例 2.1 的辨识仿真程序方框图

(2) 例 2.6 的辨识算法仿真程序及图形化编程方框图

行号	参数辨识程序	注释
1	$T=80$	仿真时间(s)
2	$T_s=0.01$	采样周期(s)
3	$y(0)=0.5;\dot{y}(0)=-0.026;u(0)=0.5;h=0.5$	定义初始条件，可从幅值为 0.5 的阶跃响应中产生
4	$G_d=0.2/(0.5s+1)$	扰动传递函数，单位阶跃输入
5	$N(0,\sigma_N^2=0.45\%)$	随机测量噪声，NSR=10%
6	$G=\frac{(-4s+1)e^{-s}}{9s^2+2.4s+1}$	辨识对象
7	$\Delta h=0.2$; $t_0=3;t_{ss}=10$	设定点阶跃变化幅值； 阶跃变化起始和移除时刻(s)
8	sim('OpenloopSteptestforSOPDTStableprocess')	调用仿真图形化组件模块系统，如图 2.15 所示
9	$t_1=6.5;t_{N/2}=10;t_{N/(2+1)}=15;t_N=35$; $N=100$	选取暂态响应数据的两个时间段(s)； N 为采集数据长度
10	For $q=3:n$,(上限 $n\leqslant 20$)	取初始估计 $q=3$ 进行迭代，q 为麦克劳林级数逼近的阶次
11	$F_0(t)=\begin{cases}\frac{h+\Delta h}{6}t^3,\theta<t\leqslant t_{ss}+\theta\\ \frac{h}{6}t^3+\frac{\Delta h}{2}t_{ss}t^2-\frac{\Delta h}{2}t_{ss}^2t+\frac{\Delta h}{6}t_{ss}^3,t>t_{ss}+\theta\end{cases}$; $F_1(t)=\begin{cases}-\frac{\Delta h}{2}t^2,\theta<t\leqslant t_{ss}+\theta\\ \frac{\Delta h}{2}t_{ss}^2-\Delta h t_{ss}t,t>t_{ss}+\theta\end{cases}$; $F_2(t)=\begin{cases}\frac{\Delta h}{2}t,\theta<t\leqslant t_{ss}+\theta\\ \frac{\Delta h}{2}t_{ss},t>t_{ss}+\theta\end{cases}$; $F_3(t)=\begin{cases}-\frac{\Delta h}{6},\theta<t\leqslant t_{ss}+\theta\\ 0,t>t_{ss}+\theta\end{cases}$	构建分段函数型的输入变量
12	$\boldsymbol{z}_i=[1/t_i^{p+1},1/t_i^p,\cdots,1/t_i,1,t_i,t_i^2,\cdots,t_i^q]^T$	构造时间序列的辅助变量(Ⅳ)
13	$\boldsymbol{Z}=[z_1,z_2,\cdots,z_N]^T$	用于参数估计的Ⅳ数组

续表

行号	参数辨识程序	注释
14	$\psi(t)=\int_{[0,t]}^{(3)}\hat{y}(t)$	回归输出变量
15	$\boldsymbol{\phi}(t)=\left[-\int_{[0,t]}^{(1)}\hat{y}(t),-\int_{[0,t]}^{(2)}\hat{y}(t),F_0(t),F_1(t),F_2(t),F_3(t),1,t,t^2,\cdots,t^q\right]^{\mathrm{T}}$	回归输入变量
16	$\boldsymbol{\gamma}=[a_2,a_1,b_0,b_0\theta-b_1,b_0\theta^2-2b_1\theta,b_0\theta^3-3b_1\theta^2,\eta_0,\eta_1,\eta_2,\cdots,\eta_q]^{\mathrm{T}}$	辨识参数向量
17	$\boldsymbol{\Psi}=[\psi(t_1),\psi(t_2),\cdots,\psi(t_N)]^{\mathrm{T}}$; $\boldsymbol{\Phi}=[\boldsymbol{\phi}(t_1),\boldsymbol{\phi}(t_2),\cdots,\boldsymbol{\phi}(t_N)]^{\mathrm{T}}$	构造回归数组
18	$\boldsymbol{\gamma}=(\mathbf{Z}^{\mathrm{T}}\boldsymbol{\Phi})^{-1}\mathbf{Z}^{\mathrm{T}}\boldsymbol{\Psi}$	最小二乘参数估计
19	$[a_2,a_1,b_0,b_1,\theta]^{\mathrm{T}}=[\boldsymbol{\gamma}(1),\boldsymbol{\gamma}(2),\boldsymbol{\gamma}(3),\pm\sqrt{\boldsymbol{\gamma}^2(4)-\boldsymbol{\gamma}(3)\boldsymbol{\gamma}(5)},[b_1+\boldsymbol{\gamma}(4)]/\boldsymbol{\gamma}(3)]^{\mathrm{T}}$	提取模型参数
20	$J_p=\sqrt{\frac{1}{p}\sum_{i=1}^{p}[\boldsymbol{\gamma}^{[k]}(i)-\boldsymbol{\gamma}^{[k-1]}(i)]^2}\geqslant\varepsilon$	迭代收敛条件，拟合误差阈值 $\varepsilon<10^{-4}$
21	$q(k+1)=q(k)+1$	更新律
22	End	迭代结束
23	Display(a_2,a_1,b_0,b_1,θ)	输出参数辨识结果
程序变量	T_s 为采样周期，N 为采集数据长度，选取暂态响应数据的两个时间段 $t_1\sim t_{N/2}$ 和 $t_{N/(2+1)}\sim t_N$，构造时间序列的辅助变量矩阵 $\mathbf{Z}$	
程序输入	Δh 为幅值 0.5 的设定点阶跃激励信号，$l(t)$ 为传递函数为 $G_d=0.2/(0.5s+1)$ 的单位阶跃扰动，$u(0)$ 为初始输入，$y(0)$ 为初始输出，$\dot{y}(0)$ 为初始输出的一阶导数；测量噪声 $\zeta(t)$	
程序输出	过程模型有理传递函数的分母系数 a_2、a_1，分子系数 b_1、b_0 以及过程时滞 θ	

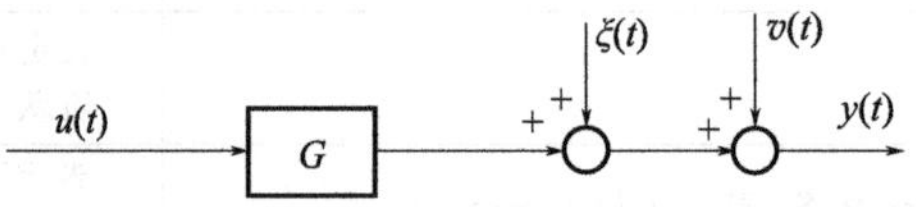

图 2.15 例 2.6 的辨识仿真程序方框图

(3) 例 2.9 的闭环系统模型参数辨识算法 Algorithm-SS-II 的仿真程序

行号	参数辨识程序	注释
1	$T=2000$	仿真时间(s)
2	$T_s=0.01$	采样时间(s)
3	$h=1$	设定点阶跃输入的幅值
4	$C=(1+1/6s)(3s+1)/(0.03s+1)$	闭环辨识的 PID 控制器
5	$N(0,\sigma_\xi^2=0.94\%)$	随机测量噪声，NSR=20%
6	$G(s)=\frac{-s+1}{(6s+1)(2s+1)^2}\mathrm{e}^{-s}$	待辨识对象
7	sim('ClosedloopSteptestforFOPDTStableprocess')	调用仿真图形化组件模块系统，如图 2.16 所示
8	$\alpha=0.01$；$t_N=1500$	定义衰减因子与采集数据时间长度(s)
9	$T(\alpha)=\frac{\alpha}{h}\int_0^{t_N}\Delta y(t)\mathrm{e}^{-\alpha t}\mathrm{d}t$; $T^{(1)}(\alpha)=\frac{1}{h}\int_0^{t_N}(1-\alpha t)\Delta y(t)\mathrm{e}^{-\alpha t}\mathrm{d}t$; $T^{(2)}(\alpha)=\frac{1}{h}\int_0^{t_N}t(\alpha t-2)\Delta y(t)\mathrm{e}^{-\alpha t}\mathrm{d}t$	计算闭环系统频率响应 $T(\alpha)$、$T^{(1)}(\alpha)$ 和 $T^{(2)}(\alpha)$

续表

行号	参数辨识程序	注释
10	根据式(2.128)～式(2.130)计算 $C(\alpha)$、$C^{(1)}(\alpha)$和 $C^{(2)}(\alpha)$	计算 PID 控制器频率响应 $C(\alpha)$、$C^{(1)}(\alpha)$和 $C^{(2)}(\alpha)$
11	根据式(2.125)～式(2.127)计算 $G(\alpha)$、$G^{(1)}(\alpha)$和 $G^{(2)}(\alpha)$	计算对象频率响应 $G(\alpha)$、$G^{(1)}(\alpha)$和 $G^{(2)}(\alpha)$
12	$\widehat{G}(\alpha)=G(\alpha)$;$\widehat{G}^{(1)}(\alpha)=G^{(1)}(\alpha)$;$\widehat{G}^{(2)}(\alpha)=G^{(2)}(\alpha)$	对象频率响应估计赋值给模型
13	$Q_1(\alpha)=\dfrac{\widehat{G}^{(1)}(\alpha)}{\widehat{G}(\alpha)}$; $Q_2(\alpha)=\dfrac{\widehat{G}^{(2)}(\alpha)\widehat{G}(\alpha)-[\widehat{G}^{(1)}(\alpha)]^2}{\widehat{G}^2(\alpha)}$	计算 $Q_1(\alpha)$和 $Q_2(\alpha)$
14	$\theta_0=-Q_1(\alpha)-\dfrac{\tau_p}{\tau_p\alpha+1}$	采用辨识算法 Algorithm-SS-Ⅰ估计 FOPDT 模型参数，以确定过程时滞初值，迭代辨识其余 SOPDT 模型参数
15	$s=\alpha+j\omega_k(k=1,2,\cdots,M)$	M 为实际指定的频率范围内用于辨识拟合的频率响应点的数量，可用式(2.26)估算 FOPDT 模型的截止角频率做参考
16	For $\theta=\theta_0:\theta_{max}$;(或 $\theta=\theta_{min}:\theta_0$)	根据过程时滞的可能范围 $\theta\in[\theta_{min},\theta_{max}]$进行一维搜索迭代
17	$\psi(\alpha+j\omega_k)=\widehat{G}(\alpha+j\omega_k)$	回归输出变量
18	$\boldsymbol{\phi}(\alpha+j\omega_k)=[-(\alpha+j\omega_k)G_2(\alpha+j\omega_k),$ $-(\alpha+j\omega_k)^2G_2(\alpha+j\omega_k),e^{-(\alpha+j\omega_k)\theta}]^T$	回归输入变量
19	$\boldsymbol{\gamma}=[a_1,a_2,k_p]^T$	辨识参数向量
20	$\boldsymbol{\Psi}=[\psi(\alpha+j\omega_1),\psi(\alpha+j\omega_2),\cdots,\psi(\alpha+j\omega_M)]^T$; $\boldsymbol{\Phi}=[\boldsymbol{\phi}(\alpha+j\omega_1),\boldsymbol{\phi}(\alpha+j\omega_2),\cdots,\boldsymbol{\phi}(\alpha+j\omega_M)]^T$; $\overline{\boldsymbol{\Psi}}=\begin{bmatrix}\mathrm{Re}[\boldsymbol{\Psi}]\\ \mathrm{Im}[\boldsymbol{\Psi}]\end{bmatrix}$;$\overline{\boldsymbol{\Phi}}=\begin{bmatrix}\mathrm{Re}[\boldsymbol{\Phi}]\\ \mathrm{Im}[\boldsymbol{\Phi}]\end{bmatrix}$	构造回归数组
21	$\boldsymbol{W}=\mathrm{diag}\{\rho_1,\cdots,\rho_M,\rho_1,\cdots,\rho_M\}$;$\rho_k=\eta^k/\sum_{k=0}^{M}\eta^k$;$\eta\in[0.9,0.99]$	指定频率范围内对各频率响应点拟合的加权系数
22	$\boldsymbol{\gamma}=(\overline{\boldsymbol{\Phi}}^T\boldsymbol{W}\overline{\boldsymbol{\Phi}})^{-1}\overline{\boldsymbol{\Phi}}^T\boldsymbol{W}\overline{\boldsymbol{\Psi}}$	加权最小二乘参数估计
23	$err=\dfrac{1}{N_s}\sum_{k=1}^{N_s}[\Delta y(kT_s)-\Delta\hat{y}(kT_s)]^2<\varepsilon$	迭代收敛条件，拟合误差阈值 $\varepsilon<10^{-4}$
24	$\theta(k+1)=\theta(k)+\Delta\theta$;$(\Delta\theta=0.01)$	更新步长 $\Delta\theta$
25	End	迭代结束
26	$a_1=\boldsymbol{\gamma}(1)$;$a_2=\boldsymbol{\gamma}(2)$;$k_p=\boldsymbol{\gamma}(3)$	提取模型参数
27	Display(k_p,a_1,a_2,θ)	输出参数辨识结果
程序变量	T_s 为采样时间，α 为衰减因子，t_N 为采集数据时间长度	
程序输入	$r(t)$为幅值 0.5 的阶跃激励信号，$v(t)$为噪信比 NSR=20%的随机测量噪声	
程序输出	过程模型有理传递函数的分母系数 a_2、a_1，过程静态增益 k_p 以及过程时滞 θ	

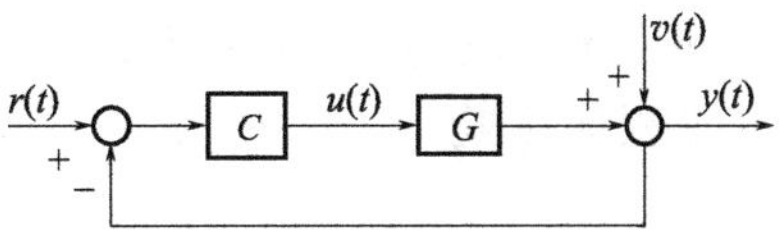

图 2.16 例 2.9 的闭环辨识仿真程序方框图

第3章
基于阶跃响应实验辨识积分和不稳定过程

在过程控制工程领域，对于一个单输入单输出被控过程，在其零初始状态（或标称化去初值的零输入条件）和未采用闭环控制的情况下，加入一个阶跃型输入激励信号，如果过程输出是单调地增大或减小，直至超出过程输出范围，则称这样的被控过程是积分型过程；如果过程输出持续变化但并非上述积分特性，趋向于超出过程输出范围并且无上界，则称这样的被控过程是不稳定型过程。典型的积分过程包括水箱液位调节过程、热水锅炉温度调节过程、空调设备制冷过程、储气罐压力调节过程等，常见的开环不稳定过程有烷烃类化学聚合放热反应过程、空气压缩机喘振调节过程、涡轮机湍流调节过程等[1-4]。为对开环积分和不稳定过程进行辨识建模，对输入激励信号的幅值和持续时间需要加以限定，以避免过程输出响应超出允许的操作范围[5]。现有文献[6-11]主要采用闭环阶跃响应测试对开环积分和不稳定过程辨识带有时滞参数的低阶积分型过程模型。实际上，由于闭环反馈机制的存在，这些闭环辨识方法大都受限于描述闭环系统设定点指令附近的过程响应特性。很少有文献[12]给出在开环阶跃实验下基于只有少量输出响应检测数据的辨识建模方法。

为此，本章首先介绍一种基于开环阶跃响应实验辨识积分型过程模型的方法[13]，通过对阶跃响应引入阻尼因子，可以有效地利用有限数量的过程输出响应测量数据进行频率响应估计和模型拟合，从而在满足过程输出限定范围的条件下，达到较好的辨识建模效果。然后，第3.2节给出一种基于闭环阶跃响应实验辨识积分和无稳定过程模型的方法[14]，通过对闭环系统进行频率响应估计，结合控制器形式反推被控过程的频率响应，采用工程实践中常用的低阶过程模型进行频率响应拟合，可以有效地描述基本的过程动态特性。

3.1 基于阶跃响应实验辨识积分过程

化工生产系统中涉及温度、液位以及压力的操作过程有很多具有积分响应特性。举例来说，温度调节是工业夹套式换热反应釜的重要操作手段，广泛应用于化工原料混合、医药结晶、生物发酵等领域。由于热能的交换受到夹套与反应釜之间传热面积的限制，升温过程通常对加热功率的响应动态缓慢，并且通常有较长的时滞响应，比如打开加热器让受热循环介质进入夹套进行换热操作，反应釜内液体的温度在一定时间内保持初始值不变，然后逐渐上升，但不会达到稳定状态，如不加以控制会超出允许的温度范围。对于这样的带有时滞响应的积分过程，采用经济简便的开环阶跃激励实验就很可能由于过程输出的限定范围而得不到足够的观测数据进行辨识建模。为解决这一问题，这里介绍一种基于较少量的开环阶跃响应数据估计积分过程频率响应特性的方法[12]，由此进行模型拟合，可以达到较好的建模效果。

3.1.1 频率响应估计

以如图3.1所示的夹套式结晶反应釜的温度调节装置为例来说明对积分过程的频率响应估

计方法。其中温度调节装置的主要部件包括一个装有热传导介质（如乙二醇和蒸馏水混合）的循环浴槽、一个电加热管（如发热功率 2kW）、一个脉冲宽度调制器（PWM）、一个过零固态继电器(SSR)、一个可编程逻辑控制器（PLC），以及一个用于测量反应釜中溶液温度的温度计（Pt100）。

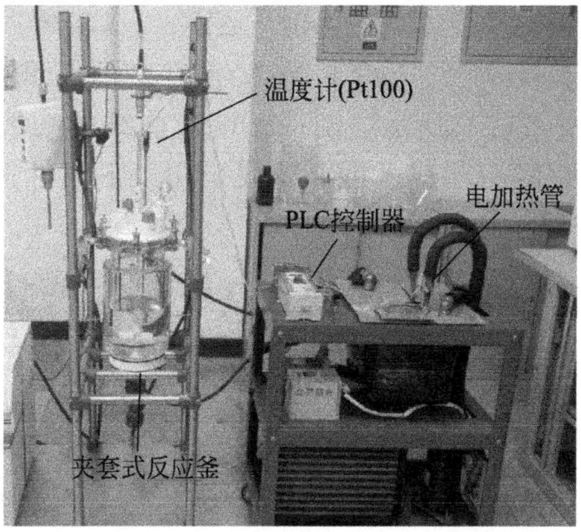

图 3.1　具有积分特性的夹套式结晶反应釜的温度调节装置示意图

为了辨识加热过程的基本动态特性，这里采用简便的开环阶跃响应测试，即在室温（25℃）下夹套反应釜零初始条件打开电加热器（例如 50%或 100%的加热功率），直到反应釜温度上升到系统运行的温度上限附近为止。图 3.2（a）示例说明了通过以固定常值功率打开电加热器进行阶跃测试下的反应釜温度响应［以 $y(t)$ 表示］，其中 $y(t_0)$ 表示初始稳态温度（例如，加热测试之前的室温），为了方便计算，在图中标称化为零，即 $y(t_0)=0$。

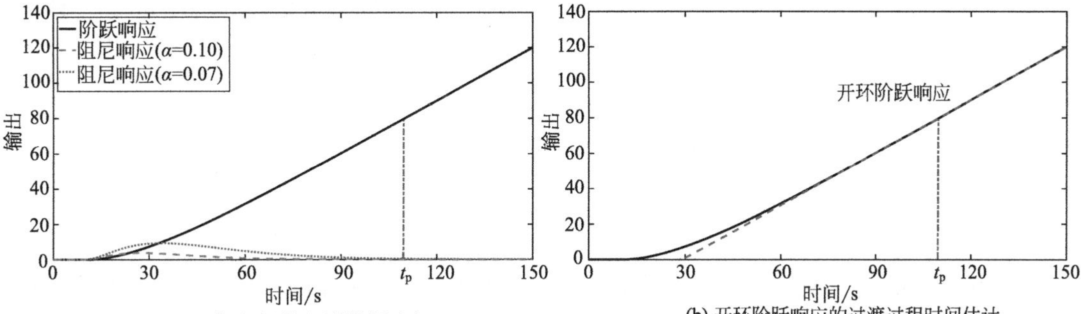

(a) 加入衰减因子的阶跃响应　　(b) 开环阶跃响应的过渡过程时间估计

图 3.2　在开环阶跃测试下估计过程频率响应特性

为了描述上述积分过程的基本动态特性，这里采用带有时滞参数的低阶积分型传递函数模型：

$$\widehat{G}_{\mathrm{I}}(s)=\frac{k_{\mathrm{p}}}{s(\tau_{\mathrm{p}}s+1)}\mathrm{e}^{-\theta s} \tag{3.1}$$

其中，k_{p} 是过程增益；θ 是时滞参数；τ_{p} 是反映过程响应惯性的时间常数。当 $\tau_{\mathrm{p}}=0$ 时，该模型可描述一个纯积分过程。

为了估计积分过程的频率响应特性，类似于前面第 2 章对于开环稳定过程的频率响应估计方法，将拉普拉斯变换中的算子分解为 $s=\alpha+\mathrm{j}\omega$，其中 α 是实数，ω 是频率，由此表示过程输出的频率响应如下

$$\Delta Y(\alpha+\mathrm{j}\omega)=\int_0^{\infty}[\Delta y(t)\mathrm{e}^{-\alpha t}]\mathrm{e}^{-\mathrm{j}\omega t}\mathrm{d}t \tag{3.2}$$

其中 $\Delta y(t)=y(t)-y(t_0)$。

令 α 为正实数，对于 $t>t_N$ 存在 $y(t)\mathrm{e}^{-\alpha t}\to 0$，其中 t_N 表示足够大的数据长度，可以使用条件 $\Delta y(t_N)\mathrm{e}^{-\alpha t_N}\to 0$ 进行数值确定。因此，通过将 α 视为上述拉普拉斯变换阶跃响应的衰减因子（亦称阻尼因子），可以从采样的阶跃响应数据中计算出

$$\Delta Y(\alpha+\mathrm{j}\omega)=\int_0^{t_N}[\Delta y(t)\mathrm{e}^{-\alpha t}]\mathrm{e}^{-\mathrm{j}\omega t}\mathrm{d}t \tag{3.3}$$

其中，关于时间区间的积分 $t\in[0,t_N]$ 可以使用关于采样周期的梯形法则进行数值计算[15]，以保证计算的准确性。

注意，当 $\alpha \to \infty$ 时，$\Delta Y(\alpha+\mathrm{j}\omega) \to 0$。相反，如选取 $\alpha \to 0$ 计算式(3.3)，则需要很大的数据长度 t_N。考虑到暂态响应反映了积分过程的基本动态特性，所有的暂态响应数据［如图 3.2(b) 所示］对应于响应曲线的切线标记的时刻 t_p 之前的过程输出数据，都应用于估计过程频率响应。因此建议采用以下条件选取 α 来计算式(3.3) 中的数值积分：

$$|\Delta y(t_p)| T_s e^{-\alpha t_p} > \delta_1 \tag{3.4}$$

其中，$\Delta y(t_p) = y(t_p) - y(t_0)$ 为积分过程在阶跃激励测试下的暂态响应，如图 3.2(b) 所示；$y(t_0)$ 为阶跃测试前的过程初始温度；T_s 为输出数据采样周期；δ_1 为数值计算的精度水平，可以实际指定小于 $|\Delta y(t_p)| T_s \times 10^{-6}$。

说明：t_p 类似于开环稳定过程阶跃响应的过渡过程时间，可以通过计算积分过程阶跃响应的一阶导数来确定，如图 3.3 所示上述加热过程温度响应的一阶导数。

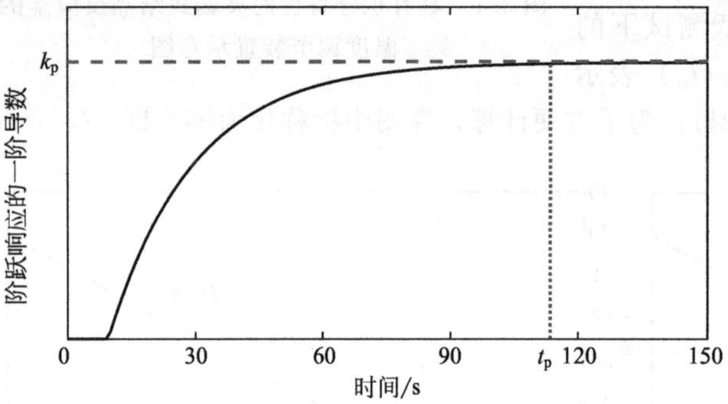

图 3.3　加热过程温度响应的一阶导数计算结果

在实际应用中，该一阶导数可以采用一阶后向离散化的方法进行估算，即 $\dot{y}(kT_s) = [y(kT_s) - y((k-1)T_s)]/T_s$。也就是说，$t_p$ 可以根据实际采样的温度响应数据进行估计，但不要求非常精确的计算来用于上述频率响应估计。

因此，由式(3.4) 可以得到

$$\alpha < \frac{1}{t_p} \ln \frac{|\Delta y(t_p)| T_s}{\delta_1} \tag{3.5}$$

考虑到实际工程应用中对积分过程开环阶跃测试的时间长度受到操作限制，例如，用于谷氨酸结晶的夹套式反应釜的温度响应被限定在［25，80］℃范围内[13]，提出以下条件来确定选取 α 的下限：

$$|\Delta y(t_N)| T_s e^{-\alpha t_N} < \delta_2 \tag{3.6}$$

其中，δ_2 是类似于上述 δ_1 的数值计算精度水平，实际可以取为小于 $|\Delta y(t_N)| T_s \times 10^{-6}$。

为了充分利用暂态响应数据以估计过程频率响应特性，建议选取 α 时在满足式(3.4) 中的条件下尽可能小，如果采样的积分过程输出响应数据长度不足以选择出满足式(3.5) 和式(3.6) 的 α，则应采用较小的阶跃激励信号（例如上述升温过程的加热功率）进行开环阶跃测试。

3.1.2　模型参数辨识

阶跃激励实验中的阶跃信号变化可以表示为

$$\Delta U(\alpha+\mathrm{j}\omega) = \frac{h}{\alpha+\mathrm{j}\omega} \tag{3.7}$$

其中，h 表示测试用的阶跃信号幅值，对于上述加热过程案例，即为加热功率大小，通常按电加热管全部功率的百分比标准化，取值范围［0，1］。

相应地，过程传递函数的频率响应可以用式(3.3) 和式(3.7) 表示为

$$G_I(\alpha+\mathrm{j}\omega) = \frac{\alpha+\mathrm{j}\omega}{h} \Delta Y(\alpha+\mathrm{j}\omega), \quad \alpha > 0 \tag{3.8}$$

基于上述过程频率响应估计，这里采用一个具有单极点或重复极点的积分模型来讲述参数辨识算法，即

$$\hat{G}_I(s) = \frac{k_p}{s(\tau_p s+1)^m} e^{-\theta s} \tag{3.9}$$

其中，m 为重复极点数。当 $m=1$ 时，上述模型即对应前面式(3.1) 所描述的加热过程温度响应传递函数模型。在实际应用中，可以采用不同的模型阶次来比较对输出响应的拟合精度，由此确定最合适的阶次 m，以便于控制设计和提高系统性能。

为便于分析，定义一个复变函数 $F(s)$ 关于拉普拉斯算子 s 的 n 阶导数为

$$F^{(n)}(s)=\frac{\mathrm{d}^n}{\mathrm{d}s^n}F(s),n\geqslant 1 \tag{3.10}$$

利用式(3.2) 和式(3.8) 可得

$$G_{\mathrm{I}}^{(1)}(s)=\frac{1}{h}\int_0^{\infty}(1-st)\Delta y(t)\mathrm{e}^{-st}\mathrm{d}t \tag{3.11}$$

$$G_{\mathrm{I}}^{(2)}(s)=\frac{1}{h}\int_0^{\infty}t(st-2)\Delta y(t)\mathrm{e}^{-st}\mathrm{d}t \tag{3.12}$$

因此，通过令 $s=\alpha$ [即省略如式(3.8) 中所示的拉普拉斯算子虚部]，并根据类似于计算式(3.3) 的条件进行选取 α，可以准确地计算式(3.11) 和式(3.12) 中的数值积分。

对式(3.9) 的两边同时取关于 $s\in\Re_+$ 的自然对数，得到

$$\ln[\hat{G}_{\mathrm{I}}(s)]=\ln(k_{\mathrm{p}})-\ln(s)-m\ln(\tau_{\mathrm{p}}s+1)-\theta s \tag{3.13}$$

进而对式(3.13) 两边同时求关于 s 的一阶和二阶导数，可得

$$\frac{\hat{G}_{\mathrm{I}}^{(1)}(s)}{\hat{G}_{\mathrm{I}}(s)}=-\frac{1}{s}-\frac{m\tau_{\mathrm{p}}}{\tau_{\mathrm{p}}s+1}-\theta \tag{3.14}$$

$$\frac{\hat{G}_{\mathrm{I}}^{(2)}(s)\hat{G}_{\mathrm{I}}(s)-[\hat{G}_{\mathrm{I}}^{(1)}(s)]^2}{\hat{G}_{\mathrm{I}}^2(s)}=\frac{1}{s^2}+\frac{m\tau_{\mathrm{p}}^2}{(\tau_{\mathrm{p}}s+1)^2} \tag{3.15}$$

为便于书写，用 $Q_1(s)$ 表示式(3.14) 的左侧，用 $Q_2(s)$ 表示式(3.15) 的左侧。将 $s=\alpha$ 代入式(3.15)，并且令 $\hat{G}_{\mathrm{I}}(\alpha)=G_{\mathrm{I}}(\alpha)$，$\hat{G}_{\mathrm{I}}^{(1)}(\alpha)=G_{\mathrm{I}}^{(1)}(\alpha)$，$\hat{G}_{\mathrm{I}}^{(2)}(\alpha)=G_{\mathrm{I}}^{(2)}(\alpha)$ [注意从阶跃响应测试分别由式(3.8)、式(3.11)、式(3.12) 估算得到 $G_{\mathrm{I}}(\alpha)$、$G_{\mathrm{I}}^{(1)}(\alpha)$和 $G_{\mathrm{I}}^{(2)}(\alpha)$]，可得出

$$\tau_{\mathrm{p}}=\begin{cases}\dfrac{-\sigma Q_3(\alpha)+\sqrt{mQ_3(\alpha)}}{\alpha^2Q_3(\alpha)-m}, & \alpha^2Q_3(\alpha)-m>0\\[2ex] \dfrac{\alpha Q_3(\alpha)+\sqrt{mQ_3(\alpha)}}{m-\alpha^2Q_3(\alpha)}, & \alpha^2Q_3(\alpha)-m<0\end{cases} \tag{3.16}$$

其中，$Q_3(\alpha)=Q_2(\alpha)-1/\alpha^2$。

然后，将式(3.16) 分别代入式(3.14) 和式(3.9)，可以推导出其余参数：

$$\theta=-Q_1(\alpha)-\frac{m\tau_{\mathrm{p}}}{\tau_{\mathrm{p}}\alpha+1}-\frac{1}{\alpha} \tag{3.17}$$

$$k_{\mathrm{p}}=\alpha(\tau_{\mathrm{p}}\alpha+1)^mG_{\mathrm{I}}(\alpha)\mathrm{e}^{\alpha\theta} \tag{3.18}$$

因此，上述辨识带有时滞参数的积分模型的算法，记为 Algorithm-SI-O，总结如下。

(ⅰ) 根据式(3.5) 和式(3.6) 中的条件选取合适的 α，利用式(3.8)、式(3.11) 和式(3.12) 计算 $G_{\mathrm{I}}(\alpha)$、$G_{\mathrm{I}}^{(1)}(\alpha)$ 和 $G_{\mathrm{I}}^{(2)}(\alpha)$；

(ⅱ) 从式(3.14) 和式(3.15) 中计算 $Q_1(\alpha)$ 和 $Q_2(\alpha)$；

(ⅲ) 从式(3.16) 中计算过程时间常数 τ_{p}；

(ⅳ) 从式(3.17) 中计算过程时滞参数 θ；

(ⅴ) 从式(3.18) 中计算过程增益参数 k_{p}。

说明：如果上述模型结构完全匹配待辨识的积分过程，则通过上述 Algorithm-SI-O 算法可以得到无偏参数估计，并且对于满足条件式(3.5) 和式(3.6) 选取的不同 α 应用该辨识算法得到的结果都相似，后面一节中的应用案例 3.1 将对此进行说明。如果存在模型失配，可以通过在 α 的允许范围内（满足上述约束条件）使用一维搜索策略，确定出达到输出响应最小拟合误差的最佳 α 选取值。

3.1.3 应用案例

这里采用现有文献中的两个应用案例来说明上述辨识方法的有效性。根据噪声与信号比（NSR）指标来说明测量噪声水平，即 NSR＝mean(abs(noise))/mean(abs(signal))。为了评估辨识精度，采用输出误差指标，$err=\sum_{k=1}^{N}[y(kT_s)-\hat{y}(kT_s)]^2/N$，其中 $y(kT_s)$ 和 $\hat{y}(kT_s)$ 分别为过程和模型对一个单位阶跃激励信号的暂态响应。

例 3.1 考虑文献[9] 中研究的带时滞响应积分过程案例：

$$G=\frac{e^{-10s}}{s(20s+1)}$$

采用开环单位阶跃响应测试在［0，150］s 时间长度内测量的输出数据，根据式(3.5) 中的条件选取 $\alpha=0.5$，本节 Algorithm-SI-O 方法辨识得到过程模型 $\hat{G}=0.9999e^{-10.0000s}/s(19.9999s+1)$。表 3.1 列出采用不同 α 值的辨识误差，很好地验证了该方法的有效性和准确性。

表 3.1 例 3.1 和例 3.2 采用不同衰减因子时的输出拟合误差

案例	衰减因子	*err*	案例	衰减因子	*err*
3.1	$\alpha=0.2$ $\alpha=0.5$ $\alpha=0.8$	3.94×10^{-11} 6.09×10^{-17} 6.55×10^{-15}	3.2	$\alpha=0.14$ $\alpha=0.17$ $\alpha=0.22$	3.87×10^{-2} 7.39×10^{-3} 8.02×10^{-2}

此外，为了检验选取不同 α 进行辨识的准确性，分别对 $\alpha=0.1,0.2,\cdots,1.0$ 应用本节 Algorithm-SI-O 方法，得到的辨识模型在［90，300］s 的时间长度内（以 L 表示输出数据长度）产生的输出拟合误差，如图 3.4 所示。

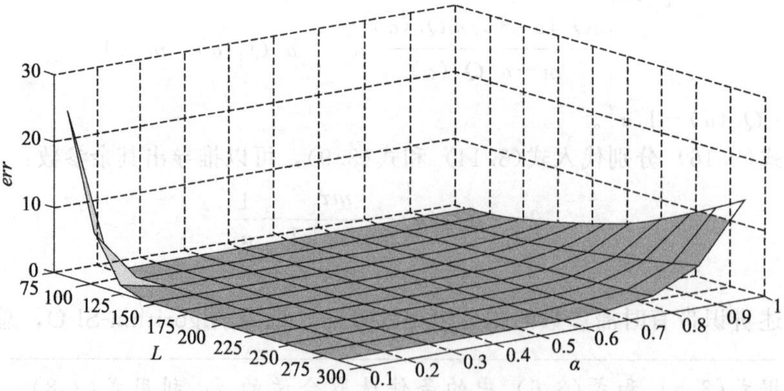

图 3.4 例 3.1 选取不同衰减因子辨识模型的输出拟合误差

可以看出，根据上一节给出的 α 选取条件，在取值范围 $\alpha\in[0.1,\ 0.7]$ 内得到的辨识模型产生的输出拟合误差都彼此相近。注意，对于 $L<150$s 取 $\alpha\leqslant0.1$ 或当 $L<300$s 取 $\alpha\geqslant0.8$ 的情况，造成式(3.3) 中数值积分的计算损失较大，使得参数估计引起较大偏差，从而使 *err* 变得相对较大。这个问题可以依据式(3.4) 中的数值计算条件选用较大的 L 来解决，这样可允许使用更小的 α 来获得改善的辨识精度。

然后假设随机噪声 $N(0,\sigma_N^2=6.5)$，添加到过程输出测量中，导致 NSR=5%。根据上述用于测量的时间长度，选取 $\alpha=0.12$ 应用本节 Algorithm-SS 方法，得到过程模型 $\hat{G}=1.0053e^{-9.9259s}/s(20.6263s+1)$，对应输出拟合误差 $err=0.0175$。进一步假设通过添加测量噪声 $N(0,\sigma_N^2=18)$ 将噪声水平提高到 NSR=10%，通过上述 α 的选取，辨识得到过程模型 $\hat{G}=1.0135e^{-10.2946s}/s(21.3447s+1)$，对应输出拟合误差 $err=0.2905$。由此可见，该方法具有较好的抗噪能力，可以在一定噪声水平下保持较好的辨识准确性。注意，在较高的 NSR 下，输出拟合误差明显增大的主要原因是由于过程积分特性会放大相对于时间长度的拟合误差，不同于开环稳定过程对输入的阶跃变化具有稳态不变的输出响应值。

例 3.2 考虑文献[16]中研究的一个高阶积分过程案例：

$$G=\frac{(-s+1)e^{-5s}}{s(s+1)^5}$$

基于一个单位阶跃激励测试，在 [0，100] s 的时间长度内以 $T_s=0.1$s 的采样周期测量输出响应数据进行模型辨识，应用文献[10]中给出的时间积分辨识算法得到一个 SOPDT 模型，$\hat{G}=0.9998e^{-9.2619s}/s(1.8637s+1)$，对应输出拟合误差 $err=0.0239$。选取 $\alpha=0.17$ 应用本节 Algorithm-SI-O 方法，得到一个 SOPDT 模型 $\hat{G}=0.9978e^{-9.0036s}/s(1.9674s+1)$，对应输出拟合误差 $err=0.0074$。此外，基于上述数据长度上和假设预先已知时滞参数（$\theta=5$），应用系统辨识专著［17］中给出的输出误差（OE）模型辨识方法（已编入 MATLAB 系统辨识工具箱，称为 LS 算法），得到辨识模型 $\hat{G}=1.0141e^{-5s}/s(6.9401s+1)$，对应输出拟合误差 $err=0.1692$。图 3.5 示出这些模型的 Nyquist 曲线。

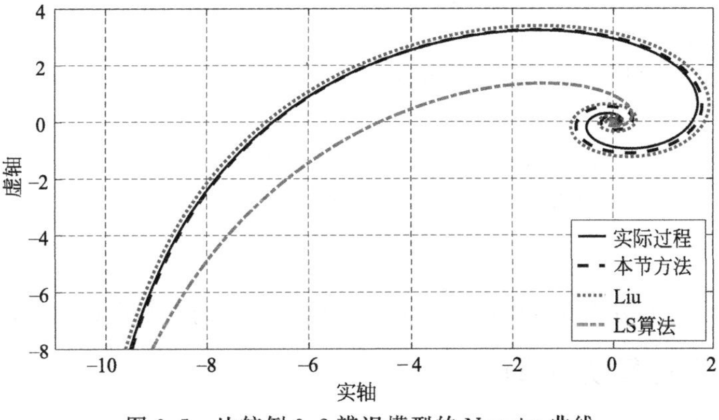

图 3.5 比较例 3.2 辨识模型的 Nyquist 曲线

可以看出，本节 Algorithm-SI-O 方法得到的辨识模型明显提高过程输出响应的拟合度。表 3.1 列出了选取不同 α 值的辨识误差，可见辨识结果的准确性都很相近。

3.2 基于闭环系统阶跃响应实验辨识积分和不稳定过程

为了便于闭环辨识积分和不稳定过程，在工程实践中一般采用基于单位反馈的闭环控制结构和简单的控制器如 PID 等，如图 3.6 所示。

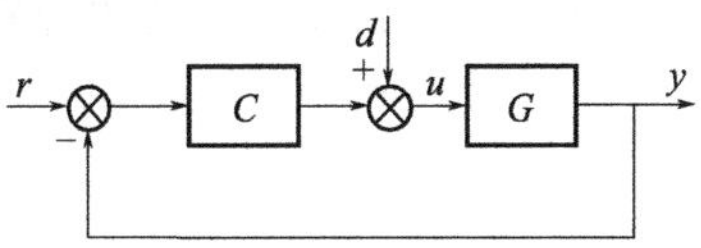

图 3.6 辨识积分和不稳定过程的单位反馈控制结构

从图 3.6 容易推导出闭环传递函数为

$$T(s)=\frac{G(s)C(s)}{1+G(s)C(s)} \tag{3.19}$$

基于闭环阶跃响应测试，可以采用第 2 章第 2.4 节已介绍的频率响应估计方法来计算闭环频率响应。因此，如果采用已知形式的 $C(s)$ 如 PID 进行闭环阶跃辨识测试，可以从式(3.19) 中反推出过程频率响应为

$$G(s)=\frac{T(s)}{C(s)[1-T(s)]} \tag{3.20}$$

由式可见，采用一个简单的控制器形式，如比例控制器（P），便于从闭环系统频率响应反推估计出待辨识过程的频率响应。基于估计出的过程频率响应，下面两个小节分别给出积分型和不稳定型过程的低阶模型参数辨识算法。

3.2.1 积分型过程模型辨识

第 3.1 节已讲述了基于开环阶跃激励实验辨识积分型过程的带时滞参数低阶模型的方法。这里根据闭环系统阶跃激励测试和估计出的系统频率响应，对如式(3.9) 所示的积分型过程模型，参照前面一节给出的 Algorithm-SS 参数辨识方法，可以容易地写出采用闭环阶跃激励实验辨识积分型过程的算法，这里称为 Algorithm-SI-Ⅰ。

Algorithm-SI-Ⅰ

（ⅰ）依据式(2.8)、式(2.10)、式(2.122) 和式(2.123) 选取合适的 α 和 t_N，利用式(2.118)［或者式(2.119)］，式(2.120) 和式(2.121) 计算 $T(\alpha)$、$T^{(1)}(\alpha)$ 和 $T^{(2)}(\alpha)$；

（ⅱ）从式(2.128)，式(2.129) 和式(2.130) 中计算 $C(\alpha)$、$C^{(1)}(\alpha)$ 和 $C^{(2)}(\alpha)$；

（ⅲ）从式(2.125)、式(2.126) 和式(2.127) 中计算 $G_I(\alpha)$、$G_I^{(1)}(\alpha)$ 和 $G_I^{(2)}(\alpha)$；

（ⅳ）从式(3.14) 和式(3.15) 中计算 $Q_1(\alpha)$ 和 $Q_2(\alpha)$；

（ⅴ）从式(3.16) 中计算过程时间常数 τ_p；

（ⅵ）从式(3.17) 中计算过程时滞参数 θ；

（ⅶ）从式(3.18) 中计算过程增益参数 k_p。

注意，如果令 $\tau_p=0$，上述 Algorithm-SI-Ⅰ可以用于辨识得到一个 FOPDT 模型。因此，可以根据临界相位条件得出过程的参考截止角频率 ω_{rc}：

$$-\frac{\pi}{2}-\theta\omega_{rc}=-\pi \tag{3.21}$$

说明：ω_{rc} 可以用于估计待辨识过程的低频范围和相应的控制设计及稳定裕度。

3.2.2 不稳定型过程模型辨识

一个开环不稳定过程的 FOPDT 模型通常采用以下形式

$$G_{U-1}=\frac{k_p e^{-\theta s}}{\tau_p s-1} \tag{3.22}$$

其中，k_p 为比例增益；θ 为时滞参数；τ_p 是一个反映过程动态响应特性的时间常数。

相应于上一节讲述的过程频率响应估计，令 $s\in\Re_+$，不失一般性，假设 $0<s<1/\tau_p$，对式(3.22) 的两边取自然对数，可以得出

$$\ln[-G_{U-1}(s)]=\ln(k_p)-\ln(1-\tau_p s)-\theta s \tag{3.23}$$

然后对式(3.23) 的两边分别求关于 s 的一阶和二阶导数，可得

$$\frac{G_{U-1}^{(1)}(s)}{G_{U-1}(s)}=\frac{\tau_p}{1-\tau_p s}-\theta \tag{3.24}$$

$$Q_2(s)=\frac{\tau_p^2}{(1-\tau_p s)^2} \tag{3.25}$$

其中，$Q_2(s)=\mathrm{d}[Q_1(s)]/\mathrm{d}s$，$Q_1(s)$ 表示式(3.24) 的左侧部分。

将 $s=\alpha$ 代入式(3.25)，可以得到

$$\tau_{\mathrm{p}}=\begin{cases}\dfrac{\sqrt{Q_2(\alpha)}}{\alpha\sqrt{Q_2(\alpha)}-1}\text{或}\dfrac{\sqrt{Q_2(\alpha)}}{\alpha\sqrt{Q_2(\alpha)}+1},Q_2(\alpha)>\dfrac{1}{\alpha^2}\\ \dfrac{\sqrt{Q_2(\alpha)}}{\alpha\sqrt{Q_2(\alpha)}+1},Q_2(\alpha)\leqslant\dfrac{1}{\alpha^2}\end{cases}\tag{3.26}$$

注意：上式存在一个约束条件 $Q_2(\alpha)>0$。对于 $Q_2(\alpha)>1/\alpha^2$ 的情况，可以根据闭环阶跃响应的模型拟合精度来确定一个合适的解。

需要说明，上面采用 $0<s<1/\tau_{\mathrm{p}}$ 来推导式(3.23)～式(3.26)。如果得到的 τ_{p} 不满足 $\alpha<1/\tau_{\mathrm{p}}$，则可以假设 $s>1/\tau_{\mathrm{p}}$，类似上述推导过程得出合适的 τ_{p}。

因此，可以从式(3.24) 和式(3.22) 得出其余模型参数：

$$\theta=-Q_1(\alpha)+\frac{\tau_{\mathrm{p}}}{1-\tau_{\mathrm{p}}\alpha}\tag{3.27}$$

$$k_{\mathrm{p}}=(\tau_{\mathrm{p}}\alpha-1)G_{\mathrm{U-1}}(\alpha)\mathrm{e}^{\alpha\theta}\tag{3.28}$$

因此，上述对于开环不稳定过程的 FOPDT 模型辨识算法，这里称为 Algorithm-SU-Ⅰ，可以总结如下：

Algorithm-SU-Ⅰ

(ⅰ) 依据式(2.8)、式(2.10)、式(2.122) 和式(2.123) 选取合适的 α 和 t_N，利用式(2.118) [或者式(2.119)]，式(2.120) 和式(2.121) 计算 $T(\alpha)$、$T^{(1)}(\alpha)$和 $T^{(2)}(\alpha)$；

(ⅱ) 从式(2.128)，式(2.129) 和式(2.130) 中计算 $C(\alpha)$、$C^{(1)}(\alpha)$ 和 $C^{(2)}(\alpha)$；

(ⅲ) 从式(2.125)，式(2.126) 和式(2.127) 中计算 $G^{\mathrm{I}}(\alpha)$、$G_{\mathrm{I}}^{(1)}(\alpha)$ 和 $G_{\mathrm{I}}^{(2)}(\alpha)$；

(ⅳ) 从式(3.24) 的左侧和式(3.25) 中计算 $Q_1(\alpha)$ 和 $Q_2(\alpha)$；

(ⅴ) 从式(3.26) 计算过程时间常数 τ_{p}；

(ⅵ) 从式(3.27) 计算过程时滞参数 θ；

(ⅶ) 从式(3.28) 计算过程比例增益参数 k_{p}。

用于描述开环不稳定过程的 SOPDT 模型通常采用以下形式

$$G_{\mathrm{U-2}}=\frac{k_{\mathrm{p}}\mathrm{e}^{-\theta s}}{(\tau_1 s-1)(\tau_2 s+1)}\tag{3.29}$$

其中，k_{p} 为比例增益；θ 为过程时滞；τ_1 和 τ_2 是一个反映过程动态响应特性的时间常数（均为正值）。

对式(3.29) 的两边取关于 $0<s<1/\tau_1$ 的自然对数，可以得出

$$\ln[-G_{\mathrm{U-2}}(s)]=\ln(k_{\mathrm{p}})-\ln(1-\tau_1 s)-\ln(\tau_2 s+1)-\theta s\tag{3.30}$$

对式(3.30) 的两边分别求关于 s 的一阶和二阶导数，可得

$$\frac{G_{\mathrm{U-2}}^{(1)}(s)}{G_{\mathrm{U-2}}(s)}=\frac{\tau_1}{1-\tau_1 s}-\frac{\tau_2}{\tau_2 s+1}-\theta\tag{3.31}$$

$$Q_2(s)=\frac{\tau_1^2}{(1-\tau_1 s)^2}+\frac{\tau_2^2}{(\tau_2 s+1)^2}\tag{3.32}$$

其中，$Q_2(s)=\mathrm{d}[Q_1(s)]/\mathrm{d}s$，$Q_1(s)$ 表示式(3.31) 的左侧部分。

将 $s=\alpha$ 代入式(3.32)，可以得到

$$Q_2(\alpha)=[2\alpha^2-\alpha^4 Q_2(\alpha)]\tau_1^2\tau_2^2+[2\alpha-2\alpha^3 Q_2(\alpha)](\tau_1^2\tau_2-\tau_1\tau_2^2)+4\alpha^2 Q_2(\alpha)\tau_1\tau_2+ [1-\alpha^2 Q_2(\alpha)](\tau_1^2+\tau_2^2)+2\alpha Q_2(\alpha)(\tau_1-\tau_2) \tag{3.33}$$

为了从式(3.33) 求解 τ_1 和 τ_2，可以将式(3.33) 改写为

$$\psi(\alpha)=\boldsymbol{\phi}(\alpha)^{\mathrm{T}}\boldsymbol{\gamma} \tag{3.34}$$

其中

$$\begin{cases}\psi(\alpha)=Q_2(\alpha)\\ \boldsymbol{\phi}(\alpha)=[2\alpha^2-\alpha^4 Q_2(\alpha),2\alpha-2\alpha^3 Q_2(\alpha),-\alpha^2 Q_2(\alpha),1,2\alpha Q_2(\alpha)]^{\mathrm{T}}\\ \boldsymbol{\gamma}=[\tau_1^2\tau_2^2,\tau_1^2\tau_2-\tau_1\tau_2^2,\tau_1^2+\tau_2^2-4\tau_1\tau_2,\tau_1^2+\tau_2^2,\tau_1-\tau_2]^{\mathrm{T}}\end{cases} \tag{3.35}$$

通过根据式(2.8) 中条件选取五个不同的 α 值，并且令 $\boldsymbol{\Psi}=[\psi(\alpha_1),\psi(\alpha_2),\cdots,\psi(\alpha_5)]^{\mathrm{T}}$ 和 $\boldsymbol{\Phi}=[\boldsymbol{\phi}(\alpha_1),\boldsymbol{\phi}(\alpha_2),\cdots,\boldsymbol{\phi}(\alpha_5)]^{\mathrm{T}}$，可以得到以下最小二乘解

$$\boldsymbol{\gamma}=(\boldsymbol{\Phi}^{\mathrm{T}}\boldsymbol{\Phi})^{-1}\boldsymbol{\Phi}^{\mathrm{T}}\boldsymbol{\Psi} \tag{3.36}$$

显然，$\boldsymbol{\Phi}$ 的所有列都是线性独立的，因此可保证式(3.36) 对于 $\boldsymbol{\gamma}$ 有唯一解。

相应地，模型参数可以从以下关系得到

$$\begin{cases}\tau_1-\tau_2=\boldsymbol{\gamma}(5)\\ \tau_1\tau_2=\dfrac{\boldsymbol{\gamma}(2)}{\boldsymbol{\gamma}(5)}\end{cases} \tag{3.37}$$

即

$$\begin{cases}\tau_1=\dfrac{\boldsymbol{\gamma}(5)}{2}+\dfrac{1}{2}\sqrt{\boldsymbol{\gamma}^2(5)+4\dfrac{\boldsymbol{\gamma}(2)}{\boldsymbol{\gamma}(5)}}\\ \tau_2=\tau_1-\boldsymbol{\gamma}(5)\end{cases} \tag{3.38}$$

注意，上述对 $\boldsymbol{\gamma}$ 的参数估计中存在三个冗余拟合条件，如果模型结构与该过程完全匹配，必然满足这些条件。对于模型失配的情况，为了获得较好的拟合精度，可以通过对 $\boldsymbol{\gamma}(1)$、$\boldsymbol{\gamma}(3)$ 和 $\boldsymbol{\gamma}(4)$，以及 $\boldsymbol{\gamma}(2)$ 和 $\boldsymbol{\gamma}(5)$ 取关于 τ_1 和 τ_2 的自然对数，从而得到最小二乘解：

$$\begin{bmatrix}2&2\\1&1\\1&0\\0&1\end{bmatrix}\begin{bmatrix}\ln\tau_1\\ \ln\tau_2\end{bmatrix}=\begin{bmatrix}\ln\boldsymbol{\gamma}(1)\\ \ln\left[\dfrac{\boldsymbol{\gamma}(4)-\boldsymbol{\gamma}(3)}{4}\right]\\ \ln\left[\dfrac{\boldsymbol{\gamma}(5)}{2}+\dfrac{1}{2}\sqrt{\boldsymbol{\gamma}^2(5)+4\dfrac{\boldsymbol{\gamma}(2)}{\boldsymbol{\gamma}(5)}}\right]\\ \ln\left[\dfrac{\boldsymbol{\gamma}(5)}{2}+\dfrac{1}{2}\sqrt{\boldsymbol{\gamma}^2(5)+4\dfrac{\boldsymbol{\gamma}(2)}{\boldsymbol{\gamma}(5)}}-\boldsymbol{\gamma}(5)\right]\end{bmatrix} \tag{3.39}$$

相应地，其余的模型参数可以从式(3.31) 和式(3.29) 求解为

$$\theta=-Q_1(\alpha)+\frac{\tau_1}{1-\tau_1\alpha}-\frac{\tau_2}{\tau_2\alpha+1} \tag{3.40}$$

$$k_{\mathrm{p}}=(\tau_1\alpha-1)(\tau_2\alpha+1)G_{\mathrm{U-2}}(\alpha)\mathrm{e}^{\alpha\theta} \tag{3.41}$$

因此，上述对于开环不稳定过程的 SOPDT 模型辨识算法，这里称为因 Algorithm-SU-Ⅱ，可以总结如下：

Algorithm-SU-Ⅱ

(ⅰ) 依据式(2.8)，式(2.10)，式(2.122) 和式(2.123) 选取合适的 α 和 t_N，利用式(2.118) [或者式(2.119)]，式(2.120) 和式(2.121) 计算 $T(\alpha)$、$T^{(1)}(\alpha)$ 和 $T^{(2)}(\alpha)$；

(ⅱ) 从式(2.128)，式(2.129) 和式(2.130) 中计算 $C(\alpha)$、$C^{(1)}(\alpha)$ 和 $C^{(2)}(\alpha)$；

(ⅲ) 从式(2.125)，式(2.126) 和式(2.127) 中计算 $G_{\mathrm{I}}(\alpha)$、$G_{\mathrm{I}}^{(1)}(\alpha)$ 和 $G_{\mathrm{I}}^{(2)}(\alpha)$；

（ⅳ）从式(3.31)的左侧和式(3.32)中计算 $Q_1(\alpha)$ 和 $Q_2(\alpha)$；

（ⅴ）从式(3.38)［或式(3.39)］计算时间常数 τ_1 和 τ_2；

（ⅵ）从式(3.40)计算过程时滞参数 θ；

（ⅶ）从式(3.41)计算过程比例增益参数 k_p。

如果采用的模型结构与带辨识的过程动态响应特性匹配，则上述 Algorithm-SI-Ⅰ，Algorithm-SU-Ⅰ和 Algorithm-SU-Ⅱ可以确保较好的输出响应拟合精度。如果存在模型不匹配或不能兼顾描述过程从低频到高频段的响应特性，上述辨识算法由于仅在零频率附近建立频率响应拟合（$\omega=0$），因此拟合精度可能不是最佳的。为了提高在实际指定频率范围内的拟合精度，例如广泛用于控制设计和在线控制器整定的低频响应特性范围内，这里给出另一种名为 Algorithm-SU-Ⅲ的辨识算法，具体如下。

对于根据实际建模需要指定的用于模型拟合的频率范围，可以令拉普拉斯算子 $s=\alpha+j\omega_k$ $(k=1,2,\cdots,M)$，其中 M 是指定频率范围内代表频率响应点的数量。因此，用于模型辨识的相应目标函数可确定为如式(2.43)所示，该优化函数已在前面第 2 章第 2.3 节中用于提高对高阶稳定过程输出响应的拟合精度。

为了面向控制设计和整定最为关注的低频范围提高拟合精度，建议选择在过程频率响应的截止频率范围以内，即 $\omega_M=(1.0\sim2.0)\omega_{rc}$，其中 ω_{rc} 是待辨识过程的参考截止角频率，可以用上述辨识算法得出的 FOPDT 或 SOPDT 模型进行估计，如式(3.21)所示。

将 $s=\alpha+j\omega_k(k=1,2,\cdots,M)$，估计过程频率响应的式(3.20)以及低阶过程模型式(3.9)、式(3.22)、式(3.29)，代入上述目标函数式(2.43)，可以得出用于参数估计的加权最小二乘解：

$$\boldsymbol{\gamma}=(\overline{\boldsymbol{\Phi}}^{T}\boldsymbol{W}\overline{\boldsymbol{\Phi}})^{-1}\overline{\boldsymbol{\Phi}}^{T}\boldsymbol{W}\overline{\boldsymbol{\Psi}} \tag{3.42}$$

其中，$\boldsymbol{W}=\text{diag}\{\rho_1,\cdots,\rho_M,\rho_1,\cdots,\rho_M\}$，$\rho_k=\eta^k\Big/\sum_{k=1}^{M}\eta^k$，$\eta\in[0.9,0.99]$，

$$\overline{\boldsymbol{\Psi}}=\begin{bmatrix}\text{Re}[\boldsymbol{\Psi}]\\ \text{Im}[\boldsymbol{\Psi}]\end{bmatrix},\overline{\boldsymbol{\Phi}}=\begin{bmatrix}\text{Re}[\boldsymbol{\Phi}]\\ \text{Im}[\boldsymbol{\Phi}]\end{bmatrix}$$

$\boldsymbol{\Psi}=[\psi(\alpha+j\omega_1),\psi(\alpha+j\omega_2),\cdots,\psi(\alpha+j\omega_M)]^T$，$\boldsymbol{\Phi}=[\boldsymbol{\phi}(\alpha+j\omega_1),\boldsymbol{\phi}(\alpha+j\omega_2),\cdots,\boldsymbol{\phi}(\alpha+j\omega_M)]^T$。

对于辨识积分过程的 SOPDT 模型参数，$\psi(\alpha+j\omega_k)$、$\boldsymbol{\phi}(\alpha+j\omega_k)$ 和 $\boldsymbol{\gamma}$ 具有如下形式

$$\begin{cases}\psi(\alpha+j\omega_k)=(\alpha+j\omega_k)G_I(\alpha+j\omega_k)\\ \boldsymbol{\phi}(\alpha+j\omega_k)=[-(\alpha+j\omega_k)^2G_I(\alpha+j\omega_k),e^{-(\alpha+j\omega_k)\theta}]^T\\ \boldsymbol{\gamma}=[\tau_p,k_p]^T\end{cases} \tag{3.43}$$

对于辨识开环不稳定过程的 FOPDT 模型参数，$\psi(\alpha+j\omega_k)$、$\boldsymbol{\phi}(\alpha+j\omega_k)$ 和 $\boldsymbol{\gamma}$ 具有如下形式

$$\begin{cases}\psi(\alpha+j\omega_k)=G_{U-1}(\alpha+j\omega_k)\\ \boldsymbol{\phi}(\alpha+j\omega_k)=[(\alpha+j\omega_k)G_{U-1}(\alpha+j\omega_k),-e^{-(\alpha+j\omega_k)\theta}]^T\\ \boldsymbol{\gamma}=[\tau_p,k_p]^T\end{cases} \tag{3.44}$$

对于辨识开环不稳定过程的 SOPDT 模型参数，$\psi(\alpha+j\omega_k)$、$\boldsymbol{\phi}(\alpha+j\omega_k)$ 和 $\boldsymbol{\gamma}$ 具有如下形式

$$\begin{cases}\psi(\alpha+j\omega_k)=G_{U-2}(\alpha+j\omega_k)\\ \boldsymbol{\phi}(\alpha+j\omega_k)=[(\alpha+j\omega_k)^2G_{U-2}(\alpha+j\omega_k),(\alpha+j\omega_k)G_{U-2}(\alpha+j\omega_k),-e^{-(\alpha+j\omega_k)\theta}]^T\\ \boldsymbol{\gamma}=[\tau_1\tau_2,\tau_1-\tau_2,k_p]^T\end{cases} \tag{3.45}$$

容易验证，上述三种情况下 $\overline{\boldsymbol{\Phi}}$ 的所有列都是线性独立的，从而保证 $(\overline{\boldsymbol{\Phi}}^T\boldsymbol{W}\overline{\boldsymbol{\Phi}})^{-1}$ 是非奇异的。因此，如式(3.42)所示的 $\boldsymbol{\gamma}$ 有唯一解。在实际应用中可以一般性地选取 $M\in[10,50]$

来满足拟合精度和计算效率之间的权衡。

相应地，可以计算得出积分过程的 SOPDT 模型参数为

$$\begin{cases}\tau_{\mathrm{p}}=\boldsymbol{\gamma}(1)\\ k_{\mathrm{p}}=\boldsymbol{\gamma}(2)\end{cases} \tag{3.46}$$

同样可计算得出开环不稳定过程的 FOPDT 模型参数如式(3.46) 所示。

类似地，开环不稳定过程的 SOPDT 模型参数可以确定为

$$\begin{cases}\tau_1=\dfrac{\boldsymbol{\gamma}(2)}{2}+\dfrac{1}{2}\sqrt{\boldsymbol{\gamma}^2(2)+4\boldsymbol{\gamma}(1)}\\ \tau_2=\tau_1-\boldsymbol{\gamma}(2)\\ k_{\mathrm{p}}=\boldsymbol{\gamma}(3)\end{cases} \tag{3.47}$$

需要指出，上述模型参数估计方法要求预知时滞参数 (θ) 才能从式(3.42) 中求解其余参数。实际上，可以从阶跃响应实验或从辨识算法 Algorithm-SI-Ⅰ，Algorithm-SU-Ⅰ或 Algorithm-SU-Ⅱ得出的 FOPDT 或 SOPDT 模型大致估计过程时滞参数，将其作为初始值，采用如下拟合闭环阶跃响应的误差收敛条件进行一维搜索：

$$err=\frac{1}{N_{\mathrm{s}}}\sum_{k=1}^{N_{\mathrm{s}}}[\Delta y(kT_{\mathrm{s}})-\Delta\hat{y}(kT_{\mathrm{s}})]^2<\varepsilon \tag{3.48}$$

其中，$\Delta y(kT_{\mathrm{s}})$ 和 $\Delta\hat{y}(kT_{\mathrm{s}})$ 分别表示闭环阶跃激励测试下的过程和模型输出；N_{s}、T_{s} 是采集输出响应数据的时间长度；ε 是实际指定的拟合误差水平。一般性地，对时滞参数的一维搜索步长可以取为采样周期的一个整数倍，通过在可能的搜索范围内逐渐增大或减小 θ 来求解相应的其余模型参数，根据全部拟合结果的最小 err 值来确定最佳拟合模型参数。

因此，上述用于提高实际指定频率范围内拟合精度的辨识算法 Algorithm-SU-Ⅲ总结如下：

Algorithm-SU-Ⅲ

(ⅰ) 依据式(2.8) 和式(2.10) 选取合适的 α 和 t_N，利用式(2.118) [或者式(2.119)] 计算 $T(\alpha+\mathrm{j}\omega_k)(k=1,2,\cdots,M)$，可以采用辨识算法 Algorithm-SI-Ⅰ，Algorithm-SU-Ⅰ或 Algorithm-SU-Ⅱ估计用于选取 ω_M 的参考截止角频率 ω_{rc}；

(ⅱ) 从式(2.128) 中计算 $C(\alpha+\mathrm{j}\omega_k)$，$(k=1,2,\cdots,M)$；

(ⅲ) 从式(2.125) 中计算 $G(\alpha+\mathrm{j}\omega_k)$，$(k=1,2,\cdots,M)$；

(ⅳ) 从闭环阶跃激励测试或应用 Algorithm-SI-Ⅰ，Algorithm-SU-Ⅰ或 Algorithm-SU-Ⅱ估计过程时滞参数值及其可能的范围；

(ⅴ) 从式(3.39)～式(3.47) 求解其余模型参数；

(ⅵ) 如果满足式(3.48) 中的拟合条件，则结束算法，否则，在实际可能的范围内单调地增减 θ 并返回到步骤 (ⅴ) 进行一维搜索来确定最优解。

3.2.3 应用案例

应用现有文献中研究的五个关于积分和不稳定过程的案例进行验证本节给出的四种辨识算法的有效性和优点。其中例 3.3～例 3.5 用于验证这些算法辨识一阶和二阶积分和不稳定过程的准确性。例 3.6 和例 3.7 用于检验这些算法辨识高阶积分和不稳定过程的有效性。在所有辨识测试中，采样周期取为 $T_{\mathrm{s}}=0.01\mathrm{s}$ 进行数值计算。

例 3.3 考虑文献[18] 研究的一个 SOPDT 积分过程，其传递函数为

$$G=\frac{\mathrm{e}^{-0.2s}}{s(0.1s+1)}$$

文献[18] 采用P型控制器（$k_C=3$）进行闭环阶跃响应测试，通过在设定点加入一个单位阶跃激励信号，辨识得到SOPDT模型 $G=\mathrm{e}^{-0.176s}/[s(0.122s+1)]$。为了对比，基于同样的闭环阶跃响应测试，应用本节给出的Algorithm-SI-Ⅰ辨识算法，根据式(2.8)和式(2.10)中的条件选取 $\alpha=1.0$ 和 $t_N=20\mathrm{s}$，得到如表3.2中列出的FOPDT模型，可见取得很好的拟合精度。说明：根据时间间隔[0，5] s内的闭环暂态响应计算得出拟合误差。如果采用 $\alpha=0.5$ 和 $t_N=40\mathrm{s}$，或者 $\alpha=2.0$ 和 $t_N=10\mathrm{s}$，也可以得到类似准确的模型，这表明本节基于闭环频率响应估计的辨识算法在 α 的允许选择范围内取得较好的计算一致性。

为了验证本节给出的Algorithm-SI-Ⅰ方法抗噪性能，假设将引起NSR=5%的随机噪声 $N(0, \sigma_N^2=0.36\%)$ 添加到过程输出测量中，然后将其用于闭环反馈控制。通过100次Monte Carlo测试（将噪声发生器的“种子”从1变至100），辨识结果示于表3.2中，其中模型参数分别是100次Monte Carlo测试的平均值，相邻括号中的值为样品标准偏差。NSR分别为10%和20%的噪声水平的结果也列在表3.2中，以显示可实现的辨识精度和鲁棒性。

表 3.2　不同噪声水平下的闭环阶跃响应辨识结果

NSR	例 3.3	*err*	例 3.4	*err*	例 3.5	*err*
0	$\frac{1.0000\mathrm{e}^{-0.2000s}}{s(0.1001s+1)}$	1.46×10^{-8}	$\frac{1.0000\mathrm{e}^{-0.8008s}}{1.0006s-1}$	8.46×10^{-8}	$\frac{0.9999\mathrm{e}^{-0.5000s}}{(2.0000s-1)(0.5000s+1)}$	1.46×10^{-8}
5%	$\frac{1.0000(\pm0.0027)\mathrm{e}^{-0.2026(\pm0.025)s}}{s[0.0969(\pm0.026)s+1]}$	2.09×10^{-6}	$\frac{1.0001(\pm0.0011)\mathrm{e}^{-0.8019(\pm0.045)s}}{1.0015(\pm0.033)s-1}$	4.15×10^{-7}	$\frac{0.9999(\pm0.0021)\mathrm{e}^{-0.4997(\pm0.0079)s}}{[2.0002(\pm0.0029)s-1][0.5002(\pm0.0095)s-1]}$	1.67×10^{-7}
10%	$\frac{1.0001(\pm0.0056)\mathrm{e}^{-0.1956(\pm0.041)s}}{s[0.1051(\pm0.042)s+1]}$	5.97×10^{-6}	$\frac{1.0003(\pm0.0021)\mathrm{e}^{-0.8018(\pm0.089)s}}{1.0013(\pm0.066)s-1}$	5.08×10^{-7}	$\frac{0.9999(\pm0.0041)\mathrm{e}^{-0.4991(\pm0.016)s}}{[2.0003(\pm0.0058)s-1][0.5007(\pm0.019)s-1]}$	7.57×10^{-7}
20%	$\frac{1.0002(\pm0.011)\mathrm{e}^{-0.1866(\pm0.061)s}}{s[0.1261(\pm0.063)s+1]}$	2.71×10^{-4}	$\frac{1.0006(\pm0.0041)\mathrm{e}^{-0.7971(\pm0.183)s}}{0.9973(\pm0.136)s-1}$	2.86×10^{-6}	$\frac{0.9998(\pm0.0082)\mathrm{e}^{-0.4982(\pm0.031)s}}{[2.0005(\pm0.012)s-1][0.5016(\pm0.037)s-1]}$	2.75×10^{-6}

例 3.4　考虑文献[19] 研究的FOPDT开环不稳定过程，其传递函数为

$$G=\frac{1}{s-1}\mathrm{e}^{-0.8s}$$

文献[19] 基于两个P型控制器的闭环继电反馈控制测试，辨识得到一个FOPDT模型，$G_m=1.0\mathrm{e}^{-0.8033s}/(1.0007s-1)$。为了对比说明，这里采用一个闭环阶跃响应测试，将幅值为 $h=0.05$ 的一个阶跃信号添加到闭环系统设定点，闭环控制器是文献[19] 采用的一个增益为 $k_C=1.2$ 的比例（P）型控制器。应用本节给出的Algorithm-SU-Ⅰ辨识算法，选取 $\alpha=0.1$ 和 $t_N=150\mathrm{s}$，得到如表3.2中列出的FOPDT模型，很好地验证了准确性。说明一下，根据时间间隔[0，50] s内的闭环输出暂态响应计算给出拟合误差。表3.2中还示出了在测量噪声水平分别为NSR=5%、10%和20%情况下的辨识结果，验证了该辨识算法具有良好的抗噪能力。

例 3.5　考虑文献[8，20] 中研究的SOPDT不稳定过程，其传递函数为

$$G=\frac{1}{(2s-1)(0.5s+1)}\mathrm{e}^{-0.5s}$$

基于PID控制器（$k_C=2.71$，$\tau_I=4.43$ 和 $\tau_D=0.319$）进行闭环阶跃响应测试，通过将一个单位阶跃信号添加到系统设定点，文献[8，20] 分别辨识得到一个用于控制器整定的FOPDT模型。为了对比说明，通过执行相同的闭环阶跃响应测试，应用本节给出的Algorithm-SU-Ⅱ辨识算法，选取 $\alpha=0.1$，0.15，0.2，0.25，0.3 和 $t_N=300\mathrm{s}$，辨识得到一个SOPDT模型 $G_{m-2}=0.9999\mathrm{e}^{-0.4996s}/(2.0000s-1)(0.5000s+1)$，达到较好的拟合准确性。进而应用本节给出的Algorithm-SU-Ⅲ辨识算法，辨识结果如表3.2所示，可见得到一个非常精确的SOPDT模型。说明：根据时间间隔[0，30] s内的闭环输出暂态响应计算给出拟合误差。

为了验证在测量噪声下Algorithm-SU-Ⅲ辨识算法对参数估计的一致性，分别在噪声水平

NSR＝5%、10%和20%下进行了100次 Monte Carlo 测试。辨识结果如表 3.2 所示。说明：辨识结果是采用对过程时滞参数范围［0.3，0.7］s进行一维搜索获得的最优解，有效地表明了良好的辨识准确性和鲁棒性。

例 3.6 考虑文献[16]中研究的一个高阶积分过程，其传递函数为

$$G=\frac{64}{s(s+1)(s+2)(s+4)(s+8)}e^{-5s}$$

Ingimundarson 和 Hägglund[16] 基于开环阶跃响应测试辨识得到一个 FOPDT 模型 $G_m=1.0e^{-6.9s}/s$。为了对比说明，对该过程进行闭环阶跃响应测试，其中 PI 控制器采用经典的 SIMC 方法[21] 整定，取调节参数 $\tau_C=3$，得到 $k_C=0.101$ 和 $\tau_I=39.6$，在闭环测试中将一个单位阶跃激励信号添加到系统设定点。应用本节给出的 Algorithm-SI-Ⅰ辨识算法，选取采用 $\alpha=0.05$ 和 $t_N=500s$，得到一个 FOPDT 模型 $G_{m-1}=0.9984e^{-6.8113s}/s$，在闭环系统暂态响应时间段［0，200］s 内得出 $err=2.71\times10^{-5}$，亦可辨识得到一个 SOPDT 模型 $G_{m-2}=1.0000e^{-5.7061s}/[s(1.1698s+1)]$，对应得出 $err=9.32\times10^{-8}$。此外，本节给出的 Algorithm-SU-Ⅲ算法基于估计频率响应 $G(0.05+j\omega_k)$，其中 $\omega_k=k\omega_{rc}/10$，$k=0,1,2,\cdots,10$，$\omega_{rc}=0.2306$rad/s 是从上述 FOPDT 模型估算出来，辨识得到一个 SOPDT 模型 $G_{m-2}=1.0000e^{-5.717s}/[s(1.1616s+1)]$，对应得出 $err=7.12\times10^{-8}$。图 3.7 示出上述 FOPDT 模型和 Algorithm-SU-Ⅲ算法辨识出的 SOPDT 模型对实际过程传递函数的 Nyquist 曲线拟合比较。

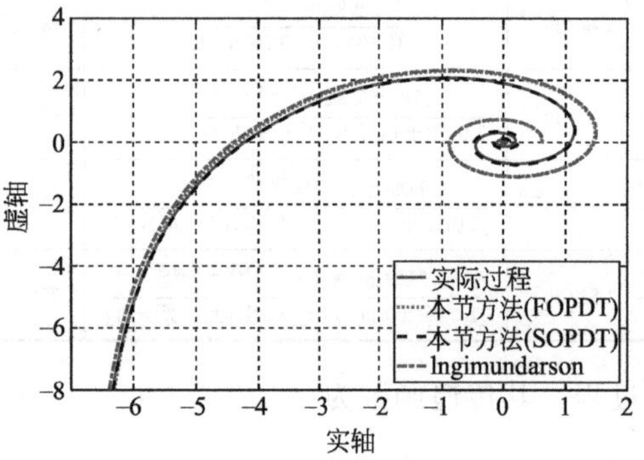

图 3.7 低阶辨识模型对例 3.6 的奈奎斯特曲线拟合比较

为了验证基于辨识模型整定闭环控制器的效果，仿真测试时将一个单位阶跃信号添加到系统设定点，并在 $t=200s$ 时添加一个幅值为 0.07 的反向阶跃型负载干扰到过程输入侧。根据上述辨识得到的 SOPDT 模型，同样采用 SIMC 方法，取调节参数 $\tau_C=4$，整定得到一个闭环 PID 控制器（$k_C=0.1029$，$\tau_I=38.868$ 和 $\tau_D=1.1616$），以获得与上述 PI 控制器相同的设定点跟踪速度进行比较，闭环系统输出响应如图 3.8 所示。

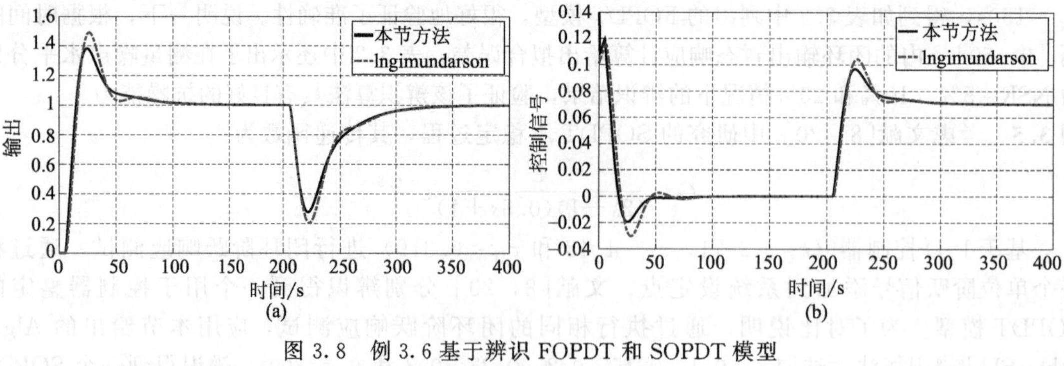

图 3.8 例 3.6 基于辨识 FOPDT 和 SOPDT 模型整定控制系统的输出响应性能比较

可以看出，本节给出的 Algorithm-SU-Ⅲ算法得到的 SOPDT 模型有利于获得更好的控制性能。然后，假设实际过程时滞增大 30%，摄动的系统输出响应如图 3.9 所示，表明采用该 SOPDT 模型也有利于控制系统保证鲁棒稳定性。

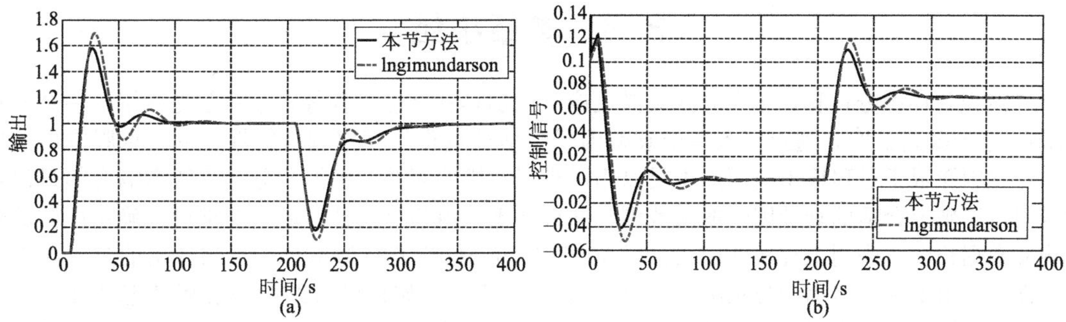

图 3.9　例 3.6 在过程摄动下的输出响应比较

例 3.7　考虑文献[22] 中研究的一个高阶不稳定过程，其传递函数为

$$G=\frac{e^{-0.5s}}{(5s-1)(2s+1)(0.5s+1)}$$

文献[22] 采用闭环继电反馈辨识测试，从对过程输出响应的状态空间分析中得出一个 SOPDT 模型 $G_m=1.001e^{-0.939s}/(10.354s^2+2.932s-1)$。为了对比说明，这里采用前面例 3.3 中的闭环阶跃响应测试，取 $h=0.1$ 和 $k_C=2.0$ 以保持闭环系统稳定性。应用本节给出的 Algorithm-SU-Ⅰ算法，选取采用 $\alpha=0.1$ 和 $t_N=150s$，辨识得出一个 FOPDT 模型 $G_{m-1}=0.9907e^{-2.792s}/(5.037s-1)$，在闭环暂态响应时间段 [0，150] s 得出 $err=1.53\times10^{-3}$。

为了提高低频范围内的拟合精度，Algorithm-SU-Ⅲ算法基于估计频率响应 $G(0.1+j\omega_k)$，其中 $\omega_k=k\omega_{rc}/10$，$k=0,1,2,\cdots,10$，$\omega_{rc}=0.3963rad/s$ 是从上述 FOPDT 模型估算出来，辨识得到另一个 FOPDT 模型 $G_{m-1}=0.9492e^{-2.774s}/(5.2644s-1)$，对应得出 $err=4.12\times10^{-4}$，可见明显减小输出响应拟合误差。如果采用 $\alpha=0.02,0.04,0.06,0.08,0.1$ 和 $t_N=1000s$，Algorithm-SU-Ⅱ算法辨识得到一个 SOPDT 模型 $G_{m-2}=0.9808e^{-0.5221s}/(4.8996s-1)(2.0874s+1)$，对应得出 $err=1.89\times10^{-4}$。基于上述频率响应估计，采用 Algorithm-SU-Ⅲ可以进一步提高拟合精度，得到对应于 $err=1.31\times10^{-7}$ 的 SOPDT 模型 $G_{m-2}=1.0000e^{-0.938s}/(5.0107s-1)(2.0773s+1)$。需要说明，文献[22] 辨识得出的 SOPDT 模型对应输出拟合误差 $err=3.92\times10^{-7}$。上述辨识得到的 SOPDT 模型的奈奎斯特曲线如图 3.10 所示。

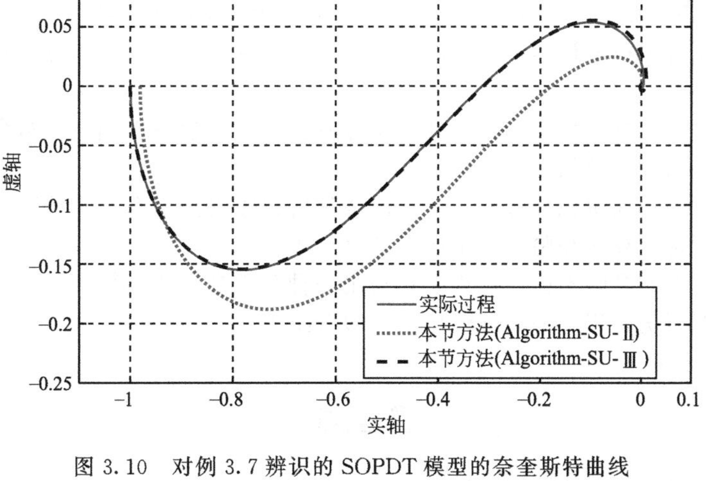

图 3.10　对例 3.7 辨识的 SOPDT 模型的奈奎斯特曲线

3.3 本章小结

为辨识开环积分过程，如夹套式结晶反应釜的加热和制冷过程等，本章首先介绍了一种开环阶跃响应辨识方法[13]，通过引入一个衰减因子来估计过程的频率响应特性，可以克服输出响应数据长度因受限于过程输出范围而不足以用于辨识建模的问题。根据积分过程暂态响应的过渡过程时间可以确定合适的衰减因子取值范围，并且基于数值积分的计算精度要求可以确定所需的输出响应数据长度。采用工程实践中常用的 FOPDT 和 SOPDT 模型拟合上述估计出的过程频率响应特性，给出了一种名为 Algorithm-SS 的参数辨识算法。如果模型结构与过程动态特性完全匹配，该辨识算法可以实现无偏估计模型参数。通过对现有文献中的一个 SOPDT 积分过程案例和另一个高阶积分过程案例进行仿真测试，验证了该辨识方法具有较好的辨识准确性和抗噪能力。

然后，本章介绍了基于闭环阶跃响应测试辨识开环积分和不稳定过程的一些参数估计算法。基于已知闭环控制器参数，采用前面第 2 章第 2.4.1 节介绍的闭环频率响应估计算法来反向推导估算待辨识过程的频率响应特性。需要指出，该算法可以应用于闭环阶跃测试下输出响应尚未进入稳定状态就可停止辨识试验的情况，也就是说，只要输出响应数据长度足以用于估计闭环频率响应即可。这一优点可以降低对闭环控制器的整定要求，以及节省闭环辨识测试时间。采用常用的 FOPDT 和 SOPDT 模型拟合上述估计出的过程频率响应特性，给出三种参数辨识算法，分别称为 Algorithm-SI-Ⅰ，Algorithm-SU-Ⅰ和 Algorithm-SU-Ⅱ，用于积分和不稳定过程的辨识建模。在模型结构与过程动态特性完全匹配的情况下，这些辨识算法都能实现无偏估计模型参数。对于辨识高阶积分或不稳定过程因模型不匹配可能引起拟合误差较大的问题，提出了一种加权最小二乘拟合算法 Algorithm-SU-Ⅲ，可以针对控制系统设计或控制器整定中最为关注的低频范围（如截止频率以内）提高频率响应拟合效果，从而实现对过程输出响应基本特性的更好描述。通过对现有文献中 5 个应用案例进行仿真测试，验证了这些辨识算法的有效性和优点。

习　题

1. 为什么采用开环阶跃激励实验容易造成积分过程输出超出允许范围？请举例说明。

2. 在采用开环阶跃激励实验辨识积分过程中，如何选取衰减因子和输出响应数据长度来保证估计过程频率响应的有效性和准确性？

3. 对于例 3.2，请写出带时滞参数二阶积分过程模型的参数辨识计算公式，编写仿真程序和验证输出误差拟合结果。

4. 如何选取控制器进行闭环辨识积分和不稳定过程？请举例说明。

5. 开环和闭环辨识积分过程有什么区别？请说明两种辨识方式下积分过程的频率响应是否一致？为什么？

6. 对于辨识高阶积分过程，如何提高辨识低阶模型对过程输出响应的拟合精度？怎样可以提高对于低频响应的拟合效果？

7. 对于例 3.6 中的高阶积分过程，请写出两种辨识带时滞参数二阶传递函数模型的参数辨识算法，并且编写仿真程序和验证输出误差拟合结果。

8. 对于例 3.7 中的高阶不稳定过程，请写出一种辨识带时滞参数一阶传递函数模型的参数辨识算法，并且编写仿真程序和验证输出误差拟合结果。

参考文献

[1] 王骥程，祝和云. 化工过程控制工程. 北京：化学工业出版社，1991.

[2] 俞金寿，蒋慰孙. 过程控制工程. 3版. 北京：电子工业出版社，2007.
[3] Shinskey F. G. Process Control System，4th Edition. McGraw Hill，New York，1996.
[4] Seborg D. E.，Edgar T. F.，Mellichamp D. A.，et al. Process Dynamics and Control. 3rd Edition，New Jersey：John Wiley & Sons，2011.
[5] Huzmezan M.，Gough W. A.，Dumont G. A.，et al. Time delay integrating systems：A challenge for process control industries. A practical solution. Control Engineering Practice，2002，10 (10)：1153-1161.
[6] Kwak H. J.，Sung S. W.，Lee I. B. On-line process identification and autotuning for integrating processes. Industrial & Engineering Chemistry Research，1997，36 (12)：5329-5338.
[7] Luyben W. L. Identification and tuning of integrating processes with deadtime and inverse response. Industrial & Engineering Chemistry Research，2003，42 (13)：3030-3035.
[8] Sree R. P.，Chidambaram M. Improved closed loop identification of transfer function model for unstable systems. Journal of the Franklin Institute，2006，343 (2)：152-160.
[9] Kaya I. Parameter estimation for integrating processes using relay feedback control under static load disturbances. Industrial & Engineering Chemistry Research，2006，45 (13)：4726-4731.
[10] Liu T.，Gao F. Identification of integrating and unstable processes from relay feedback，Computers & Chemical Engineering，2008，32 (12)：3038-3056.
[11] Panda R. C.，Vijayan V.，Sujatha V. Parameter estimation of integrating and time delay processes using single relay feedback test. ISA Transactions，2011，50 (4)：529-537.
[12] Liu T.，Wang Q. G.，Huang H. P. A tutorial review on process identification from step or relay feedback test，Journal of Process Control，2013，23 (10)：1597-1623.
[13] Liu T.，Tian H.，Rong S.，Zhong C. Heating-up control with delay-free output prediction for industrial jacketed reactors based on step response identification. ISA Transactions，2018，83：227-238.
[14] Liu T.，Gao F. Closed-loop step response identification of integrating and unstable processes. Chemical Engineering Science，2010，65 (10)：2884-2895.
[15] Liu T.，Gao F. A frequency domain step response identification method for continuous-time processes with time delay. Journal of Process Control，2010，20 (7)：800-809.
[16] Ingimundarson A.，Hägglund T. Robust tuning procedures of dead-time compensating controllers. Control Engineering Practice，2001，9 (11)：1195-1208.
[17] Ljung L. System identification：theory for the user，2nd Edition. New Jersey：Prentice Hall，1999.
[18] Sung S. W.，Lee I. B. Limitations and countermeasures of PID controllers. Industrial & Engineering Chemistry Research，1996，35 (8)：2596-2610.
[19] Padhy P. K.，Majhi S. Relay based PI-PD design for stable and unstable FOPDT processes. Computers & Chemical Engineering，2006，30 (5)：790-796.
[20] Cheres E. Parameter estimation of an unstable system with a PID controller in a closed loop configuration. Journal of the Franklin Institute，2006，343 (2)：204-209.
[21] Skogestad S. Simple analytical rules for model reduction and PID controller tuning. Journal of Process Control，2003，13 (4)：291-309.
[22] Majhi S. Relay based identification of processes with time delay. Journal of Process Control，2007，17 (2)：93-101.

附　辨识算法程序

(1) 例3.2的Algorithm-SI-O辨识算法仿真程序伪代码及图形化编程方框图

行号	编制程序伪代码	注释
1	$T_0=0.01$	采样周期(s)

续表

行号	编制程序伪代码	注释
2	$f_0=1/T_0$	采样频率
3	$T_s=100$	仿真时间
4	$h=1$	阶跃激励信号幅值
5	$G=\frac{(-s+1)\mathrm{e}^{-5s}}{s(s+1)^5}$	辨识对象
6	$\theta_m=5$	过程时滞参数
7	sim('OpenloopSteptestforHighorderIntegratingProcess')	调用仿真图形化组件模块系统,如图 3.11 所示
8	$S=y$	读取输出响应数据
9	$N=\mathrm{size}(S,1)$	计算实验数据个数
10	$t_0=[0:N-1]$	构造采样点数组
11	$t=t_0^{\mathrm{T}}T_0$	建立采样时间向量
12	$\alpha=0.167$	设定衰减因子
13	$s=\alpha$	
14	$Y(\alpha)=\int_0^{t_N} y\mathrm{e}^{-\alpha t}\mathrm{d}t$	计算过程输出响应的拉氏变换
15	$G(\alpha)=\frac{\alpha Y(\alpha)}{h}$	计算过程传递函数的频率响应
16	$G^{(1)}(\alpha)=\frac{1}{h}\int_0^{t_N}(1-\alpha t)\Delta y(t)\mathrm{e}^{-\alpha t}\mathrm{d}t$	计算过程传递函数一阶导数的频率响应
17	$G^{(2)}(\alpha)=\frac{1}{h}\int_0^{t_N}t(\alpha t-2)\Delta y(t)\mathrm{e}^{-\alpha t}\mathrm{d}t$	计算过程传递函数二阶导数的频率响应
18	$\hat{G}(\alpha)=G(\alpha);\hat{G}^{(1)}(\alpha)=G^{(1)}(\alpha);\hat{G}^{(2)}(\alpha)=G^{(2)}(\alpha)$	对象频率响应估计赋值给模型
19	$Q_1(\alpha)=\frac{\hat{G}^{(1)}(\alpha)}{\hat{G}(\alpha)}$; $Q_2(\alpha)=\frac{\hat{G}^{(2)}(\alpha)\hat{G}(\alpha)-[\hat{G}^{(1)}(\alpha)]^2}{\hat{G}^2(\alpha)}$; $Q_3(\alpha)=Q_2(\alpha)-\frac{1}{\alpha^2}$	计算 $Q_1(\alpha),Q_2(\alpha),Q_3(\alpha)$
20	$\tau_p=\frac{sQ_3(\alpha)-\sqrt{Q_3(\alpha)}}{1-s^2Q_3(\alpha)}$; $\theta=-Q_1(\alpha)-\frac{\tau}{\tau\alpha+1}-\frac{1}{\alpha}$; $K_p=\alpha(\tau+1)G(\alpha)\mathrm{e}^{\theta\alpha}$	计算 SOPDT 积分过程模型参数
21	Display(K_p,τ_p,θ)	输出参数辨识结果
程序变量	α 为衰减因子;T_0 为采样周期;f_0 为采样频率;T_s 为仿真时间;h 为阶跃输入幅值	
程序输入	阶跃激励输入信号 u	
程序输出	过程模型辨识参数:过程增益 K_p;时间常数 τ_p;时滞 θ	

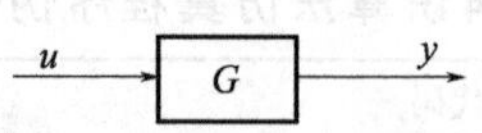

图 3.11 例 3.2 应用 Algorithm-SI-O 辨识算法的仿真程序方框图

(2) 例 3.4 的 Algorithm-SU-Ⅰ 辨识算法仿真程序伪代码及图形化编程方框图

行号	编制程序伪代码	注释
1	$K_p=1;\theta=0.8;\tau_p=1.0$	辨识对象参数
2	$K_c=1.2$	比例控制器参数
3	$T_s=200$	仿真时间(s)
4	$\text{NSR}=\dfrac{\text{mean(abs(noise))}}{\text{mean(abs(signal))}}$	输出测量噪信比
5	$h=0.05$	阶跃激励信号幅值
6	sim('ClosedloopSteptestforFirstorderUnstableProcess')	调用仿真图形化组件模块系统，如图 3.12 所示
7	$\alpha=0.1$	设定衰减因子
8	$T_0=150$	取样时间长度(s)
9	$f_0=100$	采样频率
10	$s=\alpha$	
11	$t=t(1:\text{round}(T_0 f_0))$	建立采样时间向量
12	$y_2=y(1:\text{round}(T_0 f_0))$	读取输出响应数据
13	$T(s)=\dfrac{1}{h}\int_0^{t_N} y_2 e^{-st}dt$	计算闭环系统输出响应的拉氏变换
14	$C=K_c$	闭环控制器形式
15	$G=\dfrac{T}{C(1-T)}$	计算被控对象的频率响应
16	$T^{(1)}(s)=\dfrac{1}{h}\int_0^{T_{N_1}}(1-st)y_2 e^{-st}dt$	计算闭环系统传递函数一阶导数的频率响应
17	$T^{(2)}(s)=\dfrac{1}{h}\int_0^{T_{N_2}}t(st-2)y_2 e^{-st}dt$	计算闭环系统传递函数一阶导数的频率响应
18	$C^{(1)}(s)=0$	计算控制器传递函数一阶导数的频率响应
19	$C^{(2)}(s)=0$	计算控制器传递函数二阶导数的频率响应
20	$G^{(1)}(s)=\dfrac{[T^{(1)}(s)C+C^{(1)}(s)T(T-1)]}{C^2(1-T)^2}$	计算被控对象传递函数一阶导数的频率响应
21	$G^{(2)}(s)=\dfrac{[T^{(2)}(s)C+2TT^{(1)}(s)C^{(1)}(s)+C^{(2)}(s)(T^2-T)]}{C^2(1-T)^2} -[T^{(1)}(s)C+C^{(1)}(s)(T^2-T)][2CC^{(1)}(s)(1-T)^2] -\dfrac{2C^2T^{(1)}(s)(1-T)}{C^4(1-T)^4}$	计算被控对象传递函数一阶导数的频率响应
22	$Q_1=\dfrac{G^{(1)}(s)}{G}$	定义中间变量
23	$Q_2=\dfrac{[G^{(2)}(s)G-(G^{(1)}(s))^2]}{G^2}$	
24	$\tau_p=\dfrac{sQ_2-\sqrt{Q_2}}{s^2Q_2-1}$	计算 FOPDT 不稳定过程模型参数
25	$\theta=-Q_1+\dfrac{\tau_p}{1-\tau_p s}$	
26	$K_p=G(\tau_p-1)e^{\theta s}$	
27	$\text{Display}(K_p,\tau_p,\theta)$	输出参数辨识结果

续表

行号	编制程序伪代码	注释
程序变量	T_s 为仿真时间；α 为阻尼因子；T_0 为取样时间长度；f_0 为采样频率；K_c 为控制器参数；h 为阶跃信号幅值	
程序输入	阶跃激励输入信号 r；测量噪声 v	
程序输出	过程模型辨识参数：过程增益 K_p；时间常数 τ_p；时滞 θ	

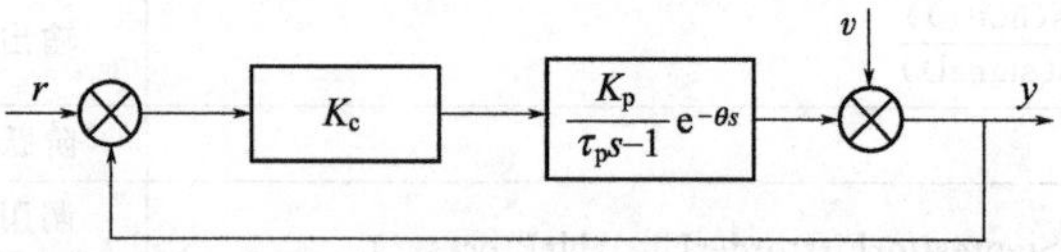

图 3.12　例 3.4 应用 Algorithm-SU-Ⅰ辨识算法的仿真程序方框图

(3) 例 3.7 应用 Algorithm-SU-Ⅲ辨识算法得到 SOPDT 模型的仿真程序伪代码及图形化编程方框图

行号	编制程序伪代码	注释
1	$G=\dfrac{e^{-0.5s}}{(5s-1)(2s+1)(0.5s+1)}$	辨识对象
2	$K_c=2.0$	比例控制器参数
3	$T_s=600$	仿真时间(s)
4	$h=0.1$	阶跃激励信号幅值
5	sim('ClosedloopSteptestforThirdorderUnstableProcess')	调用仿真图形化组件模块系统，如图 3.13 所示
6	$\alpha=0.1$；$T_N=150$	设定衰减因子与采集数据时间长度(s)
7	$T(\alpha)=\dfrac{\alpha}{h}\int_0^{t_N}\Delta y(t)e^{-\alpha t}dt$； $T^{(1)}(\alpha)=\dfrac{1}{h}\int_0^{t_N}(1-\alpha t)\Delta y(t)e^{-\alpha t}dt$； $T^{(2)}(\alpha)=\dfrac{1}{h}\int_0^{t_N}t(\alpha t-2)\Delta y(t)e^{-\alpha t}dt$	计算闭环系统频率响应 $T(\alpha)$、$T^{(1)}(\alpha)$和 $T^{(2)}(\alpha)$
8	根据式(2.128)～式(2.130)计算 $C(\alpha)$、$C^{(1)}(\alpha)$和 $C^{(2)}(\alpha)$	计算控制器频率响应 $C(\alpha)$、$C^{(1)}(\alpha)$和 $C^{(2)}(\alpha)$
9	根据式(2.125)～式(2.127)计算 $G(\alpha)$、$G^{(1)}(\alpha)$和 $G^{(2)}(\alpha)$	计算对象频率响应 $G(\alpha)$、$G^{(1)}(\alpha)$和 $G^{(2)}(\alpha)$
10	$\hat{G}(\alpha)=G(\alpha)$；$\hat{G}^{(1)}(\alpha)=G^{(1)}(\alpha)$；$\hat{G}^{(2)}(\alpha)=G^{(2)}(\alpha)$	对象频率响应估计赋值给模型
11	$Q_1(\alpha)=\dfrac{\hat{G}^{(1)}(\alpha)}{\hat{G}(\alpha)}$ $Q_2(\alpha)=\dfrac{\hat{G}^{(2)}(\alpha)\hat{G}(\alpha)-[\hat{G}^{(1)}(\alpha)]^2}{\hat{G}^2(\alpha)}$	计算 $Q_1(\alpha)$和 $Q_2(\alpha)$
12	$\theta_0=-Q_1(\alpha)+\dfrac{\tau_p}{1-\tau_p\alpha}$	应用 Algorithm-SU-Ⅰ辨识算法估计模型参数，确定时滞初值
13	$s=\alpha+j\omega_k$	应用 Algorithm-SU-Ⅰ辨识算法估计截止角频率
14	For $\theta=\theta_0:\theta_{max}$；(或 $\theta=\theta_{min}:\theta_0$)	对时滞 θ 进行一维搜索
15	$\Psi(\alpha+j\omega_k)=\hat{G}_{U-2}(\alpha+j\omega_k)$	回归输出变量
16	$\boldsymbol{\phi}(\alpha+j\omega_k)=[(\alpha+j\omega_k)^2G_{U-2}(\alpha+j\omega_k),$ $(\alpha+j\omega_k)G_{U-2}(\alpha+j\omega_k),-e^{-(\alpha+j\omega_k)\theta}]^T$	回归输入变量

行号	编制程序伪代码	注释
17	$\boldsymbol{\gamma}=[\tau_1\tau_2,\tau_1-\tau_2,k_p]^T$	辨识参数向量
18	$\boldsymbol{\Psi}=[\psi(\alpha+j\omega_1),\psi(\alpha+j\omega_2),\cdots,\psi(\alpha+j\omega_M)]^T$; $\boldsymbol{\Phi}=[\boldsymbol{\phi}(\alpha+j\omega_1),\boldsymbol{\phi}(\alpha+j\omega_2),\cdots,\boldsymbol{\phi}(\alpha+j\omega_M)]^T$; $\overline{\boldsymbol{\Psi}}=\begin{bmatrix}\mathrm{Re}[\boldsymbol{\Psi}]\\\mathrm{Im}[\boldsymbol{\Psi}]\end{bmatrix};\overline{\boldsymbol{\Phi}}=\begin{bmatrix}\mathrm{Re}[\boldsymbol{\Phi}]\\\mathrm{Im}[\boldsymbol{\Phi}]\end{bmatrix}$	构造回归数组
19	$\boldsymbol{W}=\mathrm{diag}[\rho_1,\cdots,\rho_M,\rho_1,\cdots,\rho_M],\rho_k=\eta^k/\sum_{k=1}^{M}\eta^k$, $\boldsymbol{\eta}\in[0.9,0.99]$	指定频率范围内对各频率响应点拟合的加权系数
20	$\boldsymbol{\gamma}=(\overline{\boldsymbol{\Phi}}^T\boldsymbol{W}\overline{\boldsymbol{\Phi}})^{-1}\overline{\boldsymbol{\Phi}}^T\boldsymbol{W}\overline{\boldsymbol{\Psi}}$	参数估计的加权最小二乘解
21	$err=\frac{1}{N_s}\sum_{k=1}^{N_s}[\Delta y(kT_s)-\Delta\hat{y}(kT_s)]^2<\varepsilon$	迭代收敛条件
22	$\theta(k+1)=\theta(k)+\Delta\theta$	更新步长 $\Delta\theta$
23	end	迭代结束
24	$\tau_1=\frac{\boldsymbol{\gamma}(2)}{2}+\frac{1}{2}\sqrt{\boldsymbol{\gamma}^2(2)+4\boldsymbol{\gamma}(1)};\tau_2=\tau_1-\boldsymbol{\gamma}(2);k_p=\boldsymbol{\gamma}(3)$	提取模型参数
25	Display(θ,τ_1,τ_2,k_p)	输出参数辨识结果
程序变量	T_s 为仿真时间;α 为衰减因子;T_N 为取样时间长度; K_c 为控制器参数;w_k 为截止角频率	
程序输入	系统阶跃输入信号 r	
程序输出	系统输出辨识参数:过程增益 k_p;时间常数 τ_1 和 τ_2;时滞参数 θ	

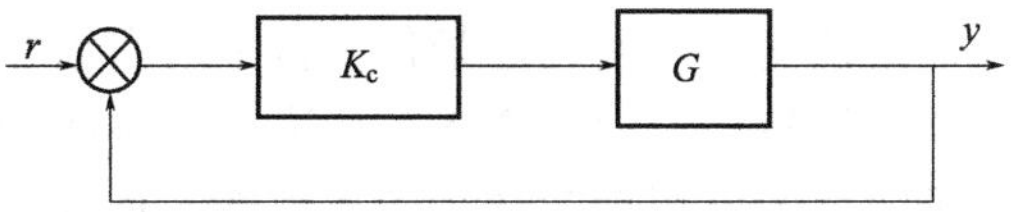

图 3.13 例 3.7 应用 Algorithm-SU-Ⅲ辨识算法的仿真程序方框图

第4章 基于持续激励实验抗扰辨识采样系统

对于采样系统在离散时间域辨识建模，现有文献如[1-6]提出几种输出误差（OE）模型辨识算法，可以克服开环或闭环辨识试验中出现平稳随机扰动或白噪声的不利影响。在系统输入和输出都存在有色噪声的情况下，文献［7，8］提出了误差与变量相关（Errors-in-Variables）分析方法来辨识建模，可以实现一致性参数估计。在存在未知但有界扰动的情况下，文献[9]提出了一种基于参数集合误差界的辨识算法。文献[10]基于极大似然估计原理提出一种改进的辅助变量方法（RIV）辨识Box-Jenkins模型。对于存在非平稳扰动的情况，文献[11]引入可变遗忘因子来估计模型参数和扰动，给出一种偏差补偿辨识算法，可以获得拟合精度较高的扩展ARMAX或OE模型。对于时滞采样系统，由于同时辨识模型线性部分的实数型参数与整数型时滞参数涉及混合整数规划，这属于参数估计的非凸问题[12-14]，因此现有文献主要基于预先估计的时滞参数来专注于辨识模型线性部分的参数。为了保证模型辨识精度和可靠性，本章介绍一种可用于具有时滞响应采样系统的离散时间域OE模型辨识方法[15]，以便计算机控制系统设计和分析。针对实际工程中存在具有确定性动态特征的未知扰动情况，提出将这种扰动下的系统输出响应视为动态参数，并将其汇入到系统动态响应模型参数中进行估计。为了解决上述参数估计的非凸问题，通过最小化输出预测误差来确定最优整数型时滞参数，由此给出一种一维搜索时滞参数的策略。考虑到标准递推最小二乘（RLS）算法不能保证OE模型的一致性估计，构造一个辅助模型来实现对随机噪声下模型参数估计的一致性。此外，引入了双遗忘因子，以分别加快估计模型参数和扰动响应的收敛速度。同时，对所提算法的收敛性和无偏估计进行严格的证明和分析。通过开环和闭环系统辨识的两个案例，说明该方法的有效性和优点。

在下面讲述中，采用了以下符号：定义 $\Re$，$\Re^n$ 和 $\Re^{n\times m}$ 分别为实数，n 维实向量和 $n\times m$ 实矩阵。对于任意矩阵 $\boldsymbol{P}\in\Re^{m\times m}$，$\boldsymbol{P}>0$（或 $\boldsymbol{P}\geqslant 0$）表示 $\boldsymbol{P}$ 是一个正定（或半正定）矩阵。对于满秩的 $\boldsymbol{P}\in\Re^{m\times m}$，定义 $\boldsymbol{P}^{-1}$ 为 $\boldsymbol{P}$ 的逆，$\boldsymbol{P}^{\mathrm{T}}$ 为 $\boldsymbol{P}$ 的转置，$\mathrm{tr}(\boldsymbol{P})$ 为矩阵的迹。定义 $\|\boldsymbol{P}\|_2$ 为 $\boldsymbol{P}\in\Re^n$ 的欧几里得范数。定义 $\rho(\boldsymbol{P})$ 为 $\boldsymbol{P}$ 的特征值，$\rho_{\min}(\boldsymbol{P})$ 和 $\rho_{\max}(\boldsymbol{P})$ 分别为最小值和最大值。定义 $I/\boldsymbol{0}$ 为适当维数的单位向量（矩阵）或零向量（矩阵），其中 $\boldsymbol{I}_m$ 表示 $\boldsymbol{I}_m\in\Re^{m\times m}$，$\boldsymbol{0}_{m\times n}$ 表示 $\boldsymbol{0}_{m\times n}\in\Re^{m\times n}$。定义 $E[\boldsymbol{g}]$ 为关于 $\boldsymbol{g}\in\Re^n$ 的数学期望运算符。定义 $\hat{\boldsymbol{\alpha}}$ 为 $\boldsymbol{\alpha}\in\Re^m$ 的估计值。定义 z 为离散时间运算符，即 $z^{-1}u(t):=u(t-1)$。

4.1 线性模型参数估计

对于一个带有时滞响应、时变性扰动和随机测量噪声的单输入单输出采样系统，输出响应一般可以采用如下含有整数型时滞参数的离散时间域输出误差模型（OEM）进行描述：

$$\begin{cases} x(k)=\dfrac{B(z^{-1})}{A(z^{-1})}z^{-d}u(k) \\ y(k)=x(k)+\xi(k)+v(k) \end{cases} \tag{4.1}$$

其中，d 是整数型时滞参数；多项式 $A(z^{-1})$ 和 $B(z^{-1})$ 互质且具有如下形式：

$$A(z^{-1})=1+a_1z^{-1}+\cdots+a_{n_a}z^{-n_a}$$
$$B(z^{-1})=b_1z^{-1}+\cdots+b_{n_b}z^{-n_b}$$

假设多项式 $A(z^{-1})$ 的所有零点都在单位圆内，即本章考虑的系统是渐近稳定的。$u(k)$ 为系统输入激励信号，$x(k)$ 为无噪声输出响应，$\xi(k)$ 为扰动响应。$v(k)$ 为系统输出的随机测量噪声，通常定义为具有零均值的高斯白噪声，其未知方差表示为 σ_v^2。

不失一般性，假设系统为因果系统，即 $y(k)$ 由 $s\leqslant k$ 时刻的 $u(k)$ 决定，与后续时刻的 $u(k)$ 和随机测量噪声 $v(k)$ 无关，并且 $v(k)$ 和输入激励序列 $u(k)$ 无关。此外，假设系统处于零初始状态或者稳定状态，即对于 $k\leqslant 0$ 时刻，令 $u(k)=0$，$y(k)=0$ 且 $v(k)=0$。

说明：对于未知动态特性的扰动 $\xi(k)$，这里不失一般性地假设其是相对于待辨识系统动态特性而言较慢的时间序列，其他随机性的扰动都归并入 $v(k)$ 中考虑和处理。

因此，这里辨识建模的目标是在假设对于模型式(4.1) 进行拟合的阶次 n_a 和 n_b 已知或指定的前提下，根据采样输出数据估计 OEM 模型参数和整数时滞参数。对于未知系统模型结构或阶次的情况，可以通过使用 Akaike 信息准则（AIC)，假设检验条件或输入与输出预测偏差之间的互相关函数等来确定最优模型结构，并且检验一个更高阶模型能否达到更好的拟合和预测性能。

定义线性模型参数向量 $\boldsymbol{\theta}_0$ 和对象的信息向量 $\boldsymbol{\varphi}_0$ 分别如下：

$$\boldsymbol{\theta}_0=[a_1,\cdots,a_{n_a},b_1,\cdots,b_{n_b}]^{\mathrm{T}}\in\Re^{n_0} \tag{4.2}$$

$$\boldsymbol{\varphi}_0(k)=[-x(k-1),\cdots,-x(k-n_a),u(k-1-d),\cdots,u(k-n_b-d)]^{\mathrm{T}}\in\Re^{n_0} \tag{4.3}$$

其中，$n_0=n_a+n_b$。

无噪声输出响应 $x(k)$ 可以写为

$$x(k)=\boldsymbol{\varphi}_s^{\mathrm{T}}(k)\boldsymbol{\theta}_s \tag{4.4}$$

为了便于辨识，假设扰动的输出响应 $\xi(k)$ 为一个具有时变特性的参数。进一步定义增广参数向量 $\boldsymbol{\theta}(k)$ 和相应的信息向量 $\boldsymbol{\varphi}(k)$ 如下：

$$\boldsymbol{\theta}(k)=[a_1,\cdots,a_{n_a},b_1,\cdots,b_{n_b},\xi(k)]^{\mathrm{T}}\in\Re^{n_{\mathrm{m}}} \tag{4.5}$$

$$\boldsymbol{\varphi}(k)=[-x(k-1),\cdots,-x(k-n_a),u(k-1-d),\cdots,u(k-n_b-d),1]^{\mathrm{T}}\in\Re^{n_{\mathrm{m}}} \tag{4.6}$$

其中，$n_{\mathrm{m}}=n_a+n_b+1$。

因此，式(4.1) 所描述的系统可以写为如下线性回归形式：

$$y(k)=\boldsymbol{\varphi}^{\mathrm{T}}(k)\boldsymbol{\theta}(k)+v(k) \tag{4.7}$$

对于输出响应 $y(k)$ 的预测可表示为

$$\hat{y}(k)=\hat{\boldsymbol{\varphi}}^{\mathrm{T}}(k)\hat{\boldsymbol{\theta}}(k) \tag{4.8}$$

其中，$\hat{\boldsymbol{\theta}}(k)$ 和 $\hat{\boldsymbol{\varphi}}(k)$ 分别定义为对增广参数向量和信息向量的预测和估计值。

相应的预测误差可以由下式进行计算：

$$e(k)=y(k)-\hat{\boldsymbol{\varphi}}^{\mathrm{T}}(k)\hat{\boldsymbol{\theta}}(k) \tag{4.9}$$

定义如下含有遗忘因子的拟合误差评价函数：

$$J(k,\hat{\boldsymbol{\theta}})=\frac{1}{2}\sum_{i=1}^{k}\lambda^{k-i}e(i)^2 \tag{4.10}$$

其中，$\lambda\in(0,1]$ 为遗忘因子，可以用于提高算法拟合的收敛性。

取拟合误差评价函数 $J(k,\hat{\boldsymbol{\theta}})$ 关于 $\hat{\boldsymbol{\theta}}$ 的一阶偏导数，可得

$$\frac{\partial J(k,\hat{\boldsymbol{\theta}})}{\partial\hat{\boldsymbol{\theta}}}=-\sum_{i=1}^{k}\lambda^{k-i}\hat{\boldsymbol{\varphi}}(i)[y(i)-\hat{\boldsymbol{\varphi}}^{\mathrm{T}}(i)\hat{\boldsymbol{\theta}}(i)] \tag{4.11}$$

将式(4.11) 置零，可以得到

$$\hat{\boldsymbol{\theta}}(k)=\left[\sum_{i=1}^{k}\lambda^{k-i}\hat{\boldsymbol{\varphi}}(i)\hat{\boldsymbol{\varphi}}^{\mathrm{T}}(i)\right]^{-1}\times\left[\sum_{i=1}^{k}\lambda^{k-i}\hat{\boldsymbol{\varphi}}(i)y(i)\right] \tag{4.12}$$

令

$$\boldsymbol{P}(k)=\left[\sum_{i=1}^{k}\lambda^{k-i}\hat{\boldsymbol{\varphi}}(i)\hat{\boldsymbol{\varphi}}^{\mathrm{T}}(i)\right]^{-1} \tag{4.13}$$

给定 $\mathrm{PE}(u)\geqslant n_m$ 的持续激励（PE）条件，可以容易地证明 $\boldsymbol{P}(k)$ 保持非奇异，其逆可推导为

$$\begin{aligned}\boldsymbol{P}^{-1}(k)&=\sum_{i=1}^{k}\lambda^{k-i}\hat{\boldsymbol{\varphi}}(i)\hat{\boldsymbol{\varphi}}^{\mathrm{T}}(i)\\&=\lambda\boldsymbol{P}^{-1}(k-1)+\hat{\boldsymbol{\varphi}}(k)\hat{\boldsymbol{\varphi}}^{\mathrm{T}}(k)\end{aligned} \tag{4.14}$$

由式(4.12) 可得

$$\hat{\boldsymbol{\theta}}(k)=\boldsymbol{P}(k)\sum_{i=1}^{k}\lambda^{k-i}\hat{\boldsymbol{\varphi}}(i)y(i) \tag{4.15}$$

可进一步表示为如下的递推形式：

$$\begin{aligned}\hat{\boldsymbol{\theta}}(k)&=\boldsymbol{P}(k)[\lambda\boldsymbol{P}^{-1}(k-1)\hat{\boldsymbol{\theta}}(k-1)+\hat{\boldsymbol{\varphi}}(k)y(k)]\\&=\boldsymbol{P}(k)[(\boldsymbol{P}^{-1}(k)-\hat{\boldsymbol{\varphi}}(k)\hat{\boldsymbol{\varphi}}^{\mathrm{T}}(k))\hat{\boldsymbol{\theta}}(k-1)+\hat{\boldsymbol{\varphi}}(k)y(k)]\\&=\hat{\boldsymbol{\theta}}(k-1)+\boldsymbol{P}(k)\hat{\boldsymbol{\varphi}}(k)[y(k)-\hat{\boldsymbol{\varphi}}^{\mathrm{T}}(k)\hat{\boldsymbol{\theta}}(k-1)]\\&=\hat{\boldsymbol{\theta}}(k-1)+\boldsymbol{P}(k)\hat{\boldsymbol{\varphi}}(k)e_1(k)\end{aligned} \tag{4.16}$$

其中，递推估计新息记为 $e_1(k)=y(k)-\hat{\boldsymbol{\varphi}}^{\mathrm{T}}(k)\hat{\boldsymbol{\theta}}(k-1)$。

为了减少递推估计 $\hat{\boldsymbol{\theta}}$ 时式(4.14) 所涉及的矩阵求逆的计算量，使用以下等价变换对任何维数合适的矩阵 $\boldsymbol{A}$、$\boldsymbol{B}$、$\boldsymbol{C}$、$\boldsymbol{D}$ 进行矩阵求逆：

$$[\boldsymbol{A}+\boldsymbol{BCD}]^{-1}=\boldsymbol{A}^{-1}-\boldsymbol{A}^{-1}\boldsymbol{B}[\boldsymbol{C}^{-1}+\boldsymbol{DA}^{-1}\boldsymbol{B}]^{-1}\boldsymbol{DA}^{-1} \tag{4.17}$$

定义 $\boldsymbol{A}=\lambda\boldsymbol{P}^{-1}(t-1)$，$\boldsymbol{B}=\hat{\boldsymbol{\varphi}}(k)$，$\boldsymbol{C}=\boldsymbol{I}_{n_m\times n_m}$ 和 $\boldsymbol{D}=\hat{\boldsymbol{\varphi}}^{\mathrm{T}}(k)$，将式(4.17) 应用于式(4.14)，可得协方差矩阵 $\boldsymbol{P}(k)$ 的递推计算公式为

$$\boldsymbol{P}(k)=\frac{1}{\lambda}\left(\boldsymbol{P}(k-1)-\frac{\boldsymbol{P}(k-1)\hat{\boldsymbol{\varphi}}(k)\hat{\boldsymbol{\varphi}}^{\mathrm{T}}(k)\boldsymbol{P}(k-1)}{\lambda\boldsymbol{I}_{n_m\times n_m}+\hat{\boldsymbol{\varphi}}^{\mathrm{T}}(k)\boldsymbol{P}(k-1)\hat{\boldsymbol{\varphi}}(k)}\right) \tag{4.18}$$

定义增益矩阵 $\boldsymbol{K}(k)$ 为

$$\boldsymbol{K}(k)=\boldsymbol{P}(k)\hat{\boldsymbol{\varphi}}(k) \tag{4.19}$$

由式(4.18) 可以推导出

$$\boldsymbol{K}(k)=\frac{\boldsymbol{P}(k-1)\hat{\boldsymbol{\varphi}}(k)}{\lambda+\hat{\boldsymbol{\varphi}}^{\mathrm{T}}(k)\boldsymbol{P}(k-1)\hat{\boldsymbol{\varphi}}(k)} \tag{4.20}$$

将式(4.20) 代入式(4.18) 可以得到

$$\boldsymbol{P}(k)=\frac{1}{\lambda}\boldsymbol{P}(k-1)[\boldsymbol{I}_{n_m\times n_m}-\boldsymbol{K}(k)\hat{\boldsymbol{\varphi}}^{\mathrm{T}}(k)] \tag{4.21}$$

相应地由式(4.16) 可推导出关于增广估计参数 $\hat{\boldsymbol{\theta}}(k)$ 的计算公式，

$$\hat{\boldsymbol{\theta}}(k)=\hat{\boldsymbol{\theta}}(k-1)+\boldsymbol{K}(k)e_1(k) \tag{4.22}$$

由于增广信息向量 $\hat{\boldsymbol{\varphi}}(k)$ 中含有未知的内部变量 $x(k-i)$，其中 $i=1, 2, \cdots, n_a$，所以上述关于估计参数 $\hat{\boldsymbol{\theta}}(k)$ 的计算式(4.22) 无法进行运算。为了解决这一问题，采用上一时刻预测向量 $\hat{\boldsymbol{\theta}}(k-1)$，构造针对 $x(k)$ 的辅助模型为

$$\hat{x}(k)=\hat{\boldsymbol{\varphi}}_0^{\mathrm{T}}(k)\hat{\boldsymbol{\theta}}_0(k-1) \tag{4.23}$$

其中，$\hat{\boldsymbol{\varphi}}_0(k)$ 为式(4.3) 中对于 $\boldsymbol{\varphi}_0(k)$ 的估计，$\hat{\boldsymbol{\theta}}_0(k-1)$ 为式(4.2) 中关于 $(k-1)$ 时刻对于 $\boldsymbol{\theta}_0(k-1)$ 的估计。

显然，如果时滞参数未知，则无法计算式(4.9) 中的预测误差。因此，上述辨识算法只能用于已知时滞参数或无时滞的采样系统。对于未知时滞参数的情况，式(4.10) 中的评价函数 $J(k,\hat{\boldsymbol{\theta}})$ 是关于时滞参数的非凸函数。为便于说明，考虑以下无噪声系统：

$$y(k)=\frac{0.5z^{-1}+0.4z^{-2}}{1+\alpha z^{-1}+0.6z^{-2}}z^{-d}u(k) \tag{4.24}$$

其中，$\alpha=0.8$；$d=20$。输入激励取为高斯白噪声用于参数辨识。假设 $d\in[1,50]$ 和 $\alpha\in[-1,2]$ 进行辨识实验，则拟合误差对应的 $J(t,\hat{\boldsymbol{\theta}})$ 如图 4.1 所示。

可以看出，对于采用不同的整数型时滞估计值进行参数估计，评价函数 $J(t,\hat{\boldsymbol{\theta}})$ 存在许多局部最小值，这与文献[12-14] 中研究的混合整数规划问题有关。注意，如果使用现有的连续时间域辨识算法（如文献[14] ）同时估计所有线性模型参数和时滞参数，则在参数估计的递推过程中会出现分数型时滞，因此无法保证这种递推算法的收敛性，尤其是对于存在随机噪声或负载扰动的情况。尽管可以采用对输入和输出序列的互相关分析[2,11] 来单独估计时滞参数，但由于互相关估计的方差可能会因有色噪声或负载扰动而变得不够准确，因而可能会导致错误的参数估计。

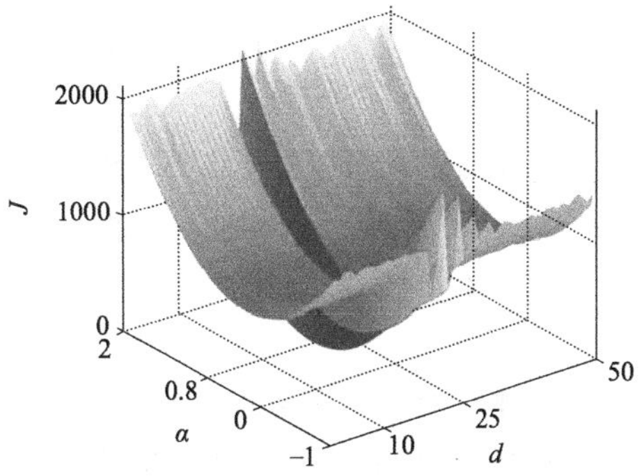

图 4.1　关于 α 和 d 的评价函数

考虑到实际应用中可以基于系统操作的先验知识或诸如采用阶跃响应测试的实验观察来确定时滞参数的可能范围（即 $d\in[d_{\min},\ d_{\max}]$），因而可建立一维搜索整数型时滞参数的算法来实现以上递推估计算法，即

$$\hat{d}(k)=\min J_i(k,\hat{\boldsymbol{\theta}}_i(k),\hat{d}_i) \tag{4.25}$$

这意味着通过在一定搜索范围 $\hat{d}(t)$ 内最小化 J 来确定 $\hat{d}(t)$，由此估计剩余的线性模型参数。该时滞参数的初始值可以取为 $d_{\min}$ 或 $d_{\max}$。由于 $d\in\lceil d_{\min},\ d_{\max}\rceil$ 在一个有限整数范围，所以该一维搜索算法容易执行，并且无需大量的计算工作，从而避免混合整数规划问题和分数型时滞参数计算带来的问题。

4.2　迭代辨识算法

从式(4.14) 和式(4.16) 中可以看出，标准递推最小二乘算法中是采用常数遗忘因子对协方差矩阵进行更新，即

$$\lambda\boldsymbol{P}^{-1}(k-1)=\begin{bmatrix}\lambda P_{11}^{-1}(k-1), & \cdots, & \lambda P_{1n_m}^{-1}(k-1)\\ \vdots & \ddots & \vdots\\ \lambda P_{n_m1}^{-1}(k-1), & \cdots, & \lambda P_{n_mn_m}^{-1}(k-1)\end{bmatrix} \tag{4.26}$$

考虑到反映扰动响应的动态参数是时变的，然而实际的系统模型参数应该是时不变的，因此期望以较快的速率遗忘过去的 $\xi(k)$ 值，并根据拟合精度来调整收敛速度以估计模型参数 $\boldsymbol{\theta}_0$。为此，提出如下双自适应遗忘因子分别用于估计 $\boldsymbol{\theta}_0$ 和 $\xi(k)$，

$$\lambda_1(k)=1/(1+\|\hat{\boldsymbol{\theta}}_0(k)-\hat{\boldsymbol{\theta}}_0(k-1)\|_2^2),\qquad \lambda_1(k)\geqslant\lambda_{1\min} \tag{4.27}$$

$$\lambda_2(k)=1/\exp(|y(k)-\hat{\boldsymbol{\varphi}}^{\mathrm{T}}(k)\hat{\boldsymbol{\theta}}(k)|),\qquad \lambda_2(k)\geqslant\lambda_{2\min} \tag{4.28}$$

其中，$\lambda_{1\min}\in[0.95,1)$ 和 $\lambda_{2\min}\in[0.8,\ 0.95]$ 是遗忘因子的最小下界，以避免在出现输出测量异常值时灵敏度过高。主要目的是设置一个较小的遗忘因子，以在拟合误差较大时获得更快的收敛速度；当估计的模型参数接近真值时，这些自适应遗忘因子将趋近于 1，以保持拟合稳定性和精度，从而有效地消除随机噪声或扰动的不利影响。

相应地，自适应遗忘因子矩阵构造为

$$\boldsymbol{\lambda}(k)=\begin{bmatrix}\lambda_1(k), & \cdots, & \lambda_1(k), & \lambda_2(k)\\ \vdots & \ddots & \vdots & \vdots\\ \lambda_1(k), & \cdots, & \lambda_1(k), & \lambda_2(k)\\ \underbrace{\lambda_2(k), \quad \cdots, \quad \lambda_2(k)}_{n_0}, & & & \lambda_2(k)\end{bmatrix} \tag{4.29}$$

定义 $\boldsymbol{\lambda}(k)$ 和 $\boldsymbol{P}^{-1}(k-1)$ 的哈达玛（Hadamard）积为

$$\boldsymbol{H}_\lambda(k)=\boldsymbol{\lambda}(k)\circ\boldsymbol{P}^{-1}(k-1) \tag{4.30}$$

因此，将式(4.30) 代入式(4.14) 可以得到 $\boldsymbol{P}^{-1}(k)$ 的更新律为

$$\boldsymbol{P}^{-1}(k)=\boldsymbol{H}_\lambda(k)+\hat{\boldsymbol{\varphi}}(k)\hat{\boldsymbol{\varphi}}^{\mathrm{T}}(k) \tag{4.31}$$

值得注意的是，在递推计算过程中双自适应遗忘因子应满足 $\lambda_1(k)\geqslant\lambda_2(k)$，从而确保 $\boldsymbol{P}(k)$ 和 $\boldsymbol{H}_\lambda(k)$ 的对称非负定性以便迭代计算。

使用式(4.17) 中的矩阵求逆式，可以得出

$$\boldsymbol{P}(k)=[\boldsymbol{I}_{n_m\times n_m}-\boldsymbol{K}(k)\hat{\boldsymbol{\varphi}}^{\mathrm{T}}(k)]\boldsymbol{H}_\lambda^{-1}(k) \tag{4.32}$$

其中增益矩阵可计算为

$$\boldsymbol{K}(k)=\frac{\boldsymbol{H}_\lambda^{-1}(k)\hat{\boldsymbol{\varphi}}(k)}{1+\hat{\boldsymbol{\varphi}}^{\mathrm{T}}(k)\boldsymbol{H}_\lambda^{-1}(k)\hat{\boldsymbol{\varphi}}(k)} \tag{4.33}$$

因此，$\boldsymbol{\theta}$ 被估计为

$$\hat{\boldsymbol{\theta}}(k)=\hat{\boldsymbol{\theta}}(k-1)+\boldsymbol{K}(k)[y(k)-\hat{\boldsymbol{\varphi}}^{\mathrm{T}}(k)\hat{\boldsymbol{\theta}}(k-1)] \tag{4.34}$$

综上，模型参数辨识算法步骤归纳如下：

（ⅰ）指定用于递推估计的参数变量初始值 $\hat{\boldsymbol{\theta}}(0)$，$\boldsymbol{P}(0)$，$\lambda_1(0)$，$\lambda_2(0)$，$\lambda_{1\min}$，$\lambda_{2\min}$，$d_{\min}$，$d_{\max}$，例如取 $\hat{\boldsymbol{\theta}}(0)=10^{-3}\boldsymbol{I}_{n_m\times 1}$，$\boldsymbol{P}(0)=10^6\boldsymbol{I}_{n_m\times n_m}$，$\lambda_1(0)=1$，$\lambda_2(0)=1$，$\lambda_{1\min}=0.99$，$\lambda_{2\min}=0.9$。

（ⅱ）基于式(4.23) 中的辅助模型构造如式(4.3) 和式(4.6) 所示的信息向量 $\hat{\boldsymbol{\varphi}}_0(k)$ 和增广信息向量 $\hat{\boldsymbol{\varphi}}(k)$。

（ⅲ）选择满足 $\lambda_1(k)\geqslant\lambda_2(k)$ 的双自适应遗忘因子，以构造如式(4.29) 所示的自适应遗忘因子矩阵 $\boldsymbol{\lambda}(k)$。

（ⅳ）通过式(4.30) 和式 (4.32)～式(4.34) 计算 $\hat{\boldsymbol{\theta}}_i(k)$ 以及式(4.10) 对应的拟合误差评价函数 $J_i(k,\ \hat{\boldsymbol{\theta}}_i(k),\ \hat{d}_i)$。

（ⅴ）逐一增大整数型时滞参数 $\hat{d}_i$，返回到步骤（ⅱ），直至计算到最大时滞参数 $\hat{d}_i=d_{\max}$。

(ⅵ) 对于步骤(ⅴ)中所计算的最小拟合误差评价函数 $J_i(k,\hat{\boldsymbol{\theta}}_i(k),\hat{d}_i)$,取相应的估计参数 $\hat{\boldsymbol{\theta}}(k)$ 和时滞参数 $\hat{d}(k)$ 作为第 k 时刻的递推估计值。

(ⅶ) 时刻 k 增加 1 返回到步骤(ⅱ)进行迭代运算,直至满足设定的收敛性条件 $\|\hat{\boldsymbol{\theta}}(k)-\hat{\boldsymbol{\theta}}(k-1)\|_2^2\leqslant\varepsilon$,其中 ε 为实际指定的误差界,或最大测量数据长度(即 $k=N$)。

4.3 收敛性分析

在收敛分析之前,先介绍一个参考引理。

引理 4.1[16] 对于任意矩阵 $\boldsymbol{A}\in\Re^{m\times m}$,$\boldsymbol{B}\in\Re^{m\times m}$,如果 $\boldsymbol{B}\geqslant 0$ 并且存在正实数 $\gamma<\rho_{\min}(\boldsymbol{A})$,则有

$$\rho_{\min}(\boldsymbol{A})\boldsymbol{I}_{\mathrm{m}}\leqslant\boldsymbol{A}^{\mathrm{T}}\boldsymbol{A}\leqslant\rho_{\max}(\boldsymbol{A})\boldsymbol{I}_{\mathrm{m}} \tag{4.35}$$

$$(\boldsymbol{A}+\gamma\boldsymbol{I}_{\mathrm{m}})^{\mathrm{T}}(\boldsymbol{A}+\gamma\boldsymbol{I}_{\mathrm{m}})\geqslant[\rho_{\min}(\boldsymbol{A})-\gamma]^2\boldsymbol{I}_{\mathrm{m}} \tag{4.36}$$

$$\rho_{\min}(\boldsymbol{A})\mathrm{tr}(\boldsymbol{B})\leqslant\mathrm{tr}(\boldsymbol{AB})\leqslant\rho_{\max}(\boldsymbol{A})\mathrm{tr}(\boldsymbol{B}) \tag{4.37}$$

根据上面引理,可以得出以下推论用于分析模型辨识的持续激励条件。

推论 4.1 对于如式(4.7)所描述的采样系统,如果存在参数 α 和 β 满足 $0<\alpha\leqslant\beta<\infty$,使得与递推遗忘因子有关的记忆长度 N_λ 符合如下持续激励条件:

$$\alpha\boldsymbol{I}\leqslant\frac{1}{N_\lambda}\sum_{j=0}^{N_\lambda-1}\hat{\boldsymbol{\varphi}}(k+j)\hat{\boldsymbol{\varphi}}^{\mathrm{T}}(k+j)\leqslant\beta\boldsymbol{I} \tag{4.38}$$

其中,$N_\lambda>n_m$,且 $k>N_\lambda$,那么递推算法式(4.32)~式(4.34)中的协方差矩阵 $\boldsymbol{P}(k)$ 满足

$$\frac{1-\lambda_{\mathrm{M}}}{\beta N_\lambda}\boldsymbol{I}\leqslant\lim_{k\to\infty}\boldsymbol{P}(k)\leqslant\frac{1-\lambda_{\mathrm{m}}}{\alpha\lambda_{\mathrm{m}}^{N_\lambda-1}}\boldsymbol{I} \tag{4.39}$$

其中,λ_{m} 和 λ_{M} 满足 $\lambda_{\mathrm{m}}\boldsymbol{P}^{-1}(i)\leqslant\boldsymbol{\lambda}(i)\circ\boldsymbol{P}^{-1}(i)\leqslant\lambda_{\mathrm{M}}\boldsymbol{P}^{-1}(i)$。

证明: 考虑式(4.38)所给出的持续激励条件,根据式(4.30)和式(4.31)可得

$$\begin{aligned}
\boldsymbol{P}^{-1}(k)&=\boldsymbol{\lambda}(k)\circ\boldsymbol{P}^{-1}(k-1)+\hat{\boldsymbol{\varphi}}(k)\hat{\boldsymbol{\varphi}}^{\mathrm{T}}(k)\\
&\geqslant\lambda_{\mathrm{m}}\boldsymbol{P}^{-1}(k-1)+\hat{\boldsymbol{\varphi}}(k)\hat{\boldsymbol{\varphi}}^{\mathrm{T}}(k)\\
&=\frac{1}{N_\lambda}\left(N_\lambda\sum_{i=1}^{k}\lambda_{\mathrm{m}}^{k-i}\hat{\boldsymbol{\varphi}}(i)\hat{\boldsymbol{\varphi}}^{\mathrm{T}}(i)\right)+\lambda_{\mathrm{m}}^{k}\boldsymbol{P}^{-1}(0)\\
&\geqslant\frac{1}{N_\lambda}\left(\sum_{i=1}^{k-N_\lambda+1}\lambda_{\mathrm{m}}^{k-i}\hat{\boldsymbol{\varphi}}(i)\hat{\boldsymbol{\varphi}}^{\mathrm{T}}(i)+\cdots+\sum_{i=N_\lambda}^{k}\lambda_{\mathrm{m}}^{k-i}\hat{\boldsymbol{\varphi}}(i)\hat{\boldsymbol{\varphi}}^{\mathrm{T}}(i)\right)+\lambda_{\mathrm{m}}^{k}\boldsymbol{P}^{-1}(0)\\
&=\frac{1}{N_\lambda}\left(\sum_{i=1}^{k-N_\lambda+1}\lambda_{\mathrm{m}}^{k-i}\hat{\boldsymbol{\varphi}}(i)\hat{\boldsymbol{\varphi}}^{\mathrm{T}}(i)+\cdots+\sum_{i=1}^{k-N_\lambda+1}\lambda_{\mathrm{m}}^{k-i-N_\lambda+1}\hat{\boldsymbol{\varphi}}(i+N_\lambda-1)\hat{\boldsymbol{\varphi}}^{\mathrm{T}}(i+N_\lambda-1)\right)+\lambda_{\mathrm{m}}^{k}\boldsymbol{P}^{-1}(0)\\
&=\frac{1}{N_\lambda}\sum_{i=1}^{k-N_\lambda+1}\lambda_{\mathrm{m}}^{k-i}\sum_{j=0}^{N_\lambda-1}\lambda_{\mathrm{m}}^{-j}\hat{\boldsymbol{\varphi}}(i+j)\hat{\boldsymbol{\varphi}}^{\mathrm{T}}(i+j)+\lambda_{\mathrm{m}}^{k}\boldsymbol{P}^{-1}(0)\\
&\geqslant\frac{1}{N_\lambda}\sum_{i=1}^{k-N_\lambda+1}\lambda_{\mathrm{m}}^{k-i}\sum_{j=0}^{N_\lambda-1}\hat{\boldsymbol{\varphi}}(i+j)\hat{\boldsymbol{\varphi}}^{\mathrm{T}}(i+j)+\lambda_{\mathrm{m}}^{k}\boldsymbol{P}^{-1}(0)\\
&\geqslant\frac{1}{N_\lambda}\sum_{i=1}^{k-N_\lambda+1}\lambda_{\mathrm{m}}^{k-i}\alpha N_\lambda\boldsymbol{I}+\lambda_{\mathrm{m}}^{k}\boldsymbol{P}^{-1}(0)\\
&=\frac{\lambda_{\mathrm{m}}^{N_\lambda-1}-\lambda_{\mathrm{m}}^{k}}{1-\lambda}\alpha\boldsymbol{I}+\lambda_{\mathrm{m}}^{k}\boldsymbol{P}^{-1}(0)
\end{aligned}$$

$$=\frac{\lambda_{\mathrm{m}}^{N_\lambda-1}}{1-\lambda_{\mathrm{m}}}\alpha\boldsymbol{I}+\lambda_{\mathrm{m}}^{k}N_\lambda\left[\boldsymbol{P}^{-1}(0)-\frac{\alpha}{1-\lambda_{\mathrm{m}}}\boldsymbol{I}\right] \tag{4.40}$$

注意到：

$$\begin{aligned}\boldsymbol{P}^{-1}(k)&\leqslant\lambda_{\mathrm{M}}\boldsymbol{P}^{-1}(k-1)+\hat{\boldsymbol{\varphi}}(k)\hat{\boldsymbol{\varphi}}^{\mathrm{T}}(k)\\&=\sum_{i=1}^{k}\lambda_{\mathrm{M}}^{k-i}\hat{\boldsymbol{\varphi}}(i)\hat{\boldsymbol{\varphi}}^{\mathrm{T}}(i)+\lambda_{\mathrm{M}}^{k}\boldsymbol{P}^{-1}(0)\\&\leqslant\sum_{i=1}^{k}\lambda_{\mathrm{M}}^{k-i}\left[\sum_{j=0}^{N_\lambda-1}\hat{\boldsymbol{\varphi}}(i+j)\hat{\boldsymbol{\varphi}}^{\mathrm{T}}(i+j)\right]+\lambda_{\mathrm{M}}^{k}\boldsymbol{P}^{-1}(0)\\&\leqslant\sum_{i=1}^{k}\lambda_{\mathrm{M}}^{k-i}\beta N_\lambda\boldsymbol{I}+\lambda_{\mathrm{M}}^{k}\boldsymbol{P}^{-1}(0)\\&=\frac{1-\lambda_{\mathrm{M}}^{k}}{1-\lambda_{\mathrm{M}}}\beta N_\lambda\boldsymbol{I}+\lambda_{\mathrm{M}}^{k}\boldsymbol{P}^{-1}(0)\\&=\frac{\beta N_\lambda}{1-\lambda_{\mathrm{M}}}\boldsymbol{I}+\lambda_{\mathrm{M}}^{k}\left[\boldsymbol{P}^{-1}(0)-\frac{N_\lambda\beta}{1-\lambda_{\mathrm{M}}}\boldsymbol{I}\right]\end{aligned} \tag{4.41}$$

由于$\{\lambda_{\mathrm{M}},\lambda_{\mathrm{m}}\}\in(0,1]$，当$k\to\infty$时，由式(4.40) 和式(4.41) 可得

$$\frac{\lambda_{\mathrm{m}}^{N_\lambda-1}}{1-\lambda_{\mathrm{m}}}\alpha\boldsymbol{I}\leqslant\lim_{k\to\infty}\boldsymbol{P}^{-1}(k)\leqslant\frac{\beta N_\lambda}{1-\lambda_{\mathrm{M}}}\boldsymbol{I} \tag{4.42}$$

这等价于推论 4.1 所给出的式(4.39)。证明完毕。 □

因此，下面定理阐明上述辨识算法的渐近特性。

定理 4.1 对于如式(4.1) 所描述的受扰动的采样系统，基于式(4.38) 中的持续激励条件和初始假设$E[\|\hat{\boldsymbol{\theta}}(0)-\boldsymbol{\theta}(0)\|_2^2]=\delta_0<\infty$，上述递推辨识算法可以确保参数估计误差满足

$$\begin{aligned}E[\|\tilde{\boldsymbol{\theta}}(k)\|_2^2]\leqslant&\frac{4\lambda_{\mathrm{M}}^{2k}(1-\lambda_{\mathrm{m}})^2\delta_0^2}{\alpha^2p_0^2\lambda_{\mathrm{m}}^{2(N_\lambda-1)}}+\frac{12n_m(1-\lambda_{\mathrm{m}})}{\alpha\lambda_{\mathrm{m}}^{N_\lambda-1}}(\sigma_v^2+\sigma_\gamma^2+\sigma_\chi^2)+\\&4\left(n_m^2+\frac{\beta^2N_\lambda^2(1-\lambda_{\mathrm{m}})^2}{\alpha^2\lambda_{\mathrm{m}}^{2(N_\lambda-1)}(1-\lambda_{\mathrm{M}})^4}\right)\sigma_w^2\end{aligned} \tag{4.43}$$

其中$p_0=\boldsymbol{P}(0)$、σ_χ^2、σ_γ^2和σ_w^2分别表示$\chi(k)=\sum_{i=1}^{n_a}a_k[\hat{x}(k-i)-x(k-i)]$，$\gamma(k)=\sum_{j=1}^{n_b}b_j(z^{-d}-z^{-\hat{d}})u(k-j)$，$\boldsymbol{w}(k)=\boldsymbol{\theta}(k)-\boldsymbol{\theta}(k-1)$的协方差。

证明：定义参数估计误差向量为

$$\tilde{\boldsymbol{\theta}}(k)=\hat{\boldsymbol{\theta}}(k)-\boldsymbol{\theta}(k) \tag{4.44}$$

由式(4.5) 可以看出，$\boldsymbol{w}(k)=\boldsymbol{\theta}(k)-\boldsymbol{\theta}(k-1)$是由扰动响应引起，因此定义其方差为$\sigma_w^2$。

将式(4.16) 代入到式(4.44) 可得

$$\begin{aligned}\tilde{\boldsymbol{\theta}}(k)=&\hat{\boldsymbol{\theta}}(k)-\boldsymbol{\theta}(k)\\=&\hat{\boldsymbol{\theta}}(k)-[\boldsymbol{\theta}(k-1)+\boldsymbol{w}(k)]\\=&\hat{\boldsymbol{\theta}}(k-1)+\boldsymbol{P}(k)\hat{\boldsymbol{\varphi}}(k)[y(k)-\hat{\boldsymbol{\varphi}}^{\mathrm{T}}(k)\hat{\boldsymbol{\theta}}(k-1)]-\boldsymbol{\theta}(k-1)-\boldsymbol{w}(k)\\=&\tilde{\boldsymbol{\theta}}(k-1)+\boldsymbol{P}(k)\hat{\boldsymbol{\varphi}}(k)\Big(\boldsymbol{\varphi}^{\mathrm{T}}(k)[\boldsymbol{\theta}(k-1)+\boldsymbol{w}(k)]+v(k)+\sum_{i=1}^{n_a}a_k[\hat{x}(k-i)-\hat{x}(k-i)]+\end{aligned}$$

$$\sum_{j=1}^{n_b}(b_j z^{-\hat{d}} - b_j z^{-\hat{d}})u(k-j) - \hat{\boldsymbol{\varphi}}^{\mathrm{T}}(k)\hat{\boldsymbol{\theta}}(k-1)\big) - \boldsymbol{w}(k)$$
$$= \tilde{\boldsymbol{\theta}}(k-1) + \boldsymbol{P}(k)\hat{\boldsymbol{\varphi}}(k)[-\hat{\boldsymbol{\varphi}}^{\mathrm{T}}(k)\tilde{\boldsymbol{\theta}}(k-1) + \boldsymbol{\varphi}^{\mathrm{T}}(k)\boldsymbol{w}(k) + v(k) + \gamma(k) + \chi(k)] - \boldsymbol{w}(k)$$
$$= (\boldsymbol{I} - \boldsymbol{P}(k)\hat{\boldsymbol{\varphi}}(k)\hat{\boldsymbol{\varphi}}^{\mathrm{T}}(k))\tilde{\boldsymbol{\theta}}(k-1) + \boldsymbol{P}(k)\hat{\boldsymbol{\varphi}}(k)\boldsymbol{\varphi}^{\mathrm{T}}(k)\boldsymbol{w}(k) + \boldsymbol{P}(k)\hat{\boldsymbol{\varphi}}(k)\Gamma(k) - \boldsymbol{w}(k) \tag{4.45}$$

其中，$\Gamma(k) = v(k) + \gamma(k) + \chi(k)$，$\chi(k) = \sum_{i=1}^{n_a} a_k[\hat{x}(k-i) - x(k-i)]$ 为辅助模型的不匹配误差，$\gamma(k) = \sum_{j=1}^{n_b} b_j(z^{-d} - z^{-\hat{d}})u(k-j)$ 是由时滞估计误差引起。定义 σ_χ^2 和 σ_γ^2 分别表示 $\chi(k)$ 和 $\gamma(k)$ 的方差。

由式(4.14) 容易验证

$$\boldsymbol{I} - \boldsymbol{P}(k)\hat{\boldsymbol{\varphi}}(k)\hat{\boldsymbol{\varphi}}^{\mathrm{T}}(k) = \lambda\boldsymbol{P}(k)\boldsymbol{P}^{-1}(k-1) \tag{4.46}$$

将式(4.46) 代入到式(4.45) 可得

$$\tilde{\boldsymbol{\theta}}(k) = \lambda\boldsymbol{P}(k)\boldsymbol{P}^{-1}(k-1)\tilde{\boldsymbol{\theta}}(k-1) + \boldsymbol{P}(k)\hat{\boldsymbol{\varphi}}(k)\boldsymbol{\varphi}^{\mathrm{T}}(k)\boldsymbol{w}(k) + \boldsymbol{P}(k)\hat{\boldsymbol{\varphi}}(k)\Gamma(k) - \boldsymbol{w}(k)$$
$$= \lambda\boldsymbol{P}(k)\boldsymbol{P}^{-1}(k-1)\{\lambda\boldsymbol{P}(k-1)\boldsymbol{P}^{-1}(k-2)\tilde{\boldsymbol{\theta}}(k-2) + \boldsymbol{P}(k-1)\hat{\boldsymbol{\varphi}}(k-1)\boldsymbol{\varphi}^{\mathrm{T}}(k-1)\boldsymbol{w}(k-1) +$$
$$\boldsymbol{P}(k-1)\boldsymbol{\varphi}(k-1)\Gamma(k-1) - \boldsymbol{w}(k-1)\} + \boldsymbol{P}(k)\hat{\boldsymbol{\varphi}}(k)\boldsymbol{\varphi}^{\mathrm{T}}(k)\boldsymbol{w}(k) + \boldsymbol{P}(k)\hat{\boldsymbol{\varphi}}(k)\Gamma(k) - \boldsymbol{w}(k)$$
$$\vdots$$
$$= \lambda^k\boldsymbol{P}(k)\boldsymbol{P}^{-1}(0)\tilde{\theta}(0) + \boldsymbol{P}(k)\sum_{i=1}^{k}[\lambda^{k-i}\hat{\boldsymbol{\varphi}}(i)\hat{\boldsymbol{\varphi}}^{\mathrm{T}}(i)\boldsymbol{w}(i)] + \boldsymbol{P}(k)\sum_{i=1}^{k}[\lambda^{k-i}\hat{\boldsymbol{\varphi}}(i)\Gamma(i)] -$$
$$\boldsymbol{P}(k)\sum_{i=1}^{k}[\lambda^{k-i}\boldsymbol{P}^{-1}(i)\boldsymbol{w}(i)]$$
$$= \lambda^k\boldsymbol{P}(k)\boldsymbol{P}^{-1}(0)\tilde{\boldsymbol{\theta}}(0) + \boldsymbol{P}(k)\boldsymbol{\Phi}(k)\boldsymbol{\Phi}^{\mathrm{T}}(k)\boldsymbol{W}(k) + \boldsymbol{P}(k)\boldsymbol{\Phi}(k)\boldsymbol{\Gamma}_\lambda(k) - \boldsymbol{P}(k)\sum_{i=1}^{k}[\lambda^{k-i}\boldsymbol{P}^{-1}(i)\boldsymbol{w}(i)] \tag{4.47}$$

其中 $\boldsymbol{\Phi}(k) = [\mu^{k-1}\hat{\boldsymbol{\varphi}}(1),\cdots,\hat{\boldsymbol{\varphi}}(k)]$，$\boldsymbol{\Gamma}_\lambda(k) = [\mu^{k-1}\Gamma(1),\cdots,\Gamma(k)]^{\mathrm{T}}$，$\boldsymbol{W}(k) = [\boldsymbol{w}(1),\cdots,\boldsymbol{w}(k)]$ 且 $\mu = \sqrt{\lambda}$。

考虑 $\lambda_{\mathrm{m}}\boldsymbol{P}^{-1}(i) \leqslant \boldsymbol{\lambda}(i) \circ \boldsymbol{P}^{-1}(i) \leqslant \lambda_{\mathrm{M}}\boldsymbol{P}^{-1}(i)$ 并使用引理 4.1，可以得到

$$\begin{aligned} & E[\|\lambda^k\boldsymbol{P}(k)\boldsymbol{P}^{-1}(0)\tilde{\boldsymbol{\theta}}(0)\|_2^2] \\ &= E[\mathrm{tr}[\lambda^k\tilde{\boldsymbol{\theta}}^{\mathrm{T}}(0)\boldsymbol{P}^{-\mathrm{T}}(0)\boldsymbol{P}^{\mathrm{T}}(k)\boldsymbol{P}(k)\boldsymbol{P}^{-1}(0)\tilde{\boldsymbol{\theta}}(0)]] \\ &\leqslant \lambda_{\mathrm{M}}^{2k}(k)\rho_{\max}[\boldsymbol{P}^{\mathrm{T}}(k)\boldsymbol{P}(k)]\rho_{\max}[\boldsymbol{P}^{-\mathrm{T}}(0)\boldsymbol{P}^{-1}(0)]E[\mathrm{tr}[\tilde{\boldsymbol{\theta}}^{\mathrm{T}}(0)\tilde{\boldsymbol{\theta}}(0)]] \\ &\leqslant \frac{\lambda_{\mathrm{M}}^{2k}(1-\lambda_{\mathrm{m}})^2\delta_0^2}{\alpha^2 p_0^2\lambda_{\mathrm{m}}^{2(N_\lambda-1)}} \end{aligned} \tag{4.48}$$

由式(4.14) 可以看出

$$\boldsymbol{P}^{-1}(k) = \sum_{i=1}^{k}\lambda^{k-i}\hat{\boldsymbol{\varphi}}(i)\hat{\boldsymbol{\varphi}}^{\mathrm{T}}(i) + \lambda^k\boldsymbol{P}^{-1}(0) \tag{4.49}$$

$$\begin{aligned} \boldsymbol{P}(k)\boldsymbol{\Phi}(k)\boldsymbol{\Phi}^{\mathrm{T}}(k) &= \boldsymbol{I}_{n_m\times n_m} - \lambda\boldsymbol{P}(k)\boldsymbol{P}^{-1}(0) \\ &\leqslant \boldsymbol{I}_{n_m\times n_m} - \lambda_{\mathrm{m}}^k\boldsymbol{P}(k)\boldsymbol{P}^{-1}(0) \end{aligned} \tag{4.50}$$

相应地可以得到

$$
\begin{aligned}
&E[\|\boldsymbol{P}(k)\boldsymbol{\Phi}(k)\boldsymbol{\Phi}^{\mathrm{T}}(k)\boldsymbol{W}(k)\|_2^2] \\
&=E[\|\boldsymbol{P}(k)\boldsymbol{\Phi}(k)\boldsymbol{\Phi}^{\mathrm{T}}(k)\|_2^2]\sigma_w^2 \\
&\leqslant n_m^2\sigma_w^2
\end{aligned}
\tag{4.51}
$$

利用式(4.39) 和式(4.50)，可以得到

$$
\begin{aligned}
&E[\|\boldsymbol{P}(k)\boldsymbol{\Phi}(k)\boldsymbol{\Gamma}_\lambda(k)\|_2^2] \\
&=E[\boldsymbol{P}(k)\boldsymbol{\Phi}(k)\boldsymbol{\Gamma}_\lambda(k)\boldsymbol{\Gamma}_\lambda^T(\mathrm{k})\boldsymbol{\Phi}^{\mathrm{T}}(k)\boldsymbol{P}^{\mathrm{T}}(k)] \\
&=E[\mathrm{tr}[\boldsymbol{P}(k)\boldsymbol{\Phi}(k)\boldsymbol{\Gamma}_\lambda(t)\boldsymbol{\Gamma}_\lambda^{\mathrm{T}}(k)\boldsymbol{\Phi}^{\mathrm{T}}(k)\boldsymbol{P}^{\mathrm{T}}(k)]] \\
&\leqslant\frac{(1-\lambda_{\mathrm{m}})}{\alpha\lambda_{\mathrm{m}}^{N_\lambda-1}}\rho_{\max}[\boldsymbol{P}(k)\boldsymbol{\Phi}(k)\boldsymbol{\Phi}^{\mathrm{T}}(k)]E\{\mathrm{tr}[\boldsymbol{\Gamma}_\lambda(k)\boldsymbol{\Gamma}_\lambda^{\mathrm{T}}(k)]\} \\
&\leqslant\frac{n_m(1-\lambda_{\mathrm{m}})}{\alpha\lambda_{\mathrm{m}}^{N_\lambda-1}}\mathrm{tr}(E[3[v(k)v^{\mathrm{T}}(k)+\gamma(k)\gamma^{\mathrm{T}}(k)+\chi(k)\chi^{\mathrm{T}}(k)]]) \\
&\leqslant\frac{3n_m(1-\lambda_{\mathrm{m}})}{\alpha\lambda_{\mathrm{m}}^{N_\lambda-1}}(\sigma_v^2+\sigma_\gamma^2+\sigma_\chi^2)
\end{aligned}
\tag{4.52}
$$

$$
\begin{aligned}
&E\left[\left\|\boldsymbol{P}(k)\sum_{i=1}^{k}[\lambda^{k-i}\boldsymbol{P}^{-1}(i)\boldsymbol{w}(i)]\right\|_2^2\right] \\
&\leqslant\frac{(1-\lambda_{\mathrm{m}})^2}{\alpha^2\lambda_{\mathrm{m}}^{2(N_\lambda-1)}}E\left[\left\|\sum_{i=1}^{k}[\lambda^{k-i}\boldsymbol{P}^{-1}(i)\boldsymbol{w}(i)]\right\|_2^2\right] \\
&\leqslant\frac{(1-\lambda_{\mathrm{m}})^2}{\alpha^2\lambda_{\mathrm{m}}^{2(N_\lambda-1)}}\sigma_w^2E\left[\left\|\sum_{i=1}^{k}[\lambda_{\mathrm{M}}^{k-i}\ \frac{\beta N_\lambda}{1-\lambda_{\mathrm{M}}}]\right\|_2^2\right] \\
&=\frac{(1-\lambda_{\mathrm{m}})^2}{\alpha^2\lambda_{\mathrm{m}}^{2(N_\lambda-1)}}\sigma_w^2\times\left(\frac{1-\lambda_{\mathrm{M}}^k}{1-\lambda_{\mathrm{M}}}\times\frac{\beta N_\lambda}{1-\lambda_{\mathrm{M}}}\right)^2 \\
&\leqslant\frac{\beta^2N_\lambda^2(1-\lambda_{\mathrm{m}})^2\sigma_w^2}{\alpha^2\lambda_{\mathrm{m}}^{2(N_\lambda-1)}(1-\lambda_{\mathrm{M}})^4}
\end{aligned}
\tag{4.53}
$$

对式(4.47) 取期望可得

$$
\begin{aligned}
E[\|\tilde{\boldsymbol{\theta}}(k)\|_2^2]\leqslant 4\{&E[\|\lambda^k\boldsymbol{P}(k)\boldsymbol{P}^{-1}(0)\tilde{\boldsymbol{\theta}}(0)\|_2^2]+E[\|\boldsymbol{P}(k)\boldsymbol{\Phi}(k)\boldsymbol{\Phi}^{\mathrm{T}}(k)\boldsymbol{W}(k)\|_2^2]+ \\
&E[\|\boldsymbol{P}(k)\boldsymbol{\Phi}(k)\boldsymbol{\Gamma}_\lambda(k)\|_2^2]+E\left[\|\boldsymbol{P}(k)\sum_{i=1}^{k}[\lambda^{k-i}\boldsymbol{P}^{-1}(i)\boldsymbol{w}(i)]\|_2^2\right]\}
\end{aligned}
\tag{4.54}
$$

将式(4.51)、式(4.52)、式(4.53) 代入式(4.54)，可得定理 4.1 中式(4.43) 给出的误差上界。证明完毕。 □

由式(4.43) 可以看出，较大的 α 和较小的 β 可以得到较小的估计误差上界。这意味着较好的持续激励条件可以提高参数估计精度。此外，由式(4.43) 可知，较小的记忆数据长度 N_λ、较低的测量噪声水平或变化缓慢的扰动都有助于降低参数估计误差的上界。

需要说明，采用一维搜索策略可以获得最优时滞估计，即 $\hat{d}=d$，从而得到 $\gamma(k)=\sum_{j=1}^{n_b}b_j(z^{-d}-z^{-\hat{d}})u(k-j)=0$ 和 $\sigma_\gamma^2=0$。因此将参数估计误差上界简化为

$$E[\|\hat{\boldsymbol{\theta}}(k)-\boldsymbol{\theta}(k)\|_2^2]\leqslant\frac{4\lambda_{\mathrm{M}}^{2k}(1-\lambda_{\mathrm{m}})^2\delta_0^2}{\alpha^2 p_0^2\lambda_{\mathrm{m}}^{2(N_\lambda-1)}}+\frac{8n_m(1-\lambda_{\mathrm{m}})}{\alpha\lambda_{\mathrm{m}}^{N_\lambda-1}}(\sigma_v^2+\sigma_\chi^2)+$$
$$4\left(n_m^2+\frac{\beta^2 N_\lambda^2(1-\lambda_{\mathrm{m}})^2}{\alpha^2\lambda_{\mathrm{m}}^{2(N_\lambda-1)}(1-\lambda_{\mathrm{M}})^4}\right)\sigma_w^2 \tag{4.55}$$

说明一下，当负载扰动响应稳定时，$\boldsymbol{w}(k)$ 变为零，式(4.45) 中的参数估计误差可以简化为

$$\tilde{\boldsymbol{\theta}}(k)=[\boldsymbol{I}-\boldsymbol{P}(k)\hat{\boldsymbol{\varphi}}(k)\hat{\boldsymbol{\varphi}}^{\mathrm{T}}(k)]\tilde{\boldsymbol{\theta}}(k-1)+\boldsymbol{P}(k)\hat{\boldsymbol{\varphi}}(k)\Gamma(k) \tag{4.56}$$

将式(4.46) 代入式(4.56) 可得

$$\begin{aligned}\tilde{\boldsymbol{\theta}}(k)&=\lambda\boldsymbol{P}(k)\boldsymbol{P}^{-1}(k-1)\tilde{\boldsymbol{\theta}}(k-1)+\boldsymbol{P}(k)\hat{\boldsymbol{\varphi}}(k)\Gamma(k)\\&=\lambda\boldsymbol{P}(k)\boldsymbol{P}^{-1}(k-1)[\lambda\boldsymbol{P}(k-1)\boldsymbol{P}^{-1}(k-2)\tilde{\boldsymbol{\theta}}(k-2)+\boldsymbol{P}(k-1)\boldsymbol{\varphi}(k-1)\Gamma(k-1)]+\\&\quad\boldsymbol{P}(k)\hat{\boldsymbol{\varphi}}(k)\Gamma(k)\\&\quad\vdots\\&=\lambda^k\boldsymbol{P}(k)\boldsymbol{P}^{-1}(0)\tilde{\boldsymbol{\theta}}(0)+\boldsymbol{P}(k)\sum_{i=1}^{k}[\lambda^{k-i}\hat{\boldsymbol{\varphi}}(i)\Gamma(i)]\end{aligned} \tag{4.57}$$

基于式(4.38) 中的持续激励条件，对式(4.57) 两边取期望，可得

$$\begin{aligned}&E[\|\tilde{\boldsymbol{\theta}}(k)\|_2^2]\leqslant 2\{E[\|\lambda^k\boldsymbol{P}(k)\boldsymbol{P}^{-1}(0)\tilde{\boldsymbol{\theta}}(0)\|_2^2+E[\|\boldsymbol{P}(k)\boldsymbol{\Phi}(k)\boldsymbol{\Gamma}_\lambda(k)\|_2^2]]\}\\&\leqslant\frac{2\lambda_{\mathrm{M}}^{2k}(1-\lambda_{\mathrm{m}})^2\delta_0^2}{\alpha^2 p_0^2\lambda_{\mathrm{m}}^{2(N_\lambda-1)}}+\frac{6n_{\mathrm{m}}(1-\lambda_{\mathrm{m}})}{\alpha\lambda_{\mathrm{m}}^{N_\lambda-1}}(\sigma_v^2+\sigma_\gamma^2+\sigma_\chi^2)\end{aligned} \tag{4.58}$$

由于采用一维搜索算法可以确定地获得真实时滞估计，即 $\hat{d}=d$ 和 $\sigma_\gamma^2=0$，因此上述误差上界可以进一步简化为

$$E[\|\tilde{\boldsymbol{\theta}}(k)\|_2^2]\leqslant\frac{2\lambda_{\mathrm{M}}^{2k}(1-\lambda_{\mathrm{m}})^2\delta_0^2}{\alpha^2 p_0^2\lambda_{\mathrm{m}}^{2(N_\lambda-1)}}+\frac{4n_m(1-\lambda_{\mathrm{m}})}{\alpha\lambda_{\mathrm{m}}^{N_\lambda-1}}(\sigma_v^2+\sigma_\chi^2) \tag{4.59}$$

需要注意的是，如文献[3，16] 所述，在随机测量噪声和常值扰动下，用于线性系统辨识的辅助模型预测 $\hat{x}(i)$ 可以收敛到其真值 $x(i)$。该结论可以很容易地推广到基于真实时滞估计的时滞系统辨识中，即

$$\begin{aligned}\lim_{k\to\infty}\frac{1}{k}\sum_{i=1}^{k}[\hat{x}(i)-x(i)]^2&=\lim_{k\to\infty}\frac{1}{k}\sum_{i=1}^{k}\left[\frac{\hat{B}(z^{-1})}{\hat{A}(z^{-1})}u(i-\hat{d})-\frac{B(z^{-1})}{A(z^{-1})}u(i-d)\right]^2\\&=\lim_{\substack{k\to\infty\\ \hat{d}=d}}\frac{1}{k}\sum_{i=1}^{k}\left[\left(\frac{\hat{B}(z^{-1})}{\hat{A}(z^{-1})}-\frac{B(z^{-1})}{A(z^{-1})}\right)u(i-d)\right]^2\\&=0\end{aligned} \tag{4.60}$$

随着参数估计的收敛，双自适应遗忘因子将趋于 1，即 $\lambda_{\mathrm{M}}\to 1$ 和 $\lambda_{\mathrm{m}}\to 1$。由于 $\chi(i)$、$\gamma(i)$ 和 $\hat{\boldsymbol{\varphi}}(i)$ 在递推的每一步都是有界的，因此当 $k\to\infty$ 时，利用式(4.58)，式(4.59) 和式(4.60) 可得

$$\begin{aligned}\lim_{k\to\infty}E[\|\tilde{\boldsymbol{\theta}}(k)\|_2^2]&=\lim_{\substack{k\to\infty\\ \lambda_{\mathrm{m}}\to 1}}\frac{2\lambda_{\mathrm{M}}^{2k}(1-\lambda_{\mathrm{m}})^2\delta_0^2}{\alpha^2 p_0^2\lambda_{\mathrm{m}}^{2(N_\lambda-1)}}+\frac{6n_m(1-\lambda_{\mathrm{m}})}{\alpha\lambda_{\mathrm{m}}^{N_\lambda-1}}(\sigma_v^2+\sigma_\gamma^2+\sigma_\chi^2)\\&=\lim_{\substack{k\to\infty\\ \lambda_{\mathrm{m}}\to 1\\ \hat{d}=d}}\frac{2\lambda_{\mathrm{M}}^{2k}(1-\lambda_{\mathrm{m}})^2\delta_0^2}{\alpha^2 p_0^2\lambda_{\mathrm{m}}^{2(N_\lambda-1)}}+\frac{4n_m(1-\lambda_{\mathrm{m}})}{\alpha\lambda_{\mathrm{m}}^{N_\lambda-1}}(\sigma_v^2+\sigma_\chi^2)\\&=0\end{aligned} \tag{4.61}$$

这意味着当扰动响应趋于稳定时，上面的参数辨识算法可以给出无偏估计。

4.4 应用案例

例 4.1 考虑文献[17] 中采用的一个仿真案例：

$$y(k)=\frac{0.6804z^{-1}+0.6303z^{-2}}{1+0.412z^{-1}+0.309z^{-2}}z^{-d}u(k)+\xi(k)+v(k)$$

其中，$\xi(k)$ 为文献[11] 中采用的由多正弦信号构成的扰动，即 $\xi(k)=0.5\sin(0.02k)+0.5\sin(0.05k)$。这里为了验证说明，假设 $d=10$。

进行辨识实验时，取输入激励 $u(k)$ 为伪随机二进制序列（PRBS），其幅值在±1 之间切换。假设测量噪声 $v(k)$ 是零均值，方差为 $\sigma_v^2=0.18^2$ 的白噪声序列，产生信噪比 SNR=14dB。为了应用上一节给出的参数辨识算法，取 $\hat{\boldsymbol{\theta}}(0)=10^{-3}\boldsymbol{I}_{5\times1}$，$\boldsymbol{P}(0)=10^6\boldsymbol{I}_{5\times5}$，$\lambda_1(0)=1$，$\lambda_2(0)=1$，$\lambda_{1\min}=0.99$，$N=1000$，$d_{\min}=0$ 和 $d_{\max}=15$ 进行迭代计算。此外，采用文献[11] 中给出的用于辨识扩展输出误差模型的辨识算法（记为 EARMAX）进行对比验证。另外，对上一节给出的参数辨识算法采用常数遗忘因子（$\lambda=0.99$）进行对比分析，由第 4.1 节中的式(4.20)～式(4.23) 组成辨识算法，因此将其命名为常数遗忘因子法。为了得到一致参数估计，这三种辨识方法都采用一维搜索策略来估计整数型时滞参数。参数估计的递推辨识结果如图 4.2 所示。

由图 4.2 可见，在未知扰动的情况下，上一节给出的辨识算法得到明显提高的参数辨识精度和更快的收敛速度。相比之下，文献[11] 中给出的扩展输出误差模型辨识算法由于使用预测输出而不是辅助模型预测来构造回归变量，且采用单遗忘因子进行递推估计，因此对一些模型参数产生了有偏估计。相比之下，采用常数遗忘因子法不能在估计时不变模型参数和跟踪时变性扰动响应之间取得较好的折中，因此给出的参数估计相对不稳定。

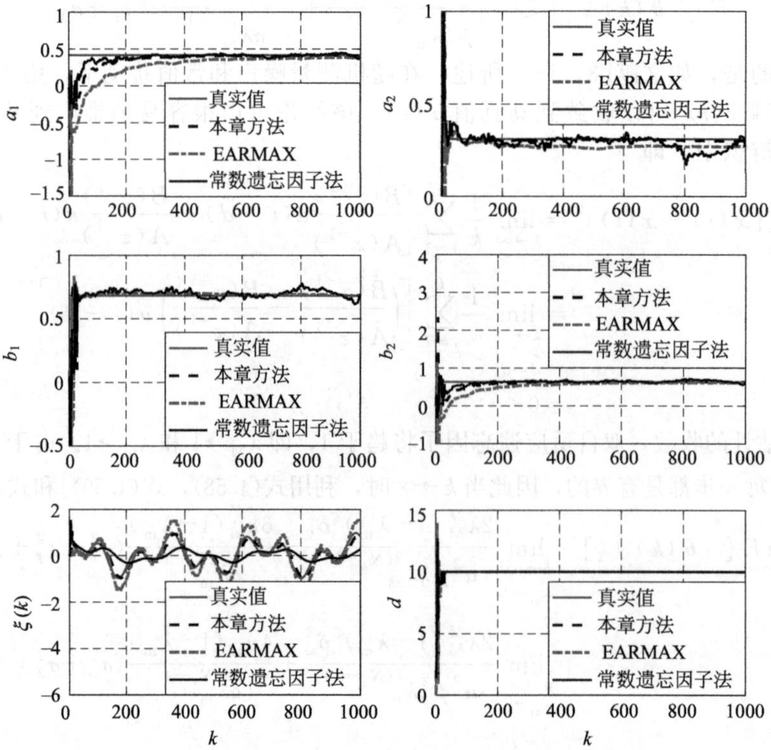

图 4.2 例 4.1 采用不同算法的辨识结果

为了验证在时变性扰动和随机测量噪声下的辨识有效性，进行了 100 次蒙特卡洛（MC）实验，时变性扰动模拟为

$$\xi(k)=C+A_1\sin(w_1k)+A_2\sin(w_2k)$$

其中，$C\in(0,0.7)$，$A_1\in(0,0.6)$，$A_2\in(0,0.8)$，$w_1\in(0,0.05)$，$w_2\in(0,0.1)$ 在每次实验中都随机变化，测量噪声水平与前面测试相同，即 SNR≈14dB。对于模型辨识，每次实验的数据长度取为 $N=4000$。表 4.1 中列出了辨识结果，以均值和括号中的标准差表示，“*err*”表示模型参数估计相对于真值的相对误差（即 $err(k)=\|\hat{\boldsymbol{\theta}}_0(k)-\boldsymbol{\theta}_0\|_2/\|\boldsymbol{\theta}_0\|_2\times100\%$）。为了评价对扰动响应的估计，定义 $\xi_m(k)$ 为 $\xi(k)$ 的均值，$\sigma_\xi(k)$ 为标准差。相应的估计值定义为$\hat{\xi}_m(k)$ 和 $\hat{\sigma}_\xi(k)$，均值的预测误差定义为 $\Delta\xi_m(k)$。计算结果如图 4.3 所示。可以看出，上一节给出的辨识算法可以获得更快的收敛速度，例如 $k=2000$ 步时 $err=1.46\%$。

表 4.1　例 4.1 基于 100 次蒙特卡洛实验的辨识结果

k	a_1	a_2	b_1	b_2	d	$err(k)$
本章方法						
100	0.3425 (±0.0694)	0.2796 (±0.0315)	0.6822 (±0.0192)	0.5889 (±0.0566)	10.00 (±0.00)	10.31 (±6.53)
500	0.4074 (±0.0167)	0.2944 (±0.0220)	0.6837 (±0.0124)	0.6315 (±0.0190)	10.00 (±0.00)	3.24 (±1.72)
1000	0.4103 (±0.0108)	0.3004 (±0.0146)	0.6824 (±0.0079)	0.6321 (±0.0120)	10.00 (±0.00)	2.09 (±1.06)
2000	0.4115 (±0.0076)	0.3042 (±0.0105)	0.6816 (±0.0061)	0.6321 (±0.0087)	10.00 (±0.00)	1.46 (±0.76)
3000	0.4120 (±0.0059)	0.3055 (±0.0085)	0.6813 (±0.0050)	0.6320 (±0.0074)	10.00 (±0.00)	1.17 (±0.64)
4000	0.4125 (±0.0054)	0.3064 (±0.0070)	0.6809 (±0.0044)	0.6318 (±0.0062)	10.00 (±0.00)	1.00 (±0.53)
真实值	0.412	0.309	0.6804	0.6303	10	
EARMAX 法						
100	0.1643 (±0.1639)	0.1924 (±0.0543)	0.6902 (±0.0197)	0.4762 (±0.1204)	9.98 (±0.14)	30.94 (±17.80)
500	0.3382 (±0.0596)	0.2264 (±0.0449)	0.6899 (±0.0126)	0.5842 (±0.0502)	10.00 (±0.00)	12.83 (±6.09)
1000	0.3649 (±0.0445)	0.2488 (±0.0326)	0.6835 (±0.0078)	0.6048 (±0.0345)	10.00 (±0.00)	8.70 (±4.48)
2000	0.3810 (±0.0349)	0.2664 (±0.0243)	0.6830 (±0.0055)	0.6143 (±0.0251)	10.00 (±0.00)	6.06 (±3.48)
3000	0.3874 (±0.0311)	0.2752 (±0.0201)	0.6819 (±0.0044)	0.6178 (±0.0223)	10.00 (±0.00)	4.91 (±3.08)
4000	0.3914 (±0.0289)	0.2805 (±0.0175)	0.6818 (±0.0042)	0.6198 (±0.0206)	10.00 (±0.00)	4.26 (±2.79)
真实值	0.412	0.309	0.6804	0.6303	10	
常数遗忘因子法						
100	0.3793 (±0.0417)	0.2794 (±0.0399)	0.6911 (±0.0232)	0.6200 (±0.0413)	10.00 (±0.00)	7.56 (±3.37)
500	0.4008 (±0.0305)	0.2961 (±0.0545)	0.6878 (±0.0298)	0.6289 (±0.0409)	10.00 (±0.00)	6.61 (±4.05)
1000	0.4025 (±0.0279)	0.3065 (±0.0448)	0.6814 (±0.0309)	0.6227 (±0.0435)	10.00 (±0.00)	5.95 (±3.96)

续表

k	a_1	a_2	b_1	b_2	d	$err(k)$
2000	0.4039 (±0.0253)	0.3034 (±0.0374)	0.6811 (±0.0224)	0.6244 (±0.0297)	10.00 (±0.00)	4.89 (±2.74)
3000	0.4091 (±0.0255)	0.3082 (±0.0396)	0.6797 (±0.0270)	0.6293 (±0.0363)	10.00 (±0.00)	5.04 (±3.50)
4000	0.4003 (±0.0313)	0.3192 (±0.0574)	0.6722 (±0.0456)	0.6099 (±0.0629)	10.00 (±0.00)	7.86 (±5.97)
真实值	0.412	0.309	0.6804	0.6303	10	

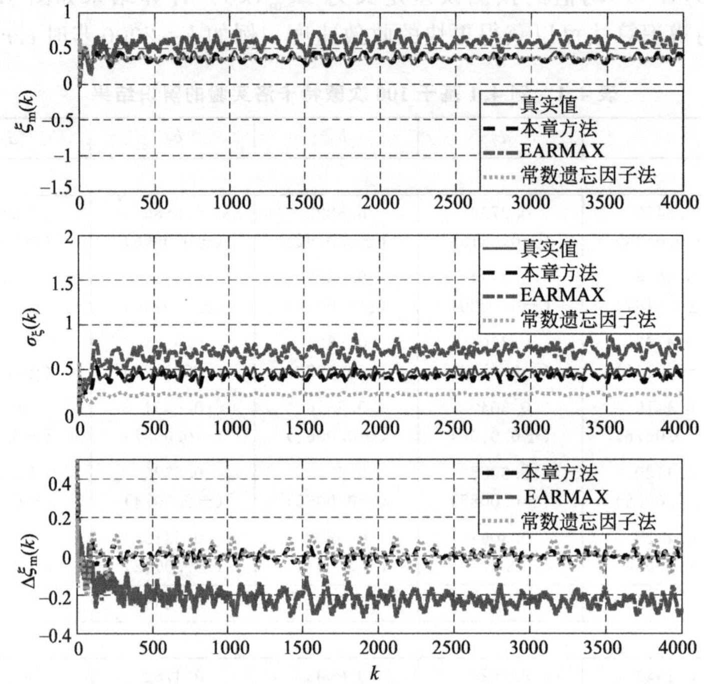

图 4.3　例 4.1 基于 100 次蒙特卡洛实验的扰动响应辨识结果

例 4.2　考虑文献[18] 中采用的闭环系统辨识案例：

$$y(k)=\frac{0.0997z^{-1}-0.0902z^{-2}}{1-1.8858z^{-1}+0.9048z^{-2}}z^{-d}u(k)+\xi(k)+v(k)$$

其中，$\xi(k)$ 假设为由多正弦信号构成的扰动，时滞参数取为 $d=6$。闭环辨识实验的框图如图 4.4 所示。

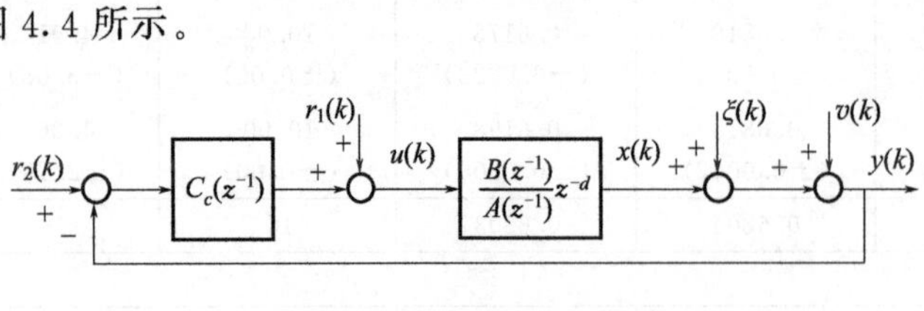

图 4.4　闭环系统辨识方框图

其中，$C_c(z^{-1})$ 为比例积分（PI）控制器，设定点 $r_2(k)$ 取为零，即 $r_2(k)=0$，$r_1(k)$ 为用于实验的外部激励信号。因此，被控对象输入 $u(k)$ 可写为

$$u(k)=r_1(k)-C_c(z^{-1})y(k)$$

为了进行辨识实验，外部激励 $r_1(k)$ 取为 PRBS 序列，其幅度在 ±1 之间切换。测量噪声 $v(k)$ 取为零均值、方差为 $\sigma_v^2=0.01^2$ 的白噪声序列。相应地，信噪比 SNR=29dB。在不同的控制器参数设置和时变扰动下进行 100 次蒙特卡洛实验，即

$$C_c(z^{-1})=\frac{kz^{-1}-kz^{-2}}{1-z^{-1}}$$

$$\xi(k)=C+A_1\sin(w_1 k)+A_2\sin(w_2 k)$$

其中，$k\in(0.01,0.2)$，$C\in(0,0.3)$，$A_1\in(0,0.3)$，$A_2\in(0,0.4)$，$w_1\in(0.02,0.025)$，$w_2\in(0.05,0.055)$ 在每次实验中都随机变化。

为了应用上一节给出的辨识算法，取 $\hat{\boldsymbol{\theta}}(0)=10^{-3}\boldsymbol{I}_{5\times1}$，$\boldsymbol{P}(0)=10^6\boldsymbol{I}_{5\times5}$，$\lambda_1(0)=1$，$\lambda_2(0)=1$，$\lambda_{1\min}=0.99$，$\lambda_{2\min}=0.7$，$N=4000$，$d_{\min}=0$ 和 $d_{\max}=10$ 进行迭代计算。同时，采用文献[11]中给出的扩展输出误差模型辨识算法和上述取 $\lambda=0.99$ 的常数遗忘因子法进行对比。所有的辨识方法都采用一维搜索策略来估计整数型时滞参数。100 次蒙特卡洛实验的平均参数估计结果如图 4.5 所示。

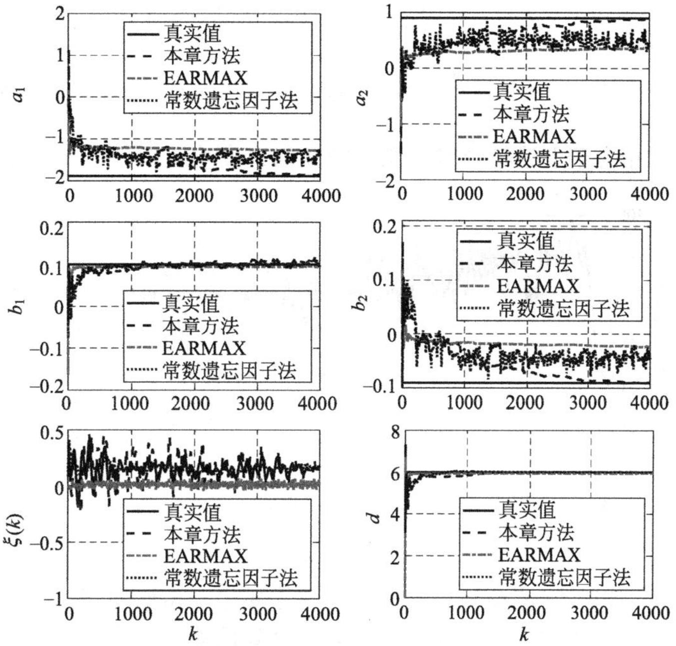

图 4.5　例 4.2 基于 100 次蒙特卡洛实验的参数估计均值

由图 4.5 可见，上一节给出的辨识算法保证收敛且无偏的参数估计。相比之下，文献[11]中给出的输出误差模型辨识算法和上述常数遗忘因子法虽然通过一维搜索策略辨识了时滞，但仍然引起有偏参数估计。

例 4.3　考虑文献[19]中研究的受模具内腔空气阻力影响的注塑机料液填充过程，相应于比例阀开度的注射速度响应被辨识为输出误差模型：

$$y(k)=\frac{1.69z^{-1}+1.419z^{-2}}{1-1.582z^{-1}+0.5916z^{-2}}z^{-5}u(k)+\xi(k)+v(k)$$

由于实际中存在时变的过程不确定性，尽管每次操作都设置了相同的阀门开度，但负载扰动响应 $\xi(k)$ 在每次实验中都会发生变化。文献[20]估计了矩形高密度聚乙烯模具加工过程中，负载扰动响应的基本动态特性为 $\xi(k)=[(-0.15z^{-1}-0.15z^{-2})/(1-0.993z^{-1})]\cdot 1(k)$。

这里假定标称注射速度响应由上述已辨识的注塑成型模型描述。考虑到注射速度的最大测量误差不会超过 1.0m/s，假定测量噪声 $v(k)$ 为均值为零且方差 $\sigma_v^2=0.2^2$ 的白噪声序列。为了进行反映实际工况的辨识实验，将阀门开度的激励序列取为在 10%到 70%之间变化的梯形信号，该信号由均值为零且方差为 $\sigma_v^2=0.07^2$ 的 PRBS 序列生成，以分别确定幅值为 10%和 70%的持续时间，这两个幅值之间的切换时间取为 5 个采样周期，如图 4.6 所示进行单调增加或减少。

时变性负载扰动模拟为

$$\xi(k)=\frac{-\beta_1 z^{-1}-\beta_2 z^{-2}}{1-\alpha_1 z^{-1}}\delta(k)$$

其中，$\delta(k)=1$，并且

$$\beta_1=\begin{cases}0.05, & k<1000\\ 0.15, & k\geqslant1000\end{cases},\beta_2=\begin{cases}0.08, & k<1000\\ 0.15, & k\geqslant1000\end{cases},\alpha_1=\begin{cases}0.992, & k<1000\\ 0.993, & k\geqslant1000\end{cases}$$

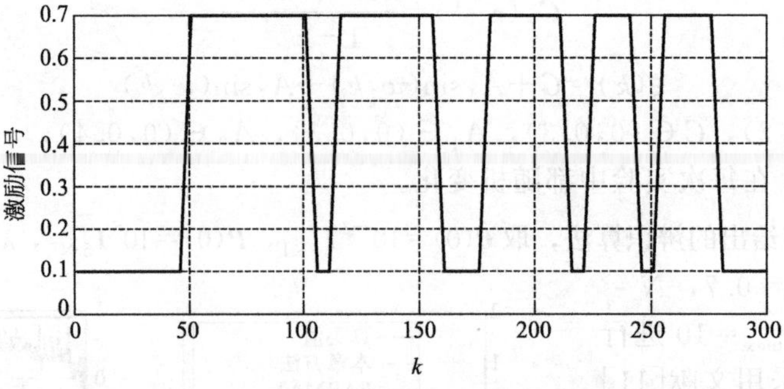

图 4.6　阀门开度的梯形输入激励信号

相应于上述梯形输入激励的注射速度响应如图 4.7 所示，采样周期为 $10\mu s$。

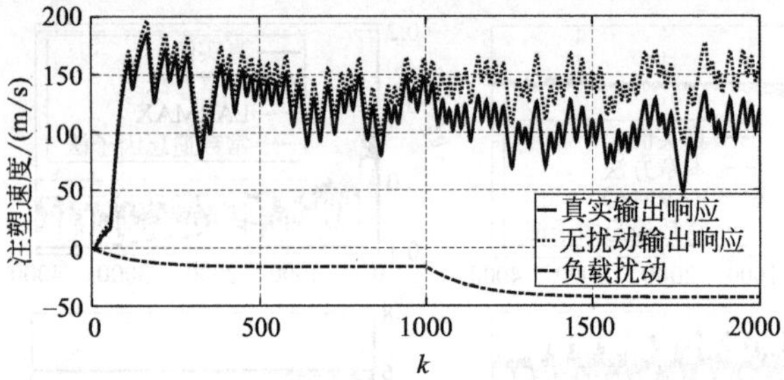

图 4.7　固有类型负载扰动下的注射速度响应

应用上一节给出的参数辨识算法，取 $\hat{\boldsymbol{\theta}}(0)=10^{-3}\boldsymbol{I}_{5\times1}$，$\boldsymbol{P}(0)=10^{6}\boldsymbol{I}_{5\times5}$，$\lambda_1(0)=1$，$\lambda_2(0)=1$，$\lambda_{1\min}=0.995$，$\lambda_{2\min}=0.95$，$d_{\min}=0$ 和 $d_{\max}=10$ 进行迭代计算。同时，采用文献[11] 中给出的扩展输出误差模型辨识算法和上述取 $\lambda=0.99$ 的常数遗忘因子法进行对比。辨识结果如图 4.8 所示。

由图 4.8 可见，上一节给出的参数辨识算法给出了明显提高的参数估计结果，而且可以很好地预测负载扰动的动态变化。相比之下，文献[11] 中给出的输出误差模型辨识算法和上述常数遗忘因子法不能对负载扰动给出适当的估计，从而造成模型参数的有偏估计。

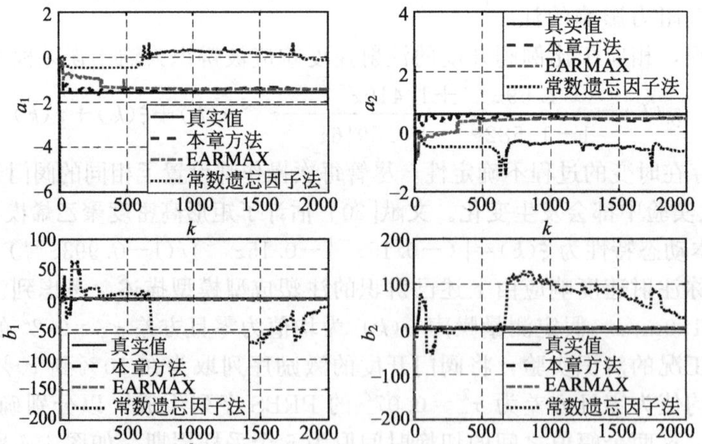

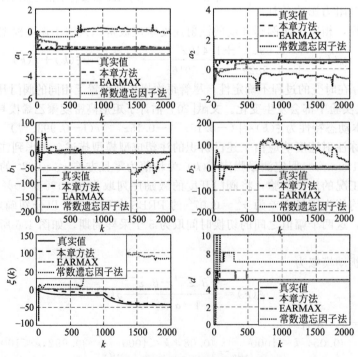

图 4.8　例 4.3 采用不同算法的辨识结果

4.5 本章小结

对于实际工程应用中经常受到未知动态特性扰动影响的采样系统，本章介绍了一种鲁棒OE模型辨识方法[15]。主要思想是将这种负载扰动产生的输出响应作为动态参数与模型参数一起进行估计，提出了一种离散时间域递推辨识算法来估计线性模型参数和负载扰动响应，并且采用一维搜索策略保证输出拟合误差最小，从而确定整数型时滞参数。通过引入双自适应遗忘因子以加快模型参数估计和对扰动响应跟踪的收敛速度，并且给出了遗忘因子的整定准则。同时，给出了在时变负载扰动下参数估计收敛性的严格证明，阐明当负载扰动响应稳定时可以获得无偏估计。通过开环和闭环系统辨识的两个仿真案例以及对受时变负载扰动影响的注射过程模型的应用和方法对比，很好地验证所提出辨识方法的有效性和优越性。

习 题

1. 简述一个能反映因果关系的采样系统描述形式，举一个离散域输出误差模型进行说明。

2. 请根据对一个单输入单输出线性无时滞采样系统进行辨识实验的输入和输出数据集$\{u(k),y(k)\}$，写出对如式(4.1) 所示的无时滞（$d=0$）输出误差模型的递推辨识参数算法公式。

3. 当存在时变性负载干扰时，如何选取第4.2节中介绍的迭代辨识算法中的双遗忘因子以提高对模型参数估计的收敛性？如果外部干扰是稳态常值型，如何选取双遗忘因子以提高参数估计的精度？

4. 什么是有关记忆长度的辨识实验持续激励条件？请举例说明。

5. 对于一个单输入单输出线性无时滞采样系统，请推导计算出在一个持续激励条件下辨识输出误差模型参数的误差上界？

6. 如果在辨识例4.1的模型参数实验中，扰动信号变为$\xi(k)=0.2+0.3\sin(0.04k)$，请参照第4.2节中给出的模型参数迭代辨识方法编写仿真程序，参照例4.1的辨识实验条件给出100次蒙特卡洛测试下的模型参数估计结果。

参考文献

[1] Ljung L. System Identification: Theory for the User, 2nd Edition, Prentice Hall, Englewood Cliff, New Jersey, 1999.

[2] Söderström T., Stoica P. System Identification, 2nd ed, Prentice Hall, New York, USA, 2001.

[3] Young P. C. Recursive estimation and time-series analysis: an introduction for the student and practitioner. 2nd ed. London: Springer, 2011.

[4] 潘立登，潘仰东. 系统辨识与建模. 北京：化学工业出版社，2004.

[5] 萧德云. 系统辨识理论与应用. 北京：清华大学出版社，2014.

[6] 丁锋. 系统辨识新论. 北京：科学出版社，2013.

[7] Söderström T. A generalized instrumental variable estimation method for errors-in-variables identification problems. Automatica, 2011, 47: 1656-1666.

[8] Huffel S. V., Lemmerling P. Total least squares and errors-in-variables modeling: analysis, algorithms and applications. London: Springer, 2013.

[9] Bai E. W., Nagpal K. M., Tempo R. Bounded-error parameter estimation: Noise models and recursive algorithms. Automatica, 1996, 32: 985-999.

[10] Young P. C. Refined instrumental variable estimation: Maximum likelihood optimization of a unified Box-Jenkins model, Automatica, 2015, 35: 35-46.

[11] Karra S., Karim M. N. Alternative model structure with simplistic noise model to identify linear time invariant systems subjected to non-stationary disturbances. Journal of Process Control, 2009, 19: 964-977.

[12] Jacovitti G., Scarano G. Discrete time techniques for time delay estimation. IEEE Transactions on Signal Processing, 1993, 41: 525-533.

[13] Ferretti G., Maffezzoni C., Scattolini R. On the identifiability of the time delay with least-squares methods, Automatica, 1996, 32: 449-453.

[14] Chen F., Garnier H., Gilson M. Robust identification of continuous-time models with arbitrary time-delay from irregularly sampled data, Journal of Process Control, 2015, 25: 19-27.

[15] Dong S., Liu T., Wang W., Bao J., Cao Y. Identification of discrete-time output error model for industrial processes with time delay subject to load disturbance. Journal of Process Control, 2017, 50 (2): 40-55.

[16] Bernstein D. S., Matrix Mathematics, 2nd Edition, Princeton: Princeton University Press, 2009.

[17] Ding F., Chen T. Combined parameter and output estimation of dual-rate systems using an auxiliary model. Automatica, 2004, 40: 1739-1748.

[18] Gilson M., Garnier H., Young P. C., Van den Hof P. M. Optimal instrumental variable method for closed-loop identification. IET Control Theory & Applications, 2015, 5: 1147-1154.

[19] Yang Y., Gao F. Injection velocity control using a self-tuning controller for thermoplastic injection molding. International Polymer Processing, 1999, 14: 196-208.

[20] Liu T., Zhou F., Yang Y., Gao F. Step response identification under inherent-type load disturbance with application to injection molding. Industrial & Engineering Chemistry Research, 2010, 49: 11572-11581.

附　辨识算法程序

例 4.1 的模型参数辨识算法的仿真程序伪代码及图形化编程方框图

行号	参数辨识程序伪代码	注释
1	$T=200$	仿真时间(s)
2	$T_s=0.1$	采样周期(s)
3	$u(k)$为伪随机二进制序列，幅值在±1之间切换	输入激励
4	$N(0,\sigma_\xi^2=3.24\%)$	测量噪声，SNR=14dB
5	$\xi(k)=0.5\sin(0.02k)+0.5\sin(0.05k)$	多正弦信号构成的扰动
6	$y(k)=\dfrac{0.6804z^{-1}+0.6303z^{-2}}{1+0.412z^{-1}+0.309z^{-2}}z^{-d}u(k)+\xi(k)+v(k)$	辨识对象
7	sim('OpenloopSteptestforSOPDTDiscreteprocess')	调用仿真图形化组件模块系统，如图 4.9 所示
8	$\hat{\boldsymbol{\theta}}(0)=10^{-3}\boldsymbol{I}_{5\times1}$；$\boldsymbol{P}(0)=10^6\boldsymbol{I}_{5\times5}$；$\lambda_1(0)=1$；$\lambda_2(0)=1$；$\lambda_{1\min}=0.99$；$\lambda_{2\min}=0.9$；$N=1000$；$d_{\min}=0$；$d_{\max}=15$	定义用于递推估计的参数变量初始值
9	$n_a=2$；$n_b=2$	模型分母(A)和分子(B)的阶数
10	$n_0=n_a+n_b$；$n_m=n_a+n_b+1$	
11	for $k=1:N$	开始迭代，指定程序循环上限次数(N)
12	for $\hat{d}(k)=d_{\min}:d_{\max}$	时滞搜索范围

续表

行号	参数辨识程序伪代码	注释
13	$\hat{x}(k)=\hat{\boldsymbol{\varphi}}_0^{\mathrm{T}}(k)\hat{\boldsymbol{\theta}}_0(k-1)$	构造针对 $x(k)$ 的辅助模型输出
14	$\boldsymbol{\varphi}_0(k)=[-x(k-1),\cdots,-x(k-n_a),u(k-1-d),\cdots,u(k-n_b-d)]^{\mathrm{T}}\in\Re^{n_0}$	信息向量 $\hat{\boldsymbol{\varphi}}_0(k)$
15	$\boldsymbol{\varphi}(k)=[-x(k-1),\cdots,-x(k-n_a),u(k-1-d),\cdots,u(k-n_b-d),1]^{\mathrm{T}}\in\Re^{n_m}$	增广信息向量 $\hat{\boldsymbol{\varphi}}(k)$
16	$\boldsymbol{\lambda}(k)=\begin{bmatrix}\lambda_1(k), & \cdots, & \lambda_1(k), & \lambda_2(k)\\ \vdots & \ddots & \vdots & \vdots\\ \lambda_1(k), & \cdots, & \lambda_1(k), & \lambda_2(k)\\ \underbrace{\lambda_2(k), \cdots, \lambda_2(k)}_{n_0}, & & & \lambda_2(k)\end{bmatrix}$	选择满足 $\lambda_1(k)\geqslant\lambda_2(k)$ 的双自适应遗忘因子，以构造自适应遗忘因子矩阵 $\boldsymbol{\lambda}(k)$
17	$\boldsymbol{H}_\lambda(k)=\boldsymbol{\lambda}(k)\circ\boldsymbol{P}^{-1}(k-1)$	$\boldsymbol{\lambda}(k)$ 和 $\boldsymbol{P}^{-1}(k-1)$ 的哈达玛积
18	$\boldsymbol{P}(k)=[\boldsymbol{I}_{n_m\times n_m}-K(k)\hat{\boldsymbol{\varphi}}^{\mathrm{T}}(k)]\boldsymbol{H}_\lambda^{-1}(k)$	协方差矩阵
19	$\boldsymbol{K}(k)=\dfrac{\boldsymbol{H}_\lambda^{-1}(k)\hat{\boldsymbol{\varphi}}(k)}{1+\hat{\boldsymbol{\varphi}}^{\mathrm{T}}(k)\boldsymbol{H}_\lambda^{-1}(k)\hat{\boldsymbol{\varphi}}(k)}$	增益矩阵
20	$\hat{\boldsymbol{\theta}}(k)=\hat{\boldsymbol{\theta}}(k-1)+\boldsymbol{K}(k)[y(k)-\hat{\boldsymbol{\varphi}}^{\mathrm{T}}(k)\hat{\boldsymbol{\theta}}(k-1)]$	递推参数估计
21	$e(k)=y(k)-\hat{\boldsymbol{\varphi}}^{\mathrm{T}}(k)\hat{\boldsymbol{\theta}}(k)$	预测误差
22	$J(k,\hat{\boldsymbol{\theta}})=\dfrac{1}{2}\sum_{i=1}^{k}\lambda^{k-i}\mathrm{e}(i)^2$	拟合误差评价函数，当该函数值最小时，取相应的估计参数 $\hat{\theta}(k)$ 和时滞参数 $\hat{d}(k)$ 作为第 k 步骤的递推估计值
23	end	内层循环结束
24	如果 $\Vert\hat{\boldsymbol{\theta}}(k)-\hat{\boldsymbol{\theta}}(k-1)\Vert_2^2\leqslant\varepsilon$，则退出循环迭代	收敛性条件
25	End	迭代结束
26	Display(a_2,a_1,b_2,b_1)	输出参数辨识结果
程序变量	T_s 为采样周期，$\hat{\boldsymbol{\theta}}(0)$ 为对增广参数向量预测的初始值，$P(0)$ 为协方差矩阵初始值，$\lambda_1(0)$ 和 $\lambda_2(0)$ 为双自适应遗忘因子的初始值，$d\in[d_{\min},\ d_{\max}]$ 为时滞参数的可能范围，N 为采集数据长度，ε 为实际指定的误差界	
程序输入	输入激励 $u(k)$ 为伪随机二进制序列(PRBS)，其幅值在 ±1 之间切换；测量噪声 $v(k)$ 是零均值的白噪声序列	
程序输出	离散时域输出误差模型的系数 a_2、a_1、b_2、b_1 以及时滞 d(以均值和括号中的标准差表示)，err 表示模型参数估计相对于真值的相对误差	

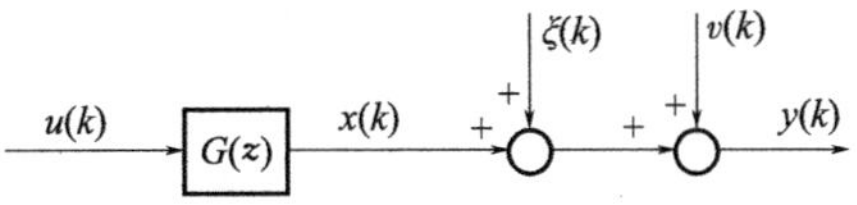

图 4.9　模型参数辨识算法的仿真程序方框图

第5章 基于持续激励实验辨识积分型采样系统

许多工业热交换、液位调节以及压力传动装置等都涉及积分型过程动态操作，例如夹套式聚合反应釜的加热或冷却操作、生活水箱的液位控制、压力容器的充放料过程等。现代工业中越来越多地采用计算机监控这类生产过程，组建采样控制系统。对于带有较小时滞响应的积分型生产过程，传统的模型辨识方法是采用线性传递函数（例如 Padé 或 Laguerre 函数[1,2]）来近似时间滞后响应，事实上，这样的线性逼近函数仅对小时延系统有效。对于具有慢动力学特性的采样系统，如大容量热交换或质量传递装置，明显或较长的时间滞后响应会给控制系统设计和性能优化带来很大困难[3,4]。为了辨识建模这类系统的动态特性，已有文献如［5-8］主要基于闭环阶跃响应测试或继电反馈实验建立频域输出误差（OE）模型，以避免系统输出响应超出允许范围。一种常用的辨识方法是所谓的两步法，即在每个步骤中固定线性模型参数或将时滞参数固定以优化对系统输出的拟合效果，直到所有估计参数收敛至满意的拟合条件为止[9-11]。文献[12，13］中提出了基于梯度的参数估计方法，通过假设时滞参数是一个实数并且是可微的来确保全局收敛。然而对于采样系统，必须将时滞参数辨识为采样周期的整数倍，以进行控制设计和实现。如第 4 章的前言介绍，同时辨识模型线性部分的实数型参数与整数型时滞参数涉及混合整数规划，属于非凸优化问题[14]。

值得一提的是，现有的 OE 模型识别方法主要采用持久激励条件进行开环辨识实验，例如伪随机二进制序列（PRBS)，然而这种辨识实验对于积分型生产过程很可能导致输出超出允许的范围，因此不便于直接应用于积分型采样系统。

本章介绍一种便于开环辨识测试的离散时间域 OE 模型参数估计方法[15]。通过将差分滤波器引入到输入激励信号中，可以安全且容易地执行辨识实验测试，保证在允许的范围内产生稳定的输出响应。同时，给出一种递归辨识算法来估计 OE 模型参数包括时滞，并且证明了参数估计的收敛性。

说明：本章使用的变量标记和数学符号与第 4 章节相同。

采用如下离散时间域 OE 模型描述具有时滞响应的单输入单输出积分型采样系统：

$$\begin{cases} x(t)=\dfrac{B(z^{-1})}{(1-z^{-1})^m A(z^{-1})}z^{-d}u(t) \\ y(t)=x(t)+v(t) \end{cases} \tag{5.1}$$

其中，m 是积分项幂次（表示积分重数）；d 是整数型时滞参数；多项式 $A(z^{-1})$ 和 $B(z^{-1})$ 互质且具有如下形式

$$A(z^{-1})=1+a_1z^{-1}+\cdots+a_{n_a}z^{-n_a}$$
$$B(z^{-1})=b_1z^{-1}+\cdots+b_{n_b}z^{-n_b}$$

$A(z^{-1})$ 的所有零点都位于单位圆内，即 $A(z^{-1})$ 不包括积分项 $(1-z^{-1})$。用 $u(t)$ 和 $x(t)$ 分别表示过程输入和无噪声输出。用 $v(t)$ 表示输出测量噪声，通常定义为具有零均值的高斯白噪声，其未知方差表示为 σ_v^2。为了便于开环辨识测试，假设 $v(t)$ 与输入激励序列 $u(t)$ 不相关，并且满足当 $t\leqslant 0$ 时，$u(t)=0$，$y(t)=0$，$v(t)=0$，即初始零状态。

这里辨识任务是基于对模型结构的先验知识或假设进行拟合，估计 OE 模型参数，包括时滞参数。对于未知实际模型结构的情况，通常可以通过使用 Akaike 信息准则（AIC）或假设检验条件来确定模型多项式 $A(z^{-1})$ 和 $B(z^{-1})$ 的最高幂次，基于简约原则确定合适的模型结构和参数个数。

5.1 输入激励设计

对于积分型采样系统，由 $1/(1-z^{-1})^m$ 表示的积分特性会滤除输入激励（如 PRBS）的高频成分，从而影响充分激励系统输出响应特性。例如，一阶积分器将由 $P(w)$ 表示的输入激励的功率谱（PS）减小到 $P(w)/w^2$，如图 5.1 所示，其中 $u(t)$ 是 PRBS 型输入激励，均值为零，方差为$\sigma_u^2=1.001^2$，经积分器后成为 $u_i(t)=u(t)/(1-z^{-1})$。P_u 和 P_{ui} 分别是$u(t)$ 和 $u_i(t)$ 的归一化功率谱，而且 $u_i(t)$ 的幅值对应的输出响应可能会超出系统输出工作范围，这在工程实践中是不允许的。

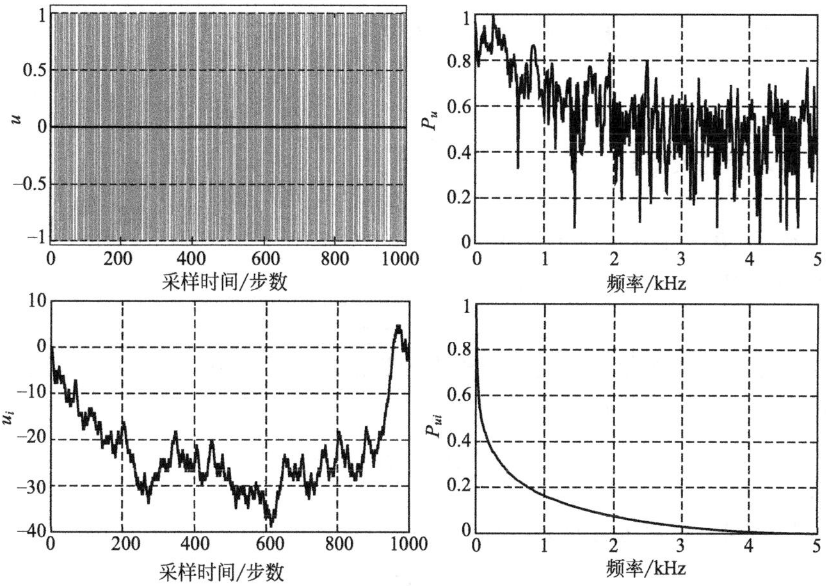

图 5.1　输入激励和归一化功率谱示意图

此外，如果 $(1-z^{-1})^mA(z^{-1})$ 扩展为如下典型的用于辨识开环稳定型采样系统的参数估计形式：

$$\begin{aligned}(1-z^{-1})^mA(z^{-1})&=(1+\cdots+C_m^i(-1)^iz^{-i}+\cdots+C_m^m(-1)^mz^{-m})(1+a_1z^{-1}+\cdots+a_{n_a}z^{-n_a})\\&=1+a_1^*z^{-1}+\cdots+a_j^*z^{-j}+\cdots+a_{n_a+m}^*z^{-(n_a+m)}\end{aligned}\tag{5.2}$$

其中，a_j^* 表示展开后的多项式系数，合计有 $m+n_a+n_b+1$ 个参数需要估计。然而实际未知参数的数量为 n_a+n_b+1，如式(5.1) 所示。

为了解决上述问题，引入了一个差分滤波器 $F(z^{-1})=(1-z^{-1})^m$ 来改善过程输入激励条件，如图 5.2 所示。

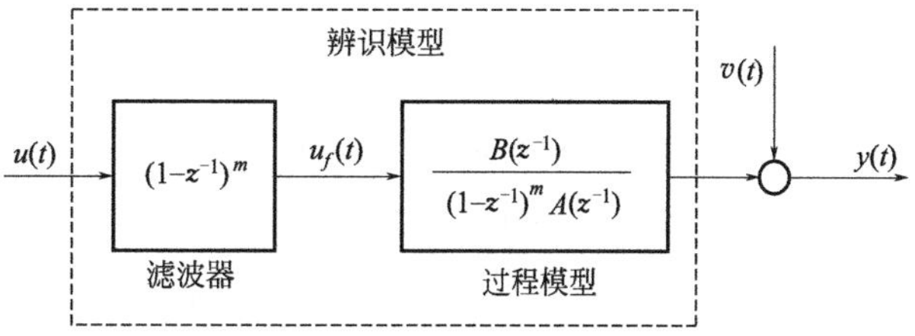

图 5.2　等效辨识实验方案

由图 5.2 可见：

$$u(t)=u_f(t)F(z^{-1})=u_f(t)(1-z^{-1})^m \tag{5.3}$$

其中，$u_f(t)$ 是用于开环辨识测试的持续激励信号，例如 PRBS 或正弦波信号。

相应地，从 $u_f(t)$ 到 $y(t)$ 的 OE 模型可以写为

$$y(t)=\frac{B(z^{-1})}{A(z^{-1})}z^{-d}u_f(t)+v(t) \tag{5.4}$$

注意，这是一个典型的用于描述开环稳定型采样系统的模型，其中包含如式(5.1) 所示模型中的全部待辨识参数。因此，我们可以将常规的持续输入激励信号 $u_f(t)$ 与一个差分滤波器结合起来对积分过程进行开环辨识测试，从而可以像辨识开环稳定型采样系统一样进行参数估计。

5.2 模型参数辨识算法

分别定义待辨识参数向量和观测向量为

$$\boldsymbol{\theta}=[a_1,\cdots,a_{n_a},b_1,\cdots,b_{n_b}]^{\mathrm{T}}\in\Re^{n_0} \tag{5.5}$$

$$\boldsymbol{\varphi}(t)=[-x(t-1),\cdots,-x(t-n_a),u_f(t-1-d),\cdots,u_f(t-n_b-\boldsymbol{d})]^{\mathrm{T}}\in\Re^{n_0} \tag{5.6}$$

其中 $n_0=n_a+n_b$。

将式(5.4) 表示的模型写为线性回归形式：

$$y(t)=x(t)+v(t) \tag{5.7}$$

其中，$x(t)=\boldsymbol{\varphi}^{\mathrm{T}}(t)\boldsymbol{\theta}$ 表示无噪声的输出。

输出预测误差为

$$e(t,\hat{d})=y(t)-\hat{\boldsymbol{\varphi}}^{\mathrm{T}}(t)\hat{\boldsymbol{\theta}}(t) \tag{5.8}$$

注意，由于未知时滞参数，因此不能预先计算出式(5.8) 中的预测误差用于参数估计。这里定义包含时滞参数的增广参数向量为

$$\boldsymbol{\theta}_{\mathrm{g}}=[\boldsymbol{\theta}^{\mathrm{T}},\boldsymbol{d}]^{\mathrm{T}}\in\Re^{n_{\mathrm{m}}} \tag{5.9}$$

其中，$n_{\mathrm{m}}=n_a+n_b+1$。

采用以下拟合误差函数进行参数估计，

$$J(t,\hat{\boldsymbol{\theta}}_{\mathrm{g}})=\frac{1}{2}\sum_{i=1}^{t}\lambda^{t-i}e(i,\hat{d})^2 \tag{5.10}$$

其中，$\lambda\in(0,1]$ 是用于建立递归辨识算法的遗忘因子。

$J(t,\hat{\boldsymbol{\theta}}_{\mathrm{g}})$ 关于 $\hat{\boldsymbol{\theta}}_{\mathrm{g}}$ 的一阶导数可写为

$$\frac{\partial J(t,\hat{\boldsymbol{\theta}}_{\mathrm{g}})}{\partial\hat{\boldsymbol{\theta}}_{\mathrm{g}}}=\sum_{i=1}^{t}\lambda^{t-i}\frac{\partial e(i,\hat{d})}{\partial\hat{\boldsymbol{\theta}}_{\mathrm{g}}}e(i,\hat{d}) \tag{5.11}$$

由式(5.8) 容易验证

$$\frac{\partial e(t,\hat{d})}{\partial\hat{\boldsymbol{\theta}}}=-\hat{\boldsymbol{\varphi}}(t) \tag{5.12}$$

$$\begin{aligned}\frac{\partial e(t,\hat{d})}{\partial\hat{d}}&=-\sum_{j=1}^{n_b}\frac{\hat{b}_j\partial u_f(t-j-\hat{d})}{\partial\hat{d}}\\&=-\sum_{j=1}^{n_b}\hat{b}_j\left(\frac{\partial u_f(t-j-\hat{d})}{\partial(t-j-\hat{d})}\times\frac{\partial(t-j-\hat{d})}{\partial\hat{d}}\right)\end{aligned}$$

$$
\begin{aligned}
&=\sum_{j=1}^{n_b}\hat{b}_j\ \frac{\partial u_f(t-j-\hat{d})}{\partial(t-j-\hat{d})}\\
&=\sum_{j=1}^{n_b}\hat{b}_j\ \lim_{\delta\to 0}\frac{u_f(t-j-\hat{d})-u_f(t-j-\hat{d}-\delta)}{(t-j-\hat{d})-(t-j-\hat{d}-\delta)}
\end{aligned}
\tag{5.13}
$$

注意，根据 Nyquist-Shannon 采样定理[16,17]，当采样周期（T_s）足够小时，可令 $\delta=1$，因此 $e(t,\ \hat{d})$ 关于 $\hat{d}$ 的一阶导数可近似计算为

$$
\frac{\partial e(t,\hat{d})}{\partial\hat{d}}\cong\sum_{j=1}^{n_b}\hat{b}_j\Delta u_f(t-j-\hat{d})
\tag{5.14}
$$

其中，$\Delta u_f(t-j-\hat{d})=u_f(t-j-\hat{d})-u_f(t-j-\hat{d}-1)$。

记广义信息向量为

$$
\boldsymbol{\phi}(t)=-\frac{\partial e(t,\hat{d})}{\partial\hat{\boldsymbol{\theta}}_{\mathrm{g}}}=\left[\hat{\boldsymbol{\varphi}}^{\mathrm{T}}(t),-\sum_{j=1}^{n_b}\hat{b}_jz^{-\hat{d}}\Delta u_f(t-j)\right]^{\mathrm{T}}
\tag{5.15}
$$

可以得到

$$
\begin{aligned}
\frac{\partial J(t,\hat{\boldsymbol{\theta}}_{\mathrm{g}})}{\partial\hat{\boldsymbol{\theta}}_{\mathrm{g}}}&=-\sum_{i=1}^{t}\lambda^{t-i}\boldsymbol{\phi}(i)(y(i)-\hat{\boldsymbol{\varphi}}^{\mathrm{T}}(i)\hat{\boldsymbol{\theta}}(t)+\psi(i)-\psi(i))\\
&=-\sum_{i=1}^{t}\lambda^{t-i}\boldsymbol{\phi}(i)\left[y(i)+\psi(i)-\boldsymbol{\phi}^{\mathrm{T}}(i)\hat{\boldsymbol{\theta}}_{\mathrm{g}}(t)\right]
\end{aligned}
\tag{5.16}
$$

其中，$\psi(i)=-\sum_{j=1}^{n_b}\hat{d}\hat{b}_jz^{-\hat{d}}\Delta u_f(i-j)$ 。

令式(5.16) 为零可得

$$
\hat{\boldsymbol{\theta}}_{\mathrm{g}}(t)=\left[\sum_{i=1}^{t}\lambda^{t-i}\boldsymbol{\phi}(i)\boldsymbol{\phi}^{\mathrm{T}}(i)\right]^{-1}\times\left[\sum_{i=1}^{t}\lambda^{t-i}\boldsymbol{\phi}(i)(y(i)+\psi(i))\right]
\tag{5.17}
$$

令

$$
\boldsymbol{P}(t)=\left[\sum_{i=1}^{t}\lambda^{t-i}\boldsymbol{\phi}(i)\boldsymbol{\phi}^{\mathrm{T}}(i)\right]^{-1}
\tag{5.18}
$$

对于给定的持续激励条件 $PE(u_f)\geqslant n_{\mathrm{m}}$，可以得到递推式

$$
\boldsymbol{P}^{-1}(t)=\sum_{i=1}^{t}\lambda^{t-i}\boldsymbol{\phi}(i)\boldsymbol{\phi}^{\mathrm{T}}(i)=\lambda\boldsymbol{P}^{-1}(t-1)+\boldsymbol{\phi}(t)\boldsymbol{\phi}^{\mathrm{T}}(t)
\tag{5.19}
$$

因此，建立递归最小二乘（RLS）辨识算法为

$$
\boldsymbol{P}(t)=\frac{1}{\lambda}(\boldsymbol{I}_{n_{\mathrm{m}}\times n_{\mathrm{m}}}-\boldsymbol{K}(t)\boldsymbol{\phi}^{\mathrm{T}}(t))\boldsymbol{P}(t-1)
\tag{5.20}
$$

$$
\boldsymbol{K}(t)=\frac{\boldsymbol{P}(t-1)\boldsymbol{\phi}(t)}{\lambda+\boldsymbol{\phi}^{\mathrm{T}}(t)\boldsymbol{P}(t-1)\boldsymbol{\phi}(t)}
\tag{5.21}
$$

$$
\hat{\boldsymbol{\theta}}_{\mathrm{g}}(t)=\hat{\boldsymbol{\theta}}_{\mathrm{g}}(t-1)+\boldsymbol{K}(t)\left[y(t)-\hat{\boldsymbol{\varphi}}^{\mathrm{T}}(t)\hat{\boldsymbol{\theta}}(t-1)\right]
\tag{5.22}
$$

注意，$\hat{\boldsymbol{\varphi}}(t)$ 和 $\boldsymbol{\phi}(t)$ 含有未知的无噪声输出向量 $x(t)$。一个可行的解决办法是使用辅助模型输出进行递归估计[18,19]，即用如下估计替换 $x(t)$：

$$
\hat{x}(t)=\hat{\boldsymbol{\varphi}}^{\mathrm{T}}(t)\hat{\boldsymbol{\theta}}(t)
\tag{5.23}
$$

由于应用式(5.22) 估计的时滞参数通常是一个分数值，而不是一个整数，因此需要根据

输入激励信号进行适当的重构来替代 $u_f(t-\hat{d})$，然后使用式(5.22) 进行递推估计。为了简单起见，可将每次计算的时滞参数估计值分解为整数部分 $\hat{d}_z$ 和小数部分 ϑ，即

$$\hat{d}=\hat{d}_z+\vartheta,\quad \vartheta\in[0,1] \tag{5.24}$$

考虑到 $u_f(t)$ 在每个采样周期内是一个常值，因此利用线性插值方法来计算 $u_f(t-\hat{d})$ 的估计值，即

$$\hat{u}_f(t-\hat{d})=\vartheta u_f(t-\hat{d}_z-1)+(1-\vartheta)u_f(t-\hat{d}_z) \tag{5.25}$$

为了保证参数估计的收敛性，可以分别采用 $d_1=\hat{d}(t-1)$，$d_2=\hat{d}_z(t)$和 $d_3=\hat{d}_z(t)+1$ 估算相应的模型参数 $\hat{\boldsymbol{\theta}}_{g1}(t)$、$\hat{\boldsymbol{\theta}}_{g2}(t)$ 和 $\hat{\boldsymbol{\theta}}_{g3}(t)$，然后比较拟合误差函数 J_1、J_2 和 J_3。其中最小拟合误差对应的参数估计值作为当前第 t 步的参数估计结果，记为 $\hat{\boldsymbol{\theta}}_g(t)$。

需要说明，现有的一些递推辨识算法（如文献[20]）在估计时滞参数过程中简单地采用四舍五入的方式将其整数化进行递归估计其他模型参数，由于上述拟合误差函数不是关于时滞参数的凸函数，因此时滞参数失配可能导致模型拟合的相位超前或滞后，使得递推估计参数结果变得不稳定，难以保证收敛性。

为了避免时滞参数估计的局部最小值可能会偏离真实值，建议基于实验观察（例如采用阶跃响应测试）大致估计可能的时滞参数范围（即 $d\in[d_{\min},\ d_{\max}]$），然后在该范围内选取一个初始时滞参数值，应用上面递归辨识公式(5.20)～式(5.22) 进行参数估计。此外，可以使用一个低通滤波器来消除输入激励和采样系统输出响应中的高频成分，能有效地扩展时滞参数估计的收敛区域。如果可以预先估计待辨识系统的截止频率（记为 $\hat{\omega}_{mc}$），则可在递归算法执行过程中采用一个具有如下截止频率的低通滤波器：

$$\hat{\omega}_f(t)=(0.01-0.5)\hat{\omega}_{mc}(t) \tag{5.26}$$

其中，$\hat{\omega}_{mc}(t)$ 是在第 t 步估计出的系统模型截止频率。

综上，递归辨识算法归纳如下：

(i) 将持续输入激励信号（如 PRBS）通过一个差分滤波器 $F(z^{-1})=(1-z^{-1})^m$ 后输入到带有时滞响应的积分型采样系统进行开环辨识测试；

(ii) 指定用于递推估计的参数变量初始值 $\hat{\boldsymbol{\theta}}_g(0)$，$\lambda$，$\hat{d}_0=d_{\min}$ 和 $\boldsymbol{P}(0)=p_0\boldsymbol{I}_{n_m\times n_m}$ 的初始值进行递归估计，例如取 $\hat{\boldsymbol{\theta}}_g(0)=10^{-3}\boldsymbol{I}_{n_m\times 1}$，$\lambda=0.99$ 和 $\boldsymbol{P}(0)=10^6\boldsymbol{I}_{n_m\times n_m}$；

(iii) 如能预先估计系统的截止频率，可采用式(5.26) 给出的低通滤波器对 $u_f(t)$ 和 $y(t)$ 进行预处理，以提高参数估计的全局收敛性；

(iv) 应用式(5.25) 估计输入向量 $\boldsymbol{u}_f(t-\hat{d})$；

(v) 构造信息向量 $\hat{\boldsymbol{\varphi}}(t)$ 和 $\boldsymbol{\phi}(t)$；

(vi) 应用式(5.20)～式(5.22) 计算 $\hat{\boldsymbol{\theta}}_g(t)$；

(vii) 分别计算 $d_1=\hat{d}(t-1)$，$d_2=\hat{d}_z(t)$ 和 $d_3=\hat{d}_z(t)+1$ 相应的 $\hat{\boldsymbol{\theta}}_{g1}(t)$、$\hat{\boldsymbol{\theta}}_{g2}(t)$和 $\hat{\boldsymbol{\theta}}_{g3}(t)$，然后比较拟合误差函数值 J_1、J_2 和 J_3。其中以最小拟合误差对应的参数估计值作为当前第 t 步的参数估计结果；

(viii) 将 t 增加 1 返回到步骤（iii）进行迭代运算，直至满足设定的收敛性条件 $\|\hat{\boldsymbol{\theta}}_g(t)-\hat{\boldsymbol{\theta}}_g(t-1)\|_2^2\leqslant\varepsilon$，其中 ε 为实际指定的误差界，或最大测量数据长度（即 $t=N$）。

5.3 收敛性分析

利用第 4 章给出的引理 4.1，可以得出以下定理来说明上述递推辨识算法的无偏和渐近性质。

定理 5.1 对于如式(5.1) 所示的积分型采样系统，如果采用符合如下条件的持续激励输入：

$$0 < \alpha \boldsymbol{I}_{n_m \times n_m} \leqslant \frac{1}{t}\sum_{i=1}^{t}\boldsymbol{\phi}(i)\boldsymbol{\phi}^{\mathrm{T}}(i) \leqslant \beta \boldsymbol{I}_{n_m \times n_m} < \infty \tag{5.27}$$

其中，α 和 β 是正实数，并且满足初始假设 $E[\|\hat{\boldsymbol{\theta}}_g(0)-\boldsymbol{\theta}_g\|_2^2]=\sigma_0<\infty$，则由上述递推辨识公式(5.20)～式(5.22) 得到的参数估计可以保证一致收敛，并且

$$E[\|\hat{\boldsymbol{\theta}}_g(t)-\boldsymbol{\theta}_g\|_2^2] \leqslant \frac{2\sigma_0^2}{p_0^2(\alpha t-1/p_0)^2}+\frac{6n_m\beta t}{\lambda^{2t}(\alpha t-1/p_0)^2}(\sigma_v^2+\sigma_\xi^2+\sigma_\gamma^2) \tag{5.28}$$

其中，$\sigma_\gamma^2=E[\gamma(t)\gamma^{\mathrm{T}}(t)]$，$\sigma_\xi^2=E[\xi(t)\xi^{\mathrm{T}}(t)]$，$\gamma(t)=\sum_{k=1}^{n_a}a_k[\hat{x}(t-k)-x(t-k)]$，$\xi(t)=\sum_{j=1}^{n_b}[b_j[z^{-d}-z^{-\hat{d}_z}+\vartheta(z^{-\hat{d}_z}-z^{-\hat{d}_z-1})]u_f(t-j)+\hat{b}_j(d-\hat{d})z^{-\hat{d}}\Delta\hat{u}_f(t-j)]$。

证明： 参数估计误差向量可表示为

$$\tilde{\boldsymbol{\theta}}_g(t)=\hat{\boldsymbol{\theta}}_g(t)-\boldsymbol{\theta}_g \tag{5.29}$$

将式(5.22) 和式(5.25) 代入式(5.29) 可得

$$\begin{aligned}
\tilde{\boldsymbol{\theta}}_g(t)&=\hat{\boldsymbol{\theta}}_g(t-1)-\boldsymbol{\theta}_g+\boldsymbol{P}(t)\boldsymbol{\phi}(t)[y(t)-\hat{\boldsymbol{\varphi}}^{\mathrm{T}}(t)\hat{\boldsymbol{\theta}}(t-1)]\\
&=\tilde{\boldsymbol{\theta}}_g(t-1)+\boldsymbol{P}(t)\boldsymbol{\phi}(t)[y(t)+\boldsymbol{\Psi}(t)-\boldsymbol{\phi}^{\mathrm{T}}(t)\hat{\boldsymbol{\theta}}_g(t-1)]\\
&=\tilde{\boldsymbol{\theta}}_g(t-1)+\boldsymbol{P}(t)\boldsymbol{\phi}(t)[\boldsymbol{\varphi}^{\mathrm{T}}(t)\boldsymbol{\theta}+v(t)+\boldsymbol{\Psi}(t)-\boldsymbol{\phi}^{\mathrm{T}}(t)\hat{\boldsymbol{\theta}}_g(t-1)]\\
&=\tilde{\boldsymbol{\theta}}_g(t-1)+\boldsymbol{P}(t)\boldsymbol{\phi}(t)[-\boldsymbol{\phi}^{\mathrm{T}}(t)\tilde{\boldsymbol{\theta}}_g(t-1)+v(t)+\xi(t)+\gamma(t)]\\
&=(\boldsymbol{I}-\boldsymbol{P}(t)\boldsymbol{\phi}(t)\boldsymbol{\phi}^{\mathrm{T}}(t))\tilde{\boldsymbol{\theta}}_g(t-1)+\boldsymbol{P}(t)\boldsymbol{\phi}(t)[v(t)+\xi(t)+\gamma(t)]\\
&=[\boldsymbol{I}-\boldsymbol{P}(t)\boldsymbol{\phi}(t)\boldsymbol{\phi}^{\mathrm{T}}(t)]\tilde{\boldsymbol{\theta}}_g(t-1)+\boldsymbol{P}(t)\boldsymbol{\phi}(t)\boldsymbol{\Omega}(t)
\end{aligned} \tag{5.30}$$

其中，$\boldsymbol{\Omega}(t)=v(t)+\xi(t)+\gamma(t)$；

$$\begin{aligned}
\xi(t)&=\sum_{j=1}^{n_b}\{b_j[u_f(t-j-d)-\hat{u}_f(t-j-\hat{d})]+\hat{b}_j(d-\hat{d})z^{-\hat{d}}\Delta\hat{u}_f(t-j)\}\\
&=\sum_{j=1}^{n_b}\{b_j[z^{-d}-z^{-\hat{d}_z}+\vartheta(z^{-\hat{d}_z}-z^{-\hat{d}_z-1})]u_f(t-j)+\hat{b}_j(d-\hat{d})z^{-\hat{d}}\Delta\hat{u}_f(t-j)\}
\end{aligned}$$

从式(5.19) 容易得出

$$\boldsymbol{I}-\boldsymbol{P}(t)\boldsymbol{\phi}(t)\boldsymbol{\phi}^{\mathrm{T}}(t)=\lambda\boldsymbol{P}(t)\boldsymbol{P}^{-1}(t-1) \tag{5.31}$$

$$\boldsymbol{P}^{-1}(t)=\lambda^t\boldsymbol{P}^{-1}(0)+\boldsymbol{\Phi}^{\mathrm{T}}(t)\boldsymbol{\Phi}(t) \tag{5.32}$$

其中，$\boldsymbol{\Phi}(t)=[\mu^{t-1}\boldsymbol{\phi}(1),\mu^{t-2}\boldsymbol{\phi}(2),\cdots,\boldsymbol{\phi}(t)]^{\mathrm{T}}$ 并且 $\mu=\sqrt{\lambda}$。

将式(5.31) 代入式(5.30) 得到

$$\begin{aligned}
\tilde{\boldsymbol{\theta}}_g(t)&=\lambda\boldsymbol{P}(t)\boldsymbol{P}^{-1}(t-1)\tilde{\boldsymbol{\theta}}_g(t-1)+\boldsymbol{P}(t)\boldsymbol{\phi}(t)\boldsymbol{\Omega}(t)\\
&=\lambda\boldsymbol{P}(t)\boldsymbol{P}^{-1}(t-1)[\lambda\boldsymbol{P}(t-1)\boldsymbol{P}^{-1}(t-2)\tilde{\boldsymbol{\theta}}_g(t-2)+
\end{aligned}$$

$$\boldsymbol{P}(t-1)\boldsymbol{\phi}(t-1)\Omega(t-1)]+\boldsymbol{P}(t)\boldsymbol{\phi}(t)\boldsymbol{\Omega}(t)$$

$$\vdots$$

$$=\lambda^t\boldsymbol{P}(t)\boldsymbol{P}^{-1}(0)\widetilde{\boldsymbol{\theta}}_{\mathrm{g}}(0)+\boldsymbol{P}(t)\sum_{i=1}^{t}\lambda^{t-i}\boldsymbol{\phi}(i)\boldsymbol{\Omega}(i) \tag{5.33}$$

$$=\lambda^t\boldsymbol{P}(t)\boldsymbol{P}^{-1}(0)\widetilde{\boldsymbol{\theta}}_{\mathrm{g}}(0)+\boldsymbol{P}(t)\boldsymbol{\Phi}(t)\boldsymbol{\Omega}_{\lambda}(t)$$

其中，$\boldsymbol{\Omega}_{\lambda}(t)=[\lambda^{t-1}\boldsymbol{\Omega}(1),\lambda^{t-2}\boldsymbol{\Omega}(2),\cdots,\boldsymbol{\Omega}(t)]^{\mathrm{T}}$。

根据引理 4.1 和初始选择 $\boldsymbol{P}(0)=p_0\boldsymbol{I}_{n_{\mathrm{m}}\times n_{\mathrm{m}}}$，其中 $p_0\in\Re^{+}$，容易由式(5.32) 验证

$$\boldsymbol{P}^{\mathrm{T}}(t)\boldsymbol{P}(t)\leqslant\frac{\boldsymbol{I}_{n_{\mathrm{m}}\times n_{\mathrm{m}}}}{\lambda^{2t}(\alpha t-1/p_0)^2} \tag{5.34}$$

因此，

$$\begin{aligned}E\left[\|\lambda^t\boldsymbol{P}(t)\boldsymbol{P}^{-1}(0)\widetilde{\boldsymbol{\theta}}_{\mathrm{g}}(0)\|_2^2\right]&=E\left[\mathrm{tr}[\lambda^{2t}\widetilde{\boldsymbol{\theta}}_{\mathrm{g}}^{\mathrm{T}}(0)\boldsymbol{P}^{-\mathrm{T}}(0)\boldsymbol{P}^{\mathrm{T}}(t)\boldsymbol{P}(t)\boldsymbol{P}^{-1}(0)\widetilde{\boldsymbol{\theta}}_{\mathrm{g}}(0)]\right]\\&\leqslant\lambda^{2t}\rho_{\max}[\boldsymbol{P}^{\mathrm{T}}(t)\boldsymbol{P}(t)]\rho_{\max}[\boldsymbol{P}^{-\mathrm{T}}(0)\boldsymbol{P}^{-1}(0)]E\left[\mathrm{tr}[\widetilde{\boldsymbol{\theta}}_{\mathrm{g}}^{\mathrm{T}}(0)\widetilde{\boldsymbol{\theta}}_{\mathrm{g}}(0)]\right]\\&\leqslant\frac{\sigma_0^2}{p_0^2(\alpha t-1/p_0)^2}\end{aligned} \tag{5.35}$$

$$\begin{aligned}E\left[\|\boldsymbol{P}(t)\boldsymbol{\Phi}(t)\boldsymbol{\Omega}_{\lambda}(t)\|_2^2\right]&=E\left[\boldsymbol{P}(t)\boldsymbol{\Phi}(t)\boldsymbol{\Omega}_{\lambda}(t)\boldsymbol{\Omega}_{\lambda}^{\mathrm{T}}(t)\boldsymbol{\Phi}^{\mathrm{T}}(t)\boldsymbol{P}^{\mathrm{T}}(t)\right]\\&=E\left[\mathrm{tr}\left[\boldsymbol{P}(t)\boldsymbol{\Phi}(t)\boldsymbol{\Omega}_{\lambda}(t)\boldsymbol{\Omega}_{\lambda}^{\mathrm{T}}(t)\boldsymbol{\Phi}^{\mathrm{T}}(t)\boldsymbol{P}^{\mathrm{T}}(t)\right]\right]\\&\leqslant\rho_{\max}\left[\boldsymbol{P}(t)\boldsymbol{P}^{\mathrm{T}}(t)\right]\rho_{\max}\left[\boldsymbol{\Phi}(t)\boldsymbol{\Phi}^{\mathrm{T}}(t)\right]\mathrm{tr}E\left\{\left[\boldsymbol{\Omega}_{\lambda}(t)\boldsymbol{\Omega}_{\lambda}^{\mathrm{T}}(t)\right]\right\}\\&\leqslant\frac{n_{\mathrm{m}}\beta t}{\lambda^{2t}(\alpha t-1/p_0)^2}\mathrm{tr}\left\{E\left[3[v(t)v^{\mathrm{T}}(t)+\xi(t)\xi^{\mathrm{T}}(t)+\boldsymbol{\gamma}(t)\boldsymbol{\gamma}^{\mathrm{T}}(t)]\right]\right\}\\&\leqslant\frac{3n_{\mathrm{m}}\beta t}{\lambda^{2t}(\alpha t-1/p_0)^2}(\sigma_v^2+\sigma_{\xi}^2+\sigma_{\gamma}^2)\end{aligned} \tag{5.36}$$

其中，$\sigma_{\gamma}^2=E[\gamma(t)\gamma^{\mathrm{T}}(t)]$，$\sigma_{\xi}^2=E[\xi(t)\xi^{\mathrm{T}}(t)]$。

对式(5.33) 两边求数学期望，可得

$$E\left[\|\widetilde{\boldsymbol{\theta}}_{\mathrm{g}}(t)\|_2^2\right]\leqslant2\left\{E\left[\|\lambda^t\boldsymbol{P}(t)\boldsymbol{P}^{-1}(0)\widetilde{\boldsymbol{\theta}}_{\mathrm{g}}(0)\|_2^2\right]+E\left[\|\boldsymbol{P}(t)\boldsymbol{\Phi}(t)\boldsymbol{\Omega}_{\lambda}(t)\|_2^2\right]\right\} \tag{5.37}$$

将式(5.35) 和式(5.36) 代入式(5.37)，得到定理 5.1 中如式(5.28) 所示的参数估计误差上界。

说明：当估计的时滞参数接近真值时，即当 $\vartheta\to0$ 时，由式(5.25) 可见 $\hat{u}_f(t-\hat{d})\to u_f(t-\hat{d}_z)$。应用上面递推辨识算法中的步骤（vii），根据分支定界（BB）搜索准则[21] 可以确保得到时滞参数真值（或最优整数值），从而有效地解决混合整数规划问题。相应地，与输入激励有关的残差变为零，即 $\xi(t)\to0$。而且当模型参数接近真值时，有 $\lambda\to1$，从式(5.28) 可以看出，当 $t\to\infty$时可得 $\widetilde{\boldsymbol{\theta}}_{\mathrm{g}}(t)=0$，由此说明上述递推辨识算法可以实现无偏估计。证明完毕。 □

5.4 应用案例

例 5.1 考虑文献[22] 中采用的一个积分型采样系统仿真案例：

$$y(t)=\frac{0.01873z^{-1}+0.01752z^{-2}}{(1-z^{-1})(1-0.8187z^{-1})}z^{-20}u(t)+v(t)$$

这里将其转化为一个等效传递函数模型

$$y(t)=\frac{0.01873z^{-1}+0.01752z^{-2}}{1-0.8187z^{-1}}z^{-20}u_f(t)+v(t)$$

其中，$u_f(t)=u(t)(1-z^{-1})$ 是用于辨识的外部输入激励信号。

将输入激励 $u_f(t)$ 取为伪随机二进制序列（PRBS），其幅值在±1之间切换。然后通过一个差分滤波器 $F(z^{-1})=1-z^{-1}$，产生系统输入信号为 $u(t)=u_f(t)-u_f(t-1)$，进行开环辨识实验。假定测量噪声是均值为零且方差为 $\sigma_v^2=0.0123^2$ 的白噪声序列，使得噪信比 NSR=20%。应用本章给出的递推辨识算法，取初始参数值 $\hat{\boldsymbol{\theta}}_g(0)=10^{-3}\boldsymbol{I}_{4\times1}$，$\boldsymbol{P}(0)=10^{10}\boldsymbol{I}_{4\times4}$，$\lambda=0.985$，$\hat{\omega}_f(t)=0.01\hat{\omega}_{mc}(t)$，$\hat{d}_0=0$ 和 $N=3000$ 进行递归估计。表 5.1 中列出了基于 100 次蒙特卡洛（Monte-Carlo）实验的辨识结果，其中每个参数的估计结果以平均值和括号中的标准差表示，参数估计的相对误差记为 $err=\|\hat{\boldsymbol{\theta}}_g(t)-\boldsymbol{\theta}_g\|/\|\boldsymbol{\theta}_g\|$。可以看出，该算法具有良好的收敛性和识别精度。

表 5.1　在 NSR=20%下 100 次蒙特卡洛实验的辨识结果

t	a_1	b_1	b_2	d	err/%
100	−0.62652 (±0.09884)	−0.08381 (±0.02844)	0.05277 (±0.01821)	1.21000 (±3.36739)	93.87914 (±16.82323)
500	−0.82707 (±0.11464)	0.00039 (±0.01887)	0.0156 (±0.02494)	13.2400 (±6.61819)	33.80375 (±33.0356)
1000	−0.82017 (±0.03334)	0.01759 (±0.01266)	0.01721 (±0.00988)	19.67000 (±1.31852)	2.02959 (±6.48137)
2000	−0.81605 (±0.02046)	0.01803 (±0.00707)	0.0184 (±0.00844)	20.00000 (±0.00000)	0.10046 (±0.05902)
3000	−0.81386 (±0.0166)	0.01802 (±0.00695)	0.01871 (±0.00798)	20.00000 (±0.00000)	0.08464 (±0.05548)
真值	−0.8187	0.01873	0.01752	20	

为了进行比较说明，采用文献[16] 给出的经典 OE 模型辨识方法来估计上述模型参数，该方法已编入仿真软件 MATLAB 系统辨识工具箱中使用。说明：该方法主要用于辨识线性采样系统，需要预先知道或指定时滞参数才能用于辨识带时滞的积分型采样系统。基于上述辨识实验，得出的辨识结果列于表 5.2 中。

表 5.2　经典 OE 模型辨识方法的参数估计结果

d	a_1	b_1	b_2	err/%
18	−0.8535	−0.02638	0.0568	8.45
20	−0.8192	0.01862	0.01761	0.06
22	−0.8201	0.07458	−0.04054	9.84
真值	−0.8187	0.01873	0.01752	

由表 5.2 可见，如果对时滞参数的预先估计不正确（例如 $d=22$），则在估计其他模型参数时会产生明显的误差。

为了进一步验证上一节给出的递推辨识算法的有效性，采用了不同的噪声水平分别进行 100 次蒙特卡洛实验，辨识结果列于表 5.3 中，最后一列的“SR”表示正确估计时滞参数的成功率。

表 5.3　不同噪音水平下的辨识结果

NSR	a_1	b_1	b_2	d	err/%	SR
10%	−0.81701 (±0.00860)	0.01843 (±0.00358)	0.01797 (±0.00412)	20.00000 (±0.00000)	0.04289 (±0.02845)	100%

续表

NSR	a_1	b_1	b_2	d	$err/\%$	SR
25%	−0.81178 (±0.02050)	0.01777 (±0.00859)	0.01917 (±0.00984)	20.00000 (±0.00000)	0.10575 (±0.06895)	100%
30%	−0.80929 (±0.02456)	0.01745 (±0.01027)	0.01973 (±0.01176)	20.00000 (±0.00000)	0.12857 (±0.08267)	99%
40%	−0.80256 (±0.03352)	0.01639 (±0.01415)	0.02166 (±0.01608)	20.0000 (±0.00000)	0.18002 (±0.11783)	94%
真值	−0.81870	0.01873	0.01752	20		

可以看出，即使在高噪声水平下，本章给出的递推辨识算法也能获得很高的成功率和辨识精度，充分说明该方法具有很好的抗噪能力。

5.5 本章小结

针对带有时滞响应的积分型采样系统，本章介绍了一种基于开环辨识测试的递归辨识方法。其突出优点是，通过引入一个差分滤波器到输入激励中，可以像辨识开环一个稳定型对象一样进行辨识实验，不会超出系统输出响应允许范围。而且，包括整数型时滞参数在内的所有OE模型参数都可以同步辨识，并且保证收敛性。通过严格的数学分析，阐明该方法在随机测量噪声下可以实现一致参数估计。采用现有文献中的一个仿真案例，验证了该方法的有效性和优点，特别是对于高噪声水平，该方法能保证较好的参数估计精度。

习 题

1. 简述一个积分型采样系统的动态响应特征。写出一个具有双重积分作用的离散域输出误差模型。

2. 什么是差分滤波器？请写出一个具有双重差分作用的滤波器形式。

3. 请根据对一个单输入单输出线性无时滞的积分型采样系统进行辨识实验的输入和输出数据集$\{u(k),y(k)\}$，写出对如式(5.1) 所示的无时滞（$d=0$）输出误差模型的递推辨识参数算法公式。

4. 为什么采用四舍五入的方式估算时滞参数不能保证参数估计的收敛性？

5. 举例说明如何计算一个积分型 OE 模型的截止频率。

6. 为什么当模型参数接近真值时，如式(5.10) 所示拟合误差函数中的遗忘因子会趋向于1？

参考文献

[1] Zhu Y. Multivariable System Identification for Process Control，London：Elsevier Science，2001.

[2] Björklund S.，Ljung L. An improved phase method for time-delay estimation，Automatica，2009，45：2467-2470.

[3] Seborg D. E.，Mellichamp D. A.，Edgar T. F.，Doyle III F. J. Process Dynamics and Control，3rd ed，Hoboken，NJ：John Wiley & Sons.，2011.

[4] Liu T.，Gao F. Industrial Process Identification and Control Design：Step-test and Relay-experiment-based Methods，London：Springer，2012.

[5] Kwak H. J.，Sung S. W.，Lee I. On-line process identification and autotuning for integrating processes，Industrial & Engineering Chemistry Research，1997，36 (12)：5329-5338.

[6] Panda R. C., Vijayan V., Sujatha V. Parameter estimation of integrating and time delay processes using single relay feedback test, ISA Transactions, 2011, 50 (4): 529-537.

[7] Herrera J., Ibeas A. On-line delay estimation for stable, unstable and integrating systems under step response, ISA Transactions, 2012, 51 (10): 351-361.

[8] Liu T., Gao F. Closed-loop step response identification of integrating and unstable processes, Chemical Engineering Science, 2010, 65 (10): 2884-2895.

[9] Zheng W. X., Feng C. B. Optimizing search-based identification of stochastic time-delay systems, International Journal of Systems Science, 1991, 22: 783-792.

[10] Ahmed S., Huang B., Shah S. L. Parameter and delay estimation of continuous-time models using a linear filter, Journal of Process Control, 2006, 16: 323-331.

[11] Chen F., Garnier H., Gilson M. Robust identification of continuous-time models with arbitrary timedelay from irregularly sampled data, Journal of Process Control, 2015, 25: 19-27.

[12] Ren X., Rad A. B., Chan P., Lo W. Online identification of continuous-time systems with unknown time delay, IEEE Transactions on Automatic Control, 2005, 50: 1418-1422.

[13] Na J., Ren X., Xia Y. Adaptive parameter identification of linear SISO systems with unknown timedelay, Systems & Control Letters, 2014, 66: 43-50.

[14] Wang L. Y., Yin G. G., Zhao Y., Zhang J. Identification input design for consistent parameter estimation of linear systems with binary-valued output observations, IEEE Transactions on Automatic Control, 2008, 53 (4): 867-880.

[15] Liu T., Dong S., Chen F., Li D. Identification of discrete-time output error model using filtered input excitation for integrating processes with time delay. IEEE Transactions on Automatic Control, 2017, 62 (5): 2524-2530.

[16] Söderström T., Stoica P. System Identification, New York: Prentice Hall, 1989.

[17] 萧德云. 系统辨识理论与应用. 北京：清华大学出版社，2014.

[18] Young P. C. Recursive estimation and time-series analysis: an introduction for the student and practitioner. 2nd ed. London: Springer, 2011.

[19] 丁锋. 系统辨识新论. 北京：科学出版社，2013.

[20] Moser M. M., Onder C. H., Guzzella L. Recursive parameter estimation of exhaust gas oxygen sensors with input-dependent time delay and linear parameters, Control Engineering Practice, 2015, 41: 149-163.

[21] Lawler E. L., Wood D. E. Branch-and-bound methods: a survey, Operations Research, 1966, 14: 699-719.

[22] García P., Albertos P. Robust tuning of a generalized predictor-based controller for integrating and unstable systems with long time-delay, Journal of Process Control, 2013, 23 (8): 1205-1216.

附　辨识仿真程序

例 5.1 的辨识算法仿真程序伪代码及程序方框图

行号	编制程序伪代码及程序方框图	注释
1	$y(t)=\frac{0.01873z^{-1}+0.01752z^{-2}}{(1-z^{-1})(1-0.8187z^{-1})}z^{-20}u(t)+v(t)$	辨识对象描述
2	$u(k)$为伪随机二进制序列，幅值在±1之间切换	输入激励
3	$N(0,\sigma_\xi^2=1.23\%)$	测量噪声，NSR=20%
4	$u(t)=u_f(t)-u_f(t-1)$	差分滤波输入信号
5	sim('FilteredInputIdentifyIntegratingSampledSystem')	调用仿真图形化组件模块系统，如图 5.3 所示

续表

行号	编制程序伪代码及程序方框图	注释
6	$\hat{\boldsymbol{\theta}}_g(0)=10^{-3}\boldsymbol{I}_{4\times 1};\boldsymbol{P}(0)=10^{10}\boldsymbol{I}_{4\times 4};$ $\lambda=0.985;\hat{d}_0=0;\hat{w}_{mc}(0)=0.2013;N=3000$	设定用于递推的参数变量初始值
7	$n_a=1;n_b=2;$ $n_0=n_a+n_b;n_m=n_a+n_b+1$	等效模型分子和分母阶数
8	for $t=1:N$	开始迭代，指定程序循环上限次数(N)
9	$w_f(t)=0.01\hat{w}_{mc}(t-1)$(如无先验信息可省略)	根据预估的系统截止频率对激励信号进行低通滤波
10	$\hat{u}_f(t-\hat{d})=\vartheta u_f(t-\hat{d}_z-1)+(1-\vartheta)u_f(t-\hat{d}_z)$	线性插值法估计输入量
11	$\hat{\boldsymbol{\theta}}=[\hat{a}_1,\hat{b}_1,\hat{b}_2]^{\mathrm{T}}$	辨识模型参数向量
12	$\hat{x}(t)=\hat{\boldsymbol{\varphi}}^{\mathrm{T}}(t)\hat{\theta}$	辅助模型输出估计
13	$\hat{\boldsymbol{\varphi}}(t)=[-\hat{x}(t-1),\cdots,-\hat{x}(t-n_a),\hat{x}_f(t-1-\hat{d}),\cdots,\hat{x}_f(t-n_b-\hat{d})]^{\mathrm{T}}\in\Re^{n_0}$	构造观测向量
14	$\hat{\boldsymbol{\theta}}_g=[\hat{\boldsymbol{\theta}}^{\mathrm{T}},\hat{d}]^{\mathrm{T}}$	增广参数向量
15	$\boldsymbol{\phi}(t)=[\hat{\boldsymbol{\varphi}}^{\mathrm{T}}(t),-\sum_{j=1}^{n_b}\hat{b}_j\Delta z^{-\hat{d}}\Delta\hat{u}_f(t-j)]$	广义信息向量
16	$\boldsymbol{P}(t)=\frac{1}{\lambda}(I_{n_m\times n_m}-\boldsymbol{K}(t)\phi^{\mathrm{T}}(t))\boldsymbol{P}(t-1)$	递归最小二乘(RLS)辨识算法
17	$\boldsymbol{K}(t)=\frac{\boldsymbol{P}(t-1)\phi(t)}{\lambda+\phi^{\mathrm{T}}(t)\boldsymbol{P}(t-1)\phi(t)}$	增益矩阵
18	$\hat{\boldsymbol{\theta}}_g(t)=\hat{\boldsymbol{\theta}}_g(t-1)+\boldsymbol{K}(t)[y(t)-\hat{\boldsymbol{\varphi}}^{\mathrm{T}}(t)\hat{\boldsymbol{\theta}}(t-1)]$	递推参数估计
19	$e(t,\hat{d})=y(t)-\hat{\varphi}^{\mathrm{T}}(t)\hat{\theta}(t)$	输出预测误差
20	$J(t,\hat{\boldsymbol{\theta}}_g)=\frac{1}{2}\sum_{i=1}^{t}\lambda^{t-1}e(i,\hat{d})^2$	拟合误差函数
21	$J_{\min}=[J_1,J_2,J_3]$	取最小拟合误差函数估计参数作为下一时刻估计值
22	如果 $\Vert\hat{\boldsymbol{\theta}}_g(t)-\hat{\boldsymbol{\theta}}_g(t-1)\Vert_2^2\leqslant\varepsilon$，则退出循环迭代	
23	更新 $w_{mc}(t)$	根据当前辨识模型计算截止频率
24	End	迭代结束
25	Display(b_2,b_1,a_1,d)	输出辨识结果
程序变量	N 为实验采集数据长度；ε 为实际指定的误差界；$\boldsymbol{\theta}_g(0)$为对增广参数向量初始值；$\boldsymbol{P}(0)$为矩阵初始值；$\hat{w}_{mc}(t)$为预估的系统截止频率；J 为拟合误差函数	
程序输入	输入激励 $u_f(t)$为伪随机二进制序列(PRBS)，测量噪声 $v(t)$是零均值的白噪声	
程序输出	输出模型辨识参数：分子系数 b_2 和 b_1、分母系数 a_1 以及时滞参数 d	

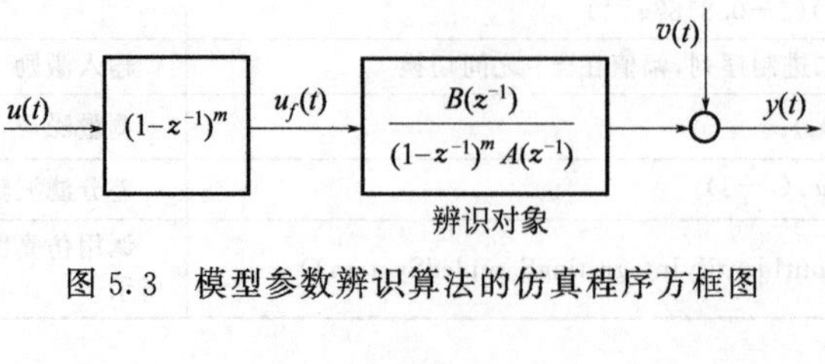

图 5.3　模型参数辨识算法的仿真程序方框图

第6章 基于持续激励实验辨识非线性系统参数

关于非线性系统参数辨识，现有文献[1-5]主要基于自适应参数估计理论，自适应参数估计依赖于预测器/观测器获取的状态估计误差或输出估计误差。尽管当持续激励条件满足时，基于梯度下降策略的自适应参数估计算法可以保证参数渐近或指数收敛性[6]，但是如何定量分析参数估计误差的收敛速度和偏差界比较困难，根本原因在于参数估计误差与观测误差或预测误差存在耦合关系[7]。在基于梯度下降法的自适应参数估计框架下，一般通过增大学习增益以提高误差收敛速率[8]。然而，当被控系统存在高频不确定性或外部干扰时，较大的学习增益很可能会破坏估计算法的稳定性。文献[9，10]提出基于实时参数估计误差（即未知参数和在线估计之间的差值）的自适应参数估计新框架，通过引入低通滤波器和辅助变量，利用系统输入和输出观测数据实现对未知参数估计误差的定量计算，由此设计自适应律可以保证自适应参数估计误差的指数收敛和有限时间收敛。

本章介绍一种新的自适应参数估计方法[11]，在保证稳态收敛的前提下能有效提高参数估计的暂态性能，可以将暂态参数估计误差约束在预先规定的边界内，从而可以增强实时或在线参数估计的可靠性和安全性。

6.1 自适应参数辨识算法

考虑如下含有未知参数的非线性系统：

$$\dot{\boldsymbol{x}}=\boldsymbol{\varphi}(x,u)+\boldsymbol{\Phi}(x,u)\boldsymbol{\theta} \tag{6.1}$$

其中，$\boldsymbol{x}\in\Re^n$ 表示系统状态，$\boldsymbol{u}\in\Re^m$ 表示系统输入，$\boldsymbol{\varphi}(x,u)\in\Re^n$ 表示系统已知动态，$\boldsymbol{\Phi}(\boldsymbol{x},\boldsymbol{u})\in\Re^{n\times p}$ 表示回归向量，$\boldsymbol{\theta}\in\Re^p$ 表示待估计的未知定常参数向量。一般假设 $\boldsymbol{x}$、输入 $\boldsymbol{u}$ 和回归向量 $\boldsymbol{\Phi}(\boldsymbol{x},\boldsymbol{u})$ 均可测且有界，这是在实际工程应用中的基本前提。

这里参数辨识的目的是利用系统的测量信号（$\boldsymbol{x}$，$\boldsymbol{u}$）估计未知参数 $\boldsymbol{\theta}$，保证估计参数 $\hat{\boldsymbol{\theta}}$ 渐近收敛于真值 $\boldsymbol{\theta}$，并且确保估计误差 $\tilde{\boldsymbol{\theta}}=\boldsymbol{\theta}-\hat{\boldsymbol{\theta}}$ 的暂态收敛性能（如超调量和收敛速度）。对于辨识激励信号，做如下定义：

定义 6.1[8]：对于矩阵或向量函数 $\boldsymbol{\phi}$，若存在正常数 $\beta>0$，$\tau>0$ 满足 $\int_t^{t+\tau}\boldsymbol{\phi}^{\mathrm{T}}(r)\boldsymbol{\phi}(r)\mathrm{d}r\geqslant\beta\boldsymbol{I}$，$\forall t\geqslant 0$，则 $\boldsymbol{\phi}$ 满足持续激励条件。

图 6.1 示出本章介绍的自适应参数估计方法框图，其中包括三部分：第一部分利用系统量

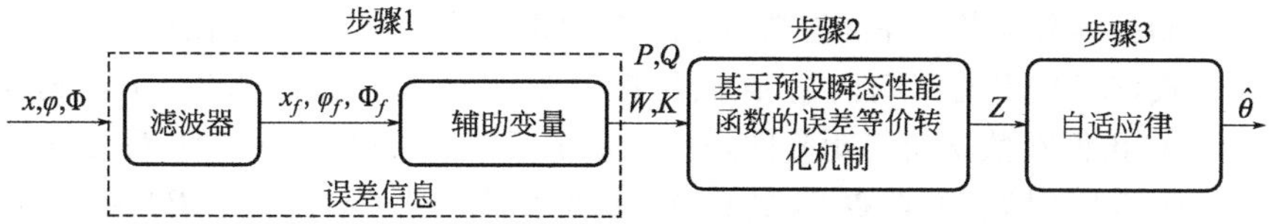

图 6.1 自适应参数估计结构框图

测信号，通过低通滤波来构造辅助变量，用以获得参数估计误差 $\tilde{\boldsymbol{\theta}}$；第二部分利用预设暂态性能函数构建误差等价转化机制，并且设计辅助变量；第三部分通过上述辅助变量设计自适应律，以在线估计系统未知参数。

说明一下，已有基于梯度下降策略的自适应参数估计方法，一般需要构造观测器用于获取参数估计误差。这里将在不使用观测器/预测器的前提下，通过提取参数估计误差 $\tilde{\boldsymbol{\theta}}$ 来设计自适应参数估计算法。为此，采用低通滤波器 $1/(ks+1)$ 对式(6.1) 两边进行转化，可得 $\boldsymbol{x}$，$\boldsymbol{\varphi}(\boldsymbol{x})$ 和 $\boldsymbol{\Phi}(\boldsymbol{x},\boldsymbol{u})$ 的滤波形式

$$\begin{cases}k\dot{\boldsymbol{x}}_f+\boldsymbol{x}_f=\boldsymbol{x}, & \boldsymbol{x}_f(0)=0\\ k\dot{\boldsymbol{\Phi}}_f+\boldsymbol{\Phi}_f=\boldsymbol{\Phi}, & \boldsymbol{\Phi}_f(0)=0\\ k\dot{\boldsymbol{\varphi}}_f+\boldsymbol{\varphi}=\boldsymbol{\varphi}, & \boldsymbol{\varphi}_f(0)=0\end{cases} \tag{6.2}$$

其中，$k>0$ 是正值可调参数。

定义辅助滤波矩阵 $\boldsymbol{P}\in\Re^{p\times p}$ 和向量 $\boldsymbol{Q}\in\Re^{p}$ 如下

$$\begin{cases}\dot{\boldsymbol{P}}=-\ell\boldsymbol{P}+\boldsymbol{\Phi}_f^{\mathrm{T}}\boldsymbol{\Phi}_f, & \boldsymbol{P}(0)=0\\ \dot{\boldsymbol{Q}}=-\ell\boldsymbol{Q}+\boldsymbol{\Phi}_f^{\mathrm{T}}\left(\dfrac{\boldsymbol{x}-\boldsymbol{x}_f}{k}-\boldsymbol{\varphi}_f\right), & \boldsymbol{Q}(0)=0\end{cases} \tag{6.3}$$

其中，$\ell>0$ 为正值可调参数。

对式(6.3) 两端进行积分，可解得

$$\begin{cases}\boldsymbol{P}(t)=\displaystyle\int_0^t e^{-\ell(t-r)}\boldsymbol{\Phi}_f^{\mathrm{T}}(r)\boldsymbol{\Phi}_f(r)\mathrm{d}r\\ \boldsymbol{Q}(t)=\displaystyle\int_0^t e^{-\ell(t-r)}\boldsymbol{\Phi}_f^{\mathrm{T}}(r)\left[\dfrac{\boldsymbol{x}(r)-\boldsymbol{x}_f(r)}{k}-\boldsymbol{\varphi}_f(r)\right]\mathrm{d}r\end{cases} \tag{6.4}$$

由式(6.1) 和式(6.2)，可推出如下等式

$$\dot{\boldsymbol{x}}_f=\boldsymbol{\varphi}_f+\boldsymbol{\Phi}_f\boldsymbol{\theta}=\frac{\boldsymbol{x}-\boldsymbol{x}_f}{k} \tag{6.5}$$

将式(6.5) 代入式(6.4)，可得

$$\boldsymbol{Q}=\boldsymbol{P}\boldsymbol{\theta} \tag{6.6}$$

由式(6.6) 可知，由系统可测量的输入和输出信号所构建的辅助变量 $\boldsymbol{P}$ 和 $\boldsymbol{Q}$ 包含有待估计的系统未知参数 $\boldsymbol{\theta}$。为进一步获取参数估计误差 $\tilde{\boldsymbol{\theta}}$，利用式(6.3) 中定义的辅助矩阵和向量 $\boldsymbol{P}$ 和 $\boldsymbol{Q}$，引入另一个辅助向量 $\boldsymbol{W}\in\Re^{p}$ 如下

$$\boldsymbol{W}=\boldsymbol{Q}-\boldsymbol{P}\hat{\boldsymbol{\theta}} \tag{6.7}$$

由式(6.6) 和式(6.7) 可知，辅助向量 $\boldsymbol{W}$ 可写为 $\boldsymbol{W}=\boldsymbol{P}\tilde{\boldsymbol{\theta}}$。这意味着变量 $\boldsymbol{W}$ 包含参数估计误差信息 $\tilde{\boldsymbol{\theta}}$。因此，$\boldsymbol{W}$ 可用于设计自适应参数估计方法中的自适应律，以提高估计误差的收敛性能。

根据系统辨识理论[1,3]，式(6.1) 中的回归矩阵向量 $\boldsymbol{\Phi}$ 必须满足持续激励条件才能保证参数估计误差 $\tilde{\boldsymbol{\theta}}$ 的收敛性能。本节首先说明辅助矩阵 $\boldsymbol{P}$ 正定性与持续激励条件之间的等价关系，然后讲述如何将检验持续激励条件等价为判别矩阵 $\boldsymbol{P}$ 的正定性。主要结论归纳为以下定理。

定理 6.1 如果式(6.1) 中的回归向量 $\boldsymbol{\Phi}$ 满足持续激励条件，则式(6.7) 中的辅助矩阵 $\boldsymbol{P}$ 为正定矩阵，即存在正值常数 σ 使得矩阵的最小特征值满足 $\lambda_{\min}(\boldsymbol{P})>\sigma>0$；反之亦然。

证明： 首先证明如果回归向量 $\boldsymbol{\Phi}$ 满足持续激励条件，则条件 $\lambda_{\min}(\boldsymbol{P})>\sigma>0$ 成立。由式(6.2) 可知，基于传递函数 $1/(ks+1)$描述的滤波形式是最小相位稳定的，且回归矩阵

$\boldsymbol{\Phi}_f$ 为回归矩阵 $\boldsymbol{\Phi}$ 的滤波形式，因此 $\boldsymbol{\Phi}_f$ 和 $\boldsymbol{\Phi}$ 在满足持续激励条件方面具有等价性。由定义 6.1 可知，存在正常数 $\tau>0$ 和 $\beta>0$，使得条件 $\int_t^{t+\tau}\boldsymbol{\Phi}_f^{\mathrm{T}}(r)\boldsymbol{\Phi}_f(r)\mathrm{d}r>\beta\boldsymbol{I}$ 对任何 $t>0$ 都成立。由此可知 $\int_0^t \mathrm{e}^{-\ell(t-r)}\boldsymbol{\Phi}_f^{\mathrm{T}}(r)\boldsymbol{\Phi}_f(r)\mathrm{d}r>\mathrm{e}^{-\ell\tau}\int_{t-\tau}^t\boldsymbol{\Phi}_f^{\mathrm{T}}(r)\boldsymbol{\Phi}_f(r)\mathrm{d}r>\mathrm{e}^{-\ell\tau}\beta\boldsymbol{I}$ 。根据式(6.4)可知，对于时间 $t>\tau>0$，存在 $\sigma=\mathrm{e}^{-l\tau\beta}$ 使得条件 $\boldsymbol{\lambda}_{\min}(\boldsymbol{P}(t))>\sigma>0$ 成立，因此可以确定辅助矩阵 $\boldsymbol{P}$ 为正定矩阵。

然后证明如果辅助矩阵 $\boldsymbol{P}$ 为正定矩阵，则回归矩阵 $\boldsymbol{\Phi}$ 满足持续激励条件。如果辅助矩阵 $\boldsymbol{P}$ 为正定矩阵，可知 $\boldsymbol{P}=\int_0^t \mathrm{e}^{-\ell(t-r)}\boldsymbol{\Phi}_f^{\mathrm{T}}(r)\boldsymbol{\Phi}_f(r)\mathrm{d}r\geqslant\sigma\boldsymbol{I}$ ，相应地得到如下不等式

$$\begin{aligned}\int_0^t \mathrm{e}^{-\ell(t-r)}\boldsymbol{\Phi}_f^{\mathrm{T}}(r)\boldsymbol{\Phi}_f(r)\mathrm{d}r&=\int_0^{t-\tau} \mathrm{e}^{-\ell(t-r)}\boldsymbol{\Phi}_f^{\mathrm{T}}(r)\boldsymbol{\Phi}_f(r)\mathrm{d}r+\int_{t-\tau}^t \mathrm{e}^{-\ell(t-r)}\boldsymbol{\Phi}_f^{\mathrm{T}}(r)\boldsymbol{\Phi}_f(r)\mathrm{d}r\\&\leqslant\frac{\mathrm{e}^{-\ell\tau}}{\ell}\|\boldsymbol{\Phi}_f\|^2\boldsymbol{I}+\int_{t-\tau}^t\boldsymbol{\Phi}_f^{\mathrm{T}}(r)\boldsymbol{\Phi}_f(r)\mathrm{d}r\end{aligned}\tag{6.8}$$

由式(6.8) 可得

$$\int_{t-\tau}^t\boldsymbol{\Phi}_f^{\mathrm{T}}(r)\boldsymbol{\Phi}_f(r)\mathrm{d}r\geqslant\sigma^{\dagger}\boldsymbol{I},t\geqslant\tau\tag{6.9}$$

其中，$\sigma^{\dagger}=\sigma-\mathrm{e}^{-\ell\tau}\|\boldsymbol{\Phi}_f\|^2/\ell>0$ 为正值常数。因此可知，$\boldsymbol{\Phi}_f$ 满足持续激励条件。考虑到 $\boldsymbol{\Phi}_f$ 和 $\boldsymbol{\Phi}$ 之间的低通滤波传递函数 $1/(ks+1)$是最小相位稳定的，所以 $\boldsymbol{\Phi}$ 也同样满足持续激励条件。证毕。 □

由定理 6.1 可知，可将判别持续激励条件的问题等效为检验辅助矩阵 $\boldsymbol{P}$ 的正定性，方便实际在线分析。在实际应用中，可通过计算其最小特征值来判断是否满足 $\lambda_{\min}(\boldsymbol{P})>0$。需要说明，当持续激励条件满足时，矩阵 $\boldsymbol{P}$ 是可逆的。已有文献[12] 提出在自适应参数估计方法中采用 $\boldsymbol{P}^{-1}$ 做在线计算会引起计算量较大的问题。为避免在线计算矩阵 $\boldsymbol{P}^{-1}$，定义矩阵 $\boldsymbol{K}\in\Re^{p\times p}$ 满足如下方程

$$\dot{\boldsymbol{K}}=-\ell\boldsymbol{K}-\boldsymbol{K}\boldsymbol{\Phi}_f^{\mathrm{T}}\boldsymbol{\Phi}_f\boldsymbol{K}\tag{6.10}$$

其中，$\boldsymbol{K}^{-1}(0)=\boldsymbol{K}_0=\lambda\boldsymbol{I}$ 为非零初始值，且 $\lambda>0$，$\ell>0$ 为式(6.3) 中的正值常数。由矩阵等式 $\frac{\mathrm{d}}{\mathrm{d}t}\boldsymbol{K}\boldsymbol{K}^{-1}=\dot{\boldsymbol{K}}\boldsymbol{K}^{-1}+\boldsymbol{K}\frac{\mathrm{d}}{\mathrm{d}t}\boldsymbol{K}^{-1}=0$，可推出式(6.10) 的解为

$$\boldsymbol{K}(t)=\left[\mathrm{e}^{-\ell t}\boldsymbol{K}_0+\int_0^t \mathrm{e}^{-\ell(t-r)}\boldsymbol{\Phi}_f^{\mathrm{T}}(r)\boldsymbol{\Phi}_f(r)\mathrm{d}r\right]^{-1}=[\mathrm{e}^{\ell t}\boldsymbol{K}_0+\boldsymbol{P}(t)]^{-1}\tag{6.11}$$

由上式可知，当满足初始条件 $\boldsymbol{K}_0$ 时，矩阵 $\boldsymbol{K}$ 将趋近于矩阵 $\boldsymbol{P}^{-1}$。

定理 6.2 对于式(6.3) 中定义的矩阵 $\boldsymbol{P}$ 和式(6.10) 中定义的矩阵 $\boldsymbol{K}$，如果回归向量 $\boldsymbol{\Phi}$ 满足持续激励条件，则 $\boldsymbol{K}(t)\boldsymbol{P}(t)=\boldsymbol{I}-\boldsymbol{M}(t)$ 成立，其中 $\boldsymbol{I}$ 为单位矩阵，$\boldsymbol{M}(t)\in\Re^{p\times p}$ 为包含初始条件 $\boldsymbol{K}_0$ 的残差矩阵，且当 $t\to\infty$时，矩阵 $\boldsymbol{M}$ 将指数收敛于零。

证明： 式(6.3) 定义的矩阵 $\boldsymbol{P}$ 为对称且非负矩阵，故可对矩阵 $\boldsymbol{P}$ 进行奇异值分解

$$\boldsymbol{P}(t)=\int_0^t \mathrm{e}^{-\ell(t-r)}\boldsymbol{\Phi}_f^{\mathrm{T}}(r)\boldsymbol{\Phi}_f(r)\mathrm{d}(r)=\boldsymbol{U}(t)\boldsymbol{S}(t)\boldsymbol{V}^{\mathrm{T}}(t)\tag{6.12}$$

其中，$\boldsymbol{S}(t)=\mathrm{diag}(s_1,\cdots,s_p)\in\Re^{p\times p}$ 为对角矩阵，s_i，$i=1$，…，p 为矩阵 $\boldsymbol{P}$ 的奇异值，$\boldsymbol{U}$，$\boldsymbol{V}$ 为酉矩阵。

因为矩阵 $\boldsymbol{U}$、$\boldsymbol{V}$ 为酉矩阵，且 $\boldsymbol{K}_0=\lambda\boldsymbol{I}$ 为对角矩阵，将式(6.12) 代入式(6.11) 中可得

$$\begin{aligned}\boldsymbol{K}(t)&=[\mathrm{e}^{-\ell t}\boldsymbol{K}_0+\boldsymbol{P}(t)]^{-1}=[\boldsymbol{U}(t)(\boldsymbol{S}(t)+\mathrm{e}^{-\ell t}\lambda\boldsymbol{I})\boldsymbol{V}^{\mathrm{T}}(t)]^{-1}\\&=\boldsymbol{V}(t)(\boldsymbol{S}(t)+\mathrm{e}^{-\ell t}\lambda\boldsymbol{I})^{-1}\boldsymbol{U}^{\mathrm{T}}(t)\end{aligned}\tag{6.13}$$

根据式(6.12) 和式(6.13)，可得

$$\boldsymbol{KP}=\boldsymbol{V}(\boldsymbol{S}+\mathrm{e}^{-\ell t}\lambda\boldsymbol{I})^{-1}\boldsymbol{SV}^{\mathrm{T}}=\boldsymbol{V}\mathrm{diag}\left(\frac{s_1}{s_1+\mathrm{e}^{-\ell t}\lambda},\cdots,\frac{s_p}{s_p+\mathrm{e}^{-\ell t}\lambda}\right)\boldsymbol{V}^{\mathrm{T}} \tag{6.14}$$

因为酉矩阵 $\boldsymbol{V}$ 满足 $\boldsymbol{V}(t)\boldsymbol{V}^{\mathrm{T}}(t)=\boldsymbol{I}$，则式(6.14) 可进一步写为

$$\boldsymbol{K}(t)\boldsymbol{P}(t)=\boldsymbol{I}-\boldsymbol{M}(t) \tag{6.15}$$

其中，$\boldsymbol{M}(t)=\boldsymbol{V}\mathrm{diag}\left(\frac{\mathrm{e}^{-\ell t}\lambda}{s_1+\mathrm{e}^{-\ell t}\lambda},\cdots,\frac{\mathrm{e}^{-\ell t}\lambda}{s_p+\mathrm{e}^{-\ell t\lambda}\lambda}\right)\boldsymbol{V}^{\mathrm{T}}$ 为受初始条件 $\lambda>0$ 影响的残差项。

由定理 6.1 可知，若回归向量 $\boldsymbol{\Phi}$ 满足持续激励条件，则矩阵 $\boldsymbol{P}$ 为正定矩阵，因此奇异值 s_i 是非零的。同时，由 $\lambda>0$ 和 $\ell>0$ 可知，等式 $\lim\limits_{t\to\infty}\frac{s_i}{s_i+\mathrm{e}^{-\ell t}\lambda}=1$，$\lim\limits_{t\to\infty}\frac{\mathrm{e}^{-\ell t}\lambda}{s_i+\mathrm{e}^{-\ell t}\lambda}=0$ 成立。因此，当 $t\to\infty$ 时，残差矩阵 $\boldsymbol{M}(t)$ 将指数收敛至零。证毕。 □

由定理 6.2 可知，矩阵 $\boldsymbol{KP}$ 将指数收敛于单位矩阵 $\boldsymbol{I}$。根据这一性质，在设计自适应参数估计律时，可以通过在线计算矩阵 $\boldsymbol{K}$ 来代替计算逆矩阵 $\boldsymbol{P}^{-1}$，并且用于计算参数估计误差。

为保证参数估计误差 $\tilde{\boldsymbol{\theta}}$ 被约束在预先规定的边界内，选取如下严格递减的正值函数 $\mu(t)$：$\Re^+\to\Re^+$ 作为预设暂态性能函数

$$\mu(t)=(\mu_0-\mu_\infty)\mathrm{e}^{-kt}+\mu_\infty \tag{6.16}$$

其中，$\mu_0>\mu_\infty>0$ 和 $k>0$ 为正常数，满足 $\lim\limits_{t\to\infty}\mu(t)=\mu_\infty>0$，如图 6.2 所示。

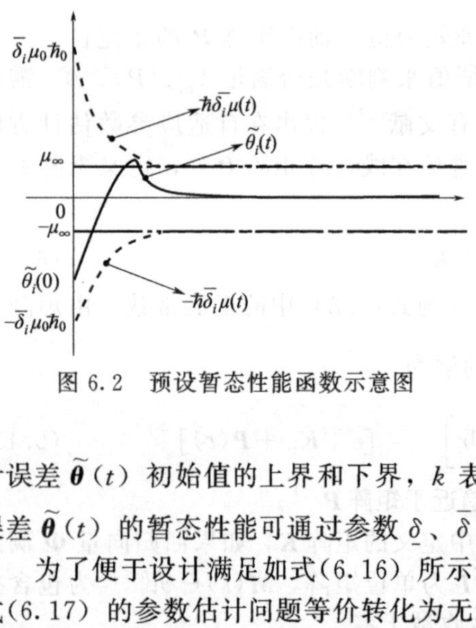

图 6.2　预设暂态性能函数示意图

由图 6.2 可知，参数估计误差的暂态收敛性能（如超调量和收敛速度）可被严格约束在如下的预先规定的边界内：

$$-\hbar:\underline{\boldsymbol{\delta}}\mu(t)<\tilde{\boldsymbol{\theta}}(t)<\hbar\ \bar{\boldsymbol{\delta}}\mu(t),\forall t>0 \tag{6.17}$$

其中，$\underline{\boldsymbol{\delta}}=[\underline{\delta}_1,\cdots,\underline{\delta}_p]^{\mathrm{T}}$，$\bar{\boldsymbol{\delta}}=[\bar{\delta}_1,\cdots,\bar{\delta}_p]^{\mathrm{T}}$，$\underline{\delta}_i$，$\bar{\delta}_i>0(i=1,\cdots,p)$ 为正值常数，$\hbar=(s_p+\mathrm{e}^{-\ell t}\lambda)/s_p$ 表示式(6.10) 中初始条件的影响，且满足当 $t\to\infty$ 时 $\hbar\to1$。

由上述分析可知，$\mu(0)=\mu_0\hbar_0=\hbar(0)=(s_p+\lambda)/s_p$。因此，$\bar{\boldsymbol{\delta}}\mu_0\hbar_0$ 和 $-\underline{\boldsymbol{\delta}}\mu_0\hbar_0$ 分别表示参数估计误差 $\tilde{\boldsymbol{\theta}}(t)$ 初始值的上界和下界，k 表示收敛速度，μ_∞ 为误差最终收敛边界。因此，估计误差 $\tilde{\boldsymbol{\theta}}(t)$ 的暂态性能可通过参数 $\underline{\delta}$、$\bar{\delta}$、k、μ_0 和 μ_∞ 设定。

为了便于设计满足如式(6.16) 所示暂态收敛性能的自适应参数估计律，将带有边界约束式(6.17) 的参数估计问题等价转化为无约束条件的情况进行考虑。为构建参数估计误差的等价转化，首先定义一个严格单调递增光滑函数 $S_i(z_i)$，满足如下两个性质：

① $-\underline{\delta}_i<S_i(z_i)<\bar{\delta}_i$，$\forall z_i\in L_\infty$（勒贝格可测空间）；

② $\lim\limits_{z_i\to+\infty}S_i(z_i)=\bar{\delta}_i$ 和 $\lim\limits_{z_i\to-\infty}S_i(z_i)=-\underline{\delta}_i$。

为此选取 $S_i(z_i)$ 的形式为

$$S_i(z_i)=\frac{\bar{\delta}_i\mathrm{e}^{z_i}-\underline{\delta}_i\mathrm{e}^{-z_i}}{\mathrm{e}^{z_i}+\mathrm{e}^{-z_i}} \tag{6.18}$$

由式(6.18) 可知，函数 $S_i(z_i)$ 为光滑严格单调递增函数，故其反函数存在。定义 $\boldsymbol{Z}=[z_1,\cdots,z_p]^{\mathrm{T}}$ 为自变量，且以 $\boldsymbol{S}(z)=[S_1(z_1),\cdots,S_p(z_p)]^{\mathrm{T}}$ 为转化函数的等价误差向

量为

$$Z=S^{-1}(\xi) \tag{6.19}$$

其中，$\boldsymbol{\xi}=\boldsymbol{KW}/\mu(t)=[\xi_1,\cdots,\xi_p]\in\Re^p$ 为标准化后的误差向量，可通过式(6.10) 中定义的矩阵 $\boldsymbol{K}$ 和式(6.7) 中的辅助向量 $\boldsymbol{W}$ 及式(6.16) 中的预设暂态性能函数计算而得。

根据式(6.18) 和式(6.19)，转化后的误差表达式可写为

$$\boldsymbol{Z}=\boldsymbol{S}^{-1}(\xi)=\frac{1}{2}\ln\frac{\xi+\underline{\delta}}{\bar{\delta}-\xi}=\left[\frac{1}{2}\ln\frac{\xi_1+\underline{\delta}_1}{\bar{\delta}_1-\xi_1},\cdots,\frac{1}{2}\ln\frac{\xi_p+\underline{\delta}_p}{\bar{\delta}_p-\xi_p}\right]^{\mathrm{T}} \tag{6.20}$$

对于任何有界的初始误差 $\tilde{\boldsymbol{\theta}}_i(0)$，可通过选择参数 μ_0、$\underline{\delta}_i$、$\bar{\delta}_i$ 以满足初始条件 $-\hbar_0\underline{\boldsymbol{\delta}}\mu(0)<\tilde{\boldsymbol{\theta}}(0)<\hbar_0\bar{\boldsymbol{\delta}}\mu(0)$。如果通过设计合适的自适应参数估计律能保证转化后的误差 $\boldsymbol{Z}$ 有界（即 $\boldsymbol{Z}\in L_\infty$，$\forall t>0$），则条件 $-\underline{\delta}<\boldsymbol{S}(\boldsymbol{Z})<\bar{\delta}$ 成立，故参数估计误差满足约束条件 $-\hbar_0\underline{\boldsymbol{\delta}}\mu(t)<\tilde{\boldsymbol{\theta}}(t)<\hbar_0\bar{\boldsymbol{\delta}}\mu(t)$。

定理 6.3 如果根据暂态性能函数式(6.18) 和误差等价转化表达式(6.19) 得到的转化误差 $\boldsymbol{Z}$ 有界，则参数估计误差 $\tilde{\boldsymbol{\theta}}$ 的暂态收敛性能保证被约束在预先规定的边界式(6.17) 以内。

证明： 利用式(6.18)、式(6.19) 及函数 $\boldsymbol{S}(\boldsymbol{Z})$ 的性质即可证明，因此省略。 □

由定理 6.3 可知，如式(6.1) 所示非线性系统的自适应参数估计算法能否满足预设暂态收敛性能等价于转化误差 $\boldsymbol{Z}$ 能否镇定的问题。因此，下面分析如何利用转化后的误差 $\boldsymbol{Z}$ 设计自适应参数估计律，以确保转化误差 $\boldsymbol{Z}$ 的有界性。

由前述分析可知，等式 $\boldsymbol{\xi}(t)=\boldsymbol{S}(\boldsymbol{Z}(t))=\boldsymbol{K}(t)\boldsymbol{W}(t)/\mu(t)$ 成立，所以由式(6.7) 和式(6.15) 可得

$$\boldsymbol{\xi}(t)=\frac{\boldsymbol{K}(t)\boldsymbol{W}(t)}{\mu(t)}=\frac{\boldsymbol{K}(t)\boldsymbol{P}(t)\tilde{\boldsymbol{\theta}}(t)}{\mu(t)}=\frac{[\boldsymbol{I}-\boldsymbol{M}(t)]\tilde{\boldsymbol{\theta}}(t)}{\mu(t)} \tag{6.21}$$

对 $\boldsymbol{Z}$ 求导可得

$$\dot{\boldsymbol{Z}}=\frac{\partial\boldsymbol{S}^{-1}}{\partial\xi}\dot{\xi}=\begin{bmatrix}\frac{\partial z_1}{\partial\xi} & \cdots & 0\\ \vdots & \frac{\partial z_i}{\partial\xi_i} & \vdots\\ 0 & \cdots & \frac{\partial z_n}{\partial\xi_n}\end{bmatrix}\begin{bmatrix}\dot{\xi}_1\\ \vdots\\ \dot{\xi}_i\\ \vdots\\ \dot{\xi}_n\end{bmatrix}=\boldsymbol{R}\left((\boldsymbol{I}-\boldsymbol{M})\dot{\tilde{\boldsymbol{\theta}}}-\dot{\boldsymbol{M}}\tilde{\boldsymbol{\theta}}-\frac{\dot{\mu}(\boldsymbol{I}-\boldsymbol{M})\tilde{\boldsymbol{\theta}}}{\mu}\right) \tag{6.22}$$

其中，$\boldsymbol{R}=\mathrm{diag}(r_1,\cdots,r_n)$为对角矩阵，对角元素可写为如下形式

$$r_i=\frac{1}{2\mu}\left[\frac{1}{\xi_i+\underline{\delta}_i}-\frac{1}{\xi_i-\bar{\delta}_i}\right],i=1,\cdots,p \tag{6.23}$$

其中，r_i 可由 $\xi_i(t)$ 和 $\mu(t)$ 计算而得，且存在正值常数 $r_{\mathrm{m}}>0$ 和 $r_{\mathrm{M}}>0$，使对角元素 r_i 满足 $r_{\mathrm{m}}\leqslant\|\boldsymbol{R}\|\leqslant r_{\mathrm{M}}$。

由式(6.22) 可见，转化后误差的导数 $\dot{\boldsymbol{Z}}$ 中包含有 $\dot{\tilde{\boldsymbol{\theta}}}$。对于未知时不变参数 $\boldsymbol{\theta}$，可知 $\dot{\hat{\boldsymbol{\theta}}}=-\dot{\tilde{\boldsymbol{\theta}}}$ 成立。故可将自适应参数估计律视为如式(6.22) 所示系统的虚拟控制输入，$\boldsymbol{Z}$ 为系统输出，目标是实现 $\boldsymbol{Z}$ 的有界性和收敛性。为此，设计如下自适应参数估计律

$$\dot{\hat{\boldsymbol{\theta}}}=\boldsymbol{\Gamma}_1\boldsymbol{Z}+\boldsymbol{\Gamma}_2\frac{\|\boldsymbol{W}\|}{\|\boldsymbol{Z}\|}\boldsymbol{Z} \tag{6.24}$$

其中，$\boldsymbol{\Gamma}_1$、$\boldsymbol{\Gamma}_2>0$ 为学习增益。

6.2 收敛性分析

下面定理给出上述自适应参数估计律的收敛性结论。

定理 6.4 对于辨识如式(6.1)所示的非线性系统的定常参数 $\boldsymbol{\theta}$，通过式(6.2)、式(6.3)、式(6.7)、式(6.10)和式(6.20)中定义的变量 $\boldsymbol{P}$、$\boldsymbol{Q}$、$\boldsymbol{W}$、$\boldsymbol{K}$、$\boldsymbol{Z}$ 构建自适应参数估计律[式(6.24)]，如果回归向量 $\boldsymbol{\Phi}$ 满足持续激励条件，则参数估计误差 $\tilde{\boldsymbol{\theta}}$ 将收敛至预先规定的边界[式(6.17)]以内，并且当 $\underline{\boldsymbol{\delta}}=\bar{\boldsymbol{\delta}}$ 时，参数估计误差 $\tilde{\boldsymbol{\theta}}$ 收敛于零。

证明：将式(6.24)代入式(6.22)中可得

$$\dot{\boldsymbol{Z}}=\boldsymbol{R}\left[-(\boldsymbol{I}-\boldsymbol{M})\boldsymbol{\Gamma}_1\boldsymbol{Z}-(\boldsymbol{I}-\boldsymbol{M})\boldsymbol{\Gamma}_2\frac{\|\boldsymbol{W}\|}{\|\boldsymbol{Z}\|}\boldsymbol{Z}-\left(\dot{\boldsymbol{M}}+\frac{\dot{\mu}(\boldsymbol{I}-\boldsymbol{M})}{\mu}\right)\tilde{\boldsymbol{\theta}}\right] \tag{6.25}$$

如果 $\boldsymbol{\Phi}$ 满足持续激励条件且有界，由定理 6.1 和定理 6.2 以及式(6.15)可知，矩阵 $\boldsymbol{P}$、$\boldsymbol{Q}$ 和 $\boldsymbol{K}$ 都有界，且矩阵 $\boldsymbol{I}-\boldsymbol{M}$ 为正定矩阵。因此，由式(6.15)可知 $\boldsymbol{I}-\boldsymbol{M}$ 和 $\dot{\boldsymbol{M}}$ 都有界，即存在正值常数 ε_1、ε_2、$\varepsilon_3>0$ 满足 $\varepsilon_1\leqslant\|\boldsymbol{I}-\boldsymbol{M}\|\leqslant\varepsilon_2$ 和 $\|\dot{\boldsymbol{M}}\|<\varepsilon_3$。由公式 $\boldsymbol{W}=\boldsymbol{P}\tilde{\boldsymbol{\theta}}$ 及性质 $\lambda_{\min}(\boldsymbol{P})>\sigma>0$ 可知，参数估计误差满足 $\|\tilde{\boldsymbol{\theta}}\|\leqslant\|\boldsymbol{W}\|/\sigma$。

选取 Lyapunov 函数 $V=\frac{1}{2}\boldsymbol{Z}^{\mathrm{T}}\boldsymbol{Z}$，其导数可通过式(6.25)计算为

$$\begin{aligned}\dot{V}=&\boldsymbol{Z}^{\mathrm{T}}\boldsymbol{R}\left[-(\boldsymbol{I}-\boldsymbol{M})\boldsymbol{\Gamma}_1\boldsymbol{Z}-(\boldsymbol{I}-\boldsymbol{M})\boldsymbol{\Gamma}_2\frac{\|\boldsymbol{W}\|}{\|\boldsymbol{Z}\|}\boldsymbol{Z}-\left(\dot{\boldsymbol{M}}+\frac{\dot{\mu}(\boldsymbol{I}-\boldsymbol{M})}{\mu}\right)\tilde{\boldsymbol{\theta}}\right]\leqslant\\&-r_{\mathrm{m}}\varepsilon_1\lambda_{\min}(\boldsymbol{\Gamma}_1)\|\boldsymbol{Z}\|^2-r_{\mathrm{m}}\varepsilon_1\lambda_{\min}(\boldsymbol{\Gamma}_2)\|\boldsymbol{W}\|\,\|\boldsymbol{Z}\|+\\&\frac{r_{\mathrm{M}}(\varepsilon_3+\varepsilon_2k\mu_0/\mu_\infty)}{\sigma}\|\boldsymbol{W}\|\,\|\boldsymbol{Z}\|\end{aligned} \tag{6.26}$$

通过设计自适应学习增益 $\boldsymbol{\Gamma}_2$ 满足 $\lambda_{min}(\boldsymbol{\Gamma}_2)\geqslant\frac{\gamma_{\mathrm{M}}(\varepsilon_3+\varepsilon_2k\mu_0/\mu_\infty)}{\gamma_{\mathrm{m}}\varepsilon_1\sigma}$，上述不等式(6.26)可进一步写为

$$\dot{V}\leqslant-r_{\mathrm{m}}\varepsilon_1\lambda_{\min}(\boldsymbol{\Gamma}_1)\|\boldsymbol{Z}\|^2\leqslant-\alpha_1V \tag{6.27}$$

其中，$\alpha_1=2\gamma_{\mathrm{m}}\varepsilon_1\lambda_{\min}(\boldsymbol{\Gamma}_1)$为正值常数。

由式(6.27)可知，转化误差 $\boldsymbol{Z}$ 将指数收敛到零，即 $\boldsymbol{Z}\to0$。这意味着 $\boldsymbol{\xi}$，$\boldsymbol{K}$，$\boldsymbol{W}$，$\tilde{\boldsymbol{\theta}}$，$\hat{\boldsymbol{\theta}}$ 都有界。由定理 6.3 和误差 $\boldsymbol{Z}$ 有界的性质可知，条件 $-\underline{\boldsymbol{\delta}}<\boldsymbol{S}(\boldsymbol{Z})<\bar{\boldsymbol{\delta}}$ 成立。因此，可以确定 $-\underline{\boldsymbol{\delta}}\mu(t)<[\boldsymbol{I}-\boldsymbol{M}(t)]\tilde{\boldsymbol{\theta}}(t)<\bar{\boldsymbol{\delta}}\mu(t)$ 成立。此外，由于 $\boldsymbol{I}-\boldsymbol{M}$ 为正定矩阵且有界，根据式(6.14)和式(6.15)可得到

$$(\boldsymbol{I}-\boldsymbol{M})^{-1}\leqslant\frac{1}{\lambda_{\min}(\boldsymbol{I}-\boldsymbol{M})}\boldsymbol{I}=\frac{1}{I-\lambda_{\max}(\boldsymbol{M})}\boldsymbol{I}=\hbar\boldsymbol{I} \tag{6.28}$$

其中 $\hbar=(s_p+\mathrm{e}^{-\ell t}\lambda)/s_p$，并且满足当 $t\to\infty$ 时 $\hbar\to1$。因此，参数估计误差将收敛至预先规定的边界 $-\hbar\,\underline{\boldsymbol{\delta}}\mu(t)<\tilde{\boldsymbol{\theta}}(t)<\hbar\,\bar{\boldsymbol{\delta}}\mu(t)$ 以内。

由式(6.18)所示函数 $S_i(z_i)$ 的性质可知，当 $\underline{\boldsymbol{\delta}}=\bar{\boldsymbol{\delta}}$ 时，转化后的误差将收敛至零，即 $\boldsymbol{Z}\to0$，也即 $\boldsymbol{\xi}\to0$。因此，当 $t\to\infty$ 时，$[\boldsymbol{I}-\boldsymbol{M}(t)]\tilde{\boldsymbol{\theta}}(t)\to0$ 成立。由式(6.15)和 $\boldsymbol{M}(t)$ 的定义可知，当 $t\to\infty$ 时有 $\boldsymbol{M}(t)\to0$ 和 $[\boldsymbol{I}-\boldsymbol{M}(t)]\to\boldsymbol{I}$。因此，当 $t\to\infty$ 时，$\tilde{\boldsymbol{\theta}}(t)\to0$ 成立。证毕。 □

由定理 6.4 可知，上一节给出的自适应参数估计算法不仅保证参数估计误差稳态收敛（即

当 $t\to 0$ 时，$\hat{\boldsymbol{\theta}}\to\boldsymbol{\theta}$)，而且能将估计误差 $\tilde{\boldsymbol{\theta}}$ 的暂态响应严格约束在预先规定的边界之内。这样，通过指定误差收敛性质，有助于获得更好的参数估计性能。

结合定理 6.4 和式(6.24) 可以看出，转化后的误差 $\boldsymbol{Z}$ 和含有参数估计误差的向量 $\boldsymbol{W}$ 被用来设计自适应参数估计算法，其实质上由两项组成：第一项用于保证 $\boldsymbol{Z}$ 的收敛性；第二项通过引入滑模项 $\|\boldsymbol{W}\|/\|\boldsymbol{Z}\|$ 补偿参数估计误差 $\tilde{\boldsymbol{\theta}}$ 的影响，从而保证参数估计收敛。参数估计误差 $\tilde{\boldsymbol{\theta}}$ 的边界由预设暂态性能函数的参数 $\underline{\boldsymbol{\delta}}$，$\bar{\boldsymbol{\delta}}$，$k$，$\mu_0\mu_\infty$ 以及 $\boldsymbol{I}-\boldsymbol{M}$ 的幅值决定。在暂态阶段，考虑到初始条件 λ 的影响，当收敛速度 k 为固定值时，$\boldsymbol{I}-\boldsymbol{M}$ 可能会扩大暂态误差收敛边界。注意采用较高的持续激励（即有较大奇异值 s_i 的矩阵 $\boldsymbol{P}$）水平可以有助于降低残差矩阵 $\boldsymbol{M}$ 的幅值，从而提高参数估计误差的收敛性能。说明一下，选择预设暂态性能函数的参数 $\underline{\boldsymbol{\delta}}$，$\bar{\boldsymbol{\delta}}$，$\mu_0$，$\mu_\infty$ 需要满足初始条件 $-\hbar_0\underline{\boldsymbol{\delta}}\mu(0)<\tilde{\boldsymbol{\theta}}(0)<\hbar\bar{\boldsymbol{\delta}}\mu(0)$。滤波器参数 k 反映一阶低通滤波器的带宽，一般选取原则是保证滤波器鲁棒性和参数估计收敛速度之间的平衡。

6.3 应用案例

例 6.1 考虑一个典型的非线性弹簧阻尼系统，其动态特性描述如下

$$\begin{cases}\dot{x}_1=x_2\\ \dot{x}_2=-\theta_1x_2-\theta_2x_1-\theta_3x_1^3+u\end{cases}\tag{6.29}$$

其中，x_1 和 x_2 分别为质量块的位移和速度，θ_1 为阻尼常数，$\theta_2x_1+\theta_3x_1^3$ 代表弹簧非线性特性。为保证系统状态 $\boldsymbol{x}$ 有界，设计反馈线性化控制器 $\boldsymbol{u}=\ddot{\boldsymbol{x}}_d-\boldsymbol{LE}-\boldsymbol{\Phi}(\boldsymbol{x})\hat{\boldsymbol{\theta}}$，其中控制误差 $\boldsymbol{E}=\boldsymbol{x}-\boldsymbol{x}_d$ 和增益 $\boldsymbol{L}=[100,20]$，系统的参考轨迹为正弦信号 $x_d(t)=\sin(t)$，用以保证自适应参数估计中的持续激励条件。待估计的时不变参数向量为 $\boldsymbol{\theta}=[\theta_1,\theta_2,\theta_3]^{\mathrm{T}}=[0.1,0.5,1.5]^{\mathrm{T}}$，回归向量为 $\boldsymbol{\Phi}(\boldsymbol{x})=[-x_2,-x_1,-x_1^3]$。

仿真测试中，系统初始值选取为 $x_1(0)=0$，$x_2(0)=0$，$\boldsymbol{\theta}(0)=[0,0,0]^{\mathrm{T}}$，自适应学习增益选取为 $\boldsymbol{\Gamma}_1=60\mathrm{diag}(30,40,60)$ 和 $\boldsymbol{\Gamma}_2=30\mathrm{diag}(5,40,80)$，滤波参数选取为 $k=0.001$ 和 $\ell=1$，预设暂态性能函数选取为 $\mu(t)=(5-0.05)\mathrm{e}^{-2t}+0.05$ 和 $\underline{\boldsymbol{\delta}}=\bar{\boldsymbol{\delta}}=[1,1,1]^{\mathrm{T}}$。图 6.3 示出基于在线自适应参数估计的系统状态跟踪控制结果。

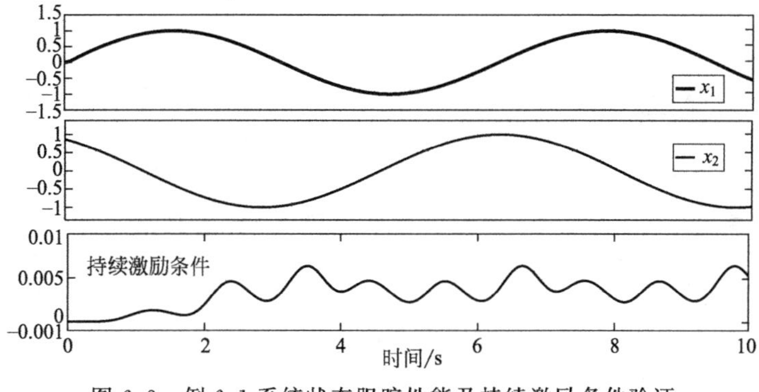

图 6.3 例 6.1 系统状态跟踪性能及持续激励条件验证

由图 6.3 可以看出，基于本章给出的自适应参数估计律可以保证系统状态 x_1 和 x_2 快速平稳地跟踪参考轨迹。同时，示出矩阵 $\boldsymbol{P}$ 的最小特征值 $\lambda_{\min}(\boldsymbol{P})$ 始终大于零，由定理 6.1 可知，辨识该系统满足持续激励条件。

将应用文献[9] 提出的自适应参数估计方法和传统的梯度下降算法[8] 进行对比。图 6.4 和图 6.5 示出本章的方法与文献[9] 提出的自适应参数估计方法（Adap）的对比仿真结果。

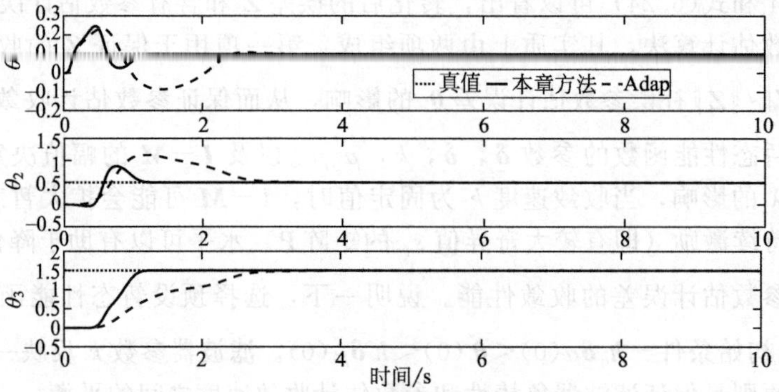

图 6.4　例 6.1 的参数估计结果对比

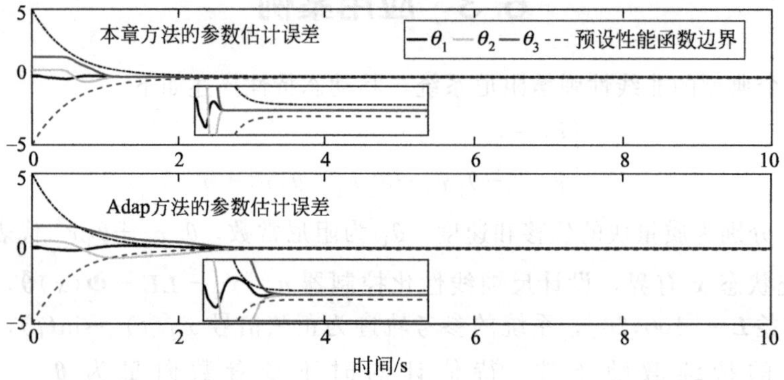

图 6.5　例 6.1 文献[11] 和本文算法的估计误差收敛性能对比

从图 6.4 可以看到，本章的方法实现快速的参数估计收敛。文献[9] 中的自适应参数估计方法虽然能够保证参数估计收敛到真值，但收敛速度较慢，并且暂态估计误差较大。图 6.5 示出本章的方法基于预设暂态性能函数进行参数估计，不仅可保证估计参数稳态收敛于真值，而且将参数估计的暂态误差限定在预先规定的边界内，验证了定理 6.4 的结论。

图 6.6 示出传统的梯度下降算法 [8] 的参数估计结果。

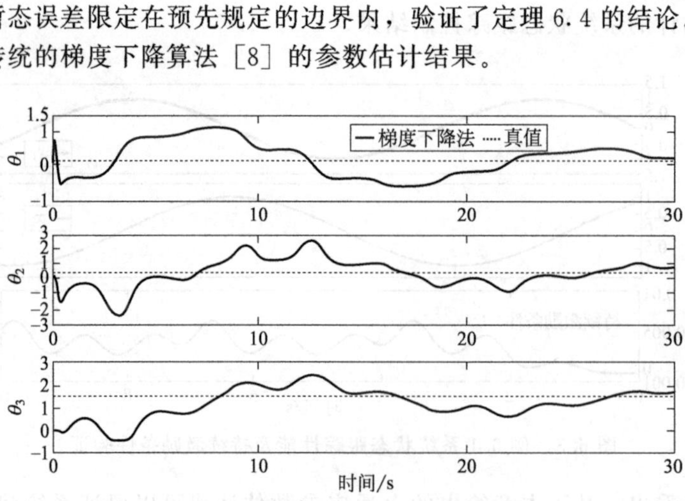

图 6.6　例 6.1 梯度法参数估计结果

可以看到，应用梯度下降算法[8] 进行参数估计需要相对较长的时间（大约 50s）才能渐近收敛，而且在真值附近产生振荡，暂态过程相当漫长，不利于在线实施和控制设计。

6.4 本章小结

本章针对非线性系统辨识介绍了一种自适应参数估计方法，可以定量设定自适应参数估计的暂态误差收敛性能（如超调量和收敛速度），并且严格保证参数估计误差的暂态和稳态收敛性能被约束在预先规定的边界以内。其主要思想是在自适应参数估计律中引入预设暂态性能函数，通过引入低通滤波器和辅助变量提取参数估计误差。然后利用预设暂态性能函数对参数估计误差进行等价转化，得到中间变量用以设计自适应参数估计律。因此，本章所介绍的算法不同于传统的基于梯度下降的自适应参数估计方法以及已有文献中仅保证参数估计稳态收敛的自适应算法。而且，通过引入矩阵奇异值分解避免了逆矩阵的计算，提高了在线计算效率。利用Lyapunov方法，证明了参数估计误差的收敛性能。通过仿真案例同传统的自适应参数估计方法比较，验证本章给出的含预设暂态收敛性能的自适应参数估计方法具有优越的暂态及稳态收敛性能。

习 题

1. 简述什么是持续激励条件，为什么在系统辨识和参数估计中需满足持续激励条件？举例说明。

2. 简述本章自适应参数估计方法的基本步骤。

3. 简述如何设计参数估计误差的暂态收敛性能函数？其中参数选取的基本准则是什么？举例说明。

4. 请写出定理 6.3 的详细证明步骤。

5. 如果系统存在时变性负载干扰，请分析本章给出自适应参数估计算法的收敛性，如能收敛，请推导误差边界。

6. 请参照附录给出的参数估计方法编写例 6.1 的仿真程序，并验证系统存在扰动信号 $\xi(t)=0.01\sin(0.04t)$ 的参数估计结果。

参考文献

[1] Ljung L. System Identification: Theory for the User, 2nd Edition, Prentice Hall, Englewood Cliff, New Jersey, 1999.

[2] 萧德云. 系统辨识理论与应用. 北京：清华大学出版社，2014.

[3] 丁锋，系统辨识新论. 北京：科学出版社，2013.

[4] Na J., Ren X., Xia Y. Adaptive parameter identification of linear SISO systems with unknown time-delay. Systems & Control Letters, 2014, 66, 43-50.

[5] Liu T., Dong S., Chen F., Li D., Identification of discrete-time output error model using filtered input excitation for integrating processes with time delay. IEEE Transactions on Automatic Control, 2016, 62, 2524-2530.

[6] Sastry S., Bodson M. Adaptive Control: Stability, Convergence and Robustness. Prentice Hall, Englewood Cliff, New Jersey, 2011.

[7] Marino R., Tomei P. Adaptive observers with arbitrary exponential rate of convergence for nonlinear systems. IEEE Transactions on Automatic Control, 1995, 40, 1300-1304.

[8] Ioannou P., Sun J. Robust Adaptive Control. Prentice-Hall, Upper Saddle River, New Jersey, 1996.

[9] Na J., Mahyuddin M. N., Herrmann G., Ren X., Barber P. Robust adaptive finite - time parameter estimation and control for robotic systems, International Journal of Robust and Nonlinear Control, 2015, 25, 3045-3071.

[10] Na J., Yang J., Wu X., Guo Y. Robust adaptive parameter estimation of sinusoidal signals, Automatica, 2015, 53, 376-384.

[11] Na J., Huang Y., Liu T., Zhu Q. Reinforced adaptive parameter estimation with prescribed transient convergence performance. Systems & Control Letters, 2021, 149, 104880 (1-10).

[12] Adetola V. and Guay M., Finite-time parameter estimation in adaptive control of nonlinear systems, IEEE Transactions on Automatic Control, 2008, 53, 807-811.

附　辨识算法程序

例 6.1 应用案例中参数估计算法程序伪代码

行号	编制程序伪代码	注释
1	for $i=1:n$	迭代开始，定义程序运行时长
2	$t(i)=i*ts$	按时间递推 3～4 行：构造辨识对象及误差
3	$x_d(i)=\sin(t(i)),\mathrm{d}x_d(i)=\cos(t(i)),\mathrm{dd}x_d(i)=-\sin(t(i))$	
4	$x_1(i)=x_{1\_1}+x_{2\_1}*ts$ $x_2(i)=x_{2\_1}+(u(i)-0.1*x_{2\_1}-0.5*x_{1\_1}-1.5*x_{1\_1}{}^3)*ts$ $e_1(i)=x_{1\_1}-x_d(i),e_1(i)=x_{2\_1}-dx_d(i)$	
5	$\mathrm{d}\boldsymbol{P}=-\ell\boldsymbol{P}\_1+\boldsymbol{\Phi}_f(:,i)*\boldsymbol{\Phi}_f(:,i)'$	
6	$\mathrm{d}\boldsymbol{Q}(:,i)=-\ell\boldsymbol{Q}\_1+\boldsymbol{\Phi}_f(:,i)*(x_e(i)/\kappa-u(i)_f)$	按时间递推 5～12 行：构造数据向量，迭代构造辨识算法
7	$\boldsymbol{W}(:,1)=\boldsymbol{Q}(:,i)-\boldsymbol{P}*\boldsymbol{\theta}\_1$	
8	$\mathrm{d}\boldsymbol{K}=\ell\boldsymbol{K}\_1-\boldsymbol{K}\_1*\boldsymbol{\Phi}_f(:,i)'*\boldsymbol{\Phi}_f(:,i)*\boldsymbol{K}\_1$	
9	$\mu(i)=(\mu_0-\mu_\infty)\mathrm{e}^{-kt(i)}+\mu_\infty$	
10	$\boldsymbol{\xi}(:,i)=(\boldsymbol{K}\_1*\boldsymbol{W}(:,i))/\mu(i)$	
11	$\boldsymbol{Z}(:,i)=\frac{1}{2}\ln\frac{\boldsymbol{\xi}(:,i)+\underline{\boldsymbol{\delta}}}{\bar{\boldsymbol{\delta}}-\boldsymbol{\xi}(:,i)}$	
12	$\hat{\boldsymbol{\theta}}(:,i)=\hat{\boldsymbol{\theta}}\_1+ts*\left(\boldsymbol{\Gamma}_1*\boldsymbol{Z}(:,i)-\boldsymbol{\Gamma}_2*\frac{\Vert\boldsymbol{W}(:,i)\Vert*\boldsymbol{Z}(:,i)}{\boldsymbol{Z}(:,i)}\right)$	
13	end	迭代结束
14	Plot$(t,\boldsymbol{\theta}(1,:))$	显示辨识结果
程序变量	n 为迭代终点；t_s 为采样频率；ℓ,κ 为滤波参数；$\boldsymbol{P}\_1$ 为辅助矩阵 $\boldsymbol{P}$ 上一时刻迭代值；d$\boldsymbol{P}$ 为辅助矩阵 $\boldsymbol{P}$ 当前时刻值；$\boldsymbol{Q}\_1$ 为辅助向量 Q 上一时刻迭代值；d$\boldsymbol{Q}(:,i)$为辅助向量 $\boldsymbol{Q}$ 当前时刻值；$\boldsymbol{W}(:,i)$为辅助向量 $\boldsymbol{W}$ 当前时刻值；$x_e(i)$跟踪误差当前时刻值；$\boldsymbol{K}_1$ 为辅助矩阵 $\boldsymbol{K}$ 上一时刻迭代值；$d\boldsymbol{K}$ 为辅助矩阵 $\boldsymbol{K}$ 当前时刻值；$u(i)_f$ 为当前时刻滤波系统输入；$\hat{\boldsymbol{\theta}}(:,i)$被估计参数当前时刻值；$\hat{\boldsymbol{\theta}}_1$ 为被估计参数 $\hat{\boldsymbol{\theta}}$ 的上一时刻迭代值；$\boldsymbol{\Gamma}_1$、$\boldsymbol{\Gamma}_2$ 为自适应学习增益	
程序输入	系统输出数据序列 $x_e(i),u(i)_f$	
程序输出	参数估计值 $\hat{\theta}(:,i)$	

第二部分　控制系统设计

第7章 单回路控制

7.1　内模控制（IMC）原理

基于过程辨识建模，内模控制（IMC）理论[1]可以实现较好的控制性能，已被广泛应用于各种工业过程控制系统设计[2-4]。图7.1示出一个典型的IMC结构，其中，G 表示被控过程；$\hat{G}$ 为过程传递函数模型；C 表示内模控制器；G_d 表示外部（或负载）干扰传递函数。通常为便于分析，将其输入归一化描述为 $\hat{d}_o(t)=1$。

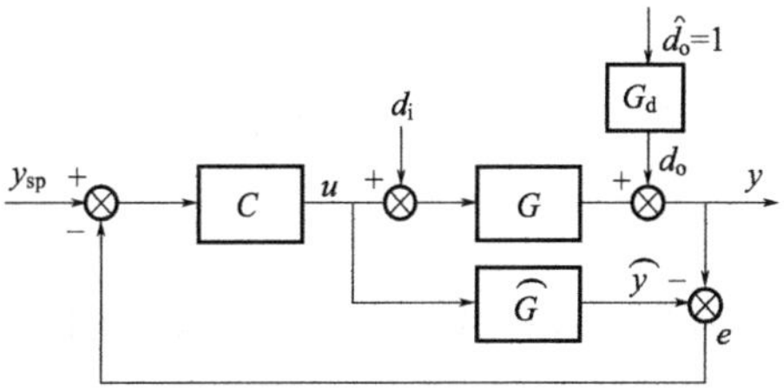

图7.1　内模控制结构

相对于一个如图7.2所示的经典单位反馈控制结构，可以看出，如果两种控制结构中的控制器满足以下关系：

$$K=\frac{C}{1-\hat{G}C} \tag{7.1}$$

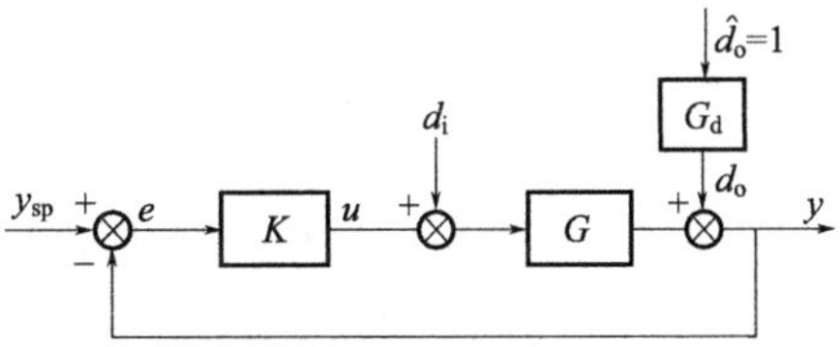

图7.2　经典的单位反馈控制结构

则IMC结构等价于一个单位反馈控制结构。

对于一个开环稳定的被控过程，一般设计IMC控制器如下：

① 将过程模型（$\hat{G}$）分解为全通部分（$\hat{G}_{ap}$）和最小相位（MP）部分（$\hat{G}_{mp}$）。

② 选择一个低通滤波器（F），使 $F/\hat{G}_{mp}$ 保持双正则。例如，Ⅰ型滤波器适用于一个阶跃型系统设定点输入，即

$$F=\frac{1}{(\lambda s+1)^{n_{mp}}} \tag{7.2}$$

其中，λ 是一个可调参数；$n_{mp}=\deg\{\hat{G}_{mp}\}$。Ⅱ型滤波器适用于斜坡型系统设定点输入，即

$$F=\frac{n_{mp}\lambda s+1}{(\lambda s+1)^{n_{mp}}} \tag{7.3}$$

③ IMC控制器形式确定为

$$C=\frac{F}{\widehat{G}_{\mathrm{mp}}} \tag{7.4}$$

由此得到的标称闭环系统设定点响应传递函数为

$$T=\widehat{G}_{\mathrm{ap}}F \tag{7.5}$$

注意，上述 IMC 设计可以实现 H_2 最优控制性能目标（即 ISE），$\min\|e\|_2$，用于跟踪设定点指令或抑制来自过程输出侧的负载干扰（如图 7.1 所示为 d_o）。另一个重要的优点是 IMC 控制器中只有一个需要整定的参数（λ），对应于式(7.5)中标称闭环传递函数中的单一时间常数。这个参数可以单调地调节以满足闭环系统的控制性能和鲁棒稳定性之间的折中。

例 7.1 考虑一个具有时滞的二阶过程：

$$G=\frac{1}{4s^2+2s+1}e^{-3s} \tag{7.6}$$

根据上述 IMC 设计方法，在标称情况下（即 $G=\widehat{G}$），将过程模型分解得到

$$\widehat{G}_{\mathrm{ap}}=e^{-3s} \tag{7.7}$$

$$\widehat{G}_{\mathrm{mp}}=\frac{1}{4s^2+2s+1} \tag{7.8}$$

对于阶跃型系统设定点输入，由式(7.2)可知：

$$F=\frac{1}{(\lambda s+1)^2} \tag{7.9}$$

将式(7.8)和式(7.9)代入式(7.4)中，可以得到 IMC 控制器形式

$$C=\frac{4s^2+2s+1}{(\lambda s+1)^2} \tag{7.10}$$

因此，标称闭环系统传递函数可以从式(7.5)中推导出来，即

$$T=\frac{1}{(\lambda s+1)^2}e^{-3s} \tag{7.11}$$

由式(7.11)可知，在设定点单位阶跃输入下的系统输出响应时域表达式为

$$y(t)=\begin{cases}0, & t\leqslant 3\\ 1-\left(1+\dfrac{t-3}{\lambda}\right)e^{-\frac{t-3}{\lambda}}, & t>3\end{cases} \tag{7.12}$$

可见标称系统的设定点响应没有超调，其时域指标可以进行定量调整。例如，对于常用的时域指标上升时间，可以由式(7.12)算出 $t_r=3.8897\lambda+3$。假设要求系统设定点响应上升时间为 $t_r\leqslant 7s$，由上式可知，IMC 控制器参数应限定为 $\lambda\leqslant 1.0284$。仿真实验取 $\lambda=1$ 做测试，系统设定点输入为单位阶跃信号，并于 $t=30s$ 时刻在过程输入端加入幅度为 0.2 的反向阶跃型负载扰动，系统输出响应如图 7.3 所示。

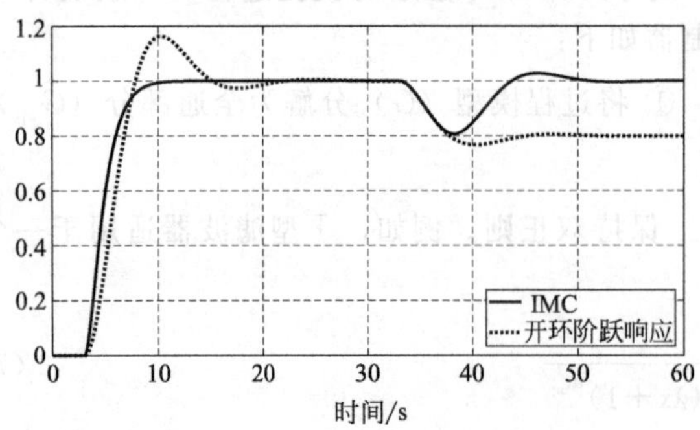

图 7.3 例 7.1 应用 IMC 方法的输出响应

可以看出，IMC 方法在满足系统上升时间要求 $[y(t=7s)\geqslant 0.9]$ 的前提下，输出响应快速平稳，并且没有超调。而且，在负载干扰的情况下，能消除其不利影响，保证无稳态输出偏差。

需要指出，标准 IMC 结构不能直接用于开环积分型或不稳定型过程，主要原因是不能保证控制系统内部稳定性[1]。闭环系统的内部稳定性在理论上定义为：系统所有端口的输入到

输出的传递函数都保持稳定[5]。如图 7.1 所示的标准 IMC 结构在标称情况（$G=\hat{G}$）下能保证内部稳定性的充分条件是以下传递函数矩阵保持稳定：

$$\begin{bmatrix} y \\ u \\ \hat{y} \end{bmatrix} = \begin{bmatrix} GC & G & G(1-GC) & 1-GC \\ C & 0 & -GC & -C \\ GC & G & -G^2C & -GC \end{bmatrix} \begin{bmatrix} y_{sp} \\ \tilde{u} \\ d_i \\ d_o \end{bmatrix} \tag{7.13}$$

其中，$\tilde{u}$ 表示进入控制器输出的外部信号，然后同时反馈到过程（G）及其模型（$\hat{G}$）。

从式(7.13）中可以看出，传递函数矩阵的第二列元素是不可控的，这意味着当存在诸如 $\tilde{u}$ 等外部干扰时，标准 IMC 结构不能对开环积分或不稳定过程保持内部稳定。

对照如图 7.1 所示的单位反馈控制结构，标称闭环控制系统保证内部稳定性的充分条件是

$$\begin{bmatrix} y \\ u \end{bmatrix} = \begin{bmatrix} \dfrac{GK}{1+GK} & \dfrac{G}{1+GK} & \dfrac{1}{1+GK} \\ \dfrac{K}{1+GK} & \dfrac{-GK}{1+GK} & \dfrac{-K}{1+GK} \end{bmatrix} \begin{bmatrix} y_{sp} \\ d_i \\ d_o \end{bmatrix} \tag{7.14}$$

从式(7.14）中可以看出，控制器包含在传递矩阵的所有元素中，因此，如果设计控制器能保证传递函数矩阵中每个元素的稳定性，就能保持闭环系统的内部稳定性。

对于开环积分或不稳定型被控过程，如果采用一个单位反馈控制结构，控制器设计需要满足以下约束条件来保证控制系统内部的稳定性[1]。

$$\lim_{s \to p_i} (1-T)=0, \quad i=1,2,\cdots,m \tag{7.15}$$

其中，$p_i(i=1,2,\cdots,m)$ 是被控过程传递函数模型在闭复右半平面（RHP）内的极点（包括虚轴）。

7.2 改进的 IMC 滤波器设计

抑制负载干扰是过程控制系统的一个主要任务。虽然经典的 IMC 设计方法可以在设定点跟踪和抑制从过程输出侧进入的负载扰动（如图 7.1 中所示 d_o）方面达到 H_2 最优性能（即 ISE 最小化），然而在工程实践中经常会遇到从过程输入侧进入的负载干扰 d_i，如图 7.1 所示。此外，很多情况下过程输出侧的负载干扰 $\hat{d}_o$ 可以归并入过程输入侧的干扰 d_i 来处理[3,5,6]。容易推导由 d_i 到 y 的传递函数为

$$H_{di}=G(1-T) \tag{7.16}$$

其中，T 为闭环传递函数（亦称余灵敏度函数）。

由式(7.16）可知，如果采用经典的 IMC 方法针对跟踪设定点或抑制输出侧扰动（d_o）优化 T，对应于 $H_{do}=1-T$，则过程输入侧负载扰动 d_i 引起的输出响应不可避免地会受到过程动态特性（G）的影响。对于时间常数较大的慢过程，这种扰动输出响应会显得迟钝，表现为“长尾”效应[7]。

为了减少慢过程动态特性（含大时间常数）对扰动下输出恢复响应的不利影响，一个可行的办法是消除式(7.16）右侧过程传递函数的慢极点。因此，期望式(7.16）式中第二项 $1-T$（即灵敏度函数 S），而不是 T，有相应的零点来对消 G 的慢极点，这样 H_{di} 的特征方程极点只由 T 的时间常数（即 IMC 滤波器中的一个可调参数）确定。然而对于一个带有时滞响应的被控过程，$1-T$ 中的分子不可避免地包含有时滞参数，因此不能进行因式分解来精确地对消 G 中的慢极点。为此，文献[8] 提出如下渐近约束来实现上述想法：

$$\lim_{s \to -p_i} (1-T)=0, i=1,2,\cdots,m \tag{7.17}$$

其中，p_i 是被控过程的慢极点，m 是这些极点的个数。

下面两小节将基于实际工程应用中常采用的带时滞参数低阶过程模型，如一阶加时滞（FOPDT）和二阶加时滞（SOPDT）模型，详细介绍改进的 IMC 设计方法，以便提高负载扰动抑制能力。

7.2.1 FOPDT 稳定过程

根据辨识建模得到的一个 FOPDT 过程模型，$\hat{G}(s)=k_p e^{-\theta s}/(\tau_p s+1)$，传统的 IMC 滤波器设置为

$$F_{IMC-1}=\frac{1}{\lambda s+1} \tag{7.18}$$

其中，λ 为一个可调参数。相应地，标称闭环系统余灵敏度函数可得为

$$T_{IMC-1}=\frac{e^{-\theta s}}{\lambda s+1} \tag{7.19}$$

为了改善负载扰动响应，这里将式(7.18) 中的传统 IMC 滤波器修改为

$$F_{RIMC-1}=\frac{\alpha s+1}{(\lambda_f s+1)^2} \tag{7.20}$$

其中，α 是一个待定参数，用于满足以下渐近约束条件

$$\lim_{s \to -1/\tau_p} (1-T)=0 \tag{7.21}$$

因此，可以得到

$$T_{RIMC-1}=\frac{(\alpha s+1)e^{-\theta s}}{(\lambda_f s+1)^2} \tag{7.22}$$

将式(7.22) 代入式(7.21)，得

$$\alpha=\tau_p\left[1-\left(\frac{\lambda_f}{\tau_p}-1\right)^2 e^{-\frac{\theta}{\tau_p}}\right] \tag{7.23}$$

由此可见，α 是关于 λ_f 的函数，所以，在改进的 IMC 滤波器中，保留只有一个可调参数 λ_f。

根据标称闭环系统传递函数，$T=\hat{G}C$，改进的 IMC 控制器如下：

$$C_{RIMC-1}=\frac{(\alpha s+1)(\tau_p s+1)}{k_p(\lambda_f s+1)^2} \tag{7.24}$$

需要注意，当 λ_f 被整定为 τ_p(或 G_d 的 τ_d) 时，$C_{RIMC-1}=1/k_p$，相应地，T_{RIMC-1} 就变成了 G(或 G_d)。当 λ_f 大于 τ_p(或 τ_d) 时，负载扰动响应将比 G(或 G_d) 慢。因此，一般性地应整定 $\lambda_f<\tau_p$，以提高负载扰动抑制性能。

将 FOPDT 过程模型和式(7.22) 代入式(7.16)，并进行拉普拉斯反变换，可以得出在一个单位阶跃型干扰 d_i 进入过程输入侧的系统输出响应时域表达式

$$y_{d_i}(t)=\begin{cases} 0, & t\leqslant\theta \\ k_p\left(1-e^{-\frac{t-\theta}{\tau_p}}\right), & \theta<t\leqslant 2\theta \\ k_p\left[1-e^{-\frac{\theta}{\tau_p}}+\dfrac{1+\left(\dfrac{\lambda_f}{\tau_p}-1\right)e^{-\frac{\theta}{\tau_p}}}{\lambda_f}(t-2\theta)\right]e^{-\frac{t-2\theta}{\lambda_f}}, & t>2\theta \end{cases} \tag{7.25}$$

可见，在时间段 $t\in(\theta,2\theta]$ 内 $y_{d_i}(t)$ 单调增加，且 $\mathrm{d}y_{d_i}(t)/\mathrm{d}t\big|_{t=2\theta}\neq 0$。输出峰值应在时间段 $(2\theta,\infty)$ 内达到。达到扰动响应峰值（DP）的时间可以通过对最终阶段求解 $\mathrm{d}y_{d_i}(t)/\mathrm{d}t=$

0得出，即

$$t_{\mathrm{DP}}=2\theta+\frac{\lambda_{\mathrm{f}}^{2}\mathrm{e}^{-\frac{\theta}{\tau_{\mathrm{p}}}}}{\tau_{\mathrm{p}}+(\lambda_{\mathrm{f}}-\tau_{\mathrm{p}})\mathrm{e}^{-\frac{\theta}{\tau_{\mathrm{p}}}}} \tag{7.26}$$

将式(7.26) 代入式(7.25) 可得

$$y_{\mathrm{d_i}}(t_{\mathrm{DP}})=k_{\mathrm{p}}\left[1+\left(\frac{\lambda_{\mathrm{f}}}{\tau_{\mathrm{p}}}-1\right)\mathrm{e}^{-\frac{\theta}{\tau_{\mathrm{p}}}}\right]\mathrm{e}^{\frac{-\frac{\lambda_{\mathrm{f}}}{\tau_{\mathrm{p}}}\mathrm{e}^{-\frac{\theta}{\tau_{\mathrm{p}}}}}{1+\left(\frac{\lambda_{\mathrm{f}}}{\tau_{\mathrm{p}}}-1\right)\mathrm{e}^{-\frac{\theta}{\tau_{\mathrm{p}}}}}} \tag{7.27}$$

为了明确 λ_{f} 和 DP 之间的调节关系，给出以下推论：

推论 7.1 对于一个 FOPDT 过程，负荷扰动响应（$y_{\mathrm{d_i}}$）的 DP 关于 λ_{f} 单调递增。

证明： 令 $A=1+\left(\frac{\lambda_{\mathrm{f}}}{\tau_{\mathrm{p}}}-1\right)\mathrm{e}^{-\frac{\theta}{\tau_{\mathrm{p}}}}$，$B=1-\mathrm{e}^{-\frac{\theta}{\tau_{\mathrm{p}}}}$，式(7.27) 中所示 $y_{\mathrm{d_i}}(t_{\mathrm{DP}})$ 的一阶导数可推导为

$$\frac{\mathrm{d}y_{\mathrm{d_i}}(t_{\mathrm{DP}})}{\mathrm{d}\lambda_{\mathrm{f}}}=\frac{k_{\mathrm{p}}}{\tau_{\mathrm{p}}}\mathrm{e}^{\frac{B}{A}-\frac{\theta}{\tau_{\mathrm{p}}}-1}\left(1-\frac{B}{A}\right)$$

由于 $A>B>0$，则 $\mathrm{d}y_{\mathrm{d_i}}(t_{\mathrm{DP}})/\mathrm{d}\lambda_{\mathrm{f}}>0$。因此，上述推论成立。 □

将系统输出恢复时间定义为上述负载扰动下系统输出响应恢复到设定值跟踪误差±5%范围内的时间，记为 t_{re}。由式(7.25) 可知

$$1-\mathrm{e}^{-\frac{\theta}{\tau_{\mathrm{p}}}}+\frac{t_{\mathrm{re}}-2\theta}{\lambda_{\mathrm{f}}}\left[1+\left(\frac{\lambda_{\mathrm{f}}}{\tau_{\mathrm{p}}}-1\right)\mathrm{e}^{-\frac{\theta}{\tau_{\mathrm{p}}}}\right]=0.05\mathrm{e}^{\frac{t_{\mathrm{re}}-2\theta}{\lambda_{\mathrm{f}}}} \tag{7.28}$$

由于式(7.28) 是一个超越式方程而不能解析求解，这里采用 Newton-Raphson 算法进行数值计算 λ_{f} 和 t_{re} 之间的定量关系。图 7.4 示出在 $\lambda_{\mathrm{f}}/\tau_{\mathrm{p}}\in[0.1,2.0]$ 和 $\theta/\tau_{\mathrm{p}}\in[0.1,2.0]$ 比值范围内相对于过程增益的恢复时间，即 $t_{\mathrm{re}}/k_{\mathrm{p}}$ 的数值结果。

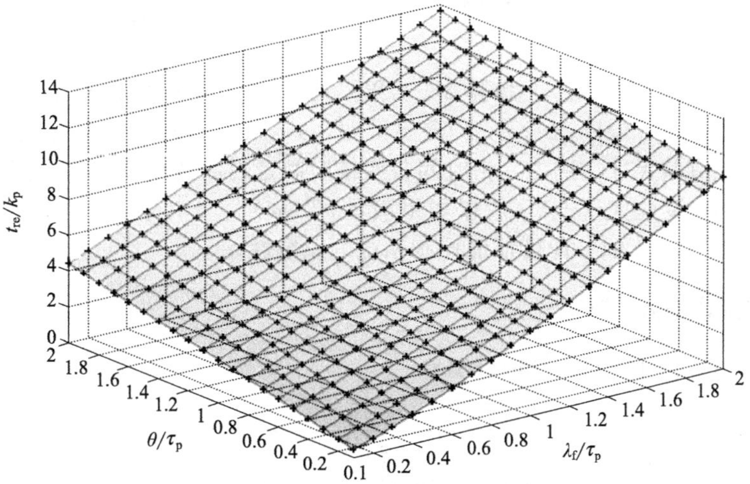

图 7.4 FOPDT 过程的扰动响应恢复时间

需要说明，上图中的结果是由令 $\tau_{\mathrm{p}}=1$ 计算得出。如果 $\tau_{\mathrm{p}}\neq1$，恢复时间可以图解为 $t_{\mathrm{re}}=\tau_{\mathrm{p}}t_{\mathrm{re}}|_{\tau_{\mathrm{p}}=1}$，注意 $t_{\mathrm{re}}|_{\tau_{\mathrm{p}}=1}$ 对应于式(7.28) 中 $\lambda_{\mathrm{f}}/\tau_{\mathrm{p}}$ 的等价解。

根据分析鲁棒稳定性的 M-Δ 结构[5]，一个 IMC 结构基于过程乘性不确定性描述的输入与输出之间的传递函数等同于闭环余灵敏度函数 T。因此，由小增益定理可知，基于过程乘性

不确定性描述的闭环系统保证鲁棒稳定性的充要条件是

$$\|T\|_{\infty}<\frac{1}{\|\Delta\|_{\infty}} \tag{7.29}$$

其中，$\Delta=(G-\hat{G})/\hat{G}$ 表示过程乘性不确定性。

对于一个单输入单输出系统，$\|T\|_{\infty}=\sup(|T(j\omega)|)$，$\|\Delta\|_{\infty}=\sup(|\Delta(j\omega)|)$，$\forall\omega\in[0,+\infty)$。因此，为了分析方便，这里表示$|\Delta|_{m}=\sup(|\Delta(j\omega)|)$。

由式(7.22) 可知

$$|T(j\omega)|=\frac{\sqrt{\alpha^{2}\omega^{2}+1}}{\lambda_{f}^{2}\omega^{2}+1} \tag{7.30}$$

其一阶导数为

$$\frac{d|T(j\omega)|}{d\omega}=\frac{\omega(\alpha^{2}-2\lambda_{f}^{2}-\alpha^{2}\lambda_{f}^{2}\omega^{2})}{(\lambda_{f}^{2}\omega^{2}+1)^{2}\sqrt{\alpha^{2}\omega^{2}+1}} \tag{7.31}$$

可以通过 $d|T(j\omega)|/d\omega=0$ 验证，对于 $\lambda_{f}\geqslant\alpha/\sqrt{2}$，$\omega=0$ 是唯一的极点。也就是说，$\sup(|T(j\omega)|)=|T(0)|=1$。

当控制器整定参数在$0<\lambda_{f}<\alpha/\sqrt{2}$范围内时，有两个极点 $\omega_{1}=0$ 和 $\omega_{2}=\sqrt{\alpha^{2}-2\lambda_{f}^{2}}/(\alpha\lambda_{f})$。将后者代入式(7.30) 可得

$$|T(j\omega_{2})|=\frac{\alpha^{2}}{2\lambda_{f}\sqrt{\alpha^{2}-2\lambda_{f}^{2}}}$$

由 $\alpha^{2}-2\lambda_{f}^{2}>0$ 可知$|T(j\omega_{2})|>1$。因此，可以得出结论

$$\sup(|T(j\omega)|)=\begin{cases}1, & \lambda_{f}\geqslant\alpha/\sqrt{2}\\ \dfrac{\alpha^{2}}{2\lambda_{f}\sqrt{\alpha^{2}-2\lambda_{f}^{2}}}, & 0<\lambda_{f}<\alpha/\sqrt{2}\end{cases} \tag{7.32}$$

从式(7.32) 可以看出，当整定参数 $\lambda_{f}\geqslant\alpha/\sqrt{2}$时，$|T(j\omega)|$的上界固定为 1，因此要求$|\Delta|_{m}<1$ 以保证闭环系统稳定。

对于过程增益不确定性 Δk_{p}，由于 $\Delta k_{p}\in\Re$，式(7.29) 中的鲁棒稳定性约束等同于奈奎斯特稳定性准则$|T(j\omega)|<1/|\Delta(j\omega)|$。需要说明，式(7.29) 示出的鲁棒约束条件对于其他过程不确定性可能有些保守。例如，由时间常数或时间延迟的变化引起的模型不确定性在实践中不大可能导致相位变化大于$-\pi$，所以如果满足$|T(j\omega)|<1/|\Delta(j\omega)|,\omega\in[0,\infty)$，则可不必要$\sup(|T(j\omega)|)<1/|\Delta|_{m}$ 即可保证控制系统的稳定性。

7.2.2 SOPDT 稳定过程

对于一个 SOPDT 过程的一般辨识模型

$$G_{2}=\frac{k\omega_{n}^{2}}{s^{2}+2\xi\omega_{n}s+\omega_{n}^{2}}e^{-\theta s} \tag{7.33}$$

其中，ω_{n} 表示自然频率；ξ 为阻尼比。传统的 IMC 滤波器设置为

$$F_{IMC-2}=\frac{1}{(\lambda s+1)^{2}} \tag{7.34}$$

为了改善负载扰动响应，将式(7.34) 所示的传统 IMC 滤波器修改为

$$F_{RIMC-2}=\frac{\alpha s^{2}+\beta s+1}{(\lambda_{f}s+1)^{4}} \tag{7.35}$$

其中，α 和 β 是待定系数，用于满足以下渐近约束条件

$$\lim_{s\to -p_1}(1-T)=0 \tag{7.36}$$

$$\lim_{s\to -p_2}(1-T)=0 \tag{7.37}$$

其中

$$p_1=\begin{cases}\omega_n(\xi-j\sqrt{1-\xi^2}), & 0<\xi<1\\ \omega_n(\xi-\sqrt{\xi^2-1}), & \xi\geqslant 1\end{cases} \qquad p_2=\begin{cases}\omega_n(\xi+j\sqrt{1-\xi^2}), & 0<\xi<1\\ \omega_n(\xi+\sqrt{\xi^2-1}), & \xi\geqslant 1\end{cases}$$

注意：$-p_1$ 和 $-p_2$ 是 G_2 的两个极点。当 $\xi=1$，存在 $p_1=p_2=\omega_n$，使得式(7.36) 与式(7.37) 相同。因此，应该增加另一个渐近约束条件来推导出 α 和 β，即

$$\lim_{s\to -p_1}\frac{d}{ds}(1-T)=0 \tag{7.38}$$

相应地，标称闭环系统余灵敏度函数可以确定为

$$T_{RIMC-2}=\frac{(\alpha s^2+\beta s+1)e^{-\theta s}}{(\lambda_f s+1)^4} \tag{7.39}$$

当 $\xi\neq 1$，将式(7.39) 分别代入式(7.36) 和式(7.37)，可以得到

$$\alpha=\frac{p_1 e^{-\theta p_2}(p_2\lambda_f-1)^4-p_2 e^{-\theta p_1}(p_1\lambda_f-1)^4-p_1+p_2}{p_1 p_2(p_2-p_1)} \tag{7.40}$$

$$\beta=\frac{p_1^2 e^{-\theta p_2}(p_2\lambda_f-1)^4-p_2^2 e^{-\theta p_1}(p_1\lambda_f-1)^4-p_1^2+p_2^2}{p_1 p_2(p_2-p_1)} \tag{7.41}$$

当 $\xi=1$ 时，将式(7.39) 分别代入式(7.36) 和式(7.38)，可以得到

$$\alpha=\frac{1}{\omega_n^2}[1+e^{-\omega_n\theta}(\omega_n\lambda_f-1)^3(1+\omega_n\theta+3\omega_n\lambda_f-\omega_n^2\theta\lambda_f)] \tag{7.42}$$

$$\beta=\frac{1}{\omega_n}[2+e^{-\omega_n\theta}(\omega_n\lambda_f-1)^3(2+\omega_n\theta+2\omega_n\lambda_f-\omega_n^2\theta\lambda_f)] \tag{7.43}$$

可以看出，α 和 β 都是关于 λ_f 的函数。所以，在改进的 IMC 滤波器中，仍然保留只有一个可调参数 λ_f。相应地，控制器可以推导为

$$C_{RIMC-2}=\frac{(\alpha s^2+\beta s+1)(s^2+2\xi\omega_n s+\omega_n^2)}{k\omega_n^2(\lambda_f s+1)^4} \tag{7.44}$$

将式(7.3) 和式(7.39) 代入式(7.16)，并进行拉普拉斯反变换，可以得出在一个单位阶跃型干扰 d_i 进入过程输入侧的系统输出响应时域表达式

$$y_{d_i}(t)=L^{-1}\left\{\frac{k\omega_n^2 e^{-\theta s}}{s(s^2+2\xi\omega_n s+\omega_n^2)}\left[1-\frac{\alpha s^2+\beta s+1}{(\lambda_f s+1)^4}e^{-\theta s}\right]\right\} \tag{7.45}$$

由于扰动响应峰值（DP）不能从式(7.45) 中解析地得到，这里给出一些数值计算结果来说明 DP 与 λ_f 之间的定量整定关系。从式(7.45) 中可以看出，如果采用一个替换的复变量，$\hat{s}=s/(\xi\omega_n)$，则对于给定的 $\lambda_f(\xi\omega_n)$ 和 $\theta(\xi\omega_n)$ 值，DP/k 只由 ξ 决定，而与 ω_n 无关。图 7.5 示出在 $\lambda_f(\xi\omega_n)\in[0.2,2]$ 和 $\theta(\xi\omega_n)\in[0.1,2]$ 范围内，分别取 $\xi=0.5$，$\xi=1.0$，$\xi=1.5$ 得到的数值计算结果。

对于负载扰动 $\hat{d}_o$ 影响过程输出的情况，实际工程应用中常采用一阶传递函数描述扰动特性：

$$G_d=\frac{k_d}{\tau_d s+1}e^{-\theta_d s} \tag{7.46}$$

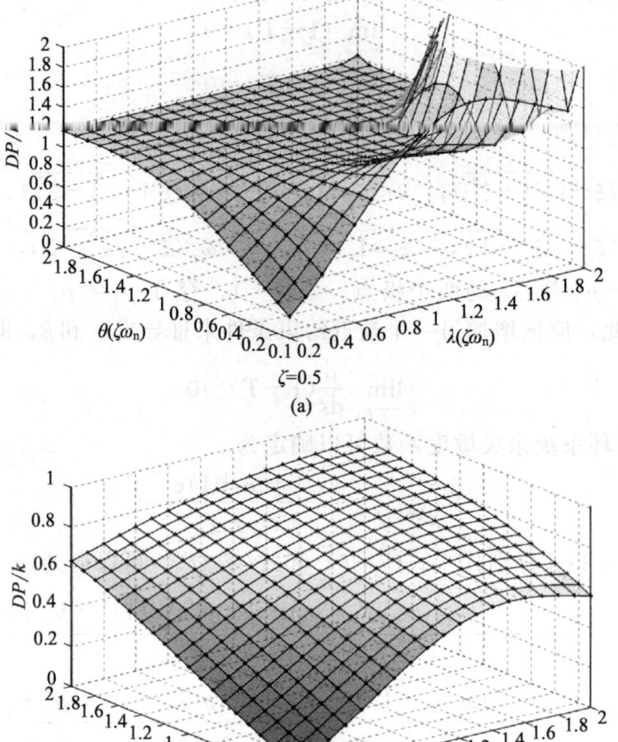

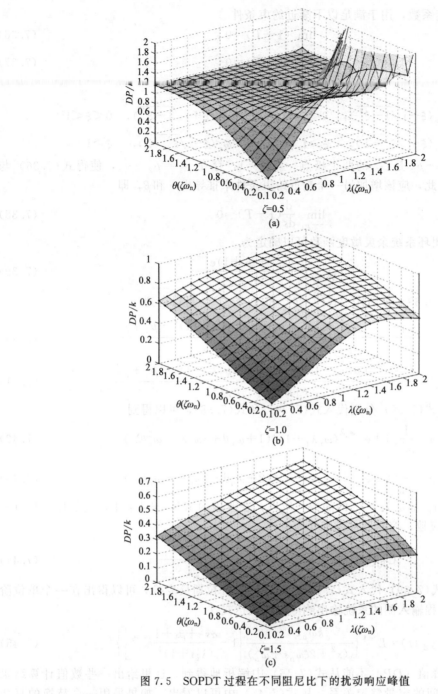

图 7.5　SOPDT 过程在不同阻尼比下的扰动响应峰值

其中，τ_d 是反映干扰动态特性的时间常数。

由图 7.1 可知

$$\frac{y_{d_i}}{\hat{d}_o}=G_d(1-T) \tag{7.47}$$

为了减少 G_d 的大时间常数 τ_d 对负载扰动响应的不利影响，可将 IMC 滤波器修改为

$$F_{RIMC-3}=\frac{\alpha s+1}{(\lambda_f s+1)^3} \tag{7.48}$$

其中，α 是一个待定参数，用于满足以下渐近约束条件

$$\lim_{s\to -1/\tau_d}(1-T)=0 \tag{7.49}$$

相应地，闭环系统余灵敏度函数可确定为

$$T_{\text{RIMC}-3}=\frac{\alpha s+1}{(\lambda_f s+1)^3}e^{-\theta s} \tag{7.50}$$

将式(7.50)代入式(7.49)可得

$$\alpha=\tau_d\left[1+\left(\frac{\lambda_f}{\tau_d}-1\right)^3 e^{-\frac{\theta}{\tau_d}}\right] \tag{7.51}$$

因此，IMC 控制器可以推导为

$$C_{\text{RIMC}-3}=\frac{(\alpha s+1)(s^2+2\xi\omega_n s+\omega_n^2)}{k\omega_n^2(\lambda_f s+1)^3} \tag{7.52}$$

从式(7.46)、式(7.50)和式(7.51)中可以看出，DP/k_d 与 λ_f/τ_d 和 θ/τ_d 有关，但与时滞 θ_d 无关。图 7.6 示出在 $\lambda_f/\tau_d\in[0.2,2]$ 和 $\theta/\tau_d\in[0.1,2]$ 范围内的数值计算结果。

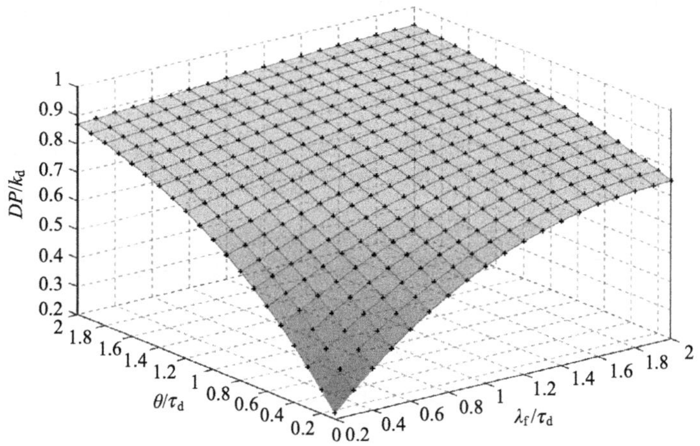

图 7.6　对于一阶负载扰动传递函数的扰动响应峰值

说明：在前面针对抑制过程输入侧负载扰动的控制器设计中，为了确定 λ_f 的鲁棒调节约束条件，由式(7.39)可知

$$|T(j\omega)|=\frac{\sqrt{(\alpha^2\omega^2-1)^2+\beta^2\omega^2}}{(\lambda_f^2\omega^2+1)^2} \tag{7.53}$$

其一阶导数可以推导为

$$\frac{d|T(j\omega)|}{d\omega}=\frac{\omega}{(\lambda_f^2\omega^2+1)^3}\left[\frac{2\alpha(\alpha\omega^2-1)+\beta^2}{\sqrt{(\alpha\omega^2-1)^2+\beta^2\omega^2}}(\lambda_f^2\omega^2+1)-4\lambda_f^2\sqrt{(\alpha\omega^2-1)^2+\beta^2\omega^2}\right] \tag{7.54}$$

显然，$\omega=0$ 是一个极点，对应于 $|T(0)|=1$。对于 $\omega\neq 0$，令 $d|T(j\omega)|/d\omega=0$，可知

$$2\alpha^2\lambda_f^2x^2+[3\lambda_f^2(\beta^2-2\alpha)-2\alpha^2]x+4\lambda_f^2+2\alpha-\beta^2=0 \tag{7.55}$$

其中，$x=\omega^2$。令 $A_0=2\alpha^2\lambda_f^2$，$B_0=3\lambda_f^2(\beta^2-2\alpha)-2\alpha^2$，$C_0=4\lambda_f^2+2\alpha-\beta^2$，则式(7.55)的二次判别式可以表示为 $\delta_0=B_0^2-4A_0C_0$。

下面的推论给出调节 λ_f 的鲁棒稳定性约束。

推论 7.2　对于如式(7.33)描述的 SOPDT 过程，图 7.1 所示的闭环控制系统保证鲁棒稳定性，当且仅当 $\sup(|T(j\omega)|)<1/|\Delta|_m$，其中

$$\sup(|T(j\omega)|)=\begin{cases}\max\{1,|T(j\omega_1)|\}, & \delta_0>0, C_0\leqslant 0\\ \max\{1,|T(j\omega_1)|,|T(j\omega_2)|\}, & \delta_0>0, B_0<0, C_0>0\\ \max\left\{1,\left|T\left(j\sqrt{\dfrac{-B_0}{2A_0}}\right)\right|\right\}, & \delta_0=0, B_0<0\\ 1, & \text{其他情形}\end{cases}$$

$$\omega_1=\sqrt{\frac{-B_0+\sqrt{B_0^2-4A_0C_0}}{2A_0}} \quad \omega_2=\sqrt{\frac{-B_0-\sqrt{B_0^2-4A_0C_0}}{2A_0}}$$

证明： 对于推导 $\sup(|T(j\omega)|)$，存在六种情况。在上述表达式中，$\delta_0>0$ 属于情况（ⅰ）和（ⅱ）。情况（ⅲ）为"$\delta_0=0$，$B_0<0$"。情况（ⅳ）包含了三个子情况，即"$\delta_0<0$"，"$\delta_0>0$，$B_0>0$，$C_0>0$"和"$\delta_0=0$，$B_0\geqslant 0$"，这三个子情况导致式(7.55)没有正实解。

对于 $\delta_0>0$，式(7.55)有两个实根，即

$$x_{1,2}=\frac{-B_0\pm\sqrt{B_0^2-4A_0C_0}}{2A_0}$$

如果 $C_0\leqslant 0$，即情况（ⅰ），可见 $\sqrt{\delta_0}\geqslant|B_0|$，对应于 $x_1\geqslant 0$ 和 $x_2<0$。相应地，方程 $x=\omega^2$ 只有一个正实根，即 $\omega_1=\sqrt{x_1}$。所以，$\sup(|T(j\omega)|)$ 可能在 $\omega=0$ 或 ω_1 处。在情况（ⅱ）中，可以看到 $\sqrt{\delta_0}<|B_0|$，对应于 $x_1>0$ 和 $x_2>0$，因而存在 $x=\omega^2$ 的两个正实数根，即 $\omega_1=\sqrt{x_1}$ 和 $\omega_2=\sqrt{x_2}$。所以 $\sup(|T(j\omega)|)$ 可能在 $\omega=0$，ω_1 或 ω_2 处得到。

在情况（ⅲ）中，可以看出，式(7.55)的对偶正根为 $x=-B_0/(2A_0)$。相应地，可知 $\sup(|T(j\omega)|)$ 在 $\omega=0$ 或 $\sqrt{-B_0/(2A_0)}$ 处。

当 $\delta_0<0$，根据线性二次方程的可解性，式(7.55)没有实根。因此，$\sup(|T(j\omega)|)$ 仅在 $\omega=0$ 处。情况（ⅳ）的其他两个子情况类似。

因此，利用小增益定理，得出上述推论。 □

对于前面根据过程输出侧扰动 $\hat{d}_0$ 的一阶传递函数设计 IMC 控制器的情况，由式(7.50)可知

$$|T(j\omega)|=\frac{\sqrt{\alpha^2\omega^2+1}}{(\lambda_f^2\omega^2+1)^{\frac{3}{2}}} \tag{7.56}$$

其一阶导数可以推导为

$$\frac{d|T(j\omega)|}{d\omega}=\frac{\omega}{(\lambda_f^2\omega^2+1)^{\frac{5}{2}}}\left[\frac{\alpha^2(\lambda_f^2\omega^2+1)}{\sqrt{\alpha^2\omega^2+1}}-3\lambda_f^2\sqrt{\alpha^2\omega^2+1}\right]$$

注意，$\omega=0$ 是一个明显的极点，对应于 $|T(0)|=1$。下面的推论给出一个调节 λ_f 的鲁棒稳定性约束。

推论 7.3 对于如式(7.33)所示的 SOPDT 过程，采用上述 IMC 控制器公式(7.52)抑制过程输出侧具有一阶传递函数特性的负载扰动，闭环控制系统保证鲁棒稳定性，当且仅当 $|\Delta|_m<1$。

证明： 由 $d|T(j\omega)|/d\omega=0$ 可知

$$\alpha^2(\lambda_f^2\omega^2+1)-3\lambda_f^2(\alpha^2\omega^2+1)=0 \tag{7.57}$$

解式(7.57)可得

$$\omega^2=\frac{\alpha^2-3\lambda_f^2}{2\alpha^2\lambda_f^2} \tag{7.58}$$

为了得到 ω 的正解，要求

$$\lambda_f<\frac{\alpha}{\sqrt{3}} \tag{7.59}$$

相应的极点可以计算为

$$\omega=\frac{\sqrt{\alpha^2-3\lambda_f^2}}{\sqrt{2}\alpha\lambda_f} \tag{7.60}$$

将式(7.60) 代入到式(7.56)，可得

$$|T(j\omega)|=\frac{2\alpha^3}{3\sqrt{3}\lambda_f(\alpha^2-\lambda_f^2)} \tag{7.61}$$

令 $g(\lambda_f)$ 为关于 λ_f 的函数

$$g(\lambda_f)=3\sqrt{3}\lambda_f(\alpha^2-\lambda_f^2) \tag{7.62}$$

其关于 λ_f 的一阶导数可以推导为

$$g'(\lambda_f)=3\sqrt{3}(\alpha^2-3\lambda_f^2) \tag{7.63}$$

由式(7.59) 和式(7.63) 可知 $g'(\lambda_f)>0$。因此，$\lambda_f=\alpha/\sqrt{3}$是达到 $g(\lambda_f)$ 最大值的唯一极点，即

$$\max\{g(\lambda_f)\}=3\sqrt{3}\times\frac{\alpha}{\sqrt{3}}\left[\alpha^2-\left(\frac{\alpha}{\sqrt{3}}\right)^2\right]=2\alpha^3 \tag{7.64}$$

将式(7.64) 代入到式(7.61) 得

$$|T(j\omega)|<1,\forall\omega>0$$

因此，$\sup(|T(j\omega)|)$ 只存在 $\omega=0$ 处，即 $\sup(|T(j\omega)|)=1$。

利用小增益定理可知，$\sup|\Delta(j\omega)|<1$ 是保证闭环系统稳定性的充要条件。

由推论 7.3 可知，对于 $\lambda_f\in(0,+\infty)$，$\sup(|T(j\omega)|)=1$，所以调节 λ_f 不会影响闭环控制系统的鲁棒性。因此，对于这种负载干扰，调节 λ_f 需要考虑闭环系统控制性能。

7.3 PID 整定

PID 控制器由于结构简单和操作简便，已被广泛应用于工业过程控制系统中。然而传统 PID 控制器整定方法如 Ziegler-Nichols 法[6] 等很难保证带有时滞响应过程的鲁棒稳定性。由于内模控制方法对于过程模型和时滞不确定性时具有较好的鲁棒稳定性，很多学者基于内模控制理论整定在一个单位反馈控制结构中的 PI/PID 控制器[9-17]，可以取得比以往其他 PID 整定方法更好的控制效果。因此，本节首先介绍一种基于 IMC 的频域 PID 控制器整定方法。然后给出一种在离散域基于 IMC 原理设计 PID 控制器的方法[18]，以便直接应用于采样控制系统。

7.3.1 基于 IMC 设计的 PID 整定

在如图 7.2 所示的单位反馈控制结构中，根据式(7.1) 所示的 IMC 结构与单位反馈控制结构之间的等效关系，利用前面两节给出的 IMC 控制器设计公式，如式(7.4)、式(7.24) 和式(7.44)，容易验证

$$\lim_{s\to 0}K(s)=\infty \tag{7.65}$$

这说明基于 IMC 理论设计在一个单位反馈控制结构中的控制器具有积分特性，从而可以消除关于设定点跟踪的稳态输出偏差。因此，可以将该闭环控制器近似为 PID 形式来实现。这里介绍参考文献[10,17] 给出的基于 Maclaurin 级数逼近的方法。令 $K(s)=M/s$，可得

$$K(s)=\frac{1}{s}\left[M(0)+M'(0)s+\frac{M''(0)}{2!}s^2+\cdots\right] \tag{7.66}$$

显然，上述 Maclaurin 展开式中的前两个项可以构成 PI 控制器，前三个项可以构成 PID 控制器。

实际应用中，PID 控制器的一般形式为

$$K=k_{\mathrm{C}}+\frac{1}{\tau_{\mathrm{I}}s}+\frac{\tau_{\mathrm{D}}s}{\tau_{\mathrm{F}}s+1} \tag{7.67}$$

其中，k_{C} 表示控制器增益；τ_{I} 表示积分时间常数；τ_{D} 表示微分时间常数；τ_{F} 表示滤波器时间常数，通常取 $\tau_{\mathrm{F}}=(0.01\sim0.1)\tau_{\mathrm{D}}$。

比较式(7.66) 和式(7.67)，PI/PID 控制器参数可以确定为

$$\begin{cases}k_{\mathrm{C}}=M'(0)\\ \tau_{\mathrm{I}}=1/M(0)\\ \tau_{\mathrm{D}}=M''(0)/2\end{cases} \tag{7.68}$$

需要说明，上述控制器参数实际上都是关于 IMC 设计中单一可调参数 λ 的函数，也就是说，由此设计的 PI/PID 控制器实际上是单参数整定。

值得一提的是，利用 FOPDT 或 SOPDT 低阶过程模型，基于 IMC 设计的单位反馈闭环控制器也可以通过简单的一阶 Taylor 或 Padé 展开近似时滞项来得出 PI 或 PID 控制器形式，这样可能比式(7.68) 中给出的 PID 整定公式节省一些计算工作量，但代价是近似精度相对较低，因此控制性能会稍逊一些。

根据小增益定理[5]，图 7.2 所示的闭环控制系统在过程乘法不确定性（Δ）存在的情况下保持鲁棒稳定性，当且仅当

$$\left|\frac{\widehat{G}(\mathrm{j}\omega)K(\mathrm{j}\omega)}{1+\widehat{G}(\mathrm{j}\omega)K(\mathrm{j}\omega)}\right|<\frac{1}{|\Delta(\mathrm{j}\omega)|},\forall\omega\in[0,\infty) \tag{7.69}$$

在实际应用中，对于预估的 $\Delta(\mathrm{j}\omega)$ 范数上界，可以通过比较式(7.69) 左侧的幅值是否低于右侧的幅值来确定上述 PI 或 PID 控制器中单一可调参数 λ 的整定范围。一般情况下，建议初始选取 $\lambda=\theta$，然后通过在线单调地增大或减小 λ，可以方便地在闭环系统抗扰性能和鲁棒稳定性之间取得折中。

另外，可以采用式(7.69) 中的鲁棒稳定性约束，评估基于上述控制器中整定的 λ 可允许的过程不确定性上界。

7.3.2 离散域 PID 整定

对于一个开环稳定过程，离散域的 IMC 控制器设计步骤简介如下。

首先，将过程模型 $\widehat{G}(z)$ 分解成一个全通部分 $G_{\mathrm{A}}(z)$（即纯时滞项）和非全通部分 $G_{\mathrm{M}}(z)$，也就是说

$$\widehat{G}(z)=G_{\mathrm{A}}(z)G_{\mathrm{M}}(z) \tag{7.70}$$

相应地，令

$$C_{\mathrm{p}}(z)=[z^{n_{\mathrm{g}}}G_{\mathrm{M}}(z)]^{-1} \tag{7.71}$$

其中，n_{g} 是一个使 $z^{n_{\mathrm{g}}}G_{\mathrm{M}}(z)$ 保持双正则的正整数，即分子和分母的阶次相同。

需要指出，如果 $C_{\mathrm{p}}(z)$ 在 z 平面中存在负实部的极点，那么在控制信号或输出响应中会产生振铃现象。为避免该问题，将 $C_{\mathrm{p}}(z)$ 公式修改如下

$$C_{\mathrm{q}}(z)=C_{\mathrm{p}}(z)C_{-}(z) \tag{7.72}$$

这里的 $C_{-}(z)$ 对消了 $C_{\mathrm{p}}(z)$ 中所有具有负实部的极点，并将其用 $z=1$ 替换，亦即

$$C_{-}(z)=z^{-n_{\mathrm{p}}}\prod_{i=1}^{n_{\mathrm{p}}}\frac{z-z_i}{1-z_i} \tag{7.73}$$

其中，$z_i(i=1,\cdots,n_{\mathrm{p}})$ 是 $C_{\mathrm{p}}(z)$ 中含负实部的极点。

因此，内模控制器形式如下

$$C(z)=C_q(z)C_f(z) \tag{7.74}$$

$C_f(z)$ 是一个低阶滤波器，它的一般形式如下

$$C_f(z)=\frac{z^l(1-\lambda_c)^l}{(z-\lambda_c)^l} \tag{7.75}$$

这里的 l 是滤波器的阶次。显然，其最简形式是一个一阶的滤波器：

$$C_{f-1}(z)=\frac{z(1-\lambda_c)}{(z-\lambda_c)} \tag{7.76}$$

从上式可以看出，内模控制器中只有一个调节参数 λ_c，它可以在（0，1）的范围内进行调节，来达到设定点跟踪性能和抗干扰性能之间的折中。

相应地，一个等价的单位反馈闭环控制结构中的控制器形式如下

$$K(z)=\frac{C_pC_-C_f}{1-z^{-n_g}C_-C_f} \tag{7.77}$$

不难看出 K 存在一个积分项，因此可以表示为

$$K(z)=\frac{M(z)}{z-1} \tag{7.78}$$

将 $M(z)$ 在 $z=1$ 处进行泰勒级数展开，可得

$$K(z)=\frac{1}{z-1}\left[M(1)+M'(1)(z-1)+\frac{M''(1)}{2!}(z-1)^2+\cdots\right] \tag{7.79}$$

在采样控制系统中，常用的离散域 PID 形式如下：

$$K_{\text{PID}}(z)=K_p\left[1+\frac{1}{T_i(z-1)}+(1-\alpha T_d)\frac{T_d(z-1)}{z-\alpha T_d}\right] \tag{7.80}$$

其中，K_p 是比例增益；T_i 是积分项系数；T_d 是微分项系数；α 是一个滤波器系数，在实际应用中通常取为 0.01 或 0.1。

对比式(7.79) 中前三项和式(7.80) 中相应项的系数，可以确定 PID 参数

$$K_p=M'(1) \tag{7.81}$$

$$T_i=\frac{M'(1)}{M(1)} \tag{7.82}$$

$$T_d=\frac{M''(1)}{2M'(1)} \tag{7.83}$$

下面针对常见的开环稳定过程的离散域一阶时滞（FOPDT）和二阶时滞（SOPDT）模型，分别给出 PID 控制器整定公式，以便实际应用。

(1) 基于 FOPDT 过程模型的 PID 整定

一个开环稳定过程的离散域 FOPDT 模型如下

$$G_1(z)=\frac{k_p}{z-\tau}z^{-d} \tag{7.84}$$

其中，$|\tau|<1$。

在标称情况下（$G=\hat{G}$），根据上述离散域 IMC 设计方法，有

$$G_A(z)=z^{-d} \tag{7.85}$$

$$G_M(z)=\frac{k_p}{z-\tau} \tag{7.86}$$

由式(7.71)～式(7.76) 可得 IMC 控制器为

$$C_1(z)=\frac{(z-\tau)(1-\lambda_c)}{k_p(z-\lambda_c)} \tag{7.87}$$

将式(7.84) 和式(7.87) 代入式(7.77)，得到一个等价的单位反馈闭环控制系统中的控制器：

$$K_1(z)=\frac{(z-\tau)(1-\lambda_c)}{k_p(z-\lambda_c)-k_p(1-\lambda_c)z^{-d}} \tag{7.88}$$

根据式(7.78)，可令

$$K_1(z)=\frac{M(z)}{(z-1)} \tag{7.89}$$

其中

$$M(z)=\frac{(z-1)(z-\tau)(1-\lambda_c)}{k_p(z-\lambda_c)-k_p(1-\lambda_c)z^{-d}} \tag{7.90}$$

对上式进行泰勒级数展开，并且利用式(7.81)～式(7.83)，可以得到如式(7.80) 所示的PID控制器整定公式，其中

$$K_p=\frac{A\dot{B}-\dot{A}B}{2A^2} \tag{7.91}$$

$$T_i=\frac{A\dot{B}-\dot{A}B}{2AB} \tag{7.92}$$

$$T_d=\frac{-5\dot{A}^2B-7A\dot{A}\dot{B}-10A\ddot{A}B}{6A(A\dot{B}-\dot{A}B)} \tag{7.93}$$

其中，$A=k_p(1+d(1-\lambda_c))$；$\dot{A}=-k_pd(d+1)(1-\lambda_c)$；$\ddot{A}=k_pd(d+1)(d+2)(1-\lambda_c)$；$B=(1-\lambda_c)(1-\tau)$；$\dot{B}=2(1-\lambda_c)$。

(2) 基于SOPDT过程模型的PID整定

一个开环稳定过程常见的离散域SOPDT模型如下

$$G_2(z)=\frac{k_p(z-z_0)}{(z-\tau_1)(z-\tau_2)}z^{-d} \tag{7.94}$$

其中，$|\tau_1|<1$，$|\tau_2|<1$ 且 $|z_0|<1$。

根据上述离散域IMC设计方法，有

$$G_A(z)=z^{-d} \tag{7.95}$$

$$G_M(z)=\frac{k_p(z-z_0)}{(z-\tau_1)(z-\tau_2)} \tag{7.96}$$

如果该SOPDT模型的零点具有负实部，由式(7.73) 可知

$$C_-(z)=z^{-1}\frac{z-z_0}{1-z_0} \tag{7.97}$$

因此，由式(7.71)～式(7.76) 推导出内模控制器

$$C_2(z)=\frac{(z-\tau_1)(z-\tau_2)(1-\lambda_c)}{k_pz(1-z_0)(z-\lambda_c)} \tag{7.98}$$

相应地，将式(7.98) 和式(7.94) 代入式(7.77)，得到一个等价的单位反馈闭环控制结构中的控制器形式如下：

$$K_2(z)=\frac{(z-\tau_1)(z-\tau_2)(1-\lambda_c)}{k_p(1-z_0)z(z-\lambda_c)-k_p(z-z_0)(1-\lambda_c)z^{-d}} \tag{7.99}$$

将式(7.99) 改写为如式(7.78) 所示的形式，可得

$$M(z)=\frac{(z-1)(z-\tau_1)(z-\tau_2)(1-\lambda_c)}{k_p(1-z_0)z(z-\lambda_c)-k_p(z-z_0)(1-\lambda_c)z^{-d}} \tag{7.100}$$

对上式进行泰勒级数展开，并且利用式(7.81)～式(7.83)，可以得到如式(7.80)所示的PID控制器整定公式，其中

$$K_{\mathrm{p}}=\frac{A\dot{B}-\dot{A}B}{2A^{2}} \tag{7.101}$$

$$T_{\mathrm{i}}=\frac{A\dot{B}-\dot{A}B}{2AB} \tag{7.102}$$

$$T_{\mathrm{d}}=\frac{2A^{2}\ddot{B}-10A\ddot{A}B-7A\dot{A}\dot{B}-5\dot{A}^{2}B}{6A(A\dot{B}-\dot{A}B)} \tag{7.103}$$

其中

$$A=k_{\mathrm{p}}(1-z_{0})(2-\lambda_{\mathrm{c}})+k_{\mathrm{p}}(1-\lambda_{\mathrm{c}})(2-z_{0})d$$

$$\dot{A}=2k_{\mathrm{p}}(1-z_{0})-k_{\mathrm{p}}(1-\lambda_{\mathrm{c}})[-2d+(1-z_{0})d(d+1)]$$

$$\ddot{A}=k_{\mathrm{p}}(1-\lambda_{\mathrm{c}})d(d+1)[(d+2)(1-z_{0})-3],\ \ddot{A}=k_{\mathrm{p}}(1-\lambda_{\mathrm{c}})d(d+1)[(d+2)(1-z_{0})-3]$$

$$B=(1-\lambda_{\mathrm{c}})(1-\tau_{1})(1-\tau_{2}),\dot{B}=2(1-\lambda_{\mathrm{c}})(2-\tau_{1}-\tau_{2}),\ddot{B}=4(1-\lambda_{\mathrm{c}})$$

根据小增益定理[5]，一个单位反馈闭环控制系统保证鲁棒稳定性的充要条件为

$$\left\|\frac{G(z)K(z)}{1+G(z)K(z)}\right\|_{\infty}<\frac{1}{\|\Delta_{\mathrm{m}}(z)\|_{\infty}} \tag{7.104}$$

其中，$\Delta_{\mathrm{m}}(z)=[G(z)-\hat{G}(z)]/\hat{G}(z)$ 表示过程乘性不确定性。

将式(7.80)和式(7.84)代入式(7.104)，可得对于FOPDT过程模型的鲁棒稳定性条件

$$\left\|\frac{\dfrac{k_{\mathrm{p}}}{z-\tau}z^{-d}K_{\mathrm{p}}\left[1+\dfrac{1}{T_{\mathrm{i}}(z-1)}+(1-\alpha T_{\mathrm{d}})\dfrac{T_{\mathrm{d}}(z-1)}{z-\alpha T_{\mathrm{d}}}\right]}{1+\dfrac{k_{\mathrm{p}}}{z-\tau}z^{-d}K_{\mathrm{p}}\left[1+\dfrac{1}{T_{\mathrm{i}}(z-1)}+(1-\alpha T_{\mathrm{d}})\dfrac{T_{\mathrm{d}}(z-1)}{z-\alpha T_{\mathrm{d}}}\right]}\right\|_{\infty}<\frac{1}{\|\Delta_{\mathrm{m}}(z)\|_{\infty}} \tag{7.105}$$

同样，将式(7.80)和式(7.94)代入式(7.104)，可得对于SOPDT模型的鲁棒稳定性条件

$$\left\|\frac{\dfrac{k_{\mathrm{p}}(z-z_{0})}{(z-\tau_{1})(z-\tau_{2})}z^{-d}K_{\mathrm{p}}\left[1+\dfrac{1}{T_{\mathrm{i}}(z-1)}+(1-\alpha T_{\mathrm{d}})\dfrac{T_{\mathrm{d}}(z-1)}{z-\alpha T_{\mathrm{d}}}\right]}{1+\dfrac{k_{\mathrm{p}}(z-z_{0})}{(z-\tau_{1})(z-\tau_{2})}z^{-d}K_{\mathrm{p}}\left[1+\dfrac{1}{T_{\mathrm{i}}(z-1)}+(1-\alpha T_{\mathrm{d}})\dfrac{T_{\mathrm{d}}(z-1)}{z-\alpha T_{\mathrm{d}}}\right]}\right\|_{\infty}<\frac{1}{\|\Delta_{\mathrm{m}}(z)\|_{\infty}} \tag{7.106}$$

例如，对于工程实践中一种典型的过程增益不确定性

$$\Delta_{\mathrm{m}}=\frac{\Delta k_{\mathrm{p}}}{k_{\mathrm{p}}} \tag{7.107}$$

考虑到离散域 z 变换 ($z=\mathrm{e}^{\mathrm{j}\omega T_{\mathrm{s}}}$) 是一个关于 ω 的周期函数，可令 $z=\mathrm{e}^{\mathrm{j}\theta}$ ($0<\theta<2\pi$)，将式(7.107)代入式(7.105)，得到相应的鲁棒稳定性条件

$$\frac{\sqrt{\hat{A}^{2}+\hat{B}^{2}}}{\sqrt{\hat{C}^{2}+\hat{D}^{2}}}>\frac{|\Delta k_{\mathrm{p}}|}{k_{\mathrm{p}}} \tag{7.108}$$

其中

$$\hat{A}=T_{\mathrm{i}}\cos3\theta-\hat{d}\cos2\theta+\hat{e}\cos\theta-\hat{f}+\hat{a}\cos(2-d)\theta+\hat{b}\cos(1-d)\theta+\hat{c}\cos d\theta,$$

$$\hat{B}=T_{\mathrm{i}}\sin3\theta-\hat{d}\sin2\theta+\hat{e}\sin\theta+\hat{a}\sin(2-d)\theta+\hat{b}\sin(1-d)\theta-\hat{c}\sin d\theta,$$

$$\hat{C}=\hat{a}\cos2\theta+\hat{b}\cos\theta+\hat{c},\hat{D}=\hat{a}\sin2\theta+\hat{b}\sin\theta,\hat{a}=Kk_{\mathrm{p}}[T_{\mathrm{i}}+(1-\alpha T_{\mathrm{d}})T_{\mathrm{i}}T_{\mathrm{d}}],$$

$$\hat{b}=Kk_p[1-T_i-\alpha T_d T_i-2(1-\alpha T_d)T_d T_i],\hat{c}=Kk_p[(1-\alpha T_d)T_d T_i-(1-T_i)\alpha T_d],$$

$$\hat{d}=T_i(1+\alpha T_d+\tau),\hat{e}=T_i[(1+\alpha T_d)\tau+\alpha T_d],\hat{f}=\alpha\tau T_d T_i$$

7.4 应用案例

本节给出两个仿真案例来说明改进后的 IMC 设计能有效提高具有慢动态特性的一阶和二阶过程的抗扰性能。然后，给出两个案例来说明基于 IMC 原理整定 PID 控制器的应用效果。

例 7.2 考虑一个慢动态特性的开环稳定过程，其 FOPDT 模型为

$$G=\frac{e^{-30s}}{100s+1}$$

采用如图 7.1 所示的 IMC 控制结构，经典的 IMC 设计方法将控制器确定为

$$C_{IMC-1}=\frac{100s+1}{\lambda s+1}$$

利用式(7.24) 中给出的改进 IMC 设计公式，可以得出

$$C_{RIMC-1}=\frac{(\alpha s+1)(100s+1)}{(\lambda_f s+1)^2}$$

其中，$\alpha=100[1-(0.01\lambda_f-1)^2 e^{-0.3}]$。

仿真测试时，在被控过程输入侧加入一个单位阶跃型的负载干扰 (d_i)，取上述 IMC 控制器参数为 $\lambda=\lambda_f=40$，得到的输出响应如图 7.7 所示。

可以看出，采用改进的 IMC 设计方法明显改善了负载干扰抑制性能。经典的 IMC 方法由于受到慢过程动态特性的影响，导致负载扰动响应出现"长尾"。注意，即使经典的 IMC 方法中将可调参数减小至 $\lambda=20$ 以达到与改进的 IMC 方法同样的扰动响应峰值 (DP)，输出变量恢复时间仍然要多出 50%左右。

然后假设过程建模中存在 30%的参数估计误差，例如实际过程时间常数减小 30%，时滞参数增大 30%。相应的输出响应如图 7.8 所示，可见改进前后的 IMC 设计方法都能有效地克服过程不确定性的影响，保证控制系统的鲁棒稳定性。

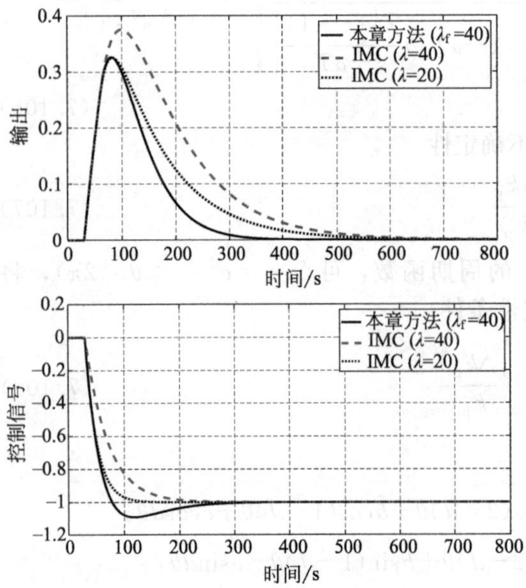

图 7.7 例 7.2 的标称系统输出响应

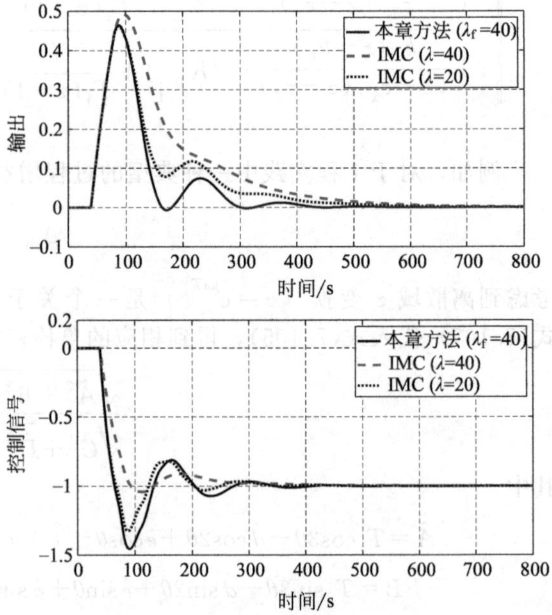

图 7.8 例 7.2 的摄动系统输出响应

例 7.3 考虑文献[12] 中采用的一个 SOPDT 过程案例：

$$G=\frac{e^{-s}}{(20s+1)(2s+1)}$$

文献[12] 给出一种基于 IMC 原理设计的 PID 控制器，$C=10(0.125/s+1)(2s+1)$，以优化系统抗扰性能，其中的可调参数为 $\tau_c=1.0$，对应于经典 IMC 方法中可调参数 $\lambda=1.0$，如式(7.34) 所示。如图 7.1 所示的经典 IMC 控制器设计为

$$C_{IMC-2}=\frac{(20s+1)(2s+1)}{(\lambda s+1)^2}$$

利用式(7.35) 所示的改进 IMC 滤波器，由式(7.40)、式(7.41) 和式(7.44) 可得出改进的 IMC 控制器形式为

$$C_{RIMC-2}=\frac{(\alpha s^2+\beta s+1)(20s+1)(2s+1)}{(\lambda_f s+1)^4}$$

其中

$$\alpha=2.6957(0.5\lambda_f-1)^4-42.2769(0.05\lambda_f-1)^4+40$$

$$\beta=0.1348(0.5\lambda_f-1)^4-21.1384(0.05\lambda_f-1)^4+22$$

仿真测试时，在被控过程输入侧加入一个单位阶跃型的负载干扰（d_i），取上述 IMC 控制器参数为 $\lambda=\lambda_f=1.0$，得到的输出响应如图 7.9 所示。

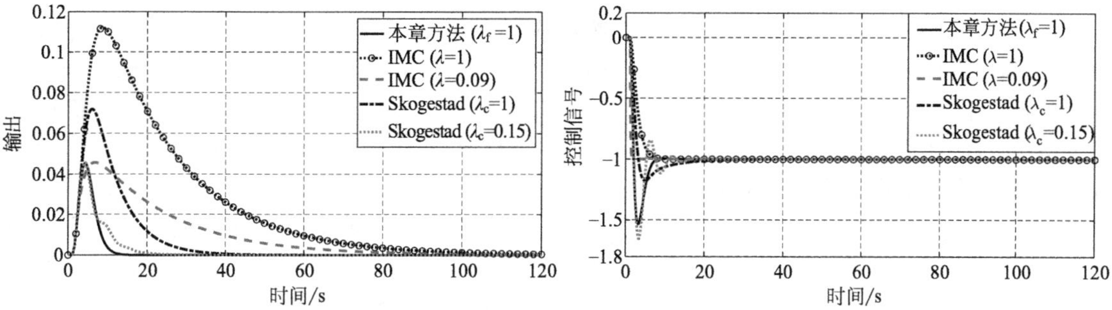

图 7.9 例 7.3 的标称系统输出响应

可以看出，改进后的 IMC 控制器可以明显改善负荷扰动响应。注意，为了获得与改进后的 IMC 控制器相同的扰动响应峰值（*DP*），在经典的 IMC 控制器和文献[12] 的 PID 控制器中分别要调小参数至 $\lambda=0.09$ 和 $\tau_c=0.15$，但并不能有效地减少输出响应恢复时间。此外，可以验证，如果被控过程的时滞参数实际增大 20%，并且时间常数（$\tau_1=20$）变小 20%，改进后的 IMC 控制器可以很好地保持闭环系统稳定性，然而经典的 IMC 控制器（$\lambda=0.09$）不能保持闭环稳定性，文献[12] 的 PID 控制器（$\tau_c=0.15$）也会给出非常振荡的输出响应。难以保证系统稳定性。

进一步比较对于过程输出侧负载干扰（如图 7.1 中所示 $\hat{d}_o$）的抑制性能，例如 $G_d=e^{-2s}/(10s+1)$，利用式(7.48) 所示的改进 IMC 滤波器来设计控制器，可得

$$C_{RIMC-3}=\frac{(\alpha s+1)(20s+1)(2s+1)}{(\lambda_f s+1)^3}$$

其中，$\alpha=10[1+(0.1\lambda_f-1)^3e^{-0.1}]$。假设实际负载扰动传递函数的时间常数增大 50%，注意负载扰动传递函数中的时滞参数 $\theta_d=2$ 不影响扰动响应性能，这在第 7.2.2 节的 IMC 滤波器设计过程中已经讨论过。仿真测试时，通过添加一个单位阶跃型 $\hat{d}_o$，并取 $\lambda=\lambda_f=1.0$，$\lambda=0.45$，$\tau_c=0.6$ 进行比较，输出响应如图 7.10 所示。

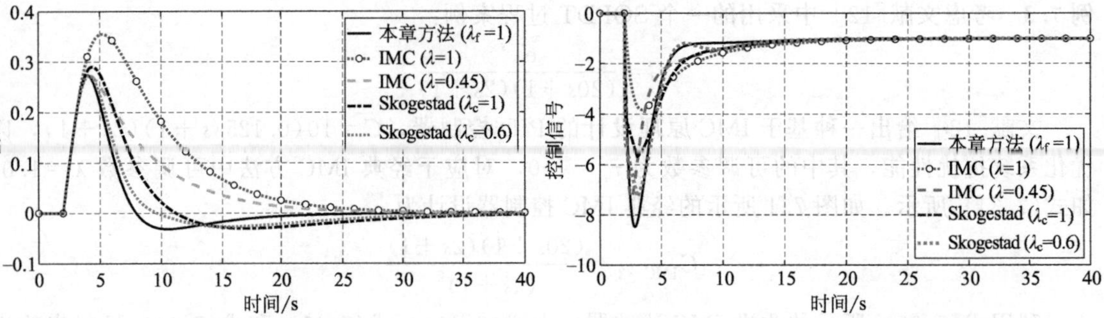

图 7.10　例 7.3 在慢动态扰动下的输出响应

可以看出，即使对负载扰动传递函数存在较大的建模误差，改进后的 IMC 设计方法仍能明显提高扰动抑制性能。

例 7.4　考虑文献[19] 中研究的一个高阶过程

$$G(s)=\frac{1}{(4s^2+2.8s+1)(s+1)^2}e^{-2.2s}$$

基于闭环继电反馈实验的频率响应估计，文献[19] 给出了一种 PID 控制器，$C=0.314(1+1/2.59s+2.103s)/(0.1s+1)$。采用本书第 2.4 节中介绍的闭环系统阶跃响应辨识方法，基于上述 PID 控制器进行闭环阶跃响应辨识实验，由此得到一个 SOPDT 模型，$G_{m-2}=0.9934e^{-3.54s}/(5.5069s^2+3.4095s+1)$，然后应用第 7.3 节给出的 PID 整定方法，即采用 IMC 控制器设计公式(7.40)，式(7.41)，式(7.44)，式(7.66) 和式(7.68)，并且取可调参数 $\lambda_f=2.25$，得出 PID 控制器参数，$k_C=0.3717$，$\tau_I=9.2698$，$\tau_D=0.6079$，从而获得与 Huang 的方法相同的扰动响应峰值，以客观地比较抗扰性能。通过在过程输入侧加入一个单位阶跃型的负载干扰，系统输出响应如图 7.11 所示。

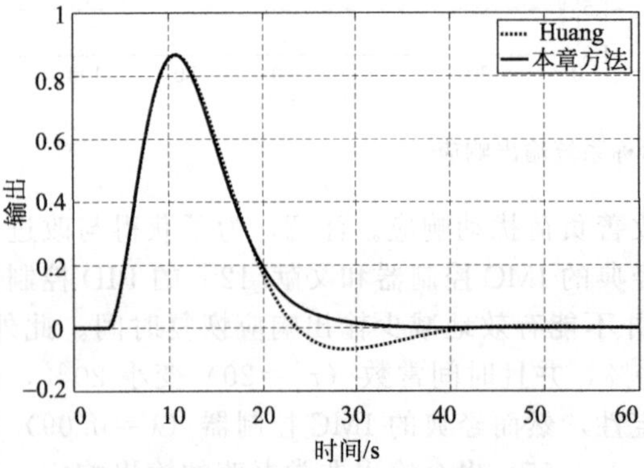

图 7.11　例 7.4 中负载扰动响应的对比

可以看出，在相同的扰动响应峰值下，应用第 7.3 节给出的 PID 整定方法可以明显减少系统输出响应恢复时间近 25%。

例 7.5　考虑文献[13] 中研究的一阶时滞过程

$$G(s)=\frac{1}{s+1}e^{-0.25s}$$

如果取采样时间 $T_s=0.01$s，则离散化的模型为

$$G(z)=\frac{0.00995}{z-0.99}z^{-5}$$

利用式(7.87) 可得到内模控制器形式

$$C_1(z)=\frac{(z-0.99)(1-\lambda_c)}{0.00995(z-\lambda_c)}$$

由式(7.88) 得到等价的闭环控制器为

$$K_1(z)=\frac{(z-0.99)(1-\lambda_c)}{0.00995(z-\lambda_c)-0.00995(1-\lambda_c)z^{-5}}$$

为了得到与文献[13] 中 PID 整定方法相同的系统输出上升时间，这里取 $\lambda_c=0.973$，根据式(7.80) 和式(7.91)～式(7.93)，可得 PID 整定形式

$$K_{PID-1}(z)=1.7049\left[1+\frac{1}{105.2388(z-1)}+\frac{2.4956(z-1)}{z-0.4791}\right]$$

仿真测试中，在 $t=0\text{s}$ 时系统设定点加入一个单位阶跃信号，然后在 $t=5\text{s}$ 时过程输入侧加入一个反向单位阶跃型跃负载扰动。控制结果如图 7.12 所示。

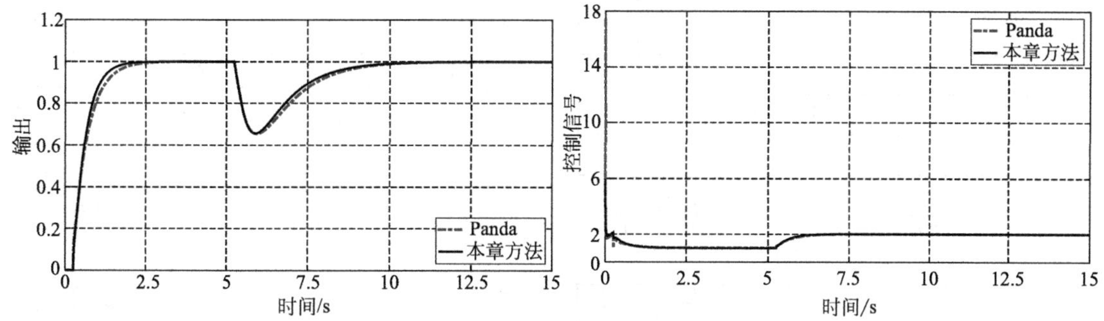

图 7.12　例 7.5 的标称系统输出响应

采用绝对积分误差（IAE）作为抗扰性能的评价指标，本章方法与文献[13] 中 PID 整定方法的 IAE 对比结果如表 7.1 所示。从表中可以看出，本章方法达到更好的抗扰性能。

表 7.1　例 7.5 在扰动响应中的 IAE 指标结果对比

IAE 指标	标称情况	摄动情况
本章方法	0.6172	0.6670
Panda	0.6750	0.7249

假设实际过程时滞增大 20%，表 7.1 中列出摄动系统在负载扰动响应中的 IAE 指标结果。可以看出，本章方法能使系统保持较好的鲁棒稳定性。

例 7.6　考虑文献[20] 中研究的一个二阶时滞过程

$$G(s)=\frac{\mathrm{e}^{-2s}}{(s+1)(0.7s+1)}$$

如果取采样时间为 $T_{\mathrm{s}}=0.1\text{s}$，可得离散化的模型为

$$G(z)=\frac{0.0065904(z+0.9222)}{(z-0.8669)(z-0.9048)}z^{-20}$$

考虑到该离散域模型的零点含有负实部，采用式(7.72) 和式(7.73) 可得

$$C_{\mathrm{q}}(z)=\frac{(z-0.8669)(z-0.9048)}{0.0127z^{2}}$$

为保证控制信号平滑，采用一阶滤波器设计内模控制器，由式(7.74) 和式(7.76) 得到

$$C_{2}(z)=\frac{(z-0.8669)(z-0.9048)(1-\lambda_{\mathrm{c}})}{0.0127z(z-\lambda_{\mathrm{c}})}$$

利用式(7.99) 可以得出等价的闭环控制器

$$K_{2}(z)=\frac{(z-0.8669)(z-0.9048)(1-\lambda_{\mathrm{c}})}{0.0127z(z-\lambda_{\mathrm{c}})-0.0065904(z+0.9222)(1-\lambda_{\mathrm{c}})z^{-d}}$$

为了使系统输出响应与文献[20] 中的 PID 整定方法具有相同的上升时间，这里取 $\lambda_{\mathrm{c}}=0.931$。根据式(7.80) 和式(7.101)～式(7.103)，可得 PID 整定形式

$$K_{\mathrm{PID}-2}(z)=0.6667\left[1+\frac{1}{23.3101(z-1)}+\frac{2.1301(z-1)}{z-0.6923}\right]$$

仿真测试中，在 $t=0\text{s}$ 时系统设定点加入一个单位阶跃信号，然后在 $t=40\text{s}$ 时过程输入侧加入一个反向单位阶跃型跃负载扰动。控制结果如图 7.13 所示，可以看出达到更好的抗扰性能。

然后假设实际过程的增益和时滞参数都增大 20%，图 7.14 示出摄动系统响应结果，明显

可以看出本章方法能使系统保持更好的鲁棒稳定性。

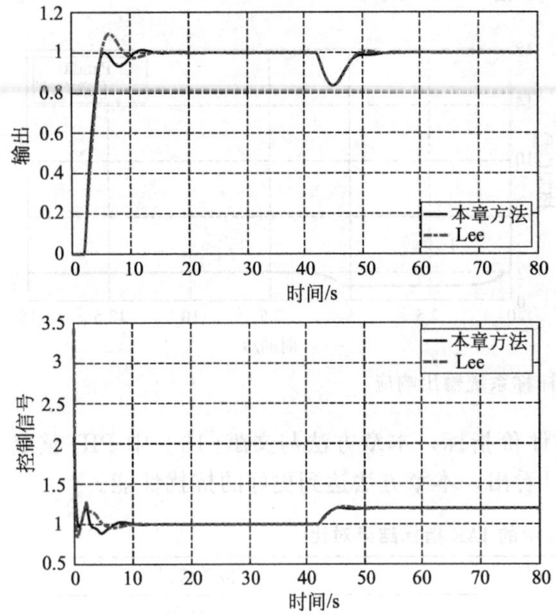

图 7.13　例 7.6 的标称系统输出响应

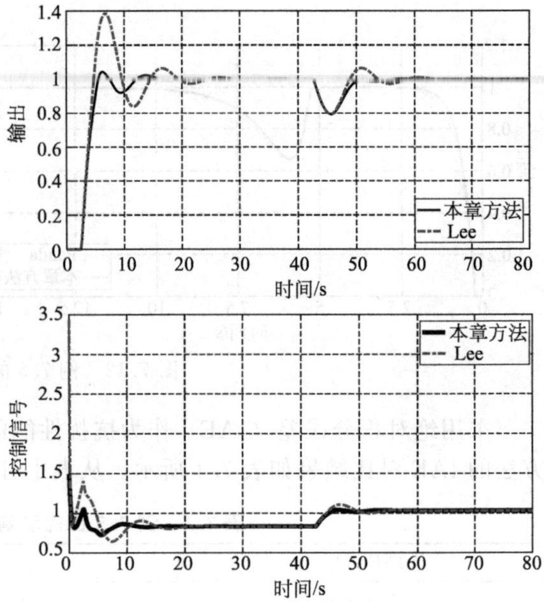

图 7.14　例 7.6 的摄动系统输出响应

7.5　本章小结

对于单回路控制系统，首先简要介绍了经典 IMC 控制结构与设计方法[1]，包括与一个常用的单位反馈控制结构之间的等价关系，并给出了一个应用案例。然后针对过程控制系统的负载干扰抑制问题，提出了一种改进的 IMC 滤波器设计方法[8]，能明显改善具有慢动态特性(亦称大时间常数）过程的干扰抑制性能。其关键思想是通过期望的闭环传递函数建立渐近消除约束，可以消除被控过程或负载干扰的大时间常数的不利影响。对于工程中广泛使用的 FOPDT 和 SOPDT 低阶过程模型，详细给出了相应的 IMC 控制器设计公式，并且分析了定量调节控制器参数的准则和鲁棒稳定性约束。

对于过程控制工程领域广泛采用的 PID 控制器，介绍了一种基于 IMC 原理的 PID 整定方法[10,17]。为了方便应用于采样控制系统，给出了一种在离散域中基于 IMC 原理设计 PID 控制器的方法[18]。其突出优点在于仅通过调节一个 IMC 滤波器参数就可以确定 PID 全部参数，而且该参数可以单调地调节来实现系统设定点追踪和抗扰性能之间的折中。利用小增益定理分析了这种 PID 整定方法的鲁棒稳定性。通过现有参考文献中的五个应用案例，验证说明了改进后的 IMC 设计、频域和离散域 PID 整定方法的有效性和优点。

习　题

1. 简述一个 IMC 控制系统的组成以及控制器设计步骤。

2. 为什么一个 IMC 控制系统与常用的单位反馈控制系统具有等价性？请说明等价关系。

3. 对于例 7.1，如果要求系统设定点响应上升时间为 $t_r \leqslant 10$s，该如何整定 IMC 控制器参数？

4. 对于例 7.2，如果要求对于被控过程输入侧加入的一个单位阶跃型负载干扰的响应峰值 $DP<0.5$，如何整定 IMC 控制器参数？

5. 对于例 7.3，如果要求对于被控过程输出侧加入的一个单位阶跃型负载干扰的响应峰值 $DP<0.4$，如何整定 IMC 控制器参数？

6. 对于一个开环稳定的 FOPDT 过程，如果其时间常数实际增大 20%，采用一个 IMC 控制系统保证鲁棒稳定性的充要条件是什么？

7. 对于一个开环稳定的 SOPDT 过程，如果其比例增益参数实际增大 20%，请写出一个 IMC 控制系统保证鲁棒稳定性的充要条件。

8. 结合例 7.2 和例 7.3，请应用本章方法整定 PID 控制器参数以达到上面第 4 和 5 题中列出的抗扰性能指标，并且做出仿真程序验证。

9. 请说明基于 IMC 原理的频域和离散域 PID 控制器设计方法有何不同之处。

10. 对于例 7.5，请整定基于 IMC 设计的 PID 控制器参数，以保证控制系统输出对加入过程输入侧的反向单位阶跃型跃负载扰动的响应幅值不低于 0.7，并画出仿真测试结果。

参考文献

[1] Morari M.，Zafiriou E. Robust Process Control. Prentice Hall：Englewood Cliffs，New Jersey，1989.

[2] Braatz R. D. Internal Model Control：The Control Handbook，Boca Raton，FL：CRC Press，1995.

[3] Seborg D. E.，Edgar T. F.，Mellichamp D. A. Process Dynamics and Control，2nd Edition，John Wiley & Sons，New Jersey，USA，2004.

[4] 戴连奎，张建明，谢磊. 过程控制工程. 4 版. 北京：化学工业出版社，2020.

[5] Zhou K. M.，Doyle J. C.，Glover K. Robust and Optimal Control，Englewood Cliff，NJ：Prentice Hall，1996.

[6] Shinskey F. G. Process Control System，4th Edition，New York：McGraw Hill，1996.

[7] Horn I. G.，Arulandu J. R.，Braatz R. D. Improved filter design in internal model control，Industrial & Engineering Chemistry Research，1996，35：3437-3441.

[8] Liu T.，Gao F. New insight into internal model control filter design for load disturbance rejection，IET Control Theory & Applications，2010，4：448-460.

[9] Rivera D. E.，Morari，M.，Skogestad S. Internal model control. 4. PID controller design. Industrial & Engineering Chemistry Research，1986，25：252-265.

[10] Lee Y.，Park S.，Lee M.，Brosilow C. PID controller tuning for desired closed-loop responses for SI/SO systems，AIChE Journal，1998，44：106-115.

[11] Wang Q. G.，Hang C. C.，Yang X. P. Single-loop controller design via IMC principles，Automatica，2001，37：2041-2048.

[12] Skogestad S. Simple analytical rules for model reduction and PID controller tuning，Journal of Process Control，2003，13：291-309.

[13] Panda R. C.，Synthesis of PID tuning rule using the desired closed-loop response，Industrial & Engineering Chemistry Research，2008，47：8684-8692.

[14] Mataušek M. R.，Šekara T. B.，PID controller frequency-domain tuning for stable，integrating and unstable processes，including dead-time. Journal of Process Control，2011，21：17-27.

[15] Wang Q.，Lu C.，Pan W.，IMC PID controller tuning for stable and unstable processes with time delay，Chemical Engineering Research & Design，2016，105：120-129.

[16] Jin Q. B.，Liu Q. Analytical IMC-PID design in terms of performance/robustness tradeoff for integrating processes：From 2-Dof to 1-Dof，Journal of Process Control，2014，24：22-32.

[17] Liu T.，Gao F. R. Industrial process identification and control design，Springer：London，2012.

[18] Cui J.，Chen Y.，Liu T.，Discrete-time domain IMC-based PID control design for industrial processes with time delay，The 35th Chinese Control Conference（CCC），2016，5946-5951.

[19] Huang H. P., Jeng J. C., Luo K. Y. Auto-tune system using single-run relay feedback test and model-based controller design, Journal of Process Control, 2005, 15: 713-727.

[20] Lee J., Cho W., Edgar T. F., Simple analytic PID controller tuning rules revisited, Industrial & Engineering Chemistry Research, 2014, 53: 5038-5047.

附　控制仿真程序

(1) 例 7.2 的控制仿真程序伪代码及图形化编程方框图

行号	编制程序伪代码	注释
1	$T_s=800$	仿真时间(s)
2	$G=\hat{G}=\dfrac{e^{-30s}}{100s+1}$	被控过程和模型
3	$\lambda_f=40$	内模控制器可调参数
4	$\alpha=100[1-(0.01\lambda_f-1)^2e^{-0.3}]$	
5	$C_{RIMC-1}=\dfrac{(\alpha s+1)(100s+1)}{(\lambda_f s+1)^2}$	内模控制器公式
6	sim('IMCforFOPDTstable')	调用仿真图形化组件模块系统，如图 7.15 所示
7	plot(t,y); plot(t,u)	画系统输出和控制信号图
程序变量	t 为采样控制步长；λ_f，α 为控制器参数	
程序输入	y_{sp} 为设定点跟踪信号；d_i 为负载扰动	
程序输出	系统输出 y；控制器输入 u	

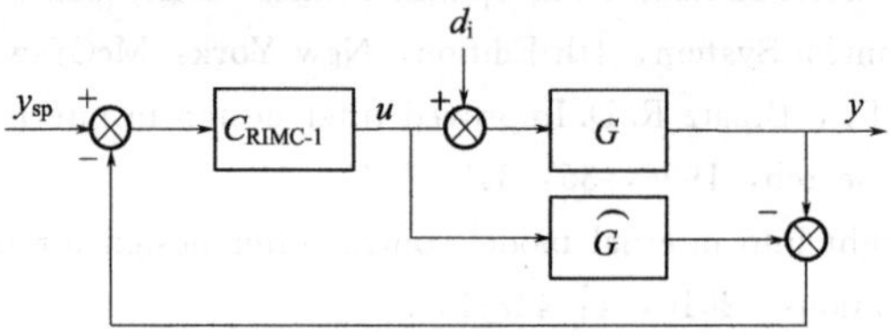

图 7.15　例 7.2 的仿真控制方框图

(2) 例 7.6 的仿真控制程序伪代码及图形化模块系统图

行号	编制程序伪代码	注释
1	$T=800$	仿真时间(s)
2	$G(s)=\hat{G}(s)=\dfrac{e^{-2s}}{(s+1)(0.7s+1)}$	被控过程和模型
3	$T_s=0.1$	采样时间(s)
4	$G(z)=\mathrm{Diff(G)}$；$\hat{G}(z)=\dfrac{k_p(z-z_0)}{(z-\tau_1)(z-\tau_2)}z^{-d}$	离散化模型
5	$\lambda_c=0.931$	内模控制器参数
6	$A=k_p(1-z_0)(2-\lambda_c)+k_p(1-\lambda_c)(2-z_0)d$； $\dot{A}=2k_p(1-z_0)-k_p(1-\lambda_c)[-2d+(1-z_0)d(d+1)]$； $\ddot{A}=k_p(1-\lambda_c)d(d+1)[(d+2)(1-z_0)-3]$； $\ddot{A}=k_p(1-\lambda_c)d(d+1)[(d+2)(1-z_0)-3]$； $B=(1-\lambda_c)(1-\tau_1)(1-\tau_2)$； $\dot{B}=2(1-\lambda_c)(2-\tau_1-\tau_2)$； $\ddot{B}=4(1-\lambda_c)$；	PID 控制器整定公式

续表

行号	编制程序伪代码	注释
6	$K_p=\dfrac{A\dot{B}-\dot{A}B}{2A^2}$;$T_i=\dfrac{A\dot{B}-\dot{A}B}{2AB}$; $T_d=\dfrac{2A^2\ddot{B}-10A\ddot{A}B-7A\dot{A}\dot{B}-5\dot{A}^2B}{6A(A\dot{B}-\dot{A}B)}$;$\alpha=0.1$; $K_{PID}(z)=K_p\left[1+\dfrac{1}{T_i(z-1)}+(1-\alpha T_d)\dfrac{T_d(z-1)}{z-\alpha T_d}\right]$	PID控制器整定公式
7	sim('PIDforSOPDTstable')	调用仿真图形化组件模块系统,如图7.16所示
8	plot(t,y); plot(t,u)	画系统输出和控制信号图
程序变量	t 为采样控制步长;λ_c,K_p,T_i,T_d,α 为控制器参数; k_p,z_0,τ_1,τ_2,d 为离散化模型参数	
程序输入	y_{sp} 为设定点跟踪信号;d_i 为负载扰动	
程序输出	系统输出 y;控制器输入 u	

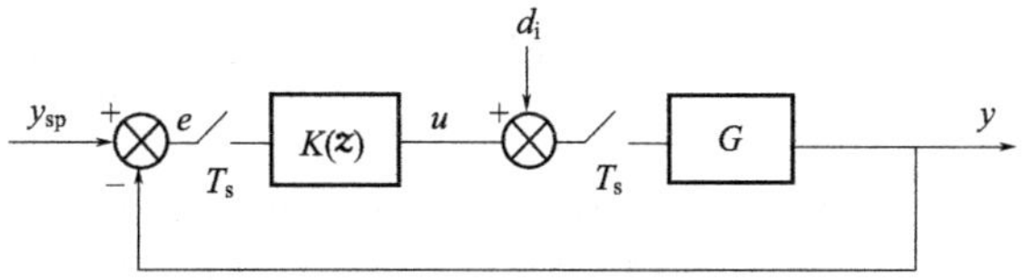

图 7.16 例 7.6 的仿真控制方框图

第8章
两自由度控制

过程控制系统的主要任务包括两方面，即设定点跟踪和扰动抑制。为了消除传统的单位反馈控制结构不可避免地引起“水床效应”[1]，实现相对独立地调节和优化系统设定点跟踪及抗扰性能，两自由度（Two-degrees-of-freedom，缩写2DOF）控制方案受到越来越多的研究和探讨[2-6]。内模控制理论[2]和鲁棒控制理论[3]提出一些两自由度控制结构用于开环稳定、积分和不稳定的线性和时滞响应过程，论证分析了2DOF控制系统能镇定一些范数有界的过程不确定性，保证较好的鲁棒稳定性。例如，一个标准的2DOF内模控制（IMC）结构如图8.1所示。图中 G 表示被控过程，$\widehat{G}$ 是过程传递函数模型，C_s 是用于设定点跟踪的前馈控制器，C_f 是用于抗扰的反馈控制器，G_d 是归一化负载扰动 $[\hat{d}_o(t)=1]$ 对应的传递函数。

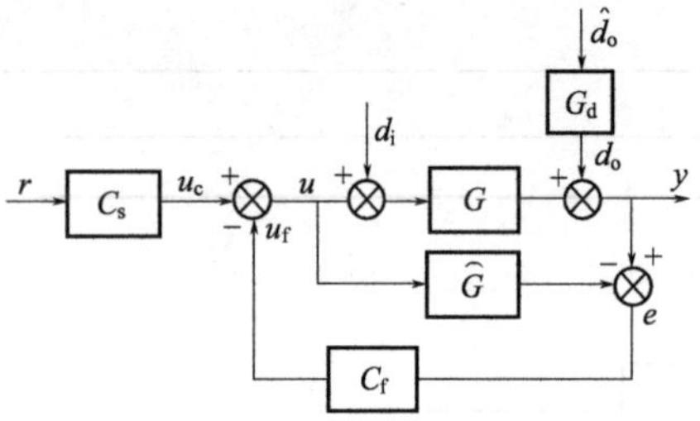

图 8.1　两自由度 IMC 控制方案

在标称情况下（$G=\widehat{G}$）且无负载扰动时，容易看出该控制结构的设定点跟踪是开环控制方式，因而有

$$\frac{y}{r}=GC_s \tag{8.1}$$

对于进入被控过程输入侧和输出侧的负载干扰，在标称情况下其传递函数可分别推导为

$$\frac{y}{d_i}=G(1-GC_f) \tag{8.2}$$

$$\frac{y}{\hat{d}_o}=G_d(1-GC_f) \tag{8.3}$$

因此，该2DOF控制系统的设定点跟踪性能和负载扰动抑制性能可以相对独立地调节和优化。与第7章中图7.1所示的标准IMC结构（其中的单一IMC控制器同时负责设定点跟踪和负载干扰抑制）相比，上述2DOF控制结构的优势非常明显，特别是在抑制不同于设定点的各种类型负载干扰方面，已被广泛应用于各种控制系统设计[7-9]。

需要指出，图8.1所示的标准2DOF IMC结构只能用于开环稳定过程，不能直接用于开环积分或不稳定过程。为解决这个问题，文献[10]提出一种将时滞补偿器与2DOF控制结构相结合的控制方案，可以有效地提高对带时滞响应的开环稳定和不稳定过程的控制性能。文献[11]基于单位反馈控制结构给出一种设定点滤波策略，可以相对独立地优化闭环系统设定点跟踪性能。

本章针对开环稳定和积分过程，介绍一种基于无时滞输出预估器的2DOF控制方案[12]。对于开环不稳定过程，给出一种基于期望系统传递函数的2DOF控制方案[4,13]。这两种控制方案中的控制器都可以基于被控过程的传递函数模型进行解析地设计和整定，便于工程应用。

8.1 开环稳定和积分过程

对于开环稳定和积分过程，这里介绍一种基于无时滞输出预估的 2DOF 控制方案如图 8.2 所示，其中 G 表示被控过程，C_s 是用于设定点跟踪的前馈控制器，C_f 是用于负载扰动抑制的闭环反馈控制器，F_1 和 F_2 是两个用于预估无时滞输出 $\bar{y}$ 的滤波器，r 表示系统设定点，u 为控制信号，y 为测量输出。不难看出，这是一种基于滤波器 F_1 和 F_2 进行无时滞输出预估的 2DOF 控制结构，可以分别实现对设定点跟踪和负载扰动的调节与优化。

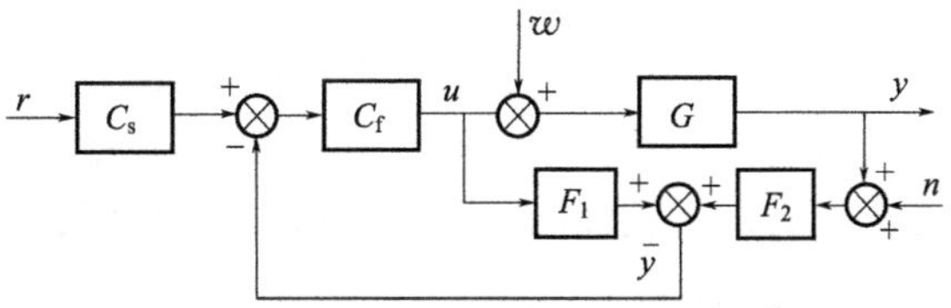

图 8.2　基于无时滞输出预估的两自由度控制方案

考虑如下常见的开环稳定和积分过程描述：

$$G_{S-1}(s)=\frac{k_p e^{-\theta s}}{\tau_p s+1} \tag{8.4}$$

$$G_{S-2}=\frac{k_p\omega_n^2}{s^2+2\xi\omega_n s+\omega_n^2}e^{-\theta s} \tag{8.5}$$

$$G_I(s)=\frac{k_p}{s(\tau_p s+1)}e^{-\theta s} \tag{8.6}$$

用 $\hat{G}(s)=\hat{G}_0(s)e^{-\theta s}$ 表示以上过程模型，其中 $\hat{G}_0(s)$ 为上述过程的无时滞部分。类似地，被控过程可以写成 $G(s)=G_0(s)e^{-\theta_p s}$。在被控过程与标称模型完全匹配的情况下，即 $G(s)=\hat{G}(s)$，从图 8.2 中可以得到以下表达式

$$y=C_s\frac{C_f G_0 e^{-\theta s}}{1+C_f(F_1+F_2G_0e^{-\theta s})}r+ \tag{8.7}$$

$$\frac{G_0e^{-\theta s}(1+C_fF_1)}{1+C_f(F_1+F_2G_0e^{-\theta s})}w \tag{8.8}$$

为了去除式(8.7)和式(8.8)所示传递函数的特征方程中的时滞项，以提高控制性能，可令

$$F_1+F_2G=G_0 \tag{8.9}$$

如果令式(8.9) 中 $F_2=1$，可得

$$F_1=G_0-G=G_0(1-e^{-\theta s}) \tag{8.10}$$

可以看出，如式(8.10) 所示的 F_1 正是经典的 Smith 预估器（SP），它最早提出是为改善带有时滞响应的稳定过程控制性能[14]。然而，由于不能保证系统内部的稳定性，它不能直接用于开环积分过程[2]。因此，为了解决这个问题，这里在 F_1 和 F_2 中引入了一个滤波器 H 来实现稳定的输出预测，令

$$F_1=G_0-GH=G_0(1-He^{-\theta s}) \tag{8.11}$$

$$F_2=H \tag{8.12}$$

为了抵消包含在 G_0 中的积分极点以保证 F_1 的稳定输出，建立以下约束条件，

$$\lim_{s\to 0}\frac{d}{ds}(1-He^{-\theta s})=0 \tag{8.13}$$

因此，设计滤波器 $H(s)$ 具有如下形式

$$H(s)=\frac{\eta s+1}{(\lambda_h s+1)^{n_h}} \tag{8.14}$$

其中，λ_h 是一个可调参数；n_h 是滤波器的阶次，可以根据实际测量噪声水平进行指定。注意，$\lim_{s\to 0} H(s)=1$，也就是说，当 $s\to 0$ 时，如式(8.11) 所示的 F_1 趋近于式(8.10) 中的理想形式。

将式(8.14) 代入式(8.13) 中，可得出

$$\eta=n_h\lambda_h+\theta \tag{8.15}$$

基于式(8.9) 给出的无时滞输出预估，由式(8.7) 和式(8.8) 可知

$$y=C_s\frac{G_0C_f e^{-\theta s}}{1+G_0C_f}r+\frac{G_0 e^{-\theta s}(1+C_fF_1)}{1+G_0C_f}w \tag{8.16}$$

可以看到，从设定指令 r 和干扰 w 到输出 y 的传递函数的特征方程变成线性无时滞，因此有助于提高系统性能。下面分别对抑制负载干扰和跟踪设定点指令设计控制器。

8.1.1 抗扰控制器

基于上述无时滞输出预估，从如图 8.2 所示的控制结构可以推导出从 w 到 u 和 $\bar{y}$ 的传递函数为

$$\frac{u}{w}=T_d(s)e^{-\theta s}=\frac{G_0(s)C_f(s)}{1+G_0(s)C_f(s)}e^{-\theta s} \tag{8.17}$$

$$\frac{\bar{y}}{w}=\frac{G_0(s)}{1+G_0(s)C_f(s)}=G_0(s)[1-T_d(s)] \tag{8.18}$$

可以看出，从 w 到 u 的传递函数等同于一个无时滞过程的闭环单位反馈控制系统的传递函数串联一个输出时滞因子。理想情况下，负载扰动由闭环控制结构检测到后应立即被控制输出（也即过程输入）u 对消，即 $T_d=1$。然而实际执行时必须考虑控制输出极限和闭环系统稳定性等约束条件。对于如式(8.4) 所示的一阶稳定过程，为了消除上述负载扰动产生的输出误差，并保持闭环结构的内部稳定性，必须满足以下渐近抗扰约束

$$\lim_{s\to -1/\tau_p}(1-T_{S-1-d})=0 \tag{8.19}$$

其中，τ_p 为过程时间常数，如式(8.4) 所示。

为了满足上述渐近抗扰约束条件和实际系统运行中的控制输出约束，设计该闭环传递函数为如下形式

$$T_{S-1-d}=\frac{\alpha s+1}{(\lambda_f s+1)^{n_f}} \tag{8.20}$$

其中，λ_f 是一个调节参数；n_f 是滤波器阶次；α 是一个待定参数，可由上述渐近约束条件确定。将式(8.20) 代入式(8.19) 中，可得

$$\alpha=\tau_p\left[1-\left(\frac{\lambda_f}{\tau_p}-1\right)^{n_f}\right] \tag{8.21}$$

根据式(8.20) 中期望的抗扰闭环传递函数，可以从式(8.17) 中反推出控制器如下

$$C_f=\frac{T_d}{1-T_d}\times\frac{1}{G_0} \tag{8.22}$$

将式(8.4) 和式(8.20) 代入式(8.22) 中，可以得到

$$C_{S-1-f}=\frac{(\tau_p s+1)(\alpha s+1)}{k_p[(\lambda_f s+1)^{n_f}-\alpha s-1]} \tag{8.23}$$

可见 λ_f 是该控制器的一个可调参数。鉴于式(8.4) 中的过程模型的相对阶次为 1，并且式(8.20) 中 T_{S-1-d} 的分子阶次也是 1，所以建议取 $n_f=3$ 以保证式(8.23) 中 C_{S-1-f} 的相对阶次为 1，从而可以将进入控制器的阶跃型信号平滑为初值为零的渐进稳定信号，以便实际执行，并且避免对负载干扰过于敏感（如消除对于阶跃型干扰 w 的跳跃控制信号）。

对于如式(8.5)所示的二阶稳定过程，为了消除上述负载扰动产生的输出误差，并保持闭环结构的内部稳定性以抑制扰动，必须满足以下渐近抗扰约束

$$\lim_{s\to -p_1}(1-T_{S-2-d})=0 \tag{8.24}$$

$$\lim_{s\to -p_2}(1-T_{S-2-d})=0 \tag{8.25}$$

其中，$-p_1$ 和 $-p_2$ 是如式(8.5)所示 G_{S-2} 的两个极点，

$$p_1=\begin{cases}\omega_n(\xi-j\sqrt{1-\xi^2}), & 0<\xi<1\\ \omega_n(\xi-\sqrt{\xi^2-1}), & \xi\geqslant 1\end{cases}\qquad p_2=\begin{cases}\omega_n(\xi+j\sqrt{1-\xi^2}), & 0<\xi<1\\ \omega_n(\xi+\sqrt{\xi^2-1}), & \xi\geqslant 1\end{cases}$$

当 $\xi=1$ 时，即 $p_1=p_2=\omega_n$，上述约束式(8.24)与式(8.25)相同，需要补充另一个渐近约束条件：

$$\lim_{s\to -p_1}\frac{d}{ds}(1-T_{S-2-d})=0 \tag{8.26}$$

相应地，期望的抗扰闭环传递函数确定为

$$T_{S-2-d}=\frac{\alpha s^2+\beta s+1}{(\lambda_f s+1)^{n_f}} \tag{8.27}$$

其中，λ_f 是一个调节参数，α 和 β 为待定参数。

当 $\xi\neq 1$ 时，将式(8.27)分别代入式(8.24)和式(8.25)，可以得到

$$\alpha=\frac{p_1(p_2\lambda_f-1)^{n_f}-p_2(p_1\lambda_f-1)^{n_f}-p_1+p_2}{p_1p_2(p_2-p_1)} \tag{8.28}$$

$$\beta=\frac{p_1^2(p_2\lambda_f-1)^{n_f}-p_2^2(p_1\lambda_f-1)^{n_f}-p_1^2+p_2^2}{p_1p_2(p_2-p_1)} \tag{8.29}$$

当 $\xi=1$ 时，将式(8.27)分别代入式(8.24)和式(8.26)，可以得到

$$\alpha=\frac{1}{\omega_n^2}[1+(\omega_n\lambda_f-1)^3(1+3\omega_n\lambda_f)] \tag{8.30}$$

$$\beta=\frac{1}{\omega_n}[2+(\omega_n\lambda_f-1)^3(2+2\omega_n\lambda_f)] \tag{8.31}$$

根据式(8.27)中期望的抗扰闭环传递函数，将式(8.5)和式(8.27)代入式(8.22)，可以得到

$$C_{S-2-f}=\frac{(s^2+2\xi\omega_n s+\omega_n^2)(\alpha s^2+\beta s+1)}{k_p\omega_n^2[(\lambda_f s+1)^{n_f}-\alpha s^2-\beta s-1]} \tag{8.32}$$

鉴于式(8.5)中的过程模型的相对阶次为2，并且式(8.27)中 T_{S-2-d} 的分子阶次也是2，所以建议取 $n_f=5$，以保证式(8.32)中 C_{S-2-f} 的相对阶次为1，便于实际执行。

针对如式(8.6)所示的积分过程，为了消除如上所述负载扰动引起的输出误差，建立如下渐近抗扰约束

$$\lim_{s\to 0}(1-T_d)=0 \tag{8.33}$$

$$\lim_{s\to 0}\frac{d}{ds}(1-T_d)=0 \tag{8.34}$$

此外，如果被控过程 $G_I(s)$ 具有慢动态响应特性，即 τ_p 为一个大时间常数，为提高系统抗扰性能，补充以下约束条件

$$\lim_{s\to -1/\tau_p}(1-T_{I-d})=0 \tag{8.35}$$

为了满足上述渐近抗扰约束式(8.33)～式(8.35)和工程实践中的控制极限，设计抗扰闭环传递函数为如下形式

$$T_{\text{I-d}}(s)=\frac{\beta_2 s^2+\beta_1 s+1}{(\lambda_f s+1)^{n_f}} \tag{8.36}$$

其中，λ_f 是一个调节参数；系数 β_1 和 β_2 由上述渐近抗扰约束确定。将式(8.36) 代入式(8.34) 和式(8.35)，可得

$$\beta_1=n_f\lambda_f \tag{8.37}$$

$$\beta_2=\tau_p\beta_1+\tau_p^2\left[\left(1-\frac{\lambda_f}{\tau_p}\right)^{n_f}-1\right] \tag{8.38}$$

根据式(8.36) 中期望的抗扰闭环传递函数，将式(8.6) 和式(8.36) 代入式(8.22)，可以得到

$$C_{\text{I-f}}=\frac{s(\tau_p s+1)(\beta_2 s^2+\beta_1 s+1)}{k_p[(\lambda_f s+1)^{n_f}-\beta_2 s^2-\beta_1 s-1]} \tag{8.39}$$

鉴于如式(8.6) 所示的过程模型的相对阶次为 2，并且式(8.36) 中 $T_{\text{I-d}}$ 的分子阶次也是 2，所以建议取 $n_f=5$，以保证式(8.39) 中 C_f 的相对阶次为 1，便于实际执行。

8.1.2 设定点跟踪控制器

基于上一节设计的抗扰控制器 C_f 和相应的期望抗扰闭环传递函数 T_d，由式(8.7) 结合式(8.9) 和式(8.17) 可知系统设定点跟踪的传递函数为

$$\frac{y}{r}=T_{sp}=C_s T_d e^{-\theta s} \tag{8.40}$$

因此，可以根据 IMC 原理[2] 设计设定点跟踪控制器，即令 T_{sp} 的期望形式为

$$T_{sp}(s)=\frac{1}{(\lambda_s s+1)^{n_s}}e^{-\theta s} \tag{8.41}$$

其中，λ_s 为一个调节参数；n_s 为实际指定的滤波器阶次，以保证所设计的设定点跟踪控制器具有正则性，便于实际执行。

将式(8.20)、式(8.27)、式(8.36) 分别连同式(8.41) 代入式(8.40)，可以得出对于如式(8.4)～式(8.6) 所示开环稳定和积分过程的设定点跟踪控制器

$$C_{\text{S-1-s}}(s)=\frac{(\lambda_f s+1)^{n_f}}{(\lambda_s s+1)^{n_s}(\alpha s+1)} \tag{8.42}$$

$$C_{\text{S-2-s}}(s)=\frac{(\lambda_f s+1)^{n_f}}{(\lambda_s s+1)^{n_s}(\alpha s^2+\beta s+1)} \tag{8.43}$$

$$C_{\text{I-s}}(s)=\frac{(\lambda_f s+1)^{n_f}}{(\lambda_s s+1)^{n_s}(\beta_2 s^2+\beta_1 s+1)} \tag{8.44}$$

需要说明，如果令 $n_s=n_f-2$ 使得 $C_s(s)$ 是双正则的，容易从式(8.43) 或式(8.44) 验证，对于阶跃型变化的设定点指令，初始控制信号不会为零，甚至产生跳跃行为，这会给控制器的实际执行带来麻烦，很可能超过其输出能力。因此，建议取 $n_s=n_f-1$，以保证 $C_s(s)$ 相对阶次为 1，从而可使控制信号从零初始值开始，能平滑地跟踪阶跃型设定点指令。

值得一提的是，上述设定点跟踪控制器中的整定参数 λ_s 可以单调地调节来达到满意的跟踪性能。例如，对于式(8.39) 用于积分过程的闭环控制器，如果取 $n_f=5$，由上述设计式(8.44) 可知 $n_s=4$，容易推导出系统设定点在单位阶跃变化下的输出响应形式为

$$Y(s)=\left[\frac{1}{s}-\frac{\lambda_s}{\lambda_s s+1}-\frac{\lambda_s}{(\lambda_s s+1)^2}-\frac{\lambda_s}{(\lambda_s s+1)^3}-\frac{\lambda_s}{(\lambda_s s+1)^4}\right]e^{-\theta s} \tag{8.45}$$

其对应的时域表达式为

$$y(t)=\begin{cases}0, & t\leqslant\theta \\ 1-\mathrm{e}^{-\frac{t-\theta}{\lambda_s}}-\dfrac{1}{\lambda_s}(t-\theta)\mathrm{e}^{-\frac{t-\theta}{\lambda_s}}-\dfrac{1}{\lambda_s{}^2}\dfrac{(t-\theta)^2}{2}\mathrm{e}^{-\frac{t-\theta}{\lambda_s}}-\dfrac{1}{\lambda_s{}^3}\dfrac{(t-\theta)^3}{3}\mathrm{e}^{-\frac{t-\theta}{\lambda_s}}, & t>\theta\end{cases} \tag{8.46}$$

从式(8.46) 可以看出，阶跃响应没有超调，通过单调地整定 λ_s 可以定量地确定系统设定点跟踪的上升时间等性能指标。此外，如果 λ_s 整定为较小值，可以得到较快的设定点响应，但需要较大的控制输出信号，当存在过程不确定性时，设定点响应容易产生抖动；相反，如果增大 λ_s，设定点响应将变缓慢，但控制输出幅值减小，相应地，设定点响应对过程不确定性的敏感性将降低。在实际应用中，建议首先通过计算机仿真测试来大致估计 C_s 中 λ_s 可行的调节范围，一般可初始选取 $\lambda_s=(1.0\sim2.0)\theta$，通过单调地增加或减少 λ_s，可以方便地获得设定点跟踪性能和在过程不确定性下的鲁棒稳定性之间的最佳权衡。

8.1.3 鲁棒稳定性分析

不失一般性，考虑实际存在过程乘性不确定性 $\Delta_m(s)=[G(s)-\hat{G}(s)]/\hat{G}(s)$ 的情况，从如图 8.2 所示的控制方案中可以推导出，从 $\Delta_m(s)$ 的输出到其输入的传递函数为

$$M(s)=H(s)T_d(s)\mathrm{e}^{-\theta s}=H(s)\frac{G_0(s)C_f(s)}{1+G_0(s)C_f(s)}\mathrm{e}^{-\theta s} \tag{8.47}$$

根据小增益定理，图 8.2 所示用于抑制负载扰动的闭环结构保持鲁棒稳定，当且仅当

$$\| H(s)T_d(s)\|_\infty<\frac{1}{\|\Delta_m(s)\|_\infty} \tag{8.48}$$

对于如式(8.4) 所示的一阶稳定过程，将如式(8.20) 所示的期望抗扰闭环传递函数和式(8.14) 代入式(8.48)，得到鲁棒稳定性约束

$$\left\|\frac{(\eta s+1)\alpha s+1}{(\lambda_h s+1)^{n_h}(\lambda_f s+1)^{n_f}}\right\|_\infty<\frac{1}{\|\Delta_m(s)\|_\infty} \tag{8.49}$$

该约束条件可用于评估控制器可调参数 λ_f 的允许整定范围。

类似地，对于如式(8.5) 所示的二阶稳定过程，将式(8.27) 代入式(8.48)，得到鲁棒稳定性约束

$$\left\|\frac{(\eta s+1)(\alpha s^2+\beta s+1)}{(\lambda_h s+1)^{n_h}(\lambda_f s+1)^{n_f}}\right\|_\infty<\frac{1}{\|\Delta_m(s)\|_\infty} \tag{8.50}$$

针对如式(8.6) 所示的积分过程，将式(8.36) 代入式(8.48)，得到鲁棒稳定性约束

$$\left\|\frac{(\eta s+1)(\beta_2 s^2+\beta_1 s+1)}{(\lambda_h s+1)^{n_h}(\lambda_f s+1)^{n_f}}\right\|_\infty<\frac{1}{\|\Delta_m(s)\|_\infty} \tag{8.51}$$

例如，对于实际工程中经常采用的如下不确定性描述形式

$$\Delta_m(s)=\left(1+\frac{\Delta k_p}{k_p}\right)\mathrm{e}^{-\Delta\theta s}-1 \tag{8.52}$$

将 $s=\mathrm{j}\omega$ 代入式(8.51)，可得整定控制器可调参数 λ_f 的鲁棒稳定性约束如下

$$\frac{(\lambda_h^2\omega^2+1)^{\frac{n_h}{2}}(\lambda_f^2\omega^2+1)^{\frac{n_f}{2}}}{\sqrt{[\omega^2(n_h\lambda_h+\theta)^2+1][(1-\beta_2\omega^2)^2+\beta_1^2\omega^2]}}>\left|\left(1+\frac{\Delta k_p}{k_p}\right)\mathrm{e}^{-\mathrm{j}\Delta\theta\omega}-1\right|,\forall\omega>0 \tag{8.53}$$

事实上，当 λ_f 整定为较小值时，可以提高如图 8.2 所示的闭环控制结构的干扰抑制响应性能，这可以从式(8.36) 中 T_d 的期望形式得到验证，但代价是降低在过程不确定下的闭环鲁棒稳定性；相反，增大 λ_f 可以提高闭环鲁棒稳定性，但会减慢对负载干扰的响应。整定无时滞预估器 F_1 和 F_2 中的可调参数 λ_h 具有类似的效应。基于大量计算机仿真测试，建议在实际应用中初始取 $\lambda_h=(0.5\sim1.0)\theta$，$\lambda_f=(1.0\sim2.0)\theta$，然后通过单调地增加或减少 λ_f 和 λ_h，

可以方便地获得闭环抗扰控制性能及其鲁棒稳定性之间的最佳权衡。

8.1.4 应用案例

例 8.1 考虑文献[15]中研究的一个 FOPDT 开环稳定过程：

$$G(s)=\frac{0.12}{6s+1}e^{-3s}$$

根据式(8.23)中提出的控制器设计公式，抗扰控制器确定为

$$C_{S-1-f}=\frac{(6s+1)(\alpha s+1)}{0.12[(\lambda_f s+1)^4-\alpha s-1]}$$

其中，$\alpha=6\left[1-\left(\frac{\lambda_f}{6}-1\right)^4\right]$。

根据式(8.42)中的设定点跟踪控制器设计公式，可得

$$C_{S-1-s}(s)=\frac{(\lambda_f s+1)^4}{(\lambda_s s+1)^4(\alpha s+1)}$$

取 $n_h=1$，式(8.14)中的滤波器 $H(s)$ 设计为

$$H(s)=\frac{(\lambda_h+3)s+1}{\lambda_h s+1}$$

在仿真控制测试中，首先在 $t=0$s 时系统设定点加入一个单位阶跃信号，然后在 $t=5$s 时过程输入侧加入一个幅值为 2 的反向阶跃负载扰动。为了进行比较，亦采用 Kirtania 等[15]提出的 MSP 方法进行仿真测试。在 MSP 方法中，控制器取为

$$F_1(s)=(6s+1)/(3.3s+1), F_2(s)=(6s+1)/(6.5s+1), C(s)=8.33\left(\frac{1}{6s}+1\right)$$

本节方法中两个控制器的可调参数分别取为 $\lambda_f=3$ 和 $\lambda_s=1.5$，滤波器参数取为 $\lambda_h=0.1$，以获得与 MSP 方法相似的设定点响应上升速度和相同的扰动响应峰值，便于公平比较。控制结果如图 8.3 所示。可以看出，本节方法明显改善负载扰动响应。

然后假设实际存在被控过程不确定性，例如实际过程时滞和时间常数都增大 15%。图 8.4

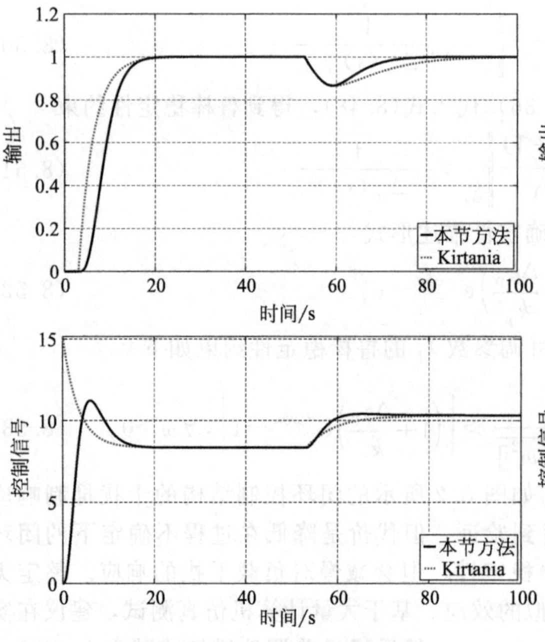

图 8.3 例 8.1 的标称系统响应

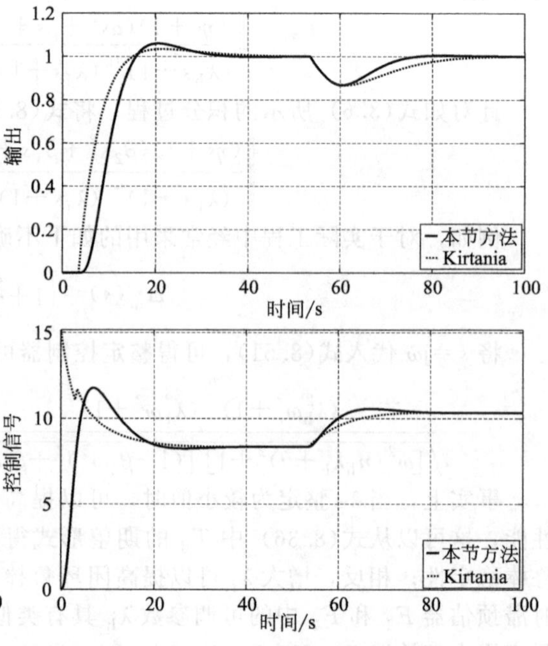

图 8.4 例 8.1 的摄动系统响应

示出摄动系统响应。可以看出，本节方法很好地保持了系统输出响应的鲁棒稳定性。

例 8.2 考虑文献[16] 中研究的一个 SOPDT 积分过程

$$G=\frac{e^{-10s}}{s(20s+1)}$$

根据式(8.39) 中提出的控制器设计公式，抗扰控制器确定为

$$C_f=\frac{s(20s+1)(\beta_2 s^2+\beta_1 s+1)}{(\lambda_f s+1)^5-\beta_2 s^2-\beta_1 s-1}$$

其中，$\beta_1=5\lambda_f$，$\beta_2=20\beta_1+400\left[\left(1-\frac{\lambda_f}{20}\right)^5-1\right]$。

根据式(8.44) 中的设定点跟踪控制器设计公式，可得

$$C_s(s)=\frac{(\lambda_f s+1)^5}{(1+\beta_1 s+\beta_1 s^2)(\lambda_s s+1)^4}$$

取 $n_h=1$，式(8.14) 中的滤波器 $H(s)$ 设计为

$$H(s)=\frac{(\lambda_h+10)s+1}{\lambda_h s+1}$$

在仿真控制测试中，首先在 $t=0$s 时系统设定点加入一个单位阶跃信号，然后在 $t=200$s 时过程输入侧加入一个幅值为 −0.1 的阶跃负载扰动。为了进行比较，亦采用已有文献中的 FSP 控制方法[10] 和 SDTC 控制方法[17] 进行了仿真测试。在 FSP 控制方法中，控制器设计为 $F_r(s)=(29s+1)/(9.5s+1)$，$F(s)=1/(14s+1)$，$C(s)=0.11(20s+1)/(0.02s+1)$。在 SDTC 控制方法中，根据设计公式得到控制器 $K_r=0.2375$，$F_1=0.01039z^{-1}$，$F_2=41.71-41.47z^{-1}$，$F_r=(0.2886-0.5746z^{-1}+0.286z^{-2})/(1-0.97z^{-1})^3$。

本文方法中两个控制器的可调参数分别取为 $\lambda_f=5$ 和 $\lambda_s=7$，滤波器参数取为 $\lambda_h=11$，以获得与 FSP 和 SDTC 方法相似的设定点响应上升速度和相同的扰动响应峰值，便于公平比较。控制结果如图 8.5 所示。

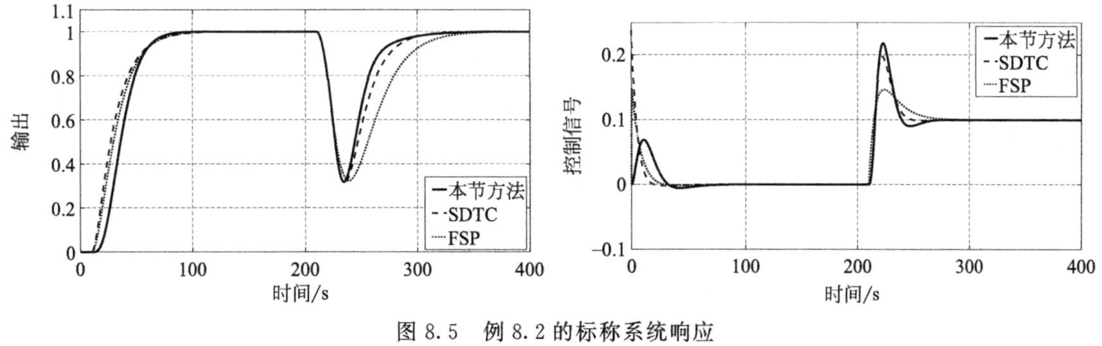

图 8.5 例 8.2 的标称系统响应

表 8.1 和表 8.2 中列出输出误差 IAE 和控制信号 TV 指标。

表 8.1 不同控制方法对于设定点跟踪的 IAE 和 TV 指标

设定点跟踪		例 8.2			例 8.3		
		本节方法	SDTC	FSP	本节方法	SDTC	GP
IAE	标称情形	38.01	31.72	33.51	13.13	11.85	15.72
	摄动情形	38.02	31.73	33.52	13.21	11.84	14.78
TV	标称情形	0.15	0.24	0.30	0.71	1.81	13.28
	摄动情形	0.18	0.45	0.36	0.72	1.85	13.26

表 8.2 不同控制方法对于扰动抑制的 IAE 和 TV 指标

扰动抑制		例 8.2			例 8.3		
		本节方法	SDTC	FSP	本节方法	SDTC	GP
IAE	标称情形	21.50	24.62	33.03	5.73	7.31	14.21
	摄动情形	21.50	24.62	33.02	5.79	7.28	14.12
TV	标称情形	0.36	0.30	0.19	0.77	1.90	13.23
	摄动情形	0.52	0.41	0.19	0.88	1.94	13.21

可以看出，本节方法明显改善负载扰动响应。需要指出，无论是采用 FSP 还是 SDTC 控制方法，在系统设定点响应中都存在非零初值的控制信号跳跃，然而采用本节方法给出的控制器设计，可以有效地避免这种情况。

然后假设实际存在被控过程不确定性，例如实际过程时滞增大 10%，并且过程增益和时间常数都增大 10%。图 8.6 示出摄动系统响应。对应的 IAE 和 TV 指标亦列于表 8.1 和表 8.2 中。可以看出，本节方法能很好地保证系统输出响应的鲁棒稳定性。

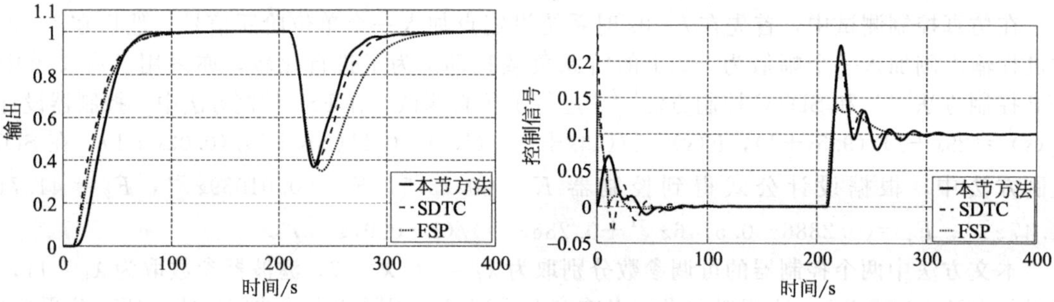

图 8.6 例 8.2 的摄动系统响应

例 8.3 考虑文献[18] 中研究的一个带时滞响应的积分过程

$$G(s)=\frac{e^{-4s}}{s(s+1)}$$

根据式(8.39) 和式(8.44) 中的控制器设计公式，干扰抑制控制器和设定点跟踪控制器分别确定为

$$C_f(s)=\frac{(1+\beta_1 s+\beta_2 s^2)s(s+1)}{(\lambda_f s+1)^5-(1+\beta_1 s+\beta_2 s^2)}$$

$$C_s(s)=\frac{(\lambda_f s+1)^5}{(1+\beta_1 s+\beta_1 s^2)(\lambda_s s+1)^4}$$

其中，$\beta_1=5\lambda_f$，$\beta_2=5\lambda_f+[(1-\lambda_f)^5-1]$。

由于文献[18] 中假设输出测量受到较高的白噪声影响，其标准差为 $\sigma=0.01$，因此滤波器 $H(s)$ 采取二阶形式进行抗噪预测

$$H(s)=\frac{(2\lambda_h+4)s+1}{(\lambda_h s+1)^2}$$

在仿真控制测试中，首先在 $t=0$s 时系统设定点加入一个单位阶跃信号，然后在 $t=80$s 时过程输入侧加入一个幅值为 -0.1 的阶跃负载扰动。在上述控制器和滤波器中，分别取可调参数为 $\lambda_f=1$，$\lambda_s=2.2$，$\lambda_h=3.5$，从而得到与 GP 控制方法[18] 相似的设定点跟踪上升速度和相同的扰动响应峰值，以便公平比较。此外，亦采用 SDTC 控制方法[17] 进行比较，其中控制

器取为 $K_r = 0.1155$，$F_1 = -0.01394z^{-1}$，$F_2 = -2.571 + 2.695z^{-1}$，$F_r = (0.1325 - 0.2512z^{-1} + 0.1188z^{-2})/(1-0.9048z^{-1})^3$。图 8.7 示出在上述测量噪声水平下的控制系统响应结果。表 8.1 和表 8.2 中列出输出误差 IAE 和控制信号 TV 指标。

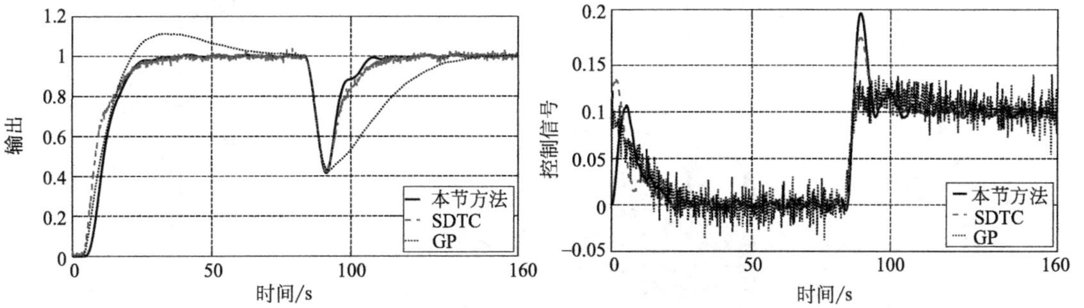

图 8.7　例 8.3 在高测量噪声水平下的控制结果

可以看出，本章方法显著改善控制系统的设定点跟踪和抗扰性能。相比之下，GP 方法的控制信号受到测量噪声的影响很明显，虽然可以通过增加一个输出测量的低通滤波器来减小噪声的影响，但代价是进一步降低控制性能。

然后假设实际存在被控过程不确定性，例如实际过程时滞增大 10%，并且过程增益和时间常数都增大 10%。图 8.8 示出摄动系统响应。对应的 IAE 和 TV 指标亦列于表 8.1 和表 8.2 中。可以看出，本章方法很好地保证系统输出响应的鲁棒稳定性。

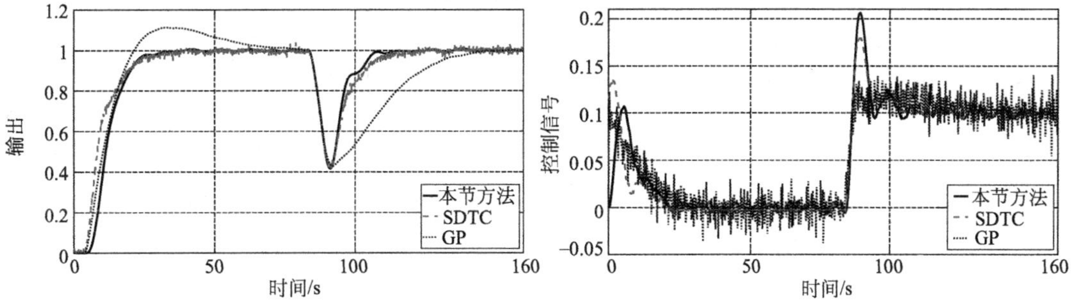

图 8.8　例 8.3 在高测量噪声水平下的摄动系统响应

例 8.4　采用一个 4 升夹套式结晶反应釜的温度调节装置来验证本节介绍的基于无时滞输出预估器的 2DOF 控制方法，如图 8.9 所示。

该温度调节装置包括一个 6 升的油浴循环槽（其中热交换介质采用 2∶3 混合的乙二醇和蒸馏水）、一个功率为 2000W 的电加热器、一个调制开关信号脉冲宽度的零穿越固态继电器(PWM&SSR)、一个 PT100 型温度计、一个西门子公司制造的 PLC、一个用于模数和数模转换的 64 位数据采集卡（AT-MIO-64X）。

为了用于 L-谷氨酸（LGA）结晶工艺，这里的控制目标是使反应釜内的溶液温度从室温 25℃快速上升至 55℃。因此，升温过程动态特性的模型辨识和温度调控都是在这个温度范围内进行实验。温度控制任务是将结晶溶液从室温尽快加热到 55℃并且没有超调，然后在受到负载干扰的情况下，如加入温度较低的原料，保持该温度进行结晶操作。

通过实施一个开环阶跃辨识实验，即全功率打开电加热器，将反应釜内的 2 升溶液从室温 25℃升温至 55℃以上。采样周期取为 $T_s = 0.5\text{s}$，采用前面第 2 章介绍的阶跃响应辨识方法，得到如下的反应釜温度响应传递函数模型

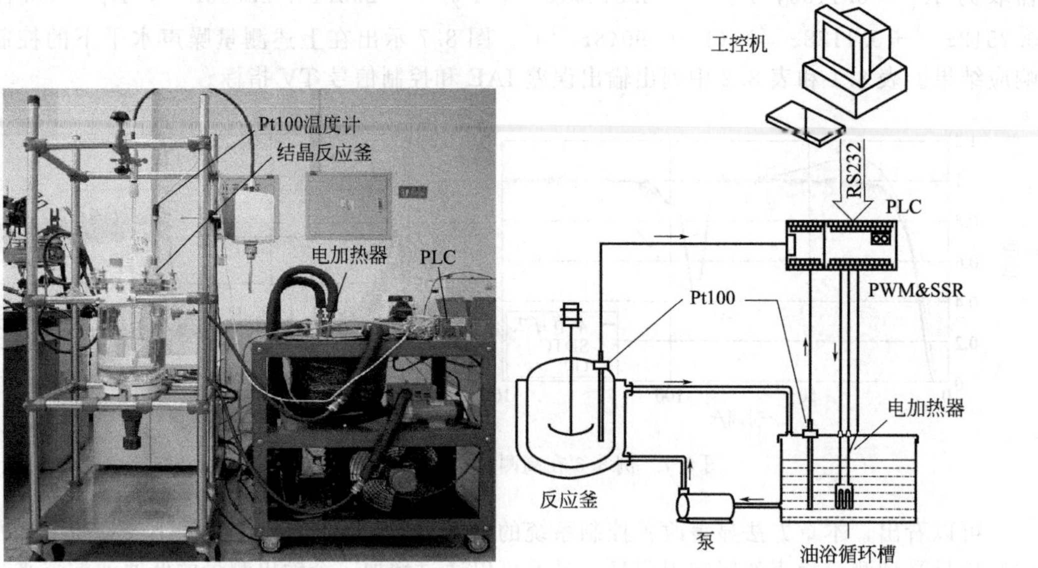

(a) 设备外观　　(b) 工作原理示意图

图 8.9　4 升夹套结晶反应釜及其温度调节装置

$$\hat{G}(s)=\frac{0.00047}{s(726.2s+1)}\mathrm{e}^{-90.2s}$$

图 8.10 中绘制了相同阶跃测试下辨识模型的输出响应，可见取得较好的拟合准确性。

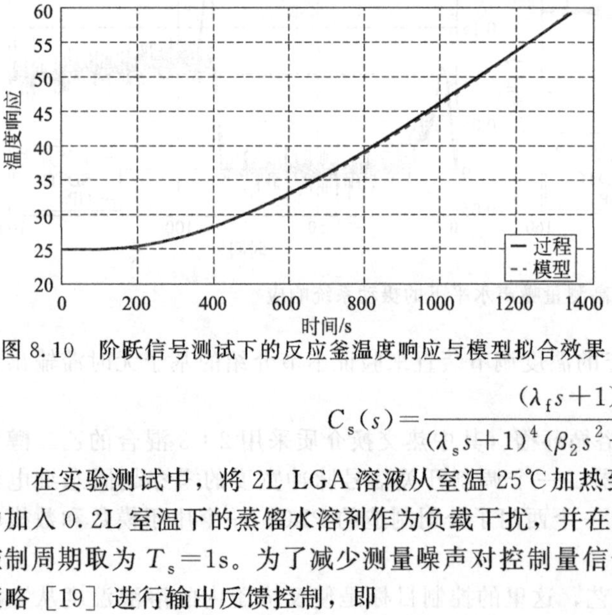

图 8.10　阶跃信号测试下的反应釜温度响应与模型拟合效果

根据上述辨识模型，考虑到实际控制器和执行器的输出范围，根据式(8.39) 取 $n_f=5$ 设计闭环抗扰控制器

$$C_f=\frac{s(726.2s+1)(\beta_2 s^2+\beta_1 s+1)}{0.00047[(\lambda_f s+1)^5-\beta_2 s^2-\beta_1 s-1]}$$

其中，$\beta_1=5\lambda_f$，$\beta_2=726.2\beta_1+527366\left[\left(1-\frac{\lambda_f}{726.2}\right)^5-1\right]$。

相应地，根据公式(8.44) 设计设定点跟踪控制器

$$C_s(s)=\frac{(\lambda_f s+1)^5}{(\lambda_s s+1)^4(\beta_2 s^2+\beta_1 s+1)}$$

在实验测试中，将 2L LGA 溶液从室温 25℃加热到结晶工作区温度 55℃，然后向反应釜中加入 0.2L 室温下的蒸馏水溶剂作为负载干扰，并在此扰动下保持工作温度 55℃不变。采样控制周期取为 $T_s=1$s。为了减少测量噪声对控制量信号计算的影响，采用测量噪声尖峰滤波策略 [19] 进行输出反馈控制，即

$$\hat{y}(kT_s)=\begin{cases} y((k-1)T_s)+\Delta T, & y(kT_s)-y((k-1)T_s)\geqslant\Delta T \\ y((k-1)T_s)-\Delta T, & y(kT_s)-y((k-1)T_s)\leqslant-\Delta T \\ y(kT_s), & \text{其他情况} \end{cases}$$

其中，$\hat{y}(kT_s)$为输出测量滤波后用于反馈控制的温度值；$y(kT_s)$ 为测量温度。考虑到升温过程每个采样周期内的最大温度增量（ΔT）实际上不大于每秒 0.05℃，将滤除噪声影响的阈

值设为 $\Delta T=0.05$℃。

相应地，取 $n_h=1$，根据式(8.14) 和式(8.15) 设计输出预测器中的滤波器

$$H(s)=\frac{(\lambda_h+90.2)s+1}{\lambda_h s+1}$$

其中，选取 $\lambda_h=50$ 是为了平衡预测性能和抗噪的鲁棒性。输出预测器中的滤波器 F_1 和 F_2 由设计式(8.11) 和式(8.12) 确定。

考虑到实际电加热器的功率输出范围为 [0,100%]，即可表示成控制输出约束 $0\leqslant u\leqslant 100$，$C_s(s)$和 $C_f(s)$中的调节参数分别取为 $\lambda_s=280$ 和 $\lambda_f=500$，以避免控制信号发生饱和而导致稳态温度响应偏差。值得一提的是，上述实验装置没有配备冷却功能，因此任何负的控制信号（即 $u<0$）都不能实现。

为做对比，亦采用 FSP 控制方法[10] 和文献[9] 中带有设定点滤波器以抑制超调的 PID 控制方法进行升温控制实验。根据 FSP 控制方法[10] 中的 2DOF 控制器设计公式，整定控制器如下：

$$F(s)=1/(355s+1)^2$$

$$C(s)=5.6110(726.2s+1)/(0.7262s+1)$$

$$F_r(s)=(1610.23s+1)/(380s+1)^3$$

以得到与本节方法相似的设定点跟踪性能。带有设定点指令滤波器的 PID 设计方法[9] 则是根据推荐的最大闭环灵敏度函数指标 $M_s=1.42$ 进行控制器参数整定。

升温实验控制结果如图 8.11 所示。

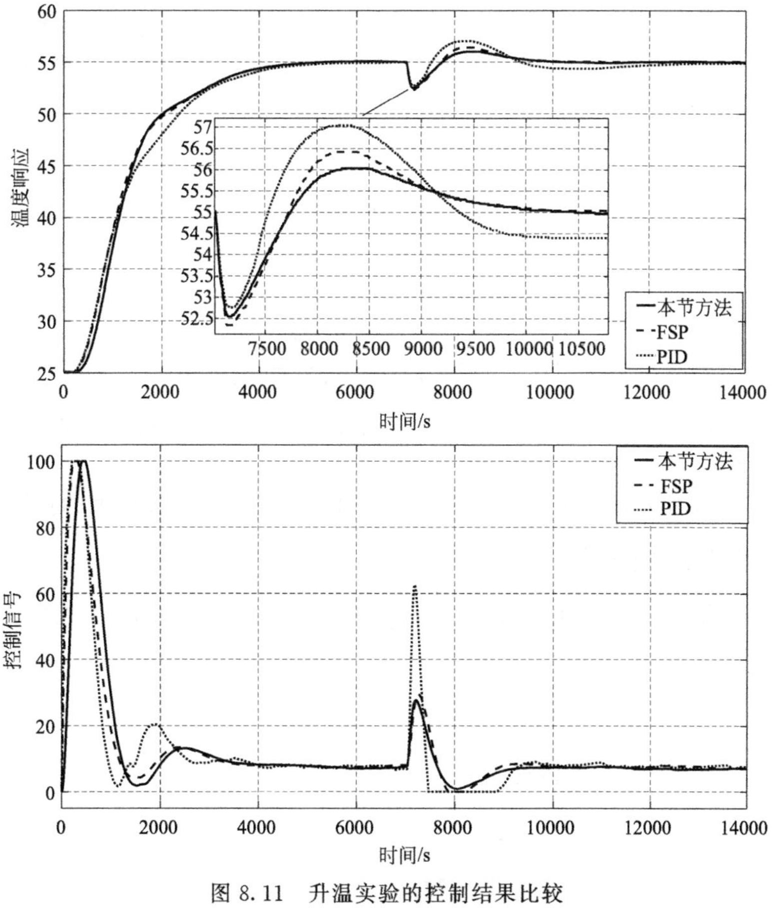

图 8.11　升温实验的控制结果比较

可以看到，本节给出的方法得到快速的升温响应，并且没有温度超调，达到设定点温度 55℃约需 75min。在设定点温度跟踪性能相近的情况下，本节方法对负载扰动响应的恢复效果明显优于其他两种方法，尤其是对于恢复到结晶工作温度区（55.0±0.2)℃，比基于设定点滤波的 PID 方法[9] 节省了大约 1000s。需要说明，如果整定 FSP 方法[10] 或基于设定点滤波的 PID 方法[9] 的控制器参数以加快设定点跟踪速度或负载干扰抑制性能，会产生控制信号饱和，而且需要负的控制信号来抑制温度超调，由于不能物理实现，会引起温度响应的稳态偏差，因此不可行，省略有关实验结果。

8.2 开环不稳定过程

对于一个开环不稳定过程，由于过程传递函数包含不稳定极点，上一节的控制方案中如式(8.10) 所示的 F_1 不能保证稳定的输出预测，因此该控制方案不能用于开环不稳定过程。这里参考文献[4,13] 提出的 2DOF 控制方法，介绍一种适用于开环不稳定过程的 2DOF 控制方案，如图 8.12 所示。其中，G 表示被控过程，C_s 为用于设定点跟踪的前馈控制器，C_f 为抑制负载扰动抑制的反馈控制器，T_r 是用于设定点跟踪的期望传递函数，r 为设定点，y 为过程输出，y_r 为期望（参考）输出响应，u 为过程输入，u_c 为 C_s 的输出，u_f 为 C_f 的输出，d_i 为从过程输入侧进入的负载扰动，$\hat{d}_o$ 为从过程输出侧进入的负载扰动，其传递函数为 G_d。

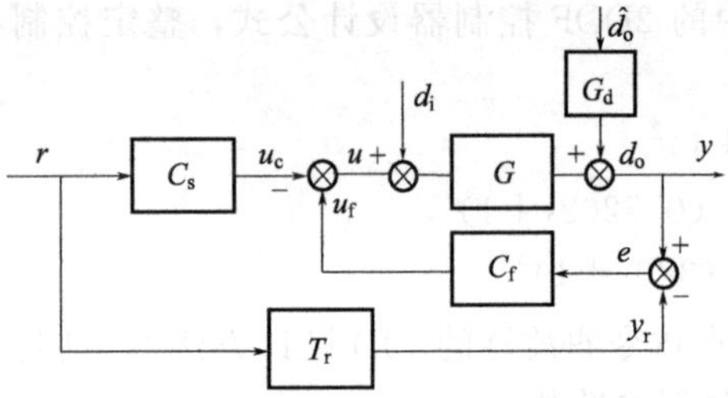

图 8.12 用于开环不稳定过程的两自由度控制结构

由于不同开环不稳定过程的动态响应特性差异性很大，这里考虑以下四种广泛应用于控制系统设计和控制器整定的低阶模型

$$G_{U-1}(s)=\frac{k_p e^{-\theta s}}{\tau_p s-1} \tag{8.54}$$

$$G_{U-2}(s)=\frac{k_p e^{-\theta s}}{(\tau_1 s-1)(\tau_2 s+1)} \tag{8.55}$$

$$G_{U-3}(s)=\frac{k_p e^{-\theta s}}{s(\tau s-1)} \tag{8.56}$$

$$G_{U-4}(s)=\frac{k_p e^{-\theta s}}{(\tau_1 s-1)(\tau_2 s-1)} \tag{8.57}$$

其中，k_p 表示比例增益；θ 为过程时滞参数；τ_p、τ、τ_1、τ_2 是反映过程动态响应特性的时间常数（一般取正值）。

下面按照图 8.12 所示的 2DOF 控制结构给出针对上述四种过程模型的控制器设计公式。

8.2.1 设定点跟踪控制器

根据第 7 章介绍的 IMC 设计方法，对于如式(8.54) 所示的 FOPDT 模型，设定点跟踪控制器可以确定为

$$C_{s-U-1}=\frac{\tau_p s-1}{k_p(\lambda_c s+1)} \tag{8.58}$$

相应地，可得出系统设定点响应传递函数

$$T_{r-U-1}=\frac{1}{\lambda_c s+1}e^{-\theta s} \tag{8.59}$$

其中，λ_c 为设定点跟踪控制器中的可调参数。

类似地，对于如式(8.55)所示的SOPDT模型，设定点跟踪控制器可以推导为

$$C_{s-U-2}=\frac{(\tau_1 s-1)(\tau_2 s+1)}{k_p(\lambda_c s+1)^2} \tag{8.60}$$

其对应得出的设定点响应传递函数为

$$T_{r-U-2}=\frac{1}{(\lambda_c s+1)^2}e^{-\theta s} \tag{8.61}$$

对于式(8.56)所示的带有积分特性的SOPDT模型，设定点跟踪控制器可以推导为

$$C_{s-U-3}=\frac{s(\tau s-1)}{k_p(\lambda_c s+1)^2} \tag{8.62}$$

其对应得出的设定点响应传递函数为

$$T_{r-U-3}=\frac{1}{(\lambda_c s+1)^2}e^{-\theta s} \tag{8.63}$$

对于式(8.57)所示的具有两个RHP极点的SOPDT模型，设定点跟踪控制器可以推导为

$$C_{s-U-4}=\frac{(\tau_1 s-1)(\tau_2 s-1)}{k_p(\lambda_c s+1)^2} \tag{8.64}$$

其对应得出的设定点响应传递函数为

$$T_{r-U-4}=\frac{1}{(\lambda_c s+1)^2}e^{-\theta s} \tag{8.65}$$

类似上一节中的分析，可以通过单调地整定上述控制器中的单一可调参数 λ_c 来定量地达到时域输出响应性能指标，如系统输出响应在设定点阶跃信号下的上升时间。

8.2.2 抗扰控制器

对于抑制负载干扰，从图8.12中可以看出，在标称情况下（即 $T_r=GC_s$），从 d_i 和 $\hat{d}_o$ 到 y 的传递函数为

$$\frac{y}{d_i}=\frac{G}{1+GC_f} \tag{8.66}$$

$$\frac{y}{\hat{d}_o}=\frac{G_d}{1+GC_f} \tag{8.67}$$

注意，在过程输入和输出之间设置的闭环控制结构的余灵敏度函数可以推导为

$$T_d=\frac{GC_f}{1+GC_f} \tag{8.68}$$

容易验证它等同于从 d_i 到控制器输出 u_f 的传递函数。

因此式(8.66)和式(8.67)可以改写为

$$\frac{y}{d_i}=G(1-T_d) \tag{8.69}$$

$$\frac{y}{\hat{d}_o}=G_d(1-T_d) \tag{8.70}$$

在理想的情况下，上述闭环控制结构的理想余灵敏度函数应该是 $T_d(s)=e^{-\theta s}$。也就是说，当负载扰动 d_i 进入过程后，反馈控制器 C_f 应在过程时滞后立即检测出相应的输出误差，然后计算出等效信号 u_f 来抵消它。然而在实际工作中存在以下渐近抗扰约束

$$\lim_{s\to 0}(1-T_d)=0 \tag{8.71}$$

$$\lim_{s\to p_i}(1-T_d)=0, i=1,2,\cdots,m \tag{8.72}$$

其中，$p_i(i=1,2,\cdots,m)$ 为被控过程传递函数的 RHP 极点。为了保持闭环结构的内部稳定性，设计控制器必须满足式(8.71) 和式(8.72) 中的约束条件。

如果 p_i 是被控过程的双重 RHP 极点，则应该增加以下渐近约束

$$\lim_{s \to p_i} \frac{\mathrm{d}}{\mathrm{d}s}(1-T_{\mathrm{d}})=0 \tag{8.73}$$

说明：如果 p_i 是被控过程的多重 RHP 极点，可以通过对 $1-T_{\mathrm{d}}$ 取高阶导数来施加额外的渐近约束，类似于式(8.73)。

基于 IMC 理论[2] 的 H_2 最优性能目标，确定期望的闭环余灵敏度函数形式如下

$$T_{\mathrm{d}}=\frac{\sum_{i=1}^{m}\alpha_i s^i+1}{(\lambda_{\mathrm{f}} s+1)^{l+m}}\mathrm{e}^{-\theta s} \tag{8.74}$$

相应地，抗扰控制器可以从式(8.68) 反向推导为

$$C_{\mathrm{f}}=\frac{1}{G}\times\frac{T_{\mathrm{d}}}{1-T_{\mathrm{d}}} \tag{8.75}$$

对于式(8.54) 所示的一阶不稳定过程，有 $l=1$ 和 $m=1$。由式(8.74) 可知

$$T_{\mathrm{d-U-1}}=\frac{\alpha_1 s+1}{(\lambda_{\mathrm{f}} s+1)^2}\mathrm{e}^{-\theta s} \tag{8.76}$$

显然，它满足式(8.71) 中的渐近约束。由式(8.72) 可知

$$\lim_{s \to 1/\tau_{\mathrm{p}}}\left[1-\frac{\alpha_1 s+1}{(\lambda_{\mathrm{f}} s+1)^2}\mathrm{e}^{-\theta s}\right]=0 \tag{8.77}$$

求解式(8.77) 可得

$$\alpha_1=\tau_{\mathrm{p}}\left[\left(\frac{\lambda_{\mathrm{f}}}{\tau_{\mathrm{p}}}+1\right)^2\mathrm{e}^{\frac{\theta}{\tau_{\mathrm{p}}}}-1\right] \tag{8.78}$$

将式(8.54) 和式(8.76) 代入式(8.75)，得到抗扰控制器

$$C_{\mathrm{f-U-1}}=\frac{\alpha_1 s+1}{k_{\mathrm{p}}(\lambda_{\mathrm{f}} s+1)^2}\times\frac{\tau_{\mathrm{p}} s-1}{1-\dfrac{\alpha_1 s+1}{(\lambda_{\mathrm{f}} s+1)^2}\mathrm{e}^{-\theta s}} \tag{8.79}$$

需要说明，在式(8.79) 中 $s=1/\tau_{\mathrm{p}}$ 处存在一个隐含的 RHP 零极点抵消，这会导致控制器不能稳定执行。因此，式(8.79) 右侧的第二个乘积项不能用图 8.13 所示的正反馈结构直接实现。考虑到上述第二个乘积项具有积分特性，可以采用前面第 7.3 节中介绍的 Maclaurin 级数逼近方法，令 $C_{\mathrm{f-U-1}}=M(s)/s$，从而得到 PID 近似形式，便于实际执行。

为了更好地近似，可以采用以下基于线性分式 Padé 展开的解析逼近公式

$$D_{N/N}(s)=\frac{\sum_{j=0}^{N}d_j s^j}{s\sum_{i=0}^{N-1}c_i s^i} \tag{8.80}$$

其中，N 是实际指定的阶次，以达到期望的负载干扰抑制性能指标；c_i 和 d_j 由以下两个线性矩阵方程确定：

$$\begin{bmatrix} d_0 \\ d_1 \\ \vdots \\ d_N \end{bmatrix}=\begin{bmatrix} b_0 & 0 & 0 & \cdots & 0 \\ b_1 & b_0 & 0 & \cdots & 0 \\ \vdots & \vdots & \ddots & \cdots & \vdots \\ b_N & b_{N-1} & b_{N-2} & \cdots & b_1 \end{bmatrix}\begin{bmatrix} c_0 \\ c_1 \\ \vdots \\ c_{N-1} \end{bmatrix} \tag{8.81}$$

$$\begin{bmatrix} b_N & b_{N-1} & \cdots & b_2 \\ b_{N+1} & b_N & \cdots & b_3 \\ \vdots & \vdots & \ddots & \vdots \\ b_{2N-2} & b_{2N-3} & \cdots & b_N \end{bmatrix} \begin{bmatrix} c_1 \\ c_2 \\ \vdots \\ c_{N-1} \end{bmatrix} = -\begin{bmatrix} b_{N+1} \\ b_{N+2} \\ \vdots \\ b_{2N-1} \end{bmatrix} \tag{8.82}$$

其中，$b_i = M^{(i)}(0)/i!$，$i=0$，1，…，$2N-1$，为上述 $M(s)$ 的 Maclaurin 展开系数，c_0 取为

$$c_0 = \begin{cases} 1, & c_i \geqslant 0 \\ -1, & c_i < 0 \end{cases} \tag{8.83}$$

注意式(8.80) 中存在一个积分项，从而保证与式(8.79) 中期望的控制器形式具有相同的积分特性。

例如，令式(8.80) 中 $N=2$，得到 PID 形式的逼近公式

$$F_{2/2}(s) = \left(k_{\mathrm{C}} + \frac{1}{\tau_{\mathrm{I}} s} + \tau_{\mathrm{D}} s\right) \frac{1}{\tau_{\mathrm{F}} s + 1} \tag{8.84}$$

其中

$$k_{\mathrm{C}} = \frac{d_1}{c_0}, \tau_{\mathrm{I}} = \frac{1}{b_0}, \tau_{\mathrm{D}} = \frac{d_2}{c_0}, \tau_{\mathrm{F}} = \frac{c_1}{c_0}$$

$$d_0 = b_0 c_0, d_1 = b_1 c_0 + b_0 c_1, d_2 = b_2 c_0 + b_1 c_1, c_1 = -\frac{b_3}{b_2}$$

令 $N=3$，给出一个三阶逼近公式

$$F_{3/3}(s) = \frac{d_3 s^3 + d_2 s^2 + d_1 s + d_0}{s(c_2 s^2 + c_1 s + c_0)} \tag{8.85}$$

其中

$$c_1 = \frac{b_2 b_5 - b_3 b_4}{b_3^2 - b_2 b_4}, c_2 = \frac{b_4^2 - b_3 b_5}{b_3^2 - b_2 b_4}$$

$$d_0 = b_0 c_0, d_1 = b_1 c_0 + b_0 c_1, d_2 = b_2 c_0 + b_1 c_1 + b_0 c_2, d_3 = b_3 c_0 + b_2 c_1 + b_1 c_2$$

在实际应用中，上述三阶逼近可以由三个低阶控制器来实现，即

$$F_{3/3}(s) = \frac{d_3 s^2 + d_2 s + d_1}{c_2 s^2 + c_1 s + c_0} + \frac{d_0}{s(c_2 s^2 + c_1 s + c_0)} \tag{8.86}$$

其中，第一部分是一个二阶双正则控制器，第二部分是一个积分器串联一个二阶正则控制器。

需要指出，上述抗扰控制器的近似执行形式实际上都是由式(8.79) 所示的单一可调参数 λ_{f} 进行整定。c_0 的取值是为了保持所有 $c_i(i=0,1,\cdots,N-1)$ 符号相同，以避免在逼近公式产生 RHP 极点。根据劳斯-霍尔维兹（Routh-Hurwitz）稳定性准则，容易验证 $N \leqslant 3$ 的低阶逼近可以保证闭环内部稳定性。对于 $N \geqslant 4$，相同符号的 $c_i(i=0,1,\cdots,N-1)$ 并不能保证不存在 RHP 极点。因而应采用劳斯-霍尔维兹准则进行验证。显而易见，采用高阶逼近有利于提高闭环结构抑制负载干扰的性能。因此，实际应用中应该权衡可达到的抗扰性能和控制器结构的复杂性。

对于式(8.55) 中的二阶不稳定过程，有 $l=2$ 和 $m=1$。由式(8.74) 可知

$$T_{\mathrm{d-U-2}} = \frac{\alpha_1 s + 1}{(\lambda_{\mathrm{f}} s + 1)^3} \mathrm{e}^{-\theta s} \tag{8.87}$$

将式(8.87) 代入式(8.72)，可得

$$\lim_{s \to 1/\tau_1} \left[1 - \frac{\alpha_1 s + 1}{(\lambda_{\mathrm{f}} s + 1)^3} \mathrm{e}^{-\theta s}\right] = 0 \tag{8.88}$$

容易从式(8.88) 解出

$$\alpha_1=\tau_1\left[\left(\frac{\lambda_f}{\tau_1}+1\right)^3 e^{\frac{\theta}{\tau_1}}-1\right] \tag{8.89}$$

将式(8.55) 和式(8.87) 代入式(8.75)，可得

$$C_{f-U-2}=\frac{(\tau_2 s+1)(\alpha_1 s+1)}{k_p(\lambda_f s+1)^3}\times\frac{\tau_1 s-1}{1-\dfrac{\alpha_1 s+1}{(\lambda_f s+1)^3}e^{-\theta s}} \tag{8.90}$$

对于式(8.56) 所示的带有积分特性的 SOPDT 模型，有 $l=2$ 和 $m=2$。由式(8.74) 可知

$$T_{d-U-3}=\frac{\alpha_2 s^2+\alpha_1 s+1}{(\lambda_f s+1)^4}e^{-\theta s} \tag{8.91}$$

利用式(8.72) 和式(8.73) 中的渐近约束，可得

$$\lim_{s\to 1/\tau}\left[1-\frac{\alpha_2 s^2+\alpha_1 s+1}{(\lambda_f s+1)^4}e^{-\theta s}\right]=0 \tag{8.92}$$

$$\lim_{s\to 0}\frac{d}{ds}\left[1-\frac{\alpha_2 s^2+\alpha_1 s+1}{(\lambda_f s+1)^4}e^{-\theta s}\right]=0 \tag{8.93}$$

通过解式(8.92) 和式(8.93)，可得

$$\begin{cases}\alpha_1=4\lambda_f+\theta;\\ \alpha_2=\tau^2\left[\left(\dfrac{\lambda_f}{\tau}+1\right)^4 e^{\frac{\theta}{\tau}}-\dfrac{\alpha_1}{\tau}-1\right]\end{cases} \tag{8.94}$$

将式(8.56) 和式(8.91) 代入式(8.75)，得

$$C_{f-U-3}=\frac{\alpha_2 s^2+\alpha_1 s+1}{k_p(\lambda_f s+1)^4}\times\frac{s(\tau s-1)}{1-\dfrac{\alpha_2 s^2+\alpha_1 s+1}{(\lambda_f s+1)^4}e^{-\theta s}} \tag{8.95}$$

对于式(8.57) 所示的具有两个 RHP 极点的 SOPDT 模型，有 $l=2$ 和 $m=2$。由式(8.74) 可知

$$T_{d-U-4}=\frac{\alpha_2 s^2+\alpha_1 s+1}{(\lambda_f s+1)^4}e^{-\theta s} \tag{8.96}$$

同样，由式(8.72) 可知

$$\lim_{s\to 1/\tau_1}\left[1-\frac{\alpha_2 s^2+\alpha_1 s+1}{(\lambda_f s+1)^4}e^{-\theta s}\right]=0 \tag{8.97}$$

$$\lim_{s\to 1/\tau_2}\left[1-\frac{\alpha_2 s^2+\alpha_1 s+1}{(\lambda_f s+1)^4}e^{-\theta s}\right]=0 \tag{8.98}$$

通过解式(8.97) 和式(8.98)，可得

$$\begin{cases}\alpha_1=\dfrac{1}{\tau_2-\tau_1}\left\{\tau_2^2\left[\left(\dfrac{\lambda_f}{\tau_2}+1\right)^4 e^{\frac{\theta}{\tau_2}}-1\right]-\tau_1^2\left[\left(\dfrac{\lambda_f}{\tau_1}+1\right)^4 e^{\frac{\theta}{\tau_1}}-1\right]\right\}\\ \alpha_2=\dfrac{\tau_1^2\tau_2}{\tau_2-\tau_1}\left[\left(\dfrac{\lambda_f}{\tau_1}+1\right)^4 e^{\frac{\theta}{\tau_1}}-1\right]-\dfrac{\tau_1\tau_2^2}{\tau_2-\tau_1}\left[\left(\dfrac{\lambda_f}{\tau_2}+1\right)^4 e^{\frac{\theta}{\tau_2}}-1\right]\end{cases} \tag{8.99}$$

将式(8.57) 和式(8.96) 代入式(8.75)，可得

$$C_{f-U-4}=\frac{\alpha_2 s^2+\alpha_1 s+1}{k_p(\lambda_f s+1)^4}\times\frac{(\tau_1 s-1)(\tau_2 s-1)}{1-\dfrac{\alpha_2 s^2+\alpha_1 s+1}{(\lambda_f s+1)^4}e^{-\theta s}} \tag{8.100}$$

由于式(8.90)，式(8.95) 和式(8.100) 所示的控制器公式中存在 RHP 零极抵消，因此

不能稳定执行。为解决这个问题，可以采用第 7 章介绍的 PID 逼近形式来实际执行，亦可采用前面式(8.80)～式(8.83) 中的高阶逼近公式来实现，以提高控制性能。

需要说明，对于一个具有慢动态特性的不稳定过程，对应于式(8.55) 所示的 SOPDT 模型中的大时间常数（τ_2），为了消除过程慢动态特性对负载扰动响应的不利影响，可以在抗扰控制器设计中添加以下渐近约束

$$\lim_{s\to -1/\tau_2}(1-T_{\rm d})=0 \tag{8.101}$$

相应地，期望的用于抑制过程输入侧阶跃型负载扰动（如图 8.12 所示）的闭环传递函数形式为

$$T_{\rm d-US-2}=\frac{\eta_2 s^2+\eta_1 s+1}{(\lambda_{\rm f}s+1)^4}{\rm e}^{-\theta s} \tag{8.102}$$

其中，η_1 和 η_2 满足式(8.72) 和式(8.101) 中的渐近约束。

将式(8.102) 代入式(8.72) 和式(8.101)，可得

$$\begin{cases}\eta_1=\dfrac{1}{\tau_1+\tau_2}\left[\tau_1^2\left(\dfrac{\lambda_{\rm f}}{\tau_1}+1\right)^4{\rm e}^{\frac{\theta}{\tau_1}}-\tau_2^2\left(\dfrac{\lambda_{\rm f}}{\tau_2}-1\right)^4{\rm e}^{-\frac{\theta}{\tau_2}}\right]+\tau_2-\tau_1\\ \eta_2=\tau_1^2\left[\left(\dfrac{\lambda_{\rm f}}{\tau_1}+1\right)^4{\rm e}^{\frac{\theta}{\tau_1}}-1\right]-\tau_1\eta_1\end{cases} \tag{8.103}$$

将式(8.55) 和式(8.102) 代入式(8.75)，得到相应的抗扰控制器

$$C_{\rm f-US-2}=\frac{(\tau_2 s+1)(\eta_2 s^2+\eta_1 s+1)}{k_{\rm p}(\lambda_{\rm f}s+1)^4}D(s) \tag{8.104}$$

其中

$$D(s)=\frac{\tau_1 s-1}{1-\dfrac{\eta_2 s^2+\eta_1 s+1}{(\lambda_{\rm f}s+1)^4}{\rm e}^{-\theta s}} \tag{8.105}$$

容易看出，式(8.105) 中存在 RHP 零极对消，因此需要采用一个有理逼近形式来实际执行，可以利用上述公式(8.80)～式(8.83) 得到。

为了抑制发生在过程输出侧的慢动态特性负载扰动，如图 8.12 所示，其传递函数为 $G_{\rm d}=k_{\rm d}/(\tau_{\rm d}s+1)$，其中 $\tau_{\rm d}$ 是一个大时间常数，确定期望的抗扰闭环传递函数为

$$T_{\rm d-UO-2}=\frac{\eta_1 s+1}{(\lambda_{\rm f}s+1)^3}{\rm e}^{-\theta s} \tag{8.106}$$

令 $\tau_2=\tau_{\rm d}$，将式(8.106) 代入式(8.101)，可得

$$\eta_1=\tau_{\rm d}\left[\left(\frac{\lambda_{\rm f}}{\tau_{\rm d}}-1\right)^3{\rm e}^{-\frac{\theta}{\tau_{\rm d}}}+1\right] \tag{8.107}$$

相应地，将式(8.55) 和式(8.107) 代入式(8.75)，得到相应的抗扰控制器

$$C_{\rm f-UO-2}=\frac{(\tau_1 s-1)(\tau_2 s+1)(\eta_1 s+1)}{k_{\rm p}(\lambda_{\rm f}s+1)^3}\times\frac{1}{1-\dfrac{\eta_1 s+1}{(\lambda_{\rm f}s+1)^3}{\rm e}^{-\theta s}} \tag{8.108}$$

其中第二个乘积项可用如图 8.13 所示的一个正反馈结构来实现。

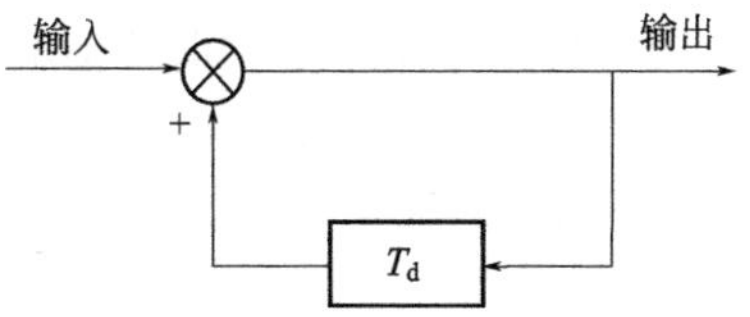

图 8.13 正反馈结构

8.2.3 鲁棒稳定性分析

根据式(8.54)～式(8.57) 所示的低阶过程模型，利用如前面第 8.1.3 节所述的过程不确定性描述形式，可以采用

标准 M-Δ 结构进行鲁棒稳定性分析[1]。从图 8.12 可以看出，对于设置在过程输入和输出之间的闭环结构而言，容易推导出从过程乘性不确定性的输出到其输入的传递函数完全等同于该闭环结构的余灵敏度函数 T_d。因此，由小增益定理可知，该闭环控制结构保持鲁棒稳定，当且仅当

$$\| T_d \|_\infty < \frac{1}{\| \Delta \|_\infty} \tag{8.109}$$

其中，$\Delta=(G-\widehat{G})/\widehat{G}$ 表示过程乘性不确定性。

对于式(8.54) 所示的一阶不稳定过程，将式(8.76) 和式(8.78) 代入式(8.109)，可以得到整定 C_{f-U-1} 中的可调参数 λ_f 必须满足的稳定性约束

$$\left\| \frac{\tau_p[(\lambda_f/\tau_p+1)^2 e^{\theta/\tau_p}-1]s+1}{(\lambda_f s+1)^2} \right\|_\infty < \frac{1}{\| \Delta(s) \|_\infty} \tag{8.110}$$

对于式(8.55) 所示的二阶不稳定过程，将式(8.87) 和式(8.89) 代入式(8.109)，可以得到整定 C_{f-U-2} 中的可调参数 λ_f 必须满足的稳定性约束

$$\left\| \frac{\tau_1\left[\left(\frac{\lambda_f}{\tau_1}+1\right)^3 e^{\theta/\tau_1}-1\right]s+1}{(\lambda_f s+1)^3} \right\|_\infty < \frac{1}{\| \Delta(s) \|_\infty} \tag{8.111}$$

对于式(8.56) 所示的积分特性的 SOPDT 模型，将式(8.91) 和式(8.94) 代入式(8.109)，可以得到整定 C_{f-U-3} 中的可调参数 λ_f 必须满足的稳定性约束

$$\left\| \frac{\tau^2\left[\left(\frac{\lambda_f}{\tau}+1\right)^4 e^{\frac{\theta}{\tau}}-\frac{4\lambda_f+\theta}{\tau}-1\right]s^2+(4\lambda_f+\theta)s+1}{(\lambda_f s+1)^4} \right\|_\infty < \frac{1}{\| \Delta(s) \|_\infty} \tag{8.112}$$

对于式(8.57) 所示的具有两个 RHP 极点的 SOPDT 模型，将式(8.96) 和式(8.99) 代入式(8.109) 中，可以得到整定 C_{f-U-4} 中的可调参数 λ_f 必须满足的稳定性约束

$$\left\| \frac{\alpha_2 s^2+\alpha_1 s+1}{(\lambda_f s+1)^4} \right\|_\infty < \frac{1}{\| \Delta(s) \|_\infty} \tag{8.113}$$

另外，对于式(8.55) 所示带有大时间常数（τ_2）的二阶不稳定过程，将式(8.102) 和式(8.103) 代入式(8.109) 中，可以得到整定 C_{f-US-2} 中的可调参数 λ_f 来抑制过程输入侧的阶跃型负载扰动必须满足的稳定性约束

$$\left\| \frac{\eta_2 s^2+\eta_1 s+1}{(\lambda_f s+1)^4} \right\|_\infty < \frac{1}{\| \Delta(s) \|_\infty} \tag{8.114}$$

类似地，将式(8.106) 和式(8.107) 代入式(8.109) 中，可以得到整定 C_{f-UO-2} 中的可调参数 λ_f 来抑制过程输出侧的阶跃型负载扰动必须满足的稳定性约束。

8.2.4 应用案例

例 8.5 考虑文献[20] 中研究的一阶不稳定过程

$$G=\frac{e^{-0.4s}}{s-1}$$

在改进的 2DOF IMC 设计方法[20] 中，控制器参数取为 $k_0=2$，$\lambda=0.4$，$K_c=2.079$，$T_c=0.156$。在基于史密斯预估器的两自由度控制方法[21] 中，根据设计公式取控制器参数为 $k_p=1$，$T_i=0.4$，$T_f=-0.3$，$K_f=2$，$K_d=1.5811$。

应用式(8.58) 和式(8.79) 中的控制器公式，可得

$$C_{s-U-1}=\frac{s-1}{\lambda_c s+1}$$

$$C_{f-U-1}=\frac{(s-1)(\alpha_1 s+1)}{(\lambda_f s+1)^2}\times\frac{1}{1-\frac{\alpha_1 s+1}{(\lambda_f s+1)^2}e^{-0.4s}}$$

其中，$\alpha_1=(\lambda_f+1)^2e^{0.4}-1$。

为了比较，取 $\lambda_c=0.4$ 以获得与文献[20，21]方法相似的设定点响应的上升速度。对于抑制负载扰动，取 $\lambda_f=0.4$ 并利用前面第 7.3 节中的 PID 近似公式执行 C_{f-U-1}，可得

$$C_{f-PID}=2.8972+\frac{1}{0.724s}+\frac{0.469s}{0.04s+1}$$

在仿真控制测试中，首先在 $t=0$s 时系统设定点加入一个单位阶跃信号，然后在 $t=5$s 时过程输入侧加入一个幅值为 -1 的阶跃负载扰动。控制结果如图 8.14 所示，表 8.3 列出了这些控制方法下负载扰动响应的 ISE 指标，可见本节方法整定的 PID 可以改善系统抗扰性能。

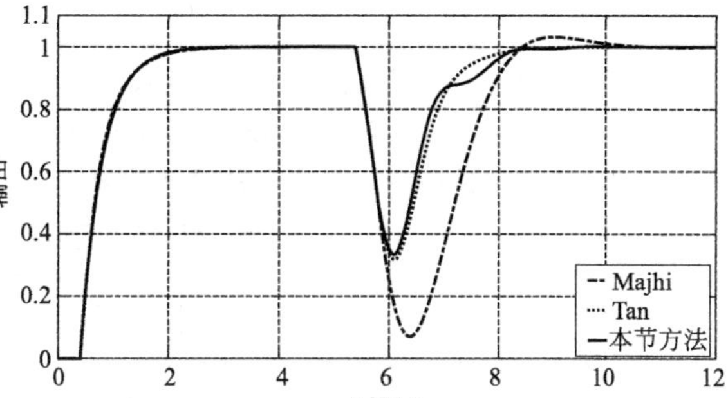

图 8.14　例 8.5 的标称系统输出响应

表 8.3　例 8.5 对于负载扰动抑制的 ISE 比较

扰动抑制	本节方法	Tan[20]	Majhi[21]
ISE	0.3098	0.3429	0.966

然后假设实际估计过程时滞和不稳定时间常数时存在 20%的误差，例如，这两个参数实际上都增大 20%。摄动系统响应如图 8.15 所示。

可见本节给出的 PID 调整方法能很好地保持控制系统的鲁棒稳定性。需要说明，通过单调地增加 C_{f-PID} 中的可调参数 λ_f，可以进一步提高控制系统的鲁棒稳定性，但代价是降低抗扰性能。例如，对上述摄动不稳定过程做了两组仿真试验，如表 8.4 所示，相应的控制结果如图 8.16 所示。可以看出，调大 λ_f 降低负载扰动响应的振荡，并且调大 λ_c 也可降低设定点响应的振荡。因此，可以通过单调地调节 λ_c 和 λ_f 来优化设定点跟踪和负载扰动抑制性能，特别是在实践中通常遇到过程不确定性的情况下，便于工程应用。

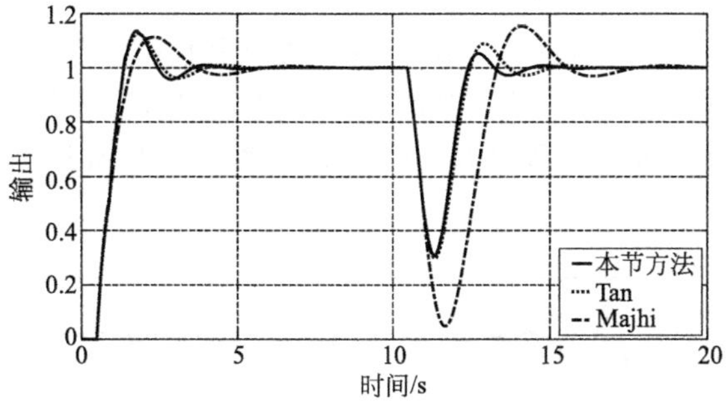

图 8.15　例 8.5 的摄动系统响应

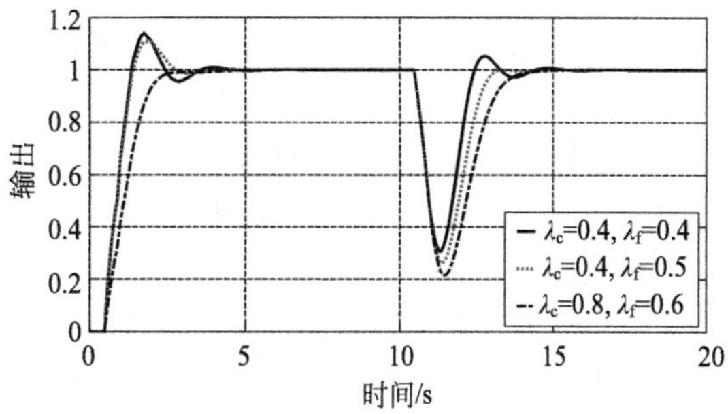

图 8.16　对例 8.5 增大控制器调节参数的摄动系统响应

表 8.4　例 8.5 的控制器参数设置

整定参数	C_{s-U-1}	C_{f-U-1}(PID 形式)
$\lambda_c=0.4,\lambda_f=0.5$	$\frac{s-1}{0.4s+1}$	$k_C=2.634,\tau_I=0.9566,\tau_D=0.4058$

续表

整定参数	C_{s-U-1}	C_{f-U-1}(PID 形式)
$\lambda_c=0.8,\lambda_f=0.6$	$\dfrac{s-1}{0.8s+1}$	$k_C=2.4394,\tau_I=1.2191,\tau_D=0.3596$

例 8.6 考虑文献[20]研究的一个具有两个 RHP 极点的不稳定过程

$$G=\frac{2e^{-0.3s}}{(3s-1)(s-1)}$$

在 Tan 的方法中，设定点响应的控制器取为

$$k_0=4s,k_1=(3s+1)(s+1)/[2(0.5s+1)^2]$$

用于负载干扰抑制的控制器 k_2 有两种设计结果，一种是 PD 形式 $k_2=1+3.7s$，另一种是高阶形式

$$k_2=\frac{66.8(s+0.27)(s+6.667)}{s^2+14s+121.31}$$

利用式(8.64)和式(8.100)中的控制器公式，可以得出设定点跟踪和抗扰控制器

$$C_{s-U-4}=\frac{(3s-1)(s-1)}{2(\lambda_c s+1)^2}$$

$$C_{f-U-4}=\frac{(3s-1)(s-1)(\alpha_2 s^2+\alpha_1 s+1)}{2(\lambda_f s+1)^4}\times\frac{1}{1-\dfrac{\alpha_2 s^2+\alpha_1 s+1}{(\lambda_f s+1)^4}e^{-0.3s}}$$

其中

$$\alpha_1=4.5(\lambda_f/3+1)^4e^{0.1}-0.5(\lambda_f+1)^4e^{0.3}-4,\alpha_2=1.5(\lambda_f+1)^4e^{0.3}-4.5(\lambda_f/3+1)^4e^{0.1}+3$$

为了比较，取 $\lambda_c=1.7\theta=0.51$ 以获得与 Tan 的方法相同的设定点响应的上升速度。对于负载扰动抑制，取 $\lambda_f=1.7\theta=0.51$ 并利用前面第 7.3 节中的 PID 近似公式执行，得到

$$C_{f-PID}=1.7638+\frac{1}{1.059s}+\frac{4.0642s}{0.05s+1}$$

为了对比 Tan 的方法中设计的高阶抗扰控制器，取 $N=3$，$\lambda_f=1.5\theta=0.45$ 并应用式(8.86)中的近似公式，可得

$$D_{3/3}(s)=\frac{32.82s^2+439.41s+232.64}{0.56s^2+0.8s+100}+\frac{129.79}{s(0.56s^2+0.8s+100)}$$

仿真测试时，在系统设定点加入一个单位阶跃指令信号，在 $t=15$s 时过程输入侧加入一个反向单位阶跃负载扰动，控制结果如图 8.17 所示。

可以看出，本节方法设计的高阶控制器取得最好的抗扰性能。本节方法设计的抗扰控制器的 PID 形式(C_{f-U-4})与 Tan 方法的 PD 控制器在抗扰性能方面相似，但都不如两种方法设计的高阶控制器。

然后假设实际过程时滞参数和两个不稳定的时间常数都增大 10%。两种方法的高阶控制器的摄动系统响应如图 8.18 所示。

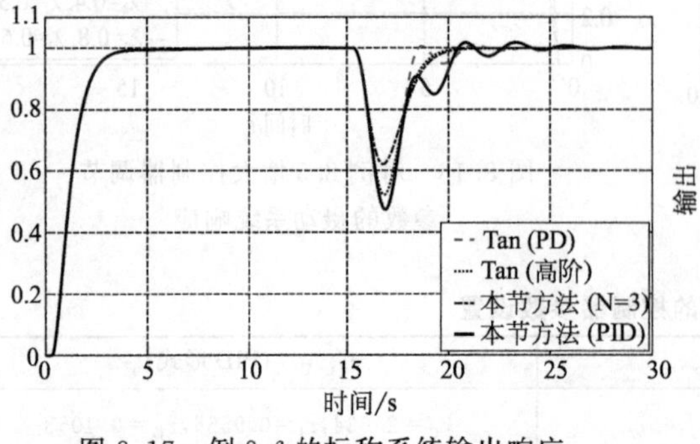

图 8.17 例 8.6 的标称系统输出响应

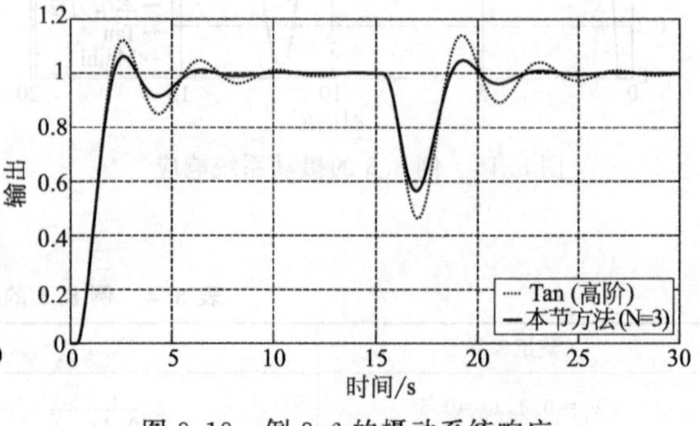

图 8.18 例 8.6 的摄动系统响应

可以看出，本节方法的高阶控制器能很好地保持负载扰动响应的鲁棒性。说明：本节方法设计的抗扰控制器的PID形式和Tan方法的PD控制器都不能保证摄动系统的稳定性，由此说明传统的PID控制器难以用于具有多个RHP极点的不稳定过程，这在一些现有文献［21］中也有类似探讨结果。

例 8.7 考虑文献[20]中研究的一个高阶不稳定过程

$$G=\frac{1}{(5s-1)(2s+1)(0.5s+1)}e^{-0.5s}$$

Tan等[20] 提出一种基于IMC的2DOF控制方案，配置了3个PD或超前-滞后型的低阶控制器进行设定点跟踪和负载干扰抑制。

根据辨识的SOPDT过程模型 $G_m=1.0e^{-0.94s}/(5s-1)(2.07s+1)$，采用式(8.60)和式(8.90)中的设计公式，这里称为本节方法1，得到设定点跟踪和抗扰控制器

$$C_{s-U-2}=\frac{(5s-1)(2.07s+1)}{(\lambda_c s+1)^2}$$

$$C_{f-U-2}=\frac{(2.07s+1)[5s(0.2\lambda_f+1)^3e^{0.188}-5s+1]}{(\lambda_f s+1)^3}\times\frac{5s-1}{1-\dfrac{5[(0.2\lambda_f+1)^3e^{0.188}-1]s+1}{(\lambda_f s+1)^3}e^{-0.94s}}$$

需要说明，C_{f-U-2} 中第二个乘积项包含一个RHP零极点对消，因此应该采用逼近公式(8.80)～式(8.83)来近似实现。

仿真测试时，对于文献[20]中假设在过程输入侧加入反向单位阶跃负载扰动，在本节方法1中取 $\lambda_f=0.85$ 以得到与Tan方法[20] 相同的扰动响应峰值，以便公平比较。由式(8.80)～式(8.83)可知，C_{f-U-2} 中的第二个乘积项可以近似为如下形式执行：

$$D_{IMC-4/2}=\frac{0.1611s^4+1.0761s^3+2.4857s^2+2.4195s+0.8515}{s(0.0489s^2+0.0886s+1)}$$

为了对比，采用式(8.103)～式(8.105)中的改进IMC方法（这里称为本节方法2）设计抗扰控制器，得到

$$C_{f-US-2}=\frac{(2.07s+1)(\eta_2 s^2+\eta_1 s+1)}{(\lambda_f s+1)^4}\times\frac{5s-1}{1-\dfrac{\eta_2 s^2+\eta_1 s+1}{(\lambda_f s+1)^4}e^{-0.94s}}$$

$$\begin{cases}\eta_1=3.5361(0.2\lambda_f+1)^4e^{0.188}-0.6061(0.4831\lambda_f-1)^4e^{-0.4541}-2.93\\ \eta_2=25[(0.2\lambda_f+1)^4e^{0.188}-1]-5\eta_1\end{cases}$$

取 $\lambda_f=1.05$，同样采用式(8.80)～式(8.83)近似 C_{f-US-2} 中第二个乘积项以实际执行，得到

$$D_{4/2}=\frac{1.953s^4+5.7424s^3+7.1852s^2+4.1925s+0.9479}{s(0.1414s^2+2.0973s+1)}$$

三种控制方法下的系统输出响应结果如图8.19所示。

可以看出，在设定点跟踪速度相近、扰动响应峰值相同的情况下，改进IMC方法（本节方法2）对负载扰动响应的恢复速度最快。需要说明，本节方法1和2都可以通过将可调参数 λ_f 取更小的值来进一步改善抗扰性能。例如，在式(8.103)～式(8.105)中的改进IMC设计中取 $\lambda_f=0.8$，对应地在式(8.90)中的IMC设计中取 $\lambda_f=0.6$，分别得到

$$D_{4/2}=\frac{1.4729s^4+5.1566s^3+7.9381s^2+5.8091s+1.6604}{s(0.0347s^2+2.0795s+1)}$$

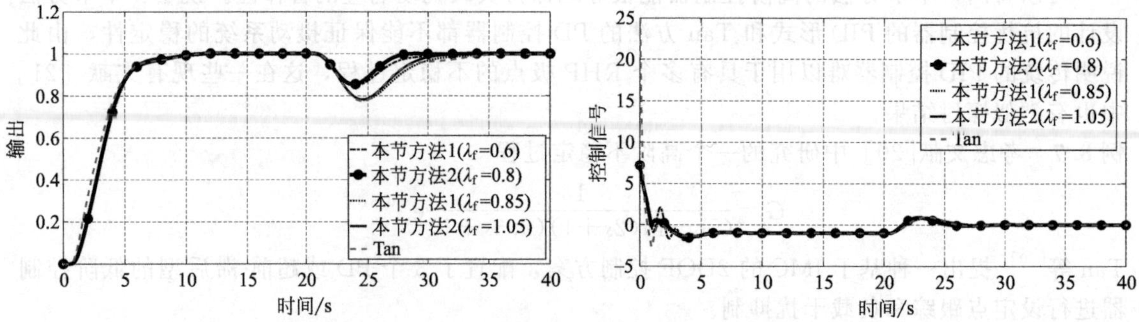

图 8.19 例 8.7 在过程输入侧阶跃负载扰动下的输出响应

$$D_{\mathrm{IMC}-4/2}=\frac{0.1045s^4+0.7826s^3+2.2491s^2+2.8652s+1.3558}{s(0.0379s^2+0.016s+1)}$$

相应的系统输出响应亦示于图 8.19。可以看到，本节方法 1 和 2 都得到了明显提高的抗扰性能。相比之下，本节方法 1 下的控制信号变得稍许振荡，意味着较低的鲁棒稳定性。

为了说明对于过程输出侧的慢动态负载干扰的抑制性能，考虑如图 8.12 中的过程输出侧干扰传递函数

$$G_{\mathrm{d}}=\frac{1}{10s+1}$$

采用式(8.107) 和式(8.108) 中的改进 IMC 设计方法（这里称为本节方法 3），得到抗扰控制器

$$C_{\mathrm{f-UO-2}}=\frac{(5s-1)(2.07s+1)(\eta_1 s+1)}{(\lambda_{\mathrm{f}}s+1)^3}\times\frac{1}{1-\dfrac{\eta_1 s+1}{(\lambda_{\mathrm{f}}s+1)^3}\mathrm{e}^{-0.94s}}$$

$$\eta_1=8(0.125\lambda_{\mathrm{f}}-1)^3\mathrm{e}^{-0.1175}+8$$

说明：$C_{\mathrm{f-UO-2}}$ 中第二个乘积项可以采用图 8.13 所示的闭环结构来实现。在上述控制器参数设置下，控制系统输出响应如图 8.20 所示。

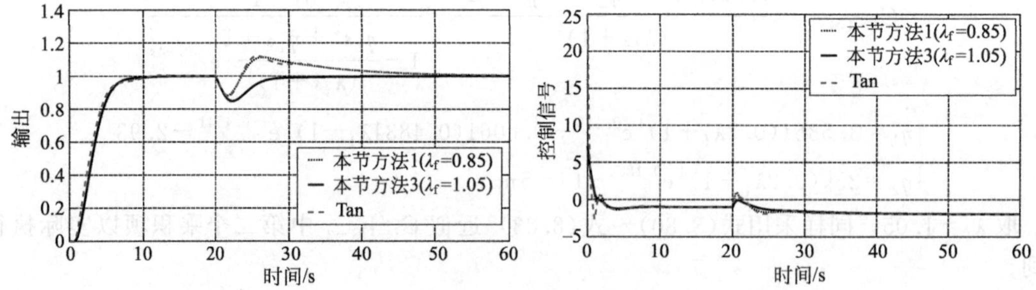

图 8.20 例 8.7 在过程输出侧慢负载扰动下的输出响应

可以看出，采用式(8.107) 和式(8.108) 中的改进 IMC 设计（本节方法 3），得到了明显改善的扰动响应，能消除应用 Tan 方法出现的“长尾”效应。由此说明，根据已知或预估的负载扰动特性进行抗扰控制器设计，可以明显改善扰动抑制性能。

8.3 本章小结

本章介绍了两种 2DOF 控制方案，分别用于开环稳定（或积分）和不稳定过程。相较于

经典的单位反馈控制结构或标准 IMC 结构，这两种 2DOF 控制结构的突出优点是系统设定点跟踪和抗扰性能可以相对独立地调节和优化，从而有效地克服一个单位反馈控制结构中设定点响应和负载扰动响应之间存在的水床效应。

针对开环稳定和积分过程，给出一种基于无时滞输出预估器的 2DOF 控制方案[12]。利用过程输入和输出测量信号设计两个滤波器，能实现稳定的无时滞输出预估，可以视为是对经典 Smith 预估器的进一步推广，不但可用于带有时滞响应的开环稳定过程，还可以用于带有时滞响应的积分过程。此外，可以根据实际测量噪声水平指定合适的滤波器阶次，以保证对无时滞输出预估的可靠性。相应地，闭环抗扰控制器可针对无时滞过程模型进行解析设计，设定点跟踪控制器基于 IMC 原理进行解析设计。这两个控制器都只有一个整定参数，可以相对独立地进行单调调节，分别优化系统设定点跟踪和抗扰性能，实现标称性能与鲁棒稳定性之间的权衡。基于实际过程的乘性不确定性描述形式，利用小增益定理分析了闭环抗扰控制结构保证鲁棒稳定性的约束条件，由此可评估抗扰控制器中可调参数的允许整定范围。

对于开环不稳定过程，给出一种基于期望系统传递函数的 2DOF 控制方案[4,13]。通过提出实际期望的闭环抗扰传递函数形式，反向确定抗扰控制器，基于工程实践中常用的一些低阶过程模型，给出了相应的抗扰控制器设计公式。设定点跟踪控制器，基于 IMC 原理进行解析设计。同样，这两个控制器都只有一个整定参数，可以相对独立地进行单调调节，分别优化系统设定点跟踪和抗扰性能。针对具有慢动态特性的开环不稳定过程，根据对确定性负载干扰进入过程输入侧和输出侧的分类，分别提出了改进的抗扰控制器设计公式，能进一步改善抗扰性能。需要指出，如此设计的抗扰控制器隐含 RHP 零极抵消，不能稳定执行。因此，可以采用前面第 7 章中介绍的 Maclaurin 逼近方法来得到 PID 近似实现形式。本章给出一种基于线性分数 Padé 逼近的方法，可有效地提高逼近精度。同时，基于实际过程的乘性不确定性描述形式，利用小增益定理分析了闭环抗扰控制结构保证鲁棒稳定性的约束条件。

通过采用已有文献中的应用案例进行仿真控制测试，并且对一个 4L 夹套式结晶反应釜的温度调节装置进行实验测试，验证本章给出的 2DOF 控制方案和控制器整定方法的有效性和优点。

习 题

1. 简述什么是 2DOF 控制，相比与传统的单位反馈控制结构和标准 IMC 控制结构，其优点是什么？

2. 对于式(8.6) 所示的二阶积分过程，请写出无时滞输出预估器的设计公式。说明如何选取滤波器的阶次。

3. 对于第 8.1 节给出的抗扰控制器设计公式，请说明如何实际构造和执行，并且解释该控制器中的可调参数有何意义。

4. 对于第 8.1 节给出的设定点跟踪控制器设计公式，请说明与基于一个标准 IMC 控制结构设计的控制器有何不同之处，并且解释该控制器中的可调参数有何作用。

5. 对于例 8.3 中的积分过程，请说明当存在过程不确定性时分别调节控制器参数 λ_c 和 λ_f 以及滤波器参数 λ_h 会产生什么样的效果？采用一阶或三阶的滤波器 $H(s)$ 会产生不同的控制效果吗？请用仿真测试结果进行说明。

6. 为什么第 8.1 节中介绍的控制方案不能用于开环不稳定过程？请说明第 8.1 节和第 8.2 节中介绍的两种控制方案有何区别和相同之处？

7. 简述第 8.1 节和第 8.2 节中介绍的设定点跟踪控制器设计公式有何不同之处？原因是什么？

8. 说明第 8.1 节和第 8.2 节中介绍的抗扰控制器设计公式有何不同之处？原因是什么？

9. 为什么如图 8.10 所示的正反馈结构可以用于执行式(8.108) 所示的抗扰控制器？请对例 8.4 中设计的抗扰控制器采用该正反馈结构做仿真测试，利用结果说明是否可行。

10. 对于例 8.6 中的高阶不稳定过程，请将设定点跟踪控制器中的 IMC 滤波器阶次提高一阶，用仿真测试结果说明有何不同控制效果？假设实际过程存在 10%时滞不确定性，请用仿真测试结果说明哪种抗扰控制器设计方法可以达到较好的鲁棒稳定性？

参考文献

[1] Zhou K. M., Doyle J. C., Glover K. Robust and Optimal Control. Englewood Cliffs, NJ: Prentice-Hall, 1995.

[2] Morari M., Zafiriou E. Robust Process Control, Englewood Cliff, NJ: Prentice Hall, 1989.

[3] Skogestad, S., Postlethwaite, I. Multivariable Feedback Control: Analysis and Design, 2nd ed. Chichester: Wiley, 2005.

[4] Liu T., Gao F. Industrial Process Identification and Control Design: Step-test and Relay-experiment-based Methods. Springer: London UK, 2012.

[5] 周克敏，毛剑琴，钟宜生，林岩. 鲁棒与最优控制. 北京：国防工业出版社，2006.

[6] 黄德先，王京春，金以慧. 过程控制系统. 北京：清华大学出版社，2011.

[7] Tan W. Analysis and design of a double two-degree-of-freedom control scheme, ISA Transactions, 2010, 49: 311-317.

[8] Mataušek M. R., Ribić A. I. Control of stable, integrating and unstable processes by the modified Smith Predictor, Journal of Process Control, 2012, 22: 338-343.

[9] Jin Q. B., Liu Q. Analytical IMC-PID design in terms of performance/robustness tradeoff for integrating processes: From 2-Dof to 1-Dof, Journal of Process Control, 2014, 24: 22-32.

[10] Normey-Rico J. E., Camacho E. F., Unified approach for robust dead-time compensator design, Journal of Process Control, 2009, 19: 38-47.

[11] Rao A. S., Chidambaram M. Analytical design of modified Smith predictor in a two-degrees-of-freedom control scheme for second order unstable processes with time delay. ISA Transactions, 2008, 47: 407-419.

[12] Liu T., Tian H., Rong S., Zhong C. Heating-up control with delay-free output prediction for industrial jacketed reactors based on step response identification, ISA Transactions, 2018, 83: 227-238.

[13] Liu T., Zhang W. D., Gu D. Y. Analytical two-degree-of-freedom tuning design for open-loop unstable processes with time delay. Journal of Process Control, 2005, 15: 559-572.

[14] Smith O. J. M., Closer control of loops with dead time, Chemical Engineering Progress, 1957, 53: 217-219.

[15] Kirtania K., Choudhury M. A. A. S. A novel dead time compensator for stable processes with long dead times, Journal of Process Control, 2012, 22: 612-625.

[16] Kaya I. Parameter estimation for integrating processes using relay feedback control under static load disturbances. Industrial & Engineering Chemistry Research, 2006, 45: 4726-4731.

[17] Torrico B. C., Normey-Rico J. E. 2DOF discrete dead-time compensators for stable and integrative processes with dead-time. Journal of Process Control, 2005, 15: 341-352.

[18] García P., Albertos P. Robust tuning of a generalized predictor-based controller for integrating and unstable systems with long time-delay, Journal of Process Control, 2013, 23: 1205-1216.

[19] Seborg D. E., Edgar T. F., Mellichamp D. A., et al. Process Dynamics and Control, 3rd Edition. New Jersey: John Wiley & Sons, 2011.

[20] Tan W., Marquez H. J., Chen T. IMC design for unstable processes with time delays, Journal of Process Control, 2003, 13: 203-213.

[21] Majhi S., Atherton D. P. Obtaining controller parameters for a new Smith predictor using autotuning, Automatica, 2000, 36: 1651-1658.

附 控制仿真程序

(1) 例 8.2 的控制仿真程序伪代码及图形化编程方框图

行号	编制程序伪代码	注释
1	$T=400$	仿真时间(s)
2	$T_d=200; L_d=-0.1$	扰动起始时间与幅值
3	$r=1$	设定点信号
4	$G=\dfrac{e^{-10s}}{s(20s+1)}$	被控过程
5	$\lambda_h=11$	滤波器参数
6	$\lambda_f=5$	抗扰控制器参数
7	$\lambda_s=7$	设定点跟踪控制器参数
8	$\beta_1=5\lambda_f$; $\beta_2=20\beta_1+400\left[\left(1-\dfrac{\lambda_f}{20}\right)^5-1\right]$	
9	$C_s(s)=\dfrac{(\lambda_f s+1)^5}{(1+\beta_1 s+\beta_1 s^2)(\lambda_s s+1)^4}$	设定点跟踪控制器公式
10	$C_f=\dfrac{s(20s+1)(\beta_2 s^2+\beta_1 s+1)}{(\lambda_f s+1)^5-\beta_2 s^2-\beta_1 s-1}$	抗扰控制器公式
11	$H(s)=\dfrac{(\lambda_h+10)s+1}{\lambda_h s+1}$; $F_1=G_0-GH=G_0(1-He^{-\theta s})$; $F_2=H$	预估无时滞输出的滤波器公式
12	sim('2DOFforSOPDTIntegratingprocess')	调用仿真图形化组件模块系统,如图 8.21 所示
13	plot(t,y); plot(t,u)	画系统输出和控制信号图
程序变量	t 为采样控制步长;λ_h,λ_f,λ_s,β_1,β_2 为控制器参数	
程序输入	r 为设定点指令信号;ω 为负载扰动	
程序输出	系统输出 y;控制器输入 u	

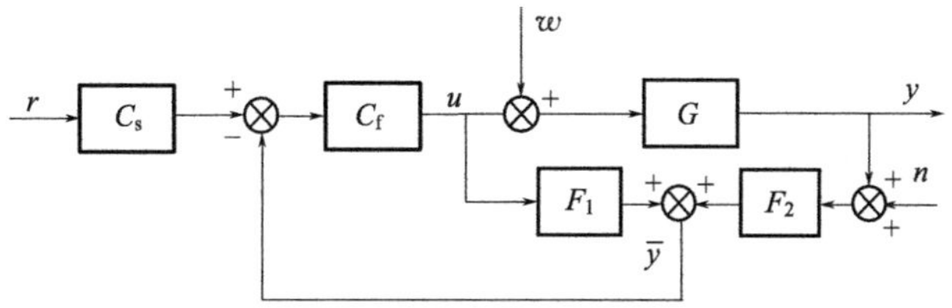

图 8.21 例 8.2 的仿真程序方框图

(2) 例 8.5 的仿真控制程序伪代码及图形化编程方框图

行号	编制程序伪代码	注释
1	$T=12$	仿真时间(s)
2	$T_d=5; L_d=-1$	扰动起始时间与幅值
3	$r=1$	设定点信号
4	$G=\dfrac{e^{-0.4s}}{s-1}$	被控过程

续表

行号	编制程序伪代码	注释
5	$\lambda_f=0.4$	抗扰控制器参数
6	$\lambda_c=0.4$	设定点跟踪控制器参数
7	$\alpha_1=(\lambda_f+1)^2e^{0.4}-1$	
8	$C_s=\dfrac{s-1}{\lambda_c s+1}$	设定点跟踪控制器公式
9	$C_f=\dfrac{(s-1)(\alpha_1 s+1)}{(\lambda_f s+1)^2}\cdot\dfrac{1}{1-\dfrac{\alpha_1 s+1}{(\lambda_f s+1)^2}e^{-0.4s}}$	抗扰控制器公式
10	$C_f(s)=\dfrac{1}{s}\left[M(0)+M'(0)s+\dfrac{M''(0)}{2!}s^2+\cdots\right]$; $k_C=M'(0)$; $\tau_I=1/M(0)$; $\tau_D=M''(0)/2$; $\tau_F=0.04$; $C_{f-PID}=k_C+\dfrac{1}{\tau_I s}+\dfrac{\tau_D s}{\tau_F s+1}$	PID 近似实现公式
11	$T_r=GC_s$	
12	sim('2DOFforFOPDTUnstableprocess')	调用仿真图形化组件模块系统，如图 8.22 所示
13	plot(t,y); plot(t,u)	画系统输出和控制信号图
程序变量	t 为采样控制步长；$\lambda_f,\lambda_c,\alpha_1,k_C,\tau_I,\tau_D,\tau_F$ 为控制器参数	
程序输入	r 为设定点指令信号；d_i 为负载扰动	
程序输出	系统输出 y；控制器输入 u	

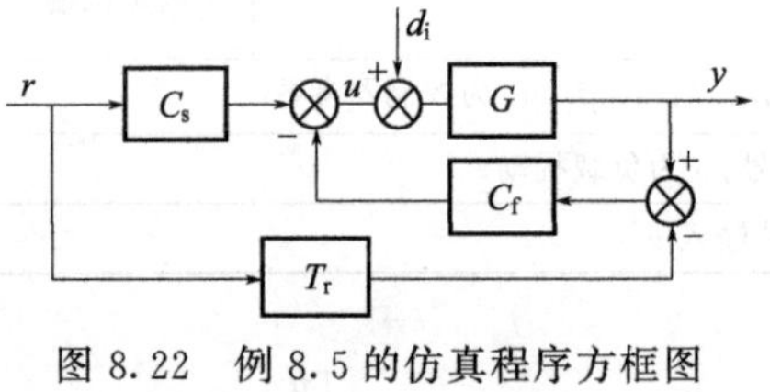

图 8.22　例 8.5 的仿真程序方框图

第9章 采样控制系统

经典的连续时间域和频域控制理论与方法，包括前面第7～8章介绍的频域控制设计方法，必须经过时间离散化才能应用于采样控制系统。然而，连续时间域和频域过程模型和控制器作离散化处理和执行会产生精度和性能损失，甚至可能会引起系统不稳定[1,2]。因此，近些年，基于采样数据和离散时间域的过程建模设计控制系统得到快速发展和应用[3-6]。例如，对于带有时滞响应的采样系统，文献[7] 基于离散时间域对象模型，提出一种在离散时间域直接设计两自由度控制器的方法，能明显改善开环稳定和积分过程的采样控制系统性能；文献[8] 通过使用一个离散时间域广义预估器，提出一种新颖的可应用于开环稳定、积分和不稳定系统的时滞补偿控制结构，并且通过应用案例验证对于大时滞生产过程可以获得明显改善的控制性能。

本章基于典型的开环稳定过程、积分以及不稳定过程的离散时间域模型，采用两自由度控制结构，分别介绍相应的采样控制系统设计方法[9,10]。而且，针对带有大时滞响应的开环稳定、积分以及不稳定过程，提出一个通用的无时滞输出预估器，由此给出一种具有统一控制结构的离散时间域2DOF控制设计方法[11]，以便实际工程应用。

9.1 含时滞的开环稳定过程

针对带时滞响应的开环稳定过程，这里介绍一种基于预估无时滞输出的采样控制系统方案[9]，如图9.1所示。

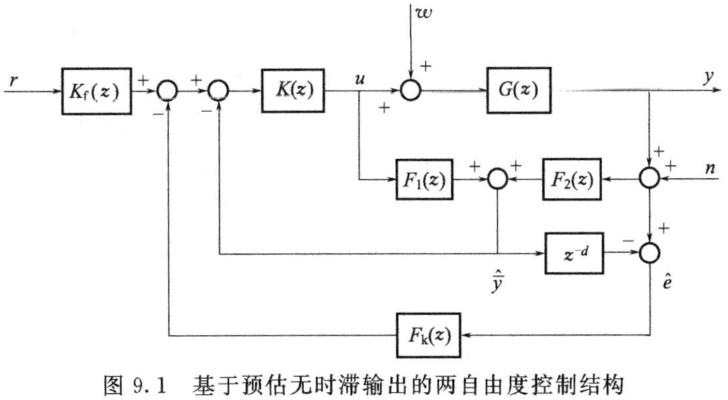

图9.1 基于预估无时滞输出的两自由度控制结构

图9.1中，r 是系统设定点指令，亦称设定值；y 是被控过程输出；u 是控制信号，亦称过程输入；w 表示扰动，既可能来自于被控对象的输入侧，又可能来自于其输出侧，这里以输入侧的扰动进行说明；n 为输出测量噪声，影响输出反馈信号；$G(z)$ 为被控过程，$\widehat{G}(z)=G_0(z)z^{-d}$ 为被控对象的离散时间域传递函数模型，其中 $G_0(z)$ 是不含时滞的有理传递函数部分；$K_f(z)$ 为设定点跟踪控制器；$K(z)$ 为闭环抗扰控制器；$F_1(z)$和 $F_2(z)$ 是两个滤波器，利用控制信号和系统输出信号来预估无时滞的输出 $\hat{y}$：

$$\hat{y}=F_1(z)u(z)+F_2(z)[y(z)+n(z)] \tag{9.1}$$

$\hat{e}$ 为系统真实的输出值与经过时滞的 $\hat{y}$ 之间的误差；$F_k(z)$ 是一个输出预估误差滤波器，用于反馈控制。

根据图 9.1 可得如下传递函数形式：

$$y=K_f\frac{KG_0z^{-d}}{1+K(H_1+H_2G_0z^{-d})}r+ \tag{9.2}$$

$$\frac{G_0z^{-d}}{1+K(H_1+H_2G_0z^{-d})}w+\frac{KG_0z^{-d}}{1+K(H_1+H_2G_0z^{-d})}H_1w- \tag{9.3}$$

$$\frac{KG_0z^{-d}}{1+K(H_1+H_2G_0z^{-d})}H_2n \tag{9.4}$$

其中，$H_1=F_1-F_kF_1z^{-d}$；$H_2=F_2+F_k-F_kF_2z^{-d}$。

为了使上述传递函数的特征方程中不含时滞，以提高控制性能，并且便于控制器设计，令 $H_1+H_2\hat{G}=G_0$，同时取 $F_k=1$，$F_2=1$，可以确定：

$$F_1=G_0-\hat{G}=G_0(1-z^{-d}) \tag{9.5}$$

相应地，可以得到如下简化形式的传递函数

$$y=K_f\frac{KG_0z^{-d}}{1+KG_0}r+\frac{G_0z^{-d}}{1+KG_0}w+\frac{KG_0z^{-d}}{1+KG_0}H_1w-\frac{KG_0z^{-d}}{1+KG_0}H_2n \tag{9.6}$$

说明：采用无时滞输出预估器的目的是得到无闭环时滞的两自由度控制结构，如图 9.2 所示。其输出的传递函数形式为

$$y=K_f\frac{KG_0z^{-d}}{1+KG_0}r+\frac{G_0z^{-d}}{1+KG_0}w-\frac{KG_0z^{-d}}{1+KG_0}n \tag{9.7}$$

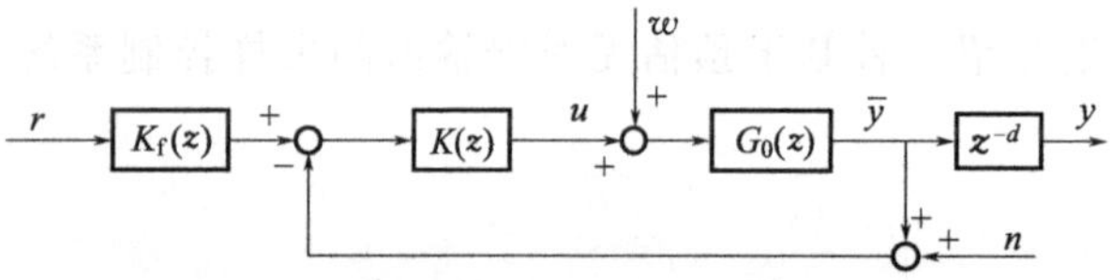

图 9.2 期望无闭环时滞的两自由度控制结构

可见，上述基于无时滞输出预估器的控制结构的优点是将时滞移出闭环结构，从而消除时滞对闭环控制性能的影响。因此，可以采用对如图 9.2 所示的无时滞闭环控制结构的控制器设计方法来设计图 9.1 中的控制器。从式(9.7) 可以看出，控制器 $K(z)$ 确定闭环控制结构的特征多项式，从而决定整个控制系统的抗扰性能；$K_f(z)$ 只存在于从设定值 r 到系统输出 y 的传递函数中，因此可以专门用于调节设定点跟踪性能。这样，系统设定点跟踪响应和扰动响应分别由 $K_f(z)$ 和 $K(z)$ 独立进行调节，实现两自由度控制的目的。

为便于说明控制器设计方法，这里采用工程实践中典型的两个低阶离散时间域稳定过程模型进行分析：

$$\hat{G}_1(z)=\frac{K_{p1}}{z-z_p}z^{-d} \tag{9.8}$$

$$\hat{G}_2(z)=\frac{b_1z+b_2}{z^2+a_1z+a_2}z^{-d}=\frac{K_{p2}(z-z_0)}{(z-z_{p1})(z-z_{p2})}z^{-d} \tag{9.9}$$

其中，$|z_{p1}|<1$，$|z_{p2}|<1$，$|z_0|<1$。

为便于阐述，两自由度控制器设计分为以下两个小节进行介绍。

9.1.1 抗扰控制器

由图 9.2 可知，从扰动 w 到控制信号 u 和无时滞输出 $\bar{y}$ 的传递函数分别为

$$\frac{u}{w}=-\frac{K(z)G_0(z)}{1+K(z)G_0(z)}=-T_d(z) \tag{9.10}$$

$$\frac{\bar{y}}{w}=\frac{G_0(z)}{1+K(z)G_0(z)}=G_0(z)[1-T_d(z)] \tag{9.11}$$

为了消除扰动引起的输出误差，由式(9.11) 可知必须满足如下的渐近约束条件，

$$\lim_{z\to 1}[1-T_d(z)]=0 \tag{9.12}$$

在理想的情况下，闭环系统一旦检测到有扰动进入就应该立即抵消它，即 $T_d(z)=1$。然而考虑到实际控制信号的有界性和执行约束，这里提出一个期望的传递函数形式：

$$T_d(z)=\frac{1-\lambda_c}{z-\lambda_c} \tag{9.13}$$

其中，λ_c 是扰动响应的调节参数。注意$\lim\limits_{z\to 1}T_d(z)=1$，可保证稳态完全消除扰动的影响。值得一提的是，如果过程模型中存在 z 平面内靠近单位圆的极点（$z=z_p$）或极点的值大于调节参数（$|z_p|>\lambda_c$），扰动响应会受到该极点的较大影响，表现为较慢的动态响应。为了解决该问题，修改期望的传递函数 $T_d(z)$ 形式如下：

$$T_d(z)=(\beta_0+\beta_1 z)\frac{(1-\lambda_c)^2}{(z-\lambda_c)^2} \tag{9.14}$$

其中待定系数 β_0 和 β_1 由如下约束条件确定：

$$\lim_{z\to 1}[1-T_d(z)]=0 \tag{9.15}$$

$$\lim_{z\to z_p}[1-T_d(z)]=0 \tag{9.16}$$

将式(9.14) 代入式(9.15) 和式(9.16)，可得

$$\beta_1=\frac{(z_p-\lambda_c)^2-(1-\lambda_c)^2}{(1-\lambda_c)^2(z_p-1)} \tag{9.17}$$

$$\beta_0=1-\beta_1 \tag{9.18}$$

根据式(9.10)，可以反向推导得出抗扰控制器

$$K(z)=\frac{T_d(z)}{1-T_d(z)}\times\frac{1}{G_0(z)} \tag{9.19}$$

注意到，如果 $G_0(z)$ 是如式(9.9) 中所示的有理部分形式，则可能含有负实部的零点，由此导致 $K(z)$ 含有负实部的极点，这会引起输出信号和控制信号的振铃现象。为此，引入一个低通滤波器来抵消这样的极点，其形式为

$$K_q(z)=z^{-n_q}\prod_{j=1}^{n_q}\frac{z-z_j}{1-z_j} \tag{9.20}$$

其中，$z_j(j=1,\cdots,n_q)$ 为 $G_0(z)$ 中的负实部零点；n_q 为负实部零点的个数。

由此确定闭环抗扰控制器的形式为

$$\widehat{K}(z)=K(z)K_q(z) \tag{9.21}$$

针对如式(9.8) 和式(9.9) 所示的低阶稳定过程模型，闭环抗扰控制器 $K(z)$ 的形式分别为

$$K_1(z)=\frac{(z-z_p)(1-\lambda_c)}{K_{p1}(z-1)} \tag{9.22}$$

$$K_2(z)=\frac{(z-z_{p1})(z-z_{p2})(1-\lambda_c)}{K_{p2}(z-z_0)(z-1)} \tag{9.23}$$

若式(9.23) 中的 z_0 具有负实部，可以按照式(9.20) 修改控制器的执行形式为

$$\widehat{K}_2(z)=\frac{(z-z_{p1})(z-z_{p2})(1-\lambda_c)}{K_{p2}z(1-z_0)(z-1)} \tag{9.24}$$

9.1.2 设定点跟踪控制器

从设定点 r 到输出 y 的传递函数为

$$\frac{y}{r}=K_f(z)\frac{K(z)G_0(z)z^{-d}}{1+K(z)G_0(z)}=K_f(z)T_d(z)z^{-d} \tag{9.25}$$

从式(9.25) 中可以看出，系统输出响应不但与设定点跟踪控制器 $K_f(z)$ 有关，而且受到抗扰控制器 $K(z)$ 的影响。为了便于仅由 $K_f(z)$ 调节系统的设定点跟踪性能，可以在 $K_f(z)$ 中引入一个环节以消除 $K(z)$ 的影响。根据前面第 7 章介绍的 IMC 设计，将 $T_d(z)$ 分解为全通部分 $T_{dA}(z)$ 和最小相位部分 $T_{dM}(z)$，即

$$T_d(z)=T_{dA}(z)T_{dM}(z) \tag{9.26}$$

根据式(9.25)，为了抵消 $T_d(z)$ 中的最小相位部分 $T_{dM}(z)$，令

$$K_{f1}(z)=[z^{n_g}T_{dM}(z)]^{-1} \tag{9.27}$$

其中，n_g 是一个正整数，保证 $z^{n_g}T_{dM}(z)$ 具有双正则性，即分子和分母关于 z 的最高幂次相同。

为便于工程应用，采用一个带有可调参数的低通滤波器来调节系统设定点响应速度及控制信号的幅值，其形式为

$$K_{f2}(z)=\frac{z^{n_f}(1-\lambda_f)^{n_f}}{(z-\lambda_f)^{n_f}} \tag{9.28}$$

其中，n_f 是滤波器的阶次；λ_f 是设定点跟踪控制器中的可调参数。注意到当 $\lambda_f \to 0$ 时，$K_{f2}(z)=1$；当 $\lambda_f \to 1$ 时，$K_{f2}(z)=0$。最简单和常用的一阶滤波器形式如下

$$K_{f2}(z)=\frac{z(1-\lambda_f)}{z-\lambda_f} \tag{9.29}$$

从而得到设定点跟踪控制器

$$K_f(z)=K_{f1}(z)K_{f2}(z) \tag{9.30}$$

9.1.3 控制性能评估

关于系统设定点跟踪性能，针对如式(9.8) 和式(9.9) 所示的低阶稳定过程模型，将式(9.13) 和式(9.27)～式(9.30) 代入式(9.25)，可以得到

$$y(z)=\frac{1-\lambda_f}{z-\lambda_f}z^{-d}r(z) \tag{9.31}$$

当输入为单位阶跃信号时，即 $r(z)=z/(z-1)$，通过 z 反变换得到相应的时域输出响应为

$$y(kT_s)=\begin{cases}0, & k\leqslant d\\ 1-\lambda_f^{k-d}, & k>d\end{cases} \tag{9.32}$$

其中，T_s 为采样周期。从上述标称情况下的时域响应表达式可以看出，输出响应没有超调，并且设定点跟踪性能仅受可调参数 λ_f 的影响。通过定量整定该参数可以满足系统设定点跟踪性能时域指标如上升时间等。由式(9.32) 可知调小 λ_f 时，控制系统的上升速度加快，反之亦然。而且，可由式(9.32) 定量地推算出来系统设定点跟踪的 IAE 性能指标如下

$$\mathrm{IAE}_r=\sum_{k=1}^{\infty}T_s[1-y(kT_s)]=T_s\left(\sum_{k=1}^{d}1+\sum_{k=d+1}^{\infty}\lambda_f^{k-d}\right)=T_sd+T_s\lim_{n\to\infty}\frac{\lambda_f(1-\lambda_f^n)}{1-\lambda_f} \tag{9.33}$$

注意：λ_f 是一个在（0，1）之间的调节参数，有 $\lim_{n\to\infty}\lambda_f^n=0$。因此，由式(9.33) 可得

$$\mathrm{IAE_r}=T_s d+\frac{T_s\lambda_f}{1-\lambda_f} \tag{9.34}$$

关于系统抗扰性能，在标称情况下，由式(9.6) 可知从扰动 w 到输出 y 的传递函数为

$$y(z)=\frac{G_0 z^{-d}}{1+KG_0}w(z)+ \tag{9.35}$$

$$\frac{KG_0 z^{-d}}{1+KG_0}H_1 w(z) \tag{9.36}$$

其中，$H_1=G_0(1-2z^{-d}+z^{-2d})$。式(9.36) 可写为

$$\frac{KG_0 z^{-d}}{1+KG_0}H_1 w(z)=T_d G_0(z^{-d}-2z^{-2d}+z^{-3d})w(z) \tag{9.37}$$

对于如式(9.8) 中的稳定过程模型，T_d 的期望形式为式(9.13)，因此

$$T_d G_0=\frac{1-\lambda_c}{z-\lambda_c}\cdot\frac{K_{p1}}{z-z_p}=\frac{\alpha}{z-\lambda_c}+\frac{\beta}{z-z_p} \tag{9.38}$$

$$\frac{G_0}{1+KG_0}=(1-T_d)G_0=\frac{K_{p1}-\beta}{z-z_p}-\frac{\alpha}{z-\lambda_c} \tag{9.39}$$

其中，$\alpha=\dfrac{K_{p1}(1-\lambda_c)}{\lambda_c-z_p}$，$\beta=-\alpha$。

以扰动为一个单位阶跃信号为例进行分析，即 $w(z)=z/(z-1)$，类似于上述设定点跟踪分析中对式(9.32) 和式(9.33) 的计算，令

$$y_a(z)=\frac{\alpha}{z-\lambda_c}(z^{-d}-2z^{-2d}+z^{-3d})w(z)=y_1(z)+y_2(z)+y_3(z) \tag{9.40}$$

$$y_b(z)=\frac{\beta}{z-z_p}(z^{-d}-2z^{-2d}+z^{-3d})w(z)=y_4(z)+y_5(z)+y_6(z) \tag{9.41}$$

$$y_c(z)=\left(\frac{K_{p1}-\beta}{z-z_p}-\frac{\alpha}{z-\lambda_c}\right)z^{-d}w(z)=y_7(z)+y_8(z) \tag{9.42}$$

$$y(z)=y_a(z)+y_b(z)+y_c(z)=\sum_{i=1}^{8}y_i(z) \tag{9.43}$$

分别计算时域响应 $y_i(i=1,2,\cdots,8)$，得到

$$y_1(kT_s)=\begin{cases}0, & k\leqslant d\\ \alpha\dfrac{1-\lambda_c^{k-d}}{1-\lambda_c}, & k>d\end{cases} \tag{9.44}$$

$$y_2(kT_s)=\begin{cases}0, & k\leqslant 2d\\ -2\alpha\dfrac{1-\lambda_c^{k-2d}}{1-\lambda_c}, & k>2d\end{cases} \tag{9.45}$$

$$y_3(kT_s)=\begin{cases}0, & k\leqslant 3d\\ \alpha\dfrac{1-\lambda_c^{k-3d}}{1-\lambda_c}, & k>3d\end{cases} \tag{9.46}$$

$$y_4(kT_s)=\begin{cases}0, & k\leqslant d\\ \beta\dfrac{1-z_p^{k-d}}{1-z_p}, & k>d\end{cases} \tag{9.47}$$

$$y_5(kT_s)=\begin{cases}0, & k\leqslant 2d\\ -2\beta\dfrac{1-z_p^{k-2d}}{1-z_p}, & k>2d\end{cases} \tag{9.48}$$

$$y_6(kT_s)=\begin{cases}0, & k\leqslant 3d\\ \beta\dfrac{1-z_p^{k-3d}}{1-z_p}, & k>3d\end{cases} \tag{9.49}$$

$$y_7(kT_s)=\begin{cases}0, & k\leqslant d\\ (K_{p1}-\beta)\dfrac{1-z_p^{k-d}}{1-z_p}, & k>d\end{cases} \tag{9.50}$$

$$y_8(kT_s)=\begin{cases}0, & k\leqslant d\\ -\alpha\dfrac{1-\lambda_c^{k-d}}{1-\lambda_c}, & k>d\end{cases} \tag{9.51}$$

由于 $\lambda_c\in(0,1)$ 和 $|z_p|<1$，可以推导出当 $k\to\infty$ 时，

$$\sum_{k=d+1}^{\infty}y(kT_s)=\sum_{k=d+1}^{\infty}\sum_{i=1}^{8}y_i(kT_s)=\frac{K_{p1}}{\lambda_c-z_p}\left(\frac{\lambda_c}{1-\lambda_c}-\frac{z_p}{1-z_p}\right)=\frac{K_{p1}}{(1-\lambda_c)(1-z_p)} \tag{9.52}$$

因此，可得对应于式(9.8) 中过程模型的扰动响应输出误差指标计算公式为

$$\mathrm{IAE}_{d1}=\frac{K_{p1}T_s}{(1-\lambda_c)(1-z_p)} \tag{9.53}$$

类似地，可以推导出对式(9.9) 中过程模型的扰动响应输出误差指标计算公式为

$$\mathrm{IAE}_{d2}=\frac{T_sK_{p2}(1-z_0)}{(1-\lambda_c)(1-z_{p1})(1-z_{p2})}=\frac{T_s(b_1+b_2)}{(1-\lambda_c)(1+a_1+a_2)} \tag{9.54}$$

从式(9.34)、式(9.53) 和式(9.54) 可以看出，在已知过程模型的标称情况下，通过整定控制器参数 λ_f（或 λ_c）可以获得期望的系统设定点跟踪（或抗扰）性能指标 IAE。从式(9.34) 中可以看出，第一项 dT_s 表示被控对象在连续时间域的时滞，表明时滞越大，相应的IAE_r 越大；此外，IAE_r 与设定点跟踪控制器的整定参数 λ_f 有关，但与被控对象的有理部分模型参数和抗扰控制器的整定参数 λ_c 都不相关。从式(9.53) 和式(9.54) 中可以看出，IAE_d 不但与 λ_c 相关，而且受到模型的比例增益和零极点的影响。较小的 λ_c、模型极点、比例增益以及较大的模型零点会产生较小的IAE_d；反之，得到的IAE_d 较大。

9.1.4 鲁棒稳定性分析

根据小增益定理，当且仅当下述条件满足时，闭环控制系统能够保证其鲁棒稳定性：

$$\|M(z)\Delta_m(z)\|_\infty<1 \tag{9.55}$$

其中，$M(z)$ 是闭环余灵敏度传递函数，$\Delta_m(z)=(G-\hat{G})/\hat{G}$ 表示被控过程的乘性不确定性。根据如图 9.1 所示的控制结构，可以推导出 $M(z)$ 的形式为

$$M(z)=H_2\frac{KG_0z^{-d}}{1+KG_0}=H_2T_dz^{-d} \tag{9.56}$$

其中，$H_2=F_2F_kz^{-d}-F_2-F_k=z^{-d}-2$。将式(9.13) 和式(9.56) 代入式(9.55) 中，可以得到

$$\left\|\frac{(z^{-d}-2)(1-\lambda_c)}{z-\lambda_c}\right\|_\infty<\frac{1}{\|\Delta_m(z)\|_\infty} \tag{9.57}$$

例如，对于工程实践中常见的如下模型不确定性：

$$\Delta_m = \frac{\Delta k_p}{k_p} \tag{9.58}$$

$$\Delta_m = z^{-\Delta d} - 1 \tag{9.59}$$

$$\Delta_m = \left(1 + \frac{\Delta k_p}{k_p}\right) z^{-\Delta d} - 1 \tag{9.60}$$

考虑到 z 变换（$z = e^{j\omega T_s}$）是关于 ω 的周期函数，因此通过定义 $z = e^{j\theta}$（$0<\theta<2\pi$），将式(9.58)～式(9.60) 分别代入式(9.57)，得到上述模型不确定性下相应的鲁棒约束条件分别为

$$\frac{(1-\lambda_c)\sqrt{(\cos d\theta - 2)^2 + \sin^2 d\theta}}{\sqrt{(\cos\theta - \lambda_c)^2 + \sin^2\theta}} < \frac{k_p}{\Delta k_p} \tag{9.61}$$

$$\frac{(1-\lambda_c)\sqrt{(\cos d\theta - 2)^2 + \sin^2 d\theta}}{\sqrt{(\cos\theta - \lambda_c)^2 + \sin^2\theta}} < \frac{1}{\sqrt{(\cos\Delta d\theta - 1)^2 + \sin^2 \Delta d\theta}} \tag{9.62}$$

$$\frac{(1-\lambda_c)\sqrt{(\cos d\theta - 2)^2 + \sin^2 d\theta}}{\sqrt{(\cos\theta - \lambda_c)^2 + \sin^2\theta}} < \frac{1}{\sqrt{\left[\left(1+\frac{\Delta k_p}{k_p}\right)\cos\Delta d\theta - 1\right]^2 + \left[\left(1+\frac{\Delta k_p}{k_p}\right)\sin\Delta d\theta\right]^2}} \tag{9.63}$$

可以看出，上述的鲁棒稳定性约束条件都是关于抗扰控制器的整定参数 λ_c 的非线性不等式，不能解析地求解临界值。因此，在实际应用中可以通过单调地调节 λ_c 达到系统的抗扰性能与其鲁棒稳定性之间的最佳折中。这里以如式(9.8) 中的稳定过程模型为例进行说明，假设 $K_{p1}=1$，扰动响应峰值与模型时滞、极点和可调参数 λ_c 的关系如图 9.3 所示。

可见，如果整定 λ_c 越大，则系统的扰动响应峰值越大，反之亦然；当模型时滞或极点越大时，扰动峰值也会越大。因此，建议初始选取 λ_c 在 (0.8，0.99) 范围之内，然后通过单调地调节 λ_c 可以获得期望的抗扰性能与闭环系统鲁棒稳定性。

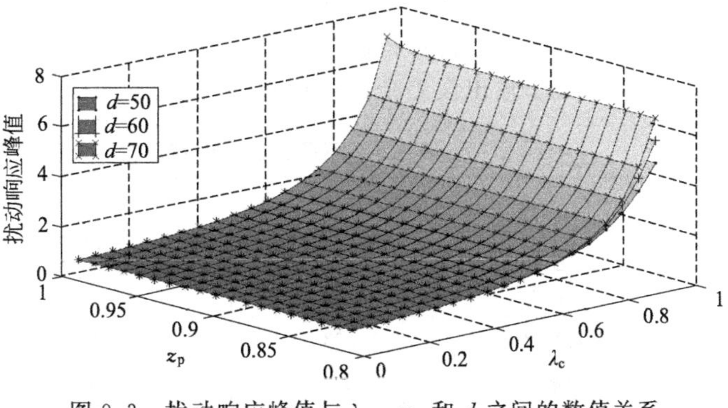

图 9.3 扰动响应峰值与 λ_c、z_p 和 d 之间的数值关系

9.1.5 应用案例

例 9.1 考虑文献[12] 中研究的一阶稳定时滞过程：

$$G(s) = \frac{e^{-6s}}{s+1}$$

取采样时间 $T_s=0.1s$，并采用零阶保持器，可以得到离散时间域模型

$$\hat{G}(z) = \frac{0.09516}{z-0.9048} z^{-60}$$

根据设计公式(9.5)，可得无时滞输出预估滤波器

$$F_1(z) = \frac{0.09516}{z-0.9048}(1-z^{-60})$$

利用式(9.13) 和式(9.22)，可得抗扰控制器

$$K(z) = \frac{(z-0.9048)(1-\lambda_c)}{0.09516(z-1)}$$

根据设计公式(9.27)～式(9.30)，可得设定点跟踪控制器

$$K_f(z)=\frac{(z-\lambda_c)(1-\lambda_f)}{(1-\lambda_c)(z-\lambda_f)}$$

仿真控制测试中，在 $t=0$s 时加入单位阶跃信号到系统设定点，当 $t=100$s 时从被控对象输入侧加入幅值为 0.5 的反向阶跃信号作为扰动。鉴于文献[13] 中提出的 SFSP 方法已验证优于文献[12] 中的控制方法，这里应用 SFSP 方法进行对比。在本节方法的两个控制器中分别取$\lambda_c=0.989$ 和 $\lambda_f=0.985$，以获得与 SFSP 方法基本相同的设定点跟踪响应速度和抗扰峰值做比较，控制结果如图 9.4 所示。

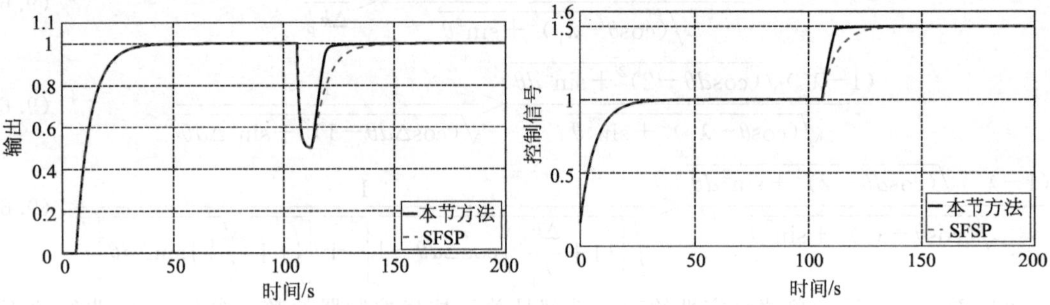

图 9.4　例 9.1 在标称情况下的控制结果

可以看出，基于相同的设定点跟踪响应速度，本节方法的抗扰性能明显优于 SFSP 方法。两种方法的输出误差 IAE 和控制信号 TV 指标分别列于表 9.1 和表 9.2 中。说明一下，根据式(9.34) 和式(9.53) 计算得出IAE_r 和IAE_d 与表 9.1 和表 9.2 中根据实际测量做计算的结果基本相同，验证了输出误差指标计算式(9.34) 和式(9.53) 的准确性。

表 9.1　不同方法下设定点跟踪响应的性能指标对比

设定点跟踪		例 9.1		例 9.2	
		本节方法	SFSP	本节方法	MSP
IAE	标称情况	12.66	12.66	64.02	65.72
	摄动情况	14.93	15.79	168.12	249.43
TV	标称情况	0.84	0.84	4.71	6.98
	摄动情况	1.09	1.09	46.06	591.66

表 9.2　不同方法下扰动响应的性能指标对比

扰动抑制		例 9.1		例 9.2	
		本节方法	SFSP	本节方法	MSP
IAE	标称情况	4.54	6.25	4.03	6.17
	摄动情况	4.71	6.25	11.77	8.95
TV	标称情况	0.50	0.50	0.38	0.27
	摄动情况	0.53	0.50	1.58	2.85

然后假设实际被控对象的时滞和时间常数均比模型增大 20%，比例增益比模型小 20%，摄动系统的控制结果如图 9.5 所示，相应的 IAE 和 TV 指标亦列于表 9.1 和表 9.2 中。验证了当存在过程不确定性时，本节方法能很好地保持控制系统的鲁棒稳定性。

例 9.2　考虑文献[14] 中研究的二阶稳定时滞过程

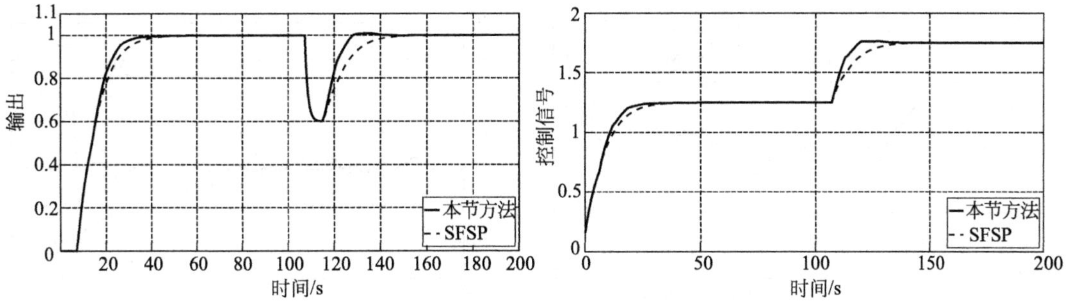

图 9.5 例 9.1 在摄动情况下的控制结果

$$G(s)=\frac{e^{-25s}}{(50s+1)(5s+1)}$$

取采样时间 $T_s=1\text{s}$，可得离散时间域模型

$$G(z)=\frac{0.00186(z+0.9293)}{(z-0.9802)(z-0.8187)}z^{-25}$$

根据设计式(9.5)，可得无时滞输出预估滤波器

$$F_1(z)=\frac{0.00186(z+0.9293)}{(z-0.9802)(z-0.8187)}(1-z^{-25})$$

注意到，$G(z)$ 中含有一个负实部零点，因此根据式(9.24)可得抗扰控制器

$$\hat{K}(z)=\frac{(z-0.9802)(z-0.8187)(1-\lambda_c)}{0.00186z(1+0.9293)(z-1)}$$

根据设计公式(9.27)和式(9.30)并采用形如式(9.28)的二阶滤波器，可得设定点跟踪控制器

$$K_f(z)=\frac{z(z-\lambda_c)(1-\lambda_f)^2}{(1-\lambda_c)(z-\lambda_f)^2}$$

仿真控制测试中，在 $t=20\text{s}$ 时加入单位阶跃信号到系统设定点，当 $t=250\text{s}$ 从被控对象输入侧加入幅值为−0.2 的反向阶跃信号作为扰动。为了获得与 MSP 方法[14] 基本相同的设定点响应速度和扰动响应峰值以作对比，本节方法的两个控制器中分别取 $\lambda_c=0.95$ 和 $\lambda_f=0.9$，控制结果如图 9.6 所示，相应的输出误差 IAE 和控制信号 TV 指标列于表 9.1 和表 9.2 中。

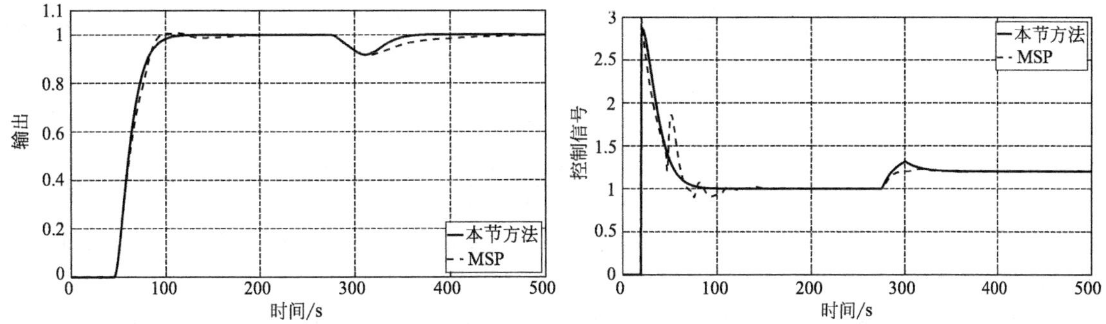

图 9.6 例 9.2 在标称情况下的控制结果

再次看到，本节方法明显改善抗扰能力。而且，本节方法明显改善控制信号的平滑度和 TV 指标。容易验证，根据式(9.54)计算得出的IAE_d 与表 9.2 中的结果基本相同。

然后假设实际过程的时滞比模型增大 40%，比例增益比模型大 20%，控制结果如图 9.7 所示，相应的 IAE 和 TV 指标亦列于表 9.1 和表 9.2 中。再次表明本节方法能保持控制系统较好的鲁棒稳定性。

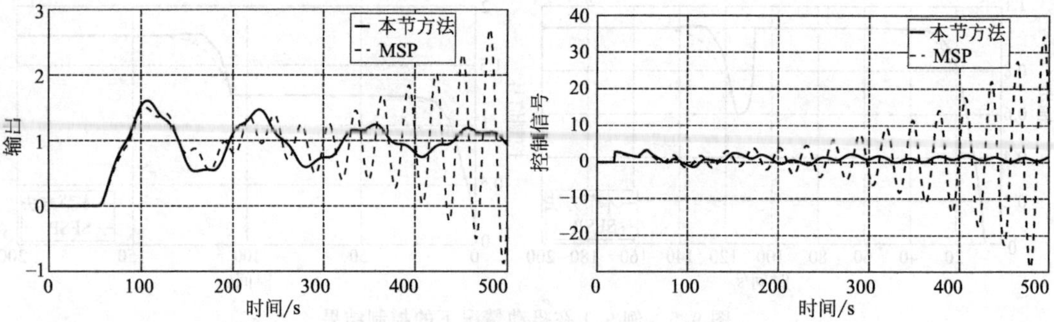

图 9.7　例 9.2 在摄动情况下的控制结果

9.2　含时滞的积分和不稳定过程

针对具有积分特性和开环不稳定的时滞响应过程，采用如图 9.8 所示的两自由度控制结构设计采样控制系统[15]。其中，G 表示被控对象，前馈控制器 C 为设定点跟踪控制器，反馈控制器 F 为抗扰控制器，T_r 为期望的设定点跟踪传递函数。

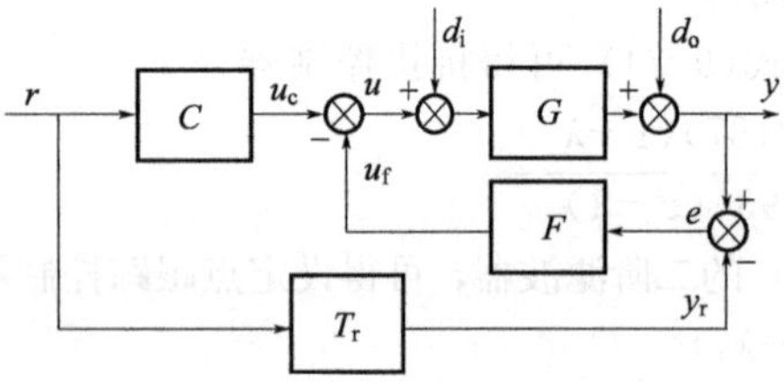

图 9.8　应用于积分和不稳定过程的两自由度控制结构

在标称情况下，即 $G=\widehat{G}$，其中 $\widehat{G}$ 表示过程模型，令 $T_r=C\widehat{G}$，可以得到如下的输出响应传递函数

$$Y(z)=G(z)C(z)R(z) \tag{9.64}$$

$$Y(z)=\frac{G(z)}{1+G(z)F(z)}D_i(z) \tag{9.65}$$

其中，$Y(z)$、$R(z)$、$D_i(z)$ 是图 9.8 中 $y(t)$、$r(t)$、$d_i(t)$ 的离散域 z 变换形式。显然，设定点跟踪响应和负载扰动响应可以分别由两个控制器 C 和 F 调节，达到两自由度控制的效果。

为便于介绍控制器设计方法，这里考虑如下在工程实践中常用的带时滞参数的积分和不稳定过程模型

$$\widehat{G}_1(z)=\frac{k_p(z-z_0)}{(z-1)(z-\tau_p)}z^{-d} \tag{9.66}$$

$$\widehat{G}_2(z)=\frac{k_p}{z-\tau_u}z^{-d} \tag{9.67}$$

$$\widehat{G}_3(z)=\frac{k_p(z-z_0)}{(z-\tau_u)(z-\tau_p)}z^{-d} \tag{9.68}$$

其中，$|\tau_p|<1$；$|z_0|<1$；$|\tau_u|>1$。注意 $|z_0|<1$ 表示被控对象没有非最小相位响应特性，反之则有。

很明显，式(9.66) 是一个积分过程模型；式(9.67) 和式(9.68) 是不稳定过程模型，其中有一个极点位于 z 平面内单位圆之外。

下面两小节分别介绍上述两自由度控制结构中的抗扰控制器和设定点跟踪控制器设计方法。

9.2.1　抗扰控制器

如图 9.8 所示的两自由度控制结构中，反馈闭环控制器 F 为抗扰控制器。考虑过程输入侧和输出侧负载扰动，可得扰动响应的传递函数为

$$H_{d_i}=\frac{y_{d_i}}{d_i}=\frac{G}{1+FG} \tag{9.69}$$

$$H_{d_o}=\frac{y_{d_o}}{d_o}=\frac{1}{1+FG} \tag{9.70}$$

注意，连接被控对象输入和输出的闭环抗扰控制结构的余灵敏度函数为

$$T_d=\frac{u_f}{d_i}=1-H_{d_o}=\frac{FG}{1+FG} \tag{9.71}$$

为了消除由上述负载扰动带来的输出稳态误差以及保证闭环系统的内部稳定性，必须满足两个渐近消除约束：

$$\lim_{z\to 1}H_{d_o}(z)=0 \tag{9.72}$$

$$\lim_{z\to \tau_i}H_{d_o}(z)=0 \tag{9.73}$$

其中，τ_i 为过程传递函数中位于单位圆外的极点。

注意，对于一个积分过程，上述约束式(9.73) 应该被替代为

$$\lim_{z\to 1}\frac{\mathrm{d}}{\mathrm{d}z}H_{d_o}(z)=0 \tag{9.74}$$

在理想情况下，当负载扰动 d_i 从过程输入侧进入后，应该经过程时滞后立刻被闭环抗扰控制结构检测出来，产生等量相反的控制作用 u_f 抵消负载扰动对系统输出响应的不利影响。为了满足上述渐近消除约束式(9.72)～式(9.74) 和工程实践中的控制器执行约束，这里提出期望的闭环余灵敏度函数形式如下

$$T_d(z)=(\beta_0+\beta_1 z+\cdots+\beta_m z^m)\frac{(1-\lambda_f)^{m+1}}{(z-\lambda_f)^{m+1}}z^{-d} \tag{9.75}$$

其中，β_i 是根据上述的渐近约束确定，且有 $\sum_{i=0}^{m}\beta_i=1$；m 为被控过程传递函数的分母中位于单位圆上或者单位圆外的极点个数；λ_f 是闭环抗扰性能的调节参数。容易看出，当 $z\to 1$ 时存在 $T_d(z)=z^{-d}$，这正是负载扰动响应在理想情况下的形式。

利用期望的闭环抗扰传递函数式(9.75)，抗扰控制器可以从式(9.71) 反推得到：

$$F=\frac{T_d}{1-T_d}\times\frac{1}{G} \tag{9.76}$$

对于式(9.66) 所描述的一个积分时滞过程，根据式(9.75) 可得期望的闭环余灵敏度函数为

$$T_d(z)=\frac{(\beta_0+\beta_1 z)(1-\lambda_f)^2}{(z-\lambda_f)^2}z^{-d} \tag{9.77}$$

其中，β_0 和 β_1 由渐近约束式(9.72) 和式(9.74) 确定而得：

$$\beta_0=1-\beta_1 \tag{9.78}$$

$$\beta_1=\frac{d(1-\lambda_f)+2}{1-\lambda_f} \tag{9.79}$$

将式(9.66) 和式(9.77) 代入式(9.76)，得到抗扰控制器

$$F(z)=\frac{(1-\lambda_f)^2(\beta_0+\beta_1 z)(z-1)(z-\tau_p)}{k_p(z-\lambda_f)^2(z-z_0)-k_p(z-z_0)(\beta_0+\beta_1 z)(1-\lambda_f)^2 z^{-d}} \tag{9.80}$$

注意：上述抗扰控制器在 $z=1$ 处存在隐含的零极点对消。令 $F(z)=N(z)/D(z)$，容易验证

$$\lim_{z\to 1}F(z)=\lim_{z\to 1}\frac{N'(z)}{D'(z)}=\infty \tag{9.81}$$

$$\lim_{z\to 1}\frac{N''(z)}{D''(z)}=\frac{2(1-\lambda_f)^2[\beta_1(1-\tau_p)+1]}{k_p[d^2(1-z_0)(1-\lambda_f)^2+d(1-z_0)(3-2\lambda_f-\lambda_f^2)+2(1-z_0)]}\neq 0 \quad (9.82)$$

由式(9.81) 和式(9.82) 可知，上述抗扰控制器可以视为一个特殊的积分器，因此可以消除由负载扰动引起的输出响应稳态误差。

需要说明，如果过程传递函数模型分子中的零点 z_0 具有负实部，可能会引起式(9.80) 中的抗扰控制器的输出信号或者控制系统输出响应的振荡。为解决该问题，可类似于前面设计设定点跟踪控制器中所采取的消除振铃方法，将抗扰控制器修改为：

$$F(z)=\frac{(1-\lambda_f)^2(\beta_0+\beta_1 z)(z-1)(z-\tau_p)}{k_p z(1-z_0)[(z-\lambda_f)^2-(\beta_0+\beta_1 z)(1-\lambda_f)^2 z^{-d}]} \quad (9.83)$$

说明一下，上述抗扰控制器 F 中只有一个调节参数 λ_f，通过单调地调节该参数可以实现闭环抗扰性能与其鲁棒稳定性之间的折中。

对于由式(9.67) 描述的时滞响应不稳定过程，有 $m=1$，因此期望的闭环余灵敏度函数与上述积分过程的一致，但是 β_1 应该由渐近约束式(9.73) 确定而得

$$\beta_1=\frac{\tau_u^d(\tau_u-\lambda_f)^2-(1-\lambda_f)^2}{(1-\lambda_f)^2(\tau_u-1)} \quad (9.84)$$

相应地，闭环抗扰控制器可以从式(9.76) 反推而得

$$F(z)=\frac{(1-\lambda_f)^2(\beta_0+\beta_1 z)(z-\tau_u)}{k_p(z-\lambda_f)^2-k_p(\beta_0+\beta_1 z)(1-\lambda_f)^2 z^{-d}} \quad (9.85)$$

注意：上述抗扰控制器在 $z=\tau_u$ 处存在一个隐含的零极点对消，然而该零极点对消无法直接消除，在实际应用中会导致控制器不稳定。为此，可采用第 8 章介绍的 Páde 近似方法。考虑到上述 $F(z)$ 中含有极点 $z=1$，即积分功能，将式(9.85) 表示成如下形式

$$F(z)=\frac{(1-\lambda_f)^2(\beta_0+\beta_1 z)}{k_p(z-1)}M(z) \quad (9.86)$$

其中，

$$M(z)=\frac{(z-\tau_u)(z-1)}{(z-\lambda_f)^2-(\beta_0+\beta_1 z)(1-\lambda_f)^2 z^{-d}} \quad (9.87)$$

对 $M(z)$ 采用 U/V 阶次的 Páde 近似，可得

$$M_{U/V}(z)=\frac{\sum_{i=0}^{U}a_i(z-1)^i}{\sum_{j=0}^{V}b_j(z-1)^j} \quad (9.88)$$

其中，U 和 V 是实际指定的近似阶次，显然近似阶次越高则近似精确度越高。a_i 和 b_j 由如下的两个矩阵方程计算而得

$$\begin{bmatrix}a_0\\a_1\\\vdots\\a_U\end{bmatrix}=\begin{bmatrix}d_0&0&0&\cdots&0\\d_1&d_0&0&\cdots&0\\\vdots&\vdots&\ddots&\cdots&\vdots\\d_U&d_{U-1}&d_{U-2}&\cdots&d_{U-V}\end{bmatrix}\begin{bmatrix}b_0\\b_1\\\vdots\\b_V\end{bmatrix} \quad (9.89)$$

$$\begin{bmatrix}d_U&d_{U-1}&\cdots&d_{U-V+1}\\d_{U+1}&d_U&\cdots&d_{U-V+2}\\\vdots&\vdots&\ddots&\vdots\\d_{U+V-1}&d_{U+V-2}&\cdots&d_U\end{bmatrix}\begin{bmatrix}b_1\\b_2\\\vdots\\b_V\end{bmatrix}=-\begin{bmatrix}d_{U+1}\\d_{U+2}\\\vdots\\d_{U+V}\end{bmatrix} \quad (9.90)$$

其中，$d_k(k=0,1,\cdots,U+V)$ 是对 $M(z)$ 作麦克劳林级数展开后每一项的系数，计算如下：

$$d_k=\frac{1}{k!}\lim_{z\to 1}\frac{\mathrm{d}^k M(z)}{\mathrm{d}z^k},k=0,1,\cdots,U+V \tag{9.91}$$

b_0 是根据实际情况指定来保证得到的近似结果中所有的极点位于 z 平面单位圆内，从而确保得到一个稳定的控制器作执行。

例如，当 $U=V=1$ 时，使用上述的近似公式可得

$$T_{\mathrm{d}}(z)=(\beta_0+\beta_1 z)\frac{(1-\lambda_{\mathrm{c}})^2}{(z-\lambda_{\mathrm{c}})^2} \tag{9.92}$$

通过计算可知：

$$b_1=-\frac{d_2}{d_1},a_1=d_1 b_0+d_0 b_1,a_0=d_0 b_0$$

当 $U=V=2$ 时，使用上述的近似公式可得

$$M_{2/2}(z)=\frac{a_2(z-1)^2+a_1(z-1)+a_0}{b_2(z-1)^2+b_1(z-1)+b_0} \tag{9.93}$$

通过计算可知：

$$b_1=\frac{d_1 d_4-d_2 d_3}{d_2^2-d_1 d_3},b_2=\frac{d_3^2-d_2 d_4}{d_2^2-d_1 d_3}$$

$$a_0=d_0 b_0,a_1=d_1 b_0+d_0 b_1,a_2=d_2 b_0+d_1 b_1+d_0 b_2$$

对于一个由式(9.68) 描述的时滞响应不稳定过程，期望的闭环传递函数与上述针对式(9.67) 的情况完全相同，类似地可以得到期望的抗扰控制器

$$F(z)=\frac{(1-\lambda_{\mathrm{f}})^2(\beta_0+\beta_1 z)(z-\tau_{\mathrm{u}})(z-\tau_{\mathrm{p}})}{k_{\mathrm{p}}(z-\lambda_{\mathrm{f}})^2(z-z_0)-k_{\mathrm{p}}(z-z_0)(\beta_0+\beta_1 z)(1-\lambda_{\mathrm{f}})^2 z^{-d}} \tag{9.94}$$

利用渐近约束式(9.72) 和式(9.73) 可以确定 β_0 和 β_1 分别为

$$\beta_0=1-\beta_1 \tag{9.95}$$

$$\beta_1=\frac{\tau_{\mathrm{u}}^d(\tau_{\mathrm{u}}-\lambda_{\mathrm{f}})^2-(1-\lambda_{\mathrm{f}})^2}{(1-\lambda_{\mathrm{f}})^2(\tau_{\mathrm{u}}-1)} \tag{9.96}$$

由于式(9.94) 在 $z=\tau_{\mathrm{u}}$ 处存在不稳定零极点对消，因此令

$$F(z)=\frac{(1-\lambda_{\mathrm{f}})^2(\beta_0+\beta_1 z)(z-\tau_{\mathrm{p}})}{k_{\mathrm{p}}(z-z_0)(z-1)}M(z) \tag{9.97}$$

其中

$$M(z)=\frac{(z-\tau_{\mathrm{u}})(z-1)}{(z-\lambda_{\mathrm{f}})^2-(\beta_0+\beta_1 z)(1-\lambda_{\mathrm{f}})^2 z^{-d}} \tag{9.98}$$

如果过程模型式(9.68) 的零点 z_0 具有负实部，相应的抗扰控制器应该修改为

$$F(z)=\frac{(1-\lambda_{\mathrm{f}})^2(\beta_0+\beta_1 z)(z-\tau_{\mathrm{p}})}{k_{\mathrm{p}} z(1-z_0)(z-1)}M(z) \tag{9.99}$$

其中，$M(z)$ 可以采用上述 Páde 近似式(9.88) 做实际执行。

9.2.2 设定点跟踪控制器

如图 9.8 所示的两自由度控制结构中，在标称情况下设定点跟踪响应为开环响应。因此这里采用 IMC 方法来设计设定点跟踪控制器。首先将式(9.66)～式(9.68) 中的过程模型分解为全通部分 $\hat{G}_{\mathrm{A}}(z)$ 和最小相位部分 $\hat{G}_{\mathrm{M}}(z)$，即

$$\hat{G}(z)=\hat{G}_{\mathrm{A}}\hat{G}_{\mathrm{M}}(z) \tag{9.100}$$

然后令

$$C_p(z)=[z^{n_g}\hat{G}_M(z)]^{-1} \tag{9.101}$$

其中，n_g 为一个正整数，保证 $z^{n_g}\hat{G}_M(z)$ 的双正则性，即它的分子和分母关于 z 具有相同的最高幂次。

需要指出，如果 $C_p(z)$ 存在具有负实部的极点，在实际执行中会出现控制信号的振荡现象。为了避免该问题，对 $C_p(z)$ 修改如下

$$C_q(z)=C_p(z)C_-(z) \tag{9.102}$$

其中，$C_-(z)$ 用来对消 $C_p(z)$ 中具有负实部的极点，具有如下形式

$$C_-(z)=z^{-n_p}\prod_{i=1}^{n_p}\frac{z-\hat{z}_i}{1-\hat{z}_i} \tag{9.103}$$

其中，$\hat{z}_i(i=1,\cdots,n_p)$ 是 $C_p(z)$ 中所有具有负实部的极点。注意到当 $z\to1$ 时，可得 $C_q(z)=C_p(z)$。

因此，设计设定点跟踪控制器形式如下

$$C(z)=C_q(z)C_f(z) \tag{9.104}$$

其中，$C_f(z)$ 是一个低通滤波器，具有如下形式

$$C_f(z)=\frac{z^l(1-\lambda_c)^l}{(z-\lambda_c)^l} \tag{9.105}$$

在上述低通滤波器中，l 是根据实际期望的设定点跟踪响应性能所指定的滤波器阶次。由式(9.101)～式(9.104) 可知，必须满足 $l\geqslant n_g$。

根据式(9.66)～式(9.68) 所描述的过程模型可知 $n_g=1$。低通滤波器 $C_f(z)$ 最简单的形式为一阶滤波器，形式如下

$$C_{f-1}(z)=\frac{z(1-\lambda_c)}{z-\lambda_c} \tag{9.106}$$

在上述低通滤波器 $C_f(z)$ 中只有一个可调参数 λ_c，通过在 (0, 1) 范围内单调地调节该参数，可以实现设定点跟踪响应和控制信号大小之间的折中。当 λ_c 取为一个较小值时，系统输出响应有较快的跟踪速度，但是要求设定点跟踪控制器产生较大的输出信号，以及对应较大的执行器输出。当存在过程不确定性时，设定点输出响应会更为敏感和产生波动。与此相反，如果 λ_f 取一个较大值，标称设定点跟踪响应会较慢，但是要求控制器输出信号较小。相应地，对于过程不确定性的鲁棒响应性能会较好。

说明一下，为了保证控制信号或者系统输出响应的平稳性，可以采用较高的低通滤波器 $C_f(z)$ 的阶次，即 $l\geqslant2$。一般而言，可以首先根据过程模型式(9.66)～式(9.68) 采用一阶低通滤波器式(9.106) 来设计设定点跟踪控制器。如果相应的输出响应或者控制信号不够平稳，可适当提高滤波器阶次。

对于式(9.67) 所描述的时滞响应不稳定过程，根据上述的设定点跟踪控制器设计公式，可得

$$C_2(z)=\frac{(z-\tau_u)(1-\lambda_c)}{k_p(z-\lambda_c)} \tag{9.107}$$

将式(9.67) 和式(9.107) 代入式(9.64) 可得设定点跟踪响应

$$Y(z)=\frac{1-\lambda_c}{z-\lambda_c}z^{-d}R(z) \tag{9.108}$$

通过对 $Y(z)$ 进行 z 反变换，可得当输入为单位阶跃信号时 [即 $R(z)=z/(1-z)$]，设定点跟踪响应的时域表达式为

$$y(kT_s)=\begin{cases}0, & k\leqslant d\\ 1-\lambda_c{}^{k-d}, & k>d\end{cases} \tag{9.109}$$

其中，T_s 表示采样周期。

类上分析，对于式(9.66) 和式(9.68) 描述的时滞响应积分和不稳定过程，如果过程模型的分子中的零点具有正实部，设计设定点跟踪控制器形式如下

$$C_1(z)=\frac{(z-1)(z-\tau_p)(1-\lambda_c)}{k_p(z-z_0)(z-\lambda_c)} \tag{9.110}$$

$$C_3(z)=\frac{(z-\tau_u)(z-\tau_p)(1-\lambda_c)}{k_p(z-z_0)(z-\lambda_c)} \tag{9.111}$$

相应的设定点跟踪响应的时域表达式与式(9.109) 相同。

如果过程模型分子的零点具有负实部，根据前面介绍的消除振铃方法如式(9.102) 和式(9.103) 所示，可得设定点跟踪控制器为

$$C_1(z)=\frac{(z-1)(z-\tau_p)(1-\lambda_c)}{k_p z(1-z_0)(z-\lambda_c)} \tag{9.112}$$

$$C_3(z)=\frac{(z-\tau_u)(z-\tau_p)(1-\lambda_c)}{k_p z(1-z_0)(z-\lambda_c)} \tag{9.113}$$

利用 z 反变换，可得设定点跟踪响应的时域表达式如下

$$y(kT_s)=\begin{cases}0, & k\leqslant d\\ 1-\dfrac{\lambda_c-z_0}{1-z_0}\lambda_c^{k-d-1}, & k>d\end{cases} \tag{9.114}$$

根据设定点响应的时域表达式(9.109) 和式(9.114) 可知，在标称情况下系统输出响应没有超调，并且可以通过定量地调节控制器 C 中唯一的调节参数 λ_c 来达到满意的输出响应时域指标。在实际应用中，建议初始选取 $\lambda_c\in[0.95,0.99]$，然后以一个较小的步长（例如 0.01，0.02 或者 0.05）单调地增大或者减小 λ_c，可获得期望的设定点跟踪性能，并且在存在过程不确定性的情况下保持良好的鲁棒稳定性。

9.2.3 鲁棒稳定性分析

根据小增益定理，闭环抗扰控制结构在有过程不确定性的情况下能够保持鲁棒稳定性的充要条件为

$$\|T_d(z)\|_\infty<\frac{1}{\|\Delta_m(z)\|} \tag{9.115}$$

其中，$T_d(z)$ 表示上述闭环余灵敏度函数；$\Delta_m(z)=(G-\hat{G})/\hat{G}$ 表示过程乘性不确定性。

从上一节的控制器设计可以看出，过程模型式(9.66)～式(9.68) 对应相同的期望闭环余灵敏度函数。因此将式(9.77) 代入式(9.115) 可得鲁棒稳定性约束条件

$$\left\|\frac{(1-\lambda_f)^2(\beta_0+\beta_1 z)}{(z-\lambda_f)^2}\right\|_\infty<\frac{1}{\|\Delta_m(z)\|_\infty} \tag{9.116}$$

考虑如下工程实践中常见的过程不确定性形式，即增益不确定性，时滞不确定性和增益时滞不确定性：

$$\Delta_m=\frac{\Delta k_p}{k_p} \tag{9.117}$$

$$\Delta_m=z^{-\Delta d}-1 \tag{9.118}$$

$$\Delta_m=\left(1+\frac{\Delta k_p}{k_p}\right)z^{-\Delta d}-1 \tag{9.119}$$

通过定义 $z=e^{j\theta}$ $(0<\theta<2\pi)$ 并且将式(9.117)～式(9.119) 代入式(9.116)，可得上述过程不确定性下相应的鲁棒约束条件分别为

$$\frac{(\cos\theta-\lambda_{\mathrm{f}})^2+\sin^2\theta}{\sqrt{(\beta_0+\beta_1\cos\theta)^2+\beta_1^2\sin^2\theta}}>\frac{|\Delta k_{\mathrm{p}}|(1-\lambda_{\mathrm{f}})^2}{k_{\mathrm{p}}} \tag{9.120}$$

$$\frac{(\cos\theta-\lambda_{\mathrm{f}})^2+\sin^2\theta}{\sqrt{(\beta_0+\beta_1\cos\theta)^2+\beta_1^2\sin^2\theta}}>|\mathrm{e}^{-\mathrm{j}\theta\Delta d}-1|(1-\lambda_{\mathrm{f}})^2 \tag{9.121}$$

$$\frac{(\cos\theta-\lambda_{\mathrm{f}})^2+\sin^2\theta}{\sqrt{(\beta_0+\beta_1\cos\theta)^2+\beta_1^2\sin^2\theta}}>\left|\left(1+\frac{\Delta k_{\mathrm{p}}}{k_{\mathrm{p}}}\right)\mathrm{e}^{-\mathrm{j}\theta\Delta d}-1\right|(1-\lambda_{\mathrm{f}})^2 \tag{9.122}$$

显然，上述鲁棒稳定性约束条件都是关于 λ_{f} 的非线性不等式。在实际应用中可以通过单调地调节 λ_{f} 达到闭环抗扰性能与其鲁棒稳定性之间的最佳折中。这里以式(9.66) 中的时滞响应积分过程模型为例进行说明，假设 $z_0=0.1$，图 9.9 示出扰动响应峰值与过程模型时间常数 τ_{p} 和时滞以及可调参数 λ_{f} 之间的关系。

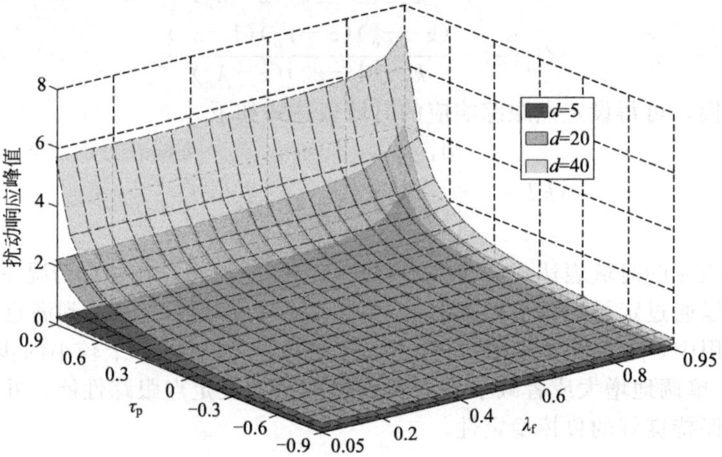

图 9.9 积分过程的扰动响应峰值与可调参数 λ_{f} 之间的数值化整定关系

由图 9.9 可见，扰动响应峰值随着过程时滞的增大而增大。注意如果选取 $\lambda_{\mathrm{f}}\in[0.1, 0.9]$，扰动响应峰值变化幅度很小。

进而假设一个固定的时滞长度（例如 $d=20$），图 9.10 示出在范围 [0.05,0.95] 和 [0.95,0.999] 之内调节 λ_{f} 时扰动响应峰值同过程时间常数 τ_{p} 之间的数值关系。

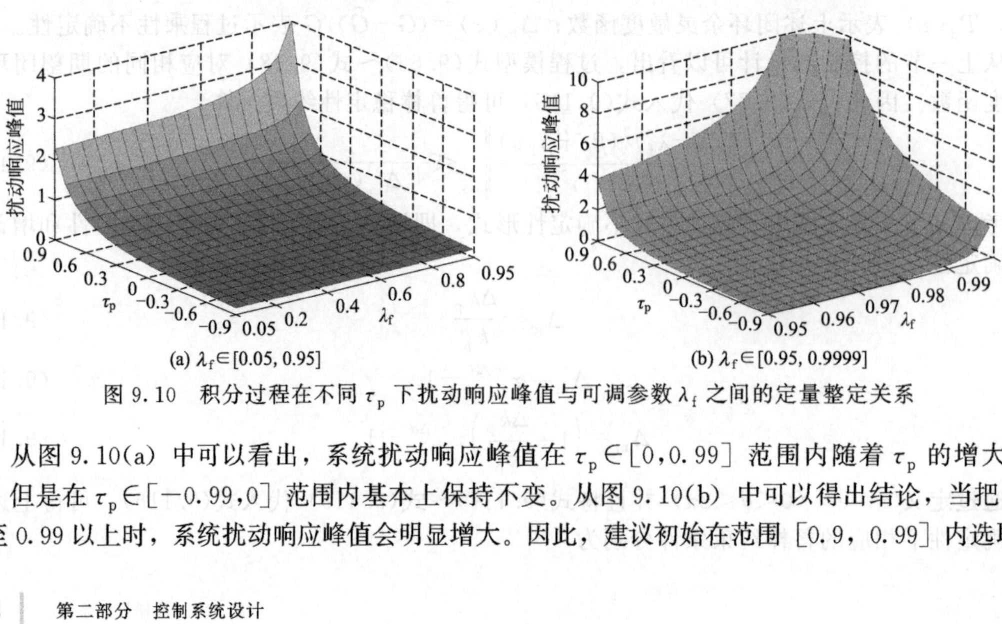

图 9.10 积分过程在不同 τ_{p} 下扰动响应峰值与可调参数 λ_{f} 之间的定量整定关系

从图 9.10(a) 中可以看出，系统扰动响应峰值在 $\tau_{\mathrm{p}}\in[0,0.99]$ 范围内随着 τ_{p} 的增大而增大，但是在 $\tau_{\mathrm{p}}\in[-0.99,0]$ 范围内基本上保持不变。从图 9.10(b) 中可以得出结论，当把 λ_{f} 调大至 0.99 以上时，系统扰动响应峰值会明显增大。因此，建议初始在范围 [0.9, 0.99] 内选取 λ_{f}，

然后通过单调地增减 λ_f 可以对时滞积分过程达到闭环抗扰控制性能和鲁棒稳定性之间的折中。

对于如式(9.67) 和式(9.68) 描述的时滞响应不稳定过程，可以类似地分析抗扰控制器的整定参数 λ_f 与扰动响应峰值之间的数值化定量关系。通过仿真结果可以得出结论，对于不稳定过程整定参数 λ_f 的可调范围明显小于积分过程。一般地，建议初始在范围 [0.9,0.99] 之内选取 λ_f，然后通过单调地增减 λ_f 可以达到闭环控制性能与其鲁棒稳定性之间的满意折中。

9.2.4 应用案例

例 9.3 考虑文献[16] 中研究的一个时滞响应积分过程：

$$G(s)=\frac{0.1e^{-5s}}{s(5s+1)}$$

采用文献[17] 中给出的频域两自由度控制方法，设定点跟踪和抗扰控制器形式分别如下

$$C_s(s)=\frac{s(5s+1)}{0.1(\lambda_c s+1)^2},C_f(s)=\frac{1}{G(s)}\times\frac{T_d(s)}{1-T_d(s)}$$

对于设定点跟踪响应和负载扰动响应，期望的传递函数分别为

$$T_r(s)=\frac{e^{-5s}}{(\lambda_c s+1)^2},T_d(s)=\frac{\eta_2 s^2+\eta_1 s+1}{(\lambda_f s+1)^4}e^{-5s}$$

在上述的传递函数中，λ_c 和 λ_f 分别是设定点跟踪响应和扰动响应的调节参数，$\eta_1=4\lambda_f+5$，$\eta_2=5\eta_1+25(0.2\lambda_f-1)^4e^{-1}-25$。

取采样周期 $T_s=0.2$s，离散化上述控制器，并且取 $\lambda_c=3$ 和 $\lambda_f=3.6$，由此可得可用于采样控制系统的控制器形式如下：

$$C_s(z)=\frac{5.556(z-1)(z-0.960454)}{(z-0.935507)^2},T_r(z)=\frac{0.002126(z+0.956528)}{(z-0.935507)^2}z^{-25}$$

$$T_d(z)=\frac{0.008112(z-0.986201)(z-0.960836)(z+0.945420)}{(z-0.945959)^4}z^{-25}$$

基于上述采样周期，可得离散时间域模型如下

$$G(z)=\frac{0.0003947(z+0.9868)}{(z-1)(z-0.9608)}z^{-25}$$

使用本节中所提出的控制器设计式(9.102)～式(9.104) 和一个二阶低通滤波器 (9.105)，得到设定点跟踪控制器

$$C(z)=\frac{(z-1)(z-0.9608)(1-\lambda_c)^2}{0.0007842(z-\lambda_c)^2}$$

为了客观比较，保持与文献[17] 离散化后的期望闭环传递函数具有相同的阶次，在本节所提出的抗扰控制器设计中采用的期望闭环余灵敏度函数如下

$$T_d(z)=\frac{(\beta_0+\beta_1 z+\beta_2 z^2)(1-\lambda_f)^4}{(z-\lambda_f)^4}z^{-25}$$

其中，β_0、β_1 和 β_2 可通过渐近约束式(9.72) 和式(9.74) 以及另一个额外的渐近约束条件 $\lim\limits_{z\to\tau_p}(1-T_d)=0$（消除过程慢极点 $\tau_p=0.9608$ 的不利影响）确定，得出

$$\beta_0=1-\beta_1-\beta_2,\beta_1=d+\frac{4}{1-\lambda_f}-2\beta_2$$

$$\beta_2=\frac{(\tau_p-\lambda_f)^4\tau_p^d+4(1-\lambda_f)^3(1-\tau_p)+(d-d\tau_p-1)(1-\lambda_f)^4}{(1-\lambda_f)^4(\tau_p-1)^2}$$

“dell” 设置的 “Marked” 相应地，可得抗扰控制器

$$F(z)=\frac{(1-\lambda_f)^4(\beta_0+\beta_1 z+\beta_2 z^2)(z-1)(z-\tau_p)}{k_p z(1-z_0)[(z-\lambda_f)^4-(\beta_0+\beta_1 z+\beta_2 z^2)(1-\lambda_f)^4 z^{-25}]}$$

仿真控制测试中，在 $t=20\text{s}$ 时加入单位阶跃信号到系统设定点，当 $t=50\text{s}$ 时在被控对象输入侧加入一个反向的单位阶跃负载扰动。为了公平比较，本节方法的设定点跟踪控制器和抗负载扰动控制器中分别取 $\lambda_c=0.9354$ 和 $\lambda_f=0.943$，以获得与文献[16,17]的控制方法基本相同的设定点跟踪响应上升速度和扰动响应峰值。仿真控制结果如图 9.11 所示，设定点跟踪和扰动响应的输出误差 IAE 指标和控制信号 TV 指标分别列于表 9.3 和表 9.4 中。

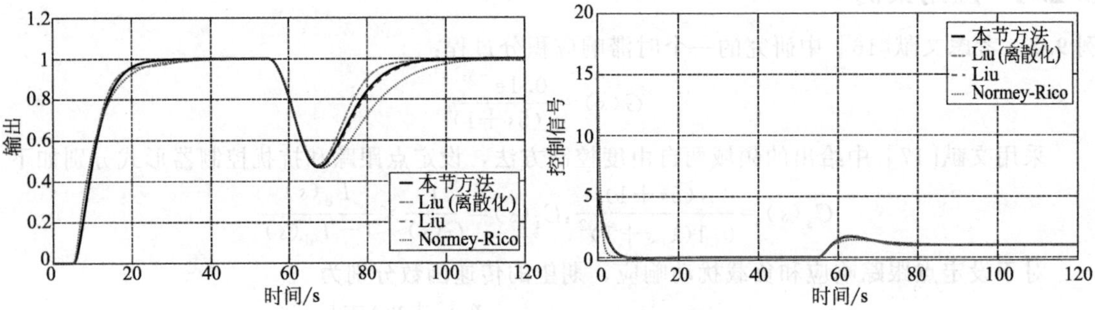

图 9.11　例 9.3 在标称情况下的控制结果

从仿真结果和性能指标可以看出，本节给出的离散域控制器设计方法与文献[17]中所提出的频域控制方法具有相似的控制性能。说明：通过将文献[17]中控制器做一阶差分的离散化执行，在输出响应中可能产生稳态误差（如 $e=0.009$），这是由于在离散化过程中作数值化近似引起的。从图 9.11 中可以看出，本节给出的离散域两自由度控制方法相对于另一种离散域两自由度控制器设计方法[14]，明显改善控制性能。

然后采用文献[17]的假设情况，即实际过程比例增益和时间常数比模型增大 20%。图 9.12 示出摄动系统响应结果，相应的性能指标 IAE 和 TV 亦列于表 9.3 和表 9.4 中列出。可以看到本节给出的离散域控制器设计方法具有较好的鲁棒稳定性。

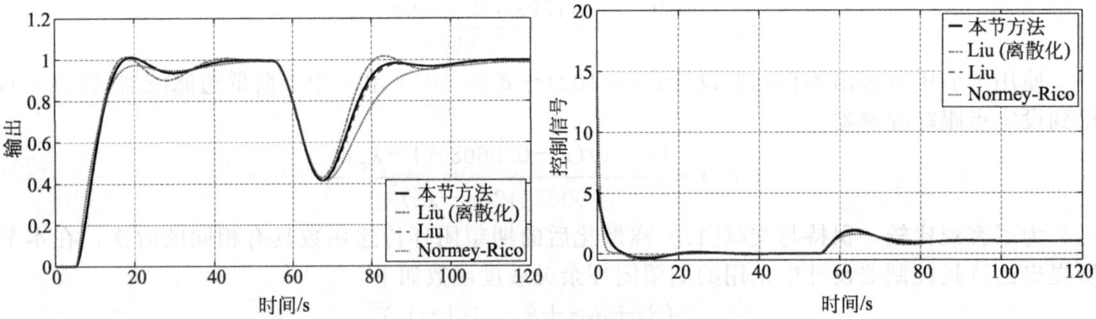

图 9.12　例 9.3 在摄动情况下的控制结果

表 9.3　不同方法下设定点跟踪响应的性能指标对比

设定点跟踪		例 9.3				例 9.4			例 9.5		例 9.6			
		本节方法	Liu	Liu（离散化）	Normey-Rico	本节方法（a）	本节方法（b）	GP	本节方法	SFSP	本节方法	Lu	Shamsuzzoha	Panda
IAE	标称情况	11.09	11.10	11.11	11.12	8.10	6.60	10.81	201	201	1.31	1.42	1.31	7.33
	摄动情况	11.15	11.17	11.26	11.21	8.77	8.61	11.45	271	313	1.89	2.47	1.97	4.17

续表

设定点跟踪		例 9.3				例 9.4			例 9.5		例 9.6			
		本节方法	Liu	Liu（离散化）	Normey-Rico	本节方法（a）	本节方法（b）	GP	本节方法	SFSP	本节方法	Lu	Shamsuzzoha	Panda
TV	标称情况	5.46	5.69	6.09	16.67	1.38	2.20	2.19	16.2	16.2	7.08	4.07	7.26	25.07
	摄动情况	6.33	6.52	7.17	17.22	1.81	3.47	2.74	26.0	22.5	11.41	7.32	15.62	16.51

注：在例 9.4 中，本节方法情形（a）是取 $\lambda_c=0.95$，$\lambda_f=0.965$；本节方法情形(b) 是取 $\lambda_c=0.92$，$\lambda_f=0.955$。

表 9.4 不同方法下扰动响应的性能指标对比

扰动抑制		例 9.3				例 9.4			例 9.5		例 9.6			
		本节方法	Liu	Liu（离散化）	Normey-Rico	本节方法（a）	本节方法（b）	GP	本节方法	SFSP	本节方法	Lu	Shamsuzzoha	Panda
IAE	标称情况	8.49	9.02	7.98	11.13	12.88	9.43	17.50	100.94	111	0.64	0.50	0.71	2.75
	摄动情况	8.47	9.00	8.43	11.07	12.87	9.64	17.47	100.96	140	0.72	0.95	0.87	3.25
TV	标称情况	2.43	2.28	2.66	1.87	0.27	0.29	0.24	2.35	2.72	1.35	2.23	1.16	1.36
	摄动情况	3.32	2.95	3.74	2.24	0.34	0.46	0.30	3.8	5.0	1.55	3.47	1.54	1.87

例 9.4 考虑文献[8] 中研究的另一个时滞响应积分过程：

$$G(s)=\frac{e^{-4s}}{s(s+1)}$$

文献[8] 中取采样周期 $T_s=0.2\text{s}$ 得到离散时间域过程模型

$$G(z)=\frac{0.018731(z+0.9355)}{(z-1)(z-0.8187)}z^{-20}$$

这里利用控制器设计式(9.112) 得到设定点跟踪控制器

$$C(z)=\frac{(z-1)(z-0.8187)(1-\lambda_c)}{0.03625z(z-\lambda_c)}$$

根据控制器设计式(9.83) 得到闭环抗扰控制器

$$F(z)=\frac{(1-\lambda_f)^2(\beta_0+\beta_1 z)(z-1)(z-\tau_p)}{k_p z(1-z_0)[(z-\lambda_f)^2-(\beta_0+\beta_1 z)(1-\lambda_f)^2 z^{-d}]}$$

其中，$k_p=0.018731$，$z_0=-0.9355$，$\tau_p=0.8187$，$\beta_0=-76.1429$，$\beta_1=77.1429$。

仿真控制测试中，在 $t=20\text{s}$ 时加入单位阶跃信号到系统设定点，当 $t=80\text{s}$ 时在系统输入侧加入幅值为 0.1 的反向阶跃负载扰动。为了更进一步说明本节方法的抗扰优点，在过程输出侧加入一个斜坡型负载扰动，即 $d_o(t)=0.025(t-160)\times 1(t-160)-0.025(t-210)\times 1(t-210)$。本节方法的设定点跟踪控制器中取 $\lambda_c=0.95$，以得到与文献[8] 中 GP 方法基本相同的设定点跟踪响应上升速度，并且在闭环抗扰控制器中取 $\lambda_f=0.965$。此外，取另外一组整定参数 $\lambda_c=0.92$ 和 $\lambda_f=0.955$ 做对比。仿真控制结果如图 9.13 所示，设定点跟踪和扰动响应的输出误差 IAE 指标和控制信号 TV 指标分别列于表 9.3 和表 9.4 中。

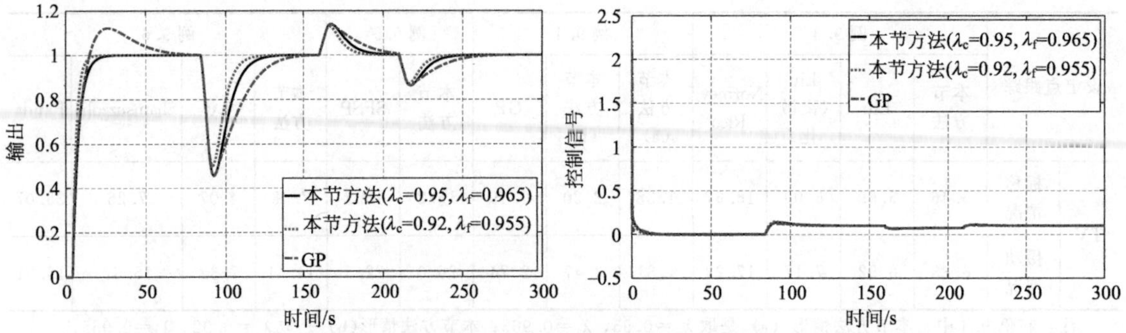

图 9.13　例 9.4 在标称情况下的控制结果

可以看出，本节的控制设计方法在设定点跟踪响应和扰动响应方面均取得明显的性能改善，并且当 λ_c 和 λ_f 取较小值（即 $\lambda_c=0.92$ 和 $\lambda_f=0.955$）时会得到更好的控制性能。

然后假设实际过程时滞比模型增大 20%。图 9.14 示出摄动系统响应结果，相应的性能指标 IAE 和 TV 亦列于表 9.3 和表 9.4 中列出。

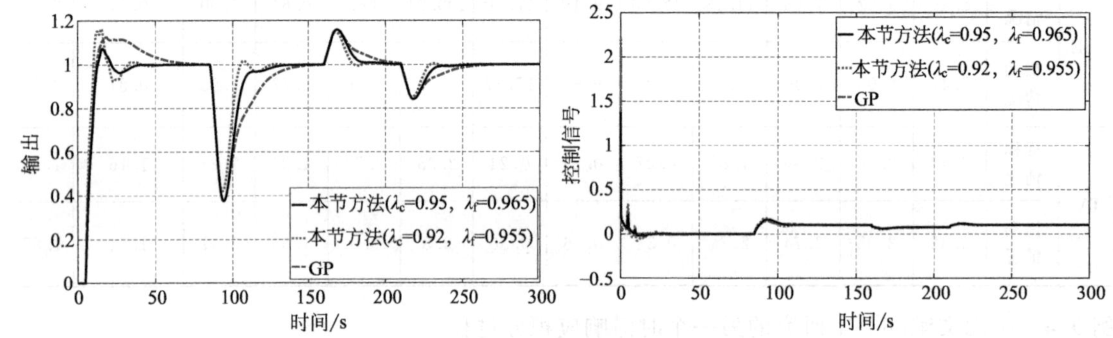

图 9.14　例 9.4 在摄动情况下的控制结果

可以看到，本节方法相对于另一种离散域两自由度控制设计方法[8] 能保持较好的鲁棒稳定性，并且整定参数 $\lambda_c=0.95$ 和 $\lambda_f=0.965$ 得到的系统鲁棒稳定性优于取较小值的情况（$\lambda_c=0.92$ 和 $\lambda_f=0.955$），验证了上一节中给出的控制器参数整定规则。

例 9.5　考虑文献[18] 中研究的时滞响应不稳定过程

$$G(s)=\frac{3.433}{101.1s-1}\mathrm{e}^{-20s}$$

根据该文献中的采样周期 $T_s=0.5\mathrm{s}$ 得到离散时间域模型

$$G(z)=\frac{0.016689}{z-1.00486}z^{-40}$$

利用设定点跟踪控制器设计式(9.107) 得到设定点跟踪控制器形式如下

$$C(z)=\frac{(z-1.00486)(1-\lambda_c)}{0.016689(z-\lambda_c)}$$

利用控制器设计式(9.85)～式(9.87) 和式(9.92)，并且取 $\lambda_f=0.985$ 和 $b_0=0.5$，可得闭环抗扰控制器

$$F(z)=\frac{13.9344(z-0.9957)(z-0.9336)}{(z-1)(z-0.1952)}$$

仿真控制测试中，在 $t=50\mathrm{s}$ 时加入幅值为 5 的阶跃信号到系统设定点，当 $t=600\mathrm{s}$ 时刻

在系统输入侧加入反向的单位阶跃负载扰动。在设定点控制器中取 $\lambda_c=0.9753$ 以使系统设定点响应的上升速度与文献[18] 中的 SFSP 方法基本相同。仿真控制结果如图 9.15 所示，设定点跟踪和扰动响应的输出误差 IAE 指标和控制信号 TV 指标分别列于表 9.3 和表 9.4 中。

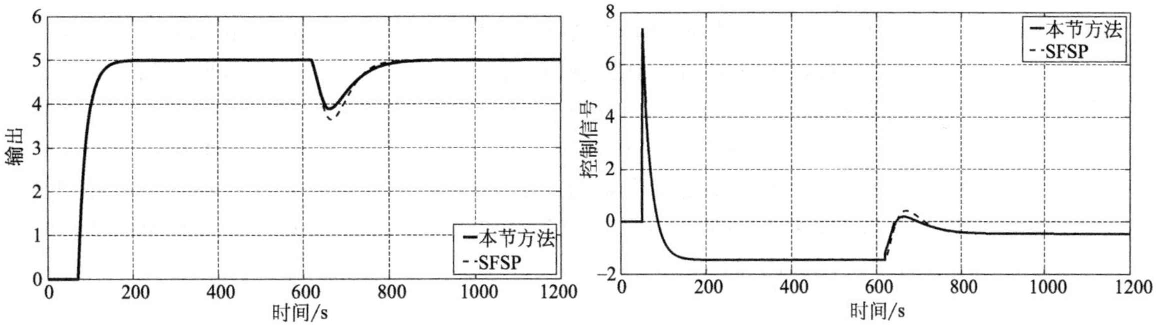

图 9.15　例 9.5 在标称情况下的控制结果

可以看出，基于相同的设定点跟踪响应，本节方法明显提高抗扰性能。

然后假设实际过程时滞比模型增大 20%，摄动系统响应结果如图 9.16 所示。通过列于表 9.3 和表 9.4 中性能指标，可以看出在摄动情况下本节方法在设定点跟踪响应方面有较好的鲁棒性，并且负载扰动响应有较小的恢复时间。

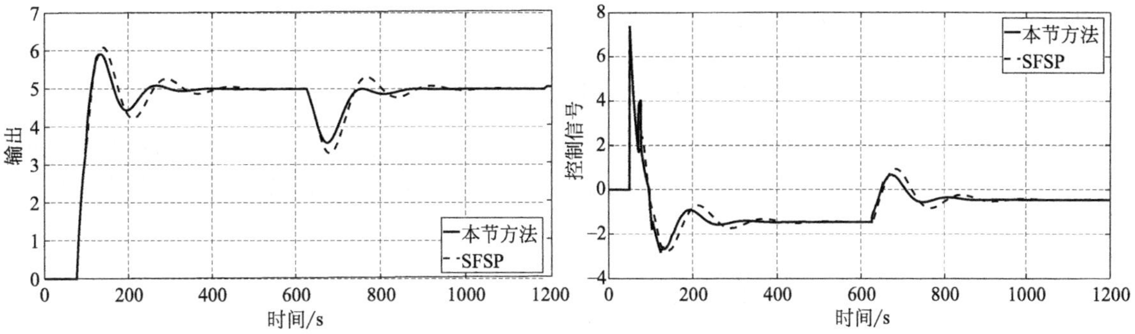

图 9.16　例 9.5 在摄动情况下的控制结果

例 9.6　考虑文献[19] 中研究的另一个时滞响应不稳定过程

$$G(s)=\frac{1}{(2s-1)(0.5s+1)}e^{-0.5s}$$

取采样周期 $T_s=0.05$s 得到离散时间域模型

$$G(z)=\frac{0.00122(z+0.9746)}{(z-1.0253)(z-0.9048)}z^{-10}$$

由于上述离散时间域模型的零点具有负实部，利用控制器设计公式(9.102) 和式(9.103) 可得

$$C_q(z)=\frac{415.11(z-1.0253)(z-0.9048)}{z^2}$$

为了平滑设定点跟踪响应和控制器输出信号，采用二阶低通滤波器，根据公式(9.104) 可得设定点跟踪控制器

$$C(z)=\frac{415.11(z-1.0253)(z-0.9048)(1-\lambda_c)^2}{(z-\lambda_c)^2}$$

利用控制器设计式(9.98) 和式(9.99) 以及式(9.92)，并且取 $\lambda_f=0.95$ 和 $b_0=0.5$，可

得闭环抗扰控制器

$$F(z)=\frac{123.7526(z-0.9868)(z-0.9048)(z-0.7877)}{z(z-1)(z-0.1537)}$$

说明，文献[19] 中 PID 控制器参数为 $k_c=2.1296$，$\tau_i=11.7142$，$\tau_D=0.6795$。

为做对比，应用 Panda[19] 给出的 PID 控制算法以及 Lu[20] 和 Shamsuzzoha[21] 等学者提出的另外两种两自由度控制方法进行仿真控制测试。在 $t=0$s 时刻加入单位阶跃信号到系统设定点，当 $t=30$s 时在系统输入侧加入幅值在 0.5 的反向阶跃负载扰动。在设定跟踪控制器中取 $\lambda_c=0.88$ 以获得与 PID 控制算法[19] 和另外两种两自由度控制[20,21] 基本相同的设定点跟踪响应上升速度。标称情况下的系统响应如图 9.17 所示，设定点跟踪和扰动响应的输出误差 IAE 指标和控制信号 TV 指标分别列于表 9.3 和表 9.4 中。再次可见，本节给出的离散域两自由度控制器设计方法明显改善抗扰性能。

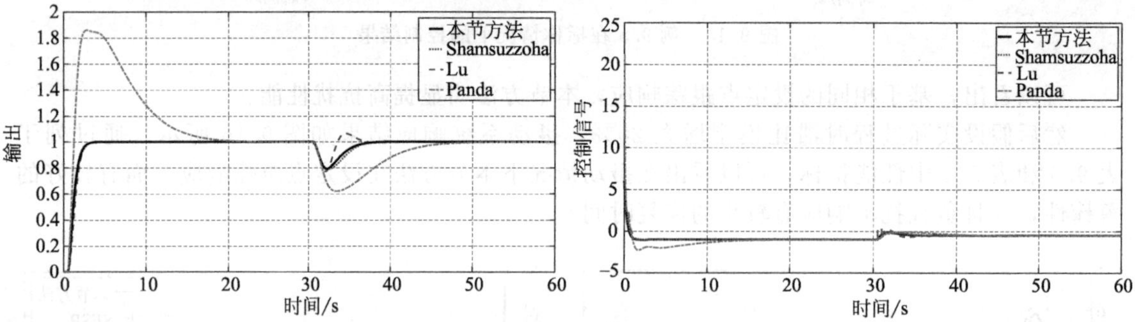

图 9.17　例 9.6 在标称情况下的控制结果

然后假设被控对象实际的比例增益比模型小 20%，时滞比模型大 10%。摄动系统响应如图 9.18 所示。可以看到，在具有过程不确定性的情况下，本节方法保持控制系统具有较好的鲁棒稳定性。

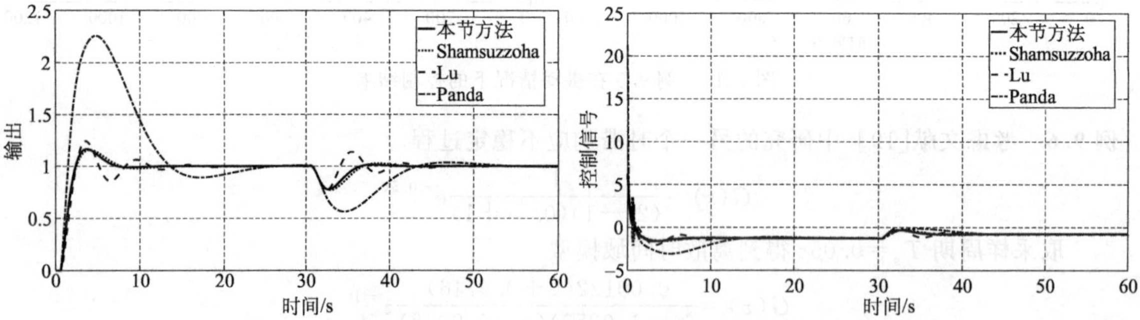

图 9.18　例 9.6 在摄动情况下的控制结果

9.3　基于通用无时滞输出预估器的两自由度控制

前两节介绍了基于无时滞输出预估器的一些两自由度控制方法分别用于带时滞响应的开环稳定、积分和不稳定过程，相对于以往的控制方法能明显改善控制系统性能，尤其是对于大时滞响应过程。近些年来有一些文献如［8,12,14,16,22-24］探讨了一些改进的 Smith 预估器或死区补偿器（DTC）来提高对大时滞过程预估无时滞输出的可靠性和准确性，从而减小由于时滞引起的控制性能下降。然而，大多数方法的一个共同缺点是对被控过程类型、外部干扰以及时滞不确定因素的敏感性。文献[8] 提出一种离散域广义预测器（Generalized predictor，缩写 GP）结构，虽然可以广泛地应用于开环稳定、积分和不稳定系统，但是 GP 结构形式复杂，难以建立与之相适应的最优或鲁棒控制设计方法。

本节介绍一种简化的 GP 控制结构（Simplified generalized predictor，缩写 SGP），并且给出一种最优的两自由度控制器设计方法[11]，以便实际工程应用。

9.3.1 通用的无时滞输出预估器

图 9.19 示出一个对于带时滞响应的开环稳定、积分和不稳定过程通用的无时滞输出预估器，其中，$F_1(z)$ 和 $F_2(z)$ 是两个稳定的滤波器；无时滞过程输出 $\hat{\bar{y}}(z)$ 可以由当前已知信息$u(z)$、$y(z)$ 和对象模型预估得到，即

$$\hat{\bar{y}}(z)=F_1(z)u(z)+F_2(z)[y(z)+n(z)] \tag{9.123}$$

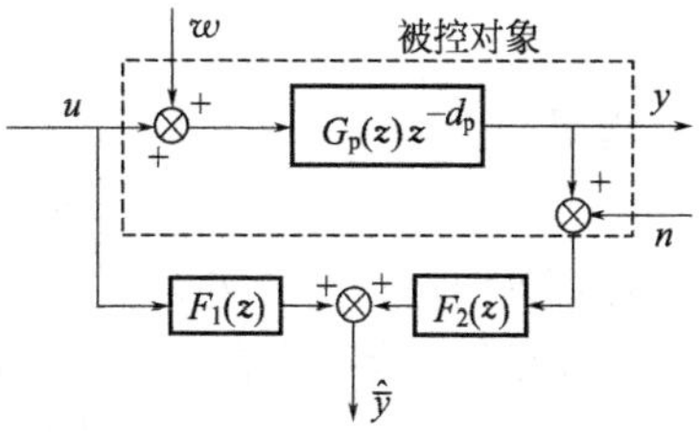

图 9.19 通用的无时滞输出预估器

预估的无时滞输出 $\hat{\bar{y}}(z)$ 和实际的无时滞输出 $\bar{y}(z)$ 之间的误差定义如下：

$$\bar{e}(z)=\bar{y}(z)-\hat{\bar{y}}(z) \tag{9.124}$$

由图 9.19 可知

$$\begin{aligned}\bar{e}(z)=&\{[1-z^{-d_p}F_2(z)]G_p(z)-F_1(z)\}u(z)+\\&[1-z^{-d_p}F_2(z)]G_p(z)w(z)-F_2(z)n(z)\end{aligned} \tag{9.125}$$

实际过程 $P(z)=G_p(z)z^{-d_p}$ 的传递函数模型 $\hat{G}(z)=\hat{G}_0(z)z^{-d}$ 中有理部分可表示成

$$\hat{G}_0(z)=F_1(z)+F_2(z)\hat{G}(z) \tag{9.126}$$

令

$$\hat{G}(z)=\frac{N(z)}{D(z)}z^{-d} \tag{9.127}$$

将式(9.127) 所示过程模型分解如下

$$P(z)=\widetilde{G}(z)\Gamma(z)z^{-d} \tag{9.128}$$

其中，$\Gamma(z)$ 为一个正则稳定的传递函数，包含过程模型的分子 $N(z)$ 及 m 个在 $z=\lambda$ 处的极点，形式如下：

$$\Gamma(z)=\frac{N(z)}{(z-\lambda)^m}H(z) \tag{9.129}$$

其中，λ 为一个可调参数，满足$|\lambda|<1$，$H(z)$ 为一个滤波器，形式如下：

$$H(z)=\frac{(z-1)}{(z-\lambda)}\times\frac{(1-\lambda)^{n_h}z^{n_h}}{(z-\lambda)^{n_h}} \tag{9.130}$$

其中，$[(1-\lambda)^{n_h}z^{n_h}]/(z-\lambda)^{n_h}$ 为全通滤波器，用于消除测量噪声的影响；n_h 为实际指定的滤波器阶次。

式(9.128) 中的 $\widetilde{G}(z)$ 形式如下

$$\widetilde{G}(z)=\frac{(z-\lambda)^m}{D(z)}H^{-1}(z)=\boldsymbol{P}_C(z\boldsymbol{I}-\boldsymbol{P}_A)^{-1}\boldsymbol{P}_B \tag{9.131}$$

其中，m 是 $N(z)$ 中零点的个数；($\boldsymbol{P}_A$，$\boldsymbol{P}_B$，$\boldsymbol{P}_C$) 为 $\widetilde{G}_0(z)$ 的最小阶状态空间实现矩阵。

与式(9.131) 类似，定义一个包含 $\boldsymbol{P}_A^d$ 的传递函数如下

$$\widetilde{G}^*(z)=\boldsymbol{P}_C(z\boldsymbol{I}-\boldsymbol{P}_A)^{-1}\boldsymbol{P}_A^d\boldsymbol{P}_B=\frac{\widetilde{N}^*(z)}{\widetilde{D}(z)} \tag{9.132}$$

下面定理给出 SGP 的设计公式。

定理 9.1 对于任意一个开环稳定、积分或不稳定过程，包括最小相位或非最小相位的情况，利用以下形式的稳定滤波器可以得到如式(9.123)所示的无时滞输出预估：

$$F_1(z)=\boldsymbol{P}_C\sum_{i=1}^{d}\boldsymbol{P}_A{}^{i-1}\boldsymbol{P}_Bz^{-i}\Gamma(z) \tag{9.133}$$

$$F_2(z)=\frac{\widetilde{N}^*(z)}{(z-\lambda)^{m+1+n_h}} \tag{9.134}$$

并且满足

$$F_1(z)+F_2(z)\widehat{G}_0(z)z^{-d}=\widehat{G}_0(z) \tag{9.135}$$

详细证明过程参见文献[8]，这里省略。需要说明，过程模型的全部极点包含于 $D(z)$ 中，然而这些极点并没有包含在 $F_1(z)$ 和 $F_2(z)$ 中。因此该 SGP 结构可以应用于任意的时滞响应过程，不需要如现有文献[8, 25] 针对不稳定过程专门设计一个滤波器以保证其稳定性，亦不需要如同第 9.1 节中图 9.1 所示的无时滞输出预估控制结构中增加一个外围滤波回路来消除稳态误差。

在模型完全匹配的情况下，即 $P(z)=\widehat{G}(z)$，式(9.125) 所示无时滞输出预估误差可简化为如下形式：

$$\bar{e}(z)=F_1(z)w(z)-F_2(z)n(z) \tag{9.136}$$

由于$\lim\limits_{z\to 1}F_1(z)=0$，式(9.136) 右边第一项可以消除由负载干扰引起的稳态误差。注意 $F_1(z)$ 和 $F_2(z)$ 都只含有一个调节参数 $\lambda\in(0,1)$，如果调小 λ，可以加快抗扰性能。式(9.136) 右边第二项表明噪声对预估性能的影响与 $F_2(z)$ 的幅值有关。

在实际应用中，可以用输出积分绝对误差（IAE）指标和 $F_2(z)$ 的无穷范数（记为 M_{F_2}）来评估预估性能和抗噪性能，其中 M_{F_2} 定义如下：

$$M_{F_2}=\|F_2(z)\|_\infty \tag{9.137}$$

显然，以上两个指标越小，其对应的性能越好。整定一个合适的 λ，可以兼顾预估性能和抗噪性能。实际应用中，λ 的取值可由 IAE 和 M_{F_2} 的加权损失函数的最小值决定。举例说明，考虑一个非最小相位的稳定时滞过程

$$P(s)=\frac{s-1}{(s+2)(s+3)}e^{-3s}$$

取采样周期为 $T_s=0.1$s，可以得到离散域模型如下：

$$P(z)=\frac{0.07367(z-1.106)}{(z-0.8187)(z-0.7508)}z^{-30}$$

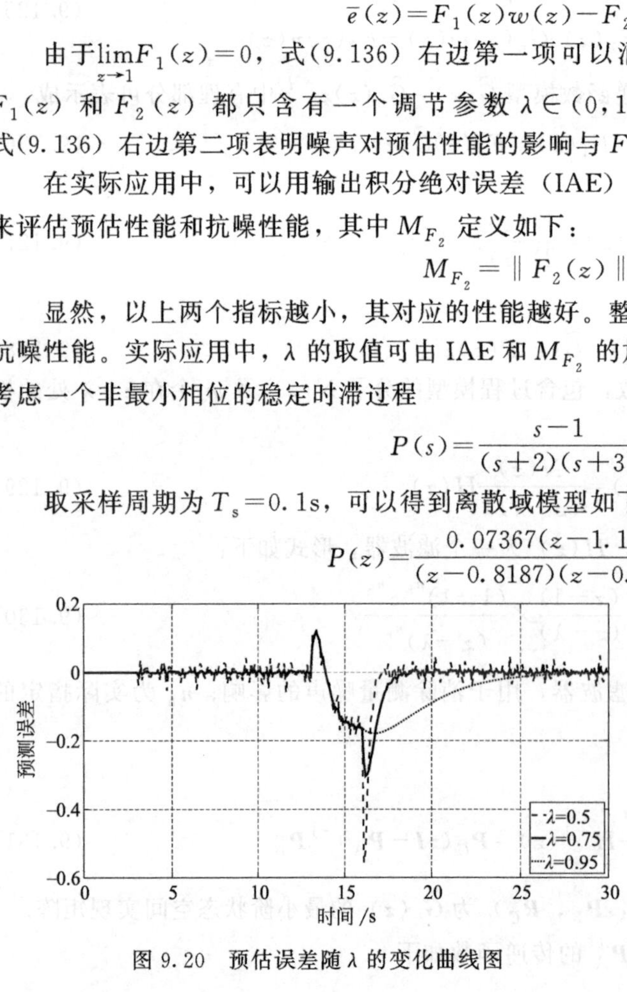

图 9.20 预估误差随 λ 的变化曲线图

采用上述 SGP 来预估无时滞过程输出，如图 9.19 所示。仿真测试时，初始时刻令 $u=0$，加入一个标准差为 0.001 的随机测量噪声，然后在 $t=10$s 时加入一个单位阶跃扰动 w。图 9.20 示出在 λ 取不同值情况下的预估误差。

可以看出，对于不同取值的 λ 都不存在稳态预估误差。通过对比可见，λ 取值越小，抗干扰响应恢复越快，但是对于噪声的敏感性增大。

图 9.21 示出将 IAE 和 M_{F_2} 归一化后随 λ 的变化曲线，并且显示加权损失函数 $J=(\text{IAE}+M_{F_2})/2$ 的变化趋势。可以看出，当取 $\lambda=0.75$ 时，两方面性能达到最佳折中。

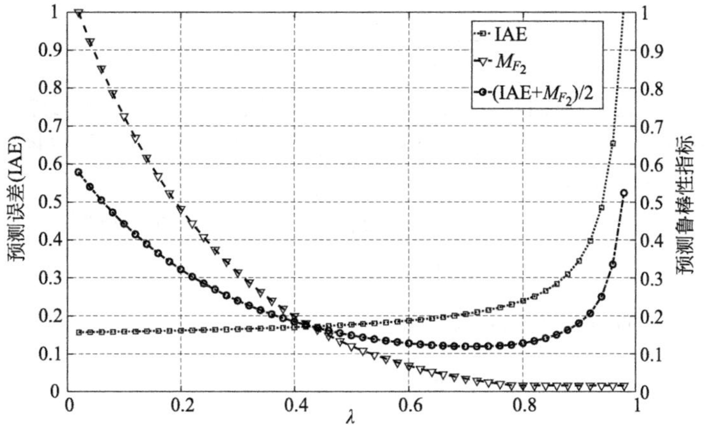

图 9.21 无时滞输出预估误差和抗噪性能指标与 λ 之间的调节关系

9.3.2 两自由度控制方案

基于上述 SGP 设计，图 9.22 示出一个两自由度控制方案，其中，$\hat{y}$ 表示预估的无时滞输出，$C_s(z)$ 表示设定点跟踪控制器，$C_f(z)$ 表示闭环抗干扰控制器。

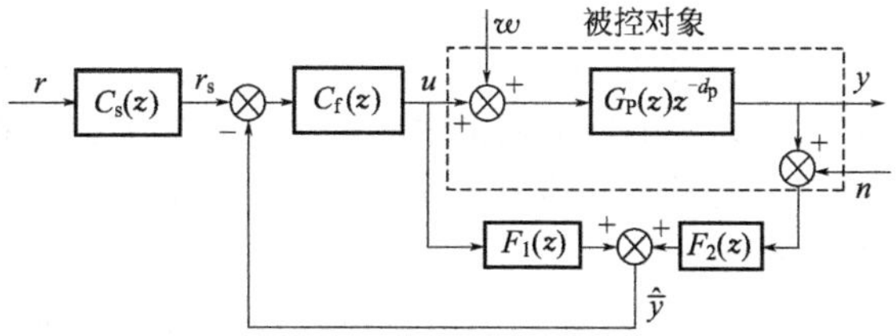

图 9.22 基于 SGP 的两自由度控制结构

由图 9.22 可知系统输出的传递函数如下：

$$y(z)=C_s(z)\frac{C_f(z)G_p(z)}{1+C_f(z)\hat{G}(z)}z^{-d_p}r(z)+ \tag{9.138}$$

$$\frac{G_p(z)}{1+C_f(z)\hat{G}(z)}[1+C_f(z)F_1(z)]z^{-d_p}w(z)- \tag{9.139}$$

$$\frac{C_f(z)G_p(z)}{1+C_f(z)\hat{G}(z)}F_2(z)z^{-d_p}n(z) \tag{9.140}$$

为便于介绍控制器设计方法，这里考虑如下常用的离散时间域稳定、积分和不稳定时滞过程模型

$$\hat{G}_1(z)=\frac{k_p}{z-z_p}z^{-d} \tag{9.141}$$

$$\hat{G}_2(z)=\frac{k_p(z-z_0)}{(z-1)(z-z_p)}z^{-d} \tag{9.142}$$

$$\hat{G}_3(z)=\frac{k_p(z-z_0)}{(z-z_u)(z-z_p)}z^{-d} \tag{9.143}$$

其中，$|z_0|<1$，$|z_p|<1$，$|z_u|>1$。

9.3.3 闭环抗扰控制器

如图 9.22 所示的基于无时滞输出预估的控制结构中，在标称情况下 $[P(z)=\hat{G}(z)]$，从扰动 w 到 u 和 $\hat{y}$ 的传递函数分别为

$$\frac{u(z)}{w(z)}=T_d(z)=\frac{C_f(z)\hat{G}(z)}{1+C_f(z)\hat{G}(z)} \tag{9.144}$$

$$\frac{\hat{y}(z)}{w(z)}=\hat{G}(z)(1-T_d) \tag{9.145}$$

注意：$\hat{G}(z)$ 中靠近 z 平面单位圆的稳定极点会使过程输出响应变慢，因此对 T_d 的设计，不仅需要考虑不稳定极点，还要考虑靠近单位圆的稳定极点，即被控对象的慢稳定极点 z_p。需要满足的渐近约束如下

$$\lim_{z\to\eta}(1-T_d)=0,\eta=z_u \text{ 或 } z_p(\text{如果 } z_p \text{ 靠近单位圆}) \tag{9.146}$$

$$\lim_{z\to 1}(1-T_d)=0 \tag{9.147}$$

对于积分过程，条件式(9.146) 应替换为

$$\lim_{z\to 1}\frac{d}{dz}(1-T_d)=0 \tag{9.148}$$

类似于前面第 9.2 节，期望闭环余灵敏度函数形式如下

$$T_d(z)=\frac{(1-\lambda_f)^{n_d}}{(z-\lambda_f)^{n_d}}\sum_{i=0}^{l}\beta_i z^i,\quad \sum_{i=0}^{l}\beta_i=1 \tag{9.149}$$

其中，$\beta_i(i=1,2,\cdots,l)$ 由渐近约束式(9.146)～式(9.148) 确定；λ_f 为闭环抗扰性能的可调参数；$n_d\geqslant l+1$ 为实际指定的阶次，一般来说，在可以保证系统稳定性的情况下，取 $n_d=l+1$。对于实际应用中存在较大模型失配或高噪声的情况，可以选用更高的阶次来提高系统的稳定性和抗噪能力。

相应地，闭环控制器可以由式(9.144) 反向推导得到：

$$C_f(z)=\frac{T_d(z)}{1-T_d(z)}\times\frac{1}{G(z)} \tag{9.150}$$

需要注意的是，如果过程模型的零点在 z 平面内有负实部，即 $z_0<0$，在式(9.150) 中成为对应的极点，由此引起输出响应或控制信号的振荡现象。为避免该问题，将控制器修改为

$$\tilde{C}_f(z)=C_f(z)\frac{z-z_0}{z(1-z_0)} \tag{9.151}$$

下面针对上述稳定、积分和不稳定过程模型分别设计闭环抗干扰控制器形式。针对稳定极点 z_p 是否靠近单位圆分为两种情形：

情形 1：z_p 远离单位圆或小于期望的闭环极点，即 $|z_p|<\lambda_f$；

情形 2：z_p 靠近单位圆或大于期望的闭环极点，即 $|z_p|>\lambda_f$。

(1) 稳定过程

如式(9.141) 所示。

对于上述情形 1，令 $l=0$，由式(9.149) 可得

$$T_d(z)=\frac{(1-\lambda_f)^{n_d}}{(z-\lambda_f)^{n_d}} \tag{9.152}$$

将式(9.152) 代入式(9.150)，可得闭环抗扰控制器

$$C_f(z)=\frac{(1-\lambda_f)^{n_d}(z-z_p)}{k_p(z-1)\sum_{i=0}^{n_d-1}(z-\lambda_f)^i(1-\lambda_f)^{n_d-i-1}} \tag{9.153}$$

对于情形 2，令 $l=1$，由式(9.149) 可得

$$T_d(z)=\frac{(1-\lambda_f)^{n_d}(\beta_0+\beta_1 z)}{(z-\lambda_f)^{n_d}} \tag{9.154}$$

将式(9.154) 代入式(9.146) 和式(9.147)，可得

$$\begin{cases}\beta_1=\dfrac{(z_p-\lambda_f)^{n_d}-(1-\lambda_f)^{n_d}}{(z_p-1)(1-\lambda_f)^{n_d}}\\ \beta_0=1-\beta_1\end{cases} \tag{9.155}$$

将式(9.154) 代入式(9.150)，可得闭环抗扰控制器

$$C_f(z)=\frac{(1-\lambda_f)^{n_d}(\beta_1 z+\beta_0)}{k_p(z-1)\sum\limits_{i=0}^{n_d-1}\left[(1-\lambda_f)^{n_d-i-1}\sum\limits_{j=0}^{i-1}(z-\lambda_f)^j(z_p-\lambda_f)^{i-j-1}\right]} \tag{9.156}$$

(2) 积分过程

如式(9.142) 所示。

对于情形 1，令 $l=1$，由式(9.149) 可得

$$T_d(z)=\frac{(1-\lambda_f)^{n_d}(\beta_0+\beta_1 z)}{(z-\lambda_f)^{n_d}} \tag{9.157}$$

将式(9.157) 代入式(9.146)、式(9.147) 和式(9.148)，可得

$$\begin{cases}\beta_1=\dfrac{n_d}{1-\lambda_f}\\ \beta_0=1-\beta_1\end{cases} \tag{9.158}$$

如果式(9.142) 中 z_0 没有负实部，将式(9.142)、式(9.157) 和式(9.158) 代入式(9.150)。可得闭环抗扰控制器

$$C_f(z)=\frac{(1-\lambda_f)^{n_d}(\beta_0+\beta_1 z)(z-z_p)}{k_p(z-z_0)(z-1)\sum\limits_{i=0}^{n_d-1}\left[(1-\lambda_f)^{n_d-i-1}\sum\limits_{j=0}^{i-1}(z-\lambda_f)^j(z_p-\lambda_f)^{i-j-1}\right]} \tag{9.159}$$

如果式(9.142) 中 z_0 有负实部，由式(9.151) 可得闭环抗扰控制器

$$\widetilde{C}_f(z)=\frac{(1-\lambda_f)^{n_d}(\beta_0+\beta_1 z)(z-z_p)}{k_p(1-z_0)z(z-1)\sum\limits_{i=0}^{n_d-1}\left[(1-\lambda_f)^{n_d-i-1}\sum\limits_{j=0}^{i-1}(z-\lambda_f)^j(z_p-\lambda_f)^{i-j-1}\right]} \tag{9.160}$$

对于情形 2，令 $l=2$，由式(9.149) 可得

$$T_d(z)=\frac{(1-\lambda_f)^{n_d}(\beta_0+\beta_1 z+\beta_2 z^2)}{(z-\lambda_f)^{n_d}} \tag{9.161}$$

将式(9.161) 代入式(9.146)、式(9.147) 和式(9.148)，可得

$$\begin{cases}\beta_2=\dfrac{(z_p-\lambda_f)^{n_d}}{(z_p-1)^2(1-\lambda_f)^{n_d}}-\dfrac{n_d}{(1-\lambda_f)(z_p-1)}-\dfrac{1}{(z_p-1)^2}\\ \beta_1=\dfrac{n_d}{1-\lambda_f}-2\beta_2\\ \beta_0=1-\beta_1-\beta_2\end{cases} \tag{9.162}$$

如果式(9.142) 中 z_0 没有负实部，将式(9.142)、式(9.161) 和式(9.162) 代入式(9.150)，可得闭环抗扰控制器

$$C_f(z)=\frac{(1-\lambda_f)^{n_d}(\beta_0+\beta_1 z+\beta_2 z^2)}{k_p(z-z_0)(z-1)\sum_{i=0}^{n_d-1}\sum_{j=0}^{i-1}\left[(1-\lambda_f)^{n_d-j-2}\sum_{k=0}^{j-1}(z-\lambda_f)^k(z_p-\lambda_f)^{j-k-1}\right]} \tag{9.163}$$

如果式(9.142) 中 z_0 有负实部，由式(9.151) 可得闭环抗扰控制器

$$\widehat{C}_f(z)=\frac{(1-\lambda_f)^{n_d}(\beta_0+\beta_1 z+\beta_2 z^2)}{k_p(1-z_0)z(z-1)\sum_{i=0}^{n_d-1}\sum_{j=0}^{i-1}\left[(1-\lambda_f)^{n_d-j-2}\sum_{k=0}^{j-1}(z-\lambda_f)^k(z_p-\lambda_f)^{j-k-1}\right]} \tag{9.164}$$

(3) 不稳定过程

如式(9.143) 所示。

对于情形 1，令 $l=1$，由式(9.149) 可得

$$T_d(z)=\frac{(1-\lambda_f)^{n_d}(\beta_0+\beta_1 z)}{(z-\lambda_f)^{n_d}} \tag{9.165}$$

将式(9.157) 代入式(9.146)、式(9.147) 和式(9.148)，可得

$$\begin{cases}\beta_1=\dfrac{(z_u-\lambda_f)^{n_d}-(1-\lambda_f)^{n_d}}{(z_u-1)(1-\lambda_f)^{n_d}}\\ \beta_0=1-\beta_1\end{cases} \tag{9.166}$$

如果式(9.143) 中 z_0 没有负实部，将式(9.143)、式(9.165) 和式(9.166) 代入式(9.150)，可得闭环抗扰控制器

$$C_f(z)=\frac{(1-\lambda_f)^{n_d}(\beta_1 z+\beta_0)(z-z_p)}{k_p(z-z_0)(z-1)\sum_{i=0}^{n_d-1}\left[(1-\lambda_f)^{n_d-i-1}\sum_{j=0}^{i-1}(z-\lambda_f)^j(z_u-\lambda_f)^{i-j-1}\right]} \tag{9.167}$$

如果式(9.143) 中 z_0 有负实部，由式(9.151) 可得闭环抗扰控制器

$$\widehat{C}_f(z)=\frac{(1-\lambda_f)^{n_d}(\beta_1 z+\beta_0)(z-z_p)}{k_p(1-z_0)z(z-1)\sum_{i=0}^{n_d-1}\left[(1-\lambda_f)^{n_d-i-1}\sum_{j=0}^{i-1}(z-\lambda_f)^j(z_u-\lambda_f)^{i-j-1}\right]} \tag{9.168}$$

对于情形 2，令 $l=2$，由式(9.149) 可得

$$T_d(z)=\frac{(1-\lambda_f)^{n_d}(\beta_0+\beta_1 z+\beta_2 z^2)}{(z-\lambda_f)^{n_d}} \tag{9.169}$$

将式(9.169) 代入式(9.146)、式(9.147) 和式(9.148)，可得

$$\begin{cases}\beta_0=\dfrac{z_p z_u}{(z_p-1)(z_u-1)}-\dfrac{z_u(z_p-\lambda_f)^{n_d}}{(z_u-z_p)(z_p-1)(1-\lambda_f)^{n}}+\dfrac{z_p(z_u-\lambda_f)^{n_d}}{(z_u-z_p)(z_u-1)(1-\lambda_f)^{n_d}}\\ \beta_1=\dfrac{(z_u+1)(z_p-\lambda_f)^{n_d}}{(z_u-z_p)(z_p-1)(1-\lambda_f)^{n_d}}-\dfrac{(z_p+z_u)}{(z_p-1)(z_u-1)}-\dfrac{(z_p+1)(z_u-\lambda_f)^{n_d}}{(z_u-z_p)(z_u-1)(1-\lambda_f)^{n_d}}\\ \beta_2=\dfrac{1}{(z_p-1)(z_u-1)}-\dfrac{(z_p-\lambda_f)^{n_d}}{(z_u-z_p)(z_p-1)(1-\lambda_f)^{n_d}}+\dfrac{(z_u-\lambda_f)^{n_d}}{(z_u-z_p)(z_u-1)(1-\lambda_f)^{n_d}}\end{cases} \tag{9.170}$$

如果式(9.143) 中 z_0 没有负实部，将式(9.143)、式(9.169) 和式(9.170) 代入式(9.150)，可得闭环抗扰控制器

$$C_f(z)=\frac{(1-\lambda_f)^{n_d}(\beta_0+\beta_1 z+\beta_2 z^2)}{k_p(z-z_0)(z-1)\sum_{i=0}^{n_d-1}(1-\lambda_f)^{n_d-i-1}\sum_{j=0}^{i-1}(z_u-\lambda_f)^{i-j-1}\sum_{k=0}^{j-1}(z-\lambda_f)^k(z_p-\lambda_f)^{j-k-1}} \tag{9.171}$$

如果式(9.143) 中 z_0 有负实部，由式(9.151) 可得闭环抗扰控制器

$$\hat{C}_f(z)=\frac{(1-\lambda_f)^{n_d}(\beta_0+\beta_1 z+\beta_2 z^2)}{k_p(1-z_0)z(z-1)\sum_{i=0}^{n_d-1}(1-\lambda_f)^{n_d-i-1}\sum_{j=0}^{i-1}(z_u-\lambda_f)^{i-j-1}\sum_{k=0}^{j-1}(z-\lambda_f)^k(z_p-\lambda_f)^{j-k-1}} \tag{9.172}$$

9.3.4 设定点跟踪控制器

将上一节得到的闭环余灵敏度函数 $T_d(z)$ 分解为全通部分 $T_{dA}(z)$ 和最小相位部分 $T_{dM}(z)$：

$$T_d(z)=T_{dA}(z)T_{dM}(z) \tag{9.173}$$

根据 IMC 设计方法，对于设定点跟踪，为满足 H_2 最优控制性能，控制器采用如下形式

$$C_s(z)=\frac{1}{z^{n_g}T_{dM}(z)}\times\frac{(1-\lambda_s)^{n_f}z^{n_f}}{(z-\lambda_s)^{n_f}} \tag{9.174}$$

其中，n_g 为一个正整数，保证 $z^{n_g}T_{dM}(z)$ 的双正则性，即它的分子和分母关于 z 具有相同的最高幂次；n_f 为实际指定的低通滤波器阶次，一般情况下可以初始设置滤波器为一阶，如果需要得到更加平稳的控制信号，可以适当提高该滤波器的阶次来满足要求。

本节给出的控制方法设计步骤如下：

① 首先利用式(9.133) 和式(9.134) 设计稳定的滤波器 $F_1(z)$ 和 $F_2(z)$，用于预估无时滞输出。通过单调地整定其中的可调参数 λ，可以得到满意的无时滞输出预估性能及其在过程不确定性下的鲁棒性。

② 针对如式(9.141)～式(9.143) 所示的不同过程模型，利用第 9.3.3 节中对应的公式设计闭环抗干扰控制器。通过单调地调节抗干扰控制器 $C_f(z)$ 中的可调参数 λ_f，可以达到闭环抗干扰性能及其在模型失配情况下的鲁棒稳定性之间的折中。

③ 将上一步确定的期望闭环灵敏度函数 $T_d(z)$ 分解为如式(9.173) 所示的全通部分和最小相位部分，利用设计式(9.174) 得出设定点跟踪控制器 $C_s(z)$。通过单调地增减可调参数 λ_s，可以获得设定点跟踪性能及其在模型失配情况下的鲁棒性之间的折中。

9.3.5 系统稳定性分析

考虑被控对象存在乘性不确定性的情况，即 $\Delta(z)=[P(z)-\hat{G}(z)]/\hat{G}(z)$，根据图 9.22 所示的控制结构，从 $\Delta(z)$ 的输出 v_{out} 到其输入 v_{in} 的传递函数如下

$$M=F_2\frac{C_fGz^{-d}}{1+C_fG}=F_2T_dz^{-d} \tag{9.175}$$

根据小增益定理，闭环抗扰控制结构保持稳定的充要条件如下

$$\| F_2T_d\Delta \|_\infty<1 \tag{9.176}$$

结合前面第 9.3.1 节中介绍的预估性能指标，可知调节参数 λ 越大，系统的鲁棒稳定性越强。在确定 λ 之后，可以得出关于整定 λ_f 的鲁棒稳定性条件

$$\left\| \frac{(1-\lambda_f)^{n_d} \sum_{i=0}^{l} \beta_i z^i \sum_{j=0}^{m+1+n_h} \alpha_j z^j}{(z-\lambda_f)^{n_d} (z-\lambda)^{m+1+n_h}} \right\|_\infty < \frac{1}{\|\Delta(z)\|_\infty} \tag{9.177}$$

可得

$$\left\| \frac{\sum_{i=0}^{l} \sum_{j=0}^{m+1+n_h} \beta_i \alpha_j z^{i+j}}{\sum_{i=0}^{n_d} \sum_{j=0}^{m+1+n_h} \gamma_i \delta_j z^{i+j}} \right\|_\infty < \frac{1}{\|\Delta(z)\|_\infty (1-\lambda_f)^{n_d}} \tag{9.178}$$

其中，$\alpha_j (j=0,1,\cdots,m+1+n_h)$ 是式(9.134) 中 $\widetilde{N}^*(z)$ 的系数，$\gamma_i = C_{n_d}^i (-\lambda)^{n_d - i}$，$\delta_j = C_{m+1+n_h}^j (-\lambda_f)^{m+1+n_h-j}$。

例如，对于工程实践中常见的过程不确定性形式，即增益不确定性，时滞不确定性和增益时滞不确定性：

$$\Delta = \frac{\Delta k_p}{k_p} \tag{9.179}$$

$$\Delta = z^{-\Delta d} - 1 \tag{9.180}$$

$$\Delta = \left(1 + \frac{\Delta k_p}{k_p}\right) z^{-\Delta d} - 1 \tag{9.181}$$

通过定义 $z = e^{j\theta}(0<\theta<2\pi)$ 并且将式(9.179)～式(9.181) 代入式(9.178)，得到上述过程不确定性下相应的鲁棒约束条件分别为

$$\frac{(1-\lambda_f)^2 \sqrt{x_1^2 + x_2^2}}{\sqrt{x_3^2 + x_4^2}} < \frac{k_p}{\Delta k_p} \tag{9.182}$$

$$\frac{(1-\lambda_f)^2 \sqrt{x_1^2 + x_2^2}}{\sqrt{x_3^2 + x_4^2}} < \frac{1}{\sqrt{(\cos\Delta d\theta - 1)^2 + (\sin\Delta d\theta)^2}} \tag{9.183}$$

$$\frac{(1-\lambda_f)^2 \sqrt{x_1^2 + x_2^2}}{\sqrt{x_3^2 + x_4^2}} < \frac{1}{\sqrt{\left[\left(1+\frac{\Delta k}{k}\right)\cos\Delta d\theta - 1\right]^2 + \left[\left(1+\frac{\Delta k}{k}\right)\sin\Delta d\theta\right]^2}} \tag{9.184}$$

其中

$$x_1 = \sum_{i=0}^{l} \sum_{j=0}^{m+1+n_h} \beta_i \alpha_j \cos[(i+j)\theta], x_2 = \sum_{i=0}^{l} \sum_{j=0}^{m+1+n_h} \beta_i \alpha_j \sin[(i+j)\theta],$$

$$x_3 = \sum_{i=0}^{n_d} \sum_{j=0}^{m+1+n_h} \gamma_i \delta_j \cos[(i+j)\theta], x_4 = \sum_{i=0}^{n_d} \sum_{j=0}^{m+1+n_h} \gamma_i \delta_j \sin[(i+j)\theta]。$$

9.3.6 应用案例

例 9.7 考虑文献[14] 中研究的一个时滞响应积分过程：

$$P(s) = \frac{e^{-27.5s}}{52.5s+1}$$

取采样周期 $T_s = 0.5s$，可得离散时间域过程模型

$$G(z) = \frac{0.009479}{z-0.9905} z^{-55}$$

利用设计公式(9.133) 和式(9.134) 并且取 $\lambda=0.8$，可得用于预估无时滞输出的滤波器

$$F_1(z)=\boldsymbol{P}_C\sum_{i=1}^{55}\boldsymbol{P}_A{}^{i-1}\boldsymbol{P}_B z^{-i}\Gamma(z)$$

$$F_2(z)=\frac{(z-0.9749)(z+0.9408)}{(z-0.8)^2}$$

其中，$\boldsymbol{P}_A=\begin{bmatrix}1.9905 & -0.9905\\ 1 & 0\end{bmatrix}$；$\boldsymbol{P}_B=\begin{bmatrix}1\\0\end{bmatrix}$；$\boldsymbol{P}_C=[0.3905 \quad -0.3505]$；$\Gamma=\dfrac{0.009479(z-1)}{(z-0.8)^2}$。

由于过程模型含有一个慢过程极点 ($z_p=-0.9905$)，因此应用设计式(9.156) 并且取 $n_d=2$ 和 $n_f=2$，可以得到闭环抗干扰控制器：

$$C_f(z)=\frac{(1-\lambda_f)^2(\beta_1 z+\beta_0)}{0.009479(z-1)}$$

其中，$\beta_1=(z_p-\lambda_f)^2-(1-\lambda_f)^2/(z_p-1)(1-\lambda_f)^2$，$\beta_0=1-\beta_1$。

利用设计公式(9.174)，可以得到设定点跟踪控制器为

$$C_s(z)=\frac{(z-\lambda_f)^2(1-\lambda_s)^2 z}{(1-\lambda_f)^2(\beta_0+\beta_1 z)(z-\lambda_s)^2}$$

仿真控制测试中，在 $t=0$s 时加入单位阶跃信号到系统设定点，当 $t=200$s 时在被控对象输入侧加入一个反向的单位阶跃负载扰动。整定可调参数 $\lambda_s=0.978$ 和 $\lambda_f=0.94$ 以便与文献[14，16，26] 中的控制方法在基本相同的设定点跟踪响应上升速度和扰动响应峰值下进行对比。图 9.23 示出标称情况下的系统输出响应和控制信号，设定点跟踪和扰动响应的输出误差 IAE 指标和控制信号 TV 指标分别列于表 9.5 和表 9.6 中。可以看出，本节给出的方法达到更好的设定点跟踪和抗扰性能。

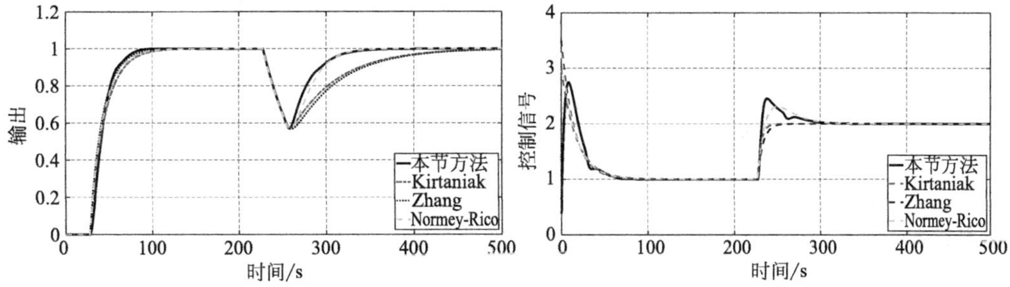

图 9.23　例 9.7 在标称情况下的控制结果

然后假设被控过程实际的时滞和时间常数都比模型大 10%，图 9.24 示出摄动系统响应结果，相应的设定点跟踪和抗干扰性能指标亦列于表 9.5 和表 9.6 中。可见本节给出的方法在模型失配的情况下能够保持较好的鲁棒稳定性。

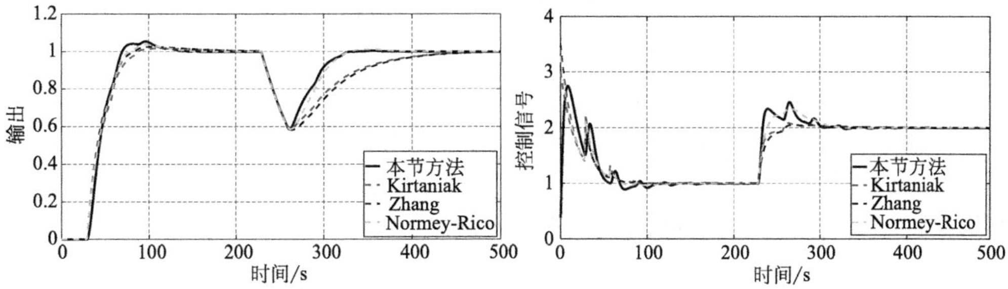

图 9.24　例 9.7 在摄动情况下的控制结果

表 9.5 不同方法下设定点跟踪响应的性能指标对比

设定点跟踪		例 9.7				例 9.8		
		本节方法	Kirtaniak	Zhang	Normey Rico	本节方法	Matausek	GP
IAE	标称情况	43.74	46.26	42.75	43.75	14.90	16.46	14.93
	摄动情况	47.80	48.26	46.63	46.56	15.31	14.71	15.46
TV	标称情况	3.52	2.00	2.5	2.28	0.94	1.69	1.35
	摄动情况	4.69	4.18	4.06	4.14	1.37	1.98	1.64

表 9.6 不同方法下扰动响应的性能指标对比

负载扰动抑制		例 9.7				例 9.8		
		本节方法	Kirtaniak	Zhang	Normey Rico	本节方法	Matausek	GP
IAE	标称情况	17.77	31.26	33.24	19.44	3.41	5.69	4.42
	摄动情况	18.01	31.33	33.33	20.33	3.47	5.47	4.63
TV	标称情况	1.12	1.00	1.00	1.62	0.78	1.07	0.85
	摄动情况	1.30	1.23	1.12	1.72	1.33	1.46	1.43

例 9.8 考虑文献[8，27] 中研究的二阶不稳定时滞过程

$$G(s)=\frac{2e^{-5s}}{(10s-1)(2s+1)}$$

取采样周期 $T_s=0.1\mathrm{s}$，可得离散时间域过程模型

$$G(z)=\frac{0.00049342(z+0.9868)}{(z-1.0046)(z-0.9564)}z^{-50}$$

利用设计式(9.133) 和式(9.134) 并且取 $\lambda=0.98$，可得用于预估无时滞输出的滤波器

$$F_1(z)=\boldsymbol{P}_C\sum_{i=1}^{50}\boldsymbol{P}_A{}^{i-1}\boldsymbol{P}_B z^{-i}\Gamma(z)$$

$$F_2(z)=\frac{1.7261(z-0.9952)(z-0.9521)}{(z-0.98)^2}$$

其中，$\boldsymbol{P}_A=\begin{bmatrix}2.9613 & -2.9221 & 0.9608\\ 1 & 0 & 0\\ 0 & 1 & 0\end{bmatrix}$；$\boldsymbol{P}_B=\begin{bmatrix}1\\0\\0\end{bmatrix}$，$\boldsymbol{P}_C=[1\quad -1.96\quad 0.9604]$；$\Gamma=\dfrac{0.0004934(z+0.9868)(z-1)}{(z-0.98)^2}$。

由于过程模型含有一个负实部零点（$z_0=-0.9868$）和一个慢过程极点（$z_p=-0.9564$），因此应用设计式(9.172) 并且取 $n_d=3$ 且 $n_f=2$，可以得到闭环抗干扰控制器：

$$C_f(z)=\frac{(1-\lambda_f)^3(\beta_2 z^2+\beta_1 z+\beta_0)}{0.00098033z(z-1)}$$

其中，$\beta_0=-1949.36+351.42\dfrac{(0.9512-\lambda_f)^3}{(1-\lambda_f)^3}+1598.95\dfrac{(1.0101-\lambda_f)^3}{(1-\lambda_f)^3}$；

$\beta_1=4078.27+699.33\dfrac{(0.9512-\lambda_f)^3}{(1-\lambda_f)^3}-327.99\dfrac{(1.0101-\lambda_f)^3}{(1-\lambda_f)^3}$，$\beta_2=1-\beta_1-\beta_0$。

利用设计式(9.174)，可以得到设定点跟踪控制器

$$C_s(z)=\frac{(1-\lambda_s)^2 z(z-\lambda_f)^3}{(z-\lambda_s)^2(1-\lambda_f)^3(\beta_2 z^2+\beta_1 z+\beta_0)}$$

仿真控制测试中，在 $t=0\text{s}$ 时加入单位阶跃信号到系统设定点，当 $t=80\text{s}$ 时在被控对象输入侧加入一个反向的单位阶跃负载扰动。整定可调参数 $\lambda_s=0.98$ 和 $\lambda_f=0.95$ 以便与文献[8，27]中的控制方法在相近的设定点跟踪响应上升速度下进行对比。图 9.25 示出在标称情况下的输出响应和控制信号，设定点跟踪和扰动响应的输出误差 IAE 指标和控制信号 TV 指标分别列于表 9.5 和表 9.6 中。

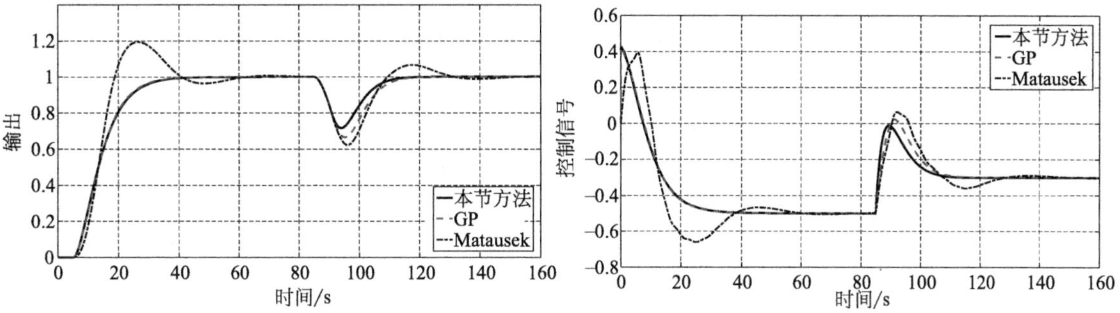

图 9.25　例 9.8 在标称情况下的控制结果

可以看到，本节方法明显改善抗扰性能。然后假设被控过程实际的时滞比模型增大 5%、过程时间常数比模型小 5%，图 9.26 示出摄动系统响应结果，相应的设定点跟踪和抗干扰性能指标亦列于表 9.5 和表 9.6 中。再次可见，本节给出的方法在过程参数摄动的情况下能够较好地保持控制系统的鲁棒稳定性。

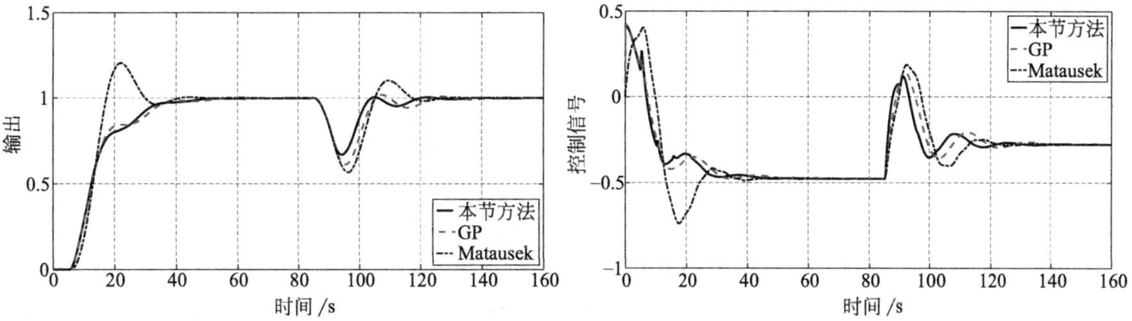

图 9.26　例 9.8 在摄动情况下的控制结果

例 9.9　采用第 8.1.4 节中介绍的一个 4L 夹套式结晶反应釜的温度调节装置进行实验（如图 8.9 所示），测试本节介绍的基于通用无时滞输出预估器的两自由度控制方法。

这里的控制任务是使 4L 夹套式结晶反应釜内的溶液温度从室温 25℃快速上升至工作区温度 45℃，并且对于过程进料带来的负载干扰（如结晶过程中加入低温的 L-谷氨酸溶质和蒸馏水溶剂），快速恢复结晶溶液温度至操作温度 45℃。

通过实施一个开环阶跃辨识实验，即全功率打开电加热器，将反应釜内的溶液从室温 25℃升温至 45℃以上。采用前面第 2 章介绍的阶跃响应辨识方法，得到如下的反应釜温度响应传递函数模型

$$G(s)=\frac{0.0004529}{s(760.40s+1)}e^{-100.25s}$$

采样周期取为 $T_s=3\text{s}$，可以得到离散时间域模型

$$G(z)=\frac{2.6765\times10^{-6}(z+0.9989)}{(z-1)(z-0.9961)}z^{-34}$$

无时滞输出预估器由式(9.130)，式(9.133) 和式(9.134) 设计得到，令 $n_h=2$ 和 $\lambda=0.98$ 可得

$$H(z)=\frac{(1-\lambda)^2 z^2 (z-1)}{(z-\lambda)^3}$$

$$F_1(z)=\boldsymbol{P}_C \sum_{i=1}^{34} P_A^{i-1} \boldsymbol{P}_B z^{-i} \Gamma(z)$$

$$F_2(z)=\frac{0.0028916(z^2-1.987z+0.9872)}{(z-0.98)^4}$$

其中

$$\boldsymbol{P}_A=\begin{bmatrix} 2.9961 & -2.9921 & 0.9961 & 0 & 0 \\ 1.0000 & 0 & 0 & 0 & 0 \\ 0 & 1.0000 & 0 & 0 & 0 \\ 0 & 0 & 1.0000 & 0 & 0 \\ 0 & 0 & 0 & 1.0000 & 0 \end{bmatrix};\boldsymbol{P}_B=\begin{bmatrix}1\\0\\0\\0\\0\end{bmatrix};$$

$$\boldsymbol{P}_C=10^4\times[0.25,-0.98,1.4406,-0.9412,0.2306];$$

$$\Gamma=\frac{1.071\times10^{-9} z^2 (z-1)(z+0.9987)}{(z-0.98)^4}。$$

根据设计式(9.164)，令 $n_d=4$ 可以得到闭环抗干扰控制器，可以得到闭环抗干扰控制器

$$C_f(z)=\frac{(1-\lambda_f)^4(\beta_0+\beta_1 z+\beta_2 z^2)}{4.9557\times10^{-6} z(z-1)(z-0.9899)}$$

其中，$\beta_1=4/(1-\lambda_f)-\beta_2$；$\beta_0=1-\beta_1-\beta_2$；

$$\beta_2=\frac{(0.9961-\lambda_f)^4}{(0.9961-1)^2(1-\lambda_f)^4}-\frac{4}{(1-0.9961)(1-\lambda_f)}-\frac{1}{(0.9961-1)^2}$$

利用设计式(9.174)，取 $n_f=3$，可以得到设定点跟踪控制器为

$$C_s(z)=\frac{z(z-\lambda_f)^4(1-\lambda_s)^3}{(1-\lambda_f)^4(\beta_0+\beta_1 z+\beta_2 z^2)(z-\lambda_s)^3}$$

为了满足输入功率约束条件，即 $0\leqslant u\leqslant 100$，可调参数整定为 $\lambda_s=0.9815$ 和 $\lambda_f=0.96$。

说明：采用文献[16] 中给出的控制方法进行实验对比。为了获得与本节给出的方法基本相同的升温响应速度，应用其中设计公式并且选取调节参数 $t_0=380$ 和 $t_r=260$，可得控制器

$$C=(760.4s+1)/[0.4529t_0(7.604s+1)]$$

$$F_r=[(4t_0+100.25)s+1]/(t_0 s+1)^3, F_d=1/(t_r s+1)^2$$

此外，亦采用带有设定点滤波器以抑制超调的 PID 控制方法[28] 进行升温控制实验，其中 PID 控制器是根据最大灵敏度函数指标 $M_s=1.8$ 进行整定。

在实验测试中，将结晶反应釜中 2L 的水溶液从室温 25℃加热到结晶工作区温度 45℃，然后向反应釜中加入 0.2L 室温下的蒸馏水溶剂作为负载干扰，并在此扰动下保持工作温度 45℃不变。实验控制结果如图 9.27 所示。

可以看出，采用本节给出的方法可以得到快速平稳的升温响应，并且没有温度超调。与文献[16] 中的控制方法相比，针对加入溶剂引起的负载扰动，本节方法可以节省 20min 以上的时间将溶液温度恢复到工作区 (45±0.1)℃。说明：基于设定点滤波的 PID 控制方法[28] 没有采用时滞补偿控制，恢复溶液温度需要更长的时间（大约 50min)。

需要指出，如果整定文献[16] 和 [28] 中的控制器参数以进一步加快负载扰动响应，会造成溶液温度无法恢复到工作区温度，即出现稳态温度偏差，原因是要求一定时间段内的负控

制信号（对应于冷却动作），然而由于控制信号实际可执行范围为 $0 \leqslant u \leqslant 100$，使得上述负控制信号不能实现，限制为 $u=0$，如图 9.27(b) 所示。

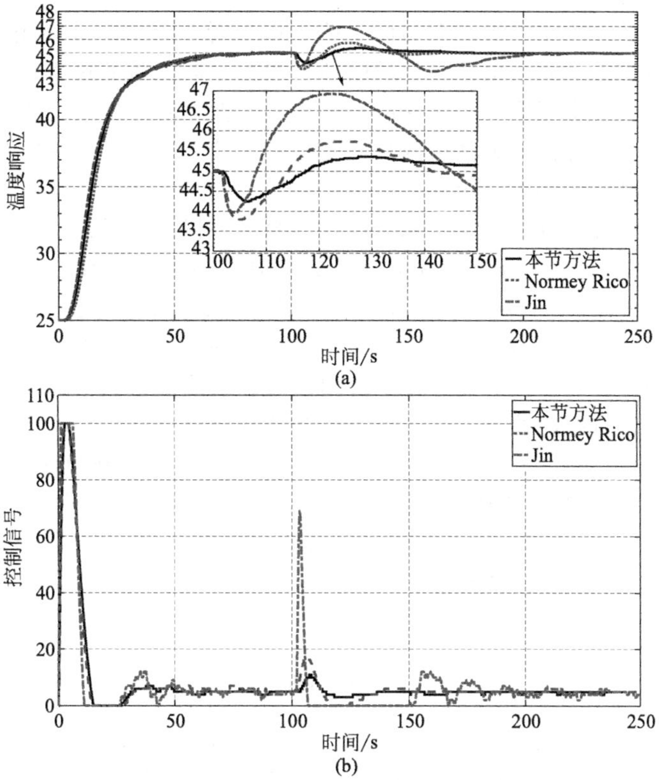

图 9.27　反应釜升温过程的控制结果比较

9.4　本章小结

针对采样控制系统，本章基于典型常用的开环稳定过程、积分以及不稳定过程的离散时间域模型，分别介绍了一种两自由度控制方案，以便分别调节和优化系统设定点跟踪和抗扰性能。然后，通过设计一个通用的无时滞输出预估器，给出一种具有统一控制结构的离散时间域两自由度控制设计方法，可广泛用于具有大时滞响应的开环稳定、积分以及不稳定过程。

针对开环稳定时滞过程，给出一种基于预估无时滞输出的离散时间域两自由度控制方法[9]。其突出优点是在标称情况下可将时滞等价地移到闭环控制结构之外，因此可以针对被控对象无时滞的有理传递函数设计设定点跟踪控制器和闭环抗扰控制器。通过确定期望的闭环抗扰传递函数和系统设定点跟踪传递函数，解析地设计各自对应的控制器形式。每个控制器都只有一个可调参数，可实现对系统的设定点跟踪性能和抗扰性能分别进行调节及优化。而且，根据被控过程模型，定量地推导出衡量控制系统性能的 IAE 指标。根据小增益定理得出在过程乘性不确定性下保证闭环系统鲁棒稳定性的充要条件，尤其是对于工程实践中常见的一些模型不确定性，推导给出了整定闭环抗扰控制器可调参数的鲁棒约束条件。通过已有文献中的两个应用案例，验证了该方法的有效性和优点。

针对具有积分特性和开环不稳定时滞响应过程，给出一种离散时间域两自由度控制设计方法[10]。其特点是将前面第 8 章介绍的频域两自由度控制方法推广到离散时间域，从而方便直接应用于计算机控制系统或数字式控制器。针对典型常用的离散域积分和不稳定过程模型，给出设定点跟踪控制器以及设定点跟踪响应的解析表达式，便于在实际应用中定量地整定系统设定点跟踪响应的性能指标。抗扰控制器是通过指定期望的闭环余灵敏度函数反推而得。对于积分过程，抗扰控制器可以看作一个特殊的积分器，能直接执行。对于不稳定系统，理想的抗扰控制器中因存在隐含的不稳定零极点对消而不能直接执行，因此建议使用 Páde 近似方法做实际执行，给出了解析逼近公式。由此设计的闭环抗扰控制器实质上只有一个调节参数，通过单调地整定该可调参数可以实现闭环控制性能和鲁棒稳定性之间的折中。通过已有文献中的四个应用案例，对比说明本章提出的离散域两自由度控制设计方法的优越性以及在具有过程不确定性的情况下能够保持良好的鲁棒稳定性。

针对具有大时滞响应的开环稳定、积分以及不稳定过程，本章介绍了一种通用的无时滞输出预估器，简称 SGP[11]，相对于已有文献提出的无时滞输出预估器，进一步精简了预估器结构，而且在预估器中引入一个可调参数来实现预测性能及其鲁棒抗扰性之间的平衡。基于 SGP 建立一种统一的两自由度控制结构，便于应用于不同类型的被控对象。针对被控对象无时滞的有理部分，通过确定期望的闭环抗扰传递函数和系统设定点跟踪传递函数，解析地设计闭环抗扰控制器和设定点跟踪控制器。这两个控制器都分别只有一个可调参数，可实现对系统的设定点跟踪性能和抗扰性能分别进行调节及优化。通过仿真案例验证说明 SGP 的有效性以及基于 SGP 的两自由度控制方法相对于已有文献中的时滞补偿控制方法和两自由度控制方法的优越性。采用一个 4L 夹套式结晶反应釜的温度调节装置进行控制实验测试，验证了该方法的有效性和相对于已有文献方法的优点。

习 题

1. 简述如图 9.1 所示的控制结构的有何优点？在什么情况下与如图 9.2 所示的控制结构等价？

2. 请说明为什么期望的闭环抗扰控制结构的传递函数要满足如式(9.15) 和式(9.16) 所示的渐近约束条件？

3. 请说明对于如式(9.8) 和式(9.9) 所示的低阶稳定过程模型，系统设定点跟踪和抗扰的 IAE 性能指标是否相同？为什么？

4. 请自行推导出对式(9.9) 中过程模型的单位阶跃扰动响应输出误差指标计算公式。

5. 对于例 9.1 中的稳定时滞过程，请用仿真结果说明如何调节抗扰控制器的可调参数 λ_c 来提高扰动抑制性能？如何对于过程摄动情况整定该参数以提高控制系统的鲁棒稳定性？

6. 为什么第 9.1 节中介绍的控制方案不能用于积分和不稳定过程？请说明第 9.1 节和第 9.2 节中介绍的两种控制方案有何区别和相同之处？

7. 请比较第 9.1 节与第 9.2 节中抗扰控制器设计的不同之处，并解释原因。

8. 对于例 9.4 中的积分时滞过程，请用仿真结果说明扰动峰值与调节抗扰控制器的可调参数 λ_f 之间的数值关系。

9. 请自行写出第 9.3 节中定理 9.1 的详细证明步骤。

10. 请比较第 9.1 节与第 9.3 节中的无时滞输出预估器设计方法有何不同之处，并解释原因。

11. 请比较第 9.1 节与第 9.3 节中的两自由度控制器设计方法有何不同之处，并解释原因。

12. 对于例 9.7 中的稳定时滞过程，请通过仿真结果说明在抗扰控制器设计中选取不同阶次 n_d 和 n_f 对抗扰性能有何影响，并解释原因。

13. 对于例 9.7 中的稳定时滞过程，请通过仿真结果比较采用第 9.1 节与第 9.3 节中的两种控制方法是否能达到相同的控制性能，并解释原因。

14. 对于例 9.8 中的开环不稳定时滞过程，如果不考虑过程模型中的负实部零点和慢极点，请写出闭环抗干扰控制器的设计公式，并且通过仿真结果说明是否可行，并解释原因。

参考文献

[1] Åström K. J. , Wittenmark B. Computer-Controlled System: Theory and Design. Prentice Hall: Upper Saddle River, NJ, 1997.

[2] Phillips C. L. , Nagle H. T. Digital Control System Analysis and Design. Prentice Hall, New Jersey, 2007.

[3] Richard C. D. , Robert H. B. Modern Control Systems (12th Edition). Pearson: Essex UK, 2014.

[4] 刘士荣等编著. 计算机控制系统. 2 版. 北京: 机械工业出版社, 2018.

[5] 于海生等编著. 微型计算机控制系统. 3 版. 北京: 清华大学出版社, 2017.

[6] Normey-Rico J. E. , Camacho E. F. Control of Dead-Time Processes. London UK: Springer, 2007.

[7] Torrico B. C. , Normey-Rico J. E. 2DOF discrete dead-time compensators for stable and integrative processes with dead-time. Journal of Process Control, 2005, 15: 341-352.

[8] García P. , Albertos P. Robust tuning of a generalized predictor-based controller for integrating and unstable systems with long time-delay, Journal of Process Control, 2013, 23: 1205-1216.

[9] Tian H. , Sun X. , Wang D. , Liu T. Predictor based two-degree-of-freedom control design for industrial stable processes with long input delay. The 35th Chinese Control Conference (CCC), 2016, 4348-4353.

[10] Wang D. , Liu T. , Sun X. , Zhong C. Discrete-time domain two-degree-of-freedom control for integrating and unstable processes with time delay. ISA Transactions, 2016, 63: 121-132.

[11] Liu T. , García P. , Chen Y. , et al. New predictor and 2DOF control scheme for sampled systems with long time delay, IEEE Transactions on Industrial Electronics, 2018, 65: 4247-4256.

[12] Albertos P. , García P. Robust control design for long time-delay systems, Journal of Process Control, 2009, 19: 1640-1648.

[13] Normey-Rico J. E. , Sartori R. , Veronesi M. , et al. An automatic tuning methodology for a unified dead-time compensator, Control Engineering Practice, 2014, 27: 11-22.

[14] Kirtania K. , Choudhury M. A. A. S. A novel dead time compensator for stable processes with long dead times, Journal of Process Control, 2012, 22: 612-625.

[15] Liu T. , Gao F. Industrial Process Identification and Control Design: Step-test and Relay-experiment-based Methods. Springer: London UK, 2012.

[16] Normey-Rico J. E. , Camacho E. F. Unified approach for robust dead-time compensator design. Journal of Process Control, 2009, 19: 38-47.

[17] Liu T. , Gao F. Enhanced IMC design of load disturbance rejection for integrating and unstable processes with slow dynamics. ISA Transactions, 2011, 50: 239-248.

[18] Torrico B. C. , Cavalcante M. U. Braga A. P. S. , et al. Simple tuning rules for dead-time compensation of stable, integrative, and unstable first-order dead-time processes. Industrial & Engineering Chemistry Research, 2013, 52: 11646-11654.

[19] Panda R. C. Synthesis of PID tuning rule using the desired closed-loop response. Industrial & Engineering Chemistry Research, 2008, 47: 8684-8692.

[20] Lu X. , Yang Y. S. , Wang Q. G. , et al. , A double two-degree-of-freedom control scheme for improved control of unstable delay processes. Journal of Process Control, 2005, 15: 605-614.

[21] Shamsuzzoha M. , Lee M. Enhanced disturbance rejection for open-loop unstable process with time delay. ISA Transactions, 2009, 48: 237-244.

[22] Sanz R. , García P. , Zhong Q. C. , et al. , Predictor-based control of a class of time-delay systems and its application to quadrotors. IEEE Transactions on Industrial Electronics, 2017, 64: 459-469.

[23] Normey-Rico J. E. , Camacho E. F. , Dead-time compensators: A survey. Control Engineering Practice, 2008, 16: 407-428.

[24] Majhi S. , Atherton D. P. Obtaining controller parameters for a new Smith predictor using autotuning. Automatica, 2000, 36: 1651-1658.

[25] Chen Y. , Liu T. , Garcia P. , et al. Analytical design of a generalized predictor-based control scheme for low-order

integrating and unstable systems with long time delay. IET Control Theory & Applications, 2016, 10: 884-893.

[26] Zhang W., Rieber J. M., Gu D. Optimal dead-time compensator design for stable and integrating processes with time delay. Journal of Process Control, 2008, 18: 449-457.

[27] Matausek M. R., Ribic A. I. Control of stable, integrating and unstable processes by the modified Smith predictor. Journal of Process Control, 2012, 22: 338-343.

[28] Jin Q. B., Liu Q., Analytical IMC-PID design in terms of performance/robustness tradeoff for integrating processes: From 2-Dof to 1-Dof, Journal of Process Control, 2014, 24: 22-32.

附　控制仿真程序

(1) 例 9.1 的控制仿真程序伪代码及图形化编程方框图

行号	编制程序伪代码	注释
1	$T=200$	仿真时间(s)
2	$T_d=100;L_d=-0.5$	扰动起始时间与幅值
3	$r=1$	设定点指令信号
4	$G(s)=\dfrac{e^{-6s}}{s+1}$	被控过程
5	$G(z)=\text{Diff}(G);G(z)=\dfrac{0.09516}{z-0.9048}z^{-60}=\dfrac{K_{p1}}{z-z_p}z^{-d}$	离散时间域模型
6	$\lambda_c=0.989$	抗扰控制器参数
7	$\lambda_f=0.985$	设定点跟踪控制器参数
8	$K(z)=\dfrac{(z-z_p)(1-\lambda_c)}{K_{p1}(z-1)}$	抗扰控制器公式
9	$K_{f1}(z)=[z^{n_g}T_{dM}(z)]^{-1}$ $K_{f2}(z)=\dfrac{z(1-\lambda_f)}{z-\lambda_f}$ $K_f(z)=K_{f1}(z)K_{f2}(z)$	设定点跟踪控制器公式
10	$F_1=G_0-G=G_0(1-z^{-d});F_2=1;F_k=1$	无时滞输出预估器公式
11	sim('Discrete2DOFforFOPDTStable')	调用仿真图形化组件模块系统,如图 9.28 所示
12	plot(t,y); plot(t,u)	画系统输出和控制信号图
程序变量	t 为采样控制步长;λ_c,λ_f 为控制器参数	
程序输入	r 为设定点跟踪信号;d_i 为负载扰动	
程序输出	系统输出 y;控制器输入 u	

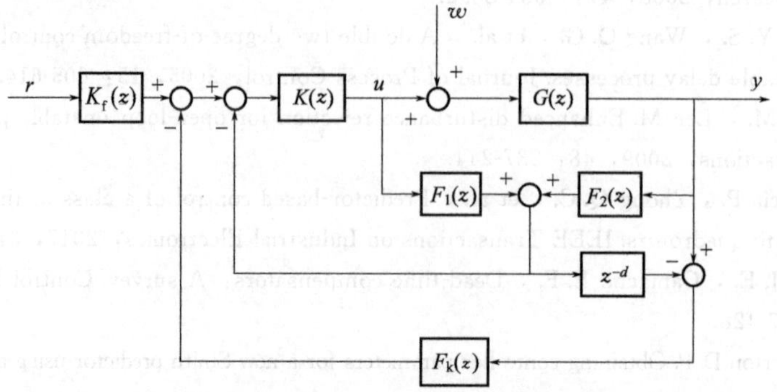

图 9.28　例 9.1 的仿真程序方框图

(2) 例 9.4 的控制仿真程序伪代码及图形化编程方框图

行号	编制程序伪代码	注释
1	$T=300$	仿真时间(s)
2	$T_d=80;L_d=-0.1$	扰动起始时间与幅值
3	$r=1$	设定点指令信号
4	$G(s)=\dfrac{e^{-4s}}{s(s+1)}$	被控过程
5	$G(z)=\text{Diff}(G)$; $G(z)=\dfrac{0.018731(z+0.9355)}{(z-1)(z-0.8187)}z^{-20}=\dfrac{k_p(z-z_0)}{(z-1)(z-\tau_p)}z^{-d}$	离散时间域模型
6	$\lambda_c=0.95$	抗扰控制器参数
7	$\lambda_f=0.965$	设定点跟踪控制器参数
8	$\beta_0=1-\beta_1$; $\beta_1=\dfrac{d(1-\lambda_f)+2}{1-\lambda_f}$	由抗扰控制器参数确定的系数
9	$F(z)=\dfrac{(1-\lambda_f)^2(\beta_0+\beta_1 z)(z-1)(z-\tau_p)}{k_p z(1-z_0)[(z-\lambda_f)^2-(\beta_0+\beta_1 z)(1-\lambda_f)^2 z^{-d}]}$	抗扰控制器公式
10	$C(z)=\dfrac{(z-1)(z-\tau_p)(1-\lambda_c)}{k_p z(1-z_0)(z-\lambda_c)}$	设定点跟踪控制器公式
11	$T_r=CG$	
12	sim('Discrete2DOFforSOPDTIntegrating')	调用仿真图形化组件模块系统，如图 9.29 所示
13	plot(t,y); plot(t,u)	画系统输出和控制信号图
程序变量	t 为采样控制步长；$\lambda_c,\lambda_f,\beta_0,\beta_1$ 为控制器参数	
程序输入	r 为设定点跟踪信号；d_i 为负载扰动	
程序输出	系统输出 y；控制器输入 u	

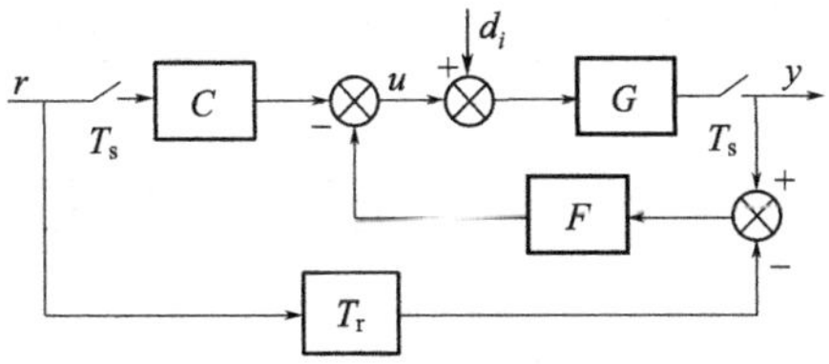

图 9.29　例 9.4 的仿真程序方框图

(3) 例 9.7 的控制仿真程序伪代码及图形化编程方框图

行号	编制程序伪代码	注释
1	$T=500$	仿真时间(s)
2	$T_s=0.5$	采样周期(s)
3	$T_d=200;L_d=-1$	扰动起始时间与幅值
4	$r=1$	设定点指令信号
5	$P(s)=\dfrac{e^{-27.5s}}{52.5s+1}$	被控过程
6	$G(z)=\text{Diff}(P(s))$; $G(z)=\dfrac{0.009479}{z-0.9905}z^{-55}$	离散时间域模型

续表

行号	编制程序伪代码	注释
7	$\lambda=0.8$	预测器参数
8	$\lambda_f=0.94$	抗扰控制器参数
9	$\lambda_s=0.978$	设定点跟踪控制器参数
10	$\beta_1=(z_p-\lambda_f)^2-(1-\lambda_f)^2/(z_p-1)(1-\lambda_f)^2$; $\beta_0=1-\beta_1$	由抗扰控制器参数确定的系数
11	$\widetilde{G}(z)=\frac{(z-\lambda)^m}{D(z)}H^{-1}(z,\lambda)=c(zI-A)^{-1}b$; $H(z)=\frac{(z-1)}{(z-\lambda)}\times\frac{(1-\lambda)z}{(z-\lambda)}$; $\widetilde{G}^*(z)=c(zI-A)^{-1}A^db=\frac{\widetilde{N}^*(z)}{\widetilde{D}(z)}$; $F_1(z)=c\sum_{i=1}^{55}A^{i-1}bz^{-i}\Gamma(z)$;$F_2(z)=\frac{\widetilde{N}^*(z)}{(z-\lambda)^2}$	无时滞输出预估器公式
12	$C_f(z)=\frac{(1-\lambda_f)^2(\beta_1 z+\beta_0)}{0.009479(z-1)}$	抗扰控制器公式
13	$C_s(z)=\frac{(z-\lambda_f)^2(1-\lambda_s)^2 z}{(1-\lambda_f)^2(\beta_0+\beta_1 z)(z-\lambda_s)^2}$	设定点跟踪控制器公式
14	sim('SGPforFOPDT')	调用仿真图形化组件模块系统，如图 9.30 所示
15	plot(t,y); plot(t,u)	画系统输出和控制信号图
程序变量	t 为采样控制步长；λ，λ_f，λ_s，β_0，β_1 为控制器参数	
程序输入	r 为设定点跟踪信号；ω 为负载扰动	
程序输出	系统输出 y；控制器输入 u	

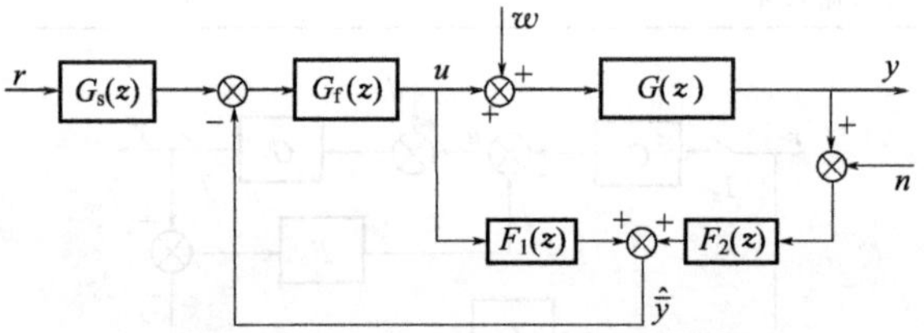

图 9.30　例 9.7 的仿真程序方框图

第10章 主动抗扰控制（ADRC）

过程控制的主要任务之一是抑制外部或内部的干扰对系统的不利影响。前面第7～9章介绍的抗扰控制方法都是基于输出误差反馈，设计闭环抗扰控制结构，以保证稳态输出无偏差。对于已知干扰源及其动态特性的情况，一般采用前馈补偿控制的方式[1-4]，通过实时检测干扰信号，将其输入给一个前馈控制器，用于调节过程输入以达到抵偿干扰的目的。然而实际工程实践中，很多情况下难以预知或确定干扰源及其时变性，或者不便甚至不能设置检测干扰的传感器。为提高对未知扰动和过程不确定性的控制性能，国内知名学者韩京清研究员率先提出主动抗扰控制（Active disturbance rejection control，缩写 ADRC）方法[5,6]，核心思想是将被控对象的外部和内部干扰以及过程不确定性视为一个广义扰动，利用扩张状态观测器（Extended state observer，缩写 ESO）同时估计系统状态和这个广义扰动，然后采用前馈控制的方式来消除这个广义扰动的不利影响。关于主动抗扰控制理论与基于扰动观测器的控制方法的研究进展，可以参见综述文献［7,8］。对于带有时滞响应的过程系统，文献［9］通过对时滞响应模型做线性近似，提出一种改进的 ADRC 设计方法来解决时滞问题，然而这种方法不能处理时滞较大的情况。文献［10］基于 Smith 预估器发展了能补偿输入时滞的预测型 ADRC 设计方法，可以获得改善的干扰抑制性能，但只可用于带有时滞响应的开环稳定过程。文献［11］针对时滞系统提出基于 IMC 原理设计一个 ADRC 控制结构中两自由度控制器的方法，相对于以往的 ADRC 方法能取得较好的抗扰性能和控制系统鲁棒稳定性，但也只限应用于开环稳定过程。

本章介绍一种可通用于带时滞响应的开环稳定、积分和不稳定过程的鲁棒 ADRC 设计方法[12]，采用滤波 Smith 预估器（Filtered Smith predictor，缩写 FSP）预测无时滞输出以设计反馈控制系统，可保证闭环系统具有较好的鲁棒稳定性，并且取得进一步提高的抗扰性能。

10.1 含有不确定性和干扰的对象描述

为方便应用于采样控制系统，考虑一个带时滞响应的单输入单输出过程的离散时间域系统描述如下：

$$\begin{cases} \boldsymbol{x}(k+1)=(\boldsymbol{A}_{\mathrm{m}}+\Delta\boldsymbol{A})\boldsymbol{x}(k)+(\boldsymbol{B}_{\mathrm{m}}+\Delta\boldsymbol{B})u(k-d)+\boldsymbol{\omega}(k) \\ y(k)=\boldsymbol{C}_{\mathrm{m}}\boldsymbol{x}(k) \end{cases} \tag{10.1}$$

其中，$\boldsymbol{x}(k)$、$u(k)$ 和 $y(k)$ 分别表示系统的状态、输入和输出；k 表示采样时刻；d 表示输入时滞；$\boldsymbol{\omega}(k)$ 表示外部扰动；$\{\boldsymbol{A}_{\mathrm{m}},\boldsymbol{B}_{\mathrm{m}},\boldsymbol{C}_{\mathrm{m}}\}$ 为标称系统矩阵；$\Delta\boldsymbol{A}$ 和 $\Delta\boldsymbol{B}$ 表示范数有界的模型不确定性，即

$$(\Delta\boldsymbol{A}\quad \Delta\boldsymbol{B})=\sigma\boldsymbol{E}\boldsymbol{\Delta}(\boldsymbol{H}_{\mathrm{A}}\quad \boldsymbol{H}_{\mathrm{B}}) \tag{10.2}$$

其中，$\boldsymbol{E}$、$\boldsymbol{H}_{\mathrm{A}}$ 和 $\boldsymbol{H}_{\mathrm{B}}$ 是已知矩阵；$\boldsymbol{\Delta}\in\Re^{L_1\times L_2}$ 是一个未知矩阵，且满足 $\boldsymbol{\Delta}^{\mathrm{T}}\boldsymbol{\Delta}\leqslant\boldsymbol{I}$；$\sigma$ 是一个描述对象不确定性幅值大小的标量。

例如，对于一个如下形式的对象动态特性描述

$$y(k+n)+a_{n-1}y(k+n-1)+\cdots+a_1y(k+1)+a_0y(k)$$
$$=b_{n-1}u(k+n-1)+\cdots+b_1u(k+1)+b_0u(k)+f(y(k),u(k),\omega(k)) \tag{10.3}$$

其中，$f(y,u,\omega)$ 表示广义扰动，主要由过程不确定性和外部扰动组成，相应的标称系统传递函数模型为

$$G_{\mathrm{n}}(z)=\frac{b_{n-1}z^{n-1}+\cdots+b_1z+b_0}{z^n+a_{n-1}z^{n-1}+\cdots+a_1z+a_0} \tag{10.4}$$

如果定义 $\boldsymbol{x}(k)=[\boldsymbol{x}_1^{\mathrm{T}}(k)\quad \boldsymbol{x}_2^{\mathrm{T}}(k)\quad \cdots\quad \boldsymbol{x}_n^{\mathrm{T}}(k)]^{\mathrm{T}}$ 为与 $G_{\mathrm{n}}(z)$ 对应的标称系统状态，则相应的状态空间描述为 $\boldsymbol{C}_{\mathrm{m}}(z\boldsymbol{I}-\boldsymbol{A}_{\mathrm{m}})^{-1}\boldsymbol{B}_{\mathrm{m}}$，其中

$$\boldsymbol{A}_{\mathrm{m}}=\begin{bmatrix}0&1&0&\cdots&0\\0&0&1&\cdots&0\\\vdots&\vdots&\vdots&\ddots&\vdots\\0&0&0&\cdots&1\\-a_0&-a_1&-a_2&\cdots&-a_{n-1}\end{bmatrix},\boldsymbol{B}_{\mathrm{m}}=\begin{bmatrix}0\\0\\\vdots\\0\\b_0\end{bmatrix},\boldsymbol{C}_{\mathrm{m}}=\begin{bmatrix}1\\b_1/b_0\\\vdots\\b_{n-2}/b_0\\b_{n-1}/b_0\end{bmatrix} \tag{10.5}$$

为了估计广义扰动 $f(y,u,\omega)$，将其视为一个扩张的系统状态，采用如下的广义系统描述：

$$\begin{cases}\boldsymbol{X}(k+1)=\hat{\boldsymbol{A}}\boldsymbol{X}(k)+\hat{\boldsymbol{B}}u(k)+\hat{\boldsymbol{E}}\Delta f(k+1)\\y(k)=\hat{\boldsymbol{C}}\boldsymbol{X}(k)\end{cases} \tag{10.6}$$

其中，$\boldsymbol{X}(k)=[\boldsymbol{x}^{\mathrm{T}}(k),\quad f^{\mathrm{T}}(k)]^{\mathrm{T}}$，$\Delta f(k+1)=f(k+1)-f(k)$

$$\hat{\boldsymbol{A}}=\begin{bmatrix}\boldsymbol{A}_{\mathrm{m}}&\begin{bmatrix}\boldsymbol{0}_{(n-1)\times1}\\1\end{bmatrix}\\\boldsymbol{0}_{1\times n}&1\end{bmatrix},\ \hat{\boldsymbol{B}}=\begin{bmatrix}\boldsymbol{B}_{\mathrm{m}}\\0\end{bmatrix},\ \hat{\boldsymbol{C}}=\begin{bmatrix}\boldsymbol{C}_{\mathrm{m}}^{\mathrm{T}}\\0\end{bmatrix}^{\mathrm{T}},\ \hat{\boldsymbol{E}}=\begin{bmatrix}\boldsymbol{0}_{n\times1}\\1\end{bmatrix}$$

基于如式(10.6) 所示的广义系统描述，设计一个基于对象模型的扩张状态观测器（Model-based extended state observer，缩写 MESO)：

$$\begin{cases}\hat{\boldsymbol{X}}(k+1)=\hat{\boldsymbol{A}}\hat{\boldsymbol{X}}(k)+\hat{\boldsymbol{B}}u(k)+\boldsymbol{L}[y(k)-\hat{\boldsymbol{C}}\hat{\boldsymbol{X}}(k)]\\u(k)=\hat{r}(k)-\boldsymbol{K}\hat{\boldsymbol{X}}(k)\end{cases} \tag{10.7}$$

其中，$\boldsymbol{L}$ 表示待定的观测器增益向量。

当存在输入时滞 d 时，如果将实际输出测量 $y(k-d)$ 直接用于上述 MESO，则有

$$\begin{cases}\hat{\boldsymbol{X}}(k+1)=\hat{\boldsymbol{A}}\hat{\boldsymbol{X}}(k)+\hat{\boldsymbol{B}}u(k)+\boldsymbol{L}[y(k-d)-\hat{\boldsymbol{C}}\hat{\boldsymbol{X}}(k)]\\u(k)=\hat{r}(k)-\boldsymbol{K}\hat{\boldsymbol{X}}(k)\end{cases} \tag{10.8}$$

显然，该观测器的输出误差 $y(k-d)-\hat{\boldsymbol{C}}\hat{\boldsymbol{X}}(k)$ 在时间上不匹配，从而导致 MESO 不稳定。为克服这个问题，可以采用无时滞的输出预估来代替式(10.8) 中的 $y(k-d)$，因此下面给出基于无时滞输出预估的抗扰控制设计方法。

10.2 基于无时滞输出预估的 ADRC 设计

图 10.1 示出一个基于无时滞输出预估器的主动抗扰控制结构。其中 $P(z)$ 表示被控对象，可以是一个开环稳定、积分或不稳定过程。$P_{\mathrm{n}}(z)=G_{\mathrm{n}}(z)z^{-d_{\mathrm{n}}}$ 表示标称的对象模型（通过零阶保持器离散化)，$G_{\mathrm{n}}(z)$ 是无时滞有理传递函数部分，d_{n} 是标称的整数型离散时间域时滞，$\boldsymbol{K}$ 是一个基于状态估计的反馈控制器，$F_{\mathrm{p}}(z)$ 是图 10.1 中虚线框所示滤波 Smith 预估器中的滤波器，$F(z)$ 是一个设定点滤波器。

10.2.1 扩张状态观测器（ESO）

为估计广义系统式(10.6) 的无时滞系统状态，设计一个基于无时滞输出预估的 MESO 如下：

$$\begin{cases}\hat{\boldsymbol{X}}(k+1)=\hat{\boldsymbol{A}}\hat{\boldsymbol{X}}(k)+\hat{\boldsymbol{B}}u(k)+\boldsymbol{L}[\hat{y}_{\mathrm{p}}(k)-\hat{y}(k)]\\ \hat{y}(k)=\hat{\boldsymbol{C}}\hat{\boldsymbol{X}}(k)\end{cases} \tag{10.9}$$

其中，$\hat{y}_{\mathrm{p}}(k)$ 表示如图 10.1 所示的无时滞输出预估。

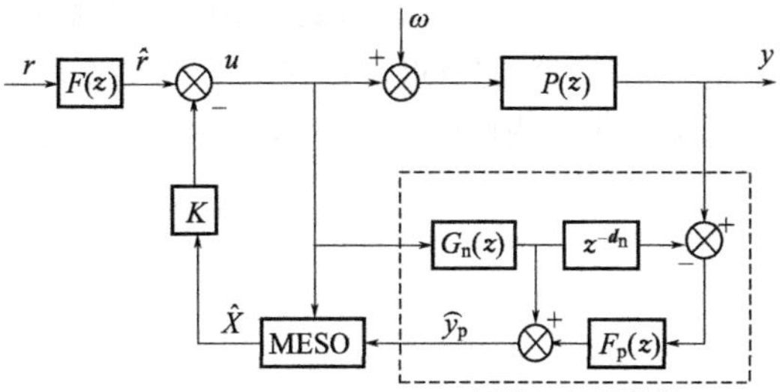

图 10.1 基于无时滞输出预估器的主动抗扰控制结构

为了便于实际应用，这里通过配置式(10.9) 的传递函数在 z 平面内的期望极点来确定观测器 $\boldsymbol{L}$。令

$$\Pi_1(z)=|z\boldsymbol{I}-(\hat{\boldsymbol{A}}-\boldsymbol{L}\hat{\boldsymbol{C}})|=(z-\alpha_0)^{n+1} \tag{10.10}$$

其中，$\alpha_0\in(0,1)$ 是一个整定参数，对应观测器传递函数的特征根，在实践中一般可取 0.5 作为初始值，然后通过单调地增减来达到满意的观测性能。

利用 Ackerman 公式[13]，可以得到观测器增益向量

$$\boldsymbol{L}=\Pi_1(\hat{\boldsymbol{A}})\begin{bmatrix}\hat{\boldsymbol{C}}\\ \hat{\boldsymbol{C}}\hat{\boldsymbol{A}}\\ \vdots\\ \hat{\boldsymbol{C}}\hat{\boldsymbol{A}}^n\end{bmatrix}\begin{bmatrix}0\\0\\ \vdots\\1\end{bmatrix} \tag{10.11}$$

为估计无时滞输出，提出如下离散时间域的滤波器

$$F_{\mathrm{p}}(z)=\frac{(1-\lambda_{\mathrm{f}})^{l+1}}{(z-\lambda_{\mathrm{f}})^{l+1}}\sum_{i=1}^{l+1}\beta_i z^i,\ \sum_{i=1}^{l+1}\beta_i=1 \tag{10.12}$$

其中，$\lambda_{\mathrm{f}}\in(0,1)$ 是一个整定参数；$\beta_i(i=0,1,\cdots,l)$ 是根据对象特性确定的滤波器参数；l 是对象模型在 z 平面中靠近单位圆、在单位圆上或者在单位圆外的极点个数。

由式(10.12) 可知

$$\lim_{z\to1}F_{\mathrm{p}}(z)=1 \tag{10.13}$$

从而保证了无稳态预测误差。

为了保证闭环系统对于开环稳定、积分和不稳定过程都具有内部稳定性，这里采用一个便于实际执行的等价控制结构，如图 10.2 所示。

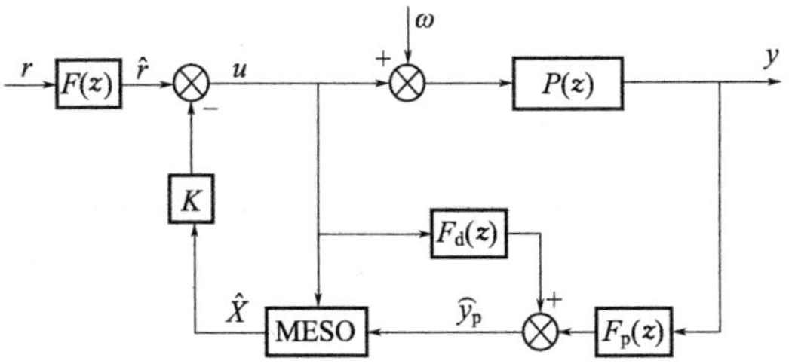

图 10.2 等价的控制结构执行形式

对照图 10.1 和图 10.2，可知

$$F_{\mathrm{d}}(z)=G_{\mathrm{n}}(z)[1-z^{-d_{\mathrm{n}}}F_{\mathrm{p}}(z)] \tag{10.14}$$

说明：$F_{\mathrm{d}}(z)$ 的输入是幅值有界的控制量 u，并且不受输出测量噪声的影响。

记 $\bar{y}$ 为真实的无时滞输出，由图 10.2 可知，在模型与对象完全匹配的情况下，无时滞输出预估误差为

$$\bar{e}(z)=\bar{y}-\hat{y}_{\mathrm{p}}=F_{\mathrm{d}}(z)\omega(z) \tag{10.15}$$

由式(10.14) 可知，$\lim\limits_{z\to1}F_{\mathrm{d}}(z)=0$，说明系统进入稳态后不会有输出预估误差，这意味着常值或渐近稳定的负载干扰不会导致稳态预测误差。

注意 $F_d(z)$ 中包含对象模型的无时滞部分，即 $G_n(z)$。如果 $G_n(z)$ 中存在积分 $(z=1)$ 或不稳定 $(|z|>1)$ 的极点，则 $F_d(z)$ 将会变得不稳定。此外，如果 $G_n(z)$ 中存在慢极点 $(|z|\to 1)$，会影响输出预测性能。为克服上述这些问题，可以设计滤波器 $F_p(z)$ 满足如下约束条件

$$1-z^{-d_n}F_p(z)|_{z=z_i,i=1,\cdots,s_1}=0 \tag{10.16}$$

$$\frac{d^{s_2}}{dz^{s_2}}[1-z^{-d_n}F_p(z)]|_{z=1}=0 \tag{10.17}$$

其中，$z_i, i=1,\cdots,s_1$ 表示 $G_n(z)$ 中的慢极点或者不稳定极点；s_2 表示 $G_n(z)$ 中积分极点的个数。

如果 $G_n(z)$ 不存在积分或不稳定 $(|z|>1)$ 的极点以及慢极点，可以取滤波器形式如下

$$F_p(z)=\frac{(1-\lambda_f)^q}{(z-\lambda_f)^q} \tag{10.18}$$

其中，$\lambda_f\in(0,1)$ 是一个整定参数，通过对该参数的整定，可以实现输出预测性能与鲁棒性之间的折中。由 $F_d(z)$ 和 $F_p(z)$ 的形式可以看出，调小 λ_f 会加快输出预测响应，但在过程不确定性下的鲁棒性变差，反之亦然。实际中一般可选取 0.9 作为初始值，然后通过单调地增减来达到满意的预测性能。

10.2.2 两自由度控制器

在如图 10.2 所示的控制结构中，设计闭环反馈控制律如下

$$u(k)=\hat{r}(k)-\boldsymbol{K}\hat{\boldsymbol{X}}(k) \tag{10.19}$$

其中，$\boldsymbol{K}=[k_1k_2\cdots k_n1]/b_0=[\boldsymbol{K}_0\quad 1/b_0]$ 是闭环抗扰反馈控制器；$\hat{r}(k)$ 是滤波后的设定点指令信号。

假设无时滞系统状态 $\hat{\boldsymbol{X}}(k)$ 和广义扰动 $f(y,u,\omega)$ 可以被精确估计，将式(10.19) 代入式(10.6) 中，可得闭环系统特征方程为

$$\Pi_2(z)=|z\boldsymbol{I}-(\hat{\boldsymbol{A}}-\hat{\boldsymbol{B}}\boldsymbol{K})| \tag{10.20}$$

可以展开表示为

$$\Pi_2(z)=(z-1)[z^n+(a_{n-1}+k_n)z^{n-1}+\cdots+(a_1+k_2)z+a_0+k_1]$$

为便于实际应用，这里通过设计期望的闭环系统传递函数的极点来整定控制器。令

$$z^n+(a_{n-1}+k_n)z^{n-1}+\cdots+(a_1+k_2)z+a_0+k_1=(z-\alpha_c)^n$$

其中，$\alpha_c\in(0,1)$ 是一个整定参数。由此可得

$$k_i=\binom{n}{i-1}(-\alpha_c)^{n-i+1}-a_{i-1}, i=1,\cdots,n \tag{10.21}$$

在实际应用中，一般可取 $\alpha_c=0.9$ 作为初始值，通过单调地整定该参数，可以实现闭环抗扰性能与鲁棒稳定性之间的最佳折中。

对式(10.9) 和式(10.19) 取 z 变换可得

$$\begin{cases} z\hat{\boldsymbol{X}}(z)=\hat{\boldsymbol{A}}\hat{\boldsymbol{X}}(z)+\hat{\boldsymbol{B}}u(z)+\boldsymbol{L}[\hat{y}_p(z)-\hat{y}(z)] \\ u(z)=\hat{r}(z)-\boldsymbol{K}\hat{\boldsymbol{X}}(z) \end{cases} \tag{10.22}$$

其中，$\hat{\boldsymbol{X}}(z)$、$u(z)$、$\hat{y}_p(z)$、$\hat{y}(z)$ 和 $\hat{r}(z)$ 分别是 $\hat{\boldsymbol{X}}(k)$、$u(k)$、$\hat{y}_p(k)$、$\hat{y}(k)$ 和 $\hat{r}(k)$ 的 z 变换。

由式(10.22) 可得

$$u(z)=F_1(z)\hat{r}(z)-F_2(z)\hat{y}_p(z) \tag{10.23}$$

其中

$$F_1(z)=1-\boldsymbol{K}(z\boldsymbol{I}-\hat{\boldsymbol{A}}+\hat{\boldsymbol{B}}\boldsymbol{K}+\boldsymbol{L}\hat{\boldsymbol{C}})^{-1}\hat{\boldsymbol{B}} \tag{10.24}$$

$$\begin{aligned}F_2(z)&=\boldsymbol{K}(z\boldsymbol{I}-\hat{\boldsymbol{A}}+\hat{\boldsymbol{B}}\boldsymbol{K}+\boldsymbol{L}\hat{\boldsymbol{C}})^{-1}\boldsymbol{L}\\&=\frac{1}{z-1}\times\frac{\boldsymbol{K}\mathrm{adj}(z\boldsymbol{I}_{n+1}-\hat{\boldsymbol{A}}+\hat{\boldsymbol{B}}\boldsymbol{K}+\boldsymbol{L}\hat{\boldsymbol{C}})\boldsymbol{L}}{\det(z\boldsymbol{I}_n-\boldsymbol{A}_{\mathrm{m}}+\boldsymbol{B}_{\mathrm{m}}\boldsymbol{K}_0/b_0+\boldsymbol{L}_n\boldsymbol{C}_{\mathrm{m}})}\end{aligned} \tag{10.25}$$

其中，$\boldsymbol{L}_n$ 表示$\boldsymbol{L}$ 的前 n 行。注意在 $F_2(z)$ 中含有一个积分极点 $z=1$，表明 $F_2(z)$ 中有一个与 MESO 设计无关的积分性质，用于消除扰动响应的输出偏差。

因此，上述基于 MESO 和反馈控制器 $\boldsymbol{K}$ 可以通过 $F_1(z)$ 和 $F_2(z)$ 来实现。换言之，如图 10.2 所示的抗扰控制结构等价于图 10.3 中的两自由度控制结构。

为保证设定点跟踪无稳态输出偏差，设计一个滤波器 $F(z)$ 来修改设定点指令，令

$$\hat{r}(z)=F(z)r(z) \tag{10.26}$$

在标称情况下，系统设定点响应的传递函数可写为

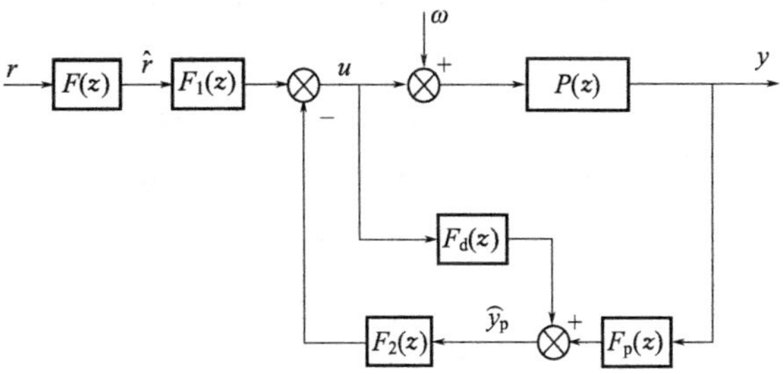

图 10.3　等价的两自由度控制结构

$$\begin{aligned}y(z)&=\boldsymbol{C}_{\mathrm{m}}(z\boldsymbol{I}-\boldsymbol{A}_{\mathrm{m}}+\boldsymbol{B}_{\mathrm{m}}\boldsymbol{K}_0)^{-1}\boldsymbol{B}_{\mathrm{m}}z^{-d_{\mathrm{n}}}F(z)r(z)\\&=\boldsymbol{T}_{\mathrm{d}}(z)F(z)z^{-d_{\mathrm{n}}}r(z)\end{aligned} \tag{10.27}$$

其中，$\boldsymbol{T}_{\mathrm{d}}(z)=\boldsymbol{C}_{\mathrm{m}}(z\boldsymbol{I}-\boldsymbol{A}_{\mathrm{m}}+\boldsymbol{B}_{\mathrm{m}}\boldsymbol{K}_0)^{-1}\boldsymbol{B}_{\mathrm{m}}$。在理想情况下，期望 $T_{\mathrm{d}}(z)F(z)=1$ 以实现最优设定点跟踪性能。然而，$F(z)=1/T_{\mathrm{d}}(z)$ 不能物理实现。

注意：为了保证无稳态跟踪误差，必须满足如下的渐近约束条件

$$\lim_{z\to1}F(z)=\lim_{z\to1}\frac{1}{T_{\mathrm{d}}(z)}=\frac{1}{\boldsymbol{C}_{\mathrm{m}}(\boldsymbol{I}-\boldsymbol{A}_{\mathrm{m}}+\boldsymbol{B}_{\mathrm{m}}\boldsymbol{K}_0)^{-1}\boldsymbol{B}_{\mathrm{m}}} \tag{10.28}$$

因此，设计滤波器形式如下

$$F(z)=\frac{K_{\mathrm{f}}(1-\lambda)^h z^h}{(z-\lambda)^h} \tag{10.29}$$

其中，λ 是一个整定参数，h 是滤波器阶次，可以根据实际情况指定：

$$\boldsymbol{K}_{\mathrm{f}}=\frac{1}{\boldsymbol{C}_{\mathrm{m}}(\boldsymbol{I}-\boldsymbol{A}_{\mathrm{m}}+\boldsymbol{B}_{\mathrm{m}}\boldsymbol{K}_0)^{-1}\boldsymbol{B}_{\mathrm{m}}} \tag{10.30}$$

容易看出，调小 λ 可以加快设定点跟踪性能，但当有过程不确定性时，会降低跟踪性能的稳定性，反之亦然。从如图 10.3 所示的两自由度控制结构可以看出，设定点跟踪和抗扰控制性能可以相对独立地进行优化，因而便于工程实践中在线整定控制系统性能。

10.3　系统稳定性分析

为便于分析，考虑如图 10.3 所示的等价控制结构，其中各部件的状态空间描述为

$$\boldsymbol{P}(z):\begin{cases}\boldsymbol{x}(k+1)=\widetilde{\boldsymbol{A}}\boldsymbol{x}(k)+\widetilde{\boldsymbol{B}}u(k-d)\\y(k)=\boldsymbol{C}_{\mathrm{m}}\boldsymbol{x}(k)\end{cases} \tag{10.31}$$

$$\boldsymbol{F}_{\mathrm{d}}(z):\begin{cases}\boldsymbol{x}_{\mathrm{s}}(k+1)=\boldsymbol{A}_{\mathrm{s}}\boldsymbol{x}_{\mathrm{s}}(k)+\boldsymbol{B}_{\mathrm{s}}u(k)\\y_{\mathrm{s}}(k)=\boldsymbol{C}_{\mathrm{s}}\boldsymbol{x}_{\mathrm{s}}(k)\end{cases} \tag{10.32}$$

$$\boldsymbol{F}_{\mathrm{p}}(z):\begin{cases}\boldsymbol{x}_{\mathrm{f}}(k+1)=\boldsymbol{A}_{\mathrm{f}}\boldsymbol{x}_{\mathrm{f}}(k)+\boldsymbol{B}_{\mathrm{f}}y(k)\\ y_{\mathrm{f}}(k)=\boldsymbol{C}_{\mathrm{f}}\boldsymbol{x}_{\mathrm{f}}(k)+\boldsymbol{D}_{\mathrm{f}}y(k)\end{cases}\tag{10.33}$$

$$\boldsymbol{F}_{2}(z):\begin{cases}\boldsymbol{x}_{\mathrm{c}}(k+1)=\boldsymbol{A}_{\mathrm{c}}\boldsymbol{x}_{\mathrm{c}}(k)+\boldsymbol{B}_{\mathrm{c}}\hat{y}_{\mathrm{p}}(k)\\ u(k)=-\boldsymbol{C}_{\mathrm{c}}\boldsymbol{x}_{\mathrm{c}}(k)\end{cases}\tag{10.34}$$

其中，$\widetilde{\boldsymbol{A}}=\boldsymbol{A}_{\mathrm{m}}+\Delta\boldsymbol{A}$，$\widetilde{\boldsymbol{B}}=\boldsymbol{B}_{\mathrm{m}}+\Delta\boldsymbol{B}$，$\hat{y}_{\mathrm{p}}(k)=y_{\mathrm{s}}(k)+y_{\mathrm{f}}(k)$。

由式(10.31)～式(10.34) 可推导出闭环系统描述如下

$$\overline{\boldsymbol{x}}(k+1)=(\overline{\boldsymbol{A}}+\sigma\overline{\boldsymbol{E}}\Delta\overline{\boldsymbol{H}}_{\mathrm{A}})\overline{\boldsymbol{x}}(k)+(\overline{\boldsymbol{A}}_{\mathrm{d}}+\sigma\overline{\boldsymbol{E}}\Delta\overline{\boldsymbol{H}}_{\mathrm{B}})\overline{\boldsymbol{x}}(k-d)\tag{10.35}$$

其中，$\overline{\boldsymbol{x}}(k)\triangleq[\boldsymbol{x}^{\mathrm{T}}(k)\quad \boldsymbol{x}_{\mathrm{s}}^{\mathrm{T}}(k)\quad \boldsymbol{x}_{\mathrm{f}}^{\mathrm{T}}(k)\quad \boldsymbol{x}_{\mathrm{c}}^{\mathrm{T}}(k)]^{\mathrm{T}}$，

$$\overline{\boldsymbol{A}}=\begin{bmatrix}\boldsymbol{A}_{\mathrm{m}} & \boldsymbol{0} & \boldsymbol{0} & \boldsymbol{0}\\ \boldsymbol{0} & \boldsymbol{A}_{\mathrm{s}} & \boldsymbol{0} & -\boldsymbol{B}_{\mathrm{s}}\boldsymbol{C}_{\mathrm{c}}\\ \boldsymbol{B}_{\mathrm{f}}\boldsymbol{C}_{\mathrm{m}} & \boldsymbol{0} & \boldsymbol{A}_{\mathrm{f}} & \boldsymbol{0}\\ \boldsymbol{B}_{\mathrm{c}}\boldsymbol{D}_{\mathrm{f}}\boldsymbol{C}_{\mathrm{m}} & \boldsymbol{B}_{\mathrm{c}}\boldsymbol{C}_{\mathrm{s}} & \boldsymbol{B}_{\mathrm{c}}\boldsymbol{C}_{\mathrm{f}} & \boldsymbol{A}_{\mathrm{c}}\end{bmatrix},\ \overline{\boldsymbol{A}}_{\mathrm{d}}=\begin{bmatrix}\boldsymbol{0} & \boldsymbol{0} & \boldsymbol{0} & -\boldsymbol{B}_{\mathrm{m}}\boldsymbol{C}_{\mathrm{c}}\\ \boldsymbol{0} & \boldsymbol{0} & \boldsymbol{0} & \boldsymbol{0}\\ \boldsymbol{0} & \boldsymbol{0} & \boldsymbol{0} & \boldsymbol{0}\\ \boldsymbol{0} & \boldsymbol{0} & \boldsymbol{0} & \boldsymbol{0}\end{bmatrix}$$

$\overline{\boldsymbol{E}}=[\boldsymbol{E}^{\mathrm{T}}\quad \boldsymbol{0}\quad \boldsymbol{0}\quad \boldsymbol{0}]^{\mathrm{T}}$，$\overline{\boldsymbol{H}}_{\mathrm{A}}=[\boldsymbol{H}_{\mathrm{A}}\quad \boldsymbol{0}\quad \boldsymbol{0}\quad \boldsymbol{0}]$，$\overline{\boldsymbol{H}}_{\mathrm{B}}=[\boldsymbol{0}\quad \boldsymbol{0}\quad \boldsymbol{0}\quad -\boldsymbol{H}_{\mathrm{B}}\boldsymbol{C}_{\mathrm{c}}]$。

在分析闭环系统鲁棒稳定性之前，简要介绍一下如下两个引理。

引理 10.1[14] 对于一个对称正定矩阵 $\boldsymbol{\Lambda}$，当 $d>1$ 时，则任意的离散时间域变量序列 $\boldsymbol{x}:[-d,0]\cap Z\rightarrow\Re^{n}$ 满足如下不等式

$$-\sum_{i=k-d}^{k-1}\boldsymbol{y}^{\mathrm{T}}(i)\boldsymbol{\Lambda}\boldsymbol{y}(i)\leqslant-\frac{1}{d}\begin{bmatrix}\boldsymbol{\vartheta}_1\\ \boldsymbol{\vartheta}_2\end{bmatrix}^{\mathrm{T}}\begin{bmatrix}\boldsymbol{\Lambda} & \boldsymbol{0}\\ \boldsymbol{0} & 3\boldsymbol{\Lambda}\end{bmatrix}\begin{bmatrix}\boldsymbol{\vartheta}_1\\ \boldsymbol{\vartheta}_2\end{bmatrix}\tag{10.36}$$

其中

$$\boldsymbol{y}(i)=\boldsymbol{x}(i+1)-\boldsymbol{x}(i),$$

$$\boldsymbol{\vartheta}_1=\boldsymbol{x}(k)-\boldsymbol{x}(k-d),$$

$$\boldsymbol{\vartheta}_2=\boldsymbol{x}(k)+\boldsymbol{x}(k-d)-\frac{2}{d+1}\sum_{i=k-d}^{k}\boldsymbol{x}(i)。$$

引理 10.2[15] 对于适维矩阵 $\boldsymbol{X}$ 和 $\boldsymbol{Y}$，任意的 $\varepsilon>0$ 和矩阵 $\boldsymbol{\Delta}$，并且满足 $\boldsymbol{\Delta}^{\mathrm{T}}\boldsymbol{\Delta}\leqslant\boldsymbol{I}$，则有如下不等式成立

$$\boldsymbol{X}\boldsymbol{\Delta}\boldsymbol{Y}+\boldsymbol{Y}^{\mathrm{T}}\boldsymbol{\Delta}^{\mathrm{T}}\boldsymbol{X}^{\mathrm{T}}\leqslant\varepsilon\boldsymbol{X}\boldsymbol{X}^{\mathrm{T}}+\varepsilon^{-1}\boldsymbol{Y}^{\mathrm{T}}\boldsymbol{Y}\tag{10.37}$$

下面的定理给出保证闭环式(10.35) 系统鲁棒稳定性的充分条件。

定理 10.1 如果存在矩阵 $\boldsymbol{P}>0$，$\boldsymbol{Q}>0$，$\boldsymbol{R}>0$ 和标量 $\mu>0$ 满足如下矩阵不等式条件，则闭环系统式(10.35) 是渐近稳定的：

$$\begin{bmatrix}-\boldsymbol{\Lambda}_1^{\mathrm{T}}\boldsymbol{P}\boldsymbol{\Lambda}_1+\overline{\boldsymbol{Q}}-\boldsymbol{\Lambda}_4^{\mathrm{T}}\overline{\boldsymbol{R}}\boldsymbol{\Lambda}_4+\hat{\boldsymbol{H}}^{\mathrm{T}}\hat{\boldsymbol{H}} & \boldsymbol{\Lambda}_2^{\mathrm{T}}\boldsymbol{P} & d\boldsymbol{\Lambda}_3^{\mathrm{T}}\boldsymbol{R} & \boldsymbol{0}\\ * & -\boldsymbol{P} & \boldsymbol{0} & \boldsymbol{P}\hat{\boldsymbol{E}}\\ * & * & -\boldsymbol{R} & d\boldsymbol{R}\overline{\boldsymbol{E}}\\ * & * & * & -\mu\boldsymbol{I}\end{bmatrix}<0\tag{10.38}$$

其中，$\overline{\boldsymbol{Q}}\triangleq\mathrm{diag}\{\boldsymbol{Q},\ -\boldsymbol{Q},\ \boldsymbol{0}\}$；$\overline{\boldsymbol{R}}\triangleq\mathrm{diag}\{\boldsymbol{R},\ 3\boldsymbol{R}\}$；$\hat{\boldsymbol{E}}\triangleq[\overline{\boldsymbol{E}}^{\mathrm{T}}\quad \boldsymbol{0}]^{\mathrm{T}}$；$\hat{\boldsymbol{H}}\triangleq[\overline{\boldsymbol{H}}_{\mathrm{A}}\quad \overline{\boldsymbol{H}}_{\mathrm{B}}\quad \boldsymbol{0}]$；

$$\boldsymbol{\Lambda}_1\triangleq\begin{bmatrix}\boldsymbol{I} & \boldsymbol{0} & \boldsymbol{0}\\ -\boldsymbol{I} & \boldsymbol{0} & (d+1)\boldsymbol{I}\end{bmatrix};\ \boldsymbol{\Lambda}_2\triangleq\begin{bmatrix}\overline{\boldsymbol{A}} & \overline{\boldsymbol{A}}_{\mathrm{d}} & \boldsymbol{0}\\ \boldsymbol{0} & -\boldsymbol{I} & (d+1)\boldsymbol{I}\end{bmatrix};$$

$$\boldsymbol{\Lambda}_3\triangleq[\overline{\boldsymbol{A}}-\boldsymbol{I}\quad \overline{\boldsymbol{A}}_{\mathrm{d}}\quad \boldsymbol{0}];\ \boldsymbol{\Lambda}_4\triangleq\begin{bmatrix}\boldsymbol{I} & -\boldsymbol{I} & \boldsymbol{0}\\ \boldsymbol{I} & \boldsymbol{I} & -2\boldsymbol{I}\end{bmatrix};$$

$\sigma=\sqrt{1/\mu}$是式(10.2)中描述过程不确定性界的标量。

证明： 取如下 Lyapunov-Krasovskii 函数

$$V(t)=V_1(k)+V_2(k)+V_3(k)$$

其中

$$V_1(k)=\boldsymbol{\xi}^{\mathrm{T}}(k)\hat{\boldsymbol{P}}\xi(k),\boldsymbol{\xi}(k)=\left[\overline{\boldsymbol{x}}^{\mathrm{T}}(k)\quad \sum\nolimits_{i=k-d}^{k-1}\overline{\boldsymbol{x}}^{\mathrm{T}}(i)\right]^{\mathrm{T}},$$

$$V_2(k)=\sum_{i=k-d}^{k-1}\overline{\boldsymbol{x}}^{\mathrm{T}}(i)\hat{\boldsymbol{Q}}\overline{\boldsymbol{x}}(i),V_3(k)=d\sum_{i=-d}^{-1}\sum_{j=k+i}^{k-1}\boldsymbol{\eta}^{\mathrm{T}}(j)\hat{\boldsymbol{R}}\boldsymbol{\eta}(j),$$

$$\boldsymbol{\eta}(j)\triangleq\overline{\boldsymbol{x}}(j+1)-\overline{\boldsymbol{x}}(j)。$$

定义

$$\boldsymbol{\upsilon}(k)\triangleq\frac{1}{d+1}\sum_{i=k-d}^{k}\overline{\boldsymbol{x}}(i),\boldsymbol{\varphi}(k)\triangleq[\overline{\boldsymbol{x}}^{\mathrm{T}}(k)\quad \overline{\boldsymbol{x}}^{\mathrm{T}}(k-d)\quad \boldsymbol{\upsilon}^{\mathrm{T}}(k)]^{\mathrm{T}}$$

则有

$$\boldsymbol{\xi}(k)=\boldsymbol{\Lambda}_1\boldsymbol{\varphi}(k),\boldsymbol{\xi}(k+1)=(\boldsymbol{\Lambda}_2+\boldsymbol{\sigma}\hat{\boldsymbol{E}}\Delta\hat{\boldsymbol{H}})\boldsymbol{\varphi}(k)\triangleq\widetilde{\boldsymbol{\Lambda}}_2\boldsymbol{\varphi}(k)。$$

计算$V(x)$的前向差分，可得

$$\Delta V_1(k)=\boldsymbol{\varphi}^{\mathrm{T}}(k)(\widetilde{\boldsymbol{\Lambda}}_2^{\mathrm{T}}\hat{\boldsymbol{P}}\widetilde{\boldsymbol{\Lambda}}_2-\boldsymbol{\Lambda}_1^{\mathrm{T}}\hat{\boldsymbol{P}}\boldsymbol{\Lambda}_1)\boldsymbol{\varphi}(k),$$

$$\Delta V_2(k)=\boldsymbol{\varphi}^{\mathrm{T}}(k)\widetilde{\boldsymbol{Q}}\boldsymbol{\varphi}(k),\widetilde{\boldsymbol{Q}}=\mathrm{diag}\{\hat{\boldsymbol{Q}},\quad -\hat{\boldsymbol{Q}},\quad \boldsymbol{0}\},$$

$$\Delta V_3(k)=d^2\boldsymbol{\varphi}^{\mathrm{T}}(k)\widetilde{\boldsymbol{\Lambda}}_3^{\mathrm{T}}\hat{\boldsymbol{R}}\widetilde{\boldsymbol{\Lambda}}_3\boldsymbol{\varphi}(k)-d\sum_{i=k-d}^{k-1}\boldsymbol{\eta}^{\mathrm{T}}(i)\hat{\boldsymbol{R}}\boldsymbol{\eta}(i),$$

其中$\widetilde{\boldsymbol{\Lambda}}_3\triangleq\boldsymbol{\Lambda}_3+\sigma\overline{\boldsymbol{E}}\Delta\hat{\boldsymbol{H}}$。

利用引理 10.1 中的不等式，可得

$$-d\sum_{i=k-d}^{k-1}\boldsymbol{\eta}^{\mathrm{T}}(i)\hat{\boldsymbol{R}}\boldsymbol{\eta}(i)\leqslant-\begin{bmatrix}\boldsymbol{\theta}_1\\ \boldsymbol{\theta}_2\end{bmatrix}^{\mathrm{T}}\widetilde{\boldsymbol{R}}\begin{bmatrix}\boldsymbol{\theta}_1\\ \boldsymbol{\theta}_2\end{bmatrix},\widetilde{\boldsymbol{R}}=\mathrm{diag}\{\hat{\boldsymbol{R}},\quad 3\hat{\boldsymbol{R}}\}$$

其中

$$\begin{bmatrix}\boldsymbol{\theta}_1\\ \boldsymbol{\theta}_2\end{bmatrix}=\begin{bmatrix}\overline{\boldsymbol{x}}(k)-\overline{\boldsymbol{x}}(k-d)\\ \overline{\boldsymbol{x}}(k)+\overline{\boldsymbol{x}}(k-d)-\dfrac{2}{d+1}\displaystyle\sum_{i=k-d}^{k}\overline{\boldsymbol{x}}(i)\end{bmatrix}\triangleq\boldsymbol{\Lambda}_4\boldsymbol{\varphi}(k)$$

因此，可知

$$\Delta V(k)\leqslant\boldsymbol{\varphi}^{\mathrm{T}}(k)(\widetilde{\boldsymbol{\Lambda}}_2^{\mathrm{T}}\hat{\boldsymbol{P}}\widetilde{\boldsymbol{\Lambda}}_2-\boldsymbol{\Lambda}_1^{\mathrm{T}}\hat{\boldsymbol{P}}\boldsymbol{\Lambda}_1+\widetilde{\boldsymbol{Q}}+d^2\widetilde{\boldsymbol{\Lambda}}_3^{\mathrm{T}}\hat{\boldsymbol{R}}\widetilde{\boldsymbol{\Lambda}}_3-\boldsymbol{\Lambda}_4^{\mathrm{T}}\widetilde{\boldsymbol{R}}\boldsymbol{\Lambda}_4)\boldsymbol{\varphi}(k)\tag{10.39}$$

由 Schur 补性质和引理 10.2 可知，如果下面矩阵不等式成立

$$\begin{bmatrix}-\boldsymbol{\Lambda}_1^{\mathrm{T}}\hat{\boldsymbol{P}}\boldsymbol{\Lambda}_1+\widetilde{\boldsymbol{Q}}-\boldsymbol{\Lambda}_4^{\mathrm{T}}\widetilde{\boldsymbol{R}}\boldsymbol{\Lambda}_4+\varepsilon\hat{\boldsymbol{H}}^{\mathrm{T}}\hat{\boldsymbol{H}} & \boldsymbol{\Lambda}_2^{\mathrm{T}}\hat{\boldsymbol{P}} & d\boldsymbol{\Lambda}_3^{\mathrm{T}}\hat{\boldsymbol{R}} & \boldsymbol{0}\\ * & -\hat{\boldsymbol{P}} & \boldsymbol{0} & \sigma\hat{\boldsymbol{P}}\hat{\boldsymbol{E}}\\ * & * & -\hat{\boldsymbol{R}} & \sigma d\hat{\boldsymbol{R}}\overline{\boldsymbol{E}}\\ * & * & * & -\boldsymbol{\varepsilon I}\end{bmatrix}<\boldsymbol{0}\tag{10.40}$$

则$\Delta V(t)<0$。

定义$\boldsymbol{P}=\hat{\boldsymbol{P}}/\varepsilon$，$\boldsymbol{Q}=\hat{\boldsymbol{Q}}/\varepsilon$，$\boldsymbol{R}=\hat{\boldsymbol{R}}/\varepsilon$，然后在矩阵不等式(10.40)两边同时乘以$\mathrm{diag}\{\boldsymbol{I},\ \boldsymbol{I},\ \boldsymbol{I},\ \sigma^{-1}\boldsymbol{I}\}$，再令$\mu=\sigma^{-2}$，可得矩阵不等式条件式(10.38)。证毕。 □

为估计能容许的过程不确定性上界，可以通过求解如下优化问题得到

$$\text{Minimize}\quad \mu\tag{10.41}$$

$$\text{s.t. 式(10.38)}$$

10.4 应用案例

例 10.1 考虑文献［9］中研究的一个仿真案例：

$$P(s)=G(s)e^{-\tau s}=\frac{b}{s+a}e^{-5s}$$

当 $a>0$ 时，$P(s)$ 是一个稳定过程；当 $a=0$ 时，$P(s)$ 是一个积分过程；当 $a<0$ 时，$P(s)$ 是一个不稳定过程。取采样周期为 $T_s=0.5$s，根据不同的参数选择，可以得到相应的离散时间域采样系统模型，如表 10.1 所示。

表 10.1 不同参数选择下的采样系统模型

$b=1$	$a=0.05$	$a=0$	$a=-0.05$
离散时间域模型 $G(z)$	$\frac{0.4938}{z-0.9753}$	$\frac{0.5}{z-1}$	$\frac{0.5063}{z-1.025}$

说明：输入时滞 $\tau=5$ 对应离散时间域时滞参数 $d=10$。

按照文献［9］的仿真控制测试，当 $t=0$s 时在设定点加入一个单位阶跃信号，然后在 $t=80$s 时在过程输入侧加入一个幅值为 0.1 的阶跃型负载干扰。为了与文献［9］中的方法作公平比较，根据相似的设定点上升速度和扰动响应峰值，本章方法的 MESO 观测器和控制器参数设置如表 10.2 所示，应用式(10.29) 设计前置滤波器 $F(z)$，其中取 $h=0$，并且应用式(10.12) 设计无时滞预估器中的滤波器，其中取 $l=1$。此外，亦采用文献［10］中的预测型 ADRC 方法进行控制测试，其中 ESO 和控制器参数对于上述稳定系统取为 $\alpha_0=0.77$，$\alpha_c=0.91$，对于积分系统取为 $\alpha_0=0.76$，$\alpha_c=0.95$，对于不稳定系统取为 $\alpha_0=0.76$，$\alpha_c=0.96$。另外，文献［16］中基于滤波 Smith 预估器的控制方法也用于比较，其中相应的控制器整定如表 10.3 所示，注意这里采用和本章方法相同的采样周期。

表 10.2 本章方法中 MESO 观测器和控制器参数设置

	$a=0.05$	$a=0$	$a=-0.05$
α_0	0.25	0.48	0.45
α_c	0.93	0.95	0.95
F	0.1418	0.1	0.0988
F_1	$\frac{(z-0.25)^2}{(z-1)(z+0.5453)}$	$\frac{(z-0.48)^2}{(z-1)(z+0.09)}$	$\frac{(z-0.45)^2}{(z-1)(z+0.175)}$
F_2	$\frac{1.2745(z-0.9374)}{(z-1)(z+0.5453)}$	$\frac{0.6448(z-0.9581)}{(z-1)(z+0.09)}$	$\frac{0.76412(z-0.9609)}{(z-1)(z+0.175)}$
F_p	$\frac{0.16027z(z-0.9601)}{(z-0.92)^2}$	$\frac{0.1841z(z-0.9734)}{(z-0.93)^2}$	$\frac{0.14784z(z-0.9892)}{(z-0.96)^2}$

表 10.3 文献［16］中基于滤波 Smith 预估器的控制器整定

	$F_{FSP}(z)$	$C_{FSP}(z)$	F_r
$a=0.05$	1	$\frac{0.1333z-0.13}{z-1}$	$\frac{1.6866(z-0.9663)(z-0.9355)}{(z-0.9394)^2}$
$a=0$	1	0.1	$\frac{0.9525z(z-0.9764)}{(z-0.85)^2}$
$a=-0.05$	$\frac{0.25z-0.2253}{z-0.9753}$	$\frac{0.2z-0.195}{z-1}$	$\frac{0.96142(z-0.9882)(z-0.9048)^2}{(z-0.9753)(z-0.9355)^2}$

控制结果如图 10.4～图 10.6 所示。可以看出本章的方法明显提高扰动抑制性能。需要说明，通过单调地调小设定点滤波器和抗扰控制器中的单一可调参数，可以得到更快速的设定点跟踪速度和较小的扰动峰值，感兴趣的读者可以自行验证。

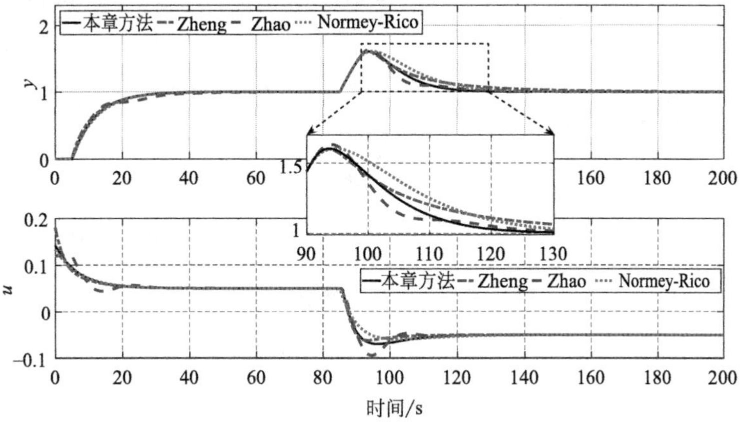

图 10.4　稳定系统的控制结果

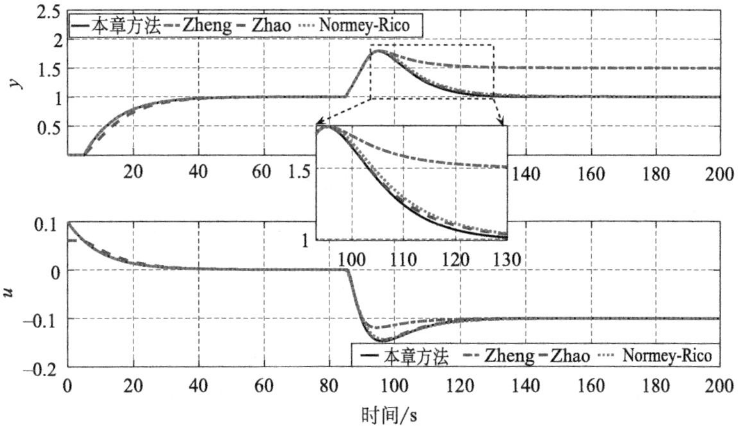

图 10.5　积分系统的控制结果

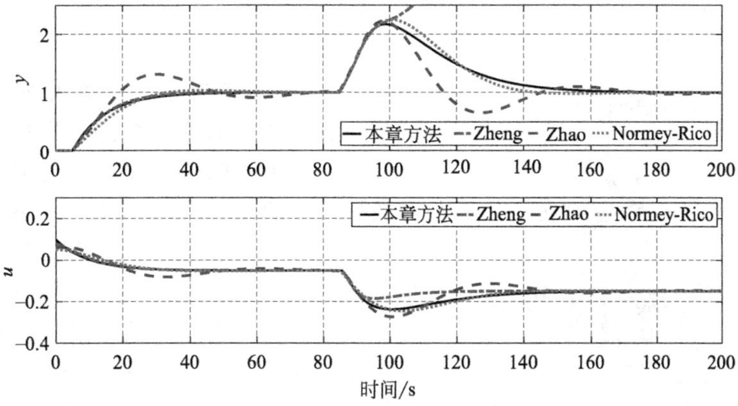

图 10.6　不稳定系统的控制结果

然后假设对于上述稳定过程，实际过程增益和时滞比模型增大 20%；对于不稳定过程，假设实际过程的时滞比模型增大 50%。摄动系统的控制结果如图 10.7 和图 10.8 所示。

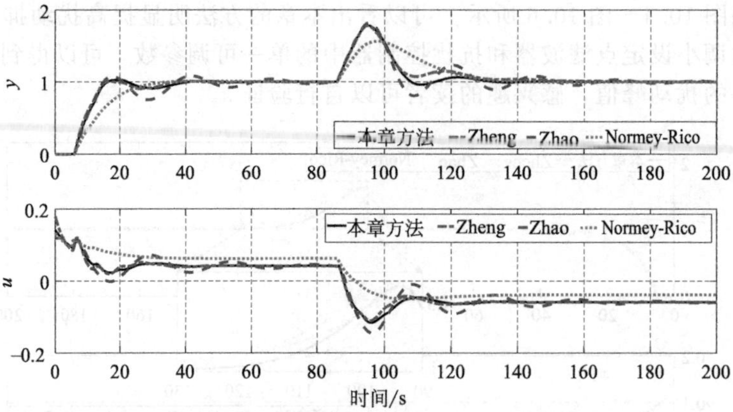

图 10.7 稳定系统摄动情况下的控制结果

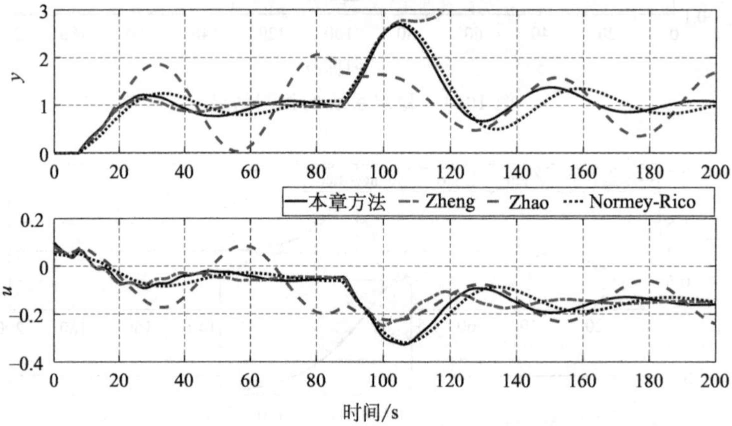

图 10.8 不稳定系统摄动情况下的控制结果

可以看到，相较于引用的三个文献中的控制方法，本章方法很好地保持闭环系统的鲁棒稳定性。说明：通过求解前面一节中的矩阵不等式条件式(10.38)，可知对于上述不稳定过程，容许实际时滞比标称模型时滞大 50%，图 10.8 中的控制结果验证了闭环控制系统保持鲁棒稳定性。

例 10.2 采用一个 4L 夹套式结晶反应釜的温度调节装置来实验测试本章介绍的抗扰控制方法，如图 10.9 所示。

该温度调节装置包括一个 7L 的油浴循环槽（其中热交换介质采用 2∶3 混合的乙二醇和蒸馏水）、一个功率为 2000W 的电加热器、一个调制开关信号脉冲宽度的零穿越固态继电器、一个 PT100 型温度计、一个西门子公司制造的 PLC、一个用于模数和数模转换的 64 位数据采集卡（AT-MIO-64X）。

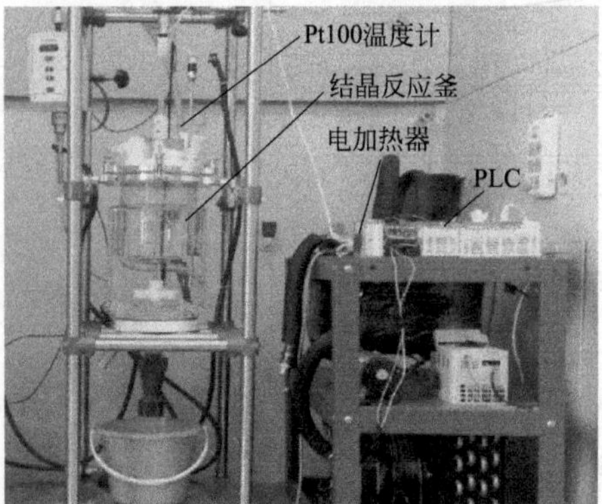

图 10.9 4 升夹套结晶反应釜及其温度调节装置

为了用于 L-谷氨酸结晶工艺，这里的控制目标是使反应釜内的溶液温度从室温 25℃快速上升至 55℃，并且在存在负载干扰（如结晶过程操作中加入低温的原料）的条件下保持结晶溶液温度恒定在 55℃。

通过实施一个开环阶跃辨识实验，即全功率打开电加热器，将反应釜内的溶液从室温 25℃升温至 55℃以上。采用前面第 2 章介绍的阶跃响应辨识方法，得到如下的反应釜温度响应传递函数模型：

$$P(s)=\frac{0.0004325}{s(663.4s+1)}e^{-99s}$$

鉴于反应釜温度响应的慢动态特性，采样周期取为 $T_s=3s$，可以得到如下离散时间域模型：

$$P(z)=\frac{2.9291\times10^{-6}(z+0.9985)}{(z-1)(z-0.9955)}z^{-33}$$

实验测试中，将反应釜溶液温度从 25℃升温至 55℃，然后当溶液温度达到 55℃并且进入稳态之后，加入 200mL 的室温下蒸馏水，观测反应釜温度响应。

在本章方法中，整定参数取为 $\alpha_0=0.9952$，$\alpha_c=0.9923$ 以及 $b_0=2.9247\times10^{-6}$。根据式(10.29)，设计设定点前置滤波器为 $F(z)=0.1036z/(z-0.989)$。同时，应用式(10.12)设计无时滞预估器中的滤波器为

$$F_p(z)=\frac{0.3648z(z-0.9825)}{(z-0.92)^2}$$

为了比较，应用文献［11］中基于 IMC 设计的抗扰控制方法，其中观测器参数选为 $\omega_0=0.0018$，控制器参数取为 $\omega_c=0.0085$。另外，文献［16］中基于滤波 Smith 预估器的控制方法亦用于实验测试，其中控制器根据设计公式取如下形式

$$F(s)=\frac{1}{(335s+1)^2},C(s)=\frac{3567s+5.377}{0.6634s+1},F_r(s)=\frac{1.8188\times10^3s+1}{(430s+1)^3}$$

说明：文献［11,16］的方法已通过其他应用案例验证比以往基于 Smith 预估器或死区补偿器的抗扰控制方法能取得改善的控制性能。

图 10.10 和图 10.11 分别给出了实验结果以及相应的控制信号。

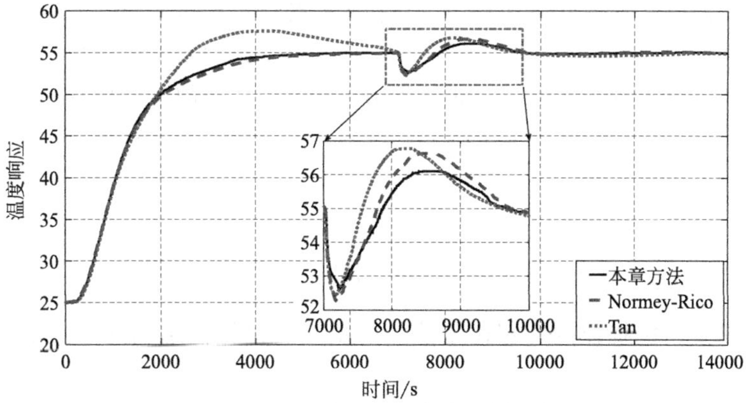

图 10.10 三种控制方法下的反应釜温度响应

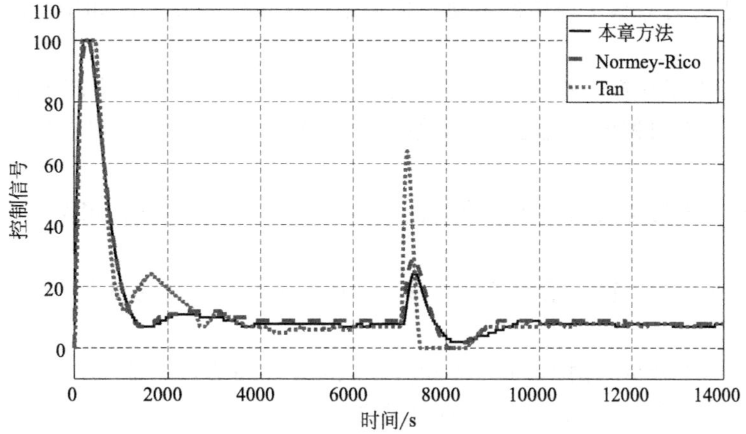

图 10.11 升温实验过程的控制信号

可以看出，相较于基于IMC设计的抗扰控制方法[11]和基于滤波Smith预估器的控制方法[16]，本章方法实现快速的升温响应且没有超调，对于负载干扰达到更快的扰动抑制性能。尤其是同抗扰控制方法[11]相比，为克服负载干扰使得反应釜溶液温度恢复到结晶操作的温度区间（55.0±0.2)℃，本章方法节省时间超过30min。说明一下，由于该实验中油浴循环槽没有设置冷却功能，因此任何负的控制信号（$u<0$）都不能实际执行。如果将抗扰控制方法[11]和基于滤波Smith预估器的控制方法[16]中的控制参数调小来加快设定点跟踪和扰动抑制性能，会造成溶液的温度无法恢复到操作温度55.0℃，也就是说，将会产生一个稳态温度偏差，原因是控制系统执行过程中需要一定时间段内负的控制信号，然而由于控制限幅在$0<u<100\%$内，负的控制信号在实验中无法执行。

10.5 本章小结

为克服未知或不便测量的干扰以及过程不确定性对系统性能的不利影响，本章给出一种基于无时滞输出预估器的主动抗扰控制方法[12]。该方法可以通用于带有时滞响应的开环稳定、积分和不稳定过程。基于一个滤波Smith预估器，设计能同时估计无时滞系统状态和广义扰动的MESO，该广义扰动包括外部和内部干扰以及过程不确定性。通过配置MESO的特征根、闭环抗扰控制传递函数的期望极点以及系统设定点跟踪传递函数的期望形式，分别解析地设计MESO、抗扰控制器以及设定点跟踪滤波器。事实上，该主动抗扰控制结构可以等价地转换为一个基于无时滞输出预估器的两自由度控制结构。本章方法的一个突出优点是MESO、抗扰控制器以及设定点跟踪滤波器都分别只有一个整定参数，可以单调地调节来达到预测（或者控制）性能与其鲁棒稳定性的最佳折中。同时，分析了保持控制系统鲁棒稳定性的充分条件，可以用于评估容许的过程不确定性上界。通过应用于近期文献中的一个仿真例子，验证了该方法的优点。将该方法应用于一个结晶反应釜的温度调节装置的升温过程控制实验，验证了有效性和相对于其他控制方法的优越性。

习　题

1. 简述什么是主动抗扰控制？相比于传统的单位反馈控制结构和2DOF控制结构，其优点是什么？

2. 请简述ESO的作用。举例说明如何基于一个开环稳定过程模型设计ESO增益向量？

3. 请简述基于无时滞输出预估的主动抗扰控制设计步骤，并写出如图10.3所示的两自由度控制器设计公式。

4. 请简述设定点跟踪控制器$F(z)$的意义。如果不加该控制器，会产生什么样的结果？

5. 请对例10.1中的积分系统通过仿真结果说明调节ESO中的整定参数α_0对于抗扰性能的影响。

6. 请对例10.1中的稳定系统通过仿真说明调节设定点滤波器的整定参数λ_f对于系统跟踪性能的影响。

7. 请对例10.1中的不稳定系统通过仿真说明调节抗扰控制器的整定参数α_c对于系统鲁棒稳定性的影响。

8. 请用定理10.1分析对例10.1中的积分系统应用本章方法，能否在实际过程比例增益和时滞比模型增大30%的情况下保持系统的稳定性？

参考文献

[1] Shinskey F. G. Process Control System，4th Edition，New York：McGraw Hill，1996.

[2] Seborg D. E.，Edgar T. F.，Mellichamp D. A. Process Dynamics and Control，2nd Edition，John Wiley& Sons，New Jersey，USA，2004.

[3] 黄德先，王京春，金以慧. 过程控制系统. 北京：清华大学出版社，2011.

[4] 戴连奎，张建明，谢磊. 过程控制工程. 4 版. 北京：化学工业出版社，2020.

[5] Han J. From PID to Active Disturbance Rejection Control，IEEE Transactions on Industrial Electronics，2009，56：900-906.

[6] 韩京清，自抗扰控制技术-估计补偿不确定因素的控制技术. 北京：国防工业出版社，2008.

[7] Gao Z. On the centrality of disturbance rejection in automatic control. ISA Transactions，2014，53：850-857.

[8] Chen W. H.，Yang J.，Guo L.，et al. Disturbance-observer-based control and related methods-An overview. IEEE Transactions on Industrial Electronics，2016，63：1083-1095.

[9] Zhao S.，Gao Z. Modified active disturbance rejection control for time-delay systems，ISA Transactions，2014，53：882-888.

[10] Zheng Q.，Gao Z. Predictive active disturbance rejection control for processes with time delay，ISA Transactions，2014，53：873-881.

[11] Tan W.，Fu C. Linear active disturbance-rejection control：Analysis and tuning via IMC. IEEE Transactions on Industrial Electronics，2016，63：2350-2359.

[12] Liu T.，Hao S.，Li D.，et al. Predictor-based disturbance rejection control for sampled systems with input delay，IEEE Transactions on Control Systems Technology，2017，27：772-780.

[13] Richard C. D.，Robert H. B. Modern Control Systems (12th Edition). Pearson：Essex UK，2014.

[14] Seuret A.，Gouaisbaut F.，Fridman E. Stability of discrete-time systems with time-varying delays via a novel summation inequality. IEEE Transactions on Automatic Control，2015，60：2740-2745.

[15] Gu K.，Kharitonov V. L.，Chen J. Stability of Time-Delay Systems. Boston，MA，USA：Springer，2003.

[16] Normey-Rico J. E.，Camacho E. F. Unified approach for robust dead-time compensator design，Journal of Process Control，2009，19：38-47.

附　控制仿真程序

例 10.1 的控制仿真程序伪代码及图形化编程方框图

行号	编制程序伪代码	注释
1	$T=200$	仿真时间(s)
2	$T_s=0.5$	采样周期(s)
3	$T_d=80;L_d=0.1$	扰动起始时间与幅值
4	$r=1$	设定点指令
5	$P(s)=\frac{1}{s+0.05}e^{-5s}$	被控过程
6	$G(z)=\text{Diff}(P);G(z)=\frac{0.4938}{z-0.9753}z^{d_n};d_n=10$	离散化过程模型
7	$\alpha_0=0.25$	MESO 参数
8	$\alpha_c=0.93$	反馈控制器参数
9	$\lambda_f=0.92$	设定点跟踪控制器参数
10	$h=0;l=1$	

续表

行号	编制程序伪代码	注释
11	$k_i=\binom{n}{i-1}(-\alpha_c)^{n-i+1}-a_{i-1}$	抗扰控制器的参数整定
12	$\boldsymbol{K}=[k_1k_2\cdots k_n1]/b_0=[\boldsymbol{K}_0\quad 1/b_0]$	抗扰控制器形式
13	$\boldsymbol{L}=\Pi_1(\hat{\boldsymbol{A}})\begin{bmatrix}\hat{\boldsymbol{C}}\\ \hat{\boldsymbol{C}}\hat{\boldsymbol{A}}\\ \vdots\\ \hat{\boldsymbol{C}}\hat{\boldsymbol{A}}^n\end{bmatrix}\begin{bmatrix}0\\0\\ \vdots\\1\end{bmatrix}$	MESO 增益向量
14	$F_1(z)=1-\boldsymbol{K}(z\boldsymbol{I}-\hat{\boldsymbol{A}}+\hat{\boldsymbol{B}}\boldsymbol{K}+\boldsymbol{L}\hat{\boldsymbol{C}})^{-1}\hat{\boldsymbol{B}}$； $F_2(z)=\boldsymbol{K}(z\boldsymbol{I}-\hat{\boldsymbol{A}}+\hat{\boldsymbol{B}}\boldsymbol{K}+\boldsymbol{L}\hat{\boldsymbol{C}})^{-1}\boldsymbol{L}$	两自由度控制器设计
15	$F_{\mathrm{p}}(z)=\frac{(1-\lambda_{\mathrm{f}})^{l+1}}{(z-\lambda_{\mathrm{f}})^{l+1}}\sum_{i=1}^{l+1}\beta_i z^i$；$F_{\mathrm{d}}(z)=G_{\mathrm{n}}(z)[1-z^{-d_{\mathrm{n}}}F_{\mathrm{p}}(z)]$	无时滞输出预估器设计
16	$\boldsymbol{K}_{\mathrm{f}}=\frac{1}{\boldsymbol{C}_{\mathrm{m}}(\boldsymbol{I}-\boldsymbol{A}_{\mathrm{m}}+\boldsymbol{B}_{\mathrm{m}}\boldsymbol{K}_0)^{-1}\boldsymbol{B}_{\mathrm{m}}}$；$F(z)=\frac{K_{\mathrm{f}}(1-\lambda)^h z^h}{(z-\lambda)^h}$	设定点跟踪控制器设计
17	sim('PDRC')	调用仿真图形化组件模块系统，如图 10.12 所示
18	plot(t,y); plot(t,u)	画系统输出和控制信号图
程序变量	t 为采样控制步长；λ_{f}，α_0，α_{c} 为控制器参数	
程序输入	r 为设定点跟踪信号；ω 为负载扰动	
程序输出	系统输出 y；控制器输入 u	

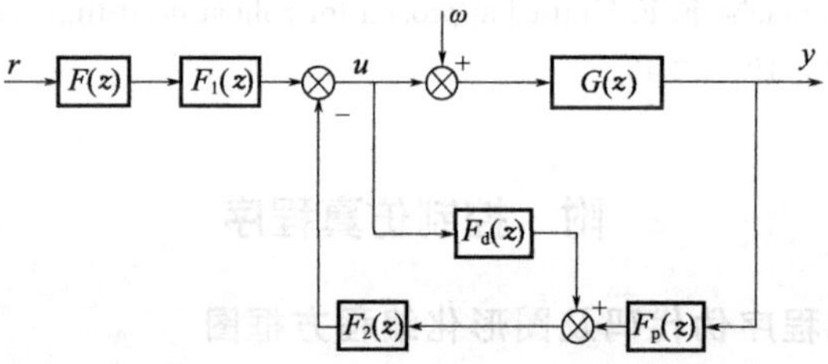

图 10.12　例 10.1 的仿真程序方框图

第11章 反饱和控制

在实际工业生产过程中，由于物理条件的限制和安全运行的要求，过程输入和输出以及控制系统中的执行器，一般都有操作约束。在实际系统运行中经常存在因过程输入或执行器饱和而影响控制性能的问题，例如，调节管道流量的阀门开度范围为 [0,90°]，电加热器的功率调节范围为 [0,100%]。如果这样的饱和约束处理不当，会引起闭环控制系统的不稳定性[1]，甚至造成过程输出超限和系统不安全的问题[2-4]。为了消除过程输入或控制执行器饱和约束的不利影响，已有文献如 [5-7] 等通过对控制量做限幅设计或当控制量及其执行器发生饱和时修改线性反馈控制律，尽量避免过程输入饱和，但会导致控制系统性能的保守性较大。对于具有时滞响应的控制系统，文献 [8,9] 建立与时滞相关的广义扇形条件，可应用于带有执行器饱和约束的线性时滞系统的控制设计，减小系统控制性能的保守性。基于可测量的系统状态或状态观测器，少数文献如 [10-12] 将饱和约束作为求解状态反馈控制律的限制条件，发展了一些反饱和控制设计方法，可以有效地提高系统控制性能。文献 [13] 提出一种反饱和补偿器用于控制系统设计，并且结合扰动反馈控制，能改善系统抗扰性能。

本章根据第 10 章基于无时滞输出预估器的自抗扰控制设计方案，进一步改进扩张状态观测器，使其既能估计系统状态和扰动，又可以在发生输入饱和时成为反饱和补偿器。然后根据无饱和约束的标称系统来设计闭环反馈控制器，通过对无时滞的闭环系统建立基于线性矩阵不等式的稳定性条件，求解扩张状态观测器中的反饱和增益，由此建立的控制系统能显著提高反饱和控制性能[14]。对于实际工程应用中经常遇到的非对称输入饱和问题，如前所述的管道流量调节阀开度和电加热功率范围，本章给出一种相应的反饱和控制设计方法，通过引入一个变换模块将非对称输入饱和界转化为对称饱和界，从而可以拓展上述对于对称输入饱和约束的反饱和控制设计方法，有效地应用于带有非对称输入饱和约束的生产系统。

11.1 含有输入饱和约束的过程描述

对于一个单输入单输出系统，可以采用如下离散时间域传递函数描述

$$G(z)=G_0(z)z^{-d_0}=\frac{N(z)}{D(z)}z^{-d_0}=\frac{b_{n-1}z^{n-1}+\cdots+b_1z+b_0}{z^n+a_{n-1}z^{n-1}+\cdots+a_1z+a_0}z^{-d_0} \tag{11.1}$$

其中，$G_0(z)$ 表示系统的无时滞有理部分；$N(z)$ 为 $G_0(z)$ 的分子，其关于 z 的阶次为 $n-1$，其中包括在 z 平面内单位圆之外的根（对应于频域复平面中非最小相位系统的右半平面零点）；$D(z)$ 为 $G_0(z)$ 的分母，其关于 z 的阶次为 n，所有根可以在 z 平面的单位圆内、上或外，分别用于描述开环稳定、积分和不稳定过程，$d_0\in[d_{\mathrm{m}},d_{\mathrm{M}}]$ 是标称系统的输入时滞。

令 $\boldsymbol{x}(k)=[x_1^{\mathrm{T}}(k)\quad x_2^{\mathrm{T}}(k)\quad\cdots\quad x_n^{\mathrm{T}}(k)]^{\mathrm{T}}$ 表示与 $G_0(z)$ 对应的无时滞系统状态向量，则状态空间的可控实现形式由 $\boldsymbol{C}_{\mathrm{m}}(z\boldsymbol{I}-\boldsymbol{A}_{\mathrm{m}})^{-1}\boldsymbol{B}_{\mathrm{m}}$ 表示，其中

$$A_m=\begin{bmatrix}0 & 1 & 0 & \cdots & 0\\ 0 & 0 & 1 & \cdots & 0\\ 0 & 0 & 0 & \cdots & 0\\ \vdots & \vdots & \vdots & \ddots & \vdots\\ 0 & 0 & 0 & \cdots & 1\\ -a_0 & -a_1 & -a_2 & \cdots & -a_{n-1}\end{bmatrix}_{n\times n},\ \boldsymbol{B}_m=\begin{bmatrix}0\\0\\ \vdots\\0\\b_0\end{bmatrix}_{n\times 1},\ \boldsymbol{C}_m=\begin{bmatrix}1 & \dfrac{b_1}{b_0} & \cdots & \dfrac{b_{n-1}}{b_0}\end{bmatrix}_{1\times n}$$

对于一个带有时变性输入时滞和执行器饱和约束的采样系统，其状态空间描述为

$$\begin{cases}x_1(k+1)=x_2(k)\\ x_2(k+1)=x_3(k)\\ \vdots\\ x_n(k+1)=-a_0x_1(k)-a_1x_2(k)\cdots-a_{n-1}x_n(k)+b_0\text{sat}[u(k-d(k))]+b_0\omega(k)\\ y(k)=\boldsymbol{C}_m x(k)\\ x(k)=\boldsymbol{\phi}(k),\forall k\in[-d,0]\end{cases} \tag{11.2}$$

其中，$\boldsymbol{\phi}(k)$ 为初始条件；$u(k)$ 为系统输入；$y(k)$ 为系统输出；$d(k)\in[d_{\min},d_{\max}]$ 表示时变性输入时滞；$\omega(k)$ 为扰动，可以包括未建模的系统动态特性或者过程非线性不确定性；$\text{sat}(u(k))$ 为饱和函数，定义为

$$\text{sat}(u(k))=\text{sgn}(u(k))\min\{u_0,|u(k)|\} \tag{11.3}$$

其中，$u_0>0$ 为饱和界。

定义 $x_{n+1}=b_0\omega(k)$ 为一个扩张的系统状态，则上述系统的扩张状态空间模型可以表示为

$$\begin{cases}\tilde{\boldsymbol{x}}(k+1)=\boldsymbol{A}_e\tilde{\boldsymbol{x}}(k)+\boldsymbol{B}_e\text{sat}[u(k-d(k))]+\boldsymbol{E}_e h(k)\\ y(k)=\boldsymbol{C}_e\tilde{\boldsymbol{x}}(k)\end{cases} \tag{11.4}$$

其中，$\tilde{\boldsymbol{x}}(k)=[\boldsymbol{x}^T,x_{n+1}^T]^T$；$h(k)=b_0[\omega(k+1)-\omega(k)]$；

$$\boldsymbol{A}_e\triangleq\begin{bmatrix}\boldsymbol{A}_m & \begin{bmatrix}\boldsymbol{0}_{(n-1)\times 1}\\ 1\end{bmatrix}\\ \boldsymbol{0}_{1\times n} & 1\end{bmatrix};\ \boldsymbol{B}_e\triangleq\begin{bmatrix}\boldsymbol{B}_m\\0\end{bmatrix};\ \boldsymbol{C}_e\triangleq[\boldsymbol{C}_m\ \ 0];\ \boldsymbol{E}_e\triangleq\begin{bmatrix}\boldsymbol{0}_{n\times 1}\\1\end{bmatrix}。$$

如果没有过程输入或执行器饱和约束，那么对于标称的无时滞系统而言，基于过程模型的 ESO 可以设计为

$$\boldsymbol{z}(k+1)=\boldsymbol{A}_e\boldsymbol{z}(k)+\boldsymbol{B}_e u(k)+\boldsymbol{L}_o[y(k)-\boldsymbol{C}_e\boldsymbol{z}(k)] \tag{11.5}$$

其中，$\boldsymbol{L}_o$ 为观测器增益。

当执行器出现饱和时，实际的过程输入被约束为 $\text{sat}[u(k)]$。此时使用式(11.5) 中的标称 ESO 就会导致估计偏差。此外，输入时滞也会引起输出估计误差 $y(k)-\boldsymbol{C}_e\boldsymbol{z}(k)$ 失配。这些问题都会阻碍实际应用如前所述的现有文献给出的状态反馈控制方法以及前面章节介绍的 ADRC 方法。

因此，下面两节分别介绍一种基于 ADRC 的反对称饱和控制设计方法和另一种反非对称饱和控制设计方法，以解决上述问题和便于工程应用。

11.2 基于 ADRC 的反对称输入饱和控制

针对带有对称型输入饱和约束的过程控制系统，这里介绍的反饱和控制设计方案如图 11.1 所示。其中 $G(z)$ 是被控对象，它可以是开环稳定、积分、不稳定类型，$\text{sat}(\cdot)$ 表示

输入饱和函数，F_1 和 F_2 是两个滤波器，用于预测无时滞系统输出，MESO 是反饱和扩张状态观测器，$\boldsymbol{K}_0$ 是用于抗扰的线性反馈控制器，K_f 是设定点跟踪控制器（亦称设定点滤波器），r 为设定点指令信号，$\hat{r}$ 为经过滤波处理的设定点参考信号。

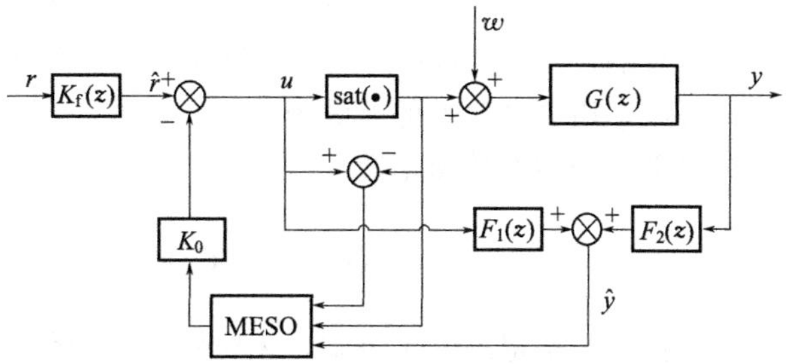

图 11.1　基于 ADRC 的反对称输入饱和控制方案

11.2.1　反饱和扩张状态观测器

首先考虑无时滞的情况，对于由 $G_0(z)$ 描述的标称无时滞对象，为了解决执行器饱和的问题，将式(11.5) 中的标称 ESO 修改为

$$\boldsymbol{z}(k+1)=\boldsymbol{A}_e\boldsymbol{z}(k)+\boldsymbol{B}_e\text{sat}[u(k)]+\boldsymbol{L}_o[y(k)-\boldsymbol{C}_e\boldsymbol{z}(k)]+\boldsymbol{L}_{AW}[u(k)-\text{sat}(u(k))] \tag{11.6}$$

其中，$\boldsymbol{L}_{AW}$ 是反饱和增益。

根据反饱和控制的原则，当未达到执行器饱和时，应令 $\boldsymbol{L}_{AW}=0$。因此，在无输入饱和约束的情况下，设计如式(11.6) 所示的标称 ESO 的期望特征方程为

$$|z\boldsymbol{I}-(\boldsymbol{A}_e-\boldsymbol{L}_o\boldsymbol{C}_e)|=(z-\omega_o)^{n+1}=0 \tag{11.7}$$

其中，$\omega_o\in(0,1)$ 是一个可调参数，可理解为离散时间域中的观测器带宽参数。应用 Ackerman 公式[15]，观测器增益向量可以计算为

$$\boldsymbol{L}_o=\Lambda(\boldsymbol{A}_e)\begin{bmatrix}\boldsymbol{C}_e\\ \boldsymbol{C}_e\boldsymbol{A}_e\\ \vdots\\ \boldsymbol{C}_e\boldsymbol{A}_e^n\end{bmatrix}^{-1}\begin{bmatrix}0\\0\\ \vdots\\1\end{bmatrix} \tag{11.8}$$

其中，$\Lambda(\boldsymbol{A}_e)=(\boldsymbol{A}_e-\omega_o\boldsymbol{I}_{n+1})^{n+1}$。

然后考虑带有时滞响应的情况，基于如图 11.1 所示的无时滞输出预估器，相应地设计反饱和 MESO 为如下形式

$$\boldsymbol{z}(k+1)=\boldsymbol{A}_e\boldsymbol{z}(k)+\boldsymbol{B}_e\text{sat}[(u(k)]+\boldsymbol{L}_o[\hat{y}(k)-\boldsymbol{C}_e\boldsymbol{z}(k)]+\boldsymbol{L}_{AW}[u(k)-\text{sat}(u(k))] \tag{11.9}$$

其中，$\hat{y}(k)$ 是预估的无时滞系统输出。

11.2.2　无时滞输出预估器

为了预估无时滞系统输出 $\hat{y}(k)$，以便应用上述 MESO 进行控制系统设计，这里采用第 9 章第 9.3.1 节中介绍的无时滞输出预估器设计方法，以确定图 11.1 中的两个滤波器 F_1 和 F_2 形式。将如式(11.1) 所示的标称对象模型分解为

$$G(z)=\widetilde{G}(z)\Gamma(z)z^{-d_0} \tag{11.10}$$

其中

$$\Gamma(z)=\frac{N(z)}{(z-\lambda)^m}H(z,\lambda)；\ \widetilde{G}(z)=\frac{(z-\lambda)^m}{D(z)}H^{-1}(z,\lambda)=\boldsymbol{C}_g(z\boldsymbol{I}-\boldsymbol{A}_g)^{-1}\boldsymbol{B}_g$$

m 是$G(z)$ 中零点的个数；$\lambda\in(0,1)$ 是一个可调参数；$H(z)$ 一个严格正则的滤波器；($\boldsymbol{A}_g$，$\boldsymbol{B}_g$，$\boldsymbol{C}_g$) 是 $\widetilde{G}(z)$ 的最小阶状态空间实现矩阵。

为了在实际应用中克服测量噪声的影响，设计 $H(z)$ 的形式如下

$$H(z)=\frac{z-1}{z-\lambda}\frac{(1-\lambda)^q z^q}{(z-\lambda)^q} \tag{11.11}$$

其特点为零静态增益，即$\lim\limits_{z\to 1}H(z)=0$，$[(1-\lambda)^q z^q]/(1-z)^q$ 为全通滤波器，用于消除测量噪声的影响，q 为实际指定的滤波器阶次，一般可初始选取为一阶，如果实际测量噪声水平较高，可以选用更高阶次的滤波器。

定义一个辅助传递函数

$$\widetilde{G}^*(z)\triangleq \boldsymbol{C}_g(z\boldsymbol{I}-\boldsymbol{A}_g)^{-1}\boldsymbol{A}_g^{d_0}\boldsymbol{B}_g=\frac{\widetilde{N}^*(z)}{\widetilde{D}^*(z)} \tag{11.12}$$

根据第 9 章定理 9.1 可知，无时滞输出预估为

$$\hat{y}(z)=F_1(z)u(z)+F_2(z)y(z) \tag{11.13}$$

其中

$$F_1(z)=\boldsymbol{C}_g\sum_{i=1}^{d_0}\boldsymbol{A}_g^{i-1}\boldsymbol{B}_g z^{-i}\Gamma(z), F_2(z)=\frac{\widetilde{N}^*(z)}{(z-\lambda)^{m+1+q}}$$

注意 $\lambda\in(0,1)$ 是滤波器 $F_1(z)$ 和 $F_2(z)$ 中唯一的可调参数，通过单调地调节这一参数，可以实现预测性能及其鲁棒性之间的折中。

11.2.3 两自由度控制器

基于如式(11.9) 所示的 MESO 来估计由 $x_{n+1}=b_0\omega(k)$ 定义的广义扰动和无时滞系统状态，设计闭环反馈控制律如下

$$u(k)=\hat{r}(k)-\boldsymbol{K}_0\boldsymbol{z}(k) \tag{11.14}$$

其中，$\hat{r}(k)$ 是滤波后的设定点指令信号，如图 11.1 所示。反馈控制器增益向量取为

$$\boldsymbol{K}_0=[k_1\quad k_2\quad \cdots\quad k_n\quad 1]/b_0=[\overline{\boldsymbol{K}}_0\quad 1/b_0] \tag{11.15}$$

将式(11.14) 代入式(11.4) 中，可得无时滞闭环反馈控制结构的特征方程为

$$|z\boldsymbol{I}-(\boldsymbol{A}_e-\boldsymbol{B}_e\boldsymbol{K}_0)|=(z-1)[z^n+(a_{n-1}+k_n)z^{n-1}+\cdots+(a_0+k_1)]=0 \tag{11.16}$$

为便于实际应用，除了 $z=1$ 外，其余的闭环极点都配置到 $\omega_c\in(0,1)$，即

$$z^n+(a_{n-1}+k_n)z^{n-1}+\cdots+(a_0+k_1)=(z-\omega_c)^n \tag{11.17}$$

因此，控制器的参数整定为

$$k_i=C_n^{i-1}(-\omega_c)^{n-i+1}-a_{i-1}, i=1,\cdots,n \tag{11.18}$$

其中，$C_n^{i-1}=n!\ /[(i-1)!\ (n-i+1)!]$，$n!\ =n(n-1)(n-1)\cdots 1$；$\omega_c$ 为可调参数。

由图 11.1 可知

$$\hat{r}(z)=K_f(z)r(z) \tag{11.19}$$

其中，$K_f(z)$ 是设定点跟踪控制器。

基于以上设计的 MESO 和反馈控制律，容易推导出系统设定点跟踪的传递函数为

$$y(z)=K_f(z)\boldsymbol{C}_m(z\boldsymbol{I}-\boldsymbol{A}_m+\boldsymbol{B}_m\overline{\boldsymbol{K}}_0)^{-1}\boldsymbol{B}_m z^{-d_0}r(z)=K_f(z)T_{\text{d-ADRC}}(z)z^{-d_0}r(z) \tag{11.20}$$

其中，$T_{\text{d-ADRC}}=N(z)/(z-\omega_c)^n$ 是闭环抗扰反馈控制结构的传递函数，$N(z)$ 是 $G_0(z)$ 的分子。

将 $T_{\text{d-ADRC}}$ 分解为一个最小相位部分（包含单位圆内的零点和极点）和一个非最小相位部分（单位圆上或圆外的零点），分别由 $T_{\text{d-MP}}$ 和 $T_{\text{d-NMP}}$ 表示，即

$$T_{\text{d-ADRC}}(z)=T_{\text{d-MP}}(z)T_{\text{d-NMP}}(z) \tag{11.21}$$

基于内模控制理论[16]，为了实现没有超调且平滑的设定点跟踪性能，设计期望的设定点跟踪传递函数为

$$\frac{y(z)}{r(z)}=T_{SP}(z)=z^{-n_g}\frac{(1-\lambda_f)^{n_f}z^{n_f}}{(z-\lambda_f)^{n_f}} \tag{11.22}$$

其中，$\lambda_f\in(0,1)$ 是一个可调参数；$n_f\geqslant\deg(T_{d\text{-}MP})+1$ 是实际指定的低通滤波器阶次；n_g 是一个保证 $z^{n_g}T_{d\text{-}MP}$ 的分子与分母关于 z 的最高幂次相同的正整数。

将式(11.20) 代入式(11.22) 中，得到设定点跟踪控制器

$$K_f(z)=K_{f_1}(z)K_{f_2}(z)K_{f_3}(z) \tag{11.23}$$

其中

$$K_{f_1}(z)=(z^{n_g}T_{d\text{-}MP})^{-1},K_{f_2}=\frac{(1-\lambda_f)^{n_f}z^{n_f}}{(z-\lambda_f)^{n_f}}$$

$K_{f_3}(z)$ 用于使 $T_{d\text{-}NMP}$ 变成一个全通滤波器。例如，如果存在一个非最小相位零点，即 $T_{d\text{-}NMP}=z-z_0$，$|z_0|\geqslant1$，则可选取

$$K_{f_3}(z)=\frac{1}{1-z_0z} \tag{11.24}$$

对于 $T_{d\text{-}NMP}$ 中存在多个非最小相位零点的情况，可以类似地处理。

此外，如果 $T_{d\text{-}MP}$ 中存在一个具有负实部的零点，记为 $z=z_1$，且 $|z_1|<1$，为避免由此引起的输出响应或控制信号振荡，可补充一个乘积项 K_{f_4} 到式(11.23) 中，抵消掉 $K_{f_1}(z)$ 中的负实部极点，并同 $T_{d\text{-}MP}$ 中的负实部零点组成一个全通滤波器，其形式为

$$K_{f_4}(z)=\frac{z-z_1}{z(1-z_1)} \tag{11.25}$$

对于 $T_{d\text{-}MP}$ 中存在多个具有负实部零点的情况，可以采取类似于式(11.25) 的形式处理。

11.2.4 系统稳定性分析

对于无时滞系统，即 $d=0$，定义扩张状态向量 $\boldsymbol{\xi}(k)=[\boldsymbol{x}^T(k),\boldsymbol{z}^T(k)]^T$，$\Psi(u(k))=u(k)-\text{sat}(u(k))$，以及如下矩阵

$$\boldsymbol{A}\triangleq\begin{bmatrix}\boldsymbol{A}_m & -\boldsymbol{B}_m\boldsymbol{K}_0\\ \boldsymbol{L}_o\boldsymbol{C}_m & \boldsymbol{A}_e-\boldsymbol{L}_o\boldsymbol{C}_e-\boldsymbol{B}_e\boldsymbol{K}_0\end{bmatrix},\quad \boldsymbol{B}\triangleq\begin{bmatrix}\boldsymbol{B}_m\\ \boldsymbol{B}_e\end{bmatrix},\quad \boldsymbol{E}\triangleq\begin{bmatrix}\boldsymbol{0}_{n\times(n+1)}\\ \boldsymbol{I}\end{bmatrix},\quad \boldsymbol{K}\triangleq[\boldsymbol{0}_{1\times n}\quad -\boldsymbol{K}_0]$$

由式(11.2) 和式(11.6) 可以推导出基于 MESO 的闭环系统形式

$$\boldsymbol{\xi}(k+1)=\boldsymbol{A}\boldsymbol{\xi}(k)-(\boldsymbol{B}-\boldsymbol{E}\boldsymbol{L}_{AW})\Psi(\boldsymbol{K}\boldsymbol{\xi}(k)) \tag{11.26}$$

采用文献 [17] 中的引理来分析无时滞系统的稳定性。

引理 11.1[17] 如果存在一个对称正定矩阵 $\boldsymbol{Q}\in\Re^{(2n+1)\times(2n+1)}$，矩阵 $\boldsymbol{Y}$ 和 $\boldsymbol{Z}$，以及一个对角正定矩阵 $\boldsymbol{S}$ 满足如下不等式

$$\begin{bmatrix}\boldsymbol{Q} & -\boldsymbol{Y}^T & -\boldsymbol{Q}\boldsymbol{A}^T\\ * & 2\boldsymbol{S} & \boldsymbol{S}\boldsymbol{B}^T+\boldsymbol{Z}^T\boldsymbol{E}^T\\ * & * & \boldsymbol{Q}\end{bmatrix}>\boldsymbol{0}, \tag{11.27}$$

$$\begin{bmatrix}\boldsymbol{Q} & \boldsymbol{Q}\boldsymbol{K}^T-\boldsymbol{Y}^T\\ * & u_0^2\gamma\end{bmatrix}\geqslant\boldsymbol{0} \tag{11.28}$$

则反饱和增益 $\boldsymbol{L}_{AW}=\boldsymbol{Z}\boldsymbol{S}^{-1}$ 可以保证椭圆 $\varepsilon=\{\boldsymbol{\xi}:\boldsymbol{\xi}^T\boldsymbol{P}\boldsymbol{\xi}\leqslant\gamma^{-1}\}$ 是闭环系统式(11.26) 的一个吸引域，其中 $\boldsymbol{P}=\boldsymbol{Q}^{-1}$。

基于以上引理，对于无时滞系统的反饱和增益可以由线性矩阵不等式(11.27) 和式(11.28) 解出。最优的反饱和增益采用如下的目标函数确定

$$\text{Minimize} \quad \gamma$$
$$\text{s.t. 式(11.27)，式(11.28)}$$

对于带有输入时滞 $d(k)\in[d_{\min},d_{\max}]$ 的系统，应用如式(11.9) 所示的 MESO，图 11.1 中各部件的状态空间描述为

$$G(z):\begin{cases}\boldsymbol{x}(k+1)=\boldsymbol{A}_{\mathrm{m}}\boldsymbol{x}(k)+\boldsymbol{B}_{\mathrm{m}}\mathrm{sat}[u(k-d(k))]\\ y(k)=\boldsymbol{C}_{\mathrm{m}}\boldsymbol{x}(k)\end{cases} \tag{11.29}$$

$$\text{MESO}:\begin{cases}\boldsymbol{z}(k+1)=\boldsymbol{A}_{\mathrm{e}}\boldsymbol{z}(k)+\boldsymbol{B}_{\mathrm{e}}\mathrm{sat}(u(k))+\boldsymbol{L}_{\mathrm{o}}[\hat{y}(k)-\boldsymbol{C}_{\mathrm{e}}\boldsymbol{z}(k)]\\ +\boldsymbol{L}_{\mathrm{AW}}[u(k)-\mathrm{sat}(u(k))]\\ u(k)=\hat{r}-\boldsymbol{K}_0\boldsymbol{z}(k)\end{cases} \tag{11.30}$$

$$F_1(z):\begin{cases}\boldsymbol{x}_{F_1}(k+1)=\boldsymbol{A}_{F_1}\boldsymbol{x}_{F_1}(k)+\boldsymbol{B}_{F_1}u(k)\\ y_{F_1}(k)=\boldsymbol{C}_{F_1}\boldsymbol{x}_{F_1}(k)\end{cases} \tag{11.31}$$

$$F_2(z):\begin{cases}\boldsymbol{x}_{F_2}(k+1)=\boldsymbol{A}_{F_2}\boldsymbol{x}_{F_2}(k)+\boldsymbol{B}_{F_2}\boldsymbol{C}_{\mathrm{m}}\boldsymbol{x}(k)\\ y_{F_2}(k)=\boldsymbol{C}_{F_2}\boldsymbol{x}_{F_2}(k)+\boldsymbol{D}_{F_2}\boldsymbol{C}_{\mathrm{m}}\boldsymbol{x}(k)\end{cases} \tag{11.32}$$

定义 $\boldsymbol{\xi}=[\boldsymbol{x}^{\mathrm{T}}(k),\boldsymbol{z}^{\mathrm{T}}(k),\boldsymbol{x}_{F_1}^{\mathrm{T}}(k),\boldsymbol{x}_{F_2}^{\mathrm{T}}(k)]^{\mathrm{T}}$，反饱和控制系统可以表示为

$$\boldsymbol{\xi}(k+1)=\boldsymbol{A}\boldsymbol{\xi}(k)+\boldsymbol{A}_d\boldsymbol{\xi}(k-d(k))-(\boldsymbol{B}-\boldsymbol{E}_d\boldsymbol{L}_{\mathrm{AW}})\Psi[u(k)]-\boldsymbol{B}_d\Psi[u(k-d(k))] \tag{11.33}$$

其中

$$\boldsymbol{A}=\begin{bmatrix}\boldsymbol{A}_{\mathrm{m}} & \boldsymbol{0} & \boldsymbol{0} & \boldsymbol{0}\\ \boldsymbol{L}_0\boldsymbol{D}_{F_2}\boldsymbol{C}_{\mathrm{m}} & \boldsymbol{A}_{21} & \boldsymbol{L}_0\boldsymbol{C}_{F_1}\boldsymbol{L}_0\boldsymbol{C}_{F_2} & \boldsymbol{0}\\ \boldsymbol{0} & -\boldsymbol{B}_{F_1}\boldsymbol{K}_0 & \boldsymbol{A}_{F_1} & \boldsymbol{0}\\ \boldsymbol{B}_{F_2}\boldsymbol{C}_{\mathrm{m}} & \boldsymbol{0} & \boldsymbol{0} & \boldsymbol{A}_{F_2}\end{bmatrix},$$

$$\boldsymbol{A}_{21}=\boldsymbol{A}_e-\boldsymbol{L}_0\boldsymbol{C}_e-\boldsymbol{B}_e\boldsymbol{K}_0-\boldsymbol{L}_0\boldsymbol{D}_{F_1}\boldsymbol{K}_0$$

$$\boldsymbol{A}_d=\begin{bmatrix}\boldsymbol{0} & -\boldsymbol{B}_{\mathrm{m}}\boldsymbol{K}_0 & \boldsymbol{0} & \boldsymbol{0}\\ \boldsymbol{0} & \boldsymbol{0} & \boldsymbol{0} & \boldsymbol{0}\\ \boldsymbol{0} & \boldsymbol{0} & \boldsymbol{0} & \boldsymbol{0}\\ \boldsymbol{0} & \boldsymbol{0} & \boldsymbol{0} & \boldsymbol{0}\end{bmatrix},\ \boldsymbol{B}=\begin{bmatrix}\boldsymbol{0}\\ \boldsymbol{B}_e\\ \boldsymbol{0}\\ \boldsymbol{0}\end{bmatrix},$$

$$\boldsymbol{E}_d=[\boldsymbol{0}\quad \boldsymbol{I}\quad \boldsymbol{0}\quad \boldsymbol{0}]^{\mathrm{T}},\ \boldsymbol{B}_d=[-\boldsymbol{B}_m^{\mathrm{T}}\quad \boldsymbol{0}\quad \boldsymbol{0}\quad \boldsymbol{0}]^{\mathrm{T}},\ \boldsymbol{K}=[\boldsymbol{0}\quad -\boldsymbol{K}_0\quad \boldsymbol{0}\quad \boldsymbol{0}]$$

为便于理解下面讲述关于闭环系统稳定性的分析结果，先介绍三个预备引理。

引理 11.2 （广义扇形条件[17]）对于函数 $\Psi(u)=u-\mathrm{sat}(u)$，如果一个矩阵 $\boldsymbol{G}$ 满足不等式 $\|\boldsymbol{K}\xi-\boldsymbol{G}\xi\|\leqslant u_0$，那么对于任意正实数 ρ，下式成立

$$\rho\Psi^{\mathrm{T}}(\boldsymbol{K}\xi)[\Psi(\boldsymbol{K}\xi)-\boldsymbol{G}\xi]\leqslant 0 \tag{11.34}$$

引理 11.3 （广义自由权矩阵[18]）给定对称正定矩阵 $\boldsymbol{R}$，对称矩阵 $\boldsymbol{T}$，$\boldsymbol{Z}$，$\boldsymbol{X}$，矩阵 $\boldsymbol{L}$，$\boldsymbol{M}$，$\boldsymbol{N}$ 以及合适维数的向量 $\boldsymbol{f}(k)$，下面的不等式成立

$$-\sum_{k=\beta}^{\alpha-1}\boldsymbol{\eta}^{\mathrm{T}}(k)\boldsymbol{R}\boldsymbol{\eta}(k)\leqslant\boldsymbol{\Phi}_1(\boldsymbol{M},\boldsymbol{T},\boldsymbol{L},\boldsymbol{N},\alpha,\beta)+\boldsymbol{\Phi}_2(\boldsymbol{X},\boldsymbol{Z},\alpha,\beta)-\boldsymbol{\Phi}_3(\overline{\boldsymbol{X}},\Theta,\overline{\boldsymbol{T}}) \tag{11.35}$$

其中

$$\begin{aligned}\boldsymbol{\Phi}_1(\boldsymbol{M},\boldsymbol{T},\boldsymbol{L},\boldsymbol{N},\alpha,\beta)=&\boldsymbol{\xi}^{\mathrm{T}}(\alpha)\boldsymbol{T}\boldsymbol{\xi}(\alpha)-\boldsymbol{\xi}^{\mathrm{T}}(\beta)\boldsymbol{T}\boldsymbol{\xi}(\beta)+\\ &2\boldsymbol{f}^{\mathrm{T}}(k)\{\boldsymbol{M}[\boldsymbol{x}(\alpha)-\boldsymbol{x}(\beta)]+\boldsymbol{L}[(\alpha-\beta+1)\boldsymbol{\sigma}(\alpha,\beta)-\boldsymbol{x}(\alpha)]+\\ &\boldsymbol{N}[\boldsymbol{x}(\alpha)+\boldsymbol{x}(\beta)-2\boldsymbol{\sigma}(\alpha,\beta)]\}\end{aligned} \tag{11.36}$$

$$\boldsymbol{\Phi}_2(\boldsymbol{X},\boldsymbol{Z},\alpha,\beta)=(\alpha-\beta)\boldsymbol{f}^{\mathrm{T}}(k)[\boldsymbol{X}+\boldsymbol{Z}/3]\boldsymbol{f}(k) \tag{11.37}$$

$$\boldsymbol{\Phi}_3(\overline{\boldsymbol{X}},\boldsymbol{\theta},\overline{\boldsymbol{T}})=\sum_{\beta}^{\alpha-1}\boldsymbol{\eta}_3^{\mathrm{T}}(k,i)\begin{bmatrix}\overline{\boldsymbol{X}} & \Theta\\ \Theta^{\mathrm{T}} & \overline{\boldsymbol{T}}\end{bmatrix}\boldsymbol{\eta}_3(k,i) \tag{11.38}$$

$$\mathcal{X}(i)=[(-\alpha-\beta+1)/(\alpha-\beta+1)]+[2/(\alpha-\beta+1)]i,$$

$$\boldsymbol{\eta}_1(k,i)=\begin{bmatrix}\boldsymbol{f}(k)\\ \mathcal{X}(i)\boldsymbol{f}(k)\end{bmatrix},\quad \boldsymbol{\eta}_2(i)=\begin{bmatrix}\boldsymbol{x}(k)\\ \Delta\boldsymbol{x}(i)\end{bmatrix},\boldsymbol{\eta}_3(k,i)=\begin{bmatrix}\boldsymbol{\eta}_1(k,i)\\ \boldsymbol{\eta}_2(k)\end{bmatrix},$$

$$\boldsymbol{\sigma}(\alpha,\beta)=\sum_{i=\beta}^{\alpha}(\boldsymbol{x}(i)/(\alpha-\beta+1)),$$

$$\overline{\boldsymbol{X}}=\begin{bmatrix}\boldsymbol{X} & \boldsymbol{Y}\\ \boldsymbol{X}^{\mathrm{T}} & \boldsymbol{Z}\end{bmatrix},\overline{\boldsymbol{T}}=\begin{bmatrix}\boldsymbol{0} & \boldsymbol{T}\\ \boldsymbol{T} & \boldsymbol{T}+\boldsymbol{R}\end{bmatrix},\Theta=\begin{bmatrix}\boldsymbol{L} & \boldsymbol{M}\\ \boldsymbol{0} & \boldsymbol{N}\end{bmatrix}。$$

引理 11.4 (Jensen 不等式[10]) 给定一个 $n\times n$ 矩阵 $\boldsymbol{Z}>\boldsymbol{0}$，正整数 d，以及向量函数 $\boldsymbol{\omega}(t)\in\Re^n$，如下的两个不等式成立

$$d\sum_{-d}^{-1}\boldsymbol{\omega}^{\mathrm{T}}(i)\boldsymbol{Z}\boldsymbol{\omega}(i)\geqslant\Big[\sum_{-d}^{-1}\boldsymbol{\omega}(i)\Big]^{\mathrm{T}}\boldsymbol{Z}\Big[\sum_{-d}^{-1}\boldsymbol{\omega}(i)\Big] \tag{11.39}$$

$$\frac{d(d+1)}{2}\sum_{i=-d}^{-1}\sum_{j=k+i}^{k-1}\boldsymbol{\omega}^{\mathrm{T}}(j)\boldsymbol{Z}\boldsymbol{\omega}(j)\geqslant\Big[\sum_{i=-d}^{-1}\sum_{j=k+i}^{k-1}\boldsymbol{\omega}(j)\Big]^{\mathrm{T}}\boldsymbol{Z}\Big[\sum_{i=-d}^{-1}\sum_{j=k+i}^{k-1}\boldsymbol{\omega}(j)\Big] \tag{11.40}$$

针对上述带有时滞响应的反饱和控制系统，采用如下 Lyapunov 泛函

$$V(\boldsymbol{\xi}_k)=V_1(\boldsymbol{\xi}_k)+V_2(\boldsymbol{\xi}_k)+V_3(\boldsymbol{\xi}_k) \tag{11.41}$$

其中

$$V_1(\boldsymbol{\xi}_k)=\boldsymbol{\eta}_1^{\mathrm{T}}(k)\boldsymbol{P}\boldsymbol{\eta}_1(k) \tag{11.42}$$

$$V_2(\boldsymbol{\xi}_k)=\sum_{k-d_{\min}}^{k-1}\boldsymbol{\xi}^{\mathrm{T}}(i)\boldsymbol{Q}_1\boldsymbol{\xi}(i)+\sum_{k-d_{\min}}^{k-d_{\max}}\boldsymbol{\xi}^{\mathrm{T}}(i)\boldsymbol{Q}_2\boldsymbol{\xi}(i) \tag{11.43}$$

$$V_3(\boldsymbol{\xi}_k)=\sum_{i=-d_{\min}}^{-1}\sum_{j=k+i}^{k-1}\boldsymbol{\eta}_2^{\mathrm{T}}(j)\boldsymbol{R}_1\boldsymbol{\eta}_2(j)+\sum_{i=-d_{\max}}^{-d_{\min}-1}\sum_{j=k+i}^{k-1}\boldsymbol{\eta}_2^{\mathrm{T}}(j)\boldsymbol{R}_2\boldsymbol{\eta}_2(j) \tag{11.44}$$

$\boldsymbol{\xi}_k$ 是一个状态序列，定义为对于所有 $i=-d_{\max},-d_{\max}+1,\cdots,0,\boldsymbol{\xi}_k(i)=\boldsymbol{\xi}(k-i)$，

$$\boldsymbol{\eta}_1=\Big[\boldsymbol{\xi}^{\mathrm{T}},\sum_{k-d_{\min}}^{k-1}\boldsymbol{\xi}^{\mathrm{T}}(i),\sum_{k-d_{\max}}^{k-d_{\min}-1}\boldsymbol{\xi}^{\mathrm{T}}(i)\Big]^{\mathrm{T}},\boldsymbol{\eta}_2(j)=[\boldsymbol{\xi}^{\mathrm{T}}(j),\boldsymbol{\xi}^{\mathrm{T}}(j+1)-\boldsymbol{\xi}^{\mathrm{T}}(j)]^{\mathrm{T}}。$$

基于以上的引理和 Lyapunov 泛函，下面定理给出上述反饱和控制闭环系统保证稳定性的充分条件。

定理 11.1 对于时变性时滞的估计范围 $d(k)\in[d_{\min},d_{\max}]$ 和输入饱和界 u_0，如果存在正数 ρ 和 $\widetilde{\gamma}$，对称正定矩阵 $\boldsymbol{P}$，$\boldsymbol{Q}_i$，$\boldsymbol{R}_i$，$\boldsymbol{T}_j$，$\boldsymbol{X}_j$，$\boldsymbol{Z}_j(i=1,2;\ j=1,2,3)$，矩阵 $\boldsymbol{L}_j$，$\boldsymbol{M}_j$，$\boldsymbol{N}_j$，$\boldsymbol{Y}_j(j=1,2,3)$ 满足如下不等式，则如式(11.33) 所示的反饱和控制系统基于式(11.27)、式(11.28) 设计反饱和增益 $\boldsymbol{L}_{\mathrm{AW}}$，并且满足初始条件 $V(\boldsymbol{\xi}_0)\leqslant\rho^2/\widetilde{\gamma}$，是渐近稳定的：

$$\begin{bmatrix}\overline{\boldsymbol{X}}_i & \Theta_i\\ * & \overline{\boldsymbol{T}}_i+\boldsymbol{R}_i\end{bmatrix}\geqslant\boldsymbol{0},i=1,2,3 \tag{11.45}$$

$$\begin{bmatrix}\widetilde{\boldsymbol{Q}} & \overline{\boldsymbol{N}}^{\mathrm{T}}\\ * & u_0^2\widetilde{\boldsymbol{\gamma}}\end{bmatrix}\geqslant\boldsymbol{0} \tag{11.46}$$

$$\boldsymbol{\Phi}(d(k))<\boldsymbol{0}\ \forall\, d(k)=d_{\min},d_{\max} \tag{11.47}$$

其中，$\boldsymbol{\epsilon}_1=[\boldsymbol{I},\boldsymbol{0},\boldsymbol{0},\boldsymbol{0},\boldsymbol{0}]$；$\boldsymbol{\epsilon}_2=[\boldsymbol{0},\boldsymbol{I},\boldsymbol{0},\boldsymbol{0},\boldsymbol{0}],\cdots$；$\boldsymbol{\epsilon}_5=[\boldsymbol{0},\boldsymbol{0},\boldsymbol{0},\boldsymbol{0},\boldsymbol{I}]$；$\boldsymbol{\delta}_i=[\underbrace{\boldsymbol{0},\cdots,\boldsymbol{0}}_{i-1},\boldsymbol{I},\boldsymbol{0},\cdots,\boldsymbol{0}]$；

$i=1,\cdots,9$；$\boldsymbol{\delta}_f=[\boldsymbol{\delta}_1;\boldsymbol{\delta}_3;\boldsymbol{\delta}_5;\boldsymbol{\delta}_6;\boldsymbol{\delta}_7]$

$$\overline{\boldsymbol{X}}_i=\begin{bmatrix}\boldsymbol{X}_i & \boldsymbol{Y}_i\\ * & \boldsymbol{Z}_i\end{bmatrix},\Theta_i=\begin{bmatrix}\boldsymbol{L}_i & \boldsymbol{M}_i\\ * & \boldsymbol{N}_i\end{bmatrix},\overline{\boldsymbol{T}}=\begin{bmatrix}\boldsymbol{0} & \boldsymbol{T}_i\\ * & \boldsymbol{T}_i\end{bmatrix},\boldsymbol{R}_3=\boldsymbol{R}_2,$$

$$\overline{\boldsymbol{N}}=[\rho\boldsymbol{K}-\widetilde{\boldsymbol{G}},\boldsymbol{0},\boldsymbol{0},\boldsymbol{0},\boldsymbol{0}],$$

$$\widetilde{\boldsymbol{Q}}=[\boldsymbol{\epsilon}_1;\boldsymbol{\epsilon}_2;\boldsymbol{\epsilon}_3]^{\mathrm{T}}\boldsymbol{P}[\boldsymbol{\epsilon}_1;\boldsymbol{\epsilon}_2;\boldsymbol{\epsilon}_3]+\frac{1}{d_{\min}}\boldsymbol{\epsilon}_2^{\mathrm{T}}\boldsymbol{Q}_1\boldsymbol{\epsilon}_2+\frac{1}{\tau}\boldsymbol{\epsilon}_3^{\mathrm{T}}\boldsymbol{Q}_2\boldsymbol{\epsilon}_3+$$

$$\frac{2}{d_{\min}(d_{\min}+1)}[\boldsymbol{\epsilon}_4;d_{\min}\boldsymbol{\epsilon}_1-\boldsymbol{\epsilon}_2]^{\mathrm{T}}\boldsymbol{R}_1[\boldsymbol{\epsilon}_4;d_{\min}\boldsymbol{\epsilon}_1-\boldsymbol{\epsilon}_2]+ \tag{11.48}$$

$$\frac{2}{\tau(\tau+1)}[\boldsymbol{\epsilon}_5;\tau\boldsymbol{\epsilon}_1-\boldsymbol{\epsilon}_3]^{\mathrm{T}}\boldsymbol{R}_2[\boldsymbol{\epsilon}_5;\tau\boldsymbol{\epsilon}_1-\boldsymbol{\epsilon}_3]$$

$$\tau=d_{\max}-d_{\min} \tag{11.49}$$

$$\boldsymbol{\Phi}=\boldsymbol{Y}_1(d(k))+\boldsymbol{Y}_2+\boldsymbol{Y}_3+\boldsymbol{Y}_4(d(k))+\boldsymbol{Y}_5 \tag{11.50}$$

$$\boldsymbol{Y}_1(d(k))=\boldsymbol{\Gamma}_1^{\mathrm{T}}\boldsymbol{P}\boldsymbol{\Gamma}_1-\boldsymbol{\Gamma}_2^{\mathrm{T}}\boldsymbol{P}\boldsymbol{\Gamma}_2 \tag{11.51}$$

$$\boldsymbol{\Gamma}_1=\begin{bmatrix}\boldsymbol{\delta}_1+\boldsymbol{\delta}_s\\ (d_{\min}+1)\boldsymbol{\delta}_5-\boldsymbol{\delta}_2\\ (d(k)-d_{\min}+1)\boldsymbol{\delta}_6+(d_{\max}-d(k)+1)\boldsymbol{\delta}_7-\boldsymbol{\delta}_3-\boldsymbol{\delta}_4\end{bmatrix} \tag{11.52}$$

$$\boldsymbol{\Gamma}_2=\begin{bmatrix}\boldsymbol{\delta}_1\\ (d_{\min}+1)\boldsymbol{\delta}_5-\boldsymbol{\delta}_1\\ (d(k)-d_{\min}+1)\boldsymbol{\delta}_6+(d_{\max}-d(k)+1)\boldsymbol{\delta}_7-\boldsymbol{\delta}_2-\boldsymbol{\delta}_3\end{bmatrix} \tag{11.53}$$

$$\boldsymbol{Y}_2=\boldsymbol{\delta}_1^{\mathrm{T}}\boldsymbol{Q}_1\boldsymbol{\delta}_1-\boldsymbol{\delta}_2^{\mathrm{T}}(\boldsymbol{Q}_1-\boldsymbol{Q}_2)\boldsymbol{\delta}_2-\boldsymbol{\delta}_4^{\mathrm{T}}\boldsymbol{Q}_2\boldsymbol{\delta}_4+d_{\min}\boldsymbol{R}_1+\tau\boldsymbol{R}_2 \tag{11.54}$$

$$\boldsymbol{Y}_3=\sum_{i=1}^{3}\{\boldsymbol{\delta}_i^{\mathrm{T}}\boldsymbol{T}_i\boldsymbol{\delta}_i-\boldsymbol{\delta}_{i+1}^{\mathrm{T}}\boldsymbol{T}_i\boldsymbol{\delta}_{i+1}+2\boldsymbol{\delta}_f^{\mathrm{T}}[\boldsymbol{M}_i(\boldsymbol{\delta}_i-\boldsymbol{\delta}_{i+1})+$$

$$\boldsymbol{N}_i(\boldsymbol{\delta}_i+\boldsymbol{\delta}_{i+1}-2\boldsymbol{\delta}_{i+4})-\boldsymbol{L}i\boldsymbol{\delta}_i]\}+2[(d_{\min}+1)\boldsymbol{L}_1\boldsymbol{\delta}_5]+ \tag{11.55}$$

$$d_{\min}\boldsymbol{\delta}_f^{\mathrm{T}}\boldsymbol{X}_1\boldsymbol{\delta}_f+\frac{d_{\min}(d_{\min}-1)}{3(d_{\min}+1)}\boldsymbol{\delta}_f^{\mathrm{T}}\boldsymbol{Z}_1\boldsymbol{\delta}_f$$

$$\boldsymbol{Y}_4(d(k))=2[(d(k)-d_{\min}+1)\boldsymbol{\delta}_f^{\mathrm{T}}\boldsymbol{L}_2\boldsymbol{\delta}_5]+(d(k)-d_{\min})\boldsymbol{\delta}_f^{\mathrm{T}}\boldsymbol{X}_2\boldsymbol{\delta}_f+$$

$$(d(k)-d_{\min})/3\boldsymbol{\delta}_f^{\mathrm{T}}\boldsymbol{Z}_2\boldsymbol{\delta}_f+2[(d_{\max}-d(k)+1)\boldsymbol{\delta}_f^{\mathrm{T}}\boldsymbol{L}_3\boldsymbol{\delta}_7]+ \tag{11.56}$$

$$(d_{\max}-d(k))\boldsymbol{\delta}_f^{\mathrm{T}}\boldsymbol{X}_3\boldsymbol{\delta}_f+(d_{\max}-d(k))/3\boldsymbol{\delta}_f^{\mathrm{T}}\boldsymbol{Z}_3\boldsymbol{\delta}_f$$

$$\boldsymbol{Y}_5=-2\rho\boldsymbol{\delta}_8^{\mathrm{T}}\boldsymbol{\delta}_8+2\boldsymbol{\delta}_8^{\mathrm{T}}\widetilde{\boldsymbol{G}}\boldsymbol{\delta}_1-2\rho\boldsymbol{\delta}_9^{\mathrm{T}}\boldsymbol{\delta}_9+2\boldsymbol{\delta}_9^{\mathrm{T}}\widetilde{\boldsymbol{G}}\boldsymbol{\delta}_3 \tag{11.57}$$

$$\boldsymbol{\delta}_s=[\boldsymbol{A}-\boldsymbol{I},\boldsymbol{0},\boldsymbol{A}_d,\boldsymbol{0},\boldsymbol{0},\boldsymbol{0},\boldsymbol{0},\boldsymbol{0},\boldsymbol{B}-\boldsymbol{E}_d\boldsymbol{L}_{\mathrm{AW}},\boldsymbol{B}_d] \tag{11.58}$$

证明：定义如下增广状态向量

$$\boldsymbol{\zeta}(k)=[\boldsymbol{\xi}(k),\boldsymbol{\xi}(k-d),\boldsymbol{\xi}(k-d_{\min}),\boldsymbol{\xi}(k-d_{\max}),\frac{1}{d_{\min}+1}\sum_{k-d_{\min}}^{k}\boldsymbol{\xi}(i),\frac{1}{d-d_{\min}+1}\sum_{k-d}^{k-d_{\min}}\boldsymbol{\xi}(i),$$

$$\frac{1}{d_{\max}-d+1}\sum_{k-d_{\max}}^{k-d}\boldsymbol{\xi}(i),\Psi(\boldsymbol{K}\boldsymbol{\xi}(k)),\Psi(\boldsymbol{K}\boldsymbol{\xi}(k-d))] \tag{11.59}$$

则上述 Lyapunov 泛函的前向差分可以表示成

$$\Delta V(\boldsymbol{\xi}_k)=\Delta V_1(\boldsymbol{\xi}_k)+\Delta V_2(\boldsymbol{\xi}_k)+\Delta V_3(\boldsymbol{\xi}_k) \tag{11.60}$$

其中

$$\Delta V_1(\boldsymbol{\xi}_k)=\boldsymbol{\zeta}^{\mathrm{T}}(k)[\boldsymbol{\Gamma}_1^{\mathrm{T}}\boldsymbol{P}\boldsymbol{\Gamma}_1-\boldsymbol{\Gamma}_2^{\mathrm{T}}\boldsymbol{P}\boldsymbol{\Gamma}_2]\boldsymbol{\zeta}(k) \tag{11.61}$$

$$\Delta V_2(\boldsymbol{\xi}_k)=\boldsymbol{\zeta}^{\mathrm{T}}(k)[\boldsymbol{\delta}_1^{\mathrm{T}}\boldsymbol{Q}_1\boldsymbol{\delta}_1-\boldsymbol{\delta}_2^{\mathrm{T}}(\boldsymbol{Q}_1-\boldsymbol{Q}_2)\boldsymbol{\delta}_2-\boldsymbol{\delta}_4^{\mathrm{T}}\boldsymbol{Q}_2\boldsymbol{\delta}_4]\boldsymbol{\zeta}(k) \tag{11.62}$$

$$\Delta V_3(\boldsymbol{\xi}_k)=\boldsymbol{\zeta}^{\mathrm{T}}(k)[\boldsymbol{\delta}_1;\boldsymbol{\delta}_s]^{\mathrm{T}}(d_{\min}\boldsymbol{R}_1+\tau\boldsymbol{R}_2)[\boldsymbol{\delta}_1;\boldsymbol{\delta}_s]\boldsymbol{\zeta}(k)+\Delta V_b(\boldsymbol{\xi}_k) \tag{11.63}$$

$$\Delta V_b(\boldsymbol{\xi}_k)=-\sum_{k-d_{\min}}^{k-1}\boldsymbol{\eta}_2^{\mathrm{T}}(j)\boldsymbol{R}_1\boldsymbol{\eta}_2(j)-\sum_{k-d_{\max}}^{k-d_{\min}-1}\boldsymbol{\eta}_2^{\mathrm{T}}(j)\boldsymbol{R}_2\boldsymbol{\eta}_2(j) \tag{11.64}$$

定义 $\boldsymbol{f}(k)=[\boldsymbol{\xi},\boldsymbol{\xi}(k-d(k)),\boldsymbol{v}_1(k),\boldsymbol{v}_2(k),\boldsymbol{v}_3(k)]$，利用引理 11.3 可得

$$\begin{aligned}\Delta V_b(k)\leqslant{}&\boldsymbol{\zeta}^{\mathrm{T}}(k)[\mathbf{Y}_3+\mathbf{Y}_4(d(k))]\boldsymbol{\zeta}(k)-\sum_{k-d_{\min}}^{k-1}\boldsymbol{\eta}_3^{\mathrm{T}}(k,i)\boldsymbol{\Pi}_1\boldsymbol{\eta}_3(k,i)-\\&\sum_{k-d(k)}^{k-d_{\min}-1}\boldsymbol{\eta}_3^{\mathrm{T}}(k,i)\boldsymbol{\Pi}_2\boldsymbol{\eta}_3(k,i)-\sum_{k-d_{\max}}^{k-d(k)-1}\boldsymbol{\eta}_3^{\mathrm{T}}(k,i)\boldsymbol{\Pi}_3\boldsymbol{\eta}_3(k,i)\end{aligned} \tag{11.65}$$

其中，$\boldsymbol{\Pi}_i=\begin{bmatrix}\overline{\boldsymbol{X}}_i & \Theta_i\\ * & \overline{\boldsymbol{T}}_i+\boldsymbol{R}_i\end{bmatrix},i=1,2,3$。

假设$|\boldsymbol{K}\boldsymbol{\xi}(k)-\boldsymbol{G}\boldsymbol{\xi}(k)|\leqslant u_0$，根据引理 11.2，对任意正实数 ρ，可得

$$-2\rho\Psi(\boldsymbol{K}\boldsymbol{\xi}(i))^{\mathrm{T}}[\Psi(\boldsymbol{K}\boldsymbol{\xi}(i))-\boldsymbol{G}\boldsymbol{\xi}(i)]\geqslant 0,i=k,k-d \tag{11.66}$$

由式(11.45) 可知 $\Pi_i\geqslant 0$，并且令 $\widetilde{\boldsymbol{G}}=\rho\boldsymbol{G}$，则可以得到

$$\Delta V(\xi_k)\leqslant\boldsymbol{\zeta}^{\mathrm{T}}(k)[\mathbf{Y}_1(d(k))+\mathbf{Y}_2+\mathbf{Y}_3+\mathbf{Y}_4(d(k))+\mathbf{Y}_5]\boldsymbol{\zeta}(k) \tag{11.67}$$

由于 $\boldsymbol{\Phi}(d(k))$ 关于时滞 $d(k)$ 是仿射的，如式(11.47) 所示，$\boldsymbol{\Phi}(d(k))$ 是负定的，当且仅当 $\boldsymbol{\Phi}(d_{\mathrm{m}})$ 和 $\boldsymbol{\Phi}(d_{\mathrm{M}})$ 是负定的。因此，条件式(11.45) 和式(11.46) 保证

$$\Delta V(\boldsymbol{\xi}_k)<0 \tag{11.68}$$

对于如式(11.41) 所示的 Lyapunov 泛函，利用引理 11.4 中的 Jensen 不等式，可知

$$V(k)\geqslant\bar{\boldsymbol{\zeta}}^{\mathrm{T}}(k)\widetilde{\boldsymbol{Q}}\bar{\boldsymbol{\zeta}}(k) \tag{11.69}$$

其中

$$\bar{\boldsymbol{\zeta}}(k)=\left[\boldsymbol{\xi}(k),\sum_{k-d_{\min}}^{k-1}\boldsymbol{\xi}(i),\sum_{k-d_{\max}}^{k-d_{\min}-1}\boldsymbol{\xi}(i),\sum_{-d_{\min}}^{-1}\sum_{j=k+i}^{k+1}\boldsymbol{\xi}(j),\sum_{-d_{\max}}^{-d_{\min}-1}\sum_{j=k+i}^{k+1}\boldsymbol{\xi}(j)\right] \tag{11.70}$$

令 $\widetilde{\boldsymbol{N}}=[\boldsymbol{K}-\boldsymbol{G}\quad \mathbf{0}\quad \mathbf{0}\quad \mathbf{0}\quad \mathbf{0}]$，假设

$$(1/(\gamma u_0^2))\widetilde{\boldsymbol{N}}^{\mathrm{T}}\widetilde{\boldsymbol{N}}\leqslant\widetilde{\boldsymbol{Q}} \tag{11.71}$$

则对于任意初始条件满足 $V(\boldsymbol{\xi}_0)\leqslant\gamma^{-1}$，根据式(11.68)～式(11.71) 可以得到

$$(1/(\gamma u_0^2))\bar{\boldsymbol{\zeta}}^{\mathrm{T}}(k)\widetilde{\boldsymbol{N}}^{\mathrm{T}}\widetilde{\boldsymbol{N}}\bar{\boldsymbol{\zeta}}(k)\leqslant\bar{\boldsymbol{\zeta}}^{\mathrm{T}}(k)\widetilde{\boldsymbol{Q}}\bar{\boldsymbol{\zeta}}(k)\leqslant V(k)\leqslant V(0)\leqslant\gamma^{-1} \tag{11.72}$$

这意味着上述假设条件$|\boldsymbol{K}\boldsymbol{\xi}(k)-\boldsymbol{G}\boldsymbol{\xi}(k)|=|\widetilde{\boldsymbol{N}}\bar{\boldsymbol{\zeta}}(k)|\leqslant u_0$ 确实成立。

对式(11.71) 左右两边乘以 $\mathrm{diag}\{\rho,\boldsymbol{I},\boldsymbol{I},\boldsymbol{I},\boldsymbol{I}\}$，并令 $\gamma\rho^2=\widetilde{\gamma}$，$\rho\boldsymbol{G}=\widetilde{\boldsymbol{G}}$，则可以得到式(11.46) 中的条件。证毕。

综上所述，反饱和控制设计步骤以及参数整定如下：

第一步：设计广义预测器来预测系统时滞无关输出，其形式如式(11.13)。建议初始选取可调参数 $\lambda\in(0.9,0.99)$，然后通过单调地增减可以取得预测性能与鲁棒性之间的折中。

第二步：设计标称情况下的 MESO 来估计无时滞系统状态和扰动，其形式为式(11.5)，观测器增益向量由式(11.8) 计算，其中可调参数 ω_{o}。建议初始选取范围为 $\omega_{\mathrm{o}}\in[0.8,0.95]$，然后通过单调地增减可以达到 MESO 的估计性能与在系统不确定性下的鲁棒性之间的折中。

第三步：设计反馈控制器 $\boldsymbol{K}_0$，其形式如式(11.14)～式(11.18)，建议初始选取可调参数 $\omega_c \in [0.95, 0.99]$，然后通过单调地调节可以取得闭环控制性能与鲁棒稳定性之间的折中。

第四步：设计设定点跟踪控制器，其形式如式(11.23)。建议初始选取可调参数 $\lambda_f \in [0.99, 0.999]$，然后通过单调地调节达到设定点跟踪性能及其鲁棒性之间的折中。

第五步：设计反饱和增益 $\boldsymbol{L}_{AW}$，通过求解线性矩阵不等式(11.27) 和式(11.28) 得到，由此确定反饱和 MESO 的形式为式(11.9)。

需要说明，当调节 MESO 和反馈控制器中的参数 ω_o 和 ω_c 时，反饱和增益 $\boldsymbol{L}_{AW}$ 也需要由式(11.27) 和式(11.28) 重新求解。

11.2.5 应用案例

例 11.1 考虑文献［12］中研究的一个线性积分系统，其系统状态空间矩阵为

$$\boldsymbol{A}=\begin{bmatrix}1 & T\\ 0 & 1\end{bmatrix},\boldsymbol{B}=\begin{bmatrix}T^2/20\\ T/10\end{bmatrix},\boldsymbol{C}=\begin{bmatrix}1\\ 0\end{bmatrix}^{\mathrm{T}}$$

并且含有时变性输入时滞 $d(k)\in[1,3]$。

取采样周期为 $T=0.1\mathrm{s}$，得到离散域时间模型的无时滞有理部分如下

$$G(z)=\frac{0.0005z+0.0005}{(z-1)^2}$$

为了获得与文献［12］中的控制方法基本相同的设定点跟踪速度以便比较，在本节介绍的反饱和控制方法中，分别取 MESO 和反馈控制器的可调参数为 $\omega_o=0.9427$ 和 $\omega_c=0.998$，由设计公式(11.7)，式(11.8)，式(11.15)～式(11.18) 得到

$$\boldsymbol{L}_0=[0.0835\quad 0.0884\quad 0.00009]$$
$$\boldsymbol{K}_0=[-8.0637\quad 8.0718\quad 2000]$$

根据设计式(11.23)～式(11.25)，令 $\lambda_f=0.974$ 和 $n_f=5$，设定点跟踪控制器确定为

$$K_f(z)=K_{f_1}(z)K_{f_2}(z)K_{f_3}(z)K_{f_4}(z)=\frac{1.1881\times10^{-5}(z-0.998)^2z^2}{(z-0.974)^5}$$

其中

$$K_{f_1}(z)=\frac{(z-0.998)^2}{0.0005z^2},K_{f_2}=\frac{(1-0.974)^5z^5}{(z-0.974)^5},K_{f_3}(z)=\frac{1}{z+1},K_{f_4}(z)=\frac{z+1}{2z}$$

对于标称输入时滞 $d_0=2$，令 $\lambda=0.95$，$m=1$ 和 $q=0$，根据设计公式(11.13) 可得用于预估无时滞输出的滤波器

$$F_1(z)=\boldsymbol{C}_g\sum_{i=1}^{2}\boldsymbol{A}_g^{i-1}\boldsymbol{B}_g z^{-i}\boldsymbol{\Gamma}(z)$$

$$F_2(z)=\frac{1.2025(z^2-1.913z+0.9148)}{(z-0.95)^2}$$

其中

$$\boldsymbol{A}_g=\begin{bmatrix}3 & -3 & 1\\ 1 & 0 & 0\\ 0 & 1 & 0\end{bmatrix},\boldsymbol{B}_g=\begin{bmatrix}1\\ 0\\ 0\end{bmatrix},\boldsymbol{C}_g=[1\quad -1.9\quad 0.9025],\boldsymbol{\Gamma}=\frac{(0.0005z+0.0005)(z-1)}{(z-0.95)^2}$$

在输入饱和界 $u_0=1$ 下，利用线性矩阵不等式(11.27)～式(11.28) 解得反饱和增益向量为

$$\boldsymbol{L}_{AW}=[0.3737\quad 0.4038\quad 0.00057]^{\mathrm{T}}。$$

说明一下，根据文献［12］中的反饱和控制方法，其控制器增益整定为

$$\boldsymbol{K}=[0.0221\quad 0.9389]$$

在仿真控制测试中，当 $t=0$s 时在系统设定点加入一个幅值为 200 的阶跃信号，然后在 $t=40$s 时在过程输入侧加入一个幅值为 0.95 的阶跃型负载干扰。控制结果如图 11.2 所示。

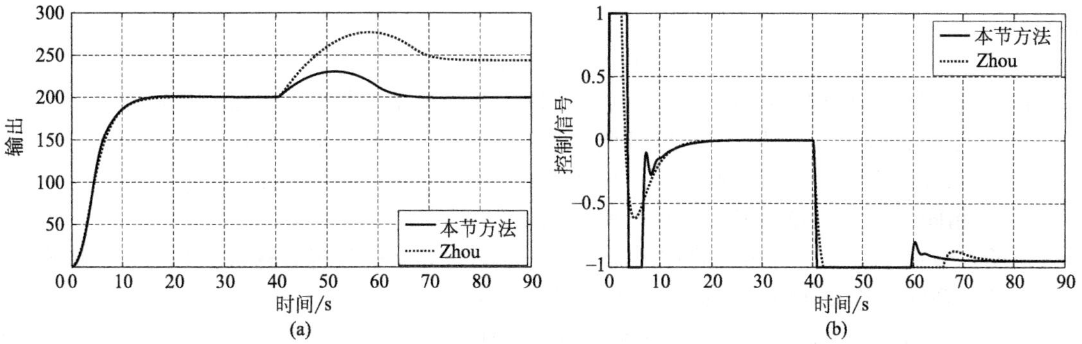

图 11.2　例 11.1 在两种反饱和控制方法下的输出响应结果

可以看到，在相同的设定点跟踪速度和输入饱和界下，本节的方法明显改善抗扰性能，并且保证没有输出稳态误差。

例 11.2　考虑文献［19］研究的一个二阶时滞系统：

$$G(s)=\frac{2}{(3s+1)(s+1)}e^{-0.4s}$$

取采样周期为 $T=0.02$s，得到离散时间域模型

$$G(z)=\frac{1.3215\times10^{-4}(z+0.9912)}{z^2-1.974z+0.9737}z^{-20}$$

为了同文献［19］中给出的一种名为线性主动抗扰控制（简称 LADRC）方法作对比，根据相似的设定点跟踪速度和扰动响应峰值，本节给出的方法中分别取 MESO 和反馈控制器的可调参数为 $\omega_o=0.9139$ 和 $\omega_c=0.9418$，由设计式(11.7)，式(11.8)，式(11.15)～式(11.18) 得到

$$\boldsymbol{L}_0=[0.1114\quad 0.1193\quad 0.00032]$$

$$\boldsymbol{K}_0=[-662.4063\quad 687.2931\quad 7634.4596]$$

由于对象模型中有一个负实部零点 $z_1=-0.9912$，根据设计公式(11.23)～式(11.25)，令 $\lambda_f=0.96$ 和 $n_f=4$，设定点跟踪控制器确定为

$$K_f=K_{f_1}(z)K_{f_2}(z)K_{f_4}(z)=\frac{0.0097(z-0.9418)^2z^2}{(z-0.96)^4}$$

其中

$$K_{f_1}(z)=\frac{(z-0.9418)^2}{0.000132z(z+0.9912)},K_{f_2}=\frac{(1-0.96)^4z^4}{(z-0.96)^4},K_{f_4}(z)=\frac{z+0.9912}{z(1+0.9912)}$$

对于标称时滞 $d_0=20$，令 $\lambda=0.986$，$m=1$ 和 $q=0$，根据设计公式(11.13) 可得用于预估无时滞输出的滤波器

$$F_1(z)=\boldsymbol{C}_g\sum_{i=1}^{20}\boldsymbol{A}_g^{i-1}\boldsymbol{B}_gz^{-i}\Gamma(z)$$

$$F_2(z)=\frac{1.0347(z-0.9891)(z-0.9827)}{(z-0.986)^2}$$

其中

$$\boldsymbol{A}_g=\begin{bmatrix}2.9736 & -2.9472 & 0.9737\\ 1 & 0 & 0\\ 0 & 1 & 0\end{bmatrix},\boldsymbol{B}_g=\begin{bmatrix}1\\0\\0\end{bmatrix},\boldsymbol{C}_g=[1\quad -1.972\quad 0.9722]$$

$$\Gamma=\frac{1.3215\times10^{-4}(z+0.9912)(z-1)}{(z-0.986)^2}$$

在输入饱和界 $u_0=1$ 下，利用线性矩阵不等式(11.27)、式(11.28) 解得反饱和增益向量为

$$\boldsymbol{L}_{\mathrm{AW}}=[0.01002\quad 0.01184\quad 0.00021]^{\mathrm{T}}$$

在文献［19］中的 LADRC 方法中，分三种情形整定控制器参数以做对比：

① 在相同的输入饱和界下，整定可调参数 $b=4/3$，$\omega_c=1$，$\omega_o=10$；

② 在无输入饱和约束下，整定可调参数 $b=4/3$，$\omega_c=1$，$\omega_o=10$；

③ 在相同的输入饱和界下，整定可调参数 $b=4/3$，$\omega_c=10/13$，$\omega_o=10$。

说明：情形①和②具有相同的控制器参数，不同之处在于是否有输入饱和约束。情形③是为了避免出现输入饱和而特意降低设定点跟踪响应速度。

在仿真控制测试中，当 $t=0$s 时在系统设定点加入一个单位阶跃阶跃信号，然后在 $t=20$s 时在过程输入侧加入一个幅值为 1.4 的阶跃型负载干扰。控制结果如图 11.3 所示。

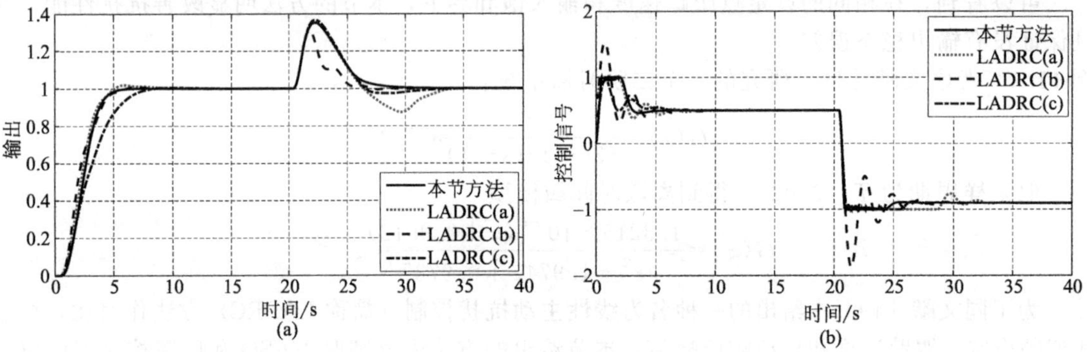

图 11.3 例 11.2 在标称情况下的控制结果

扰动响应的输出误差 IAE 指标和控制信号 TV 指标列于表 11.1 中。

表 11.1 不同方法抑制负载扰动的性能指标

抑制负载扰动		例 11.2			
		本节方法	LADRC(a)	LADRC(b)	LADRC(c)
IAE	标称情况	1.23	1.62	0.69	1.31
	摄动情况	1.49	2.20	1.00	1.86
TV	标称情况	4.67	2.08	5.38	1.70
	摄动情况	5.94	2.94	14.51	1.99

可以看到，在相似的设定点跟踪速度和相同的输入饱和界下，本节给出的反饱和控制方法在设定点跟踪方面没有超调，并且取得较好的抗扰恢复响应。相比之下，LADRC 方法[19] 只能在情形②（即没有输入饱和约束的情况）下，才能取得相似的设定点跟踪速度和无超调。否则，通过情形③的结果可以看到，LADRC 方法需要明显减慢设定点跟踪速度才能避免输入饱和，而且情形③下的抗扰性能明显落后于本节给出的反饱和控制方法。

然后假设实际过程的输入时滞比模型增大 30%，摄动系统响应如图 11.4 所示，相应的 IAE 和 TV 指标亦列于表 11.1。

可以看到，本节给出的反饱和控制方法与 LADRC 方法相比，能保证控制系统具有较好的鲁棒稳定性。

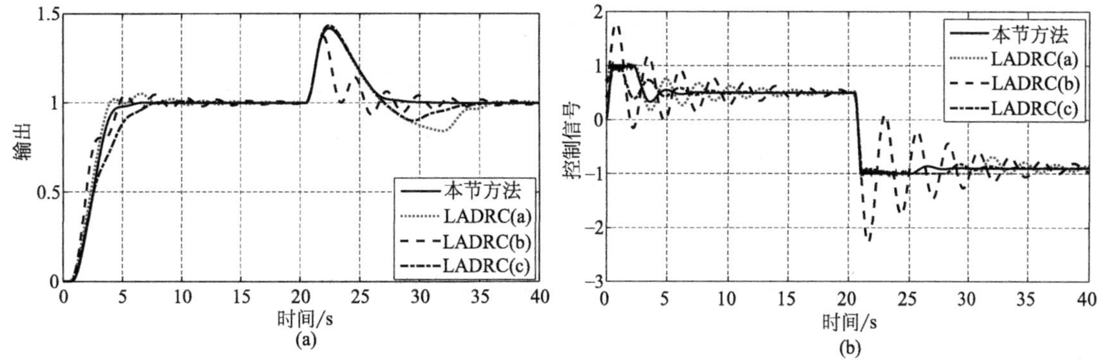

图 11.4 例 11.2 在摄动情况下的控制结果

11.3 基于 ADRC 的反非对称输入饱和控制

当存在非对称输入饱和界的情况，如式(11.1) 所示的标称系统的离散时间域状态空间描述为

$$
\begin{cases}
x_1(k+1)=x_2(k) \\
x_2(k+1)=x_3(k) \\
\vdots \\
x_n(k+1)=-a_0x_1(k)-a_1x_2(k)\cdots-a_{n-1}x_n(k)+b_0\mathrm{SAT}[u(k)]+b_0\omega(k) \\
y(k)=\boldsymbol{C}_{\mathrm{m}}x(k-d) \\
x(k)=\boldsymbol{\phi}(k),\forall k\in[-d,0]
\end{cases}
\tag{11.73}
$$

其中，$\boldsymbol{\phi}(k)$ 为初始条件；$u(k)$ 为系统输入；$y(k)$ 为系统输出；d 为输出时滞；$\omega(k)$ 为系统的外部扰动；可以包括未建模的系统动态特性。被控对象的非对称输入饱和约束定义为

$$
\mathrm{SAT}(u(k))=\begin{cases}
\alpha,u(k)>\alpha \\
u(k),-\beta\leqslant u(k)\leqslant\alpha \\
-\beta,u(k)<-\beta
\end{cases}
\tag{11.74}
$$

其中，$\alpha>0$ 和 $\beta\geqslant 0$ 分别表示非对称饱和约束的上界和下界。

定义 $x_{n+1}=b_0\omega(k)$ 为一个扩张的系统状态，则上述系统的扩张状态空间形式为

$$
\begin{cases}
\tilde{\boldsymbol{x}}(k+1)=\boldsymbol{A}_{\mathrm{e}}\tilde{\boldsymbol{x}}(k)+\boldsymbol{B}_{\mathrm{e}}\mathrm{SAT}(u(k))+\boldsymbol{E}_{\mathrm{e}}h(k) \\
y(k)=\boldsymbol{C}_{\mathrm{e}}\tilde{\boldsymbol{x}}(k-d)
\end{cases}
\tag{11.75}
$$

其中，$\tilde{\boldsymbol{x}}(k)=[\boldsymbol{x}^{\mathrm{T}},x_{n+1}^{\mathrm{T}}]^{\mathrm{T}}$；$h(k)=b_0[\omega(k+1)-\omega(k)]$

$$
\boldsymbol{A}_{\mathrm{e}}\triangleq\begin{bmatrix}\boldsymbol{A}_{\mathrm{m}} & \begin{bmatrix}\boldsymbol{0}_{(n-1)\times 1}\\ 1\end{bmatrix}\\ \boldsymbol{0}_{1\times n} & 1\end{bmatrix};\quad \boldsymbol{B}_{\mathrm{e}}\triangleq\begin{bmatrix}\boldsymbol{B}_{\mathrm{m}}\\ 0\end{bmatrix};\quad \boldsymbol{C}_{\mathrm{e}}\triangleq[\boldsymbol{C}_{\mathrm{m}}\quad 0];\quad E_{\mathrm{e}}\triangleq\begin{bmatrix}\boldsymbol{0}_{n\times 1}\\ 1\end{bmatrix}
$$

本节介绍的一种反非对称输入饱和控制方案如图 11.5 所示。

图中，$G(z)$ 是被控对象，SAT(·) 表示非对称输入饱和函数，F_1 和 F_2 是两个滤波器，用于预测无时滞系统输出，K_0 是用于抗扰的反馈控制器，K_{f} 是一个设定点跟踪控制器，AESO 是一个反饱和状态观测器，r 为设定点参考信号，$\hat{r}$ 为经过滤波处理的设定点参考信号。值得注意的是，在虚线框内，sat(·) 是一个人为引入的对称饱和函数，$C(z)$ 是一个定值模块，用于实现将非对称输入约束转变成对称约束。

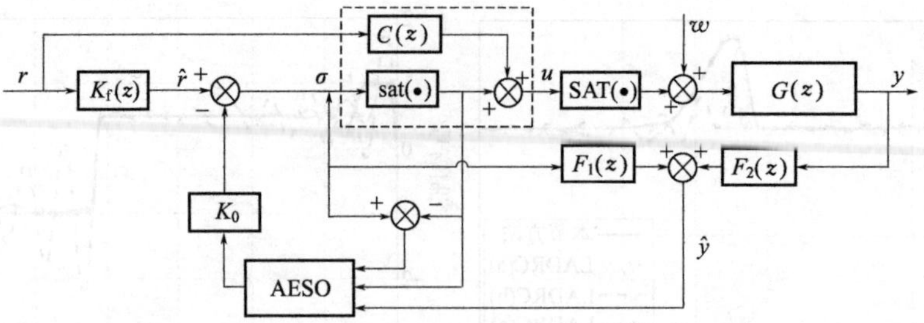

图 11.5　基于 ADRC 的反非对称输入饱和控制方案

11.3.1　对称饱和约束变换

为了便于拓展应用如上一节介绍的反对称输入饱和控制方法，这里首先讲述一种将非对称输入饱和约束转换为对称输入饱和约束的方法。

令非对称输入饱和函数表示为

$$\mathrm{SAT}(u(k))=\mathrm{sat}(\sigma(k))+\delta \tag{11.76}$$

其中，$\mathrm{sat}(\sigma(k))$ 是一个对称饱和函数，定义为

$$\mathrm{sat}(\sigma(k))=\begin{cases}\dfrac{\alpha+\beta}{2}, & \sigma(k)>\dfrac{\alpha+\beta}{2}\\ \sigma(k), & -\dfrac{\alpha+\beta}{2}\leqslant\sigma(k)\leqslant\dfrac{\alpha+\beta}{2}\\ -\dfrac{\alpha+\beta}{2}, & \sigma(k)<-\dfrac{\alpha+\beta}{2}\end{cases} \tag{11.77}$$

常值部分定义为

$$\delta=C(z)r(z),C(z)=\frac{\alpha-\beta}{2r(z)}$$

容易验证

$$\boldsymbol{B}_{\mathrm{m}}\mathrm{SAT}(u(k))=\boldsymbol{B}_{\mathrm{m}}\mathrm{sat}(\sigma(k))+\boldsymbol{B}_{\mathrm{m}}\frac{\alpha-\beta}{2} \tag{11.78}$$

基于以上变换，如式(11.73) 所示的系统描述可以表示为

$$\begin{cases}\boldsymbol{x}(k+1)=\boldsymbol{A}_{\mathrm{m}}\boldsymbol{x}(k)+\boldsymbol{B}_{\mathrm{m}}\mathrm{sat}(\sigma(k))+\boldsymbol{B}_{\mathrm{m}}\dfrac{\alpha-\beta}{2}+\boldsymbol{B}_{\mathrm{m}}\omega(k)\\ y(k)=\boldsymbol{C}_{\mathrm{m}}\boldsymbol{x}(k-d)\end{cases} \tag{11.79}$$

为便于控制设计，将一个扩张的系统状态更新定义为 $x_{n+1}=b_0\dfrac{\alpha-\beta}{2}+b_0\omega(k)$，则上述系统的扩张状态空间形式为

$$\begin{cases}\tilde{\boldsymbol{x}}(k+1)=\boldsymbol{A}_{\mathrm{e}}\tilde{\boldsymbol{x}}(k)+\boldsymbol{B}_{\mathrm{e}}\mathrm{sat}(\sigma(k))+\boldsymbol{E}_{\mathrm{e}}h(k)\\ y(k)=\boldsymbol{C}_{\mathrm{e}}\tilde{\boldsymbol{x}}(k-d)\end{cases} \tag{11.80}$$

需要说明，上述将非对称输入饱和约束转换为对称输入饱和约束变换不是一个等价变换。不难看出，上述变换可以促使输入信号更早地达到对称饱和约束 sat(•) 的上界，有利于进一步延长饱和输出时间，因此有助于提高控制性能。

11.3.2　反饱和扩张状态观测器

基于上述对称输入饱和变换，设计如图 11.5 所示的反饱和状态观测器 AESO 形式为

$$z(k+1)=\boldsymbol{A}_{\mathrm{e}}z(k)+\boldsymbol{B}_{\mathrm{e}}\mathrm{sat}(\sigma(k))+\boldsymbol{L}_{\mathrm{o}}(\hat{y}(k)-\boldsymbol{C}_{\mathrm{e}}z(k))+\boldsymbol{L}_{\mathrm{AW}}[\sigma(k)-\mathrm{sat}(\sigma(k))] \tag{11.81}$$

其中，$\boldsymbol{L}_{\mathrm{AW}}$ 为反饱和补偿的增益；$\hat{y}(k)$ 是通过滤波器 F_1 和 F_2 估计的无时滞系统输出。

根据反饱和控制的原则，当未达到执行器饱和时，应令 $\boldsymbol{L}_{\mathrm{AW}}=\boldsymbol{0}$。因此，在无输入饱和约束的情况下，设计上述 AESO 的期望特征方程为

$$|z\boldsymbol{I}-(\boldsymbol{A}_{\mathrm{e}}-\boldsymbol{L}_{\mathrm{o}}\boldsymbol{C}_{\mathrm{e}})|=(z-\omega_{\mathrm{o}})^{n+1}=0 \tag{11.82}$$

其中，$\omega_{\mathrm{o}}\in(0,1)$ 是一个调节参数，可视为观测器的带宽参数。利用 Ackerman 公式[15]，观测器增益向量可以计算为

$$\boldsymbol{L}_{\mathrm{o}}=\Lambda(\boldsymbol{A}_{\mathrm{e}})\begin{bmatrix}\boldsymbol{C}_{\mathrm{e}}\\ \boldsymbol{C}_{\mathrm{e}}\boldsymbol{A}_{\mathrm{e}}\\ \vdots\\ \boldsymbol{C}_{\mathrm{e}}\boldsymbol{A}_{\mathrm{e}}^{n}\end{bmatrix}^{-1}\begin{bmatrix}0\\0\\ \vdots\\1\end{bmatrix} \tag{11.83}$$

其中，$\Lambda(\boldsymbol{A}_{\mathrm{e}})=(\boldsymbol{A}_{\mathrm{e}}-\omega_{\mathrm{o}}\boldsymbol{I}_{n+1})^{n+1}$。

为简便起见，将反饱和补偿增益向量 $\boldsymbol{L}_{\mathrm{AW}}$ 设计为

$$\boldsymbol{L}_{\mathrm{AW}}=\begin{bmatrix}\boldsymbol{0}\\ l_{\mathrm{aw}}\end{bmatrix} \tag{11.84}$$

其中，l_{aw} 是反饱和增益中唯一的可调参数。

在实际应用中，建议初始选取调节参数 $\omega_{\mathrm{o}}\in[0.9,0.99]$，$l_{\mathrm{aw}}\in[0.1,1]\times(10^{-3}\sim10^{-5})$，然后通过单调地增减这两个参数，可以方便地达到估计性能、反饱和补偿性能以及鲁棒性之间的折中。

11.3.3 广义预测器与控制器

为了预估无时滞系统输出 $\hat{y}(k)$，以便应用上述 AESO 进行反饱和控制系统设计，同样可以采用第 11.2.2 节介绍的无时滞输出预估器设计方法确定如图 11.5 所示的滤波器 F_1 和 F_2。这里不再赘述。说明：$\lambda\in(0,1)$ 是 $F_1(z)$ 和 $F_2(z)$ 中唯一的可调参数，在实际应用中初始可选取 $\lambda\in(0.95,0.99)$，然后通过单调地增减该参数，可以取得预测性能与在过程不确定性下的鲁棒性之间的折中。

基于以上设计的 AESO 和预测器估计无时滞系统状态和扩张扰动 $x_{n+1}=b_0\dfrac{\alpha-\beta}{2}+b_0\omega(k)$，对如图 11.5 所示的闭环抗扰结构设计控制律如下

$$\sigma(k)=\tilde{r}(k)-\boldsymbol{K}_0 z(k) \tag{11.85}$$

其中，$\hat{r}(k)$ 是滤波后的指令信号。反馈控制器增益取为

$$\boldsymbol{K}_0=[k_1\quad k_2\quad \cdots\quad k_n\quad 1]/b_0=[\overline{\boldsymbol{K}}_0\quad 1/b_0] \tag{11.86}$$

将式(11.85) 和式(11.86) 代入式(11.79) 中，可得基于 AESO 的无时滞闭环反馈控制结构的特征方程为

$$|z\boldsymbol{I}-(\boldsymbol{A}_{\mathrm{e}}-\boldsymbol{B}_{\mathrm{e}}\boldsymbol{K}_0)|=(z-1)[z^n+(a_{n-1}+k_n)z^{n-1}+\cdots+(a_0+k_1)]=0 \tag{11.87}$$

为便于实际应用，除了 $z=1$ 外，其余的闭环极点都配置到 $\omega_{\mathrm{c}}\in(0,1)$，即

$$z^n+(a_{n-1}+k_n)z^{n-1}+\cdots+(a_0+k_1)=(z-\omega_{\mathrm{c}})^n \tag{11.88}$$

因此，闭环反馈控制器的参数整定为

$$k_i=C_n^{i-1}(-\omega_{\mathrm{c}})^{n-i+1}-a_{i-1},i=1,\cdots,n \tag{11.89}$$

其中，$C_n^{i-1}=n!/[(i-1)!(n-i+1)!]$；$n!=n(n-1)(n-1)\cdots1$；$\omega_{\mathrm{c}}$ 为可调参数。在实际应用中，建议初始选取 $\omega_{\mathrm{c}}\in[0.9,0.95]$，然后通过单调地增减该参数，可以取得闭环抗扰性能

与鲁棒稳定性之间的折中。

基于上述 AESO 和闭环反馈控制器，可以推导出系统设定点跟踪的传递函数为

$$\begin{aligned} y(z) &= K_{\mathrm{f}}(z)\boldsymbol{C}_{\mathrm{m}}(z\boldsymbol{I}-\boldsymbol{A}_{\mathrm{m}}+\boldsymbol{B}_{\mathrm{m}}\overline{\boldsymbol{K}}_0)^{-1}\boldsymbol{B}_{\mathrm{m}}z^{-d}r(z) \\ &= K_{\mathrm{f}}\frac{N(z)}{(z-\omega_{\mathrm{c}})^n}z^{-d}r(z) \\ &= K_{\mathrm{f}}(z)T_{\mathrm{d}}(z)z^{-d}r(z) \end{aligned} \tag{11.90}$$

其中，$N(z)$ 为被控对象 $G(z)$ 有理传递函数的分子；$T_{\mathrm{d}}(z)=\dfrac{N(z)}{(z-\omega_{\mathrm{c}})^n}$ 是期望的闭环抗扰反馈控制结构的传递函数。

因此，类似地可以采用第 11.2.3 节介绍的设定点跟踪控制器设计方法确定 $K_{\mathrm{f}}(z)$，这里不再赘述。建议初始选取控制器的可调参数 $\lambda_{\mathrm{f}}\in[0.95,0.99]$，然后通过单调地增减该参数，可以在设定点跟踪性能与鲁棒性之间取得折中。

11.3.4 系统稳定性分析

由于如图 11.5 所示的系统设定点跟踪采用开环控制方式，如果设定点跟踪器 $K_{\mathrm{f}}(z)$ 是稳定的，那么系统的稳定性取决于闭环反馈控制结构。为了分析该闭环反馈控制结构的稳定性，其中各部件的状态空间形式表示如下：

$$G(z):\begin{cases}\boldsymbol{x}(k+1)=\boldsymbol{A}_{\mathrm{m}}\boldsymbol{x}(k)+\boldsymbol{B}_{\mathrm{m}}\mathrm{sat}(\sigma(k)) \\ y(k)=\boldsymbol{C}_{\mathrm{m}}\boldsymbol{x}(k-d)\end{cases} \tag{11.91}$$

为了便于分析，在不改变系统稳定性的前提下，将非对称输入饱和约束转化为对称饱和约束后进行分析，令

$$\text{AESO}:\begin{cases}\boldsymbol{z}(k+1)=\boldsymbol{A}_{\mathrm{e}}\boldsymbol{z}(k)+\boldsymbol{B}_{\mathrm{e}}\mathrm{sat}(\sigma(k))+\boldsymbol{L}_{\mathrm{o}}[\hat{y}(k)-\boldsymbol{C}_{\mathrm{e}}\tilde{\boldsymbol{z}}(k)]+ \\ \boldsymbol{L}_{\mathrm{AW}}[\sigma(k)-\mathrm{sat}(\sigma(k))] \\ u(k)=\tilde{r}-\boldsymbol{K}_0\tilde{\boldsymbol{z}}(k)\end{cases} \tag{11.92}$$

$$F_1(z):\begin{cases}\boldsymbol{x}_{F_1}(k+1)=\boldsymbol{A}_{F_1}\boldsymbol{x}_{F_1}(k)+\boldsymbol{B}_{F_1}\sigma(k) \\ y_{F_1}(k)=\boldsymbol{C}_{F_1}\boldsymbol{x}_{F_1}(k)\end{cases} \tag{11.93}$$

$$F_2(z):\begin{cases}\boldsymbol{x}_{F_2}(k+1)=\boldsymbol{A}_{F_2}\boldsymbol{x}_{F_1}(k)+\boldsymbol{B}_{F_2}\boldsymbol{C}_{\mathrm{m}}\boldsymbol{x}(k-d) \\ y_{F_2}(k)=\boldsymbol{C}_{F_2}\boldsymbol{x}_{F_1}(k)+\boldsymbol{D}_{F_2}\boldsymbol{C}_{\mathrm{m}}\boldsymbol{x}(k-d)\end{cases} \tag{11.94}$$

令 $\boldsymbol{\xi}=[\boldsymbol{x}^{\mathrm{T}}(k),\boldsymbol{z}^{\mathrm{T}}(k),\boldsymbol{x}_{F_1}^{\mathrm{T}}(k),\boldsymbol{x}_{F_2}^{\mathrm{T}}(k)]^{\mathrm{T}}$，反馈控制结构可以表示为

$$\boldsymbol{\xi}(k+1)=\boldsymbol{A}\boldsymbol{\xi}(k)+\boldsymbol{A}_d\boldsymbol{\xi}(k-d)-(\boldsymbol{B}-\boldsymbol{E}\boldsymbol{L}_{\mathrm{AW}})\Psi(\sigma(k)) \tag{11.95}$$

其中，$\Psi(\sigma(k))=\boldsymbol{K}\boldsymbol{\xi}(k)-\mathrm{sat}(\boldsymbol{K}\boldsymbol{\xi}(k))$，

$$\boldsymbol{A}=\begin{bmatrix}\boldsymbol{A}_{\mathrm{m}} & -\boldsymbol{B}_{\mathrm{m}}\boldsymbol{K}_0 & \boldsymbol{0} & \boldsymbol{0} \\ \boldsymbol{0} & \boldsymbol{A}_{\mathrm{e}}-\boldsymbol{L}_{\mathrm{o}}\boldsymbol{C}_{\mathrm{e}}-\boldsymbol{B}_{\mathrm{e}}\boldsymbol{K}_{\mathrm{o}} & \boldsymbol{L}_{\mathrm{o}}\boldsymbol{C}_{F_1} & \boldsymbol{L}_{\mathrm{o}}\boldsymbol{C}_{F_2} \\ \boldsymbol{0} & -\boldsymbol{B}_{F_1}\boldsymbol{K}_{\mathrm{o}} & \boldsymbol{A}_{F_1} & \boldsymbol{0} \\ \boldsymbol{0} & \boldsymbol{0} & \boldsymbol{0} & \boldsymbol{A}_{F_2}\end{bmatrix}$$

$$\boldsymbol{A}_d=\begin{bmatrix}\boldsymbol{0} & \boldsymbol{0} & \boldsymbol{0} & \boldsymbol{0} \\ \boldsymbol{L}_{\mathrm{o}}\boldsymbol{D}_{F_2}\boldsymbol{C}_{\mathrm{m}} & \boldsymbol{0} & \boldsymbol{0} & \boldsymbol{0} \\ \boldsymbol{0} & \boldsymbol{0} & \boldsymbol{0} & \boldsymbol{0} \\ \boldsymbol{B}_{F_2}\boldsymbol{C}_{\mathrm{m}} & \boldsymbol{0} & \boldsymbol{0} & \boldsymbol{0}\end{bmatrix},\quad \boldsymbol{B}=\begin{bmatrix}\boldsymbol{B}_{\mathrm{m}} \\ \boldsymbol{B}_{\mathrm{e}} \\ \boldsymbol{0} \\ \boldsymbol{0}\end{bmatrix},\quad \boldsymbol{E}=\begin{bmatrix}\boldsymbol{0} \\ \boldsymbol{I} \\ \boldsymbol{0} \\ \boldsymbol{0}\end{bmatrix}$$

$$K=[\mathbf{0}\quad -K_0\quad \mathbf{0}\quad \mathbf{0}]$$

为便于理解下面的稳定性分析结果，先介绍如下引理。

引理 11.5 （时滞相关的广义扇形条件[8]）对于任意矩阵 G 和 $\widetilde{V}$，正整数 d，如果不等式 $\|K\xi(k)-G\xi(k)-\widetilde{V}\sum_{i=k-d}^{k-1}\xi(i)|\leqslant u_0$ 成立，那么函数 $\Psi(u)=u-\mathrm{sat}(u)$ 对于任意正数 θ，满足如下不等式

$$\theta\Psi(u(k))^{\mathrm{T}}\left[\Psi(u(k))-G\xi(k)-\widetilde{V}\sum_{i=k-d}^{k-1}\xi(i)\right]\leqslant 0 \tag{11.96}$$

为了方便时滞相关稳定性分析，采用如下 Lyapunov 泛函

$$V(\xi_k)=V_1(\xi_k)+V_2(\xi_k)+V_3(\xi_k) \tag{11.97}$$

其中

$$V_1(\xi_k)=\xi_2^{\mathrm{T}}(k)P\xi_2(k) \tag{11.98}$$

$$V_2(\xi_k)=\sum_{i=k-d}^{k-1}\xi^{\mathrm{T}}(i)Q\xi(i) \tag{11.99}$$

$$V_3(\xi_k)=\sum_{i=-d}^{-1}\sum_{j=k+i}^{k-1}\eta_2^{\mathrm{T}}(j)R\eta_2(j) \tag{11.100}$$

其中，$\xi_2(k)=\left[\xi^{\mathrm{T}}(k),\quad \sum_{i=k-d}^{k-1}\xi^{\mathrm{T}}(i)\right]^{\mathrm{T}}$，$\eta(j)=\xi(j+1)-\xi(j)$，$\eta_2(j)=[\xi^{\mathrm{T}}(j),\eta^{\mathrm{T}}(j)]^{\mathrm{T}}$，$\xi_k$ 是一个状态序列，定义为对于所有 $i=d,d-1,\cdots,0$，$\xi_k(i)=\xi(k-i)$。

基于上述 Lyapunov 泛函和引理，给出如下稳定性分析定理。

定理 11.2 已知系统响应时滞 d 和非对称输入饱和上界 α 与下界 β，如果存在正数 ρ 和 $\bar{\gamma}$，对称正定矩阵 P，Q，R，对称矩阵 T，X，Z，矩阵 L，M，N，Y，$\widetilde{V}$，α 满足如下线性矩阵不等式，则如式(11.95) 所示的闭环反馈控制结构在初始条件 $\phi(k)$ 满足 $V(\xi_0)\leqslant\rho^2/\bar{\gamma}$ 下，基于式(11.84) 给出的反饱和增益向量 L_{AW}，保证是渐近稳定的，

$$\begin{bmatrix}\bar{X} & \Theta\\ * & \bar{T}+R\end{bmatrix}\geqslant \mathbf{0} \tag{11.101}$$

$$\begin{bmatrix}\widetilde{Q} & \bar{N}^{\mathrm{T}}\\ * & u_0^2\bar{\gamma}\end{bmatrix}\geqslant \mathbf{0} \tag{11.102}$$

$$\Phi<\mathbf{0} \tag{11.103}$$

其中，$\epsilon_1=[I,0,0,0]$，$\epsilon_2=[0,I,0,0]$，$\epsilon_3=[0,0,I,0]$，$\epsilon_f=[\epsilon_1^{\mathrm{T}},\epsilon_2^{\mathrm{T}},\epsilon_3^{\mathrm{T}}]^{\mathrm{T}}$

$\epsilon_s=[A-I,A_d,0,B-EL_{\mathrm{AW}}]$，$\bar{N}=[SK-\widetilde{G}\quad 0\quad -\bar{V}\quad 0]$，$u_0=\dfrac{\alpha+\beta}{2}$

$$\bar{X}=\begin{bmatrix}X & Y\\ * & Z\end{bmatrix},\Theta=\begin{bmatrix}L & M\\ * & N\end{bmatrix},\bar{T}=\begin{bmatrix}0 & T\\ * & T\end{bmatrix}$$

$$\widetilde{Q}=[\epsilon_1^{\mathrm{T}},\epsilon_3^{\mathrm{T}}]P[\epsilon_1^{\mathrm{T}},\epsilon_3^{\mathrm{T}}]^{\mathrm{T}}+\frac{1}{d}\epsilon_3^{\mathrm{T}}Q\epsilon_3+\frac{2}{d(d+1)}\epsilon_r^{\mathrm{T}}R\epsilon_r$$

$$\epsilon_r=\begin{bmatrix}dI & 0 & -I & 0\\ dA-dI-I & dA_d+I & 0 & d(B-EL_{\mathrm{AW}})\end{bmatrix}$$

$$\Phi=Y_1+Y_2+Y_3 \tag{11.104}$$

$$Y_1=F_1^{\mathrm{T}}PF_1-F_2^{\mathrm{T}}PF_2+\mathrm{He}(\Gamma P(F_1-F_2))+d[\epsilon_1^{\mathrm{T}},\epsilon_s^{\mathrm{T}}]R[\epsilon_1^{\mathrm{T}},\epsilon_s^{\mathrm{T}}]^{\mathrm{T}} \tag{11.105}$$

$$F_1=\begin{bmatrix} A-I & A_d & 0 & B-EL_{\mathrm{AW}} \\ 0 & -I & I & 0 \end{bmatrix}$$

$$F_2=\begin{bmatrix} 0 & 0 & 0 & 0 \\ -I & 0 & I & 0 \end{bmatrix}, \Gamma=\begin{bmatrix} I & 0 & 0 & 0 \\ 0 & 0 & dI & 0 \end{bmatrix}$$

$$\mathbf{Y}_2=\begin{bmatrix} Q & 0 & 0 & \widetilde{G}^{\mathrm{T}}-\widetilde{V}^{\mathrm{T}} \\ * & -Q & 0 & 0 \\ * & * & 0 & (d+1)\widetilde{V}^{\mathrm{T}} \\ * & * & * & -2\rho \end{bmatrix} \tag{11.106}$$

$$\begin{aligned} Y_3=&\epsilon_1^{\mathrm{T}}T\epsilon_1-\epsilon_2^{\mathrm{T}}T\epsilon_2+2\epsilon_f^{\mathrm{T}}[M(\epsilon_1-\epsilon_2)+N(\epsilon_1+\epsilon_2-2\epsilon_3)- \\ &L((d+1)\epsilon_3-\epsilon_1)]+d\epsilon_f^{\mathrm{T}}X\epsilon_f+\frac{d(d-1)}{3(d+1)}\epsilon_f^{\mathrm{T}}Z\epsilon_f \end{aligned} \tag{11.107}$$

证明：定义如下增广状态向量

$$\zeta(k)=\left[\xi^{\mathrm{T}}(k),\quad \xi^{\mathrm{T}}(k-d),\quad \frac{1}{d+1}\sum_{i=k-d}^{k}\xi^{\mathrm{T}}(i),\quad \Psi^{\mathrm{T}}(\sigma(k))\right]^{\mathrm{T}}$$

上述 Lyapunov 泛函的前向差分可以推导为

$$\Delta V(\xi_k)=\Delta V_1(\xi_k)+\Delta V_2(\xi_k)+\Delta V_3(\xi_k) \tag{11.108}$$

$$\Delta V_1(\xi_k)=\zeta^{\mathrm{T}}(k)[F_1^{\mathrm{T}}PF_1-F_2^{\mathrm{T}}PF_2+\mathrm{He}(\Gamma P(F_1-F_2))]\zeta(k) \tag{11.109}$$

$$\Delta V_2(\xi_k)=\zeta^{\mathrm{T}}(k)\begin{bmatrix} Q & 0 & 0 & 0 \\ 0 & -Q & 0 & 0 \\ 0 & 0 & 0 & 0 \\ 0 & 0 & 0 & 0 \end{bmatrix}\zeta(k) \tag{11.110}$$

$$\begin{aligned} \Delta V_3(\xi_k)&=d\eta_2^{\mathrm{T}}(k)R\eta_2(k)-\sum_{i=k-d}^{k-1}\eta_2^{\mathrm{T}}(j)R\eta_2(j) \\ &=\zeta^{\mathrm{T}}(k)[\epsilon_1;\epsilon_s]^{\mathrm{T}}dR[\epsilon_1;\epsilon_s]\zeta(k)+\Delta V_b(\xi_k) \end{aligned} \tag{11.111}$$

$$\Delta V_b(\xi_k)=-\sum_{i=k-d}^{k-1}\eta_2^{\mathrm{T}}(j)R\eta_2(j) \tag{11.112}$$

定义

$$f(k)=[\xi^{\mathrm{T}}(k),\xi^{\mathrm{T}}(k-d),v_1^{\mathrm{T}}(k)]^{\mathrm{T}}, v_1(k)=\frac{1}{d+1}\sum_{i=k-d}^{k}\xi(i)$$

根据引理 11.3，可以得到

$$\begin{aligned} \Delta V_b(\xi_k)\leqslant&\ \xi^{\mathrm{T}}(k)T\xi(k)-\xi^{\mathrm{T}}(k-d)T\xi(k-d)+2f(k)\{M[\xi(k)-\xi(k-d)]+ \\ &L[(d+1)\delta(k,k-d)-\xi(k)]+N[\xi(k)+\xi(k-d)-2\delta(k,k-d)]\}+ \\ &df^{\mathrm{T}}(k)\left[X+\frac{(d-1)}{3(d+1)}Z\right]f(k)-\sum_{i=k-d}^{k-1}\eta_1^{\mathrm{T}}(j)\begin{bmatrix} \overline{X} & \Theta \\ * & T+R \end{bmatrix}\eta_1(i) \end{aligned} \tag{11.113}$$

假设 $\|K\xi(k)-G\xi(k)-\widetilde{V}\sum_{i=k-d}^{k-1}\xi(i)\|\leqslant u_0$，根据引理 11.5 可以得到

$$-2\rho\Psi(K\xi(k))^{\mathrm{T}}[\Psi(K\xi(k))-G\xi(k)-\widetilde{V}\sum_{i=k-d}^{k-1}\xi(i)]\geqslant 0 \tag{11.114}$$

根据式(11.101) 中的假设 $\begin{bmatrix} \overline{X} & \Theta \\ * & \overline{T}+R \end{bmatrix} \geqslant \mathbf{0}$，令 $\widetilde{G}=\rho G$，可以得到

$$\Delta V(\boldsymbol{\xi}_k) \leqslant \boldsymbol{\zeta}^{\mathrm{T}}(k)\boldsymbol{\Phi}\boldsymbol{\zeta}(k) \tag{11.115}$$

因此式(11.101) 和式(11.103) 可以保证

$$\Delta V(\boldsymbol{\xi}_k) \leqslant 0 \tag{11.116}$$

对于如式(11.97) 所示的 Lyapunov 泛函，利用引理 11.4 中的 Jensen 不等式，可知

$$V(\boldsymbol{\xi}_k) \geqslant \overline{\boldsymbol{\zeta}}^{\mathrm{T}}(k)\widetilde{\Theta}\overline{\boldsymbol{\zeta}}(k) \tag{11.117}$$

其中

$$\overline{\boldsymbol{\zeta}}(k) = \left[\boldsymbol{\xi}(k), \quad \boldsymbol{\xi}(k-d), \quad \sum_{i=k-d}^{k-1} \boldsymbol{\xi}(i), \quad \Psi(u(k)) \right]$$

定义 $\widetilde{\boldsymbol{N}}=[(\boldsymbol{K}-\boldsymbol{G}) \quad \mathbf{0} \quad -\widetilde{\boldsymbol{V}} \quad \mathbf{0}]$，假设如下不等式成立

$$(1/(\gamma u_0^2))\widetilde{\boldsymbol{N}}^{\mathrm{T}}\widetilde{\boldsymbol{N}} \leqslant \widetilde{\Theta} \tag{11.118}$$

则对于任意初始条件满足 $V(\xi_0) \leqslant \gamma^{-1}$，根据式(11.116)～式(11.118) 可以得到

$$(1/(\gamma u_0^2))\overline{\boldsymbol{\zeta}}^{\mathrm{T}}(k)\widetilde{\boldsymbol{N}}^{\mathrm{T}}\widetilde{\boldsymbol{N}}\overline{\boldsymbol{\zeta}}(k) \leqslant \overline{\boldsymbol{\zeta}}^{\mathrm{T}}(k)\widetilde{\Theta}\overline{\boldsymbol{\zeta}}(k) \leqslant V(\boldsymbol{\xi}_k) \leqslant V(\boldsymbol{\xi}_0) \leqslant \gamma^{-1} \tag{11.119}$$

上式意味着式(11.114) 中的假设成立。

对式(11.118) 左右两边乘以 $\mathrm{diag}\{\boldsymbol{I},\boldsymbol{I},\boldsymbol{I},\rho\}$，并且令 $\gamma\rho^2=\overline{\gamma}$，则可以得出条件式(11.102)。证毕。 □

11.3.5 应用案例

例 11.3 同样考虑前面例 11.2 中研究的一个二阶时滞系统：

$$P(s)=\frac{2}{(3s+1)(s+1)}\mathrm{e}^{-0.4s}$$

根据采样周期 $T=0.02\mathrm{s}$ 得到的离散时间域模型为

$$P(z)=\frac{1.3215\times10^{-4}(z+0.9912)}{z^2-1.974z+0.9737}z^{-20}$$

为了获得与上一节介绍的反对称饱和控制方法相同的设定点跟踪速度和扰动响应峰值作对比，分别取 AESO 和反馈控制器 $\boldsymbol{K}_0$ 的可调参数为 $\omega_{\mathrm{o}}=0.8694$ 和 $\omega_{\mathrm{c}}=0.9231$，由设计式(11.82)、式(11.83)、式(11.86)～式(11.89) 得到

$$\boldsymbol{L}_{\mathrm{o}}=[0.2949, \quad 0.3623, \quad 0.006]$$

$$\boldsymbol{K}_0=[-927.9072 \quad 927.0307 \quad 7634.4596]$$

相应地，在预估无时滞输出的滤波器中选取参数 $\lambda=0.954$，$m=1$ 和 $q=1$ 以便比较，根据设计公式(11.13) 得到

$$F_1(z)=\boldsymbol{C}_{\mathrm{g}}\sum_{i=1}^{20}\boldsymbol{A}_{\mathrm{g}}^{i-1}\boldsymbol{B}_{\mathrm{g}}z^{-i}\Gamma(z)$$

$$F_2(z)=\frac{0.17269(z^2-1.955z+0.9559)}{(z-0.954)^3}$$

其中

$$\boldsymbol{A}_{\mathrm{g}}=\begin{bmatrix} 2.9736 & -2.9472 & 0.9737 & 0 \\ 1 & 0 & 0 & 0 \\ 0 & 1 & 0 & 0 \\ 0 & 0 & 1 & 0 \end{bmatrix}, \quad \boldsymbol{B}_{\mathrm{g}}=\begin{bmatrix} 1 \\ 0 \\ 0 \\ 0 \end{bmatrix}$$

$$\boldsymbol{C}_g=[21.7391,\quad -62.2194,\quad 59.3554,\quad -18.875]$$

$$\boldsymbol{\Gamma}=\frac{0.046z(0.0001322z+0.000131)(z-1)}{(z-0.954)^3}$$

根据设计公式(11.23)～式(11.25)，令 $\lambda_f=0.96$ 和 $n_f=4$，设定点跟踪控制器确定为

$$K_f=\frac{0.0097(z-0.9231)^2z^2}{(z-0.96)^4}$$

假设非对称输入饱和的上下界分别为 $\alpha=1$ 和 $\beta=0.5$，根据设计式(11.84) 选取反饱和补偿增益向量

$$\boldsymbol{L}_{AW}=[0\quad 0\quad 0.8\times10^{-4}]^T$$

同时，应用上一节介绍的反对称饱和控制方法做对比，令 $u_0=\alpha=1$ 得到对称饱和约束上界，整定相同的扩张状态观测器、反馈控制器、设定点跟踪控制器以及无时滞输出预估器的调节参数以便与本节给出的反非对称饱和控制方法进行比较，根据设计公式(11.27)和式(11.28)，确定反饱和增益向量为

$$\boldsymbol{L}_{AW}=[0.0046\quad 0.0057\quad 0.0002]^T$$

在仿真控制测试中，当 $t=0$s 时在系统设定点加入一个单位阶跃阶跃信号，然后在 $t=15$s 时在过程输入侧加入一个反向的单位阶跃型负载干扰。控制结果如图 11.6 所示。

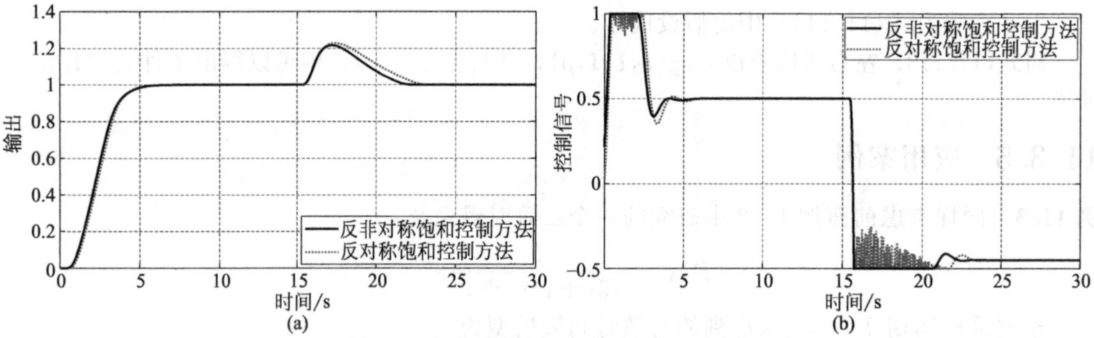

图 11.6　例 11.3 在两种反饱和控制方法下的标称系统响应

可以看到，基于相同的设定点跟踪响应速度和非对称饱和约束，本节给出的反非对称饱和控制方法能进一步提高抗扰性能。需要指出，上一节给出的反对称饱和控制方法在非对称饱和界下产生一定程度的控制信号振荡现象，这在实际应用中通常会造成执行器的剧烈磨损，所以应该避免这种现象。由此说明采用本节给出的反非对称饱和控制方法能更好地解决非对称输入饱和约束问题。

然后假设实际被控对象的输出时滞增大 15%，摄动系统的响应如图 11.7 所示。可以看出，本节给出的反非对称饱和控制方法能保证控制系统具有较好的鲁棒性，并且维持较好的控制性能。

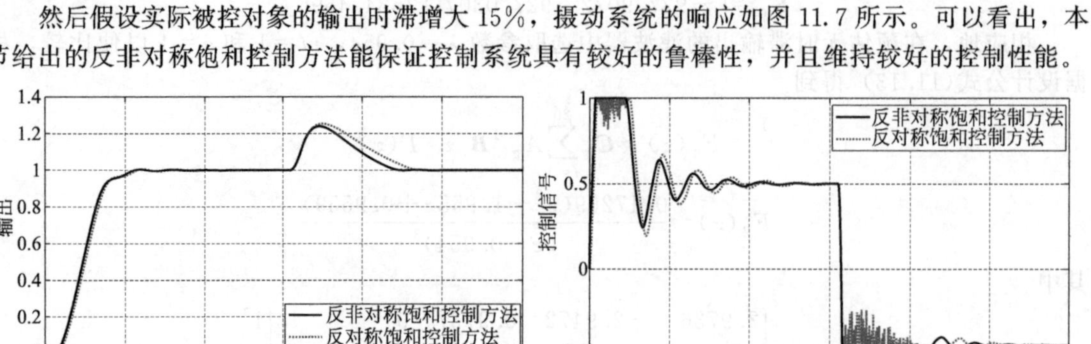

图 11.7　例 11.3 在两种反饱和控制方法下的摄动系统响应

例 11.4 采用一个 10 升夹套式结晶反应釜的温度调节装置来验证本节介绍的反非对称饱和控制方法，如图 11.8 所示。

该温度调节装置与第 8 章中图 8.9 所示的温度调节装置基本相同，因此不再赘述详细组件。这里同样进行升温控制实验做对比，控制目标为将反应釜中的 5L 水溶液从室温（25℃）快速加热到 60℃以便进行结晶过程操作，然后保持 60℃的工作温度以克服负载干扰（例如结晶过程中加入室温下的原料溶质和溶剂）。

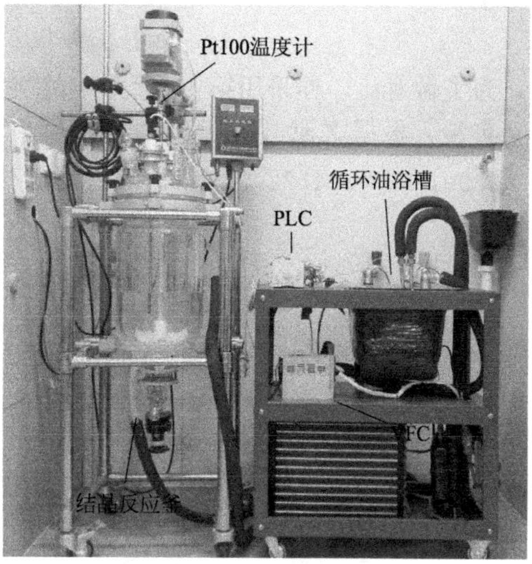

图 11.8　10 升夹套结晶反应釜及其温度调节装置

通过实施一个开环阶跃辨识实验，即全功率打开电加热器，将反应釜内的 5 升水溶液从室温 25℃升温至 60℃以上。采样周期取为 $T_s=2s$，采用第 2 章介绍的阶跃响应辨识方法，得到如下的反应釜温度响应传递函数模型

$$G(s)=\frac{0.00044}{s(571.54s+1)}e^{-107s}$$

考虑到被控对象在加热过程的温度响应缓慢，在控制执行中采样周期设定为 $T_s=3s$，得到相应的离散时间域过程模型

$$G(z)=\frac{3.4583\times10^{-6}(z+0.9983)}{(z-1)(z-0.9948)}z^{-36}$$

应用本节给出的反非对称饱和控制方法，分别取 MESO 和反馈控制器的可调参数为 $\omega_o=0.993$ 和 $\omega_c=0.995$，由设计式(11.7)，式(11.8)，式(11.15)～式(11.18) 得到

$$\boldsymbol{L}_o=[0.0079, 0.0079, 0.1713\times10^{-6}]$$

$$\boldsymbol{K}_0=[-1372.9632 \quad 1380.2040 \quad 289668.2143]$$

由于对象模型中有一个负实部零点 $z_1=-0.9983$，根据设计式(11.23)～式(11.25)，令 $\lambda_f=0.983$ 和 $n_f=4$，设定点跟踪控制器确定为

$$K_f=\frac{0.0121(z-0.995)^2z^2}{(z-0.983)^4}$$

根据设计式(11.13)，令 $\lambda=0.92$，$m=1$ 和 $q=1$，可得用于预估无时滞输出的滤波器

$$F_1(z)=\boldsymbol{C}_g\sum_{i=1}^{36}\boldsymbol{A}_g^{i-1}\boldsymbol{B}_g z^{-i}\Gamma(z)$$

$$F_2(z)=\frac{1.0987(z^2-1.966z+0.9667)}{(z-0.92)^3}$$

其中

$$\boldsymbol{A}_g=\begin{bmatrix}2.9948 & -2.9895 & 0.9948 & 0\\ 1 & 0 & 0 & 0\\ 0 & 1 & 0 & 0\\ 0 & 0 & 1 & 0\end{bmatrix},\quad \boldsymbol{B}_g=\begin{bmatrix}1\\0\\0\\0\end{bmatrix},\quad \boldsymbol{C}_g=[12.5 \quad -34.5 \quad 31.74 \quad -9.7336]$$

$$\Gamma=\frac{3.4583\times10^{-6}z(z+0.9983)(z-1)}{(z-0.92)^3}。$$

说明：由于结晶反应釜升温过程通常关闭冷却压缩机，因而没有冷却功能，不能实现任何负的控制信号（即 $u<0$）。根据电加热器功率输出的非对称调节范围 $[0,100\%]$，可以确定过程输入的饱和上下界分别为 $\alpha=100$ 和 $\beta=0$。根据设计式(11.84) 选取反饱和补偿增益向量

$$\boldsymbol{L}_{\mathrm{AW}}=[0 \quad 0 \quad 0.35\times10^{-8}]^{\mathrm{T}}$$

为了做对比，亦采用第 10 章介绍的文献 [20] 给出的抗扰控制方法（PDRC）进行升温控制实验，根据文献 [20] 中的观测器和控制器设计方法，选取调节参数为 $\alpha_0=0.9955$，$\alpha_c=0.99$，$b_0=3.4522\times10^{-6}$，得到设定点跟踪控制器和输出滤波器分别为

$$F(z)=\frac{0.1537z}{z-0.991}$$

$$F_{\mathrm{p}}(z)=\frac{0.3776z(z-0.9831)}{(z-0.92)^2}$$

从而获得与本节方法相似的设定点跟踪和扰动响应速度。

在实验测试中，当反应釜中水溶液温度从 25℃升至 60℃进入稳态后，将 1L 室温下的蒸馏水溶剂添加到反应釜中，作为负载干扰进行测试。实验结果如图 11.9 和图 11.10 所示。

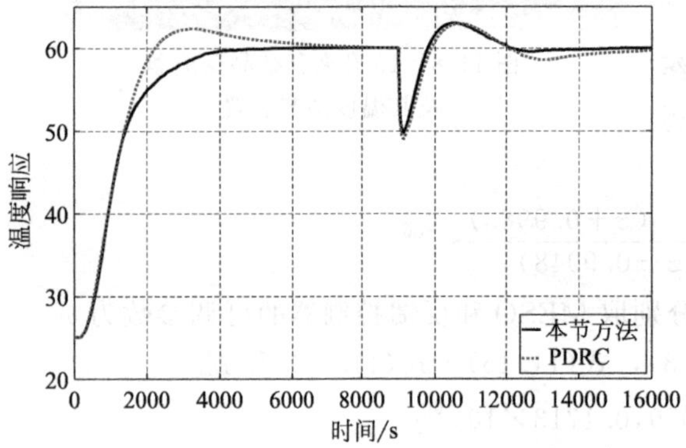

图 11.9 两种控制方法下的反应釜溶液温度响应

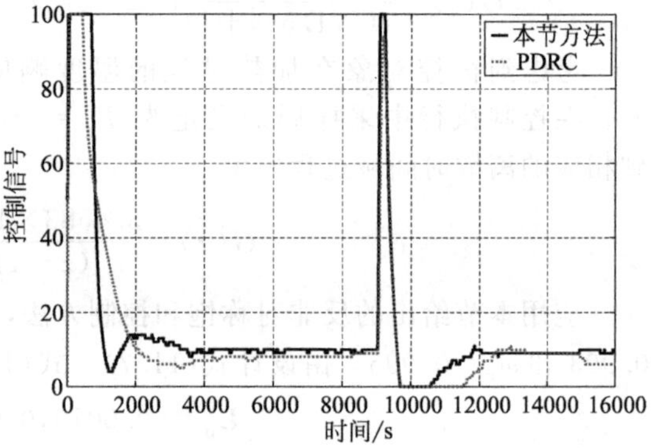

图 11.10 两种控制方法下的电加热器功率输出信号

可以看出，本节给出的反非对称饱和控制方法明显地改善升温过程响应，而且没有超调。说明：如果将 PDRC 方法[20] 的控制器整定参数调小以进一步加快升温过程，溶液温度响应中会出现更大的超调，而且由于相应的控制输出信号处于过长的饱和时间，将导致稳态输出偏离期望的工作温度。在抗扰方面，相对于 PDRC 方法，本节给出的反非对称饱和控制方法将溶液温度恢复到 (60.0±0.2)℃的工作温度区域时，节省超过 40min 的时间，显著提高抗扰性能。值得一提的是，如果较大的扰动引起控制信号较长时间处于饱和界内，PDRC 方法亦会产生稳态温度偏差，限于篇幅，省略有关实验结果。

11.4 本章小结

针对带有时滞响应和输入/执行器饱和约束的生产过程，本章首先介绍了一种反对称输入饱和控制方法[14]。其突出优点是，给出一种改进的扩展状态观测器设计方法，称之为 MESO，它不仅可以估计系统状态和负载扰动，而且还可以在发生执行器饱和时提供反饱和补偿。因此，设定点跟踪控制器和抗扰控制器都可以基于没有饱和约束的情况进行设计，基于预估无时滞系统输出，通过指定期望传递函数的方式解析地设计两自由度控制器。然后，通过建立在饱和约束下的系统稳定性条件，采用线性矩阵不等式求解的满足条件的反饱和补偿增益。此外，通过利用广义扇形条件和广义自由权矩阵，给出了具有时变性输入时滞的闭环系统保证鲁棒稳

定性的充分条件。通过已有文献中的两个应用案例，对比说明这里给出的反饱和控制方法可以显著改善系统设定点跟踪和抗扰性能。

对于工程应用中经常遇到的带有非对称执行器饱和的生产系统，提出了一种反非对称输入饱和 ADRC 设计方法。通过引入一个常值模块将非对称饱和约束转换成对称饱和约束，设计了 AESO 用以同时估计系统状态和扰动，并且在出现执行器饱和的情况下，它可以成为反饱和补偿器。值得一提的是，AESO 中只有一个可调参数，可以对其进行单调地整定以获得满意的反饱和性能。基于上述 AESO 和广义无时滞输出预估器，通过指定期望的闭环系统极点解析地设计用于抑制干扰的反馈控制器，该极点可以通过单个参数进行单调地调节以实现干扰抑制性能与闭环鲁棒稳定性之间的折中。采用与时滞相关的广义扇形条件并结合广义自由权矩阵，建立了闭环控制系统保证稳定性的充分条件。通过一个仿真应用案例对比，验证了该方法相对于上述反对称输入饱和控制方法的优点。此外，通过应用于一个 10L 结晶反应釜的升温控制实验，验证了该反饱和控制方法的有效性和实用性。

习 题

1. 简述什么是执行器饱和，为什么要针对执行器饱和设计控制方案？

2. 简述基于 ADRC 的反对称饱和控制设计步骤，并列出相应的控制器设计公式。

3. 根据参考文献给出引理 11.1 的详细证明步骤。

4. 请尝试给出引理 11.2 中扇形条件的详细证明步骤，并结合定理 11.1 的证明过程说明引理 11.2 的作用。

5. 请通过例 11.1 的仿真结果说明反饱和增益 $\boldsymbol{L}_{\mathrm{AW}}$ 存在与否对于控制性能的影响。

6. 请简述第 11.2 节与第 11.3 节的反饱和控制设计有何相同与不同之处？原因是什么？

7. 为什么第 11.3.1 节讲述的对称饱和变换不是等价变换？有何优点？

8. 第 11.2 节和第 11.3 节的稳定性分析中采用的扇形条件有何不同？说明第 11.3 节中的扇形条件有何优点？

9. 通过对例 11.3 的仿真结果说明如何整定反饱和增益 $\boldsymbol{L}_{\mathrm{AW}}$ 来平衡控制系统性能与鲁棒稳定性。

参考文献

[1] Li Y., Lin Z., Stability and performance of control systems with actuator saturation. Boston: Birkhäuser, 2018.

[2] Seborg D. E., Edgar T. F., Mellichamp D. A. Process Dynamics and Control, 2nd Edition, John Wiley & Sons, New Jersey, USA, 2004.

[3] 罗健旭，黎冰，黄海燕，何衍庆. 过程控制工程. 3 版. 北京：化学工业出版社，2015.

[4] 戴连奎，张建明，谢磊. 过程控制工程（第四版）. 北京：化学工业出版社，2020.

[5] Wu W. Anti-windup schemes for a constrained continuous stirred tank reactor process. Industrial & Engineering Chemistry Research, 2002, 41: 1796-1804.

[6] Schaum A., Alvarez, J., Lopez-Arenas, T. Saturated PI control of continuous bioreactors with Haldane kinetics. Chemical Engineering Science, 2012, 68: 520-529.

[7] Eldigair, Y., Garelli, F., Kunusch, C., et al. Adaptive PI control with robust variable structure anti-windup strategy for systems with rate-limited actuators: application to compression systems. Control Engineering Practice, 2020, 96: 104282.

[8] Chen Y., Li Y., Fei S., Anti-windup design for time-delay systems via generalised delay-dependent sector conditions. IET Control Theory & Applications, 2017, 11: 1634-1641.

[9] Chen Y., Wang Z., Fei S., et al. Regional stabilization for discrete time-delay systems with actuator saturations via a delay-dependent polytopic approach. IEEE Transactions on Automatic Control, 2018, 64: 1257-1264.
[10] Tarbouriech S., Gomes da Silva Jr J., Garcia G., Delay-dependent anti-windup strategy for linear systems with saturating inputs and delayed outputs. International Journal of Robust and Nonlinear Control, 2004, 14: 665-682.
[11] El-Farra, N. H., Chiu, T. Y., Christofides, P. D. Analysis and control of particulate processes with input constraints. AIChE Journal, 2010, 47: 1849-1865.
[12] Zhou B., Lin Z., Parametric Lyapunov equation approach to stabilization of discrete-time systems with input delay and saturation. IEEE Transactions on Circuits and Systems I: Regular Papers, 2011, 58: 2741-2754.
[13] Fukiko K., Kasper, V., Palle A., et al. Anti-windup disturbance feedback control: practical design with robustness. Journal of Process Control, 2018, 69: 30-43.
[14] Geng X., Liu T., Hao S., et al. Anti-windup design of active disturbance rejection control for sampled systems with input delay. International Journal of Robust and Nonlinear Control, 2020, 30: 1311-1327.
[15] Richard C. D., Robert H. B. Modern Control Systems (12th Edition). Pearson: Essex UK, 2014.
[16] Morari M., Zafiriou E. Robust Process Control, Englewood Cliff, NJ: Prentice Hall, 1989.
[17] da Silva Jr J. G., Tarbouriech S., Anti-windup design with guaranteed regions of stability for discrete-time linear systems. Systems & Control Letters, 2006, 55: 184-192.
[18] Zhang C. K., He Y., Jiang L., et al. Delay-variation-dependent stability of delayed discrete-time systems. IEEE Transactions on Automatic Control, 2015, 61: 2663-2669.
[19] Tan W., Fu C. Linear active disturbance-rejection control: Analysis and tuning via IMC. IEEE Transactions on Industrial Electronics, 2016, 63: 2350-2359.
[20] Liu T., Hao S., Li D., et al. Predictor-based disturbance rejection control for sampled systems with input delay. IEEE Transactions on Control System Technology, 2017, 27: 772-780.

附　控制仿真程序

(1) 例 11.1 的控制仿真程序伪代码及图形化编程方框图

行号	编制程序伪代码	注释
1	$T=90$	仿真时间(s)
2	$T_s=0.1$	采样周期(s)
3	$T_d=40;\omega=0.95$	扰动起始时间与幅值
4	$r=200$	设定点指令信号
5	$u_0=1$	饱和界
6	$G(z)=\dfrac{N(z)}{D(z)}z^{-d_0}=\dfrac{0.0005z+0.0005}{(z-1)^2}z^{-2};d_0=2;$ $z_1=-1;k_p=0.0005$	离散时间域过程模型
7	$\boldsymbol{A}_e=\begin{bmatrix}0&1&0\\-1&2&1\\0&0&1\end{bmatrix};\boldsymbol{B}_e=\begin{bmatrix}0\\0.0005\\0\end{bmatrix};\boldsymbol{C}_e=\begin{bmatrix}1\\1\\0\end{bmatrix}^T$	扩张系统状态矩阵
8	$\lambda=0.95;m=1$	无时滞输出预估器参数
9	$\omega_o=0.9427$	MESO 观测器参数
10	$\omega_c=0.998$	反馈控制器参数

续表

行号	编制程序伪代码	注释
11	$\lambda_f=0.974;n_f=5;n_g=2$	设定点跟踪控制器参数
12	$G(z)=\tilde{G}(z)\Gamma(z)z^{-d_0};\Gamma(z)=\dfrac{N(z)}{(z-\lambda)^m}H(z,\lambda);$ $\Gamma(z)=\dfrac{N(z)}{(z-\lambda)^m}H(z,\lambda);H(z)=\dfrac{z-1}{z-\lambda};$ $\tilde{G}(z)=\dfrac{(z-\lambda)^m}{D(z)}H^{-1}(z,\lambda)=\boldsymbol{C}_g(z\boldsymbol{I}-\boldsymbol{A}_g)^{-1}\boldsymbol{B}_g;$ $\tilde{G}^*(z)\triangleq\boldsymbol{C}_g(z\boldsymbol{I}-\boldsymbol{A}_g)^{-1}\boldsymbol{A}_g^{d_0}\boldsymbol{B}_g=\dfrac{\tilde{N}^*(z)}{\tilde{D}^*(z)}$	模型分解
13	$F_1(z)=\boldsymbol{C}_g\sum_{i=1}^{2}\boldsymbol{A}_g^{i-1}\boldsymbol{B}_g z^{-i}\Gamma(z);F_2(z)=\dfrac{\tilde{N}^*(z)}{(z-\lambda)^{m+1}}$	无时滞输出预估器
14	$K_{f_1}(z)=(z^{n_g}T_{\text{d-MP}})^{-1};K_{f_2}=\dfrac{(1-\lambda_f)^{n_f}z^{n_f}}{(z-\lambda_f)^{n_f}};$ $K_{f_3}(z)=\dfrac{1}{1-z_1z};K_{f_4}(z)=\dfrac{z-z_1}{z(1-z_1)};T_{\text{d-MP}}=\dfrac{k_p}{(z-\omega_c)^2};$ $K_f(z)=K_{f_1}(z)K_{f_2}(z)K_{f_3}(z)K_{f_4}(z)$	设定点跟踪控制器
15	$k_i=C_n^{i-1}(-\omega_c)^{n-i+1}-a_{i-1},i=1,\cdots,n$	反馈控制器增益公式
16	$\boldsymbol{K}_0=[k_1\quad k_2\quad\cdots\quad k_n\quad 1]/b_0$	反馈控制器
17	$L_o=\Lambda(\boldsymbol{A}_e)\begin{bmatrix}\boldsymbol{C}_e\\ \boldsymbol{C}_e\boldsymbol{A}_e\\ \vdots\\ \boldsymbol{C}_e\boldsymbol{A}_e^n\end{bmatrix}^{-1}\begin{bmatrix}0\\0\\ \vdots\\1\end{bmatrix};\Lambda(\boldsymbol{A}_e)=(\boldsymbol{A}_e-\omega_o\boldsymbol{I}_3)^3$	MESO 观测器增益公式
18	$\boldsymbol{L}_{AW}$:从线性矩阵不等式(11.27)和式(11.28)求解	利用 LMI 求解反饱和增益
19	$\begin{cases}\boldsymbol{z}(k+1)=\boldsymbol{A}_e\boldsymbol{z}(k)+\boldsymbol{B}_e\text{sat}(u(k))+\boldsymbol{L}_o[\hat{y}(k)-\boldsymbol{C}_e\tilde{z}(k)]+\\ \quad\boldsymbol{L}_{AW}[u(k)-\text{sat}(u(k))]\\ u(k)=\tilde{r}-\boldsymbol{K}_0\tilde{z}(k)\end{cases}$	MESO 观测器
20	sim('AntiwindupforSaturatedIntegratingProcess')	调用仿真图形化组件模块系统,如图 11.11 所示
21	plot(t,y); plot(t,u)	画系统输出和控制信号图
程序变量	t 为采样控制步长;$\lambda,\lambda_f,\omega_o,\omega_c,m,n_f$ 为控制器参数	
程序输入	r 为设定点跟踪信号;ω 为负载扰动	
程序输出	系统输出 y;控制器输入 u	

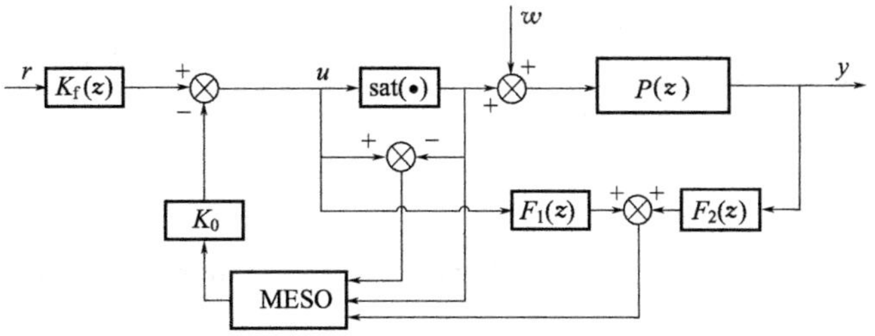

图 11.11　例 11.1 的仿真程序方框图

(2) 例 11.3 的控制仿真程序伪代码及图形化编程方框图

行号	编制程序伪代码	注释
1	$T=30$	仿真时间(s)
2	$T_s=0.02$	采样周期(s)
3	$T_d=15;\omega=0.95$	扰动起始时间与幅值
4	$r=1$	设定点指令信号
5	$\alpha=1;\beta=0.5$	非对称饱和上下界
6	$G(z)=\dfrac{1.3215\times10^{-4}(z+0.9912)}{z^2-1.974z+0.9737}z^{-20};d=20;$ $z_1=-0.9912;k_p=1.3215\times10^{-4}$	离散时间域过程模型
7	$\boldsymbol{A}_e=\begin{bmatrix}0 & 1 & 0\\ -0.9737 & 1.9736 & 1\\ 0 & 0 & 1\end{bmatrix};\boldsymbol{B}_e=\begin{bmatrix}0\\ 0.000131\\ 0\end{bmatrix};$ $\boldsymbol{C}_e=\begin{bmatrix}1\\ 1.0089\\ 0\end{bmatrix}^{\mathrm{T}}$	扩张系统状态矩阵
8	$\lambda=0.943;m=1$	无时滞输出预估器参数
9	$\omega_o=0.8694$	AESO 观测器参数
10	$\omega_c=0.9231$	反馈控制器参数
11	$\lambda_f=0.96;n_f=4;n_g=1$	设定点跟踪控制器参数
12	$l_{aw}=0.8\times10^{-4};\boldsymbol{L}_{AW}=\begin{bmatrix}\boldsymbol{0}\\ l_{aw}\end{bmatrix}$	反饱和补偿增益
13	$G(z)=\widetilde{G}(z)\Gamma(z)z^{-d};\Gamma(z)=\dfrac{N(z)}{(z-\lambda)^m}H(z,\lambda);$ $\Gamma(z)=\dfrac{N(z)}{(z-\lambda)^m}H(z,\lambda);H(z)=\dfrac{(z-1)(1-\lambda)z}{(z-\lambda)^2};$ $\widetilde{G}(z)=\dfrac{(z-\lambda)^m}{D(z)}H^{-1}(z,\lambda)=\boldsymbol{C}_g(z\boldsymbol{I}-\boldsymbol{A}_g)^{-1}\boldsymbol{B}_g;$ $\widetilde{G}^*(z)\triangleq\boldsymbol{C}_g(z\boldsymbol{I}-\boldsymbol{A}_g)^{-1}\boldsymbol{A}_g^d\boldsymbol{B}_g=\dfrac{\widetilde{N}^*(z)}{\widetilde{D}^*(z)}$	模型分解
14	$F_1(z)=\boldsymbol{C}_g\sum_{i=1}^{d}\boldsymbol{A}_g^{i-1}\boldsymbol{B}_g z^{-i}\Gamma(z);F_2(z)=\dfrac{\widetilde{N}^*(z)}{(z-\lambda)^{m+2}}$	无时滞输出预估器
15	$K_{f_1}(z)=(z^{n_g}T_{d\text{-MP}})^{-1};K_{f_2}(z)=\dfrac{(1-\lambda_f)^{n_f}z^{n_f}}{(z-\lambda_f)^{n_f}};$ $K_{f_4}(z)=\dfrac{z-z_1}{z(1-z_1)};T_{d\text{-MP}}=\dfrac{k_p(z-z_1)}{(z-\omega_c)^2};$ $K_f(z)=K_{f_1}(z)K_{f_2}(z)K_{f_4}(z)$	设定点跟踪控制器
16	$k_i=C_n^{i-1}(-\omega_c)^{n-i+1}-a_{i-1},i=1,\cdots,n;$ $\boldsymbol{K}_0=[k_1\quad k_2\quad\cdots\quad k_n\quad 1]/b_0$	反馈控制器增益公式
17	$u(k)=\tilde{r}-K_0\tilde{z}(k)$	反馈控制律
18	$L_o=\Lambda(\boldsymbol{A}_e)\begin{bmatrix}\boldsymbol{C}_e\\ \boldsymbol{C}_e\boldsymbol{A}_e\\ \vdots\\ \boldsymbol{C}_e\boldsymbol{A}_e^n\end{bmatrix}^{-1}\begin{bmatrix}0\\ 0\\ \vdots\\ 1\end{bmatrix};\Lambda(\boldsymbol{A}_e)=(\boldsymbol{A}_e-\omega_o\boldsymbol{I}_3)^3$	AESO 观测器增益公式

续表

行号	编制程序伪代码	注释
19	$\boldsymbol{z}(k+1)=\boldsymbol{A}_{e}\boldsymbol{z}(k)+\boldsymbol{B}_{e}\mathrm{sat}(\sigma(k))+\boldsymbol{L}_{o}[\hat{y}(k)-\boldsymbol{C}_{e}\tilde{\boldsymbol{z}}(k)]+\boldsymbol{L}_{AW}[\sigma(k)-\mathrm{sat}(\sigma(k))]$	AESO 观测器
20	$C(z)=(\alpha+\beta)r(z)/2$	对称饱和变换
21	sim('AntiwindupforSaturatedProcess')	调用仿真图形化组件模块系统，如图 11.12 所示
22	plot(t,y); plot(t,u)	画系统输出和控制信号图
程序变量	t 为采样控制步长；λ、λ_f、ω_o、ω_c、l_{AW}、n_f、m 为控制器参数	
程序输入	r 为设定点跟踪信号；ω 为负载扰动	
程序输出	系统输出 y；控制器输入 u	

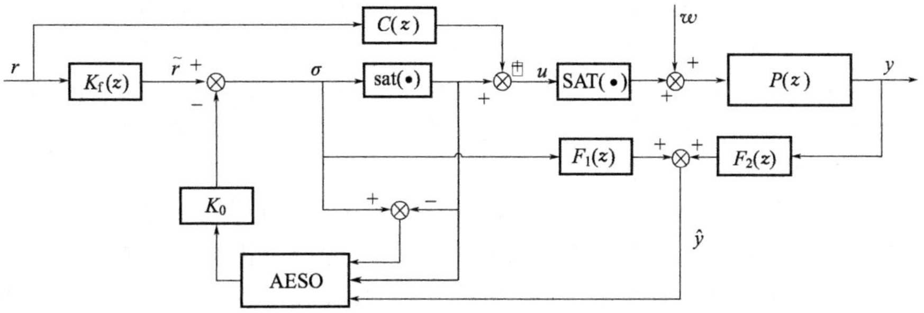

图 11.12　例 11.3 的仿真程序方框图

第12章 串级控制系统

经典的单位反馈控制系统只有在检测到系统输出偏离设定点后，才能对负载扰动进行克服，即输出误差引起反馈控制。如果可以测量到次级（中间）过程输出，提前评估或预测可能引起的末级过程输出误差，则可以相应地构建次级过程反馈控制器或结构，这样可以有效地提高负载扰动抑制性能，特别是对于具有较大时间常数或时滞响应的慢动态特性过程，如加热化工原料的各种火炉或电炉装置，以及具有较大时滞响应的化学蒸馏塔等。这种控制策略被称为串级控制，已被广泛应用于涉及温度、流量和压力控制等的化工生产过程[1-4]。

一般来说，串级控制结构由两个控制回路组成，即一个次级过程内环嵌套在主外环中进行闭环系统操作，其前提条件是中间级过程在实际运行中可以方便地或低成本地测量，并且进入内环的负载扰动在影响到主外环之前可能被削弱或消除。因此，在出现这种负载干扰时，内环比外环给出更快的动态响应至关重要。

需要注意的是，现有方法中的串级控制调整程序大多是以顺序方式执行，即先大致整定主外环回路控制器投入使用，着重对次级内环回路控制器进行调优。当完成内环控制器的整定后，再对主外环控制器进行精细调优。如果由此产生的控制系统性能不理想，则必须重新重复整个调节程序。这可能会非常耗时和烦琐，特别是对于时间常数或时滞较大的慢响应过程。此外，内环路的负载扰动响应与外环路跟踪的设定点响应有很强的耦合性。

为了克服上述问题，这里首先针对开环稳定过程介绍两种二自由度串级控制方案[5]，然后对于开环不稳定过程给出一种三自由度串级控制方案[6]，以便实际工程应用。

12.1 开环稳定过程的串级控制

对于一个开环稳定的过程，如果可以测量中间级过程输出，这里提出两种二自由度（2DOF）串级控制结构，分别如图12.1(a)和(b)所示，其中P_1表示次级过程，P_2表示末级过程，$\widehat{P}_1$和$\widehat{P}_2$分别表示它们的传递函数模型，$\widehat{P}$表示整体过程的辨识模型。C_s是主外环控制器，用于对P_2的设定点跟踪和负载扰动抑制，C_f是内环中的次级控制器，用于抑制进入次级过程P_1的负载扰动，亦称为负载扰动估计器。y_1是次级过程输出，y_2是末级过程输出。

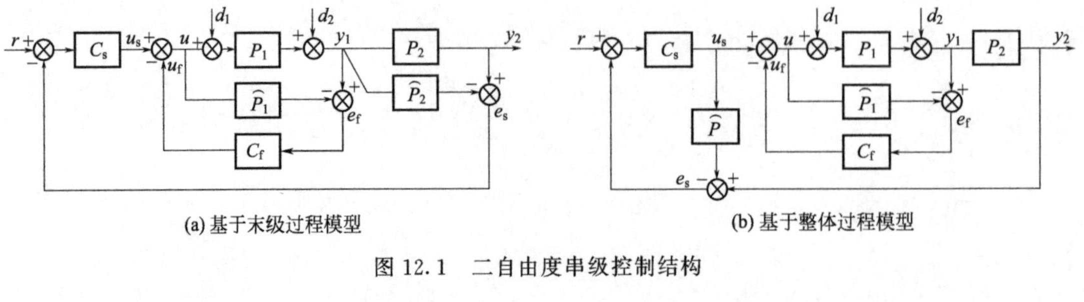

(a) 基于末级过程模型　　(b) 基于整体过程模型

图12.1　二自由度串级控制结构

在标称情况下，即 $P_1=\widehat{P}_1$，$P_2=\widehat{P}_2$，$\widehat{P}=P_1P_2$，容易从图 12.1(a) 和 (b) 所示的两种串级控制结构看出，从主环设定点 r 到末级过程输出 y_2 是开环控制，相应地有设定点传递函数

$$H_r(s)=\frac{y_2}{r}=C_sP_1P_2 \tag{12.1}$$

因此，标称系统设定点响应与内环负载干扰响应相互不影响，也就是说，它们分别可以通过设定点跟踪控制器 C_s 和负载干扰估计器 C_f 进行相对独立的调节。

注意，图 12.1(a) 所示的串级控制结构采用次级过程和末级过程模型 $\widehat{P}_1$ 和 $\widehat{P}_2$，由过程建模（如过程能量方程或平衡关系）或从过程辨识测试获得。通常次级过程模型 $\widehat{P}_1$ 可以由过程机理建模或辨识方法得到，然而末级过程模型 $\widehat{P}_2$ 可能无法以类似的方式得到。因此，在串级控制设计中可能需要采用间接建模方法[1]，例如通过辨识整体过程模型 $\widehat{P}$，如图 12.1(b) 所示，末级过程模型可以由 $\widehat{P}_2=\widehat{P}/\widehat{P}_1$ 求出。事实上，这样的间接建模方法可能会增加模型误差，或误导对末级过程响应特性的描述，因而造成控制系统性能的降低。在这种情况下，建议采用图 12.1(b) 所示的串级控制结构。需要说明，当由 d_1 或 d_2 表示的负载扰动进入次级过程（P_2）时，在图 12.1(b) 所示的串级控制结构中的负载扰动估计器（C_f）和设定点跟踪控制器（C_s）都会起作用，产生耦合效应，从而导致末级过程输出（y_2）的振荡响应。因此，在负载扰动抑制方面，图 12.1(b) 所示的串级控制结构比图 12.1(a) 所示的串级控制结构可能会稍逊一些。

不失一般性，考虑如下开环稳定的串级过程模型

$$P_1(s)=k_1\frac{B_{1+}(s)B_{1-}(s)}{A_1(s)}e^{-\theta_1 s} \tag{12.2}$$

$$P_2(s)=k_2\frac{B_{2+}(s)B_{2-}(s)}{A_2(s)}e^{-\theta_2 s} \tag{12.3}$$

其中，$A_1(0)=B_{1+}(0)=B_{1-}(0)=1$；$A_2(0)=B_{2+}(0)=B_{2-}(0)=1$；$A_1(s)$，$A_2(s)$，$B_{1-}(s)$，$B_{2-}(s)$ 的所有零点都位于复左平面（LHP）内；$B_{1+}(s)$ 和 $B_{2+}(s)$ 的所有零点都位于复右平面（RHP）内。定义相对阶次 $\deg\{A_1(s)\}=n_1$，$\deg\{B_{1-}(s)\}=m_{11}$，$\deg\{B_{1+}(s)\}=m_{12}$，$\deg\{A_2(s)\}=n_2$，$\deg\{B_{2-}(s)\}=m_{21}$，$\deg\{B_{2+}(s)\}=m_{22}$。由于实际串级过程具有物理正则性，因此有 $m_{11}+m_{12}<n_1$ 和 $m_{21}+m_{22}<n_2$。

考虑到如图 12.1 所示的两种串级控制结构中设计控制器 C_s 和 C_f 的方法可以相同，因此在下面的章节中做统一介绍。

12.1.1 控制器设计

对于系统设定点的跟踪控制，采用 H_2 最优性能目标 $\min\|e\|_2^2$ 来设计 C_s，即该控制器的设计应达到输出性能指标，$\min\|W(1-H_r(s))\|_2^2$，其中 $H_r(s)$ 为式(12.1) 所示的标称系统设定点响应传递函数，W 是设定点的加权函数。考虑到在实际操作中较多采用阶跃型变化的设定点指令 r，如开关型启停操作或阶梯型变值设定，这里将 W 取为 $1/s$。

对时滞参数做 v/v 阶次全通 Padé 近似，可得

$$P_1(s)=k_1\frac{B_{1+}(s)B_{1-}(s)}{A_1(s)}\times\frac{Q_{vv}(-\theta_1 s)}{Q_{vv}(\theta_1 s)} \tag{12.4}$$

$$P_2(s)=k_2\frac{B_{2+}(s)B_{2-}(s)}{A_2(s)}\times\frac{Q_{vv}(-\theta_2 s)}{Q_{vv}(\theta_2 s)} \tag{12.5}$$

其中

$$Q_{vv}(\theta_i s)=\sum_{j=0}^{v}\frac{(2v-j)!v!}{(2v)!j!(v-j)!}(\theta_i s)^j,i=1,2$$

v 可以选择足够大，以保证引入的近似误差与过程不确定性相比可以忽略。

将式(12.4) 和式(12.5) 代入上述性能指标中，可得

$$\|W(1-H_r(s))\|_2^2=\left\|\frac{1}{s}(1-C_s(s)\frac{k_1k_2B_{1+}(s)B_{2+}(s)B_{1-}(s)B_{2-}(s)Q_{vv}(-\theta_1 s)Q_{vv}(-\theta_2 s)}{A_1(s)A_2(s)Q_{vv}(\theta_1 s)Q_{vv}(\theta_2 s)})\right\|_2^2$$

$$=\left\|\frac{Q_{vv}(\theta_1 s)Q_{vv}(\theta_2 s)B_{1+}^*(s)B_{2+}^*(s)}{sQ_{vv}(-\theta_1 s)Q_{vv}(-\theta_2 s)B_{1+}(s)B_{2+}(s)}-C_s(s)\frac{k_1k_2B_{1+}^*(s)B_{2+}^*(s)B_{1-}(s)B_{2-}(s)}{sA_1(s)A_2(s)}\right\|_2^2$$

其中，$B_{1+}^*(s)$ 和 $B_{2+}^*(s)$ 分别是 $B_{1+}(s)$ 和 $B_{2+}(s)$ 的复共轭。显然，$B_{1+}(s)/B_{1+}^*(s)$ 和 $B_{2+}(s)/B_{2+}^*(s)$ 可视为全通滤波器。

请注意，$Q_{vv}(0)=B_{1+}^*(0)=B_{2+}^*(0)=1$。$Q_{vv}(-\theta_1 s)$、$Q_{vv}(-\theta_2 s)$、$B_{1+}(s)$ 和 $B_{2+}(s)$ 的所有零点都在 RHP 内。由 H_2 范数的正交性可知

$$\|W(1-H_r(s))\|_2^2=\left\|\frac{A_1(s)A_2(s)-k_1k_2C_s(s)B_{1+}^*(s)B_{2+}^*(s)B_{1-}(s)B_{2-}(s)}{sA_1(s)A_2(s)}\right\|_2^2+$$

$$\left\|\frac{Q_{vv}(\theta_1 s)Q_{vv}(\theta_2 s)B_{1+}^*(s)B_{2+}^*(s)-Q_{vv}(-\theta_1 s)Q_{vv}(-\theta_2 s)B_{1+}(s)B_{2+}(s)}{sQ_{vv}(-\theta_1 s)Q_{vv}(-\theta_2 s)B_{1+}(s)B_{2+}(s)}\right\|_2^2$$

最小化右侧，即让其第一项等于零，可以得到理想最优控制器：

$$C_{s-\mathrm{ideal}}(s)=\frac{A_1(s)A_2(s)}{k_1k_2B_{1+}^*(s)B_{2+}^*(s)B_{1-}(s)B_{2-}(s)} \tag{12.6}$$

从式(12.2) 和式(12.3) 中的过程模型容易验证，$C_{s-\mathrm{ideal}}(s)$ 在物理上不正则，因而不能实现。为此，引入一个低通滤波器来实现它，即

$$F(s)=\frac{1}{(\lambda_c s+1)^{l_s}} \tag{12.7}$$

其中，$l_s=\sum_{i=1}^{2}(n_i-\sum_{j=1}^{2}m_{ij})$。从而得到一个次优但可执行的控制器

$$C_s(s)=\frac{A_1(s)A_2(s)}{k_1k_2B_{1+}^*(s)B_{2+}^*(s)B_{1-}(s)B_{2-}(s)(\lambda_c s+1)^{l_s}} \tag{12.8}$$

其中，λ_c 为可调参数。当 λ_c 调小趋近于零时，控制器恢复最优性。

将式(12.8) 代入式(12.1)，得到标称系统的设定点响应传递函数：

$$H_r(s)=\frac{1}{(\lambda_c s+1)^{l_s}}\times\frac{B_{1+}(s)B_{2+}(s)}{B_{1+}^*(s)B_{2+}^*(s)}e^{-(\theta_1+\theta_2)s} \tag{12.9}$$

可见，标称系统设定点响应可以通过调节控制器参数 λ_c 进行定量整定。例如，如果 P_1 和 P_2 没有 RHP 零点，则

$$H_r(s)=\frac{1}{(\lambda_c s+1)^{l_s}}e^{-(\theta_1+\theta_2)s} \tag{12.10}$$

通过对一个单位阶跃变化的设定点响应进行拉普拉斯反变换，可以得到输出响应时域表达式：

$$y_2(t)=\begin{cases}0, & t\leqslant\theta_1+\theta_2\\ 1-(1+\frac{t}{\lambda_c}+\frac{t^2}{\lambda_c^2}+\cdots+\frac{t^{l_s-1}}{(l_s-1)!\lambda_c^{l_s-1}})e^{-(t-\theta_1-\theta_2)/\lambda_c}, & t>\theta_1+\theta_2\end{cases} \tag{12.11}$$

可见，标称系统设定点响应没有超调，时域系统响应指标可以通过调节 λ_c 定量地得到。例如，对于 $l_s=1$，系统上升时间可以求解为 $t_r=2.3026\lambda_c+\theta_1+\theta_2$，当 $l_s=2$ 时，对应 $t_r=3.8897\lambda_c+\theta_1+\theta_2$。

针对进入内环的负载扰动，由图 12.1(a) 或 (b) 可得出内环的标称负载扰动传递函数为

$$H_{d_1}(s)=\frac{y_1}{d_1}=P_1(1-T_{d_1}) \tag{12.12}$$

$$H_{d_2}(s)=\frac{y_1}{d_2}=1-T_{d_1} \tag{12.13}$$

其中，T_{d_1} 为内环的余灵敏度函数

$$T_{d_1}=\frac{u_f}{d_1}=P_1C_f \tag{12.14}$$

理想情况下，期望 $T_{d_1}(s)=e^{-\theta_1 s}$，也就是说，一旦进入次级过程的负载干扰 d_1 引起的输出偏差 e_f 被 C_f 检测到，它即刻产生一个等量的相反信号 u_f 去抵消 d_1 的不利影响。考虑到控制器的实际执行约束，这里根据内模控制理论[7] 提出一个实际期望且可行的闭环余灵敏度函数形式：

$$T_{d_1}(s)=\frac{1}{(\lambda_f s+1)^{l_f}}\times\frac{B_{1+}(s)}{B_{1+}^*(s)}e^{-\theta_1 s} \tag{12.15}$$

其中，$l_f=n_1-m_{11}-m_{12}$；λ_f 是一个可调参数，用于调节内环的负载扰动响应性能。

将式(12.2) 和式(12.15) 代入式(12.14)，得到负载扰动估计器：

$$C_f(s)=\frac{A_1(s)}{k_1B_{1+}^*(s)B_{1-}(s)(\lambda_f s+1)^{l_f}} \tag{12.16}$$

12.1.2 鲁棒稳定性分析

显然，图 12.1(a) 和 (b) 所示的两种串级控制结构中的主外环都是标准的 IMC 结构。根据 IMC 理论[7]，外环能保证鲁棒稳定性，当且仅当

$$\|H_r(s)\|_\infty<\frac{1}{\|\Delta\|_\infty} \tag{12.17}$$

其中，对于图 12.1(a)，$\Delta=(P_2-\hat{P}_2)/\hat{P}_2$ [对于图 12.1(b)，$\Delta=(P-\hat{P})/\hat{P}$] 表示末级（或整体）过程乘性不确定性。为了便于实际分析，内环中的次级过程不确定性可以归入末级（或整体）过程的乘性不确定性。

将式(12.9) 代入式(12.17)，可以确定调节 λ_c 的鲁棒稳定性约束

$$(\lambda_c^2\omega^2+1)^{\frac{l_s}{2}}>|\Delta(j\omega)|,\forall\omega\in[0,+\infty) \tag{12.18}$$

对于图 12.1(a) 和 (b) 所示的内环，它类似于图 8.1 所示的两自由度 IMC 结构中过程输入和输出之间设置的闭环结构。按照第 8 章给出的鲁棒稳定性分析，可以得出结论，内环保证鲁棒稳定性，当且仅当

$$\|\Delta_1T_{d_1}\|_\infty<1 \tag{12.19}$$

其中，Δ_1 描述次级过程 P_1 的乘性不确定性，即 $\Pi_1=\{P_1(s):P_1(s)=(1+\Delta_1)\hat{P}_1(s)\}$。

将式(12.15) 代入式(12.19)，可以得到调节 λ_f 的鲁棒稳定性约束

$$(\lambda_f^2\omega^2+1)^{\frac{l_f}{2}}>|\Delta_1(j\omega)|,\forall\omega\in[0,+\infty) \tag{12.20}$$

可见，上述鲁棒稳定性约束条件对调节 λ_c 和 λ_f 是相似的，可以方便地用于整定这些调节

参数时评估控制系统的鲁棒稳定性。

根据 IMC 理论中的闭环系统性能分析[6]，上述串级控制系统的主外环和次级内环的控制性能和鲁棒稳定性之间应满足以下约束条件：

$$|\Delta(\mathrm{j}\omega)H_{\mathrm{r}}(\mathrm{j}\omega)|+|W_1(\mathrm{j}\omega)[1-H_{\mathrm{r}}(\mathrm{j}\omega)]|<1,\forall\omega\in[0,+\infty) \tag{12.21}$$

$$|\Delta_1(\mathrm{j}\omega)T_{\mathrm{d}_1}(\mathrm{j}\omega)|+|W_2(\mathrm{j}\omega)[1-T_{\mathrm{d}_1}(\mathrm{j}\omega)]|<1,\forall\omega\in[0,+\infty) \tag{12.22}$$

其中，W_1 和 W_2 为相应闭环灵敏度函数的加权函数，对于进入外环或内环的阶跃型负载扰动，可以都选为 $1/s$ 进行评估。

从式(12.9) 和式(12.15) 可以看出，调小 λ_{c}(或 λ_{f}) 可以加快设定点响应（或内环的扰动响应)，但在具有过程不确定性的情况下会降低控制系统的鲁棒稳定性。反之，增大 λ_{c}(或 λ_{f}) 可以加强外环（或内环）的鲁棒稳定性，但会降低控制性能。一般情况下，建议初始时根据整体（或次级）过程的时滞参数大小来设定 λ_{c}(或 λ_{f})。通过在线单调地增加或减少 λ_{c}(或 λ_{f})，可以方便地获得闭环系统性能和鲁棒稳定性之间的最佳折中。

12.2 开环不稳定过程的串级控制

对于一些开环不稳定的化工生产过程，如连续搅拌放热反应釜（CSTR）和烷烃类高沸点蒸馏塔等，可以通过对中间级过程变量（如温度或流量）的实时测量来进行串级控制设计，以提高干扰抑制性能[1-4,8]。如果采用传统的双闭环串级控制结构（即一个内环嵌套于一个外环之内)，对于一个开环不稳定的串级过程，设定点响应和负载扰动响应之间会出现明显的水床效应[2,9]，难以达到满意的二者之间的权衡。现有文献［10-12］通过在传统串级控制结构的内环和外环的设定点分别添加两个前置滤波器或加权函数，给出一些串级控制设计方法来提高控制性能，但没有从根本上克服上述缺陷。这里介绍一种三自由度（3DOF）控制方案[6]，以实现系统设定点响应和负载扰动响应之间的相对独立调节，如图 12.2 所示。其中，P_1 表示次级过程，P_2 为末级过程，$\widehat{P}_1$ 是次级过程的辨识模型，T_{r} 是用于系统设定点跟踪的期望传递函数，C_{s} 是用于设定点跟踪的前馈控制器，$C_{\mathrm{f-1}}$ 是为抑制 P_1 中的负载扰动而设置的内环反馈控制器，因此称为负载扰动估计器，$C_{\mathrm{f-2}}$ 是为抑制 P_2 中的负载扰动而设置的外环反馈控制器，y_1 是次级过程输出，y_2 是末级过程输出，y_{r} 是期望的输出响应。

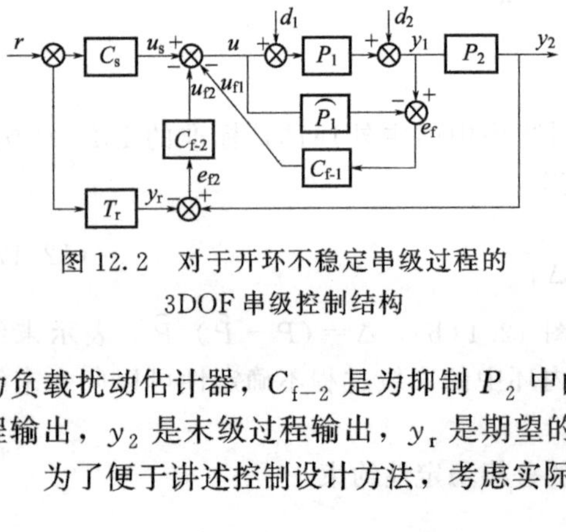

图 12.2 对于开环不稳定串级过程的 3DOF 串级控制结构

为了便于讲述控制设计方法，考虑实际工程应用中常采用的开环不稳定串级过程的低阶模型

$$P_1(s)=\frac{k_1\mathrm{e}^{-\theta_1 s}}{\tau_1 s+1} \tag{12.23}$$

$$P_2(s)=\frac{k_2\mathrm{e}^{-\theta_2 s}}{\tau_2 s-1} \tag{12.24}$$

其中，k_1 和 k_2 分别表示次级过程和末级过程的比例增益；θ_1 和 θ_2 表示相应的时滞；τ_1 和 τ_2 是反映次级和末级过程动态响应特性的时间常数，一般取正值。

12.2.1 控制器设计

对于系统设定点跟踪，在标称情况下（$P_1=\widehat{P}_1$，$P_2=\widehat{P}_2$)，容易看出图 12.2 所示的串级控制系统是开环控制，对应的设定点响应传递函数是

$$T_r(s)=H_r(s)=\frac{y_2}{r}=C_sP_1P_2 \tag{12.25}$$

因此，按照类似于第 12.1.1 节介绍的设计步骤，可以得到

$$C_s(s)=\frac{(\tau_1s+1)(\tau_2s-1)}{k_1k_2(\lambda_cs+1)^2} \tag{12.26}$$

$$T_r(s)=\frac{1}{(\lambda_cs+1)^2}e^{-(\theta_1+\theta_2)s} \tag{12.27}$$

其中，λ_c 是用于调整设定点响应的可调参数。从如式(12.11) 所示的系统输出响应时域表达式可见，时域指标如上升时间可以通过方便地通过定量整定 λ_c 来确定。

为了抑制次级过程 P_1 中的负载扰动，可以看出，内环结构与图 12.1(a) 或 (b) 中的结构完全相同，因此可以采用第 12.1.1 节中相应的控制器设计方法。将式(12.23) 代入式(12.16) 可得

$$C_{f-1}(s)=\frac{\tau_1s+1}{k_1(\lambda_{f-1}s+1)} \tag{12.28}$$

其中，λ_{f-1} 为可调参数，用于调整内环的负载扰动响应。相应的闭环余灵敏度函数为

$$T_{d-1}(s)=\frac{1}{\lambda_{f-1}s+1}e^{-\theta_1s} \tag{12.29}$$

对于抑制末级过程 P_2 中的负载扰动，可以看出图 12.2 所示的外环结构与前面第 8 章图 8.12 所示的不稳定过程的 2DOF 控制结构等价。因此，可以采用前面第 8.2 节中相应的控制器设计方法。将式(12.23) 和式(12.24) 代入第 8 章式(8.75)，并且利用式(8.76)～式(8.78)，可以推导出

$$C_{f-2}(s)=\frac{(\tau_1s+1)(\tau_2s-1)(\alpha_1s+1)}{k_1k_2(\lambda_{f-2}s+1)^3}\times\frac{1}{1-\frac{\alpha_1s+1}{(\lambda_{f-2}s+1)^3}e^{-(\theta_1+\theta_2)s}} \tag{12.30}$$

$$\alpha_1=\tau_2\left[\left(\frac{\lambda_{f-2}}{\tau_2}+1\right)^3e^{\frac{\theta_1+\theta_2}{\tau_2}}-1\right] \tag{12.31}$$

其中，λ_{f-2} 为可调参数，用于调整外环的负载扰动响应。相应的闭环余灵敏度函数为

$$T_{d-2}(s)=\frac{\alpha_1s+1}{(\lambda_{f-2}s+1)^3}e^{-(\theta_1+\theta_2)s} \tag{12.32}$$

注意，上面式(12.30) 中在 $s=1/\tau_2$ 处存在复右半平面内的零极点对消，可能会导致控制器工作不稳定。因此需要采用一个稳定的有理表达式做近似来实现，如前面第 7 章第 7.3 节中式(7.66) 所示的基于 Maclaurin 级数逼近的方法，可以令 $C_{f-2}=M(s)/s$，得出一个 PID 控制器的实现形式，因为它具有消除末级输出稳态偏差的积分特性。为了更好地逼近，可以采用前面第 8.2 节中式(8.80)～式(8.83) 给出的高阶解析逼近公式，以获得更好的控制性能。

说明：图 12.2 所示的 3DOF 控制结构与文献 [6] 中的控制结构在功能上等价，这可以通过相同的标称系统设定点响应传递函数以及内环和外环的余灵敏度函数来验证，因此，图 12.2 所示的 3DOF 控制结构可以看作是文献 [6] 中给出串级控制结构的简化形式。

12.2.2 鲁棒稳定性分析

由于图 12.2 所示的 3DOF 串级控制结构中的设定点跟踪采用开环控制方式，因此只需针对其中的内环和外环结构分析鲁棒稳定性。

为了方便分析，这里将全部过程的不确定性以次级过程和末级过程的乘性不确定性形式进

行归并。相应地，采用小增益定理[9] 建立鲁棒稳定性条件。

由于图 12.2 所示的 3DOF 串级控制结构中的内环与图 12.1(a) 中的内环相同，因而可以推导出类似于第 12.1.2 节中给出的鲁棒稳定性条件，即

$$\sqrt{\lambda_{f-1}^2\omega^2+1}>|\Delta_1(j\omega)|,\forall\omega\in[0,+\infty) \tag{12.33}$$

其中，Δ_1 描述次级过程 P_1 的乘性不确定性，即 $\Pi_1=\{P_1(s):P_1(s)=(1+\Delta_1)\hat{P}_1(s)\}$。

例如，对于次级过程 P_1 的时滞不确定性 $\Delta\theta_1$，可以将其转换为乘性不确定性形式 $\Delta_1(s)=e^{-\Delta\theta_1 s}-1$。相应地，调节 λ_{f-1} 的鲁棒稳定性约束可以推导为

$$\sqrt{\lambda_{f-1}^2\omega^2+1}>|e^{-j\Delta\theta_1\omega}-1|,\forall\omega\in[0,+\infty) \tag{12.34}$$

对于次级过程存在控制执行器不确定性的情况，例如 $\Delta_1(s)=(s+0.2)/(s+1)$，可以大致解释为次级过程输入在高频范围具有高达 100%的不确定性，在低频范围内有近 20%的不确定性，调节 λ_{f-1} 的鲁棒稳定性约束可以推导为

$$\sqrt{\lambda_{f-1}^2\omega^2+1}>\sqrt{\frac{\omega^2+0.04}{\omega^2+1}},\forall\omega\in[0,+\infty) \tag{12.35}$$

对于次级过程输出测量具有不确定性的情况，例如 $\Delta_1(s)=-(s+0.3)/(2s+1)$，可以实际视为次级过程输出测量在高频范围具有高达 50%的不确定性，在低频范围有近 30%的不确定性，调节 λ_{f-1} 的鲁棒稳定性约束可以推导为

$$\sqrt{\lambda_{f-1}^2\omega^2+1}>\sqrt{\frac{\omega^2+0.09}{4\omega^2+1}},\forall\omega\in[0,+\infty) \tag{12.36}$$

关于图 12.2 所示的 3DOF 串级控制结构中的外环，将式(12.32) 代入小增益定理的稳定性条件，可以得到调节 λ_{f-2} 的鲁棒稳定性约束

$$\left\|\frac{\tau_2\left[\left(\frac{\lambda_{f-2}}{\tau_2}+1\right)^3 e^{\frac{\theta_1+\theta_2}{\tau_2}}-1\right]s+1}{(\lambda_{f-2}s+1)^3}\right\|_\infty<\frac{1}{\|\Delta(s)\|_\infty} \tag{12.37}$$

其中，$\Delta=(P_1P_2-\hat{P}_1\hat{P}_2)/(\hat{P}_1\hat{P}_2)$ 描述整个串级过程的乘性不确定性。

同时，根据 IMC 理论[7] 中的闭环系统性能分析，图 12.2 所示的 3DOF 串级控制结构中的内环和外环的控制性能和鲁棒稳定性之间应满足如下约束条件以整定 λ_{f-1} 和 λ_{f-2}：

$$|\Delta_1(j\omega)T_{d-1}(j\omega)|+|W_1(j\omega)[1-T_{d-1}(j\omega)]|<1,\forall\omega\in[0,+\infty) \tag{12.38}$$

$$|\Delta(j\omega)T_{d-2}(j\omega)|+|W_2(j\omega)[1-T_{d-2}(j\omega)]|<1,\forall\omega\in[0,+\infty) \tag{12.39}$$

其中，W_1 和 W_2 为相应闭环灵敏度函数的加权函数。对于进入内环或外环的阶跃型负载扰动，两者都可以取 $1/s$ 进行评估。

从式(12.29) 和式(12.32) 可以看出，调小 λ_{f-1}（或 λ_{f-2}）可以加快内环（或外环）的扰动抑制性能，但在具有过程不确定性的情况下会降低闭环的鲁棒稳定性。反之，增大 λ_{f-1}（或 λ_{f-2}）可以提高内环（或外环）的鲁棒稳定性，但会降低控制性能。一般情况下，建议初始时参考整体（或次级）过程的时滞参数大小来设定 λ_{f-1}（或 λ_{f-2}）。通过在线单调地增加或减少 λ_{f-1}（或 λ_{f-2}），可以方便地获得内环和外环的控制性能与鲁棒稳定性之间的最佳折中。

12.3 应用案例

例 12.1 考虑参考文献 [13,14] 中研究的一个开环稳定的串级过程

$$P_1(s)=\frac{e^{-0.1s}}{0.1s+1}$$

$$P_2(s)=\frac{e^{-s}}{(s+1)^2}$$

说明：文献［13,14］给出的串级控制方法都是基于传统的串级控制结构。在Tan等学者的方法[13]中，主环控制器和内环控制器分别设计为PI型控制器，即$G_{c1}=0.39(1+1/1.44s)$和$G_{c2}=0.53(1+1/0.17s)$。在Song等学者的方法[14]中，主环控制器和内环控制器分别设计为$G_{c1}=0.6592+0.3536/s+0.2886s/(1.4392s+1)$和$G_{c2}=0.603+2.277/s$。应用如图12.1(a)和(b)所示的2DOF串级控制方案中，利用式(12.8)和式(12.16)给出的控制器公式，并且取可调参数$\lambda_c=1.0$和$\lambda_f=0.1$，可得

$$C_s(s)=\frac{0.1s+1}{s+1}$$

$$C_f(s)=1$$

通过在系统设定点加一个单位阶跃信号，当$t=30$s时在次级过程输出侧加一个反向单位阶跃型负载扰动，控制结果如图12.3所示。

可以看出，本章介绍的两种串级控制结构都能保证设定点响应没有超调量。而且，这两种串级控制结构都能明显改善负载扰动响应。相比之下，图12.1(a)所示的串级控制结构（粗实线）比图12.1(b)所示的另一种串级控制结构（虚线）更优，因为负载扰动响应没有发生振荡。

然后假设实际次级过程和末级过程的时滞参数都增大20%，次级过程的时间常数变小20%。摄动后的系统响应如图12.4所示。可以看到，本章介绍的两种串级控制结构都具有好的鲁棒稳定性。

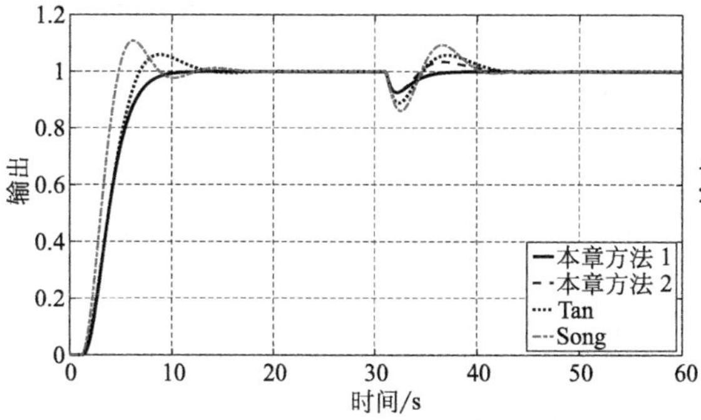

图12.3 例12.1的标称系统响应

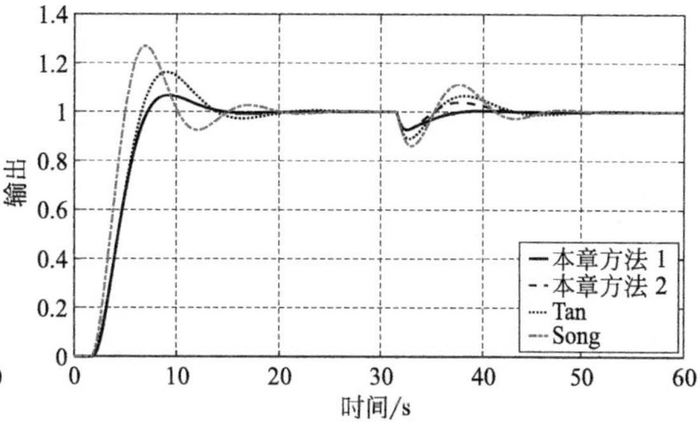

图12.4 例12.1的摄动系统响应

例12.2 考虑文献［15］中采用的一个串级过程实验装置，如图12.5所示。

该实验装置是新加坡KentRidge Instruments公司制造的KI101型过程模拟器，可用于模拟串级过程。该模拟器通过两块8位数据采集卡（PCL-727和PCL-818L）与台湾ADVANTECH公司的工控机（PC-500）进行模数和数模转换通信。采样周期取为$T_s=10$ms。相应地，采用一阶后向微分算子，$\dot{u}(kT_s)=[u(kT_s)-u((k-1)T_s)]/T_s$，用于计算控制输出信号的微分做近似执行。次级过程和末级过程输出的实时测量中加入幅值为0.05的随机白噪声。

测试串级过程的传递函数模型如下：

$$P_1(s)=\frac{e^{-0.1s}}{s+1}$$

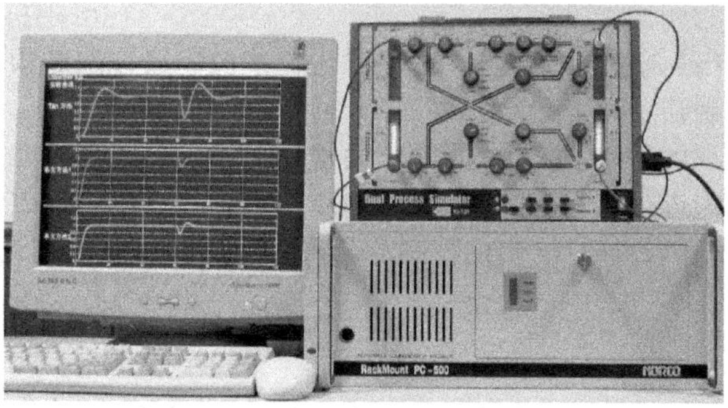

图12.5 KI101型串级过程模拟装置

$$P_2(s)=\frac{e^{-s}}{(s+1)^2}$$

说明：Tan 等学者的方法[13] 采用的传统串级控制结构，外环和内环都采用 PI 控制器，分别整定为 $G_{c1}=0.34(1+1/1.88s)$ 和 $G_{c2}=0.21(1+1/0.583s)$。

采用如图 12.1(a) 和 (b) 所示的 2DOF 串级控制方案，由式(12.8) 和式(12.16) 中的控制器公式可得

$$C_s(s)=\frac{(s+1)^3}{(\lambda_c s+1)^3}$$

$$C_f(s)=\frac{s+1}{\lambda_f s+1}$$

为了便于比较，取 $\lambda_c=1.0$ 和 $\lambda_f=0.5$ 进行控制测试。对系统设定点加入一个单位阶跃信号，当 $t=60$s 时在次级过程输出侧加入一个反向的单位阶跃型扰动，控制结果如图 12.6 所示。

可以看出，本章给出的两种串级控制结构都能获得快速平稳的设定点响应，而且不产生超调，与文献 [13] 相比，明显改善了负载扰动响应。在负载扰动抑制方面，图 12.1(a) 所示的串级控制结构（实线）优于图 12.1(b) 所示的另一种串级控制结构（点线），归因于采用了对末级过程的辨识模型进行控制设计。

在该过程模拟器中，将次级过程的时间常数改小 30%，同时将末级过程的时滞增大 20%。摄动后的系统响应如图 12.7 所示，再次验证说明本章给出的两种串级控制结构能保证较好的鲁棒稳定性。

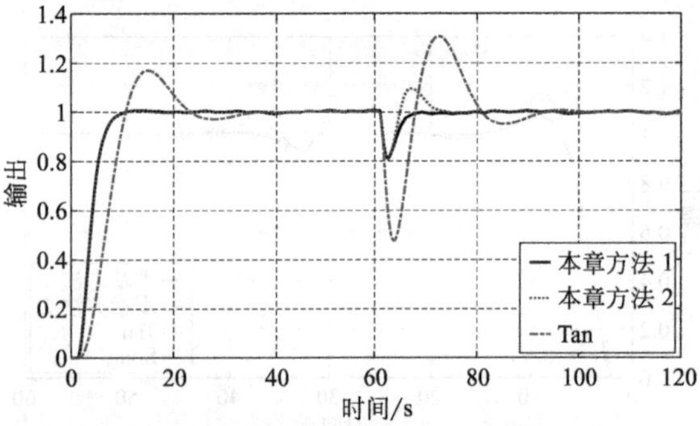

图 12.6　例 12.2 的标称系统响应

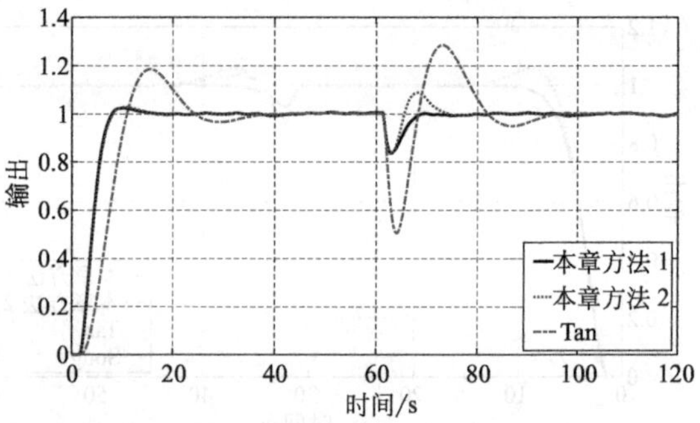

图 12.7　例 12.2 的摄动系统响应

例 12.3　考虑文献 [10] 研究的一个带有非最小相位（NMP）特性的开环稳定串级过程

$$P_1(s)=\frac{3e^{-3s}}{13.3s+1}$$

$$P_2(s)=\frac{10(-5s+1)e^{-5s}}{(30s+1)^3(10s+1)^2}$$

Lee 等学者的方法[10] 中采用传统的串级控制结构，其中外环和内环控制器分别设计为 PID 控制器，即 $G_{cp}=0.12(1+1/87.88s+21.21s)$，$G_{cs}=1.62(1+1/7.44s+1.37s)$。此外，在外环和内环的设定点增设两个前置滤波器，分别选取为 $q_{f1}=1/(59.34s+1)$ 和 $q_{f2}=1/(5.78s+1)$。为进行比较，在图 12.1(a) 和 (b) 所示的 2DOF 串级控制方案中，利用式(12.8) 和式(12.16) 给出的控制器公式，并且取可调参数 $\lambda_c=10$ 和 $\lambda_f=1.5$，可得

$$C_s(s)=\frac{(13.3s+1)(30s+1)^3}{30(5s+1)(10s+1)^3}$$

$$C_f(s)=\frac{13.3s+1}{3(1.5s+1)}$$

仿真测试时，在系统设定点加一个单位阶跃信号，当 $t=750\text{s}$ 时在次级过程输出侧加入一个负的单位阶跃负载扰动，控制结果如图 12.8 所示。

可以看出，采用本章给出的两种 2DOF 串级控制结构，都得到快速平稳的设定点响应，而且没有超调。文献［10］的方法虽然采用一个前置滤波器可以减小设定点跟踪响应中的超调量，但是造成设定点响应明显迟缓。基于相近的负载扰动响应恢复时间，文献［10］的方法获得相对较好的负载扰动响应，然而对过程的不确定性比较敏感。例如，假设次级过程模型实际摄动为 $P_1=3\mathrm{e}^{-3.9s}/(9.31s+1)$，可以验证文献［10］的方法不再保持控制系统的稳定性，但本章给出的两种串级控制结构都能很好地保持鲁棒稳定性，摄动响应结果如图 12.9 所示。

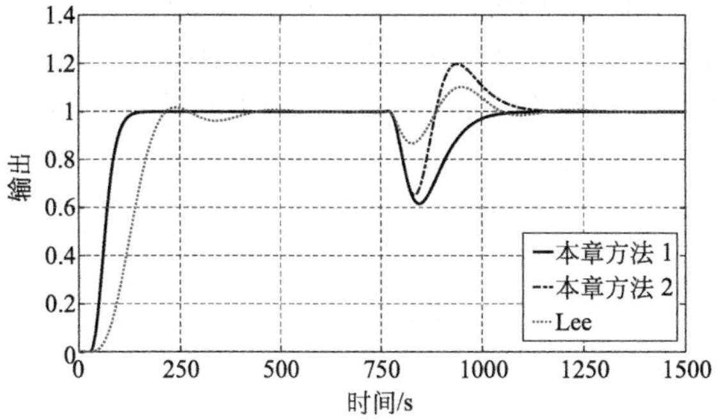

图 12.8　例 12.3 的标称系统响应

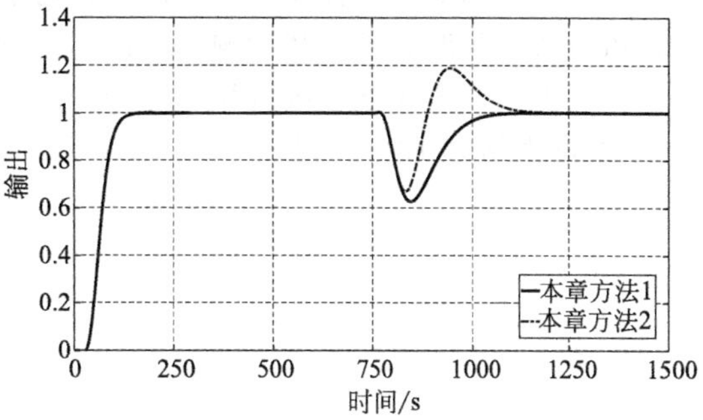

图 12.9　例 12.3 的摄动系统响应

例 12.4　考虑文献［10］研究的一个连续搅拌放热反应釜，其中次级稳定过程和末级不稳定过程分别辨识为

$$P_1(s)=\frac{2\mathrm{e}^{-2s}}{20s+1}$$

$$P_2(s)=\frac{\mathrm{e}^{-4s}}{20s-1}$$

Lee 等学者的方法[10] 采用传统的串级控制结构，其中外环和内环控制器分别调整为 $G_{\mathrm{cp}}=3.31(1+1/36.22s+3.08s)$ 和 $G_{\mathrm{cs}}=6.92(1+1/4.6s+0.79s)$，并且在外环和内环前添加了两个设定点滤波器，分别设计为 $q_{f1}=1/(32.91s+1)$ 和 $q_{f2}=1/(3.66s+1)$。为进行比较，在图 12.2 所示的 3DOF 串级控制结构中，应用式(12.26)，式(12.27)，式(12.28)，式(12.30) 和式(12.31) 中给出的控制器设计公式，可得

$$C_{\mathrm{s}}(s)=\frac{(20s+1)(20s-1)}{2(\lambda_{\mathrm{c}}s+1)^2}$$

$$T_{\mathrm{r}}(s)=\frac{1}{(\lambda_{\mathrm{c}}s+1)^2}\mathrm{e}^{-6s}$$

$$C_{\mathrm{f-1}}(s)=\frac{20s+1}{2(\lambda_{\mathrm{f-1}}s+1)}$$

$$C_{\mathrm{f-2}}(s)=\frac{(20s+1)(20s-1)(\alpha_1 s+1)}{2(\lambda_{\mathrm{f-2}}s+1)^3}\times\frac{1}{1-\dfrac{\alpha_1 s+1}{(\lambda_{\mathrm{f-2}}s+1)^3}\mathrm{e}^{-6s}}$$

其中，$\alpha_1=20[(0.05\lambda_{\mathrm{f-2}}+1)^3\mathrm{e}^{0.3}-1]$。

选取可调参数 $\lambda_{\mathrm{c}}=6$，$\lambda_{\mathrm{f-1}}=0.5$ 和 $\lambda_{\mathrm{f-2}}=6$ 以得到相似的设定点跟踪响应速度进行公平比较。利用第 7 章式(7.66) 中的 Maclaurin 逼近公式，可以得到近似 $C_{\mathrm{f-2}}$ 可执行的一个 PID 控制器

$$C_{\mathrm{f-2-PID}}=1.9785+\frac{1}{30.6256s}+\frac{28.0736s}{0.2s+1}$$

应用第 8.2 节有理近似公式(8.80) 对 C_{f-2} 做高阶近似，取 $N=3$，得到

$$C_{f-2-3/3}(s)=\frac{40.4166s^2+28.7214s+1.9881}{2.1204s^2+0.2925s+1}+\frac{0.0327}{s(2.1204s^2+0.2925s+1)}$$

仿真测试时，在系统设定点加入一个单位阶跃信号，当 $t=100$s 时在次级过程输出侧加入一个反向单位阶跃型负载扰动，然后当 $t=200$s 时在末级过程输出侧加入幅值为 0.2 的反向阶跃型负载扰动，控制结果如图 12.10 所示。

可以看出，本章给出的 3DOF 串级控制方法明显改善标称系统的设定点响应，并且没有超调。说明：应用时域表达式(12.11)，可以计算出设定点响应的上升时间为 $t_r=29.3382$s，与图 12.10 所示的测试控制结果相同。相对于 C_{f-2} 的近似 PID 形式，采用三阶逼近得到的控制器可以进一步改善负载扰动响应，说明高阶近似有利于更好地逼近和实现最优性能。

然后假设在辨识该串级过程的时滞和时间常数方面存在 10% 的误差，最不利的情况是 θ_1 和 θ_2 实际上增大 10%，但 τ_1 和 τ_2 都减小 10%。如此摄动后的系统响应如图 12.11 所示。

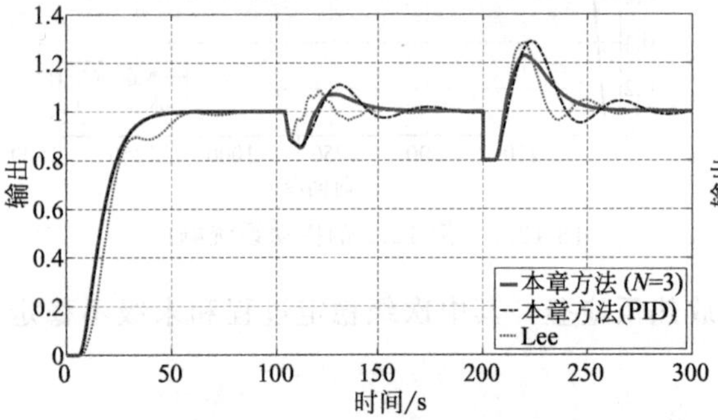

图 12.10 例 12.4 的标称系统响应

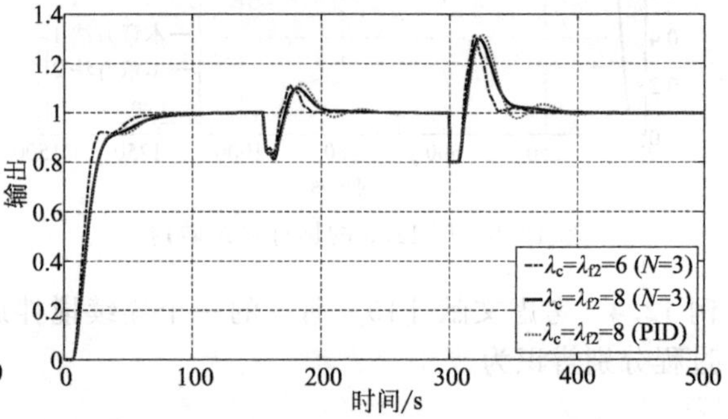

图 12.11 不同参数整定下的摄动系统响应

可以看出，本章给出的两种串级控制方案都能保持闭环系统的鲁棒稳定性。需要指出，Lee 等学者的方法[10] 不再保持系统的稳定性，因此略去其输出发散的控制结果。事实上，本节方法可以通过分别单调地增加 C_s，C_{f-1}，和 C_{f-2} 的可调参数，来进一步提高控制系统的鲁棒稳定性。例如，令 $\lambda_c=8$ 和 $\lambda_{f-2}=8$，可得

$$C_{f-2-PID}=1.5527+\frac{1}{48.1605s}+\frac{23.4708s}{0.2s+1}$$

$$C_{f-2-3/3}(s)=\frac{35.1847s^2+24.8678s+1.5707}{2.56s^2+0.8655s+1}+\frac{0.0208}{s(2.56s^2+0.8655s+1)}$$

相应的控制结果亦示于图 12.11 中以便比较。可以看到，增大这些可调参数能有效地提高控制系统在设定点跟踪和负载干扰抑制方面的鲁棒稳定性。

例 12.5 考虑文献 [16] 研究的一个开环不稳定过程：

$$P(s)=\frac{e^{-0.939s}}{(2.07s+1)(5s-1)}$$

该案例用于说明对于一个开环不稳定的过程，如果可以测量其中的次级过程来进行串级控制设计，则可采用本章提出的 3DOF 串级控制方案达到相比于该文献中的 2DOF 控制方案更好的控制效果。假设该过程由次级过程 $P_1(s)=e^{-0.6s}/(2.07s+1)$ 和末级过程 $P_2(s)=e^{-0.339s}/(5s-1)$ 组成。

在 Tan 等学者的方法[16] 中，2DOF 控制器设计为 $K_0(s)=2(2.07s+1)$，$K_1(s)=(5s+1)/(0.2s+1)$，$K_2(s)=3.584(2.4s+1)$。应用如图 12.2 所示的 3DOF 串级控制方案，由式(12.26)，式(12.27)，式(12.28)，式(12.30)，式(12.31) 给出的控制器设计公式可得

$$C_s(s)=\frac{(2.07s+1)(5s-1)}{(\lambda_c s+1)^2}$$

$$T_r(s)=\frac{1}{(\lambda_c s+1)^2}e^{-0.939s}$$

$$C_{f-1}(s)=\frac{2.07s+1}{\lambda_{f-1}s+1}$$

$$C_{f-2}(s)=\frac{(2.07s+1)(5s-1)(\alpha_1 s+1)}{(\lambda_{f-2}s+1)^3}\times\frac{1}{1-\dfrac{\alpha_1 s+1}{(\lambda_{f-2}s+1)^3}e^{-0.939s}}$$

其中，$\alpha_1=5[(0.2\lambda_{f-2}+1)^3e^{0.1878}-1]$。

为做比较，选取可调参数 $\lambda_c=1$，$\lambda_{f-1}=0.6$，$\lambda_{f-2}=1.2$ 以得到与文献［16］方法相近的设定点跟踪速度。利用第 7 章式(7.66) 中的 Maclaurin 近似公式，可得到一个近似 C_{f-2} 的 PID 控制器形式用于实际执行：

$$C_{f-2-PID}=4.4091+\frac{1}{1.9636s}+\frac{7.1874s}{0.07s+1}$$

仿真测试时，在系统设定点加入一个单位阶跃信号，当 $t=30$s 时在次级过程输入侧加入一个反向单位阶跃型负载扰动，然后当 $t=60$s 时在末级过程输出侧加入幅度为 0.2 的反向阶跃型负载扰动，控制结果如图 12.12 所示。

可以看到，基于次级过程输出测量进行反馈控制，如图 12.2 所示的 3DOF 串级控制方案明显改善负载扰动响应。

然后假设在估计该过程的时滞参数和时间常数方面存在 10%的误差。最不利的情况是 θ_1 和 θ_2 实际上都增大 10%，τ_1 和 τ_2 都减小 10%。摄动后的系统响应如图 12.13 所示，再次验证说明该 3DOF 串级控制方案能保持较好的鲁棒稳定性。

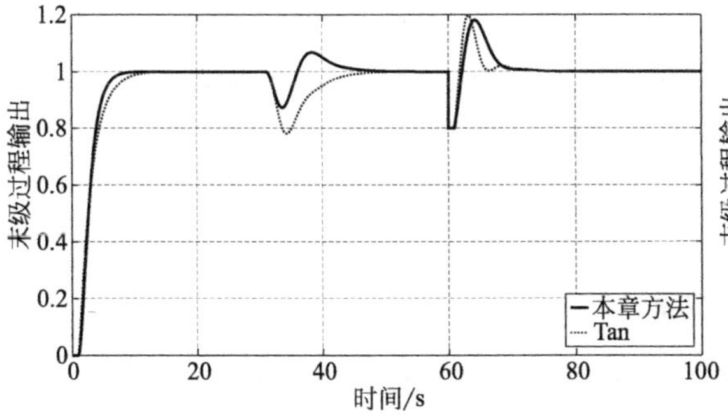

图 12.12　例 12.5 的标称系统响应

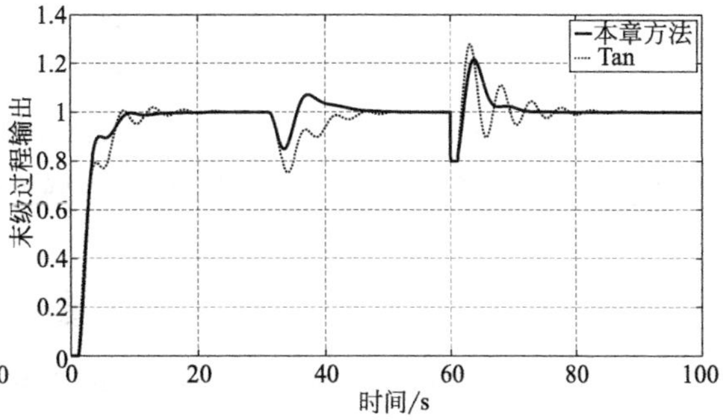

图 12.13　例 12.5 的摄动系统响应

12.4　本章小结

基于测量实际生产过程的次级（中间级）过程输出，过程控制工程领域常采用串级控制策略来提高大时滞或慢动态响应过程的负载扰动抑制性能。为了克服传统串级控制结构的不足，针对开环稳定的串级过程，本章提出了两种 2DOF 串级控制方案，分别用于能否得到末级过程传递函数模型的情况。这两种串级控制方案是基于文献［5］给出的串级控制结构的简化版。为了方便应用，对这两种串级控制结构中的控制器进行了统一设计。其突出优点是，每个串级控制方案中的两个控制器中都只有一个可调参数，可以相对独立地调节以优化用于设定点跟踪的外环性能和用于负载干扰抑制的内环性能。基于过程乘性不确定性的描述，给出了整定这两个控制器的鲁棒稳定性约束条件。

为了克服对于开环不稳定过程采用常规的单位反馈控制结构会出现设定点响应与负载扰动响应之间的明显水床效应问题，本章介绍了一种针对开环不稳定串级过程的 3DOF 串级控制方案，可以相对独立地分别对设定点跟踪和负载扰动抑制性能进行优化。该 3DOF 串级控制方案是文献［6］中串级控制结构的简化版，有三个控制器分别负责调节系统设定点响应、内环扰动响应和外环扰动响应。每个控制器都只有一个可调参数，可以单调地增减来优化性能。需要指出，这里给出的 3DOF 串级控制方案可以方便地扩展用于次级过程不稳定而末级过程稳定的情况。如果过程辨识建模得到的是高阶模型，则可以应用第 7 章和第 8 章给出的基于模型的控制器设计方法来确定这样的串级控制系统中外环和内环的控制器形式。

通过现有文献中的 5 个仿真测试和应用案例，充分说明了本章给出的 2DOF 和 3DOF 串级控制方案应用于开环稳定和不稳定串级过程的有效性和优点，并且对实际过程存在不确定性的情况能保证较好的鲁棒稳定性。

习 题

1. 针对开环稳定的串级过程，请比较说明如图 12.1 所示的两种串级控制方案有何相同和不同之处？

2. 简述为什么对于一个串级控制系统的内环提出如式(12.15) 所示的期望闭环余灵敏度函数形式？

3. 简述针对开环稳定和不稳定过程的串级控制方案的不同之处。

4. 对于例 12.1 的稳定串级过程，请说明当存在过程不确定性时调节控制器参数 λ_c 和 λ_f 会产生什么样的效果，并通过仿真测试进行验证。

5. 对于例 12.3 中带有非最小相位特性的开环稳定串级过程，请根据本章给出的控制器设计方法，写出控制器公式的详细推导过程。

6. 对于例 12.4 的开环不稳定串级过程，请写出采用本章的 3DOF 串级控制方案取可调参数 $\lambda_c=6$，$\lambda_{f-1}=0.5$ 和 $\lambda_{f-2}=6$ 时的设定点跟踪控制器 $C_s(s)$ 形式、内环控制器 $C_{f-1}(s)$ 形式以及外环控制器 $C_{f-2}(s)$ 的 PID 近似实现形式，并且给出仿真测试结果。

参考文献

[1] Shinskey F. G. Process Control System，4th Edition，New York：McGraw Hill，1996.

[2] Seborg D. E.，Edgar T. F.，Mellichamp D. A. Process Dynamics and Control，2nd Edition，John Wiley & Sons，New Jersey，USA，2004.

[3] 王骥程，祝和云. 化工过程控制工程. 北京：化学工业出版社，1991.

[4] 黄德先，王京春，金以慧. 过程控制系统. 北京：清华大学出版社，2011.

[5] Liu T.，Gu D. Y.，Zhang W. D. Decoupled two-degree-of-freedom control strategy for cascade control systems. Journal of Process Control，2005，15：159-167.

[6] Liu T.，Zhang W. D.，Gu D. Y. New IMC-based control strategy for open-loop unstable cascade processes. Industrial & Engineering Chemistry Research，2005，44：900-909.

[7] Morari M.，Zafiriou E. Robust Process Control，Englewood Cliff，NJ：Prentice Hall，1989.

[8] Ogunnaike B. A.，Ray W. H. Process Dynamics，Modeling，and Control. New York：Oxford University Press，1994.

[9] Zhou K. M.，Doyle J. C. Glover K. Robust and Optimal Control. Englewood Cliff，NJ：Prentice Hall，1996.

[10] Lee Y. H., Oh S. G. Park S. W. Enhanced control with a general cascade control structure. Industrial & Engineering Chemistry Research, 2002, 41: 2679-2688.
[11] Nagrath D., Prasad V., Bequette B. W. A model predictive formulation for control of open-loop unstable cascade systems, Chemical Engineering Science, 2002, 57: 365-378.
[12] Saraf V., Zhao F. T., Bequette B. W. Relay autotuning of cascade-controlled open-loop unstable reactors, Industrial & Engineering Chemistry Research, 2003, 42: 4488-4494.
[13] Tan K. K., Lee T. H., Ferdous R., Simultaneous online automatic tuning of cascade control for open loop stable processes. ISA Transactions, 2000, 39: 233-242.
[14] Song S. H., Cai W. J., Wang Y. G. Auto-tuning of cascade control systems. ISA Transactions, 2003, 42: 63-72.
[15] Liu T., Gao F. Industrial Process Identification and Control Design: Step-test and Relay-experiment-based Methods. Springer: London UK, 2012.
[16] Tan W., Marquez H. J., Chen T., IMC design for unstable processes with time delays. Journal of Process Control, 2003, 13: 203-213.

附　控制仿真程序

例 12.1 的仿真控制程序伪代码及图形化模块系统图

行号	编制程序伪代码	注释
1	$T_s=60$	仿真时间(s)
2	$P_1(s)=\hat{P}_1(s)=\frac{e^{-0.1s}}{0.1s+1}$;$P_2(s)=\frac{e^{-s}}{(s+1)^2}$	次级和末级过程模型
3	$\hat{P}(s)=P_1(s)P_2(s)$	串级过程模型
4	$\lambda_c=1$	设定点跟踪控制器参数
5	$\lambda_f=0.1$	抗扰控制器参数
6	$C_s(s)=\frac{1/(10\lambda_c)(s+10)}{s+1/\lambda_c}$	设定点跟踪控制器公式
7	$C_f(s)=\frac{0.1s+1}{\lambda_f s+1}$	抗扰控制器公式
8	sim('2DOFCascadeStableProcess')	调用仿真图形化组件模块系统,如图 12.14 所示
9	plot(t,y); plot(t,u)	画系统输出和控制信号图
程序变量	t 为采样控制步长;λ_c、λ_f 为控制器参数	
程序输入	r 为设定点跟踪信号;d_1、d_2 为负载扰动	
程序输出	系统输出 y;控制器输入 u	

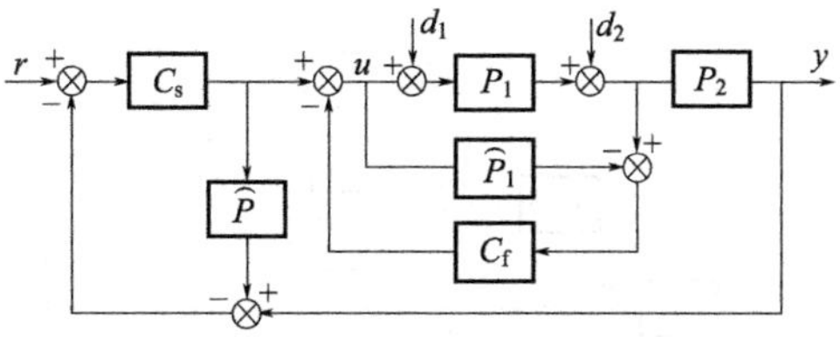

图 12.14　针对开环稳定串级过程的 2DOF 控制方法仿真程序方框图

例 12.4 的仿真控制程序伪代码及图形化模块系统图

行号	编制程序伪代码	注释
1	$T_s=300$	仿真时间(s)
2	$T_{d1}=100$; $d_1=-1$	次级过程扰动起始时间与幅值
3	$T_{d2}=200$; $d_2=-0.2$	末级过程扰动起始时间与幅值
4	$r=1$	设定点指令信号
5	$P_1(s)=\hat{P}_1(s)=\frac{2e^{-2s}}{20s+1}$;$P_2(s)=\frac{e^{-4s}}{20s-1}$	次级和末级过程模型
6	$\tau_1=20;\tau_2=20;k_1=2;k_2=1;\theta_1=2;\theta_2=4$	模型参数
7	$\lambda_c=6;\lambda_{f-1}=0.5;\lambda_{f-2}=6$	控制器参数
8	$\alpha_1=\tau_2\left[\left(\frac{\lambda_{f-2}}{\tau_2}+1\right)^3 e^{\frac{\theta_1+\theta_2}{\tau_2}}-1\right]$	由抗扰控制器参数确定的系数
9	$C_s(s)=\frac{(\tau_1 s+1)(\tau_2 s-1)}{k_1k_2(\lambda_c s+1)^2}$	设定点跟踪控制器
10	$T_r(s)=\frac{1}{(\lambda_c s+1)^2}e^{-(\theta_1+\theta_2)s}$	理想设定点响应传递函数
11	$C_{f-1}(s)=\frac{\tau_1 s+1}{k_1(\lambda_{f-1}s+1)}$	次级抗扰控制器
12	$C_{f-2}(s)=\frac{(\tau_1 s+1)(\tau_2 s-1)(\alpha_1 s+1)}{k_1k_2(\lambda_{f-2}s+1)^3}\times\frac{1}{1-\frac{\alpha_1 s+1}{(\lambda_{f-2}s+1)^3}e^{-(\theta_1+\theta_2)s}}$	末级抗扰控制器
13	$C_{f-2}(s)=\frac{1}{s}\left[M(0)+M'(0)s+\frac{M''(0)}{2!}s^2+\cdots\right]$; $k_C=M'(0)$; $\tau_I=1/M(0)$; $\tau_D=M''(0)/2$; $\tau_F=0.04$; $C_{f-2-PID}=k_C+\frac{1}{\tau_I s}+\frac{\tau_D s}{\tau_F s+1}$	末级抗扰控制器 PID 近似实现公式
14	sim('3DOFforCascadeUnstableProcess')	调用仿真图形化组件模块系统,如图 12.15 所示
15	plot(t,y); plot(t,u)	画系统输出和控制信号图
程序变量	t 为采样控制步长;λ_{f-1}、λ_{f-2}、λ_c、α_1 为控制器参数	
程序输入	r 为设定点跟踪信号;d_1,d_2 为负载扰动	
程序输出	系统输出 y;控制器输入 u	

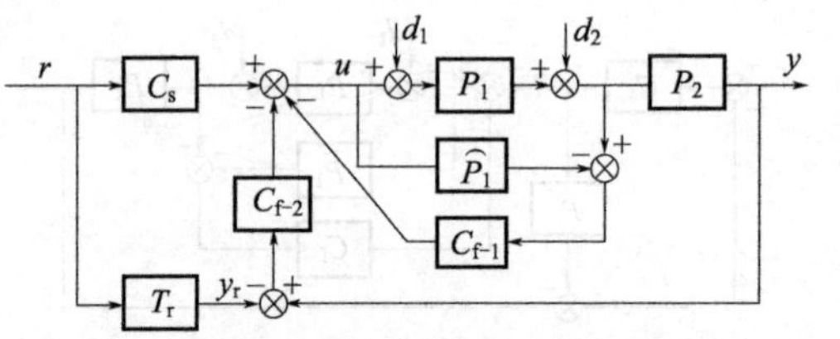

图 12.15 针对开环不稳定串级过程的 3DOF 控制方法仿真程序方框图

第13章 多回路控制系统

化工生产过程大量存在多输入多输出（Multiple-input-multiple-output，缩写 MIMO）系统，即包括多个操作变量和被控变量。根据多变量生产过程的输入和输出变量之间的配对关系，分别设计单回路反馈控制的方式称为多回路（Multiloop）控制方案。该控制结构由于具有简单性和经济性的优点，在很多工程领域得到广泛应用，已有文献给出了一些多回路控制器设计方法。例如，针对多回路 PI/PID 控制器设计，文献［1-5］给出了基于增益和相位裕度的 Gershgorin 带宽准则来整定参数的方法。文献［6,7］利用线性分式变换（LFT）提出多回路控制系统的各回路单独整定方法。文献［8］进一步将单回路控制系统的主极点配置方法推广到双输入双输出（Two-input-two-output，缩写 TITO）过程，可以有效地提高控制系统性能。文献［9-13］提出采用闭环继电反馈辨识方法实现顺序整定多回路控制系统中各回路的 PI 控制器。基于 IMC 理论[14]，文献［15,16］提出了针对多回路控制系统的单参数整定方法，然而这些整定方法都需要应用数值频域响应拟合算法，计算复杂性和运算量相对较大。为此，本章提出一种基于 IMC 原理解析地设计多回路控制器的方法，以简化计算和控制器整定。同时，针对多变量过程的输入和输出变量配对选择、多回路控制结构的可控性以及鲁棒稳定性展开讨论，以便工程应用。

为便于讲述，采用了以下符号：定义 $\mathbb{C}^{n\times n}$ 为 $n\times n$ 复矩阵空间。对于适维矩阵 $\boldsymbol{P}$，定义 $\boldsymbol{P}^{-1}$ 为 $\boldsymbol{P}$ 的逆，$\boldsymbol{P}^{\mathrm{T}}$ 为 $\boldsymbol{P}$ 的转置。定义 $\|\boldsymbol{A}\|_2$ 和 $\|\boldsymbol{A}\|_\infty$ 为 $\boldsymbol{A}$ 的 2－范数和无穷范数，$|a|$ 为 a 的绝对值。定义 $\rho(\boldsymbol{P})=\max_i|\lambda_i(\boldsymbol{P})|$ 为 $\boldsymbol{P}$ 的谱半径，即 $\lambda_i(\boldsymbol{P})$ 为 $\boldsymbol{P}$ 的第 i 个特征值，$\sigma(\boldsymbol{P})$ 为 $\boldsymbol{P}$ 的奇异值。定义 $\det(\boldsymbol{P})$ 为 $\boldsymbol{P}$ 的行列式。定义 $\boldsymbol{I}$ 和 $\boldsymbol{0}$ 分别为适当维数的单位向量（矩阵）和零向量（矩阵）。符号“$\oplus$”表示元素与元素之间的乘积，即 Hadamard 乘积。

13.1 系统输入-输出变量配对选择

对于多变量过程，一个操作变量（如记为 u_1）的变化不仅影响相应的输出变量（如记为 y_1），还会影响其他输出变量（$y_2,y_3,\cdots$），这通常称为过程操作中的交联耦合作用。因此，合适的输入输出配对是多变量控制系统设计的一个前提条件。例如，考虑有 n 个操作变量和 n 个被控变量的多变量过程，则存在 $n!$ 种可能的配对选择方式！而且，不合适的配对可能会严重影响闭环控制性能，甚至危及系统稳定性[17,18]。为分析多变量之间的耦合作用，已有文献［17-26］探讨了很多准则。在这些准则中，相对增益阵列（Relative gain array，缩写 RGA）和奇异值分解（Singular value decomposition，缩写 SVD）在实践中得到了广泛的认可和应用，在下面两小节中做简要介绍。

13.1.1 相对增益阵列 (RGA)

相对增益的概念最早由 Bristol 提出[19]。针对有 n 个操作变量和 n 个被控变量的多变量过程，被控变量 y_i 和操作变量 u_j 之间的相对增益 λ_{ij} 定义为两个稳态增益的无量纲比值：

$$\lambda_{ij} \triangleq \frac{\left(\dfrac{\partial y_i}{\partial u_j}\right)_{u_k=0,k\neq j}}{\left(\dfrac{\partial y_i}{\partial u_j}\right)_{y_k=0,k\neq i}}, i,j=1,2,\cdots,n \tag{13.1}$$

其中，$(\partial y_i/\partial u_j)_{u_k=0,k\neq j}$ 通常称为开环增益，定义为当其他所有操作变量都保持固定值时对 u_j 向 y_i 计算偏导数。因此，它对应于过程静态增益矩阵中的元素 $g(0)_{ij}$。相对而言，$(\partial y_i/\partial u_j)_{y_k=0,k\neq i}$ 称为闭环增益，定义为其他所有被控变量都保持相应的设定点值（或通过多回路控制系统尽可能靠近各自设定值）时对 y_i 关于 u_j 计算偏导数。

相应地，相对增益阵列定义为

$$\boldsymbol{\Lambda}=\begin{bmatrix} \lambda_{11} & \lambda_{11} & \cdots & \lambda_{1n} \\ \lambda_{21} & \lambda_{22} & \cdots & \lambda_{2n} \\ \vdots & \vdots & \cdots & \vdots \\ \lambda_{n1} & \lambda_{n2} & \cdots & \lambda_{nn} \end{bmatrix} \tag{13.2}$$

它有评估耦合作用的重要性质如下：

(i) 与输入、输出量纲变换无关，即是无量纲的；

(ii) 它的行和（或列和）为 1。正 λ_{ij} 表示 y_i 和 u_j 之间的正向耦合作用。相反，负 λ_{ij} 表示反向耦合作用；

(iii) 如果过程传递函数矩阵是上三角或下三角形式，则 $\boldsymbol{\Lambda}$ 为单位阵；

(iv) 如果 $\boldsymbol{\Lambda}$ 是对角占优，则意味着 y_i 和 $u_j(i\neq j)$ 之间是弱耦合，因而有利于相对独立地设计各个单变量控制回路；

(v) 较大的 λ_{ij} 意味着 y_i 和 $u_j(i\neq j)$ 之间存在强耦合，对应一个病态传递函数矩阵。

基于上述 RGA 的性质，文献[17,19,20] 提出如下在工程应用中得到广泛认可的配对准则：

配对准则 1. 选择变量配对尽可能使 RGA 对角占优，并且尽量接近于单位阵；

配对准则 2. 避免采用 RGA 矩阵中的负值元素进行变量配对。

注意在上述配对准则中，只有过程传递函数矩阵的静态增益用于评估耦合作用。为进一步考虑过程动态响应的耦合特性，文献［25］提出了如下评价动态耦合程度的 RGA：

$$\mathrm{RGA}(\boldsymbol{G})=\boldsymbol{\Lambda}(\boldsymbol{G})\triangleq\boldsymbol{G}\oplus(\boldsymbol{G}^{-1})^{\mathrm{T}} \tag{13.3}$$

其中，$\boldsymbol{G}$ 表示过程传递函数。相应地，给出如下增强型配对准则：

增强型配对准则： 尽可能沿对角占优的方向选择变量配对，从而在闭环系统带宽频率范围内尽量使 RGA 矩阵接近于单位阵。

为应用该准则，可以计算沿对角占优配对的 RGA 因子值：

$$\mathrm{RGA}\ 因子值\triangleq\|\boldsymbol{\Lambda}(\boldsymbol{G})-\boldsymbol{I}\|_{\mathrm{sum}} \tag{13.4}$$

其中，范数定义为 $\|\boldsymbol{A}\|_{\mathrm{sum}}=\sum_{i,j}|a_{ij}|$。显然，优先选择 RGA 因子值小的配对。其余变量配对的 RGA 因子值可通过减去已配对位置对应的 1 而确定。

13.1.2 奇异值分解 (SVD)

除了上述 RGA 方法，另一种常用的配对选择方法称为奇异值分解（SVD）分析方法[25]。考虑如下描述的多变量过程

$$\boldsymbol{Y}(s)=\boldsymbol{G}(s)\boldsymbol{U}(s) \tag{13.5}$$

其中，$\boldsymbol{G}(s)=[g_{ij}]_{m\times n}$。相应地，静态增益矩阵可写为 $\boldsymbol{G}(0)=[g_{ij}(0)]_{m\times n}$。

很显然可以通过判断 $\boldsymbol{G}(0)$ 的行列式是否为 0 来查验被控变量之间的线性相关性。

对于一个指定频率 $\omega\in[0,\infty)$，传递函数矩阵可以通过 SVD 分解描述为

$$\boldsymbol{G}(\mathrm{j}\omega)=\boldsymbol{U}\boldsymbol{\Sigma}\boldsymbol{V}^{\mathrm{T}} \tag{13.6}$$

其中，如果 $m\leqslant n$，则 $\boldsymbol{\Sigma}=[\boldsymbol{\Sigma}_1\boldsymbol{0}]$，如果 $m\geqslant n$，则 $\boldsymbol{\Sigma}=[\boldsymbol{\Sigma}_1\boldsymbol{0}]^{\mathrm{T}}$，$\boldsymbol{\Sigma}_1=\mathrm{diag}[\sigma_i]_{l\times l}$，$l=\min\{m,n\}$，对角元

$$\sigma_i=\sqrt{\lambda_i(\boldsymbol{G}\boldsymbol{G}^*)},i=1,2,\cdots,l \tag{13.7}$$

沿着 $\boldsymbol{\Sigma}$ 的主对角线按由大到小的顺序排列，则最大奇异值为 $\overline{\sigma}=\sigma_1$，最小奇异值为 $\underline{\sigma}=\sigma_l$。$\boldsymbol{U}\in\mathbb{C}^{m\times m}$ 和 $\boldsymbol{V}\in\mathbb{C}^{n\times n}$ 是酉矩阵，且满足

$$\boldsymbol{U}\boldsymbol{U}^{\mathrm{T}}=\boldsymbol{I} \tag{13.8}$$

$$\boldsymbol{V}\boldsymbol{V}^{\mathrm{T}}=\boldsymbol{I} \tag{13.9}$$

注意，所有 $\boldsymbol{U}$ 的列定义为 $u_i(i=1,2,\cdots,l)$，满足 $\|u_i\|_2=1$ 且互相正交，表示传递函数矩阵的输出方向。所有 $\boldsymbol{V}$ 的列定义为 $v_i(i=1,2,\cdots,l)$，满足 $\|v_i\|_2=1$ 且互相正交，表示传递函数矩阵的输入方向。相应地，奇异值 σ_i 表示传递函数矩阵在第 i 个方向上的比例增益，即

$$\sigma_i=\frac{\|\boldsymbol{G}v_i\|_2}{\|v_i\|_2}=\|\boldsymbol{G}v_i\|_2,i=1.2,\cdots,l \tag{13.10}$$

因此，用 SVD 分析多变量过程传递函数矩阵增益和方向的两个重要优点：

① 奇异值表示对应方向上的过程增益；

② 分解后的过程传递函数矩阵方向互相正交。

$\boldsymbol{G}$ 的条件数可以用于度量耦合程度，可以通过最大和最小奇异值的无量纲比值得到

$$\gamma(\boldsymbol{G})=\frac{\overline{\sigma}(\boldsymbol{G})}{\underline{\sigma}(\boldsymbol{G})} \tag{13.11}$$

条件数过大意味着一个病态的传递函数矩阵。对于一个非奇异的方阵过程，由 $\underline{\sigma}(\boldsymbol{G})=1/\overline{\sigma}(\boldsymbol{G}^{-1})$ 可得

$$\gamma(\boldsymbol{G})=\overline{\sigma}(\boldsymbol{G})\overline{\sigma}(\boldsymbol{G}^{-1}) \tag{13.12}$$

这意味着如果 $\boldsymbol{G}$ 和 $\boldsymbol{G}^{-1}$ 的分量过大，则 $\boldsymbol{G}$ 的条件数会变得很大。

13.2 多回路系统的可控性

由于各个单回路之间存在耦合作用，针对单输入单输出过程的闭环整定方法不能简单地推广到多回路系统[14,25]。为避免复杂性，实际工程应用中主要针对双输入双输出过程设计双回路控制系统。很多高维多变量生产过程在实际中通常划分为若干个双输入两输出子系统来处理[27-31]，以便于控制设计和系统运行。

考虑如下描述的双输入双输出过程

$$\boldsymbol{G}(s)=\begin{bmatrix} g_{11}(s) & g_{12}(s) \\ g_{21}(s) & g_{22}(s) \end{bmatrix} \tag{13.13}$$

其中，$g_{ij}(s)=g_{0,ij}(s)\mathrm{e}^{-\theta_{ij}s}$，$i,j=1,2$，$g_{0,ij}(s)$ 表示物理正则且稳定的传递函数。

图 13.1 示出了由式(13.13) 描述的双输入双输出过程的一个双回路控制结构，其中 c_1 和 c_2 分别表示两个回路的控制器，u_1 和 u_2 表示相应的控制器输出。

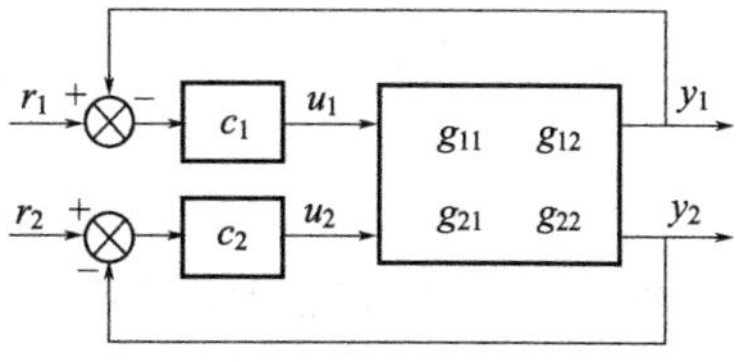

图 13.1 双输入双输出过程的双回路控制结构

闭环系统传递函数矩阵可以描述为如下形式：

$$H = GC(I+GC)^{-1} \tag{13.14}$$

其中，C 表示对角控制器矩阵，即 $C=\mathrm{diag}\{c_1,c_2\}_{2\times 2}$。

由式(13.14) 可知，在双回路控制结构中，两个输出变量的完全解耦控制是不切实际的。这可以采用反证法来说明。假设完全解耦可以实现，即标称闭环系统传递函数矩阵可以描述为一个对角型，$H=\overline{H}=\mathrm{diag}\{h_1,h_2\}_{2\times 2}$。对式(13.14) 两边取逆可得 $H^{-1}=(GC)^{-1}+I$。注意 H^{-1} 也是一个对角矩阵。因此，$(GC)^{-1}$ 必定是对角矩阵，这就要求过程传递矩阵 G 是一个对角矩阵。这与式(13.13) 中的过程描述相矛盾，因此上述假设不成立。

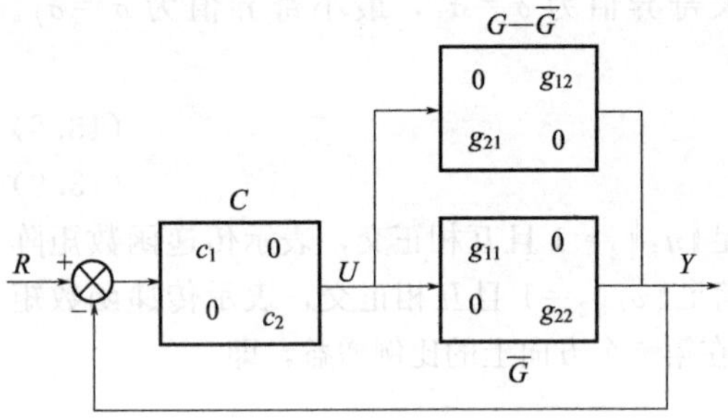

图 13.2 将耦合作用视为过程加性不确定性的双回路控制系统方框图

为便于分析，我们将图 13.1 所示的双回路控制结构重新表述为如图 13.2 所示的块对角化闭环结构，其中 $\overline{G}$ 由 G 的主对角元组成，即 $\overline{G}=\mathrm{diag}\{g_{11},g_{22}\}_{2\times 2}$，连接双输入双输出系统的期望配对。同时，$G-\overline{G}$ 被视为 $\overline{G}$ 的加性不确定性。

根据小增益定理[32]，$G-\overline{G}$ 的 H 无穷范数越大，闭环系统稳定性越差，相应地，双回路结构的可控性越低。因此，有必要根据对角占优来配置过程传递函数矩阵。特别地，双输入双输出过程传递函数矩阵最好具有列对角占优，即对 $\omega\in[0,+\infty)$，$|g_{11}(\mathrm{j}\omega)|>|g_{21}(\mathrm{j}\omega)|$，$|g_{22}(\mathrm{j}\omega)|>|g_{12}(\mathrm{j}\omega)|$，这可以通过比较频率响应的幅值曲线来判断。关于对角占优的一个直观但不严格的判断是比较静态增益，即验证是否 $|g_{11}(0)|>|g_{21}(0)|$，$|g_{22}(0)|>|g_{12}(0)|$ 成立。

值得一提的是，当过程传递函数矩阵因过程操作约束不能配置成主对角占优时，一些现有的方法，如文献 [4,30]，建议在过程输入端设置一个静态解耦器，即 $D(0)=G^{-1}(0)$，然后针对增广对象设计多回路控制器，以期望进一步提高控制性能。事实上，该静态解耦器可以包含在多回路控制器设计中。

关于多回路控制结构可控性的进一步探讨可以参见文献 [22,25,28]，这里不再赘述。

13.3 多回路控制设计

为减小多回路控制系统中各个回路之间的耦合作用，这里定义一个实际期望实现的闭环对角传递函数矩阵和一个动态解调矩阵，由此给出一种解析地设计多回路 PI/PID 控制器的方法[33]。

13.3.1 期望的对角传递函数矩阵

由图 13.2 可见，不含加性不确定性的对角化闭环系统传递函数矩阵为

$$\overline{H}=\overline{G}C(I+\overline{G}C)^{-1} \tag{13.15}$$

对式(13.15) 进行矩阵求逆运算，可以得到如下对角化控制器矩阵

$$C=\overline{G}^{-1}(\overline{H}^{-1}-I)^{-1} \tag{13.16}$$

相应地，由式(13.16) 可得如下双回路控制器：

$$c_i=\frac{1}{g_{ii}}\times\frac{h_i}{1-h_i},i=1,2 \tag{13.17}$$

注意，g_{ii} 中包含时滞参数 θ_{ii}。由式(13.17) 可见，如果从系统输入 r_i 到输出 y_i 的期望传递函数 h_i 不包含 θ_{ii}，那么相应的控制器 c_i 需要以预测超前的方式执行。此外，如果 g_{ii} 含有复右半平面 (RHP) 的零点，那么 h_i 中必须包含这些 RHP 零点，否则，它们会成

为 c_i 的不稳定极点。

基于上述观察，利用 IMC 理论中的 H_2 最优性能指标[14]，提出如下实际期望的闭环对角传递函数

$$h_i=\frac{e^{-\theta_{ii}s}}{(\lambda_i s+1)^{p_i}}\prod_{k=1}^{q_i}\left(\frac{-s+z_k}{s+z_k^*}\right),i=1,2 \tag{13.18}$$

其中，λ_i 是用于得到期望的第 i 个闭环输出响应的调节参数，$\deg\{g_{0,ii}\}=p_i$，$s=z_k(k=1,2,\cdots,q_i)$ 表示 $g_{0,ii}$ 的 RHP 零点，z_k^* 表示 z_k 的复数共轭。

将式(13.16) 代入到式(13.14) 中，可得如下多回路控制系统传递函数矩阵，即具有如图 13.2 所示加性不确定性 $\boldsymbol{G}-\overline{\boldsymbol{G}}$ 的摄动对角闭环系统的传递函数矩阵：

$$\begin{aligned}\boldsymbol{H}&=\boldsymbol{G}\overline{\boldsymbol{G}}^{-1}(\overline{\boldsymbol{H}}^{-1}-\boldsymbol{I})^{-1}(\boldsymbol{I}+\boldsymbol{G}\overline{\boldsymbol{G}}^{-1}(\overline{\boldsymbol{H}}^{-1}-\boldsymbol{I})^{-1})^{-1}\\&=\boldsymbol{G}((\overline{\boldsymbol{H}}^{-1}-\boldsymbol{I})\overline{\boldsymbol{G}}+\boldsymbol{G})^{-1}\\&=\boldsymbol{G}(\overline{\boldsymbol{H}}^{-1}((\boldsymbol{I}-\overline{\boldsymbol{H}})\overline{\boldsymbol{G}}+\overline{\boldsymbol{H}}\boldsymbol{G}))^{-1}\\&=\boldsymbol{G}(\overline{\boldsymbol{G}}+\overline{\boldsymbol{H}}(\boldsymbol{G}-\overline{\boldsymbol{G}}))^{-1}\overline{\boldsymbol{H}}\end{aligned} \tag{13.19}$$

实际中通常情况下 $\boldsymbol{G}$ 不等于 $\overline{\boldsymbol{G}}$。因此，如果直接按照上述公式(13.17) 设计多回路控制器，则不能得到如式(13.18) 所期望的闭环对角传递函数形式，主要是由于加性不确定性 $\boldsymbol{G}-\overline{\boldsymbol{G}}$ 不可避免地导致各个回路之间的耦合。为实现式(13.18) 所示的期望闭环对角传递函数，这里提出一个对角动态解调矩阵 $\boldsymbol{D}=\mathrm{diag}\{d_1,d_2\}_{2\times2}$ 以修改如式(13.15) 所示的对角化系统传递函数矩阵，即

$$\boldsymbol{D}\overline{\boldsymbol{H}}=\overline{\boldsymbol{G}}\boldsymbol{C}(\boldsymbol{I}+\overline{\boldsymbol{G}}\boldsymbol{C})^{-1} \tag{13.20}$$

从而可得

$$\boldsymbol{C}=\overline{\boldsymbol{G}}^{-1}(\overline{\boldsymbol{H}}^{-1}\boldsymbol{D}^{-1}-\boldsymbol{I})^{-1} \tag{13.21}$$

将式(13.21) 代入到式(13.14) 中，可得如下多回路系统传递函数矩阵：

$$\boldsymbol{H}=\boldsymbol{G}(\boldsymbol{D}^{-1}\overline{\boldsymbol{G}}+\overline{\boldsymbol{H}}(\boldsymbol{G}-\overline{\boldsymbol{G}}))^{-1}\overline{\boldsymbol{H}} \tag{13.22}$$

因此，如果令

$$\mathrm{diag}\{\boldsymbol{G}(\boldsymbol{D}^{-1}\overline{\boldsymbol{G}}+\overline{\boldsymbol{H}}(\boldsymbol{G}-\overline{\boldsymbol{G}}))^{-1}\}=\boldsymbol{I} \tag{13.23}$$

那么所得到的多回路控制系统传递函数中的对角元素就能够实现如式(13.18) 所示的期望形式。

将式(13.13) 和式(13.18) 代入到式(13.23) 中，可得如下动态解调因子：

$$d_1=\frac{2g_{11}g_{22}}{(h_1-h_2)g_{12}g_{21}+g_{11}g_{22}+(-1)^m\sqrt{[(h_1-h_2)g_{12}g_{21}-g_{11}g_{22}]^2-4g_{11}g_{22}g_{12}g_{21}(1-h_1)h_2}} \tag{13.24}$$

$$d_2=\frac{2g_{11}g_{22}}{(h_2-h_1)g_{12}g_{21}+g_{11}g_{22}+(-1)^m\sqrt{[(h_1-h_2)g_{12}g_{21}-g_{11}g_{22}]^2-4g_{11}g_{22}g_{12}g_{21}(1-h_1)h_2}} \tag{13.25}$$

其中

$$m=\begin{cases}0, & g_{11}(0)g_{22}(0)>0\\1, & g_{11}(0)g_{22}(0)<0\end{cases} \tag{13.26}$$

注意，式(13.26) 中 m 的选取是为了保证 $d_1(0)=d_2(0)=1$，从而使得多回路传递函数矩阵式(13.22) 在最终稳态时变为单位阵，即 $\boldsymbol{H}(0)=\boldsymbol{I}$。也就是说，在稳态系统传递函数矩阵中对角动态解调矩阵退化为单位阵，从而不会造成系统稳态输出偏差。这也是舍弃式(13.23) 可能

有其他解的原因。对于 $d_1(0)=d_2(0)=1$，可利用 $h_1(0)=h_2(0)=1$ 进行验证。

需要指出，即使在 $\boldsymbol{G}=\overline{\boldsymbol{G}}$ 的情况下，即 $g_{12}=g_{21}=0$，由式(13.24) 和式(13.25) 亦可得 $d_1=d_2=1$。这意味着对于具有对角化传递函数矩阵的被控过程，动态解调矩阵 $\boldsymbol{D}$ 退化为单位阵。因此，这里给出的动态解调矩阵具有一般性应用意义，能够广泛适用于各种不同的双输入双输出过程。

因此，为实现如式(13.18) 所示的期望闭环对角传递函数，可以确定用于设计双回路控制器的对角化传递矩阵形式如下：

$$\hat{\boldsymbol{H}}=\boldsymbol{D}\overline{\boldsymbol{H}}=\mathrm{diag}\left\{\frac{d_i \mathrm{e}^{-\theta_{ii}s}}{(\lambda_i s+1)^{p_i}}\prod_{k=1}^{q_i}\frac{(-z_k s+1)}{(z_k s+1)}\right\} \tag{13.27}$$

13.3.2 多回路 PI/PID 整定

将式(13.27) 代入式(13.21) 中，可以得到如下理想的期望多回路控制器

$$c_{\mathrm{ideal}-i}=\frac{1}{g_{ii}}\times\frac{d_i h_i}{1-d_i h_i}, i=1,2 \tag{13.28}$$

然后，通过将式(13.18)，式(13.24) 和式(13.25) 代入到式(13.28) 中，可以看出式(13.28) 的分子和分母都以复杂的形式包含有时滞参数，因而在实际中难以实现。此外，如果 g_{ii} 中含有 RHP 零点，则式(13.28) 中会出现 RHP 零极点对消，这会导致控制器不稳定。因此，需要考虑采用有理函数逼近理想的期望控制器形式(13.28)，以便于实际应用。

由于 PI 或 PID 控制器经常用于多回路控制系统，这里采用如式(7.66) 所示的 Maclaurin 级数逼近的方法。利用式(13.18)，式(13.24) 和式(13.25) 可得

$$\lim_{s\to 0}(1-d_i h_i)=0, i=1,2 \tag{13.29}$$

这意味着如式(13.28) 所示的期望多回路控制器具有积分特性，从而能够消除系统稳态输出偏差。为此，令

$$M_i(s)=s c_{\mathrm{ideal}-i}(s), i=1,2 \tag{13.30}$$

可得如式(7.67) 所示的 PID 型控制器形式，其中前两项可以组成一个 PI 型控制器。

显然，上述 PID 型控制器比 PI 型控制器可达到更好的闭环控制性能。当然，如果实际中允许使用高阶控制器，可以采用更高阶的有理逼近公式来达到更好的控制性能。

说明：上述多回路 PI/PID 控制器实际上可以由单一可调参数 λ_i $(i=1,2)$ 整定，用于调节如式(13.18) 描述的第 i 个输出响应。

13.4 稳定性分析

当存在过程不确定性时，首先给出如下从广义 Nyquist 稳定性定理引申出来的稳定性判据，用于分析多回路控制系统的鲁棒稳定性。

定理 13.1[25] 假设在如图 1.14 所示 $M-\Delta$ 结构中标称系统 $\boldsymbol{M}(s)$ 和摄动 $\boldsymbol{\Delta}(s)$ 是稳定的。考虑摄动 $\boldsymbol{\Delta}$ 的凸集，即如果 $\boldsymbol{\Delta}'$ 是一个容许摄动，那么对任意满足 $|\varepsilon|\leqslant 1$ 的实数 ε，$\varepsilon\boldsymbol{\Delta}'$ 也是一个容许摄动。那么 $M-\Delta$ 系统对于所有容许摄动都保证稳定，当且仅当下述任意一个等价条件成立：

① 对于任意 $\boldsymbol{\Delta}$，$\det(\boldsymbol{I}-\boldsymbol{M\Delta}(s))$ 的 Nyquist 曲线不包围原点，即，$\det(\boldsymbol{I}-\boldsymbol{M\Delta}(\mathrm{j}\omega))\neq 0$，$\forall\omega,\forall\boldsymbol{\Delta}$；

② $\lambda_i(\boldsymbol{M\Delta}(\mathrm{j}\omega))\neq 1,\forall i,\forall\omega,\forall\boldsymbol{\Delta}$；

③ $\rho(\boldsymbol{M\Delta}(\mathrm{j}\omega)<1,\forall\omega,\forall\boldsymbol{\Delta}$；

④ $\max\limits_{\boldsymbol{\Delta}} \rho(\boldsymbol{M\Delta}(\mathrm{j}\omega))<1, \forall \omega$。

基于上述稳定性定理，给出针对如图 13.1 所示的双回路控制系统的稳定性判据。

推论 13.1 一个双输入双输出过程的双回路控制系统是标称稳定的，当且仅当

① $c_1/(1+g_{11}c_1)$ 和 $c_2/(1+g_{22}c_2)$ 是稳定的；

② $\rho\left(\begin{bmatrix} 0 & \dfrac{g_{12}c_1}{1+g_{11}c_1} \\ \dfrac{g_{21}c_2}{1+g_{22}c_2} & 0 \end{bmatrix}\right)<1$，$\forall \omega$

证明： 首先将如图 13.2 所示的多回路控制结构转化成标准的 $M-\Delta$ 结构，可以看出从加性不确定性 $\boldsymbol{\Delta}=\boldsymbol{G}-\overline{\boldsymbol{G}}$ 的输出端到其输入端的传递函数矩阵为

$$\boldsymbol{M}=-\boldsymbol{C}(\boldsymbol{I}+\overline{\boldsymbol{G}}\boldsymbol{C})^{-1} \tag{13.31}$$

由于 $\overline{\boldsymbol{G}}=\mathrm{diag}\{g_{11}, g_{22}\}_{2\times 2}$ 和 $\boldsymbol{C}=\mathrm{diag}\{c_1, c_2\}_{2\times 2}$，所以不难看出 $\boldsymbol{M}$ 仍是一个对角传递函数矩阵，且由推论 13.1 中条件①所示的两个传递函数组成。

由于采用的多回路控制器是 PI/PID 形式，对于稳定的传递函数矩阵 $\boldsymbol{G}$，条件①能够满足。

然后将 $\boldsymbol{\Delta}=\boldsymbol{G}-\overline{\boldsymbol{G}}$ 和式(13.31) 代入到定理 13.1 中等价的稳定性条件③，可以得出推论 13.1 中的条件②。

注意推论 13.1 中条件②可以通过观察其谱半径的幅值曲线是否对所有的 $\omega\in[0,+\infty)$ 都小于 1 来判断。由此可以确定可调参数 $\lambda_i(i=1,2)$ 的允许整定范围。此外，从式(13.18) 所示的期望闭环对角传递函数可以看出，每个系统输出响应本质上可以分别通过调节参数 λ_1 和 λ_2 来调节。调小 $\lambda_i(i=1,2)$ 可以加快对应的系统输出响应速度，但需要控制器 c_i 的输出增大，并且它对应的执行机构需要加大输出。当存在过程不确定性时，易于表现出过激行为，不利于控制闭环的鲁棒稳定性。相反，增大调节参数 λ_i 会使对应的系统输出响应变缓，但是要求 c_i 的输出减小，并且对应的执行机构输出也变小。相应地，当存在过程不确定性时，输出响应动态行为会相对平稳一些。因此，实际整定参数 $\lambda_i(i=1,2)$ 时，应在对应的闭环输出响应的标称性能与控制器 $c_i(i=1,2)$ 及其执行机构的输出容量之间进行权衡。

当存在过程不确定性时，为了便于分析，通常可以将多种不确定性，如过程参数摄动、执行器不确定性和输出测量不确定等，合并成被控过程的乘性不确定性来统一处理[25]。由于传递函数矩阵的乘法具有顺序性，这里分别对如图 13.3 所示的过程乘性输入和输出不确定性这两种情况来进行讨论。

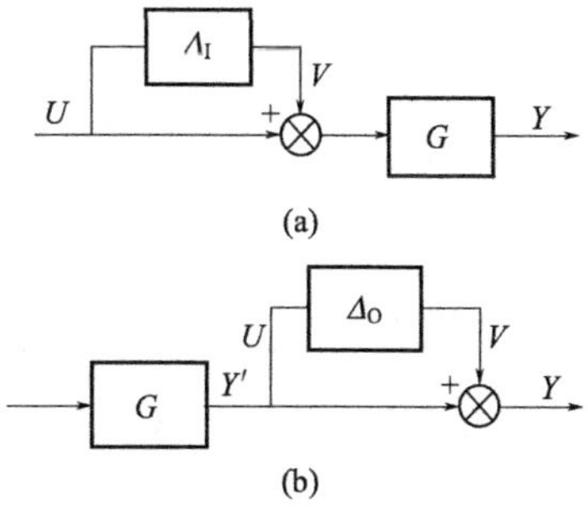

图 13.3 乘性输入 (a) 和输出 (b) 不确定性

图 13.3(a) 所示的过程乘性输入不确定性用于描述不确定过程集合 $\Pi_\mathrm{I}=\{\hat{\boldsymbol{G}}_\mathrm{I}(s):\hat{\boldsymbol{G}}_\mathrm{I}(s)=\boldsymbol{G}(s)(\boldsymbol{I}+\boldsymbol{\Delta}_\mathrm{I})\}$，其中 $\boldsymbol{\Delta}_\mathrm{I}$ 是稳定正则的。图 13.3(b) 所示的过程乘性输出不确定性用于描述不确定过程集合 $\Pi_\mathrm{O}=\{\hat{\boldsymbol{G}}_\mathrm{O}(s):\hat{\boldsymbol{G}}_\mathrm{O}(s)=(\boldsymbol{I}+\boldsymbol{\Delta}_\mathrm{O})\boldsymbol{G}(s)\}$，其中 $\boldsymbol{\Delta}_\mathrm{O}$ 是稳定正则的。

根据标准的 $M-\Delta$ 结构进行鲁棒稳定性分析，可以分别推导出从不确定性 $\boldsymbol{\Delta}_\mathrm{I}$ 和 $\boldsymbol{\Delta}_\mathrm{O}$ 的输出端到其输入端的传递函数矩阵为

$$\boldsymbol{M}_\mathrm{I}=-\boldsymbol{C}(\boldsymbol{I}+\boldsymbol{GC})^{-1}\boldsymbol{G} \tag{13.32}$$

$$\boldsymbol{M}_\mathrm{O}=-\boldsymbol{GC}(\boldsymbol{I}+\boldsymbol{GC})^{-1} \tag{13.33}$$

注意标称系统稳定性可以通过整定参数 λ_1 和 λ_2 保证，所以闭环系统传递函数矩阵式(13.14) 是保证稳定的，从而可以确定 $\boldsymbol{C}(\boldsymbol{I}+\boldsymbol{GC})^{-1}$ 保证稳定。因此，对于稳定的传递函

数矩阵 $\boldsymbol{G}$，$\boldsymbol{M}_{\mathrm{I}}$ 和 $\boldsymbol{M}_{\mathrm{O}}$ 也是稳定的。

分别将式(13.32) 和式(13.33) 代入到定理 13.1 中等价的稳定性条件③，可以得到

$$\rho(\boldsymbol{C}(\boldsymbol{I}+\boldsymbol{GC})^{-1}\boldsymbol{G\Delta}_{\mathrm{I}})<1, \forall \omega \tag{13.34}$$

$$\rho(\boldsymbol{GC}(\boldsymbol{I}+\boldsymbol{GC})^{-1}\boldsymbol{\Delta}_{\mathrm{O}})<1, \forall \omega \tag{13.35}$$

因此，对于实际中给定的 $\boldsymbol{\Delta}_{\mathrm{I}}$ 或 $\boldsymbol{\Delta}_{\mathrm{O}}$ 的边界范围，可以利用式(13.34) 或式(13.35) 来评估多回路系统的鲁棒稳定性，也就是说，对任意 $\omega \in [0,+\infty)$，观察式(13.34) 或式(13.35) 左边的幅值曲线是否都小于 1。

一般来说，建议初始时分别调整每个参数 $\lambda_i (i=1,2)$ 为过程传递函数矩阵中对角传递函数的时滞参数 $\theta_{ii} (i=1,2)$ 值左右。然后，通过在线单调地增大或减小调节这些参数，可以直观地得到满意的各个回路输出响应性能。为克服实际过程中的不确定性，建议在线单调地增加 λ_1 和 λ_2，以减缓输出响应速度来提高闭环系统的鲁棒稳定性。如果这样仍不能得到期望的控制系统性能和鲁棒稳定性，则需要重新辨识过程以获得更为精确的过程模型，进一步降低过程的未建模动态以提高系统性能和鲁棒稳定性。

13.5 应用案例

本节通过已有文献中的两个案例来验证说明上一节给出的多回路控制方法的有效性和优点，其中第一个案例是具有对角占优的 Wood-Berry 过程，第二个案例是一个非对角占优的双输入双输出过程，用于比较有无静态解耦器情况下的控制结果。

例 13.1 考虑一个广泛应用研究的 Wood-Berry 精馏塔过程[34]，

$$\boldsymbol{G}=\begin{bmatrix} \dfrac{12.8\mathrm{e}^{-s}}{16.7s+1} & \dfrac{-18.9\mathrm{e}^{-3s}}{21s+1} \\ \dfrac{6.6\mathrm{e}^{-7s}}{10.9s+1} & \dfrac{-19.4\mathrm{e}^{-3s}}{14.4s+1} \end{bmatrix}$$

为做比较，这里采用已有文献 Chen[5] 和 Jung[15] 中给出的多回路 PI/PID 控制方法。表 13.1 中列出了相应的 PI 控制器参数。

表 13.1 例 13.1 的双回路 PI 控制器整定

PI 参数	k_{C1}	τ_{I1}	k_{C2}	τ_{I2}
Chen[5]	0.436	25.2294	−0.0945	−164.0212
Jung[15]	0.19	44.7895	−0.099	−86.6667
本章方法	0.2448	22.2954	−0.0723	−86.8922

在本章方法中，取 $\lambda_1=2.5$ 和 $\lambda_2=6$ 以获得与上述两种比较方法相似的设定点响应速度，以便客观地比较。根据控制器设计式(13.28)，式(13.18)，式(13.24)～式(13.26)，以及 Maclaurin 逼近式(7.66)，可以计算得到相应的 PI 控制器参数，见表 13.1。

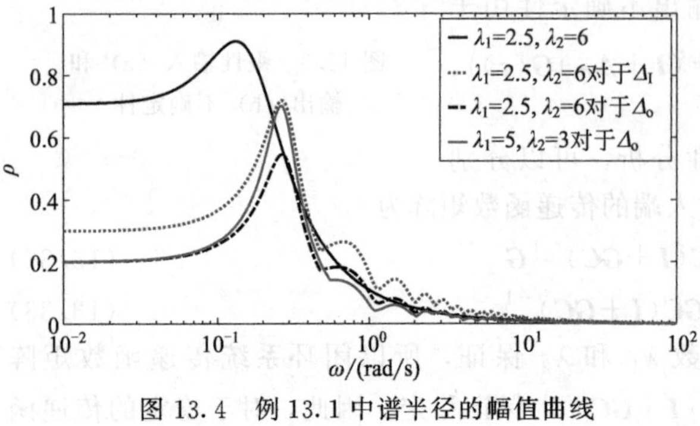

图 13.4 例 13.1 中谱半径的幅值曲线

图 13.4 示出了推论 13.1 中谱半径条件的幅值曲线，用于验证本章方法的标称系统稳定性（细实线）。可以看出，标称系统谱半径的最大幅值小于 1，表明标称系统具有较好的稳定性。

在 $t=0\mathrm{s}$ 和 $t=100\mathrm{s}$ 时分别加入两路单位阶跃给定值输入信号，并且在 $t=200\mathrm{s}$ 时在被控过程两路输入端同时加入幅值为 0.1 的反向阶跃型负载干扰信号，得到系统输出响应结果如图 13.5 所示。为方便测试和说明，这里将时间尺度从原始过程以分钟为单位转换为以秒为单位。

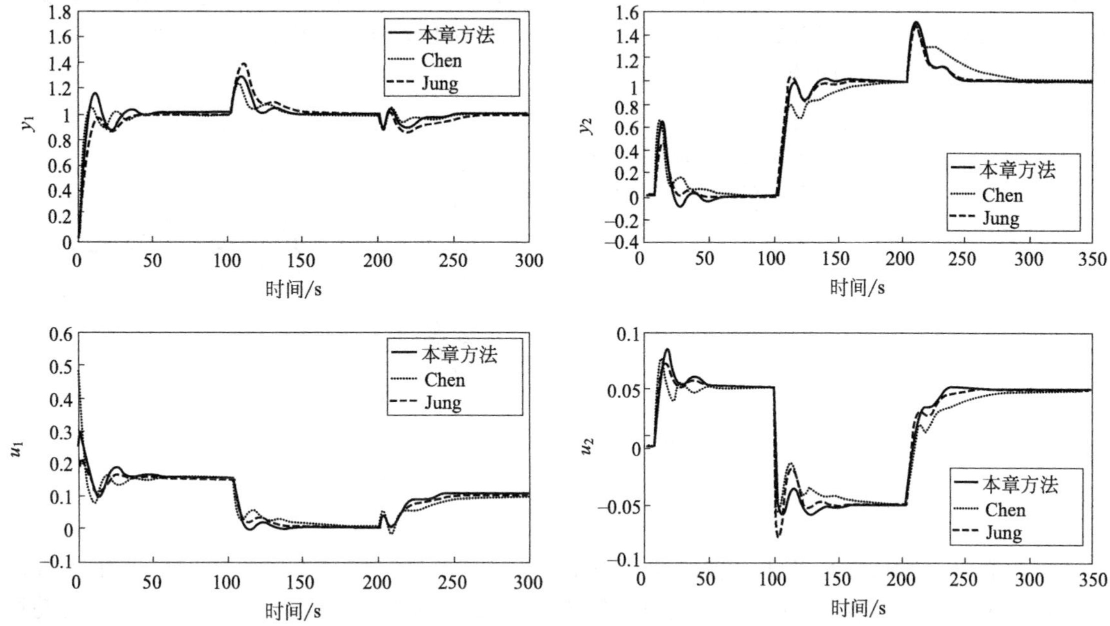

图 13.5　例 13.1 在双回路 PI 控制器下的标称系统响应

可以看出，相比于上述文献给出的两种方法，本章的双回路 PI 控制器得到相对较好的输出响应。而且，如果应用本章方法给出的 PID 整定公式与文献［15］中给出的 PID 控制器［$c_1=0.27(1+1/6.91s+3.935s)/(1.81s+1)$ 和 $c_2=-0.103(1+1/5.9s+1.88s)/(0.175s+1)$］进行比较，仍然采用上述调节参数的取值，所得的 PI 参数已列于表 13.1，相应的微分参数为 $\tau_{\mathrm{D1}}=0.0624$ 和 $\tau_{\mathrm{D2}}=-0.078$，可得实验结果如图 13.6 所示。

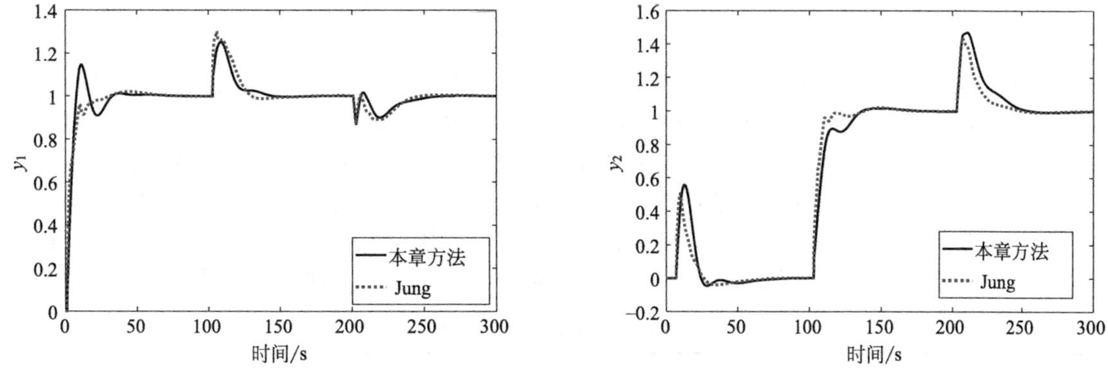

图 13.6　例 13.1 在双回路 PID 控制器下的标称系统响应

可以看出，与图 13.5 中的结果相比，两种 PID 整定方法都能改善系统输出响应。注意文献［15］中的 PID 整定是重新通过数值计算得到的，计算量较大，不能如本章方法通过直接选取 Maclaurin 逼近公式前三项而得到。

为了利用本章方法来验证多回路系统的稳定性，假设存在过程乘性输入不确定性 $\boldsymbol{\Delta}_{\mathrm{I}}=$

diag$\{(s+0.3)/(s+1),(s+0.3)/(s+1)\}_{2\times 2}$，这可以解释为被控过程的两路输入调节阀在高频段具有高达100%的不确定性，并且在低频段工作范围具有将近30%的不确定性。另外，假设存在过程乘性输出不确定性 $\boldsymbol{\Delta}_{\mathrm{O}}=\mathrm{diag}\{-(s+0.2)/(2s+1),-(s+0.2)/(2s+1)\}_{2\times 2}$，这可以被视为被控过程的两路输出测量传感器在高频段具有接近50%的减少测量误差，并且在低频段工作范围具有大约20%的减少测量误差。前面图13.4示出了针对上述 $\boldsymbol{\Delta}_{\mathrm{I}}$ 和 $\boldsymbol{\Delta}_{\mathrm{O}}$，谱半径条件式(13.34)和式(13.35)给出的幅值曲线，表明本章方法可以保持闭环系统鲁棒稳定性。图13.7示出了相应的输出响应。

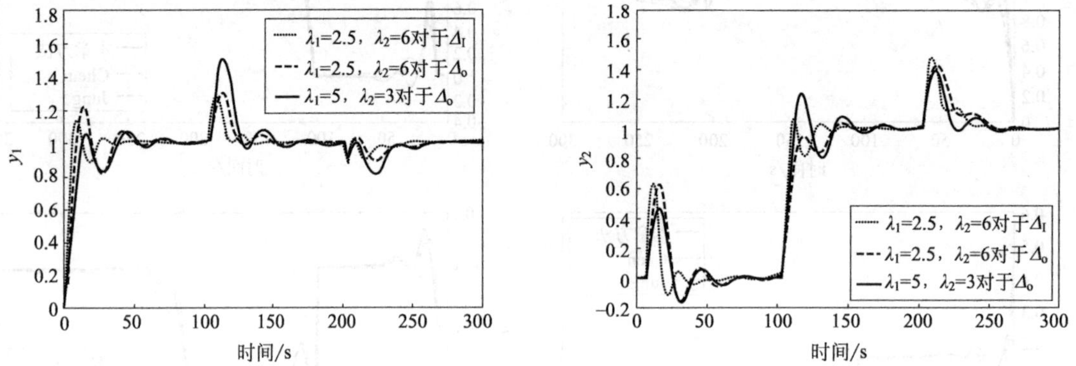

图13.7　例13.1的扰动系统响应

可以看出，本章方法设计的多回路控制系统保持良好的鲁棒稳定性。此外，在本章方法中，输出 y_1 的设定点响应振荡可以通过在线逐渐增大 λ_1 来缓解，但是需要牺牲相应的扰动抑制性能。另一方面，可以通过在线逐渐减小 λ_2 来加快输出 y_2 的响应，但要以降低回路稳定性为代价。为了说明，取 $\lambda_1=5$ 和 $\lambda_2=3$，相应的PI控制器为 $k_{\mathrm{C1}}=0.1807$，$\tau_{\mathrm{I1}}=38.2206$，$k_{\mathrm{C2}}=-0.091$ 和 $\tau_{\mathrm{I2}}=-57.9281$。作为比较，控制结果也在图13.7中示出，有效地验证了整定各输出响应的相对独立性。

例 13.2　考虑文献［4,35］中研究的一个聚合反应过程，如下传递函数矩阵描述

$$\begin{bmatrix} y_1(s) \\ y_2(s) \end{bmatrix}=\begin{bmatrix} \dfrac{22.89\mathrm{e}^{-0.2s}}{4.572s+1} & \dfrac{-11.64\mathrm{e}^{-0.4s}}{1.807s+1} \\ \dfrac{4.689\mathrm{e}^{-0.2s}}{2.174s+1} & \dfrac{5.8\mathrm{e}^{-0.4s}}{1.801s+1} \end{bmatrix}\begin{bmatrix} u_1(s) \\ u_2(s) \end{bmatrix}+\begin{bmatrix} \dfrac{-4.243\mathrm{e}^{-0.4s}}{3.445s+1} \\ \dfrac{-0.601\mathrm{e}^{-0.4s}}{1.982s+1} \end{bmatrix}d(s)$$

可以看出，该过程传递函数矩阵的第二列是非对角占优的。Chen等[4]建议在被控过程输入端设置一个静态解耦器，然后针对如此解耦后的系统传递函数矩阵设计多回路PI控制器。Chien等[35]针对原始过程直接提出一种多回路PI控制器整定方法。作为比较，将本章方法应用于以下两种情形：一种情形是针对原始过程，另一种情形是针对带有静态解耦器的被控过程。这里取参数 $\lambda_1=0.3$ 和 $\lambda_2=1.5$ 以获得与文献［4］中方法相似的设定点响应速度，以便公平比较，表13.2中给出了相应的PI控制器参数以及上述两种方法的控制器参数。

表13.2　例13.2的双回路PI控制器参数

PI参数	k_{C1}	τ_{I1}	k_{C2}	τ_{I2}
Chen[4]	6.67	0.1559	1.67	0.9401
Chien[35]	0.263	5.3992	0.163	10.8589
本章方法(不带解耦器)	0.2908	16.1502	0.0869	15.5504
本章方法(带解耦器)	7.7294	0.5	1.2136	1.7

在 $t=0$s 和 $t=20$s 时分别加入两路单位阶跃给定值输入信号，并且 $t=50$s 时在被控过程两路输入端同时加入单位阶跃型负载干扰信号，得到系统输出结果如图 13.8 所示。

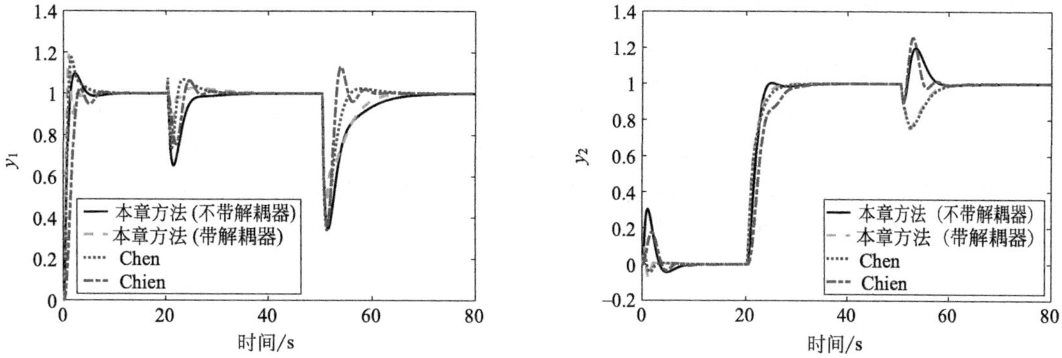

图 13.8　例 13.2 的系统输出响应

可以看出，本章方法不仅提高了设定点跟踪性能，同时也提高了抗扰性能。此外，可见使用静态解耦器并没有进一步改善系统性能。需要说明，假设存在如例 13.1 中的过程不确定性，仿真测试表明，无论是否使用静态解耦器，本章方法都可以很好地保证双回路控制系统的鲁棒稳定性。

13.6　本章小结

针对多变量过程，控制系统设计首先需要考虑输入和输出变量之间的配对选择。本章简要介绍了基于 RGA 分析和奇异值分析的两种广泛使用的配对选择方法。由于多回路控制结构的简单性和经济性，已经在各种工业和化学工程领域得到了广泛的应用。为便于多回路控制系统的设计和实现，本章针对实际应用中广泛采用的双输入双输出过程划分和描述，分析了多回路结构的可控性，并得出结论：通过多回路结构不可能实现完全解耦调节。

针对带有时滞响应的双输入双输出过程，本章提出了一种解析地设计多回路 PI/PID 控制器的方法。通过提出从配对的过程输入到输出的期望对角化闭环传递函数，以及在多回路控制系统中引入一个动态解调矩阵来实现这些对角传递函数，反推出实际期望的多回路控制器。为便于实际应用，建议采用第 7.3 节中给出的 Maclaurin 有理近似方法来确定相应的 PI 或 PID 控制器。其突出优点是只有一个可调参数，可以通过单调地调节这个参数来优化每个回路的输出响应，因此便于实际操作多回路控制系统。同时，本章还给出了与整定控制器参数相关的充分必要约束条件以保证标称系统稳定性，以及针对过程乘性输入和输出不确定性的鲁棒稳定约束条件。这些稳定性约束可以通过绘制相应谱半径条件的幅值曲线来直观地查验。

最后，通过应用已有文献中的两个案例来说明本章方法的有效性和优点，一个是主对角占优，另一个是非对角占优，根据测试结果说明采用由过程静态增益矩阵取逆得到的静态解耦器对多回路控制设计不能起到改善作用。

习　题

1. 对于多输入多输出过程，为什么要选择被控变量和操作变量之间的配对？如何计算 RGA？请举例加以说明。

2. 为设计多变量控制系统，输入和输出变量之间的配对原则主要有哪些？什么是基于奇异值分解的变量配对方法？

3. 简述相对增益 λ_{ij} 的物理意义，并说明相对增益矩阵的实用意义。

4. 请推导出如图 13.1 所示的双回路控制系统中从 r_1 到 y_1 的传递函数，以及从 r_2 到 y_1 的传递函数。

5. 为什么多回路控制结构不可能实现完全解耦调节？

6. 对于如例 13.1 所示的 Wood-Berry 过程，请计算 RGA，说明合适的变量配对选择？

7. 对于如例 13.1 所示的 Wood-Berry 过程，如何设计一个对角动态解调矩阵？

8. 对于如例 13.2 所示的双输入双输出生产过程，在不使用静态解耦器的情况下，请编程练习计算出 PI 整定公式，并且绘制仿真控制系统输出响应结果。

参考文献

[1] Ho W. K., Lee T. H., Gan O. P. Tuning of multiloop proportional-integral-derivative controllers based on gain and phase margin specification. Industrial & Engineering Chemistry Research, 1997, 36: 2231-2238.

[2] Lee J., Cho W., Edgar T. F. Multiloop PI controller tuning for interacting multivariable processes. Computers & Chemical Engineering, 1998, 22 (11): 1711-1723.

[3] Wang Q. G., Lee T. H., Zhang Y. Mutiloop version of the modified Ziegler-Nichols method for two input two output processes. Industrial & Engineering Chemistry Research, 1998, 37: 4725-4733.

[4] Chen D., Seborg D. E. Multiloop PI/PID controller design based on Gershgorin bands. IEE Proceedings-Control Theory and Applications, 2002, 149 (1): 68-73.

[5] Chen D., Seborg D. E. Design of decentralized PI control systems based on Nyquist stability analysis. Journal of Process Control, 2003, 13 (1): 27-39.

[6] Hovd M., Skogestad S. Improved independent design of robust decentralized controllers. Journal of Process Control, 1993, 3: 43-51.

[7] Gündes A. N., Özgüler A. B. Two-channel decentralized integral-action controller design. IEEE Transactions on Automatic Control, 2002, 47 (12): 2084-2088.

[8] Zhang Y., Wang Q. G., Åström K. J. Dominant pole placement for multi-loop control systems. Automatica, 2002, 38 (7): 1213-1220.

[9] Chiu M. S., Arkun Y. A methodology for sequential design of robust decentralized control systems. Automatica, 1992, 28 (5): 997-1002.

[10] Shen S. H., Yu C. C. Use of relay-feedback test for automatic tuning of multivariable systems. AIChE Journal, 1994, 40 (4): 627-646.

[11] Palmor Z. J., Halevi Y., Krasney N. Automatic tuning of decentralized PID controllers for TITO processes. Automatica, 1995, 31 (7): 1001-1010.

[12] Halevi Y., Palmor Z. J., Efrati T. Automatic tuning of decentralized PID controllers for MIMO processes. Journal of Process Control, 1997, 7 (2): 119-128.

[13] Wang Q. G., Zou B., Lee T. H. Auto-tuning of multivariable PID controllers from decentralized relay feedback. Automatica, 1997, 33 (3): 319-330.

[14] Morari M., Zafiriou E. Robust Process Control, Englewood Cliff, NJ: Prentice Hall, 1989.

[15] Jung J., Choi J. Y., Lee J. One-parameter method for a multiloop control system design. Industrial & Engineering Chemistry Research, 1999, 38: 1580-1588.

[16] Cha S., Chun D., Lee J. Two-step IMC-PID method for multiloop control system design. Industrial & Engineering Chemistry Research, 2002, 41 (12): 3037-3041.

[17] 钱学森，宋健. 工程控制论. 北京：科学出版社，1983.

[18] Shinskey F. G. Process Control System, 4th Edition, New York: McGraw Hill, 1996.

[19] Bristol E. H. On a new measure of interaction for multivariable process control. IEEE Transactions on Au-

tomatic Control, 1966, 11 (1): 133-134.
[20] McAvoy T. J. Interaction Analysis, Research Triangle Park, NC: ISA Society of America, 1983.
[21] Jensen N., Fisher D. G., Shah S. L. Interaction analysis in multivariable control systems. AIChE Journal, 1986, 32 (6): 959-970.
[22] Huang H. P., Ohshima M., Hashimoto L. Dynamic interaction and multiloop control system design. Journal of Process Control, 1994, 4 (1): 15-22.
[23] Lee J., Edgar T. F. Dynamic interaction measures for decentralized control of multivariable processes. Industrial & Engineering Chemistry Research, 2004, 43 (2): 283-287.
[24] Salgado M. E., Conley A. MIMO interaction measure and controller structure selection. International Journal of Control, 2004, 77 (4): 367-383.
[25] Skogestad S., Postlethwaite I. Multivariable Feedback Control: Analysis and Design, 2nd Edition, Chichester: Wiley, 2005.
[26] He M. J., Cai W. J., Ni W., Xie L.-H. RNGA based control system configuration for multivariable processes. Journal of Process Control, 2009, 19: 1036-1042.
[27] Luyben W. L. Process Modeling, Simulation, and Control for Chemical Engineers, New York: McGraw Hill, 1990.
[28] Ogunnaike B. A., Ray W. H. Process Dynamics, Modeling, and Control, New York: Oxford University Press, 1994.
[29] Seborg D. E., Edgar T. F., Mellichamp D. A. Process Dynamics and Control, 2nd Edition, John Wiley & Sons, New Jersey, USA, 2004.
[30] 王骥程，祝和云. 化工过程控制工程. 北京：化学工业出版社，1991.
[31] 俞金寿，蒋慰孙. 过程控制工程（第三版）. 北京：电子工业出版社，2007.
[32] Zhou K. M., Doyle J. C., Glover K. Robust and Optimal Control, Englewood Cliff, NJ: Prentice Hall, 1996.
[33] Liu T., Zhang W., Gu D. Y. Analytical multiloop PI/PID controller design for two-by-two processes with time delays. Industrial & Engineering Chemistry Research, 2005, 44 (6): 1832-1841.
[34] Wood R. K., Berry M. W. Terminal composition control of binary distillation column. Chemical Engineering Science, 1973, 28 (10): 1707-1717.
[35] Chien I. L., Huang H. P., Yang J. C. A simple multiloop tuning method for PID controllers with no proportional kick. Industrial & Engineering Chemistry Research, 1999, 38 (4): 1456-1468.

附 控制仿真程序

例 13.1 的控制仿真程序伪代码及图形化编程方框图

行号	编制程序伪代码	注释
1	$T_s=350$	仿真时间(s)
2	$T_d=200;w=-0.1$	扰动起始时间与幅值
3	$r=1$	设定点信号
4	$g_{11}(s)=\frac{12.8e^{-s}}{16.7s+1};g_{12}(s)=\frac{-18.9e^{-3s}}{21s+1};$ $g_{21}(s)=\frac{6.6e^{-7s}}{10.9s+1};g_{22}(s)=\frac{-19.4e^{-3s}}{14.4s+1}$	被控过程
5	$k_{C1}=0.2448;\tau_{I1}=22.2954;$ $k_{C2}=-0.0723;\tau_{I2}=-86.8922$	控制器参数

续表

行号	编制程序伪代码	注释
6	$c_1(s)=k_{C1}\left(1+\frac{1}{\tau_{I1}}\right)$；$c_2(s)=k_{C2}\left(1+\frac{1}{\tau_{I2}}\right)$	控制器公式
7	sim('MultiloopforWoodBerry')	调用仿真图形化组件模块系统，如图 13.9 所示
8	plot(t,y)；plot(t,u)	画系统输出和控制信号图
程序变量	t 为采样控制步长；k_{C1}、k_{C2}、τ_{I1}、τ_{I2} 为控制器参数	
程序输入	r 为设定点跟踪信号；w 为负载扰动	
程序输出	系统输出 y_1，y_2；控制器输入 u_1，u_2	

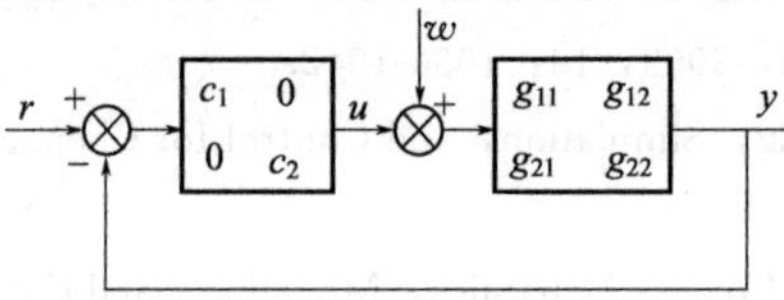

图 13.9　例 13.1 的仿真程序方框图

第14章 多变量解耦控制系统

实现多变量过程的各输入和输出变量之间的解耦操作是设计多变量控制系统的主要任务之一。为了方便控制系统设计和系统运行，许多高维多变量生产过程实际上被分解成多个双输入双输出（Two-input-two-output，缩写 TITO）子系统来运行和管理[1-6]。需要指出，对于非对角占优的 TITO 过程，尤其是存在输出时滞响应的情况，采用如第 13 章介绍的多回路控制结构可能无法保证各回路之间的耦合作用降低到实际需求或满意的程度，这可以从第 13 章中的应用案例看出。为提高多变量系统各路输出的解耦调节性能，现有文献提出了很多不同的控制策略。例如，早期的文献［7-9］将针对单输入单输出时滞系统的 Smith 预估器结构应用于 TITO 时滞过程，从而得到了该系统传递函数矩阵的无时滞特征方程，然后针对无时滞线性多变量系统设计解耦控制方法，以提高解耦调节性能；基于继电反馈辨识测试估计的频域响应数据，文献［10,11］提出了用于多变量系统解耦控制的顺序整定方法；通过在过程输入端设置一个解耦器得到增广过程传递函数矩阵的对角占优形式，近几十年发展了一系列解耦控制方法用于整定多回路（Multi-loop）控制器，如基于静态解耦器（即过程静态增益传递函数矩阵的逆）的整定方法[12-14]，以及基于动态解耦器的整定方法[15,16]。需要说明，静态解耦器对动态系统输出响应影响较小。相对而言，由于对物理正则性和因果关系的要求，在实际中动态解耦器往往很难精确地配置，尤其对于带有长时滞的 TITO 系统[16]。为此，本章基于标准的 IMC 结构，提出一种解析地设计解耦控制器矩阵的方法[17]，通过提出基于 H_2 最优性能指标的期望对角化闭环系统传递函数矩阵，反解出最优的解耦控制器矩阵形式，以及可以稳定实现的有理近似形式，实现标称系统各路输出响应之间显著甚至完全解耦。同时，分析了解耦控制器矩阵中每列控制器之间的内在联系和共同调节关系，从而方便实际在线整定和调节控制系统。

关于高维多变量生产过程的解耦控制方法，现有文献给出的方法主要是采用静态或动态解耦器与多回路控制结构相结合的策略[16]，由于难以准确地设置动态解耦器，采用多回路控制结构难以取得完全解耦调节效果，尤其是对于具有多重时滞响应的多变量过程。为此，本章基于工程应用中广泛采用的单位反馈控制结构给出一种解析设计解耦控制器矩阵的方法[18]，对于标称多变量过程可以实现完全解耦调节。进而给出一种两自由度解耦控制设计方法[19]，可以实现多变量过程的设定点跟踪和抗扰控制的相对独立调节，以方便实际工程应用。

为了便于讲述，本章采用以下符号：对于适维矩阵 $\boldsymbol{P}$，定义 $\boldsymbol{P}^{-1}$ 为 $\boldsymbol{P}$ 的逆，$\boldsymbol{P}^{\mathrm{T}}$ 为 $\boldsymbol{P}$ 的转置，$\det(\boldsymbol{P})$ 为矩阵的行列式。定义 $\|\boldsymbol{A}\|_{\infty}$ 为 $\boldsymbol{A}$ 的无穷范数。定义 $\rho(\boldsymbol{A})=\max_i|\lambda_i(\boldsymbol{A})|$ 为 $\boldsymbol{A}$ 的谱半径，其中 $\lambda_i(\boldsymbol{A})$ 是矩阵 $\boldsymbol{A}$ 的第 i 个特征值。定义 $\boldsymbol{I}$ 为适当维数的单位向量（矩阵）。

14.1 双输入双输出系统的解耦控制

对于化工生产行业大量存在的双输入双输出过程，如两种物料混合或反应过程等。这里基于标准的 IMC 控制结构，给出一种解析地设计解耦控制器矩阵的方法[22]。图 14.1 示出了一个双输入双输出过程的 IMC 控制结构。

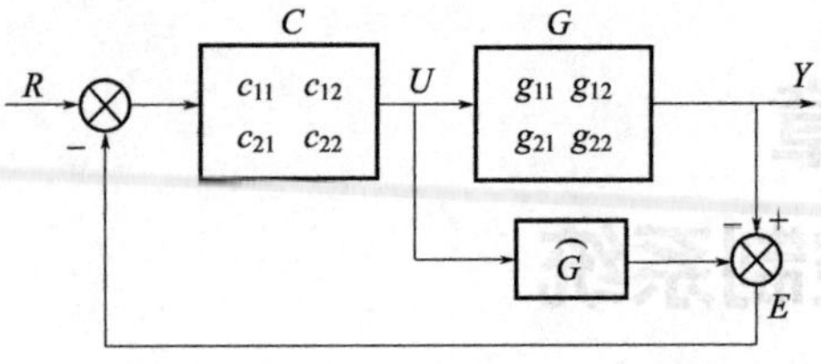

图 14.1 TITO 过程的内模控制结构

其中，$\boldsymbol{G}=[g_{ij}]_{2\times2}$ 表示实际 TITO 过程，$\hat{\boldsymbol{G}}$ 表示过程模型，$\boldsymbol{C}=[c_{ij}]_{2\times2}$ 表示解耦控制器矩阵。$\boldsymbol{R}$ 表示设定点向量，$\boldsymbol{U}$ 表示过程输入向量，$\boldsymbol{Y}$ 表示过程输出向量。

一个带有时滞响应的 TITO 过程通常描述为如下形式：

$$\boldsymbol{G}(s)=\begin{bmatrix}\dfrac{k_{11}\mathrm{e}^{-\theta_{11}s}}{\tau_{11}s+1} & \dfrac{k_{12}\mathrm{e}^{-\theta_{12}s}}{\tau_{12}s+1}\\ \dfrac{k_{21}\mathrm{e}^{-\theta_{21}s}}{\tau_{21}s+1} & \dfrac{k_{22}\mathrm{e}^{-\theta_{22}s}}{\tau_{22}s+1}\end{bmatrix} \tag{14.1}$$

其中，k_{ij}、τ_{ij} 和 θ_{ij} 分别表示对应输入和输出变量之间的传递函数静态增益，时间常数和时滞参数。

14.1.1 解耦控制前提

为实现解耦控制，首先分析一下 TITO 过程解耦控制的前提条件。由图 14.1 可知，在标称情况下，即 $\boldsymbol{G}=\hat{\boldsymbol{G}}$，系统设定点响应是开环控制。因此，控制系统传递函数矩阵可以简化为：

$$\boldsymbol{H}=\boldsymbol{GC}=\begin{bmatrix}g_{11} & g_{12}\\ g_{21} & g_{22}\end{bmatrix}\begin{bmatrix}c_{11} & c_{12}\\ c_{21} & c_{22}\end{bmatrix} \tag{14.2}$$

显然，如果控制器 $\boldsymbol{C}$ 是稳定的，则标称系统也是稳定的。解耦输出响应对应如下对角化传递函数矩阵

$$\boldsymbol{H}=\begin{bmatrix}h_1 & 0\\ 0 & h_2\end{bmatrix} \tag{14.3}$$

其中，对角元素 h_1 和 h_2 是稳定正则的传递函数。因此，可以确定如下两个基本的解耦控制条件：

① $\boldsymbol{G}$ 和 $\boldsymbol{C}$ 在 $s=0$ 处是非奇异的，即 $\det[\boldsymbol{G}(0)]\neq0$ 和 $\det[\boldsymbol{C}(0)]\neq0$；

② $\boldsymbol{C}$ 中各列控制器的整定不存在相互耦合。

由式(14.2) 和式(14.3) 可知，条件①是 TITO 过程解耦控制的充分必要条件。此外，由式(14.2) 可知，条件①意味着 $k_{11}k_{22}\neq k_{12}k_{21}$。需要说明，尽管有一些实际生产过程可以建模为一个如式(14.1) 描述的稳定传递函数矩阵，但闭环控制系统的输出响应对模型失配或过程摄动较为敏感，其本质上原因在于 $\det[\boldsymbol{G}(0)]\to0$。这样的过程建模应避免用于解耦控制设计。

条件②是为满足实际过程操作需要，以便解耦调节。其原因可以由式(14.2) 中 $\boldsymbol{G}$ 和 $\boldsymbol{C}$ 的右乘关系得到直观理解。

14.1.2 期望系统传递函数矩阵

由式(14.2) 可知，如果标称情况下的期望系统传递函数矩阵可以预先确定，则解耦控制器矩阵可以反向推导为

$$\boldsymbol{C}=\boldsymbol{G}^{-1}\boldsymbol{H}=\frac{\mathrm{adj}(\boldsymbol{G})}{\det(\boldsymbol{G})}\boldsymbol{H} \tag{14.4}$$

其中，$\mathrm{adj}(\boldsymbol{G})=[G^{ij}]_{2\times2}^{\mathrm{T}}$ 表示 $\boldsymbol{G}$ 的伴随矩阵；G^{ij} 表示 $\boldsymbol{G}$ 中 g_{ij} $(i,j=1,2)$ 对应的代数余子式。

注意，被控过程传递函数矩阵的行列式可以写为：

$$\det(\boldsymbol{G})=\begin{cases}G^{11}G^{22}(1-G^{\circ}\mathrm{e}^{-\Delta\theta s}), & \theta_{11}+\theta_{22}\leqslant\theta_{12}+\theta_{21}\\ -G^{12}G^{21}\left(1-\dfrac{\mathrm{e}^{-\Delta\theta s}}{G^{\circ}}\right), & \theta_{11}+\theta_{22}>\theta_{12}+\theta_{21}\end{cases} \tag{14.5}$$

其中

$$\Delta\theta=|\theta_{11}+\theta_{22}-\theta_{12}-\theta_{21}|,$$

$$G^{\circ}=\frac{k_{12}k_{21}}{k_{11}k_{22}}\cdot\frac{(\tau_{11}s+1)(\tau_{22}s+1)}{(\tau_{12}s+1)(\tau_{21}s+1)}$$

不失一般性地，在 TITO 过程中考虑 $\theta_{11}+\theta_{22}\leqslant\theta_{12}+\theta_{21}$ 的情形。由式(14.2) 和式(14.3)可以看出，控制器 $\boldsymbol{C}$ 中的每列对应着对角化传递函数矩阵 $\boldsymbol{H}$ 的相应主对角元，如第一列控制器为

$$c_{11}=\frac{G^{11}}{\det(G)}h_1=\frac{1}{G^{22}(1-G^{\circ}\mathrm{e}^{-\Delta\theta s})}h_1=\frac{(\tau_{11}s+1)\mathrm{e}^{\theta_{11}s}}{k_{11}(1-G^{\circ}\mathrm{e}^{-\Delta\theta s})}h_1 \tag{14.6}$$

$$c_{21}=\frac{G^{12}}{\det(G)}h_1=\frac{G^{12}}{G^{11}G^{22}(1-G^{\circ}\mathrm{e}^{-\Delta\theta s})}h_1=-\frac{k_{21}(\tau_{11}s+1)(\tau_{22}s+1)\mathrm{e}^{(\theta_{11}+\theta_{22}-\theta_{21})s}}{k_{11}k_{22}(\tau_{21}s+1)(1-G^{\circ}\mathrm{e}^{-\Delta\theta s})}h_1 \tag{14.7}$$

显然，由式(14.6) 和式(14.7) 可知，如果期望的对角元传递函数 h_1 不含有时滞因子去抵消 θ_{11}，那么控制器 c_{11} 就被要求以超前预测的方式执行。如果 $\theta_{11}+\theta_{22}>\theta_{21}$ 成立，则控制器 c_{21} 也要执行超前控制，这在本质上违背了实践中的因果性，无法物理实现。这从实践的角度可以解释为，被控系统的输出必须经历一定的时滞才能开始跟踪给定值输入。此外，不难看出如果式(14.6) 和式(14.7) 分母中多项式 $1-G^{\circ}\mathrm{e}^{-\Delta\theta s}$ 含有复右半平面（RHP）的零点，它们就会成为 c_{11} 和 c_{21} 的 RHP 极点而使之不能稳定工作。

基于上述分析，结合设定点跟踪的鲁棒 H_2 最优性能指标[20]，提出期望的第一个对角元传递函数的形式如下

$$h_1=\frac{\mathrm{e}^{-\theta_1 s}}{\lambda_1 s+1}\prod_{i=1}^{q}\left(\frac{-s+z_i}{s+z_i^*}\right) \tag{14.8}$$

其中，λ_1 为可调参数，用于调节第一路过程输出 y_1 可以达到的响应性能指标，$\theta_1=\max\{\theta_{11},\theta_{11}+\theta_{22}-\theta_{21}\}$，$s=z_i(i=1,2,\cdots,q)$ 表示 $1-G^{\circ}\mathrm{e}^{-\Delta\theta s}$ 中的 RHP 零点，z_i^* 表示 z_i 的复共轭。

这样，在 $\boldsymbol{C}$ 的第一列中，至少有一个控制器可以以正则和有理形式实现，而其他控制器则分别由一个线性有理传递函数形式串接一个时滞补偿器来实现，从而实现对第一路过程输出 y_1 的相对独立调节。

类似地，期望的第二个对角元传递函数的形式如下：

$$h_2=\frac{\mathrm{e}^{-\theta_2 s}}{\lambda_2 s+1}\prod_{i=1}^{q}\left(\frac{-s+z_i}{s+z_i^*}\right) \tag{14.9}$$

其中，λ_2 为可调参数，用于调节第二个过程输出 y_2 可以达到的响应性能指标，$\theta_2=\max\{\theta_{22},\theta_{11}+\theta_{22}-\theta_{12}\}$。

对于存在 $\theta_{11}+\theta_{22}>\theta_{12}+\theta_{21}$ 情况的其他 TITO 过程，期望的对角传递函数 h_1 和 h_2 可以通过与上述一样的方式得到。唯一的区别在于 $\theta_1=\max\{\theta_{12},\theta_{12}+\theta_{21}-\theta_{22}\}$，$\theta_2=\max\{\theta_{21},\theta_{12}+\theta_{21}-\theta_{11}\}$，$s=z_i(i=1,2,\cdots,q)$ 表示 $1-\mathrm{e}^{-\Delta\theta s}/G^{\circ}$中的 RHP 零点。

通过提出上述的期望对角系统传递函数矩阵，可以定量地整定系统输出响应的时域性能指标。例如，对于 $\det(\boldsymbol{G})$ 中无 RHP 的 TITO 过程，期望对角传递函数 h_1 和 h_2 可以简化为

$$h_1=\frac{1}{\lambda_1 s+1}\mathrm{e}^{-\theta_1 s} \tag{14.10}$$

$$h_2=\frac{1}{\lambda_2 s+1}\mathrm{e}^{-\theta_2 s} \tag{14.11}$$

对于系统设定点的单位阶跃信号，利用上式取拉普拉斯反变换，可以得到时域系统输出响应如下：

$$y_1(t)=\begin{cases}0; & t\leqslant\theta_1\\ 1-\mathrm{e}^{-(t-\theta_1)/\lambda_1}; & t>\theta_1\end{cases} \tag{14.12}$$

$$y_2(t)=\begin{cases}0; & t\leqslant\theta_2\\ 1-\mathrm{e}^{-(t-\theta_2)/\lambda_2}; & t>\theta_2\end{cases} \tag{14.13}$$

可见，标称系统的两路输出响应都无超调，而且如第 9 章中式(9.11) 可知，时域响应指标可以通过可调参数 λ_1 和 λ_2 来定量地整定，也即通过 $\boldsymbol{C}$ 中每列控制器的共同可调参数 λ_1 和 λ_2 来整定。

14.1.3 解耦控制器矩阵设计

根据式(14.8) 和式(14.9) 所示的期望对角系统传递函数 h_1 和 h_2，可以由式(14.4) 推导出期望的最优解耦控制器矩阵 $\boldsymbol{C}$。然而实际执行 $\boldsymbol{G}^{-1}$ 中存在一些约束。例如，当 $\det(\boldsymbol{G})$ 中存在 RHP 零点时，由式(14.4)，式(14.8) 和式(14.9) 可知，在期望最优解耦控制器矩阵的所有控制器中存在 RHP 内零极点对消，这会引起控制器矩阵输出不稳定。因此必须设计其稳定可行的实现形式。下面分两种情况设计实际可执行的解耦控制器矩阵：①$\det(\boldsymbol{G})$ 存在 RHP 零点；②$\det(\boldsymbol{G})$ 不存在 RHP 零点。

对于情形①，由式(14.5) 可知，$\det(\boldsymbol{G})$ 中没有 RHP 零点意味着 $1-G^{\circ}\mathrm{e}^{-\Delta\theta s}$（如果 $\theta_{11}+\theta_{22}\leqslant\theta_{12}+\theta_{21}$）或 $1-\mathrm{e}^{-\Delta\theta s}/G^{\circ}$（如果 $\theta_{11}+\theta_{22}>\theta_{12}+\theta_{21}$）中没有 RHP 零点。相应地，$1/(1-G^{\circ}\mathrm{e}^{-\Delta\theta s})$ 或 $1/(1-\mathrm{e}^{-\Delta\theta s}/G^{\circ})$ 是一个稳定的传递函数。

首先，考虑 $\theta_{11}+\theta_{22}\leqslant\theta_{12}+\theta_{21}$ 的情形。将式(14.8) 代入到式(14.6) 中可得

$$c_{11}=\frac{\tau_{11}s+1}{k_{11}(1-G^{\circ}\mathrm{e}^{-\Delta\theta s})}\times\frac{\mathrm{e}^{-(\theta_1-\theta_{11})s}}{\lambda_1 s+1} \tag{14.14}$$

也可以重新描述为如下形式

$$c_{11}=\frac{(\tau_{11}s+1)\mathrm{e}^{-(\theta_1-\theta_{11})s}}{k_{11}(\lambda_1 s+1)}\times F \tag{14.15}$$

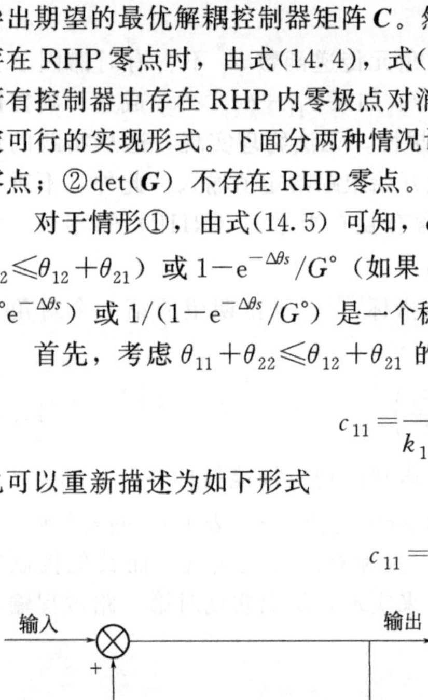

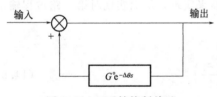

图 14.2　正反馈控制单元

其中，$F=1/(1-G^{\circ}\mathrm{e}^{-\Delta\theta s})$。显然，$c_{11}$ 的第一部分可以采用常规的线性控制器串接时滞补偿器实现，第二部分 F 可以用如图 14.2 所示的正反馈单元来实现。

注意，由于该控制单元不含有 RHP 极点，并且 G°是双正则稳定的，因此该控制单元保证稳定性。

类似地，可以计算 $\boldsymbol{C}$ 中的其余控制器为

$$c_{21}=-\frac{k_{21}}{k_{11}k_{22}}\times\frac{(\tau_{11}s+1)(\tau_{22}s+1)\mathrm{e}^{-(\theta_1+\theta_{21}-\theta_{11}-\theta_{22})s}}{(\tau_{21}s+1)(\lambda_1 s+1)}\times F \tag{14.16}$$

$$c_{12}=-\frac{k_{12}}{k_{11}k_{22}}\times\frac{(\tau_{11}s+1)(\tau_{22}s+1)\mathrm{e}^{-(\theta_2+\theta_{12}-\theta_{11}-\theta_{22})s}}{(\tau_{12}s+1)(\lambda_2 s+1)}\times F \tag{14.17}$$

$$c_{22}=\frac{(\tau_{22}s+1)\mathrm{e}^{-(\theta_2-\theta_{22})s}}{k_{22}(\lambda_2 s+1)}\times F \tag{14.18}$$

当 $\theta_{11}+\theta_{22}>\theta_{12}+\theta_{21}$ 时，$\boldsymbol{C}$ 中每列控制器为

$$c_{11}=-\frac{k_{22}}{k_{12}k_{21}}\times\frac{(\tau_{12}s+1)(\tau_{21}s+1)\mathrm{e}^{-(\theta_1+\theta_{22}-\theta_{12}-\theta_{21})s}}{(\tau_{22}s+1)(\lambda_1 s+1)}\times F \tag{14.19}$$

$$c_{21}=\frac{(\tau_{12}s+1)\mathrm{e}^{-(\theta_1-\theta_{12})s}}{k_{12}(\lambda_1 s+1)}\times F \tag{14.20}$$

$$c_{12}=\frac{(\tau_{21}s+1)\mathrm{e}^{-(\theta_2-\theta_{21})s}}{k_{21}(\lambda_2 s+1)}\times F \tag{14.21}$$

$$c_{22}=-\frac{k_{11}}{k_{12}k_{21}}\times\frac{(\tau_{12}s+1)(\tau_{21}s+1)\mathrm{e}^{-(\theta_2+\theta_{11}-\theta_{12}-\theta_{21})s}}{(\tau_{11}s+1)(\lambda_2 s+1)}\times F \tag{14.22}$$

其中，$F=1/(1-\mathrm{e}^{-\Delta\theta s}/G^{\circ})$。注意$G^{\circ}$是双正则稳定的，因此$1/G^{\circ}$也是双正则稳定的。这样，$F$可以利用类似于图14.2所示的控制单元来实现。

从上述的控制器公式可以看出，$\boldsymbol{C}$中的每列控制器分别由可调参数（λ_i）调节。因此不会产生相互之间的耦合作用，而且容易验证，$\boldsymbol{C}$在$s=0$处是非奇异的。

结合式(14.8)和式(14.9)中给出的期望对角传递函数，可以看出，通过单调地整定可调参数λ_1和λ_2，可以获得期望的输出响应。调小λ_1和λ_2可以加快系统响应速度，但所需的控制器输出能量要增大，对应的执行机构所需要的能量也要增大，反之亦然。

基于大量的仿真测试，建议初始时先分别在（2～10)θ_1和（2～10)θ_2的范围内调节λ_1和λ_2。如果不能得到满意的输出响应，则在线单调地增减λ_1和λ_2，以达到输出性能、控制器输出以及对应的执行机构输出之间的折中。

对于情形②，由式(14.5)可知，所有RHP零点都位于$1-G^{\circ}\mathrm{e}^{-\Delta\theta s}$（如果$\theta_{11}+\theta_{22}\leqslant\theta_{12}+\theta_{21}$）或$1-\mathrm{e}^{-\Delta\theta s}/G^{\circ}$（如果$\theta_{11}+\theta_{22}>\theta_{12}+\theta_{21}$）中。这些RHP零点的个数可以通过观察$-G^{\circ}\mathrm{e}^{-\Delta\theta s}$（或$-\mathrm{e}^{-\Delta\theta s}/G^{\circ}$）的Nyquist曲线来确定。注意，由于不存在RHP极点，复平面内Nyquist曲线环绕点（-1，j0）的次数就等于$\det(\boldsymbol{G})$中RHP零点的个数。另外，$\det(\boldsymbol{G})$中所有RHP零点还可以通过数值计算软件包，如MATLAB工具箱，求解方程$1-G^{\circ}\mathrm{e}^{-\Delta\theta s}=0$（或$1-\mathrm{e}^{-\Delta\theta s}/G^{\circ}=0$）得到。

当$\theta_{11}+\theta_{22}\leqslant\theta_{12}+\theta_{21}$时，将式(14.8)和式(14.9)中的期望对角系统传递函数代入式(14.4)中，可得

$$c_{11}=\frac{(\tau_{11}s+1)\mathrm{e}^{-(\theta_1-\theta_{11})s}}{k_{11}(\lambda_1 s+1)\prod_{i=1}^{n}(s+z_i^{*})}\times D \tag{14.23}$$

$$c_{21}=-\frac{k_{21}}{k_{11}k_{22}}\times\frac{(\tau_{11}s+1)(\tau_{22}s+1)\mathrm{e}^{-(\theta_1+\theta_{21}-\theta_{11}-\theta_{22})s}}{(\tau_{21}s+1)(\lambda_1 s+1)\prod_{i=1}^{n}(s+z_i^{*})}\times D \tag{14.24}$$

$$c_{12}=-\frac{k_{12}}{k_{11}k_{22}}\times\frac{(\tau_{11}s+1)(\tau_{22}s+1)\mathrm{e}^{-(\theta_2+\theta_{12}-\theta_{11}-\theta_{22})s}}{(\tau_{12}s+1)(\lambda_2 s+1)\prod_{i=1}^{n}(s+z_i^{*})}\times D \tag{14.25}$$

$$c_{22}=\frac{(\tau_{22}s+1)\mathrm{e}^{-(\theta_2-\theta_{22})s}}{k_{22}(\lambda_2 s+1)\prod_{i=1}^{n}(s+z_i^{*})}\times D \tag{14.26}$$

其中

$$D=\frac{\prod_{i=1}^{n}(-s+z_i)}{1-G^{\circ}\mathrm{e}^{-\Delta\theta s}} \tag{14.27}$$

显然，式(14.23)～式(14.26)所示控制器中的第一部分都可以采用常规的线性控制器串接时滞补偿器实现，但是第二部分D中出现RHP零极点对消，不能直接物理执行。为此，这里采用有理近似的形式做实际执行。参考第8章的线性化近似方法，采用线性分式Padé近似

来构造其可执行的有理稳定形式，即令

$$D_{U/V}=\frac{\sum_{i=0}^{U}a_i s^i}{\sum_{j=0}^{V}b_j s^j} \tag{14.28}$$

其中，U 和 V 表示实际指定的近似阶次，常系数 $a_i(i=1,2,\cdots,U)$ 和 $b_j(j=1,2,\cdots,V)$ 可以通过求解如下两个线性方程组确定：

$$\begin{bmatrix}a_0\\a_1\\\vdots\\a_U\end{bmatrix}=\begin{bmatrix}d_0 & 0 & 0 & \cdots & 0\\ d_1 & d_0 & 0 & \cdots & 0\\ \vdots & \vdots & \ddots & \cdots & \vdots\\ d_U & d_{U-1} & d_{U-2} & \cdots & d_{U-V}\end{bmatrix}\begin{bmatrix}b_0\\b_1\\\vdots\\b_V\end{bmatrix} \tag{14.29}$$

$$\begin{bmatrix}d_U & d_{U-1} & \cdots & d_{U-V+1}\\ d_{U+1} & d_U & \cdots & d_{U-V+2}\\ \vdots & \vdots & \ddots & \vdots\\ d_{U+V-1} & d_{U+V-2} & \cdots & d_U\end{bmatrix}\begin{bmatrix}b_1\\b_2\\\vdots\\b_V\end{bmatrix}=-\begin{bmatrix}d_{U+1}\\d_{U+2}\\\vdots\\d_{U+V}\end{bmatrix} \tag{14.30}$$

其中，$d_k(k=0,1,\cdots,U+V)$ 是式(14.27) 中 D 的 Maclaurin 级数展开的常系数，即

$$d_k=\frac{1}{k!}\lim_{s\to 0}\frac{d^k D}{ds^k},k=0,1,\cdots,U+V \tag{14.31}$$

$$b_0=\begin{cases}1, & b_j\geqslant 0\\ -1, & b_j<0\end{cases} \tag{14.32}$$

说明：式(14.29) 和式(14.30) 可以通过将式(14.28) 代入到 D 的 Maclaurin 级数展开中，然后比较方程两边复变量的相同幂次下每一项的常系数即可得到。

例如，令 $U=V=1$，可以得到如下一阶近似公式

$$D_{1/1}=\frac{a_1 s+a_0}{b_1 s+b_0} \tag{14.33}$$

其中

$$b_1=-\frac{d_2}{d_1},\ a_1=d_1 b_0+d_0 b_1,\ a_0=d_0 b_0$$

由式(14.27) 可见，与有理分子多项式相比，当 $s\to\infty$ 时，$G^{\circ}e^{-\Delta\theta s}$ 更快地趋向于原点。因此，对 D 采用有理线性分式近似可以保证较好的精度。为便于实际应用，这里给出如下一个简单的近似公式

$$D=\frac{\prod_{i=1}^{n}(-s+z_i)}{1-G^{\circ}(0)}=\frac{\prod_{i=1}^{n}(-s+z_i)}{1-\dfrac{k_{12}k_{21}}{k_{11}k_{22}}} \tag{14.34}$$

注意，$\det(\boldsymbol{G})$ 是否含有无穷多个 RHP 零点可以通过验证是否 $[k_{12}k_{21}\tau_{11}\tau_{22}/(k_{11}k_{22}\tau_{12}\tau_{21})]>1$（若 $\theta_{11}+\theta_{22}\leqslant\theta_{12}+\theta_{21}$）或 $[k_{11}k_{22}\tau_{12}\tau_{21}/(k_{12}k_{21}\tau_{11}\tau_{22})]>1$（若 $\theta_{11}+\theta_{22}>\theta_{12}+\theta_{21}$）来判断。如果 $\det(\boldsymbol{G})$ 中存在无穷多个 RHP 零点，则对任意 $\omega\in[0,+\infty)$，$-G^{\circ}e^{-\Delta\theta s}$（或 $-e^{-\Delta\theta s}/G^{\circ}$）的 Nyquist 曲线将以 $k_{12}k_{21}\tau_{11}\tau_{22}/(k_{11}k_{22}\tau_{12}\tau_{21})$ [或 $k_{11}k_{22}\tau_{12}\tau_{21}/(k_{12}k_{21}\tau_{11}\tau_{22})$ 若 $\theta_{11}+\theta_{22}>\theta_{12}+\theta_{21}$] 为半径环绕原点无穷多次。由于在系统传递函数中非主导 RHP 零点对系统动态特性的影响很小 [20,21]，因此，建议仅采用 $\det(\boldsymbol{G})$ 中的主导 RHP 零点来设计式(14.8) 和式(14.9) 中期

望的对角传递函数，从而能以相对简单的形式解析地推导出解耦控制器矩阵，但会牺牲一些可能达到的控制性能。

需要说明，式(14.32) 中 b_0 的取值是为了保持所有 $b_j\,(j=1,2,\cdots,V)$ 具有相同的符号，从而避免应用式(14.28) 产生 RHP 极点。然而即便如此，高阶近似（$V\geqslant 3$）仍可能包含 RHP 零点，这可以通过 Routh-Hurwitz 稳定性判据做进一步检验。因此，建议在实际应用之前，先利用 Routh-Hurwitz 稳定性判据来检验该高阶近似的稳定性。为了实际应用方便，通常可首先选取基于 $V\leqslant 2$ 的线性分式近似，不需要上述检验。

当 $\theta_{11}+\theta_{22}>\theta_{12}+\theta_{21}$ 时，类似上述设计步骤，可以推导出 $\boldsymbol{C}$ 中每列控制器为

$$c_{11}=-\frac{k_{22}}{k_{12}k_{21}}\times\frac{(\tau_{12}s+1)(\tau_{21}s+1)\mathrm{e}^{-(\theta_1+\theta_{22}-\theta_{12}-\theta_{21})s}}{(\tau_{22}s+1)(\lambda_1 s+1)\prod_{i=1}^{n}(s+z_i^*)}\times D \tag{14.35}$$

$$c_{21}=\frac{(\tau_{12}s+1)\mathrm{e}^{-(\theta_1-\theta_{12})s}}{k_{12}(\lambda_1 s+1)\prod_{i=1}^{n}(s+z_i^*)}\times D \tag{14.36}$$

$$c_{12}=\frac{(\tau_{21}s+1)\mathrm{e}^{-(\theta_2-\theta_{21})s}}{k_{21}(\lambda_2 s+1)\prod_{i=1}^{n}(s+z_i^*)}\times D \tag{14.37}$$

$$c_{22}=-\frac{k_{11}}{k_{12}k_{21}}\times\frac{(\tau_{12}s+1)(\tau_{21}s+1)\mathrm{e}^{-(\theta_2+\theta_{11}-\theta_{12}-\theta_{21})s}}{(\tau_{11}s+1)(\lambda_2 s+1)\prod_{i=1}^{n}(s+z_i^*)}\times D \tag{14.38}$$

其中

$$D=\frac{\prod_{i=1}^{n}(-s+z_i)}{1-\dfrac{\mathrm{e}^{-\Delta\theta s}}{G^{\circ}}} \tag{14.39}$$

说明：D 亦可通过式(14.28) 的解析近似公式来实际执行。

14.1.4 稳定性分析

对于一个开环稳定的 TITO 过程，应用如上一节设计的稳定解耦控制器矩阵，如图 14.1 所示的多变量 IMC 结构显然是稳定的。当存在过程不确定性时，系统传递函数矩阵变成

$$\boldsymbol{H}=\boldsymbol{GC}[\boldsymbol{I}+(\boldsymbol{G}-\hat{\boldsymbol{G}})\boldsymbol{C}]^{-1} \tag{14.40}$$

针对不同的过程不确定性，$\boldsymbol{H}$ 会变得非常复杂，不能直观地判断其稳定性。上述基于标称过程模型设计的控制器矩阵 $\boldsymbol{C}$ 可能不再保证控制系统鲁棒稳定性。因此，有必要对控制系统进行鲁棒稳定性分析，以满足实际应用评估。

实际中常采用三种过程不确定性描述形式，即加性、乘性输入和输出不确定性。说明：许多其他类型的无结构或结构化过程不确定性可以转化和归并入这三种不确定形式来分析[21]。

首先考虑如图 14.3 所示的过程加性不确定性，其描述了不确定过程集合 $\boldsymbol{\Pi}_{\mathrm{A}}=\{\hat{\boldsymbol{G}}_{\mathrm{A}}(s):\hat{\boldsymbol{G}}_{\mathrm{A}}(s)=\boldsymbol{G}(s)+\boldsymbol{\Delta}_{\mathrm{A}}\}$，其中 $\boldsymbol{\Delta}_{\mathrm{A}}$ 是稳定正则的。

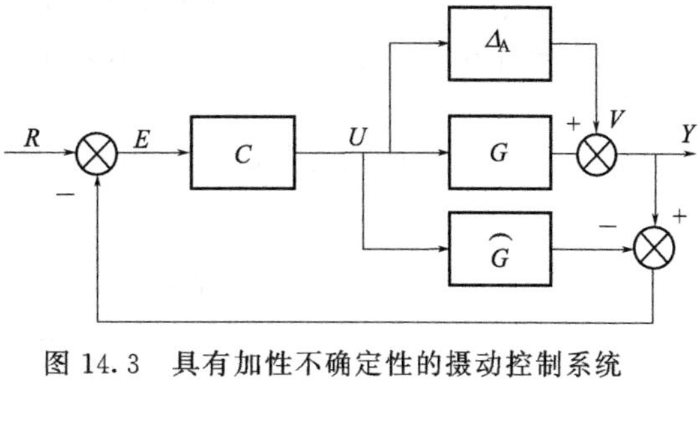

图 14.3 具有加性不确定性的摄动控制系统

根据标准的 $M-\Delta$ 结构[22] 进行鲁棒稳定性分析，由图 14.3 可知

$$\boldsymbol{U}=\boldsymbol{C}\boldsymbol{E} \tag{14.41}$$

$$\boldsymbol{E}=\boldsymbol{R}-(\boldsymbol{Y}-\hat{\boldsymbol{G}}\boldsymbol{U}) \tag{14.42}$$

$$\boldsymbol{Y}=\boldsymbol{G}\boldsymbol{U}+\boldsymbol{V} \tag{14.43}$$

求解式(14.41)～式(14.43) 可得

$$\boldsymbol{U}=\boldsymbol{C}[\boldsymbol{I}+(\boldsymbol{G}-\hat{\boldsymbol{G}})\boldsymbol{C}]^{-1}\boldsymbol{R}-\boldsymbol{C}[\boldsymbol{I}+(\boldsymbol{G}-\hat{\boldsymbol{G}})\boldsymbol{C}]^{-1}\boldsymbol{V} \tag{14.44}$$

因此，可以确定从 $\boldsymbol{V}$ 到 $\boldsymbol{U}$ 的传递函数矩阵为

$$\boldsymbol{T}_{\mathrm{A}}=-\boldsymbol{C}[\boldsymbol{I}+(\boldsymbol{G}-\hat{\boldsymbol{G}})\boldsymbol{C}]^{-1} \tag{14.45}$$

在标称情况下，即 $\boldsymbol{G}=\hat{\boldsymbol{G}}$，式(14.45) 可以进一步简化为

$$\boldsymbol{T}_{\mathrm{A}}=-\boldsymbol{C} \tag{14.46}$$

由于针对标称对象设计的控制器 $\boldsymbol{C}$ 是稳定的，因此 $\boldsymbol{T}_{\mathrm{A}}$ 也是稳定的。

根据小增益定理[22]，可以得出带有加性不确定性的摄动系统保证鲁棒稳定性的充要条件为

$$\|\boldsymbol{C}\|_{\infty}<\frac{1}{\|\boldsymbol{\Delta}_{\mathrm{A}}\|_{\infty}} \tag{14.47}$$

利用小增益定理与谱半径稳定性判据之间的等价关系[21]，上述稳定性约束可以等价地转化为

$$\rho(\boldsymbol{C}\boldsymbol{\Delta}_{\mathrm{A}})<1,\forall\omega \tag{14.48}$$

因此，实际上可以通过观察对于 $\omega\in[0,+\infty)$ 式(14.48) 的谱半径幅值曲线是否小于 1，来判断上述 IMC 结构的鲁棒稳定性。

过程乘性输入和输出不确定性分别描述了不确定过程集合 $\boldsymbol{\Pi}_{\mathrm{I}}=\{\hat{\boldsymbol{G}}_{\mathrm{I}}(s):\hat{\boldsymbol{G}}_{\mathrm{I}}(s)=\boldsymbol{G}(s)(\boldsymbol{I}+\boldsymbol{\Delta}_{\mathrm{I}})\}$ 和 $\boldsymbol{\Pi}_{\mathrm{O}}=\{\hat{\boldsymbol{G}}_{\mathrm{O}}(s):\hat{\boldsymbol{G}}_{\mathrm{O}}(s)=(\boldsymbol{I}+\boldsymbol{\Delta}_{\mathrm{O}})\boldsymbol{G}(s)\}$，其中 $\boldsymbol{\Delta}_{\mathrm{I}}$ 和 $\boldsymbol{\Delta}_{\mathrm{O}}$ 是稳定正则的。可分别推导得出从 $\boldsymbol{\Delta}_{\mathrm{I}}$ 和 $\boldsymbol{\Delta}_{\mathrm{O}}$ 的输出端到其输入端的传递函数矩阵为

$$\boldsymbol{T}_{\mathrm{I}}=-\boldsymbol{C}[\boldsymbol{I}+(\boldsymbol{G}-\hat{\boldsymbol{G}})\boldsymbol{C}]^{-1}\boldsymbol{G} \tag{14.49}$$

$$\boldsymbol{T}_{\mathrm{O}}=-\boldsymbol{G}\boldsymbol{C}[\boldsymbol{I}+(\boldsymbol{G}-\hat{\boldsymbol{G}})\boldsymbol{C}]^{-1} \tag{14.50}$$

类似地，可以得到如下等价地谱半径鲁棒稳定性约束

$$\rho(\boldsymbol{C}\boldsymbol{G}\boldsymbol{\Delta}_{\mathrm{I}})<1,\forall\omega \tag{14.51}$$

$$\rho(\boldsymbol{G}\boldsymbol{C}\boldsymbol{\Delta}_{\mathrm{O}})<1,\forall\omega \tag{14.52}$$

因此，给定 $\boldsymbol{\Delta}_{\mathrm{I}}$ 或 $\boldsymbol{\Delta}_{\mathrm{O}}$ 的一个预估上界，控制系统鲁棒稳定性可以通过观察对于 $\omega\in[0,+\infty)$ 式(14.51) [或式(14.52)] 的谱半径幅值曲线是否小于 1 来直观地判断。需要指出，这样可以数值地确定解耦控制器矩阵中可调参数 λ_1 和 λ_2 的允许调节范围。为了应对工程实践中的未知过程不确定性，建议在线单调地增加解耦控制器矩阵中可调参数 λ_1 和 λ_2，从而可减慢标称系统响应以进一步提高鲁棒稳定性。

14.1.5 应用案例

这里采用现有文献中的两个 TITO 过程案例来验证说明前面一节给出的 TITO 解耦控制方法的有效性和优越性，一个是 $\det(\boldsymbol{G})$ 中没有 RHP 零点，另一个是 $\det(\boldsymbol{G})$ 中有无穷多个 RHP 零点。

例 14.1 考虑广泛研究的 Wood-Berry 精馏塔过程[23]：

$$\boldsymbol{G}=\begin{bmatrix}\dfrac{12.8\mathrm{e}^{-s}}{16.7s+1} & \dfrac{-18.9\mathrm{e}^{-3s}}{21s+1}\\[2ex] \dfrac{6.6\mathrm{e}^{-7s}}{10.9s+1} & \dfrac{-19.4\mathrm{e}^{-3s}}{14.4s+1}\end{bmatrix}$$

根据式(14.5) 对 TITO 过程传递函数矩阵行列式的分类，可得 $\theta_{11}+\theta_{22}=4<\theta_{12}+\theta_{21}=10$。对该过程传递函数矩阵的行列式 det($\boldsymbol{G}$) 应用 Nyquist 稳定判据可知，它不含有 RHP 零点。因此，应用式(14.15)～式(14.18) 给出的解析设计公式，可得如下基于 IMC 结构的解耦控制器矩阵

$$\boldsymbol{C}=F\times\begin{bmatrix}\dfrac{16.7s+1}{12.8(\lambda_1 s+1)} & \dfrac{-0.0761(16.7s+1)(14.4s+1)\mathrm{e}^{-2s}}{(21s+1)(\lambda_2 s+1)}\\ \dfrac{0.0266(16.7s+1)(14.4s+1)\mathrm{e}^{-4s}}{(10.9s+1)(\lambda_1 s+1)} & \dfrac{-(14.4s+1)}{19.4(\lambda_2 s+1)}\end{bmatrix}$$

其中

$$F=\frac{1}{1-\dfrac{0.5023(16.7s+1)(14.4s+1)}{(21s+1)(10.9s+1)}\mathrm{e}^{-6s}}$$

这可以通过图 14.2 中所示的控制单元来实现。

仿真测试时，分别取 $\lambda_1=2$，$\lambda_2=4$ 以及 $\lambda_1=4$，$\lambda_2=6$ 来进行两组控制仿真验证。分别在 $t=0\mathrm{min}$ 和 $t=100\mathrm{min}$ 时加入两路单位阶跃给定输入信号，得到的仿真结果如图 14.4 所示。

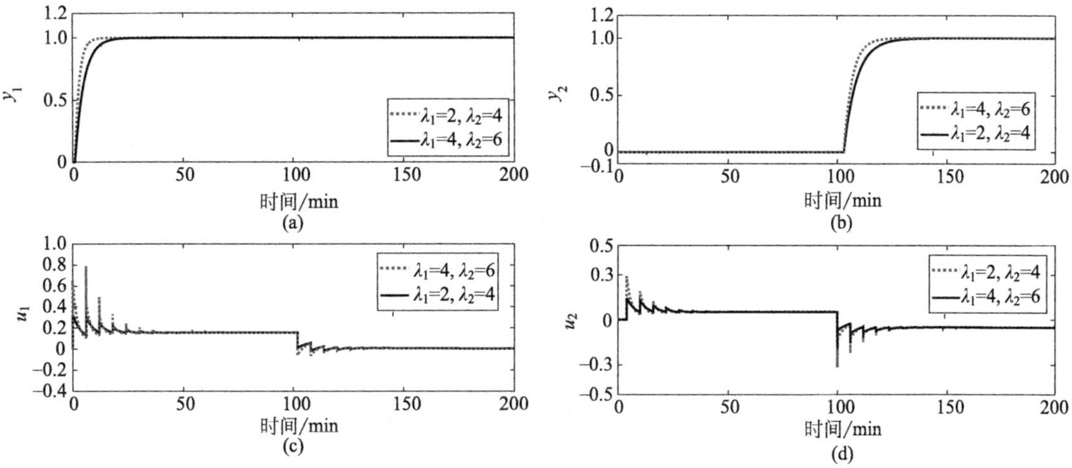

图 14.4 Wood-Berry 精馏过程的解耦输出响应

可以看出，两路过程输出响应实现了完全解耦，并且在设定点响应中无超调。此外，根据式(14.12) 和式(14.13) 中的时域系统输出响应表达式，可以计算出第一路系统输出 y_1 的上升时间为 $t_{r1}=2.3026\lambda_1+1$，第二路系统输出 y_2 的上升时间为 $t_{r2}=2.3026\lambda_2+3$。因此可以方便地通过整定可调参数 λ_1 和 λ_2 获得期望的系统输出响应。说明：整定 λ_1 和 λ_2 的目的是在输出响应性能、解耦控制器矩阵输出及其执行机构输出能力之间的最佳折中。从图 14.4 中的控制结果可以看到这样的折中效果，相比于整定参数 $\lambda_1=4$ 和 $\lambda_2=6$ 得到的过程控制器输出，另一组整定参数 $\lambda_1=2$ 和 $\lambda_2=4$ 下的控制输出幅值要大一些，并且更加抖动一些。

需要指出，图 14.4 中示出控制器输出 u_1 和 u_2 在暂态响应阶段有一定程度的振荡，在实际运行中会导致执行器（如调节阀）的剧烈磨损。这是由于解耦控制器矩阵 $\boldsymbol{C}$ 中 F 的分母中包含一个时滞因子，致使解耦控制器矩阵产生振荡的输出信号。这种现象在实际工程应用中应尽量避免。因此，建议在实际执行中采用式(14.28)～式(14.32) 给出的解析近似公式来实现 F。例如，利用二阶近似公式可以得出

$$F_{2/2}=\frac{73.648s^2+51.077s+2.01}{150.662s^2+32.283s+1}$$

将其代入到上述的解耦控制器矩阵 $\boldsymbol{C}$ 中，另取 $\lambda_1=4$ 和 $\lambda_2=6$ 作为比较，图 14.5 示出了控制结果。

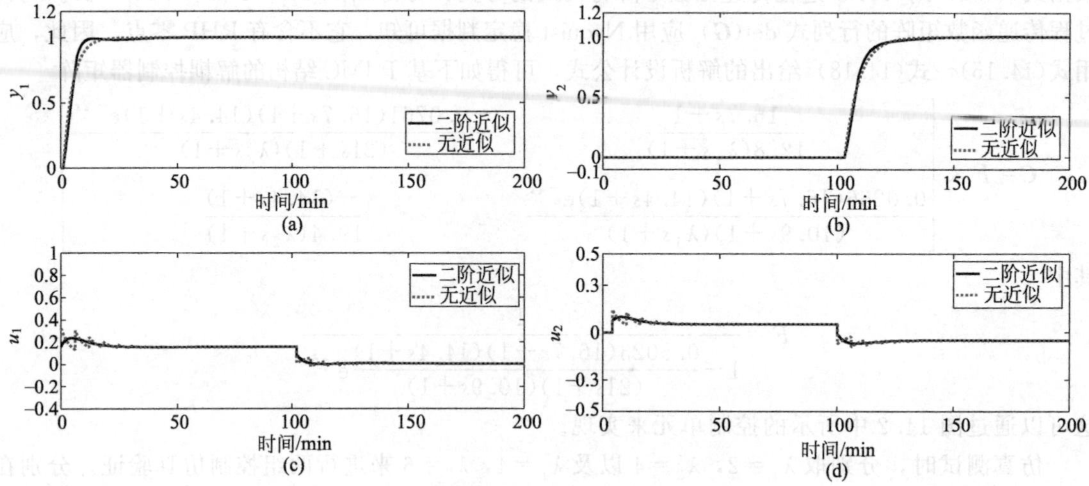

图 14.5　基于二阶线性近似解耦控制器的系统输出响应

可以看出，两路过程输出响应仍然实现完全解耦，并且两路控制信号 u_1 和 u_2 明显变得光滑。从实际应用角度看，由此引起的过程输出性能降低几乎可以忽略不计。

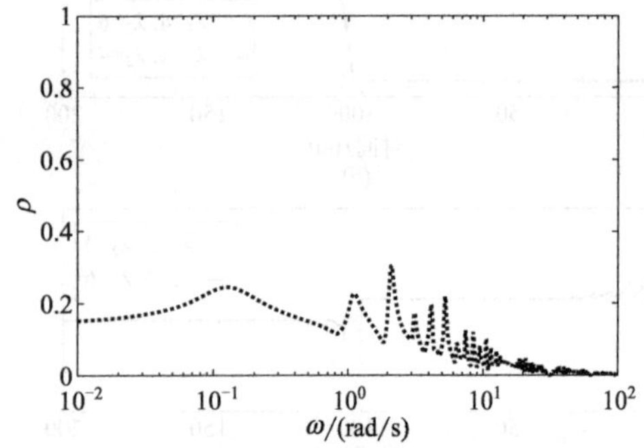

图 14.6　摄动系统谱半径的幅值曲线

为说明控制系统的鲁棒稳定性，假设过程传递函数矩阵第一列元素的实际稳态增益偏大 20%，第二列元素的实际稳态增益偏大 30%，同时假设过程传递函数矩阵中所有元素的时滞和时间常数都增大 20%，以此反映实际被控过程的未建模动态和不确定性。基于第 14.1.4 节的鲁棒稳定性分析，图 14.6 示出了式(14.48) 中谱半径的幅值曲线。

可以看出，谱半径幅值曲线的峰值明显小于 1，表明本节方法下的控制系统保证良好的鲁棒稳定性。相应的输出响应与图 14.5 示出的输出响应类似，因此省略。

例 14.2　考虑文献 [15] 中研究的带时滞响应 TITO 过程

$$G=\begin{bmatrix}\dfrac{-0.51e^{-7.5s}}{(32s+1)^2(2s+1)} & \dfrac{1.68e^{-2s}}{(28s+1)^2(2s+1)}\\ \dfrac{-1.25e^{-2.8s}}{(43.6s+1)(9s+1)} & \dfrac{4.78e^{-1.15s}}{(48s+1)(5s+1)}\end{bmatrix}$$

为了用于解耦控制设计，文献 [15] 给出如下一阶传递函数矩阵模型：

$$G_m=\begin{bmatrix}\dfrac{-0.5332e^{-19.5838s}}{67.7099s+1} & \dfrac{1.7171e^{-14.8791s}}{48.3651s+1}\\ \dfrac{-1.2585e^{-8.4505s}}{48.7805s+1} & \dfrac{4.7861e^{-4.9768s}}{49.7512s+1}\end{bmatrix}$$

这里 G_m 也用于推导本节基于 IMC 结构的解耦控制方法中的解耦控制器矩阵。图 14.7 示出了 det(G_m) 的 Nyquist 曲线。

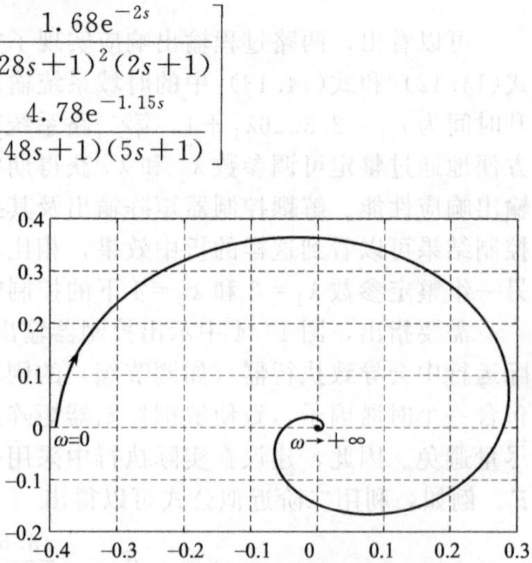

图 14.7　双输入双输出过程传递函数矩阵行列式的 Nyquist 曲线

可以看出，det(G_m) 中有无穷多个 RHP 零点。采用数值计算求解 det(G_m)，可以得出它只有

一个在点 $s=z_1=0.0129$ 处的主导 RHP 零点，因此利用它设计期望的对角化闭环系统传递函数矩阵。由于 $\theta_{11}+\theta_{22}=24.5606>\theta_{12}+\theta_{21}=23.3296$，应用设计公式(14.35)～式(14.39) 可以确定如下的解耦控制器矩阵：

$$\boldsymbol{C}=D\begin{bmatrix}\dfrac{2.2148(48.3651s+1)(48.7805s+1)}{(49.7512s+1)(77.5194s+1)(\lambda_1 s+1)} & \dfrac{-(48.7805s+1)}{1.2585(77.5194s+1)(\lambda_2 s+1)}\\ \dfrac{(48.3651s+1)\mathrm{e}^{-3.4737s}}{1.7171(77.5194s+1)(\lambda_1 s+1)} & \dfrac{-0.2467(48.3651s+1)(48.7805s+1)\mathrm{e}^{-4.7047s}}{(67.7099s+1)(77.5194s+1)(\lambda_2 s+1)}\end{bmatrix}$$

其中

$$D=\frac{1-77.5194s}{1-\dfrac{1.1809(48.3651s+1)(48.7805s+1)}{(67.7099s+1)(49.7512s+1)}\mathrm{e}^{-1.231s}}$$

为了简单起见，用式(14.33) 所示的一阶近似公式来执行 D，得到可以稳定实现的 $D_{1/1}=-(373.2751s+5.5271)/(4.4191s+1)$。

仿真测试时，为了公平比较，取可调参数 $\lambda_1=40$ 和 $\lambda_2=100$ 以获得与文献［15］中相似的设定点上升速度。分别在 $t=0\mathrm{s}$ 和 $t=1500\mathrm{s}$ 时加入两路单位阶跃给定值输入信号，并且在 $t=3000\mathrm{s}$ 时在两路过程输入侧加入幅值为 0.1 的反向阶跃负载干扰信号，得到的仿真结果如图 14.8 所示。

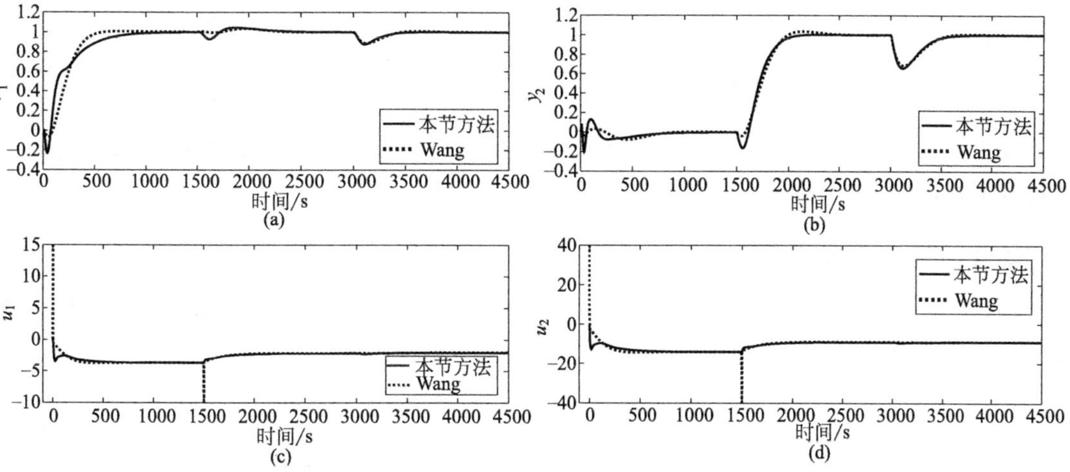

图 14.8　例 14.2 中标称输出响应

可以看出，本节的方法能使被控过程的两路输出响应完全解耦，并且给定值响应没有超调。说明：本节方法中可以通过采用高阶稳定的近似公式，或单调地减小可调参数来进一步提高输出性能。

为了比较控制系统的鲁棒稳定性，假设过程传递函数矩阵中第一列元素的实际稳态增益偏大 10%，第二列元素的实际稳态增益偏大 20%，同时假设所有时滞都增大 10%。图 14.9 示出了相应的摄动系统响应，可见本节的解耦控制方法能够使控制系统保持良好的鲁棒稳定性。

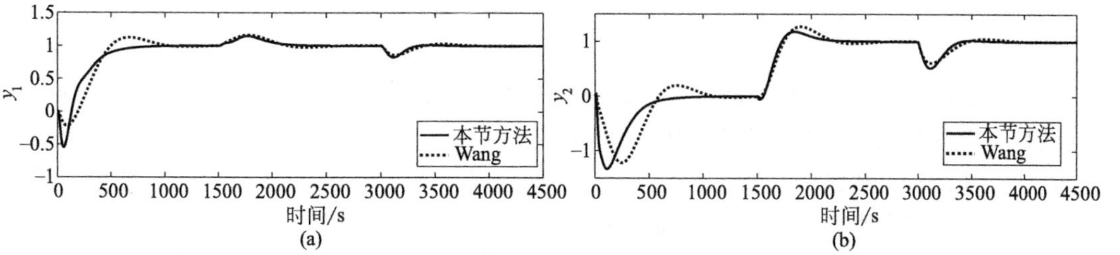

图 14.9

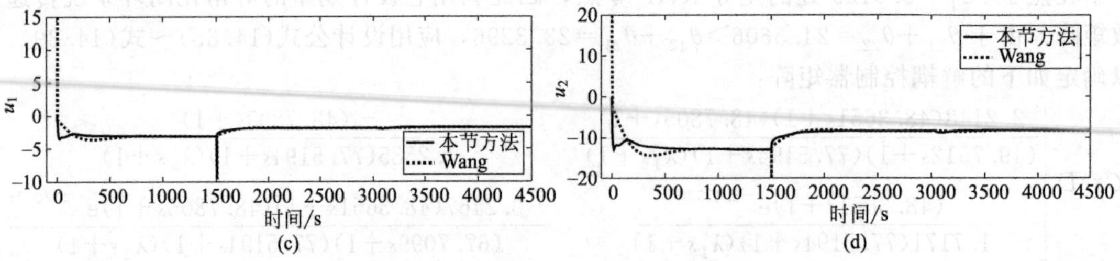

图 14.9　例 14.2 中摄动输出响应

14.2　多输入多输出系统的解耦控制

对于具有高维输入和输出（$n>2$）的多变量过程，过程传递函数矩阵的逆（$\boldsymbol{G}^{-1}$）难以像上一节中的 TITO 过程那样做近似实现，尤其是对于各路输出通道上存在多重时滞的情况。根据对 $\det(\boldsymbol{G})$ 中 RHP 零点分布的不同情形分类，本节给出一种基于工程应用中广泛使用的单位反馈控制结构的解耦控制设计方法。该控制结构的方框图如图 14.10 所示，其中 $\boldsymbol{G}$ 表示需要解耦调节的多变量过程，$\boldsymbol{C}$ 表示解耦控制器矩阵，$\boldsymbol{R}$ 表示设定点向量，$\boldsymbol{Y}$ 表示输出向量，$\boldsymbol{D}_{\mathrm{I}}$ 和 $\boldsymbol{D}_{\mathrm{O}}$ 分别表示从过程输入和输出侧进入的负载干扰，$\boldsymbol{N}_{\mathrm{O}}$ 表示输出测量噪声向量。

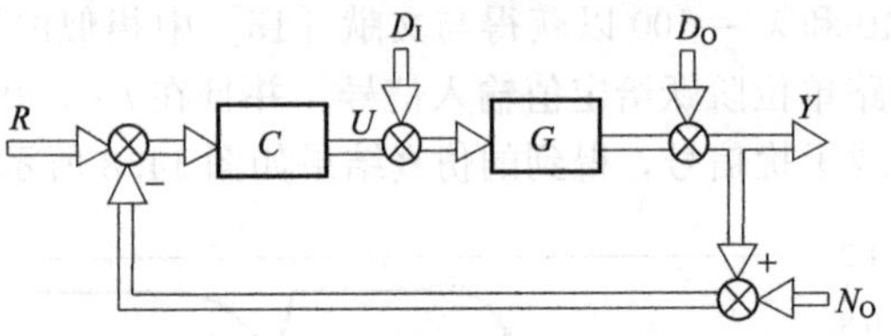

图 14.10　多变量单位反馈控制结构

14.2.1　解耦控制前提

在给出解耦控制设计之前，首先分析关于多输入多输出（MIMO）过程实现解耦控制的前提条件。考虑如下带有时滞响应的 MIMO 过程传递函数矩阵

$$\boldsymbol{G}=\begin{bmatrix} g_{11} & \cdots & g_{1m} \\ \vdots & \vdots & \vdots \\ g_{m1} & \cdots & g_{mm} \end{bmatrix} \tag{14.53}$$

其中，$g_{ij}=g_{0,ij}\mathrm{e}^{-\theta_{ij}s}$，$i,j=1,2,\cdots,m$，$g_{0,ij}$ 是稳定的有理传递函数。

由图 14.10 可以看出，闭环系统传递函数矩阵为

$$\boldsymbol{H}=\boldsymbol{GC}(\boldsymbol{I}+\boldsymbol{GC})^{-1} \tag{14.54}$$

在理想情况下，解耦系统响应传递函数矩阵应该具有如下形式

$$\boldsymbol{H}=\begin{bmatrix} h_{11} & 0 & \cdots & 0 \\ 0 & h_{22} & 0\cdots & 0 \\ 0 & \ddots & \ddots & 0 \\ 0 & \cdots & 0 & h_{mm} \end{bmatrix} \tag{14.55}$$

其中，h_{ii} 表示一个稳定正则的传递函数，对所有 $i\neq j$，$i,j=1,2,\cdots,m$，$h_{ij}=0$。也就是说，$\boldsymbol{H}$ 应该是非奇异的对角化传递函数矩阵，即 $\boldsymbol{H}=\mathrm{diag}[h_{ii}]_{m\times m}$，且 $\det(\boldsymbol{H})\neq 0$。

结合式(14.54) 和式(14.55)，可以确定基本的解耦条件为 $\det[\boldsymbol{G}(0)]\neq 0$，意味着需要解耦调节的多变量过程本质上必须是非奇异的，或称为不是病态的。

此外，由式(14.54) 可见，控制器矩阵 $\boldsymbol{C}$ 应该是非奇异的，从而保证 $(\boldsymbol{I}+\boldsymbol{GC})^{-1}$ 是稳定

的。另外，为了便于系统运行，在 $\boldsymbol{C}$ 中列与列之间的控制器整定不应该存在交叉耦合，因为每列控制器都有相同的输入信号，且在 $\boldsymbol{G}$ 和 $\boldsymbol{C}$ 之间有右乘关系，由此可以直观地实行对每路输出变量的相对独立调控。

14.2.2 期望系统传递函数矩阵

对于多变量过程，每路过程输出性能受到多重时滞和过程传递函数矩阵行列式中 RHP 零点的约束[20,21]。因此，首先应讨论清楚实际可能实现的最优输出响应性能，从而确定期望的闭环响应传递函数矩阵，进而可从图 14.10 所示的单位反馈控制结构中反向推导出所需的解耦控制器矩阵。

注意，式(14.55) 中 $\boldsymbol{H}$ 的逆也是一个对角化传递函数矩阵。将式(14.55) 代入到式(14.54) 中，可得如下控制器矩阵

$$\boldsymbol{C}=\boldsymbol{G}^{-1}(\boldsymbol{H}^{-1}-\boldsymbol{I})^{-1}=\frac{\mathrm{adj}(\boldsymbol{G})}{\det(\boldsymbol{G})}\mathrm{diag}\left\{\frac{h_{ii}}{1-h_{ii}}\right\}_{m\times m} \tag{14.56}$$

其中，$\mathrm{adj}(\boldsymbol{G})=[G^{ij}]_{m\times m}^{\mathrm{T}}$ 表示 $\boldsymbol{G}$ 的伴随矩阵，$\boldsymbol{G}^{ij}$ 表示对应于 $\boldsymbol{G}$ 中各元素 g_{ij} 的代数余子式。$\boldsymbol{C}=[c_{ij}]_{m\times m}$ 表示控制器矩阵。根据方阵和对角阵之间的右乘关系，$\boldsymbol{C}$ 中每列控制可以描述为

$$c_{ji}=\frac{G^{ij}}{\det(\boldsymbol{G})}\times\frac{h_{ii}}{1-h_{ii}},i,j=1,2,\cdots,m \tag{14.57}$$

令

$$p_{ij}=\frac{G^{ij}}{\det(\boldsymbol{G})}=p_{0,ij}\mathrm{e}^{L_{ij}s},i,j=1,2,\cdots,m \tag{14.58}$$

其中，$p_{0,ij}$ 表示 p_{ij} 的无时滞部分，也就是说，在 $p_{0,ij}$ 的分子和分母多项式中都至少有一项不含有时滞因子。由式(14.56) 和式(14.58) 可知 $\boldsymbol{G}^{-1}=[p_{ij}]_{m\times m}^{\mathrm{T}}$。

定义 $p_{0,ij}$ 的“逆相对阶次”为 $n_{ij}(i,j=1,2,\cdots,m)$，它是满足下式的最大正整数

$$\lim_{s\to\infty}\frac{s^{n_{ij}-1}}{p_{0,ij}}=0 \tag{14.59}$$

同时令

$$N_i=\max\{n_{ij};j=1,2,\cdots,m\},i=1,2,\cdots,m \tag{14.60}$$

$$\theta_i=\max\{L_{ij};j=1,2,\cdots,m\},i=1,2,\cdots,m \tag{14.61}$$

由式(14.56) 可见，解耦控制器矩阵 $\boldsymbol{C}$ 中的每一列对应于闭环系统传递函数矩阵 $\boldsymbol{H}$ 中的同一个对角元。这意味着所有的 $c_{ji}(j=1,2,\cdots,m)$ 都对应着一个相同的对角元传递函数 $h_{ii}(i=1,2,\cdots,m)$。由式(14.58) 可知，式(14.61) 中 θ_i 是正数。对于第 i 路输出响应，如果期望对角元传递函数 h_{ii} 不包含与 θ_i 等量的时滞因子，那么 $\boldsymbol{C}$ 中就会有部分甚至全部第 i 列控制器 $c_{ji}(j=1,2,\cdots,m)$ 不能物理实现。此外，由式(14.57) 可以看出，如果 h_{ii} 的相对阶次小于 N_i，那么也会有部分甚至全部 $c_{ji}(j=1,2,\cdots,m)$ 被要求以超前方式工作。另外，$\det(\boldsymbol{G})$ 可能包含 RHP 零点，如果 h_{ii} 不包含这些 RHP 零点，那么它们会成为 $c_{ji}(j=1,2,\cdots,m)$ 的不稳定极点，因而不能稳定执行。

结合 IMC 理论中的 H_2 最优性能指标[20] 与上述的实际执行约束，提出实际期望闭环系统传递函数矩阵的对角元如下

$$h_{ii}=\frac{\mathrm{e}^{-\theta_i s}}{(\lambda_i s+1)^{N_i}}\prod_{k=1}^{q_i}\frac{-s+z_k}{s+z_k^*},i=1,2,\cdots,m \tag{14.62}$$

其中，λ_i 是一个可调参数，用于调节第 i 路系统输出达到实际要求的响应性能指标，$z_k(k=1,2,\cdots,q_i)$ 表示 $\det(\boldsymbol{G})$ 中的 RHP 零点。但不包括 $G^{ij}(j=1,2,\cdots,m)$ 的共同 RHP 零点，

q_i 表示这些 RHP 零点的个数，z_k^* 表示 z_k 的复共轭。

基于上述式(14.62) 给出的期望对角元传递函数，可以由式(14.57)～式(14.61) 确定 $\boldsymbol{C}$ 中每一列控制器中至少有一个能以有理正则的形式实现，而其他控制器则各可由一个线性有理正则的形式串接一个指定滞后时间的时滞补偿器执行。这样，式(14.55) 所示的期望对角闭环传递函数矩阵可以物理实现，从而保证所有输出变量的解耦调节。

说明：det($\boldsymbol{G}$) 中 RHP 零点的个数可以通过绘制复平面内 det($\boldsymbol{G}$) 的 Nyquist 曲线来查验。例如，根据 Nyquist 稳定性准则，如果 det($\boldsymbol{G}$) 没有 RHP 极点，那么 Nyquist 曲线环绕原点的次数就等于 det($\boldsymbol{G}$) 中 RHP 零点的个数。另外，det($\boldsymbol{G}$) 中 RHP 零点还可以通过数学软件包（如 MATLAB 工具包）来数值计算。

对于带有多重时滞的 MIMO 过程，由于包含多重时滞项，det($\boldsymbol{G}$) 可能包含无穷多个 RHP 零点。如果 det($\boldsymbol{G}$) 有无穷多个 RHP 零点，但只有有限个复左半平面（Left hand plane，缩写 LHP）零点，期望的闭环系统传递函数矩阵可以确定为如下形式：

$$h_{ii}=\frac{e^{-\theta_i s}}{(\lambda_i s+1)^{N_i}}\times\frac{\phi(s)e^{(\theta_{\max}-\theta_{\min})s}}{\phi(-s)}\prod_{k=1}^{q_i}\frac{-s-z_k}{s-z_k^*},i=1,2,\cdots,m \tag{14.63}$$

其中，$z_k(k=1,2,\cdots,q_i)$ 表示 det($\boldsymbol{G}$) 中的 LHP 零点，但不包括那些与 $G^{ij}(j=1,2,\cdots,m)$ 的共同 RHP 零点的复共轭相同的零点。$\theta_{\min}$ 表示包含在 det($\boldsymbol{G}$) 中最小的时滞因子，而 $\theta_{\max}$ 则是相应的最大时滞因子。$\phi(s)$ 由下述公式定义

$$\det(\boldsymbol{G})=\frac{\phi(s)e^{-\theta_{\min}s}}{\psi(s)} \tag{14.64}$$

其中，$\psi(s)$ 表示 det($\boldsymbol{G}$) 中所有项的最小公分母，$\phi(s)$ 表示对应的分子多项式，且其中至少有一项不包含时滞。显然，det($\boldsymbol{G}$) 与 $\phi(s)$ 有相同的零点。

注意，在式(14.63) 中，$\phi(-s)$ 是 $\phi(s)$ 的复共轭，相应地，所有 $\phi(-s)$ 中的零点都位于 $\phi(s)$ 在复平面内关于虚轴的镜像零点。此外，可以看出 $\phi(-s)$ 可能包含时间预测因子，其中 $\theta_{\max}-\theta_{\min}$ 表示最大的时间预测长度。因此，式(14.63) 所示的 h_{ii} 中第二部分

$$\frac{\phi(s)e^{(\theta_{\max}-\theta_{\min})s}}{\phi(-s)}\prod_{k=1}^{q_i}\frac{-s-z_k}{s-z_k^*}$$

可以视为一个全通滤波器，有助于实现各路输出响应的 H_2 最优性能指标。需要指出，在这个滤波器中可能存在 RHP 零极点对消，因此可采用式(14.28) 给出的有理近似公式做实际执行。

需要说明，尽管可采用 det[$\boldsymbol{G}(s)$]/det[$\boldsymbol{G}(-s)$] 配置闭环系统传递函数矩阵中对角元的全通部分，但是会额外引入一个全通滤波器 $\psi(-s)/\psi(s)$，这会降低系统性能，因此不宜采用。

对于 det($\boldsymbol{G}$) 有无穷多个 RHP 和 LHP 零点的情况，可以仅利用 det($\boldsymbol{G}$) 中的主导零点来确定期望的闭环系统传递函数矩阵。尽管如此会降低输出性能，但这样便于解析地设计解耦控制器矩阵。值得一提的是，频域控制理论[3,6,20-22] 已经广泛讨论阐明控制系统特征方程中的非主导零点对实际可达到的系统性能只有较小的影响。

综上所述，通过对 det($\boldsymbol{G}$) 中零点分布的四种可能情况进行分类，表 14.1 中相应地列出了期望系统传递函数矩阵中的对角元形式。

表 14.1 期望闭环传递函数矩阵与解耦控制器矩阵

情形	det($\boldsymbol{G}$)	$h_{ii}(i=1,2,\cdots,m)$	$c_{ji}(i,j=1,2,\cdots,m)$
1	无 RHP 零点	$\frac{e^{-\theta_i s}}{(\lambda_i s+1)^{N_i}}$	$\frac{D_{ij}e^{-(\theta_i-L_{ij})s}}{(\lambda_i s+1)^{N_i}}\times\frac{1}{1-\frac{e^{-\theta_i s}}{(\lambda_i s+1)^{N_i}}},D_{ij}=p_{0,ij}$

续表

<table>
<tr><th>情形</th><th>det(G)</th><th>$h_{ii}(i=1,2,\cdots,m)$</th><th>$c_{ji}(i,j=1,2,\cdots,m)$</th></tr>
<tr><td>2</td><td>有限 RHP 零点[$z_k(k=1,2,\cdots,q_i)$ = RHP 零点，但不包括 $G^{ij}(j=1,2,\cdots,m)$的共同 RHP 零点]</td><td rowspan="2">$\frac{e^{-\theta_i s}}{(\lambda_i s+1)^{N_i}}\prod_{k=1}^{q_i}\frac{-s+z_k}{s+z_k^*}$</td><td rowspan="2">$\frac{D_{ij}e^{-(\theta_i-L_{ij})s}}{(\lambda_i s+1)^{N_i}\prod_{k=1}^{q_i}(s+z_k^*)}\times\frac{1}{1-\frac{e^{-\theta_i s}}{(\lambda_i s+1)^{N_i}}\prod_{k=1}^{q_i}\frac{-s+z_k}{s+z_k^*}}$
$D_{ij}=p_{0,ij}\prod_{k=1}^{q_i}(-s+z_k)$</td></tr>
<tr><td>3</td><td>无穷 RHP 与 LHP 零点[$z_k(k=1,2,\cdots,q_i)$ = 主导 RHP 零点，但不包括 $G^{ij}(j=1,2,\cdots,m)$的共同 RHP 零点]</td></tr>
<tr><td>4</td><td>无穷 RHP 与有限 LHP 零点[$z_k(k=1,2,\cdots,q_i)$ = LHP 零点，但不包括 $G^{ij}(j=1,2,\cdots,m)$的共同 RHP 零点的复共轭]</td><td>$\frac{e^{-\theta_i s}}{(\lambda_i s+1)^{N_i}}\cdot\frac{\phi(s)e^{(\theta_{\max}-\theta_{\min})s}}{\phi(-s)}\prod_{k=1}^{q_i}\frac{-s-z_k}{s-z_k^*}$</td><td>$\frac{G^{ij}D_{ij}\phi(s)e^{(\theta_{\min}-\theta_i)s}}{(\lambda_i s+1)^{N_i}\prod_{k=1}^{q_i}(s-z_k^*)}\times\frac{1}{1-\frac{D_{ij}\phi(s)e^{-\theta_i s}}{(\lambda_i s+1)^{N_i}\prod_{k=1}^{q_i}(s-z_k^*)}}$
$D_{ij}=\frac{e^{(\theta_{\max}-\theta_{\min})s}}{\phi(-s)}\prod_{k=1}^{q_i}(-s-z_k)$</td></tr>
</table>

14.2.3 解耦控制器矩阵设计

根据表 14.1 中列出的期望对角化闭环系统传递函数矩阵，可以由式(14.56) 推导出理想情况下的期望解耦控制器矩阵 $\boldsymbol{C}$。例如，表 14.1 的情形 2 中 det($\boldsymbol{G}$) 包含有限个 RHP 零点，可以相应地推导出期望解耦控制器矩阵中的每列控制器

$$c_{\text{ideal},ji}=\frac{G^{ij}}{\det(\boldsymbol{G})}\times\frac{\dfrac{e^{-\theta_i s}}{(\lambda_i s+1)^{N_i}}\prod_{k=1}^{q_i}\dfrac{-s+z_k}{s+z_k^*}}{1-\dfrac{e^{-\theta_i s}}{(\lambda_i s+1)^{N_i}}\prod_{k=1}^{q_i}\dfrac{-s+z_k}{s+z_k^*}},i,j=1,2,\cdots,m \tag{14.65}$$

对于带有多重时滞的 MIMO 过程，由式(14.58) 可见，式(14.65) 的第一部分不是有理传递函数，因而在实际中难以实现。此外，det($\boldsymbol{G}$) 中 RHP 零点会引起式(14.65) 中出现 RHP 零极点对消，从而导致解耦控制器矩阵不稳定。因此，需要采用有理近似以便实际应用。

利用式(14.58)～式(14.61)，可以将式(14.65) 重新写为

$$c_{ji}=\frac{D_{ij}e^{-(\theta_i-L_{ij})s}}{(\lambda_i s+1)^{N_i}\prod_{k=1}^{q_i}(s+z_k^*)}\times\frac{1}{1-\dfrac{e^{-\theta_i s}}{(\lambda_i s+1)^{N_i}}\prod_{k=1}^{q_i}\dfrac{-s+z_k}{s+z_k^*}},i,j=1,2,\cdots,m \tag{14.66}$$

其中，λ_i 变成 $\boldsymbol{C}$ 中第 i 列控制器的共同调节参数：

$$D_{ij}=p_{0,ij}\prod_{k=1}^{q_i}(-s+z_k) \tag{14.67}$$

该项可以用式(14.28) 来有理近似。注意当利用式(14.28) 来有理近似时，需要满足一个物理约束 $U-V\leqslant N_i+q_i$，从而保持 c_{ji} 的正则性。一般来说，可以首先指定 V，然后取 U 为 $U=V+$

N_i+q_i，从而获得一个较好的近似。为便于分析，可将式(14.58) 中的 $p_{0,ij}$ 写成如下形式

$$p_{0,ij}=\frac{\alpha(s)[1+\eta_1(s)e^{-\sigma_1 s}+\cdots+\eta_{m-\mu}(s)e^{-\sigma_{m-\mu}s}]}{\beta(s)[1+\xi_1(s)e^{-\delta_1 s}+\cdots+\xi_{m-\nu}(s)e^{-\delta_{m-\nu}s}]}$$

其中，$\alpha(s)$ 和 $\beta(s)$ 表示有理多项式，$\sigma_k>0(k=1,2,\cdots,m-\mu)$，$\delta_k>0(k=1,2,\cdots,m-\nu)$，$\mu<m$，$\nu<m$。不难看出当 $s\to\infty$ 时，分子和分母中时滞项的衰减速度快于 $\alpha(s)$ 和 $\beta(s)$，因此，初始的 U 和 V 可以取为 $\alpha(s)$ 和 $\beta(s)$ 的阶数。显然，通过增加 U 和 V 的阶数可以得到一个更好的近似，但代价是更高的计算量和执行复杂度。

注意式(14.66) 中 c_{ji} 的第二个部分具有如下性质：

$$\lim_{s\to\infty}\frac{1}{1-\dfrac{e^{-\theta_i s}}{(\lambda_i s+1)^{N_i}}\prod_{k=1}^{q_i}\dfrac{-s+z_k}{s+z_k^*}}=1 \tag{14.68}$$

$$\lim_{s\to 0}\frac{1}{1-\dfrac{e^{-\theta_i s}}{(\lambda_i s+1)^{N_i}}\prod_{k=1}^{q_i}\dfrac{-s+z_k}{s+z_k^*}}=\infty \tag{14.69}$$

因此，可以将其视为一个相对阶次为零的特殊积分器，用于消除系统输出的稳态偏差。事实上，这个积分器可以通过图 14.11 所示的正反馈控制单元实现。

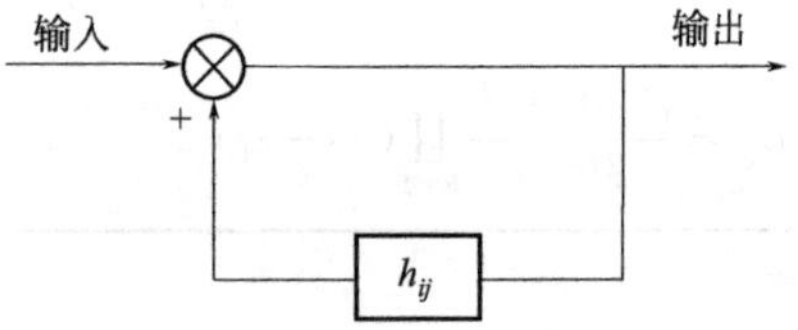

图 14.11 正反馈控制单元

对于表 14.1 列出的 det($\boldsymbol{G}$) 中 RHP 零点分布的其他情况，期望解耦控制器矩阵可以类似于上述设计过程相应地推导出来。为清晰起见，相应的设计公式亦列于表 14.1，其中每种情形下的 D_{ij} 可以利用式(14.28) 做有理近似实现。

14.2.4 稳定性分析

如表 14.1 所示，由于采用了有理近似来实际执行期望解耦控制器矩阵，因此，需要检验整个控制系统的鲁棒稳定性。此外，在实际应用中通常存在被控过程的未建模动态和不确定性。对于实际中通过辨识建模预估的过程不确定性上界，可以通过分析控制系统的鲁棒稳定性来估算解耦控制器矩阵中可调参数的允许调节范围。

针对标称控制系统（即 $\boldsymbol{G}=\hat{\boldsymbol{G}}$，其中 $\hat{\boldsymbol{G}}$ 表示辨识的过程模型），由图 14.10 可推导出从系统输入向量 $\boldsymbol{R}$、$\boldsymbol{D}_\mathrm{I}$、$\boldsymbol{D}_\mathrm{O}$ 和 $\boldsymbol{N}_\mathrm{O}$ 到输出向量 $\boldsymbol{Y}$ 和 $\boldsymbol{U}$ 的传递函数矩阵为

$$\begin{bmatrix}\boldsymbol{Y}\\\boldsymbol{U}\end{bmatrix}=\begin{bmatrix}\boldsymbol{GC}(\boldsymbol{I}+\boldsymbol{GC})^{-1} & (\boldsymbol{I}+\boldsymbol{GC})^{-1}\boldsymbol{G} & \boldsymbol{I}-\boldsymbol{GC}(\boldsymbol{I}+\boldsymbol{GC})^{-1} & -\boldsymbol{GC}(\boldsymbol{I}+\boldsymbol{GC})^{-1}\\ \boldsymbol{C}(\boldsymbol{I}+\boldsymbol{GC})^{-1} & -\boldsymbol{C}(\boldsymbol{I}+\boldsymbol{GC})^{-1}\boldsymbol{G} & \boldsymbol{C}(\boldsymbol{I}+\boldsymbol{GC})^{-1} & -\boldsymbol{C}(\boldsymbol{I}+\boldsymbol{GC})^{-1}\end{bmatrix}\begin{bmatrix}\boldsymbol{R}\\\boldsymbol{D}_\mathrm{I}\\\boldsymbol{D}_\mathrm{O}\\\boldsymbol{N}_\mathrm{O}\end{bmatrix} \tag{14.70}$$

可以看出，$\boldsymbol{R}$，$\boldsymbol{D}_\mathrm{O}$ 和 $\boldsymbol{N}_\mathrm{O}$ 对 $\boldsymbol{Y}$ 和 $\boldsymbol{U}$ 有相似的作用。因此，只需要判断从系统输入 $\boldsymbol{R}$ 和负载干扰 $\boldsymbol{D}_\mathrm{I}$ 到系统输出 $\boldsymbol{Y}$ 和控制输出 $\boldsymbol{U}$ 的传递函数矩阵稳定性。

由于 $\boldsymbol{G}$ 已经假设为非奇异稳定的，且有如下等价变换成立

$$\boldsymbol{GC}(\boldsymbol{I}+\boldsymbol{GC})^{-1}=\boldsymbol{I}-(\boldsymbol{I}+\boldsymbol{GC})^{-1} \tag{14.71}$$

因此，可以得出保证标称系统稳定性的充分必要条件为：$(\boldsymbol{I}+\boldsymbol{GC})^{-1}$ 是稳定的。该条件可以利用 Nyquist 曲线稳定性判据，或通过数值计算 det($\boldsymbol{I}+\boldsymbol{GC}$) 是否有 RHP 零点来检验。

当存在过程不确定性时，这里的鲁棒稳定性分析主要针对实际应用中常见的过程加性、乘

性输入和输出不确定性。一般来说，图 14.3 所示的过程加性不确定性可用于表示被控过程参数的不确定性，它用于描述不确定过程集合 $\boldsymbol{\Pi}_{\mathrm{A}}=\{\hat{\boldsymbol{G}}_{\mathrm{A}}(s):\hat{\boldsymbol{G}}_{\mathrm{A}}(s)=\boldsymbol{G}(s)+\boldsymbol{\Delta}_{\mathrm{A}}\}$，其中 $\boldsymbol{\Delta}_{\mathrm{A}}$ 是稳定正则的。图 13.3(a) 所示的过程乘性输入不确定性可用于表示实际执行机构的输出不确定性，它用于描述不确定过程集合 $\boldsymbol{\Pi}_{\mathrm{I}}=\{\hat{\boldsymbol{G}}_{\mathrm{I}}(s):\hat{\boldsymbol{G}}_{\mathrm{I}}(s)=\boldsymbol{G}(s)(\boldsymbol{I}+\boldsymbol{\Delta}_{\mathrm{I}})\}$，其中 $\boldsymbol{\Delta}_{\mathrm{I}}$ 是稳定正则的。图 13.3(b) 所示的过程乘性输出不确定性可用于表示是过程输出包括测量的不确定性，它用于描述不确定过程集合 $\boldsymbol{\Pi}_{\mathrm{O}}=\{\hat{\boldsymbol{G}}_{\mathrm{O}}(s):\hat{\boldsymbol{G}}_{\mathrm{O}}(s)=(\boldsymbol{I}+\boldsymbol{\Delta}_{\mathrm{O}})\boldsymbol{G}(s)\}$，其中 $\boldsymbol{\Delta}_{\mathrm{O}}$ 是稳定正则的。

通过将摄动控制系统表示成标准的 $M-\Delta$ 结构[22] 以便于鲁棒稳定性分析，可以推导出如下 $\boldsymbol{\Delta}_{\mathrm{A}}$，$\boldsymbol{\Delta}_{\mathrm{I}}$ 和 $\boldsymbol{\Delta}_{\mathrm{O}}$ 的输出端到其输入端的传递函数矩阵

$$\boldsymbol{M}_{\mathrm{A}}=-\boldsymbol{C}(\boldsymbol{I}+\boldsymbol{GC})^{-1} \tag{14.72}$$

$$\boldsymbol{M}_{\mathrm{I}}=-\boldsymbol{C}(\boldsymbol{I}+\boldsymbol{GC})^{-1}\boldsymbol{G} \tag{14.73}$$

$$\boldsymbol{M}_{\mathrm{O}}=-\boldsymbol{GC}(\boldsymbol{I}+\boldsymbol{GC})^{-1} \tag{14.74}$$

如果标称系统是稳定的，则 $\boldsymbol{M}_{\mathrm{A}}$、$\boldsymbol{M}_{\mathrm{I}}$ 和 $\boldsymbol{M}_{\mathrm{O}}$ 也是稳定的，即式(14.70) 所示的传递函数矩阵是稳定的。

利用小增益定理，可以分别得到如下的鲁棒稳定约束条件：

$$\|\boldsymbol{C}(\boldsymbol{I}+\boldsymbol{GC})^{-1}\|_{\infty}<\frac{1}{\|\boldsymbol{\Delta}_{\mathrm{A}}\|_{\infty}} \tag{14.75}$$

$$\|\boldsymbol{C}(\boldsymbol{I}+\boldsymbol{GC})^{-1}\boldsymbol{G}\|_{\infty}<\frac{1}{\|\boldsymbol{\Delta}_{\mathrm{I}}\|_{\infty}} \tag{14.76}$$

$$\|\boldsymbol{GC}(\boldsymbol{I}+\boldsymbol{GC})^{-1}\|_{\infty}<\frac{1}{\|\boldsymbol{\Delta}_{\mathrm{O}}\|_{\infty}} \tag{14.77}$$

然而上述式(14.75)～式(14.77) 所示的鲁棒稳定性约束无法解析地求解，并且 H_{∞} 范数的计算量较大，尤其是对带有多重时滞的 MIMO 过程。因此，为便于计算，这里利用小增益定理与多变量谱半径稳定性准则[22] 之间的等价关系，即

$$\|\boldsymbol{M\Delta}\|_{\infty}<1\Leftrightarrow\rho(\boldsymbol{M\Delta})<1,\forall\omega\in[0,\infty) \tag{14.78}$$

可将上述鲁棒稳定性约束可以分别转化为

$$\rho(\boldsymbol{C}(\boldsymbol{I}+\boldsymbol{GC})^{-1}\boldsymbol{\Delta}_{\mathrm{A}})<1,\forall\omega\in[0,\infty) \tag{14.79}$$

$$\rho(\boldsymbol{C}(\boldsymbol{I}+\boldsymbol{GC})^{-1}\boldsymbol{G\Delta}_{\mathrm{I}})<1,\forall\omega\in[0,\infty) \tag{14.80}$$

$$\rho(\boldsymbol{GC}(\boldsymbol{I}+\boldsymbol{GC})^{-1}\boldsymbol{\Delta}_{\mathrm{O}})<1,\forall\omega\in[0,\infty) \tag{14.81}$$

注意式(14.79)～式(14.81) 所示的谱半径稳定性约束可以通过观察对于 $\omega\in[0,\infty)$ 式(14.79)～式(14.81) 左侧的幅值曲线是否小于 1 来检验。

当实际指定 $\boldsymbol{\Delta}_{\mathrm{A}}$，$\boldsymbol{\Delta}_{\mathrm{I}}$ 或 $\boldsymbol{\Delta}_{\mathrm{O}}$ 的上界时，上述谱半径稳定性约束可用于分析控制系统的鲁棒稳定性。这样，解耦控制器矩阵（$\boldsymbol{C}$）中可调参数（$\lambda_i,i=1,2,\cdots,m$）的允许整定范围可以通过数值方法确定。

结合式(14.62) 可知，调小整定参数 λ_i 可以加快对应的系统输出响应速度，但是相应所需的解耦控制器矩阵 $\boldsymbol{C}$ 中第 i 列控制器的输出信号要增大，因而要求它们对应的执行结构提供更大的输出，可能会超出它们的实际容量范围。此外，当出现过程不确定性时，第 i 个输出响应易出现振荡行为。相反，增大整定参数 λ_i 会使对应的系统输出变缓，但是 $\boldsymbol{C}$ 中第 i 列控制器的输出减小，并且对应的执行机构的输出也减小。因此，实际整定解耦控制器矩阵 $\boldsymbol{C}$ 的可调参数 $\lambda_i(i=1,2,\cdots,m)$ 时，应在系统输出响应的标称性能与每列控制器及其执行机构的输出容量之间权衡。基于大量的仿真测试，一般性地建议初始时在 $(1.0\sim10)\theta_i$ 范围内选取可调参数 $\lambda_i(i=1,2,\cdots,m)$ 的初值，然后通过在线单调地增减这些参数，逐渐达到满意的输出性能。

14.2.5 应用案例

这里采用现有文献中的两个应用案例来仿真验证前面一节给出的 MIMO 解耦控制方法的有效性和优点，其中一个例子的 det($\boldsymbol{G}$) 中没有 RHP 零点，另一个例子的 det($\boldsymbol{G}$) 中有无穷多个 RHP 零点。

例 14.3 考虑一个被广泛研究的 3×3 维化工精馏塔过程[24]：

$$\boldsymbol{G}=\begin{bmatrix}\dfrac{1.986e^{-0.71s}}{66.7s+1} & \dfrac{-5.24e^{-60s}}{400s+1} & \dfrac{-5.984e^{-2.24s}}{14.29s+1}\\ \dfrac{-0.0204e^{-0.59s}}{(7.14s+1)^2} & \dfrac{0.33e^{-0.68s}}{(2.38s+1)^2} & \dfrac{-2.38e^{-0.42s}}{(1.43s+1)^2}\\ \dfrac{-0.374e^{-7.75s}}{22.22s+1} & \dfrac{11.3e^{-3.79s}}{(21.74s+1)^2} & \dfrac{9.811e^{-1.59s}}{11.36s+1}\end{bmatrix}$$

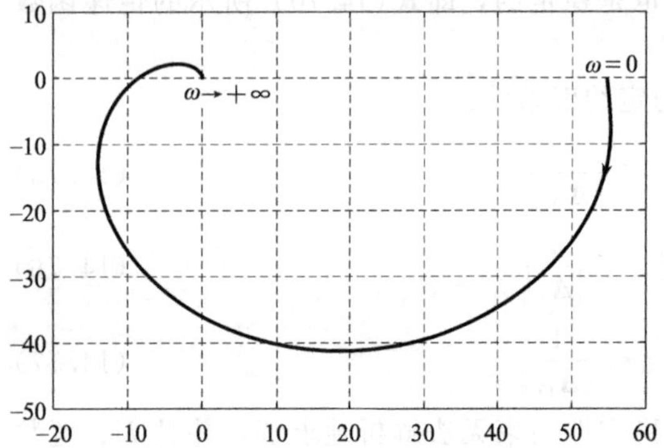

图 14.12 例 14.3 中传递函数矩阵行列式的 Nyquist 曲线

图 14.12 示出了该过程传递函数矩阵行列式的 Nyquist 曲线。

可以看出，Nyquist 曲线没有环绕原点，表明在 det($\boldsymbol{G}$) 没有 RHP 零点。根据前面一节给出的 MIMO 解耦控制方法，由式(14.58) 可得 $L_{11}=0.71$，$L_{12}=0.8$ 以及 $L_{13}=-1.4$。因此，可以通过式(14.61) 中的定义确定 $\theta_1=0.8$。然后，利用式(14.59) 得到 $n_{11}=1$，$n_{12}=1$，$n_{13}=0$。从而由定义式(14.60) 可以确定 $N_1=1$。类似地，利用式(14.58)～式(14.61) 可得 $\theta_2=0.68$，$\theta_3=1.85$，以及 $N_2=2$，$N_3=1$。根据表 14.1 情形 1 中的设计公式，可以确定如下期望系统传递函数矩阵的对角元

$$h_{11}=\frac{e^{-0.8s}}{\lambda_1 s+1},\ h_{22}=\frac{e^{-0.68s}}{(\lambda_2 s+1)^2},\ h_{33}=\frac{e^{-1.85s}}{\lambda_3 s+1}$$

因此，利用表 14.1 中给定的解析设计公式以及近似公式(14.28)～式(14.32) 可以推导出解耦控制器矩阵。为便于比较，给出如下解耦控制器矩阵的可实现形式，以获得与文献［25］(Wang) 中方法相同的控制器阶数：

$$c_{11}=f_1\times\frac{14543s^2+256.3578s+0.5502}{(\lambda_1 s+1)(438.7353s+1)}e^{-0.09s}$$

$$c_{21}=f_1\times\frac{12391s^3+746.2116s^2+9.7508s+0.0199}{(\lambda_1 s+1)(3940.3s^2+447.8424s+1)}$$

$$c_{31}=f_1\times\frac{1736.5s^3-21.7287s^2-0.8474s-0.002}{(\lambda_1 s+1)(4815.4s^2+449.8302s+1)}e^{-2.2s}$$

$$c_{12}=f_2\times\frac{4773900s^6-6620600s^5-3286200s^4-532380s^3-41045s^2-526.1791s-0.296}{(\lambda_2 s+1)^2(611700s^4+109510s^3+12128s^2+465.9313s+1)}e^{-3.73s}$$

$$c_{22}=f_2\times\frac{13471000s^6+3306200s^5+892990s^4+117120s^3+6709.9s^2+142.0148s+0.3149}{(\lambda_2 s+1)^2(336570s^4+33465s^3+9959.2s^2+461.3811s+1)}$$

$$c_{32}=f_2\times\frac{-197040s^5-104730s^4-29099s^3-4024.9s^2-171.9233s-0.374}{(\lambda_2 s+1)^2(257300s^4+55907s^3+10254s^2+461.9346s+1)}e^{-2.2s}$$

$$c_{13}=f_3\times\frac{400930s^4+33536s^3+1342.3s^2+31.5279s+0.2638}{(\lambda_3 s+1)(33025s^3+3869.9s^2+447.5041s+1)}e^{-1.79s}$$

$$c_{23}=f_3\times\frac{16790s^3+1582.9s^2+39.2646s+0.0885}{(\lambda_3 s+1)(511.4853s^2+440.0233s+1)}$$

$$c_{33}=f_3\times\frac{2195s^3+212.3057s^2+5.2157s+0.01}{(\lambda_3 s+1)(1319.1s^2+441.8636s+1)}e^{-0.26s}$$

其中

$$f_1=\frac{1}{1-\dfrac{e^{-0.8s}}{\lambda_1 s+1}},\ f_2=\frac{1}{1-\dfrac{e^{-0.68s}}{(\lambda_2 s+1)^2}},\ f_3=\frac{1}{1-\dfrac{e^{-1.85s}}{\lambda_3 s+1}}$$

注意 f_1、f_2、f_3 可以利用图 14.11 所示的反馈控制单元实现。

取可调参数为 $\lambda_1=15$，$\lambda_2=12$，$\lambda_3=18$ 以获得与文献［25］相似的设定点上升速度，便于客观比较。分别在 $t=0$s，$t=200$s 和 $t=400$s 时分别加入三路单位阶跃给定值输入信号，并且在 $t=600$s 时加入幅值为 0.1 的阶跃负载干扰信号到三路被控过程输入端，得到的仿真结果如图 14.13 所示。

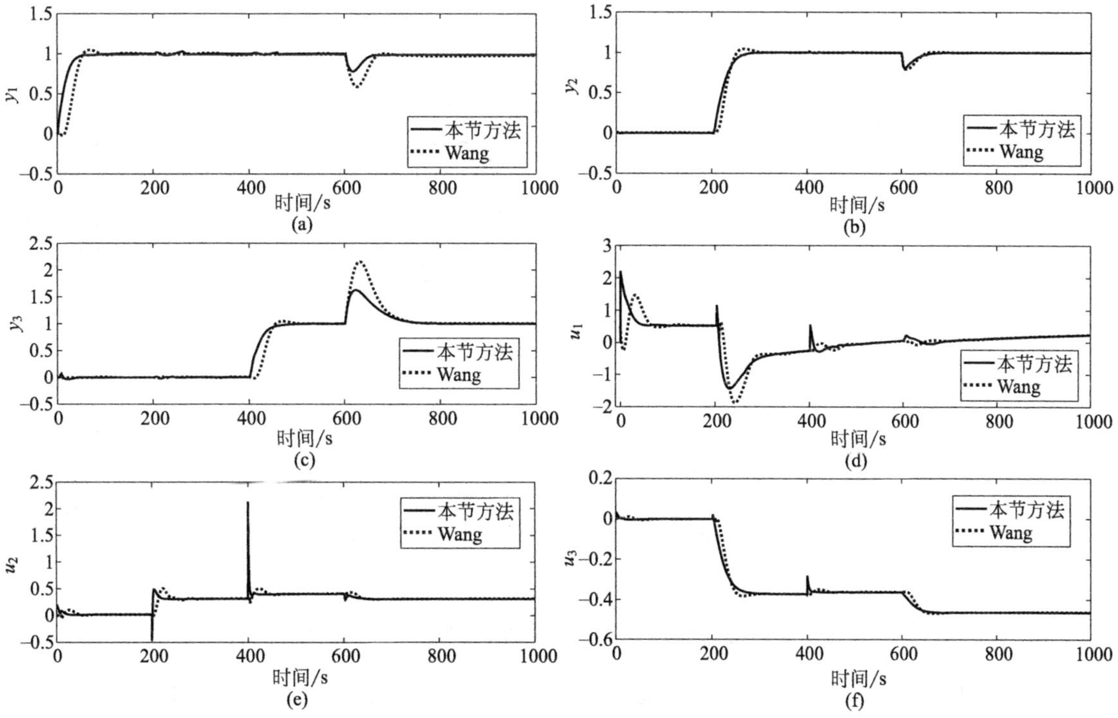

图 14.13　例 14.3 的标称输出响应

可以看出，本节方法下的标称给定值响应快速平稳且无超调，系统各路输出响应之间几乎完全解耦。此外，负载干扰响应明显优于文献［25］中的方法。说明：可以通过逐渐减小可调参数 λ_1、λ_2 和 λ_3，以及利用高阶的控制器近似，进一步提高给定点跟踪与扰动抑制性能。需要指出，由于对期望解耦控制器矩阵的近似能力较低，传统 PID 控制器不能获得可以接受的系统输出性能，甚至不能镇定系统输出响应。通过比较 Nyquist 曲线的拟合，文献［25］可以得到相同的结论。

为验证这里给出的 MIMO 解耦控制方法的鲁棒稳定性，首先采用与文献［25］方法假设的过程摄动情况，即假设过程传递函数矩阵中所有静态增益均实际增大 40%。另一种情形假设过程传递

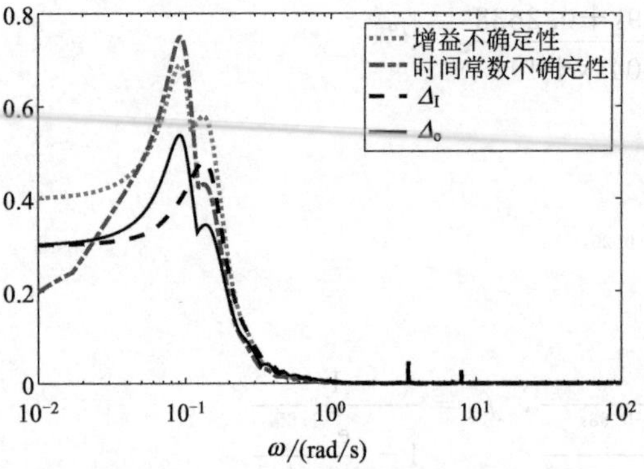

图 14.14 例 14.3 中谱半径条件的幅值曲线

函数矩阵中的全部时间常数都实际增大 40%。根据第 14.2.4 节中给出的鲁棒稳定性分析，图 14.14 示出了式(14.79) 中谱半径条件的幅值曲线。

可以看出峰值（点线和点划线）远小于 1，表明摄动系统保持良好的鲁棒稳定性。图 14.15(a)～(c) 和图 14.15(d)～(f) 分别示出了相应的摄动系统输出响应。可以看出，过程静态增益的摄动不影响输出响应的解耦调节，这一点也可以从第 14.2.3 节给出的解析控制器矩阵设计得到验证。与图 14.13 所示的结果相比，摄动系统的三路控制输出实际上变化很小，因此省略。

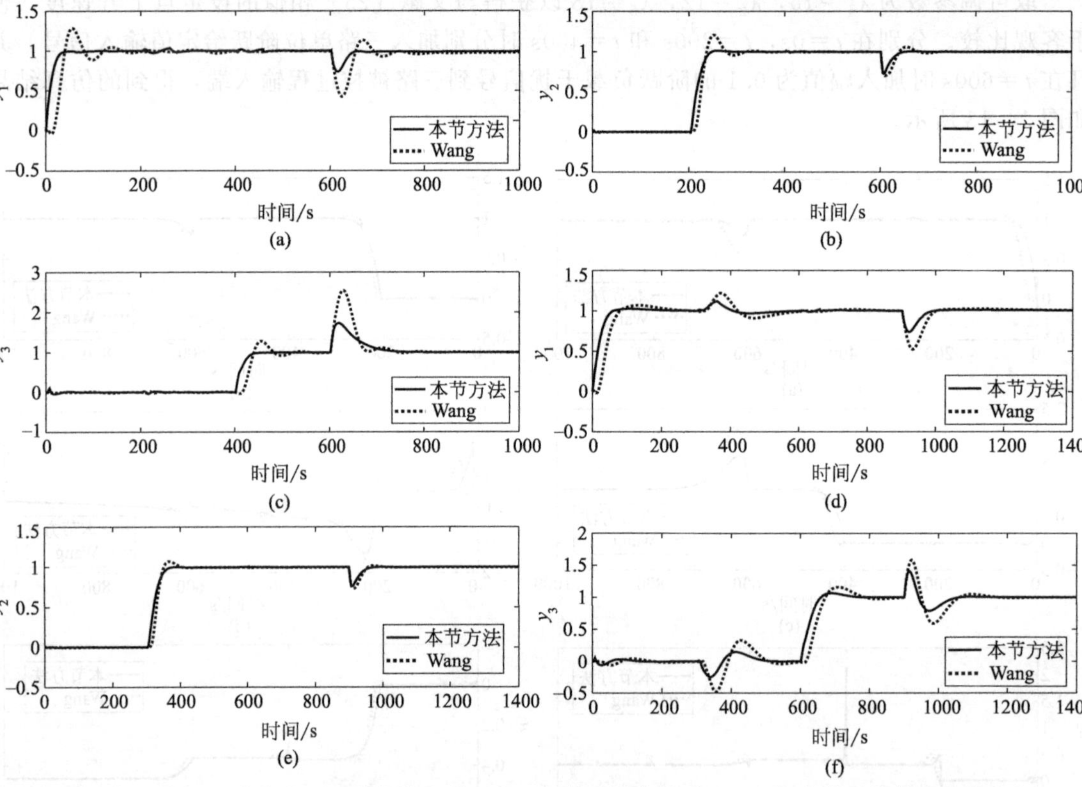

图 14.15 例 14.3 中存在过程静态增益［(a)-(c)］和时间常数［(d)-(f)］变化时的摄动输出响应

为进一步验证本节方法下的解耦控制系统的鲁棒稳定性，假设存在过程乘性输入不确定性 $\boldsymbol{\Delta}_I=\text{diag}[(s+0.3)/(s+1),(s+0.2)/(s+1),(s+0.2)/(s+1)]_{3\times3}$，它可以视为被控过程的第一路输入调节阀在高频段具有高达 100% 的不确定性，另外两路输入在低频段具有将近 30% 的不确定性。另外，假设存在过程乘性输出不确定性 $\boldsymbol{\Delta}_O=\text{diag}[-(s+0.2)/(2s+1),-(s+0.2)/(2s+1),-(s+0.3)/(2s+1)]_{3\times3}$，这实际上可以认为是前两路过程输出测量传感器在高频段具有高达 50% 的欠测量误差，并且在低频段具有大约 20% 的欠测量误差，同时第三路过程输出测量传感器在高频段具有高达 50% 的欠测量误差，以及在低频段具有大约 30% 的欠测量误差。基于上述假设的 $\boldsymbol{\Delta}_I$ 和 $\boldsymbol{\Delta}_O$，前面图 14.14 示出了式(14.80) 和式(14.81) 中谱半径条件的对应幅值曲线，表明控制系统能保持良好的鲁棒稳定性。图 14.16 示出的摄动输出响应验证了上述的鲁棒稳定性分析结论。

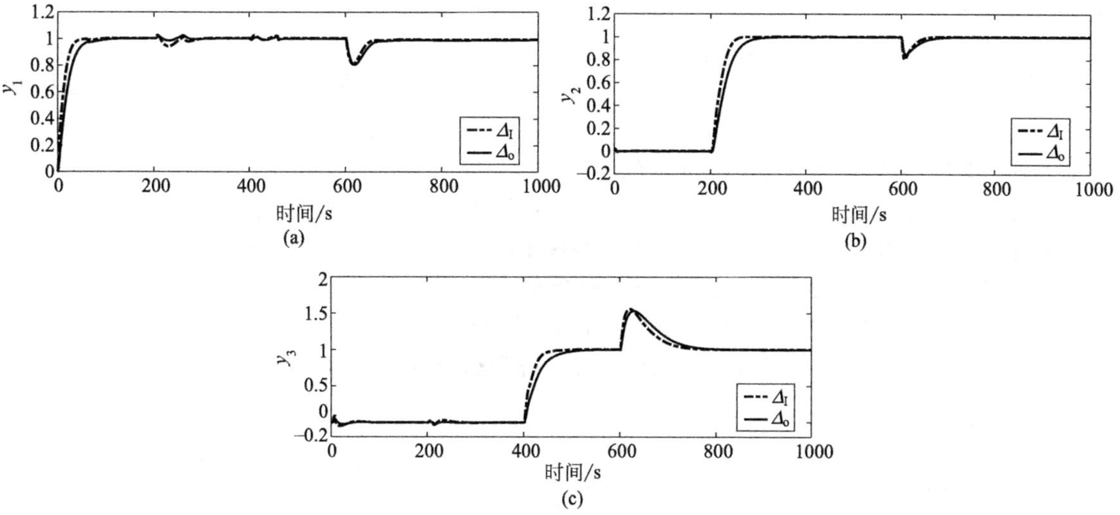

图 14.16 例 14.3 中存在过程乘性不确定性时的摄动输出响应

例 14.4 考虑文献［26］中研究的 TITO 时滞过程

$$G=\begin{bmatrix}\dfrac{1.05\mathrm{e}^{-4.58s}}{1.64s+1} & \dfrac{0.32}{(1.6s+1)(1.61s+1)}\\ \dfrac{1.18\mathrm{e}^{-15.2s}}{3.6s+1} & \dfrac{0.9}{(4.5s+1)(4.51s+1)}\end{bmatrix}$$

由文献［26］可知，该过程传递函数矩阵行列式中有无穷多个 RHP 零点和四个 LHP 零点，并且这四个 LHP 零点是下述多项式的近似根

$$\chi(s)=(1.64s+1)(4.0542s+1)(40.459s^2+11.116s+1)$$

所以该过程属于表 14.1 中的第四种情形。

根据第 14.1 节给出的 TITO 解耦控制方法，首先写出如下形式的过程传递函数矩阵行列式

$$\det(G)=\frac{[0.945(1.6s+1)(1.61s+1)(3.6s+1)-0.3776(1.64s+1)(4.5s+1)(4.51s+1)\mathrm{e}^{-10.62s}]\mathrm{e}^{-4.58s}}{(1.64s+1)(4.5s+1)(4.51s+1)(1.6s+1)(1.61s+1)(3.6s+1)}$$

从而得到 $\theta_{\min}=4.58$，$\theta_{\max}=15.2$，$\phi(s)$ 是分子中方括号内的多项式，$\psi(s)$ 是分母多项式。

然后，利用式(14.58)～式(14.61) 可得 $\theta_1=\theta_2=4.58$，$N_1=N_2=2$。因此，可以确定期望系统传递函数矩阵的对角元为

$$h_{11}=\frac{D\phi(s)\mathrm{e}^{-4.58s}}{\chi(s)(\lambda_1 s+1)^2},\ h_{22}=\frac{D\phi(s)\mathrm{e}^{-4.58s}}{\chi(s)(\lambda_2 s+1)^2}$$

其中

$$D=\frac{(-1.64s+1)(-4.0542s+1)(40.459s^2-11.116s+1)}{0.945(-1.6s+1)(-1.61s+1)(-3.6s+1)\mathrm{e}^{-10.62s}-0.3776(-1.64s+1)(-4.5s+1)(-4.51s+1)}$$

注意，由于存在 RHP 零极点对消，D 不能直接执行。因此，取 $U=2$ 和 $V=1$，使用式(14.28)～式(14.32) 中的解析近似公式可得如下的低阶近似形式：

$$D_{2/1}=\frac{20.1786s^2+10.0787s+1.7624}{0.5868s+1}$$

然后，根据表 14.1 情形 4 中的设计公式，得出如下解耦控制器矩阵

$$C=D_c\times\begin{bmatrix}\dfrac{0.9F_1(1.64s+1)}{(\lambda_1 s+1)^2} & -\dfrac{0.32F_2(1.64s+1)(4.5s+1)(4.51s+1)}{(\lambda_2 s+1)^2(1.6s+1)(1.61s+1)}\\ -\dfrac{1.18F_1(1.64s+1)(4.5s+1)(4.51s+1)\mathrm{e}^{-15.2s}}{(\lambda_1 s+1)^2(3.6s+1)} & \dfrac{1.05F_2(4.5s+1)(4.51s+1)\mathrm{e}^{-4.58s}}{(\lambda_2 s+1)^2}\end{bmatrix}$$

其中

$$D_c=\frac{D_{2/1}(1.6s+1)(1.61s+1)(3.6s+1)}{\chi(s)},\ F_1=\frac{1}{1-\dfrac{D_{2/1}\phi(s)e^{-4.58s}}{\chi(s)(\lambda_1 s+1)^2}},\ F_2=\frac{1}{1-\dfrac{D_{2/1}\phi(s)e^{-4.58s}}{\chi(s)(\lambda_2 s+1)^2}}$$

注意，F_1 和 F_2 可以利用图 14.11 所示的反馈控制单元来实现。

基于标准的 IMC 结构，文献［26］(Jerome) 提出一种解耦控制器矩阵设计方法，试图通过牺牲某一路的输出响应性能，来提高另一路输出响应性能。为便于比较，这里可调参数取为 $\lambda_1=3.5$ 和 $\lambda_2=3.0$，以获得与文献［26］提出的方法相似的系统设定点上升速度。分别在 $t=0$s 和 $t=150$s 时加入两路单位阶跃给定值输入信号，并且在 $t=300$s 时加入幅值为 0.1 的反向阶跃负载干扰信号到两路被控过程输入端，得到的仿真结果如图 14.17 所示。

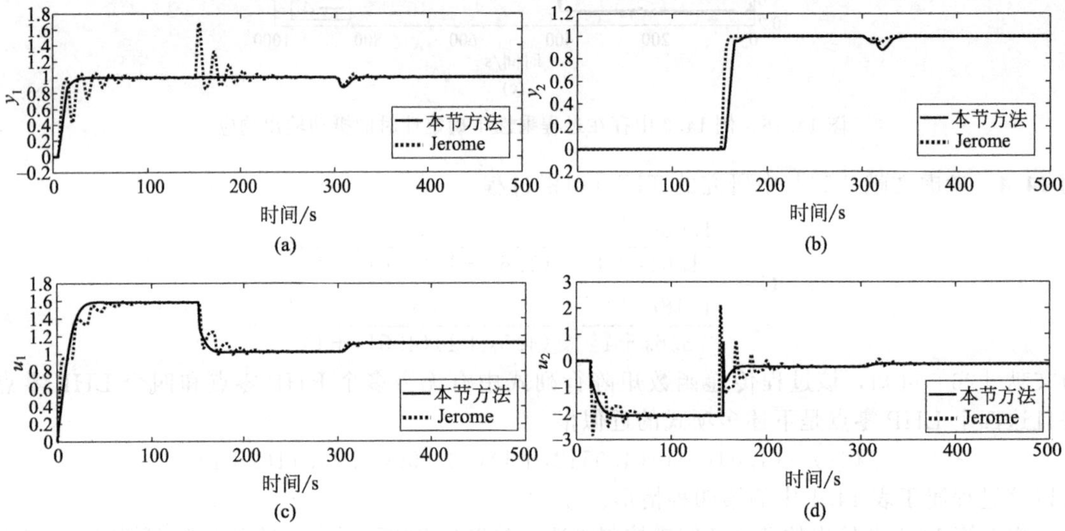

图 14.17　例 14.4 的标称输出响应

可以看出，采用第 14.2 节的 MIMO 解耦控制方法（实线）可以实现输出响应的完全解耦。相比之下，文献［26］的方法在第一路过程输出响应中产生剧烈的振荡，这在实际应用中是难以接受的，所以通过牺牲一路输出动态响应性能来改善另一路过程输出响应的策略，在实际工程中没有什么实用价值。

为说明控制系统的鲁棒稳定性，假设过程传递函数矩阵中全部时间常数都实际增大了 20%。图 14.18 示出了相应的摄动系统输出响应，再次表明在如此较严重的过程不确定性下，本节方法仍然可以很好地保持系统鲁棒稳定性。说明：由于本节方法下的控制器输出信号只有轻微的变化，因此省略。

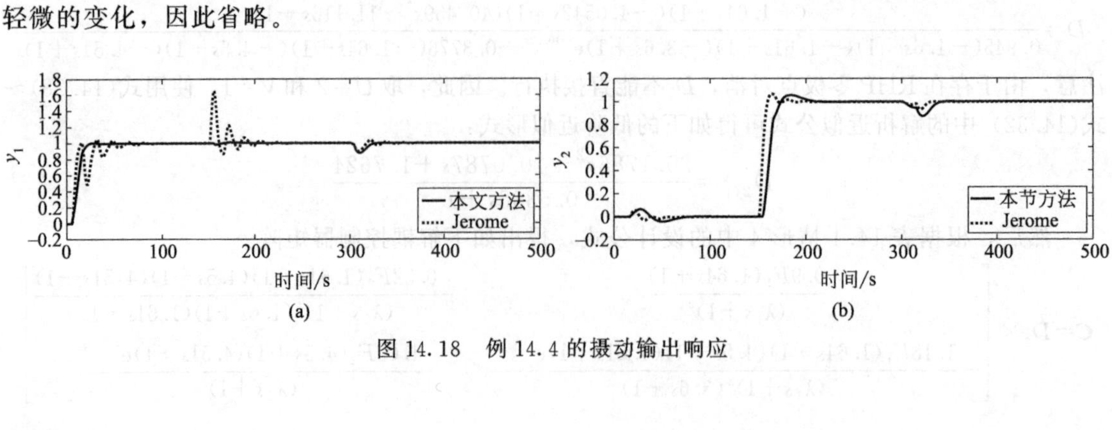

图 14.18　例 14.4 的摄动输出响应

14.3 多变量系统的两自由度解耦控制

对于一个多变量过程，为了分别独立地优化控制系统的设定点响应性能和负载干扰抑制性能，可以考虑采用第 8 章介绍的单输入单输出过程控制的两自由度（2DOF）控制结构进行推广应用。文献［27-29］采用 H 无穷范数最优化理论针对无时滞的线性多变量系统给出了一些 2DOF 控制方法，最终推导出一个集成的控制器矩阵，用于设定值跟踪和负载干扰抑制，但不能用于在线独立调节设定点跟踪和负载干扰抑制性能。文献［30］提出一种 2DOF 解耦控制结构，能实现相对独立地优化负载干扰抑制性能，但需要通过数值迭代算法来求解两个控制器矩阵，要求较大的计算量而难以在线整定。

为便于实际应用，这里提出一种解析地设计 2DOF 解耦控制的方法[19]，控制结构如图 14.19 所示。

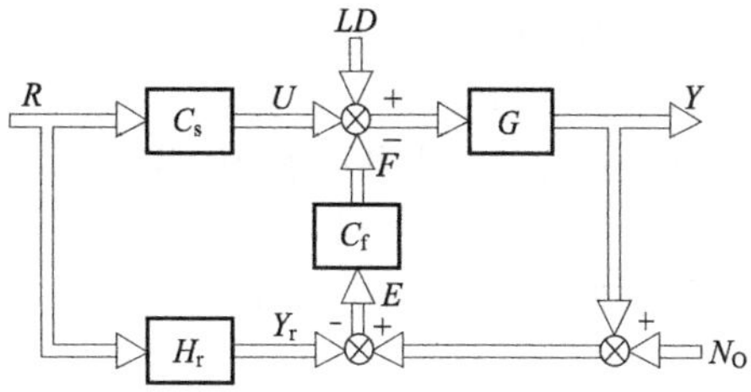

图 14.19 多变量 2DOF 解耦控制结构

其中，$g_{ij}(s)=g_{0,ij}(s)e^{-\theta_{ij}s}$，$i,j=1,2,\cdots,m$，$g_{0,ij}(s)$ 是一个有理且稳定的传递函数；$\boldsymbol{C}_s=[c_{ij}]_{m\times m}$ 是设定点跟踪控制器矩阵，$\boldsymbol{H}_r=\text{diag}[h_{r,i}]_{m\times m}$ 是一个对角化传递函数矩阵，用于给出参考输出轨迹 $\boldsymbol{Y}_r=[y_{r,i}]_{m\times 1}$。反馈控制器矩阵 $\boldsymbol{C}_f=[cf_{ij}]_{m\times m}$ 设置于过程输入和输出之间的反馈通道中，用于抑制负载干扰和消除稳态偏差；$\boldsymbol{LD}=[d_i]_{m\times 1}$ 表示进入过程输入变量的负载干扰，$\boldsymbol{N}_O=[n_i]_{m\times 1}$ 表示输出测量噪声向量，$\boldsymbol{R}=[r_i]_{m\times 1}$ 表示设定点向量，$\boldsymbol{Y}=[y_i]_{m\times 1}$ 是输出向量，$\boldsymbol{U}=[u_i]_{m\times 1}$ 是控制器输出向量。

针对一个如式(14.53) 所示的带有多重时滞的 MIMO 过程传递函数矩阵，由图 14.19 可知，在标称情况下（$\boldsymbol{G}=\hat{\boldsymbol{G}}$），如果令

$$\boldsymbol{H}_r=\boldsymbol{G}\boldsymbol{C}_s \tag{14.82}$$

那么系统设定点跟踪是开环控制方式，即在标称情况下，如果没有负载干扰（$\boldsymbol{LD}$）和测量噪声（$\boldsymbol{N}_O$），那么输出误差信号，$\boldsymbol{E}=[e_i]_{m\times 1}$，为零。当存在负载干扰和测量噪声时，误差信号（$\boldsymbol{E}$）将不再是零，因此触发闭环反馈控制器矩阵 $\boldsymbol{C}_f$ 调节过程输入来做抵消。因此，图 14.19 所示的 2DOF 控制结构能够实现设定点跟踪和负载干扰抑制的相对独立调节。值得一提的是，关于系统设定点的对角化系统传递函数矩阵 $\boldsymbol{H}_r$，可以视为设定点跟踪的频域模型预测控制（MPC）策略。

为实现解耦调节，两个控制器矩阵 $\boldsymbol{C}_s$ 和 $\boldsymbol{C}_f$，应该设计为能实现设定点响应和负载干扰响应的传递函数矩阵都为对角矩阵形式。类似于第 14.2 节的分析，这里根据带有多重时滞的 MIMO 过程的实际期望解耦性能以及实际运行中各控制回路时滞和可能的非最小相位特性约束，在下节讨论用于设定值跟踪和负载干扰抑制的期望传递函数矩阵。

14.3.1 期望设定点跟踪和闭环抗扰传递函数矩阵

由式(14.82) 可得，设定点跟踪控制器矩阵为

$$\boldsymbol{C}_s=\boldsymbol{G}^{-1}\boldsymbol{H}_r=\frac{\text{adj}(\boldsymbol{G})}{\det(\boldsymbol{G})}\boldsymbol{H}_r \tag{14.83}$$

其中，$\text{adj}(\boldsymbol{G})=[G^{ij}]_{m\times m}^{T}$ 是 $\boldsymbol{G}$ 的伴随矩阵，G^{ij} 表示 $\boldsymbol{G}$ 中对应于 g_{ij} 的余子式。根据方阵和对角阵之间的右乘关系，可得 $\boldsymbol{C}_s$ 中每列控制器（对应相同的下标 i）为

$$c_{ji}=\frac{G^{ij}}{\det(\boldsymbol{G})}h_{r,i},i,j=1,2,\cdots,m \tag{14.84}$$

令

$$p_{ij}=\frac{G^{ij}}{\det(\boldsymbol{G})}=p_{0,ij}\mathrm{e}^{L_{ij}s},i,j=1,2,\cdots,m \tag{14.85}$$

根据式(14.59) 定义的“逆相对阶次”，令

$$\theta_{\mathrm{r},i}=\max\{L_{ij};j=1,2,\cdots,m\},i=1,2,\cdots,m \tag{14.86}$$

$$n_{\mathrm{r},i}=\max\{n_{ij};j=1,2,\cdots,m\},i=1,2,\cdots,m \tag{14.87}$$

由式(14.84) 可知，$\boldsymbol{C}_{\mathrm{s}}$ 中每列控制器与 $\boldsymbol{H}_{\mathrm{r}}$ 中相应列的对角元素相关，即所有的 $c_{ji}(j=1,2,\cdots,m)$ 都对应相同的 $h_{\mathrm{r},i}(i=1,2,\cdots,m)$。注意式(14.86) 中定义的 $\theta_{\mathrm{r},i}(i=1,2,\cdots,m)$ 是正值，这可以很容易由式(14.85) 来验证。如果 $\boldsymbol{H}_{\mathrm{r}}$ 中相应主对角元 $h_{\mathrm{r},i}$ 不含有时滞因子去抵消 $\theta_{\mathrm{r},i}$，那么由式(14.84) 给出的第 i 列控制器 $c_{ji}(j=1,2,\cdots,m)$ 中会有一些甚至全部将无法物理实现。这个实际约束是因为每路过程输出必须经历一定的时滞才能跟踪相应的设定值。由式(14.84) 还可以看出，如果 $h_{\mathrm{r},i}$ 中无时滞部分的相对阶次低于 $n_{\mathrm{r},i}$，那么第 i 列控制器 $c_{ji}(j=1,2,\cdots,m)$ 中会有一些甚至全部将不是正则的，因而无法物理实现。此外，$\det(\boldsymbol{G})$ 可能含有一些无法通过 G^{ij} 中共同 RHP 零点消除的 RHP 零点。如果 $h_{\mathrm{r},i}$ 中不含有这些 RHP 零点，那么它们会成为第 i 列控制器 $c_{ji}(j=1,2,\cdots,m)$ 的不稳定极点，这在实际应用中显然是不允许的。

因此，类似于第 14.2.2 节期望系统传递函数矩阵的确定，提出 $\boldsymbol{H}_{\mathrm{r}}$ 中期望的对角元形式如下

$$h_{\mathrm{r},i}=\frac{\mathrm{e}^{-\theta_{\mathrm{r},i}s}}{(\lambda_{\mathrm{c},i}s+1)^{n_{\mathrm{r},i}}}\prod_{k=1}^{q_i}\frac{-s+z_k}{s+z_k^*},i=1,2,\cdots,m \tag{14.88}$$

其中，$\lambda_{\mathrm{c},i}$ 是一个可调参数，用于调节第 i 个过程输出的期望设定点跟踪性能，$z_k(k=1,2,\cdots,q_i)$ 是 $\det(\boldsymbol{G})$ 中未被 $G^{ij}(j=1,2,\cdots,m)$ 的共同 RHP 零点抵消的 RHP 零点，q_i 表示这些零点的个数，z_k^* 表示 z_k 的复共轭。

基于式(14.88) 中期望系统传递函数矩阵的对角元形式，由式(14.84)～式(14.87) 可知，$\boldsymbol{C}_{\mathrm{s}}$ 中每一列控制器至少有一个可以有理正则的形式实现，而其他控制器则可分别由一个有理正则的形式串接一个时滞补偿器来实现，从而对所有的输出变量都可以实现设定点跟踪的解耦调节。

如图 14.19 所示，在过程输入和输出之间设置的闭环反馈控制结构用于抑制负载干扰。负载干扰响应（由 $\boldsymbol{LD}$ 到 $\boldsymbol{Y}$）的传递函数矩阵可以推导为

$$\boldsymbol{H}_{\mathrm{d}}=\boldsymbol{G}(\boldsymbol{I}+\boldsymbol{C}_{\mathrm{f}}\boldsymbol{G})^{-1} \tag{14.89}$$

相应地，可以确定闭环余灵敏度函数矩阵为

$$\boldsymbol{T}_{\mathrm{d}}=\boldsymbol{C}_{\mathrm{f}}\boldsymbol{G}(\boldsymbol{I}+\boldsymbol{C}_{\mathrm{f}}\boldsymbol{G})^{-1} \tag{14.90}$$

注意，事实上它等价于从负载干扰（$\boldsymbol{LD}=[d_i]_{m\times 1}$）到控制器矩阵输出向量 $\boldsymbol{F}=[f_i]_{m\times 1}$ 的传递函数矩阵。

理想情况下，当负载干扰 d_i 进入到第 i 个过程输入所产生的输出误差，$\boldsymbol{E}=[e_i]_{m\times 1}$，应该在过程时滞之后被控制器矩阵 $\boldsymbol{C}_{\mathrm{f}}$ 检测到。然后，$\boldsymbol{C}_{\mathrm{f}}$ 产生一个控制信号 f_i（即 $\boldsymbol{F}=[0,0,\cdots,f_i,0,\cdots,0]_{1\times m}^{\mathrm{T}}$）来抵消 d_i。为抑制在不同时刻进入过程输入的多重负载干扰，期望 $\boldsymbol{T}_{\mathrm{d}}$ 是一个对角化传递函数矩阵，即 $\boldsymbol{T}_{\mathrm{d}}=\mathrm{diag}\{t_{\mathrm{d},i}\}_{m\times m}$，使得控制信号 $f_i(i=1,2,\cdots,m)$ 可以分别整定用于扰动抑制。这样，可以直观地实现对所有负载干扰响应的相对独立调控。

注意，如果 $\boldsymbol{T}_{\mathrm{d}}$ 是一个对角化矩阵，那么 $\boldsymbol{T}_{\mathrm{d}}$ 的逆，即 $\boldsymbol{T}_{\mathrm{d}}^{-1}$，也是一个对角化矩阵。由式(14.90) 可得

$$\boldsymbol{C}_{\mathrm{f}}=(\boldsymbol{T}_{\mathrm{d}}^{-1}-\boldsymbol{I})^{-1}\boldsymbol{G}^{-1} \tag{14.91}$$

相应地，可得 $\boldsymbol{C}_{\mathrm{f}}$ 中的每一行控制器（对应相同的下标 i）为

$$cf_{ij}=\frac{t_{\mathrm{d},i}}{1-t_{\mathrm{d},i}}\times\frac{G^{ji}}{\det(\boldsymbol{G})},i,j=1,2,\cdots,m \tag{14.92}$$

由式(14.92)可知，C_f 中每一行控制器与 T_d 中对应的对角元相关，即所有的 $cf_{ij}(j=1,2,\cdots,m)$ 都对应于相同的 $t_{d,i}$，$i=1,2,\cdots,m$。

根据式(14.58)和式(14.59)中的定义，令

$$\theta_{d,i}=\max\{L_{ji};j=1,2,\cdots,m\},i=1,2,\cdots,m \tag{14.93}$$

$$n_{d,i}=\max\{n_{ji};j=1,2,\cdots,m\},i=1,2,\cdots,m \tag{14.94}$$

因此，类似于前面的分析，可以确定 $t_{d,i}(i=1,2,\cdots,m)$ 的期望形式用于实际执行。

事实上，如表14.1所示，det($\boldsymbol{G}$)中RHP零点的分布有四种可能的情形。为了清晰起见，表14.2中列出 $\boldsymbol{H}_r$ 和 $\boldsymbol{T}_d$ 在不同情形下的期望形式。

表14.2 期望闭环传递函数矩阵与解耦控制器矩阵

情形	$h_{r,i}(i=1,2,\cdots,m)$	$t_{d,i}(i=1,2,\cdots,m)$	$c_{ji}(i,j=1,2,\cdots,m)$	$cf_{ij}(i,j=1,2,\cdots,m)$
1	$h^1_{r,i}=\dfrac{e^{-\theta_{r,i}s}}{(\lambda_{c,i}s+1)^{n_{r,i}}}$	$t^1_{d,i}=\dfrac{e^{-\theta_{d,i}s}}{(\lambda_{f,i}s+1)^{n_{d,i}}}$	$\dfrac{D_{ij}e^{-(\theta_{r,i}-L_{ij})s}}{(\lambda_{c,i}s+1)^{n_{r,i}}}$ $D_{ij}=p_{0,ij}$	$\dfrac{D_{ji}e^{-(\theta_{d,i}-L_{ji})s}}{(\lambda_{f,i}s+1)^{n_{d,i}}}\cdot\dfrac{1}{1-\dfrac{e^{-\theta_{d,i}s}}{(\lambda_{f,i}s+1)^{n_{d,i}}}}$ $D_{ji}=p_{0,ji}$
2或3	$h^1_{r,i}\prod_{k=1}^{q_i}\dfrac{-s+z_k}{s+z_k^*}$	$t^1_{d,i}\prod_{k=1}^{q_i}\dfrac{-s+z_k}{s+z_k^*}$	$\dfrac{D_{ij}e^{-(\theta_{r,i}-L_{ij})s}}{(\lambda_{c,i}s+1)^{n_{r,i}}\prod_{k=1}^{q_i}(s+z_k^*)}$ $D_{ij}=p_{0,ij}\prod_{k=1}^{q_i}(-s+z_k)$	$\dfrac{D_{ji}e^{-(\theta_{d,i}-L_{ji})s}}{(\lambda_{f,i}s+1)^{n_{d,i}}\prod_{k=1}^{q_i}(s+z_k^*)}\cdot\dfrac{1}{1-\dfrac{e^{-\theta_{d,i}s}}{(\lambda_{f,i}s+1)^{n_{d,i}}}\prod_{k=1}^{q_i}\dfrac{-s+z_k}{s+z_k^*}}$ $D_{ji}=p_{0,ji}\prod_{k=1}^{q_i}(-s+z_k)$
4	$\dfrac{h^1_{r,i}\phi(s)e^{(\theta_{max}-\theta_{min})s}}{\phi(-s)}\prod_{k=1}^{q_i}\dfrac{-s-z_k}{s-z_k^*}$	$\dfrac{t^1_{d,i}\phi(s)e^{(\theta_{max}-\theta_{min})s}}{\phi(-s)}\prod_{k=1}^{q_i}\dfrac{-s-z_k}{s-z_k^*}$	$\dfrac{G^{ij}D_{ij}\phi(s)e^{(\theta_{min}-\theta_{r,i})s}}{(\lambda_{c,i}s+1)^{n_{r,i}}\prod_{k=1}^{q_i}(s-z_k^*)}$ $D_{ij}=\dfrac{e^{(\theta_{max}-\theta_{min})s}}{\phi(-s)}\prod_{k=1}^{q_i}(-s-z_k)$	$\dfrac{G^{ji}D_{ji}\phi(s)e^{(\theta_{min}-\theta_{d,i})s}}{(\lambda_{f,i}s+1)^{n_{d,i}}\prod_{k=1}^{q_i}(s-z_k^*)}\cdot\dfrac{1}{1-\dfrac{D_{ji}\phi(s)e^{-\theta_{d,i}s}}{(\lambda_{f,i}s+1)^{n_{d,i}}\prod_{k=1}^{q_i}(s-z_k^*)}}$ $D_{ji}=\dfrac{e^{(\theta_{max}-\theta_{min})s}}{\phi(-s)}\prod_{k=1}^{q_i}(-s-z_k)$

14.3.2 解耦控制器矩阵设计

根据表14.2中列出的期望 $\boldsymbol{H}_r$ 和 $\boldsymbol{T}_d$，由式(14.84)和式(14.92)可以分别得出设定点跟踪的期望控制矩阵 $\boldsymbol{C}_s$ 和负载干扰抑制的期望闭环控制器矩阵 $\boldsymbol{C}_f$。例如，在情形2中，即det($\boldsymbol{G}$)包含有限个RHP零点的情况，可以得出 $\boldsymbol{C}_s$ 中每列控制器和 $\boldsymbol{C}_f$ 中每行控制器分别为

$$c_{ji}=\frac{D_{ij}e^{-(\theta_{r,i}-L_{ij})s}}{(\lambda_{c,i}s+1)^{n_{r,i}}\prod_{k=1}^{q_i}(s+z_k^*)},i,j=1,2,\cdots,m \tag{14.95}$$

$$cf_{ij}=\frac{D_{ji}e^{-(\theta_{d,i}-L_{ji})s}}{(\lambda_{f,i}s+1)^{n_{d,i}}\prod_{k=1}^{q_i}(s+z_k^*)}\times\frac{1}{1-\frac{e^{-\theta_{d,i}s}}{(\lambda_{f,i}s+1)^{n_{d,i}}}\prod_{k=1}^{q_i}\frac{-s+z_k}{s+z_k^*}},i,j=1,2,\cdots,m \tag{14.96}$$

其中 $\lambda_{c,i}$ 是 $\boldsymbol{C}_s$ 中每一列控制器的共同调节参数，$\lambda_{f,i}$ 是 $\boldsymbol{C}_f$ 中每一行控制器的共同调节参数，并且

$$D_{ij}=p_{0,ij}\prod_{k=1}^{q_i}(-s+z_k) \tag{14.97}$$

$$D_{ji}=p_{0,ji}\prod_{k=1}^{q_i}(-s+z_k) \tag{14.98}$$

显然，由式(14.85)可知，对于带有时滞的 MIMO 过程，D_{ij} 和 D_{ji} 都不是有理传递函数，因此很难实际执行。此外，$\det(\boldsymbol{G})$ 中 RHP 零点会导致 D_{ij} 和 D_{ji} 中出现 RHP 零极点对消，从而使得解耦控制器矩阵 $\boldsymbol{C}_s$ 和 $\boldsymbol{C}_f$ 不能稳定工作。因此，需要采用解析近似公式(14.28)～式(14.32)来近似 D_{ij} 和 D_{ji}，以便实际应用。

注意，式(14.96)所示的 cf_{ij} 中第二个乘积项满足式(14.68)和式(14.69)所示的两个条件，因此，可以将其视为一个相对阶次为零的特殊积分器，用于消除输出误差。这个积分器可以通过图 14.11 所示的正反馈控制单元实现。

对于表 14.2 列出的 $\det(\boldsymbol{G})$ 中 RHP 零点分布的其他情况，可以类似地推导出 $\boldsymbol{C}_s$ 和 $\boldsymbol{C}_f$ 的可执行形式，相应的设计公式亦列于表 14.2 中以便查找使用。

说明：对于表 14.2 中的前三种情形，也可以将 D_{ij}（或 D_{ji}）分解成 $D_{ij}=G^{ij}D_{0,ij}$（或 $D_{ji}=G^{ji}D_{0,ji}$）两部分，这样就只需要近似其中的第二部分 $D_{0,ij}$（或 $D_{0,ji}$）来实际执行。这样可以给出较高的近似精度，但代价是实际执行的复杂度更高。通常可以先选一个低阶形式做近似，如二阶，以便于实际应用。

14.3.3 稳定性分析

在标称情况下，由图 14.19 可知，如果控制器矩阵 $\boldsymbol{C}_s$ 是稳定的，那么分析控制系统稳定性只需考虑设置在过程输入和输出之间的闭环反馈控制结构。就该闭环控制结构而言，输入变量包括 $\boldsymbol{U}$、$\boldsymbol{LD}$、$\boldsymbol{Y}_r$ 和 $\boldsymbol{N}_O$，输出变量为 $\boldsymbol{Y}$ 和 $\boldsymbol{F}$。注意 $\boldsymbol{U}$ 和 $\boldsymbol{LD}$ 对闭环结构的作用相似，$\boldsymbol{Y}_r$ 和 $\boldsymbol{N}_O$ 也有相似的作用。因此，分析标称系统稳定性可以仅考虑从 $\boldsymbol{LD}$ 和 $\boldsymbol{N}_O$ 到 $\boldsymbol{Y}$ 和 $\boldsymbol{F}$ 的传递函数矩阵，即

$$\begin{bmatrix}\boldsymbol{Y}\\ \boldsymbol{F}\end{bmatrix}=\begin{bmatrix}\boldsymbol{G}(\boldsymbol{I}+\boldsymbol{C}_f\boldsymbol{G})^{-1} & -\boldsymbol{G}\boldsymbol{C}_f(\boldsymbol{I}+\boldsymbol{G}\boldsymbol{C}_f)^{-1}\\ \boldsymbol{C}_f\boldsymbol{G}(\boldsymbol{I}+\boldsymbol{C}_f\boldsymbol{G})^{-1} & \boldsymbol{C}_f(\boldsymbol{I}+\boldsymbol{G}\boldsymbol{C}_f)^{-1}\end{bmatrix}\begin{bmatrix}\boldsymbol{LD}\\ \boldsymbol{N}_O\end{bmatrix} \tag{14.99}$$

显然，如果式(14.99)所示的传递函数矩阵中所有元素都是稳定的，那么该闭环控制结构是内部稳定的，从而保证整个控制系统是稳定的。为避免检验上述传递函数矩阵中每个元素的稳定性而带来的较大计算量，这里给出如下简化形式的稳定性判断条件：

推论 14.1 图 14.19 所示的标称控制系统是内部稳定的，当且仅当 $(\boldsymbol{I}+\boldsymbol{C}_f\boldsymbol{G})^{-1}$ 是稳定的。

证明： 注意下述等式关系成立

$$\boldsymbol{C}_f\boldsymbol{G}(\boldsymbol{I}+\boldsymbol{C}_f\boldsymbol{G})^{-1}=\boldsymbol{I}-(\boldsymbol{I}+\boldsymbol{C}_f\boldsymbol{G})^{-1} \tag{14.100}$$

$$\boldsymbol{C}_f\boldsymbol{G}(\boldsymbol{I}+\boldsymbol{C}_f\boldsymbol{G})^{-1}=\boldsymbol{C}_f(\boldsymbol{I}+\boldsymbol{G}\boldsymbol{C}_f)^{-1}\boldsymbol{G} \tag{14.101}$$

将式(14.100)和式(14.101)代入式(14.99)中可知，推论 14.1 中的稳定性条件可以保证针对开环稳定 MIMO 过程的标称控制系统的内部稳定性。证毕。 □

注意，$(\boldsymbol{I}+\boldsymbol{C}_f\boldsymbol{G})^{-1}$ 的稳定性可以通过观察 $\det(\boldsymbol{I}+\boldsymbol{C}_f\boldsymbol{G})$ 是否含有 RHP 零点来判断，这可以利用 Nyquist 曲线判断准则或用数值求解方法来检验。

当存在过程不确定性时，由于如图 14.19 所示的系统设定点跟踪是开环控制，因此鲁棒稳定性分析亦只需考虑其中设置在过程输入和输出之间的闭环反馈控制结构。实际应用中常见的过程加性 $(\boldsymbol{\Delta}_A)$，乘性输入 $(\boldsymbol{\Delta}_I)$ 和输出 $(\boldsymbol{\Delta}_O)$ 不确定性如图 14.20 所示。

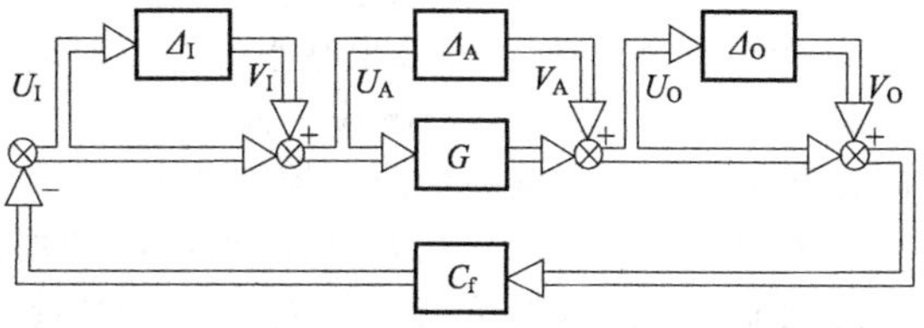

图 14.20　带有过程加性、乘性输入和输出不确定性的闭环结构

通过将图 14.20 所示的摄动闭环系统表示成标准的 $M-\Delta$ 结构[22] 以便于鲁棒稳定性分析，可以推导出如下从 $\boldsymbol{\Delta}_I$，$\boldsymbol{\Delta}_A$ 和 $\boldsymbol{\Delta}_O$ 的输出端到其输入端的传递函数矩阵

$$\begin{bmatrix}\boldsymbol{U}_I\\ \boldsymbol{U}_A\\ \boldsymbol{U}_O\end{bmatrix}=\boldsymbol{M}\begin{bmatrix}\boldsymbol{V}_I\\ \boldsymbol{V}_A\\ \boldsymbol{V}_O\end{bmatrix} \tag{14.102}$$

其中

$$\boldsymbol{M}=\begin{bmatrix}-(\boldsymbol{I}+\boldsymbol{C}_f\boldsymbol{G})^{-1}\boldsymbol{C}_f\boldsymbol{G} & -(\boldsymbol{I}+\boldsymbol{C}_f\boldsymbol{G})^{-1}\boldsymbol{C}_f & -(\boldsymbol{I}+\boldsymbol{C}_f\boldsymbol{G})^{-1}\boldsymbol{C}_f\\ (\boldsymbol{I}+\boldsymbol{C}_f\boldsymbol{G})^{-1} & -(\boldsymbol{I}+\boldsymbol{C}_f\boldsymbol{G})^{-1}\boldsymbol{C}_f & -(\boldsymbol{I}+\boldsymbol{C}_f\boldsymbol{G})^{-1}\boldsymbol{C}_f\\ (\boldsymbol{I}+\boldsymbol{G}\boldsymbol{C}_f)^{-1}\boldsymbol{G} & (\boldsymbol{I}+\boldsymbol{G}\boldsymbol{C}_f)^{-1} & -(\boldsymbol{I}+\boldsymbol{G}\boldsymbol{C}_f)^{-1}\boldsymbol{G}\boldsymbol{C}_f\end{bmatrix} \tag{14.103}$$

注意，下述等价变换成立

$$(\boldsymbol{I}+\boldsymbol{C}_f\boldsymbol{G})^{-1}\boldsymbol{C}_f\boldsymbol{G}=\boldsymbol{I}-(\boldsymbol{I}+\boldsymbol{C}_f\boldsymbol{G})^{-1} \tag{14.104}$$

$$(\boldsymbol{I}+\boldsymbol{G}\boldsymbol{C}_f)^{-1}=\boldsymbol{I}-(\boldsymbol{I}+\boldsymbol{G}\boldsymbol{C}_f)^{-1}\boldsymbol{G}\boldsymbol{C}_f \tag{14.105}$$

利用等价变化

$$\boldsymbol{C}_f(\boldsymbol{I}+\boldsymbol{G}\boldsymbol{C}_f)=(\boldsymbol{I}+\boldsymbol{C}_f\boldsymbol{G})\boldsymbol{C}_f \tag{14.106}$$

满足

$$(\boldsymbol{I}+\boldsymbol{C}_f\boldsymbol{G})^{-1}\boldsymbol{C}_f=\boldsymbol{C}_f(\boldsymbol{I}+\boldsymbol{G}\boldsymbol{C}_f)^{-1} \tag{14.107}$$

此外，由式(14.101) 可得

$$(\boldsymbol{I}+\boldsymbol{G}\boldsymbol{C}_f)^{-1}\boldsymbol{G}\boldsymbol{C}_f=\boldsymbol{G}(\boldsymbol{I}+\boldsymbol{C}_f\boldsymbol{G})^{-1}\boldsymbol{C}_f \tag{14.108}$$

因此，利用式(14.100)，式(14.101)，以及式(14.104)～式(14.108) 可得，如果标称系统是稳定的，即 $(\boldsymbol{I}+\boldsymbol{C}_f\boldsymbol{G})^{-1}$ 是稳定的，那么 $\boldsymbol{M}$ 是稳定的。

然后，可以利用多变量谱半径稳定性准则来得到鲁棒稳定约束条件

$$\rho(\boldsymbol{M}\boldsymbol{\Delta})<1,\forall\omega\in[0,\infty) \tag{14.109}$$

例如，当存在过程加性不确定性时，可得如下谱半径稳定约束条件

$$\rho((\boldsymbol{I}+\boldsymbol{C}_f\boldsymbol{G})^{-1}\boldsymbol{C}_f\boldsymbol{\Delta}_A)<1,\forall\omega\in[0,\infty) \tag{14.110}$$

当存在过程乘性输入和输出不确定性时，可得如下谱半径稳定约束条件

$$\rho\left(\begin{bmatrix}-(\boldsymbol{I}+\boldsymbol{C}_f\boldsymbol{G})^{-1}\boldsymbol{C}_f\boldsymbol{G} & -(\boldsymbol{I}+\boldsymbol{C}_f\boldsymbol{G})^{-1}\boldsymbol{C}_f\\ (\boldsymbol{I}+\boldsymbol{G}\boldsymbol{C}_f)^{-1}\boldsymbol{G} & -(\boldsymbol{I}+\boldsymbol{G}\boldsymbol{C}_f)^{-1}\boldsymbol{G}\boldsymbol{C}_f\end{bmatrix}\begin{bmatrix}\boldsymbol{\Delta}_I & 0\\ 0 & \boldsymbol{\Delta}_O\end{bmatrix}\right)<1,\forall\omega\in[0,\infty) \tag{14.111}$$

为便于实际应用，式(14.110) 和式(14.111) 所示的谱半径稳定性约束可以通过观察对于 $\omega\in[0,+\infty)$ 谱半径幅值曲线是否小于 1 来图示化验证。这样，可以确定解耦控制器矩阵 $\boldsymbol{C}_f$ 中可调参数的允许整定范围。当实际指定 $\boldsymbol{\Delta}_A$、$\boldsymbol{\Delta}_I$ 或 $\boldsymbol{\Delta}_O$ 的上界时，可以利用式(14.110) 和式(14.111) 来分析控制系统鲁棒稳定性，这将在后面的应用案例中加以说明。

结合表 14.2 中所示的期望系统传递函数矩阵和式(14.82) 可得，当解耦控制器矩阵 $\boldsymbol{C}_s$ 中

可调参数 $\lambda_{c,i}(i=1,2,\cdots,m)$ 调小时，相应第 i 个输出响应变快，但是 $\boldsymbol{C}_s$ 中第 i 列的控制器输出信号增大，因此要求它们对应的执行结构提供更大的输出能量。此外，当存在过程不确定性时，第 i 个输出响应较易出现振荡行为。相反，逐渐增大 $\lambda_{c,i}$ 会使对应的系统输出变缓，但是 $\boldsymbol{C}_s$ 中第 i 列控制器的输出减小，并且对应的执行机构的输出也变小。相应地，当存在过程不确定性时，第 i 个输出响应会保持较好的鲁棒性。因此，整定参数 $\lambda_{c,i}(i=1,2,\cdots,m)$ 时，应在期望的设定点跟踪性能、控制器 $\boldsymbol{C}_s$ 及其执行机构的输出能量之间权衡。

类似的分析可得，在 $\boldsymbol{C}_f$ 中减小可调参数 $\lambda_{f,i}(i=1,2,\cdots,m)$ 可以提高闭环系统对由第 i 个过程输入端进入的负载干扰 d_i 的抑制性能，但是 $\boldsymbol{C}_f$ 中第 i 行控制器及其执行机构的输出要增大，会导致闭环结构鲁棒稳定性变差，反之亦然。因此，当存在过程不确定性时，$\boldsymbol{C}_f$ 中可调参数 $\lambda_{f,i}(i=1,2,\cdots,m)$ 的整定应在标称系统的负载干扰抑制性能和鲁棒稳定性之间权衡。

根据大量的仿真测试，一般建议初始时分别在 $(1.0\sim10)\theta_{r,i}$ 和 $(1.0\sim10)\theta_{d,i}$ 范围内选取可调参数 $\lambda_{c,i}$ 和 $\lambda_{f,i}(i=1,2,\cdots,m)$，然后通过在线单调地增减这些参数，达到满意的系统设定点跟踪和扰动抑制性能。

14.3.4 应用案例

这里采用现有文献中的两个应用案例来仿真验证上面小节给出的 2DOF 解耦控制方法的有效性和优点，其中一个例子的 $\det(\boldsymbol{G})$ 中没有 RHP 零点，另一个例子的 $\det(\boldsymbol{G})$ 中有一个 RHP 重复零点。

例 14.5 考虑例 14.3 中的 3×3 维过程，在例 14.3 中已经说明了该过程属于表 14.1 中的情形 1。为设计控制器矩阵用于设定点跟踪，由式(14.85)～式(14.87) 可得 $\theta_{r,1}=0.8$，$\theta_{r,2}=0.68$，$\theta_{r,2}=1.85$，$n_{r,1}=1$，$n_{r,2}=2$，以及 $n_{r,3}=1$。根据表 14.2 中情形 1 的设计公式，可以确定期望系统响应传递函数矩阵的对角元分别为

$$h_{r,1}=\frac{e^{-0.8s}}{\lambda_{c,1}s+1},h_{r,2}=\frac{e^{-0.68s}}{(\lambda_{c,2}s+1)^2},h_{r,3}=\frac{e^{-1.85s}}{\lambda_{c,3}s+1},$$

这与例 14.3 中给出的 MIMO 解耦控制方法完全相同。相应地，可得设定点跟踪控制器矩阵与例 14.3 中的控制器基本相同，只是除去其中每个元素含有的一个正反馈控制单元 $f_i(i=1,2,3)$。

为设计闭环负载干扰抑制控制器矩阵，由定义式(14.93) 和式(14.94) 可得 $\theta_{d,1}=0.71$，$\theta_{d,2}=1.85$，$\theta_{d,3}=1.59$，$n_{d,1}=n_{d,3}=1$ 以及 $n_{d,2}=2$。这样，闭环系统控制器矩阵可以通过表 14.2 中情形 1 中的设计公式推导得出。为与现有的解耦控制方法［文献［25］(Wang) 和文献［30］(Huang)］相比，基于相似的控制器阶数，可得闭环反馈控制器矩阵中的控制器分别如下

$$cf_{11}=D_1\times\frac{14543s^2+256.3578s+0.5502}{(\lambda_{f,1}s+1)(438.7353s+1)}$$

$$cf_{12}=D_1\times\frac{-5757900s^5-3439700s^4-562940s^3-41482s^2-526.426s-0.296}{(\lambda_{f,1}s+1)(615900s^4+116360s^3+12510s^2+466.7655s+1)}e^{-3.76s}$$

$$cf_{13}=D_1\times\frac{400930s^4+33536s^3+1342.3s^2+31.5279s+0.2638}{(\lambda_{f,1}s+1)(33025s^3+3869.9s^2+447.5041s+1)}e^{-0.65s}$$

$$cf_{21}=D_2\times\frac{12391s^3+746.2116s^2+9.7508s+0.0199}{(\lambda_{f,2}s+1)^2(3940.3s^2+447.8424s+1)}e^{-1.05s}$$

$$cf_{22}=D_2\times\frac{13471000s^6+3306200s^5+892990s^4+117120s^3+6709.9s^2+142.0148s+0.3149}{(\lambda_{f,2}s+1)^2(336570s^4+33465s^3+9959.2s^2+461.3811s+1)}e^{-1.17s}$$

$$cf_{23}=D_2\times\frac{16790s^3+1582.9s^2+39.2646s+0.0885}{(\lambda_{f,2}s+1)^2(511.4853s^2+440.0233s+1)}$$

$$cf_{31}=D_3\times\frac{1736.5s^3-21.7287s^2-0.8474s-0.002}{(\lambda_{f,3}s+1)(4815.4s^2+449.8302s+1)}e^{-2.99s}$$

$$cf_{32}=D_3\times\frac{-197040s^5-104730s^4-29099s^3-4024.9s^2-171.9233s-0.374}{(\lambda_{f,3}s+1)(257300s^4+55907s^3+10254s^2+461.9346s+1)}e^{-3.11s}$$

$$cf_{33}=D_3\times\frac{2195s^3+212.3057s^2+5.2157s+0.01}{(\lambda_{f,3}s+1)(1319.1s^2+441.8636s+1)}$$

$$D_1=\frac{1}{1-\dfrac{e^{-0.71s}}{\lambda_{f,1}s+1}},D_2=\frac{1}{1-\dfrac{e^{-1.85s}}{(\lambda_{f,2}s+1)^2}},D_3=\frac{1}{1-\dfrac{e^{-1.59s}}{\lambda_{f,3}s+1}}$$

其中，D_1、D_2 和 D_3 可以通过图 14.11 所示的控制单元实现。

取控制器矩阵 $\boldsymbol{C}_s$ 中可调参数为 $\lambda_{c,1}=8$，$\lambda_{c,2}=10$，$\lambda_{c,3}=15$ 以获得与文献［25,30］相似的系统设定点上升速度，便于客观比较。另外，取控制器矩阵 $\boldsymbol{C}_f$ 中的可调参数为 $\lambda_{f,1}=0.2$，$\lambda_{f,2}=18$，$\lambda_{f,3}=15$，以便与文献［30］基于 2DOF 控制结构的负载干扰抑制方面做比较。分别于 t 为 0s、300s 和 600s 时在系统设定点加入三路单位阶跃给定值输入信号，然后，同文献［30］假设的负载干扰，在$t=900$s 时将一个反向单位阶跃干扰信号通过传递函数矩阵 $\boldsymbol{G}_L=[1.986e^{-0.71s}/(66.7s+1),\ -0.0204e^{-3.53s}/(11.49s+1),\ -0.374e^{-7.75s}/(22.22s+1)]^T$ 加入所有被控过程输出端，得到的仿真控制结果如图 14.21 所示。

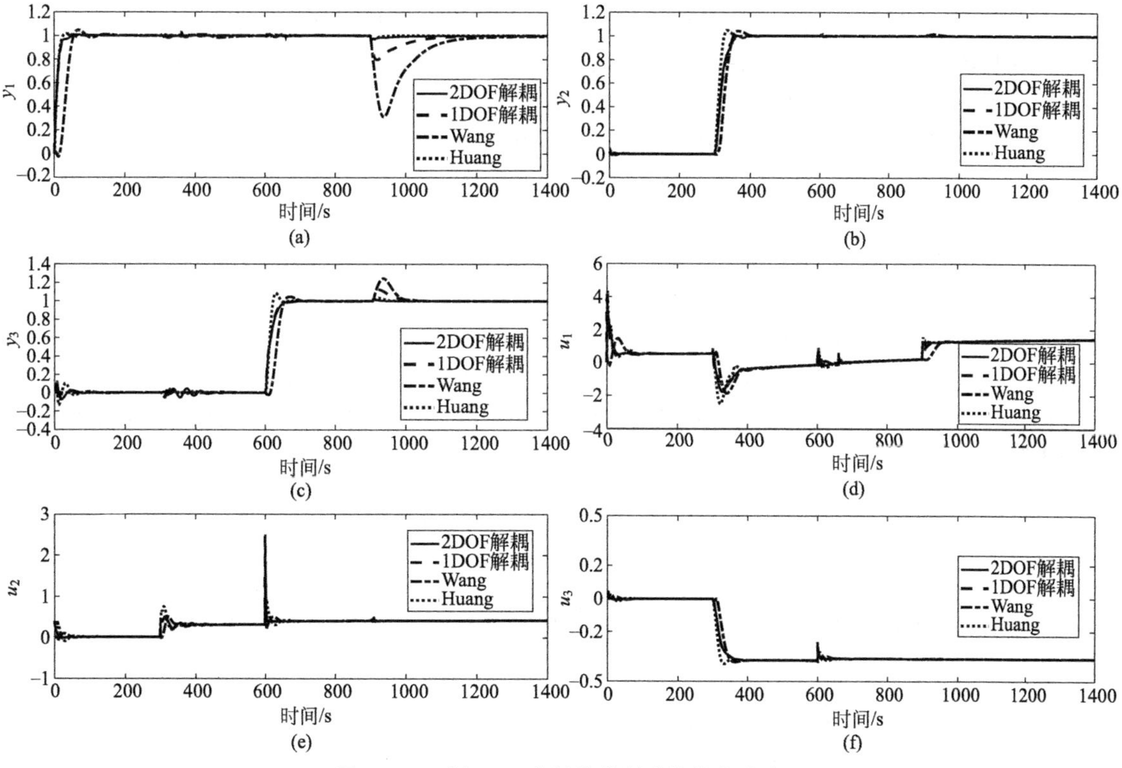

图 14.21　例 14.5 中标称控制系统输出响应

可以看出，本节方法下的标称系统设定点响应快速平稳且无超调（粗实线），三路过程输出响应之间几乎完全解耦。而且，得益于采用 2DOF 控制结构，本节方法与文献［30］中的方法都明显提高了负载干扰抑制性能。需要说明，由于使用了相同的控制器形式以及设定点跟踪的可调参数，本节方法和基于单位反馈控制结构的单自由度解耦控制方法（粗虚线）具有相同的设定点跟踪性能。注意本节方法可通过单调地减小控制器矩阵 $\boldsymbol{C}_s$ 和 $\boldsymbol{C}_f$ 中的可调参数，得到更好的设定点跟踪性能和负载干扰抑制性能。

为验证控制系统的鲁棒稳定性，采用文献［25］中假设的过程参数摄动情况进行测试，即被控过程传递函数矩阵中所有时间常数均实际增大40%，图14.22示出摄动系统的输出响应。

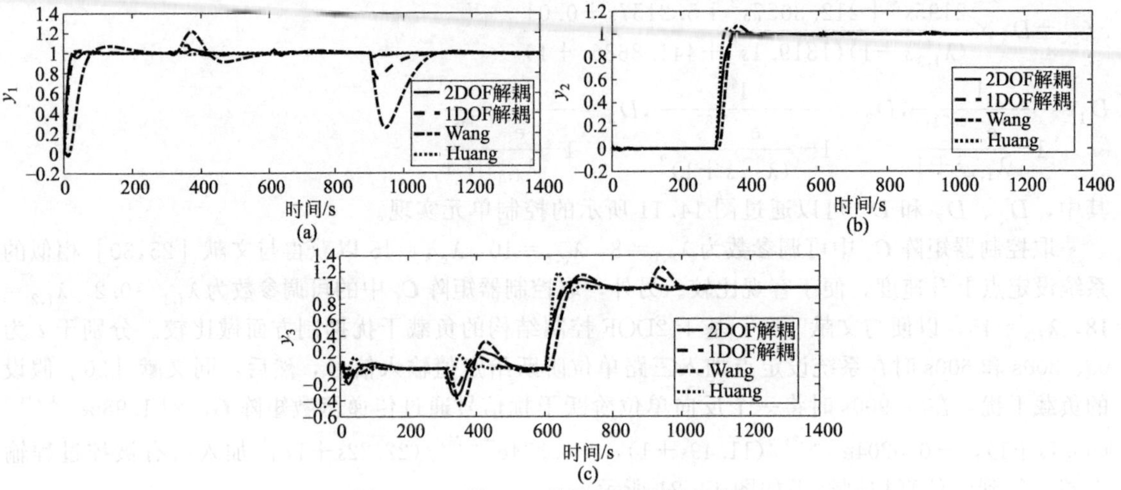

图 14.22 例 14.5 的摄动系统输出响应

可以看到，当出现严重的参数摄动时（实线），本节方法下的摄动系统保持较好的鲁棒稳定性。与标称情况相比，控制信号变化不大，因此省略。说明：通过单调地减小本节方法中控制器矩阵 $\boldsymbol{C}_{\mathrm{f}}$ 的可调参数，可以方便地获得更好的鲁棒稳定性。

例 14.6 考虑文献［30-32］中研究的双输入双输出过程

$$\boldsymbol{G}=\begin{bmatrix}\dfrac{(-s+1)\mathrm{e}^{-2s}}{s^2+1.5s+1} & \dfrac{0.5(-s+1)\mathrm{e}^{-4s}}{(2s+1)(3s+1)}\\ \dfrac{0.33(-s+1)\mathrm{e}^{-6s}}{(4s+1)(5s+1)} & \dfrac{(-s+1)\mathrm{e}^{-3s}}{4s^2+6s+1}\end{bmatrix}$$

显然，该过程传递函数矩阵中每个元素有一个共同的RHP零点，$s=1$。因此，它是 $\det(\boldsymbol{G})$ 的一个RHP重复零点。可以验证 $\det(\boldsymbol{G})$ 中没有其他的RHP零点。由式(14.85)～式(14.87)可得 $\theta_{\mathrm{r},1}=2$，$\theta_{\mathrm{r},2}=3$，$n_{\mathrm{r},1}=n_{\mathrm{r},2}=1$。根据表14.2情形2中的设计公式，可以得出如下设定点跟踪控制器矩阵

$$\boldsymbol{C}_{\mathrm{s}}=D\begin{bmatrix}\dfrac{s^2+1.5s+1}{(\lambda_{\mathrm{c},1}s+1)(s+1)} & -\dfrac{0.5(s^2+1.5s+1)(4s^2+6s+1)\mathrm{e}^{-2s}}{(\lambda_{\mathrm{c},2}s+1)(s+1)(2s+1)(3s+1)}\\ -\dfrac{0.33(s^2+1.5s+1)(4s^2+6s+1)\mathrm{e}^{-3s}}{(\lambda_{\mathrm{c},1}s+1)(s+1)(4s+1)(5s+1)} & \dfrac{4s^2+6s+1}{(\lambda_{\mathrm{c},2}s+1)(s+1)}\end{bmatrix}$$

其中

$$D=\frac{1}{1-\dfrac{0.165(s^2+1.5s+1)(4s^2+6s+1)}{(2s+1)(3s+1)(4s+1)(5s+1)}\mathrm{e}^{-5s}}$$

注意，D 可以利用图14.11所示的控制单元实现。

为设计闭环反馈控制器矩阵用于负载干扰抑制，由式(14.93)和式(14.94)可得 $\theta_{\mathrm{d},1}=2$，$\theta_{\mathrm{d},2}=3$，$n_{\mathrm{d},1}=n_{\mathrm{d},2}=1$。因此，可以类似地推导出如下闭环控制器矩阵

$$\boldsymbol{C}_{\mathrm{f}}=D\begin{bmatrix}\dfrac{s^2+1.5s+1}{(\lambda_{\mathrm{f},1}s+1)(s+1)}D_1 & -\dfrac{0.5(s^2+1.5s+1)(4s^2+6s+1)\mathrm{e}^{-s}}{(\lambda_{\mathrm{f},1}s+1)(s+1)(2s+1)(3s+1)}D_1\\ -\dfrac{0.33(s^2+1.5s+1)(4s^2+6s+1)\mathrm{e}^{-4s}}{(\lambda_{\mathrm{f},2}s+1)(s+1)(4s+1)(5s+1)}D_2 & \dfrac{4s^2+6s+1}{(\lambda_{\mathrm{f},2}s+1)(s+1)}D_2\end{bmatrix}$$

其中

$$D_1=\frac{1}{1-\frac{(-s+1)\mathrm{e}^{-2s}}{(\lambda_{\mathrm{f},1}s+1)(s+1)}},D_2=\frac{1}{1-\frac{(-s+1)\mathrm{e}^{-3s}}{(\lambda_{\mathrm{f},2}s+1)(s+1)}}$$

注意，D_1 和 D_2 可以利用图 14.11 所示的控制单元实现。

取控制器矩阵 $\boldsymbol{C}_{\mathrm{s}}$ 中的可调参数为 $\lambda_{\mathrm{c},1}=2$ 和 $\lambda_{\mathrm{c},2}=2$，以获得与文献［30］（Huang）相似的系统设定点上升速度，取控制器矩阵 $\boldsymbol{C}_{\mathrm{f}}$ 中的可调参数为 $\lambda_{\mathrm{f},1}=0.8$ 和 $\lambda_{\mathrm{f},2}=1.5$，以获得与文献［30］相似的负载干扰响应峰值。说明：文献［30］中的方法已通过仿真测试对比验证优于文献［31,32］中的方法。

分别于 $t=0\mathrm{s}$ 和 $t=100\mathrm{s}$ 在系统设定点加入两路阶跃给定值输入信号，然后，如同文献［30］假设的负载干扰，在 $t=200\mathrm{s}$ 时将一个反向单位阶跃干扰信号通过传递函数矩阵 $\boldsymbol{G}_L=[\mathrm{e}^{-s}/(25s+1),\mathrm{e}^{-s}/(25s+1)]^{\mathrm{T}}$，加入两路过程输出端，得到的仿真控制结果如图 14.23 所示。

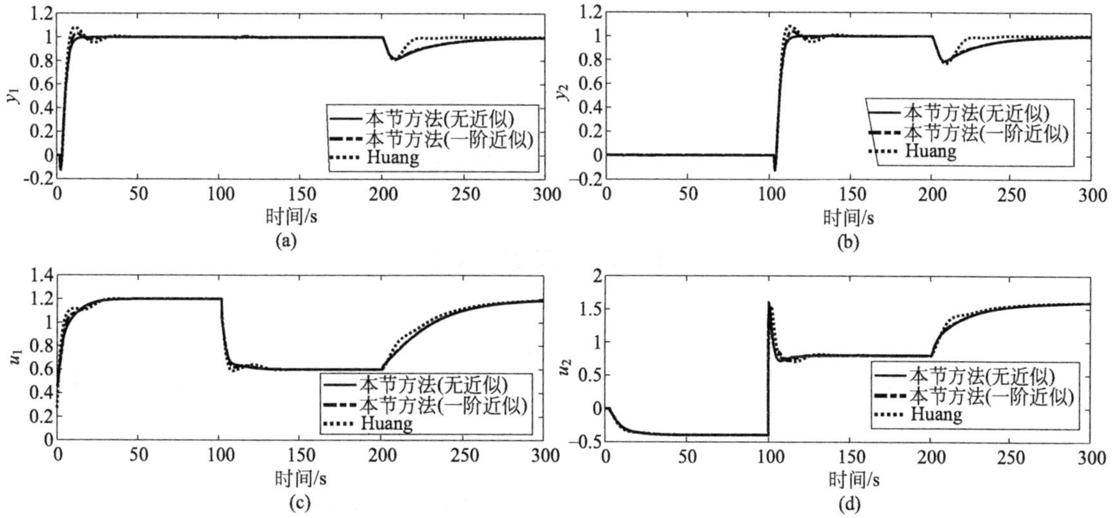

图 14.23　例 14.6 的标称控制系统输出响应

可以看出，本节方法下的系统设定点跟踪响应（粗实线）无超调，两路过程输出响应之间几乎完全解耦。此外，采用式(14.33）所示的一阶有理近似公式来逼近实现上述控制器矩阵 $\boldsymbol{C}_{\mathrm{s}}$ 和 $\boldsymbol{C}_{\mathrm{f}}$ 中的 D，得到 $D_{1/1}=(8.227s+1.1976)/(9.142s+1)$ 以简化执行控制系统，相应的输出响应也示于图 14.23 中以做比较，可见系统输出性能的下降几乎可以忽略。

为比较控制系统的鲁棒稳定性，采用文献［30］中假设的过程参数摄动情况，即被控过程传递函数矩阵中对角元素的静态增益和时滞分别实际增大 20％和 30％。根据式(14.110）给出的鲁棒稳定约束条件，绘制用于验证鲁棒稳定性的谱半径幅值曲线如图 14.24 所示。

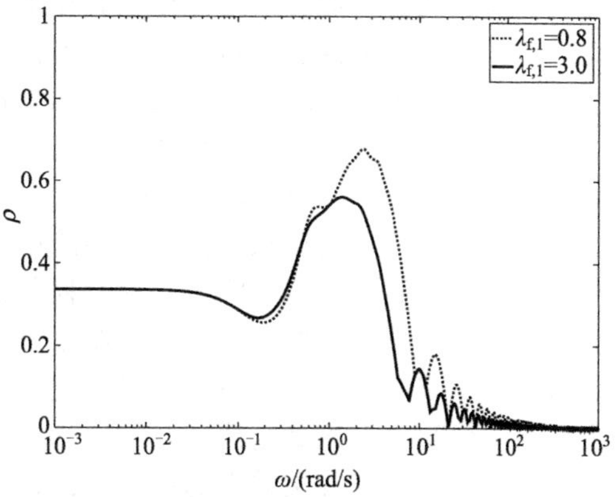

图 14.24　例 14.6 中谱半径的幅值曲线

可以看出，谱半径幅值曲线的峰值（点线）明显小于 1，表明本节 2DOF 解耦控制系统保持较好的鲁棒稳定性。图 14.25 示出了相应的输出响应。

可以看出，对于相似的标称系统输出性能，

本节方法明显提高了鲁棒稳定性。此外，增大控制器矩阵 $\boldsymbol{C}_s$ 中第一列控制器的共同调节参数 $\lambda_{c,1}$ 可以逐渐消除过程输出 y_1 的设定点响应振荡，例如，取 $\lambda_{c,1}=5$，仿真结果如图 14.25 所示（粗实线）。另一方面，增大控制器矩阵 $\boldsymbol{C}_f$ 中第一行控制器的共同调节参数 $\lambda_{f,1}$ 可以逐渐消除 y_1 的负载干扰响应振荡，如取 $\lambda_{f,1}=3$，得到的仿真结果如图 14.25 所示（粗实线）。相应地，由图 14.24 可以看出谱半径幅值曲线的峰值变小（实线），表明控制系统鲁棒稳定性进一步提高。说明：通过调节参数 $\lambda_{c,1}$ 和 $\lambda_{f,1}$，过程输出 y_2 的设定点响应和负载干扰响应几乎没有受到影响。因此，验证说明了可以相对独立地在线整定控制器矩阵 $\boldsymbol{C}_s$ 中每个可调参数来优化对应输出变量的设定点跟踪性能，类似地，控制器矩阵 $\boldsymbol{C}_f$ 中每个可调参数也可以相对独立地在线整定来优化对应输出变量的负载干扰抑制性能。

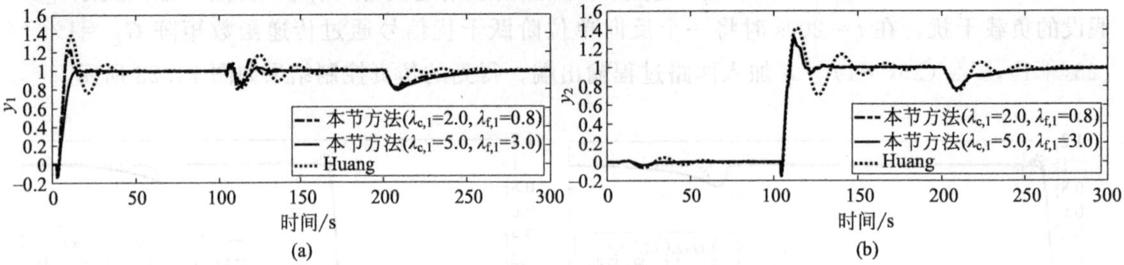

图 14.25　例 14.6 的摄动系统输出响应

14.4　本章小结

针对开环稳定的 TITO 过程，基于标准的 IMC 结构提出一种解析的解耦控制方法[17]，可实现标称系统输出响应的完全解耦。与基于数值算法的解耦控制方法相比，解析设计过程的计算量较小。此外，建立可调控制参数与标称系统输出响应间的定量整定关系，便于实际系统操作。给定实际中预估的过程加性或乘性不确定性界，根据谱半径稳定性准则建立的鲁棒稳定性约束可以用于图示化确定解耦控制器矩阵每列控制器中单一可调参数的允许整定范围。

针对 MIMO 过程，基于工程应用中广泛采用的单位反馈控制结构给出一种解析设计解耦控制器矩阵的方法[18]，对于标称过程可以实现完全解耦调节。通过对被控过程传递函数矩阵的逆（即 $\boldsymbol{G}^{-1}$）分析非最小相位特性，提出实际期望的闭环系统传递函数矩阵。基于对 $\det(\boldsymbol{G})$ 中 RHP 零点分布的不同情形分类，可以由期望的闭环系统传递函数矩阵得到解耦控制器矩阵。为便于执行，给出了一种解析近似方法来实现期望的解耦控制器矩阵。对标称系统，以及存在过程加性、乘性输入和输出不确定性的摄动系统，分析给出了系统保证稳定性的充分条件。由于解耦控制器矩阵中每列控制器可以通过单一参数整定，因此可以通过该参数整定解耦控制器矩阵实现标称系统性能和鲁棒稳定性之间的最佳折中。

为了进一步提高多变量系统的设定点跟踪和负载抗扰性能，提出一种针对带有多重时滞的 MIMO 过程的 2DOF 解耦控制方案[19]，可以实现相对独立地调节和优化设定点跟踪和负载干扰抑制性能。在设定点跟踪控制器矩阵中，每列控制器可以通过一个共同的可调参数调节，而在负载干扰抑制控制器矩阵中，每行控制器可以通过另一个共同的可调参数调节。每一个可调参数可以在线单调地增减以实现控制系统标称性能和鲁棒稳定性之间的最好的权衡，便于实际应用。根据多变量谱半径稳定性准则建立鲁棒稳定性约束，可以通过绘制相应的谱半径幅值曲线来图示化验证系统稳定性。

最后，采用现有文献中的一些 TITO 和 MIMO 过程案例来验证说明本章给出的三种解耦控制方法的有效性和优点。

习题

1. 为什么多变量系统需要解耦控制？请举例说明解耦控制的作用和意义。

2. 对于开环稳定的 TITO 过程，简述基于 IMC 结构设计解耦控制的前提条件，以及期望的控制系统传递函数形式。

3. 对于一个开环稳定的 TITO 过程，请推导一下当 $\theta_{11}+\theta_{22}>\theta_{12}+\theta_{21}$ 时，如何得到解耦控制器矩阵 $\boldsymbol{C}$ 的形式如式(14.35)～式(14.38) 所示。

4. 对于一个开环稳定的多输入多输出过程，简述基于一个单位反馈控制结构设计解耦控制的前提条件，以及期望的控制系统传递函数形式。

5. 请推导如何得到如表 14.1 中对于情形 2 列出的解耦控制器矩阵形式。

6. 在第 14.2.4 节的稳定性分析中，为什么从式(14.70) 可知 $\boldsymbol{R}$，$\boldsymbol{D}_{\mathrm{O}}$ 和 $\boldsymbol{N}_{\mathrm{O}}$ 对 $\boldsymbol{Y}$ 和 $\boldsymbol{U}$ 有相似的作用？

7. 如果例 14.1 的过程传递函数矩阵所有元素的实际稳态增益、时滞和时间常数都增大 30%，请编程绘制如图 14.6 所示的谱半径曲线，判断说明基于 IMC 结构的解耦控制系统能够保证鲁棒稳定性。

8. 在例 14.4 中，如果采用更高阶的近似公式来逼近 D（例如取 $U=3$，$V=2$），请写出解耦控制器矩阵的实现形式，给出仿真实验结果，比较采用不同阶次的近似公式来实现期望解耦控制器形式对控制系统性能的影响。

9. 采用一个多变量系统的两自由度解耦控制方案有何优点？该种方案的期望设定点跟踪传递函数矩阵与基于一个单位反馈控制的解耦控制方案有何不同之处？

10. 请写出表 14.2 中第一种情形下的设定点跟踪和闭环反馈解耦控制器矩阵的推导过程。

11. 在例 11.6 中，如果取设定点跟踪控制器矩阵 $\boldsymbol{C}_{\mathrm{s}}$ 中的可调参数为 $\lambda_{\mathrm{c},1}=3$ 和 $\lambda_{\mathrm{c},2}=4$，取闭环反馈控制器矩阵 $\boldsymbol{C}_{\mathrm{f}}$ 中的可调参数为 $\lambda_{\mathrm{f},1}=1$ 和 $\lambda_{\mathrm{f},2}=2$，请写出这两个解耦控制器矩阵的实现形式，给出仿真实验结果，比较采用不同阶次的近似公式来实现期望解耦控制器形式对控制系统性能的影响。

参考文献

[1] Luyben W. L. Process Modeling, Simulation, and Control for Chemical Engineers. New York: McGraw Hill, 1990.

[2] Ogunnaike B. A., Ray W. H. Process Dynamics, Modeling, and Control, New York: Oxford University Press, 1994.

[3] Seborg D. E., Edgar T. F. Mellichamp D. A. Process Dynamics and Control, 2nd Edition, Hoboken: Wiley, 2004.

[4] 王骥程，祝和云. 化工过程控制工程. 北京：化学工业出版社，1991.

[5] 俞金寿，蒋慰孙. 过程控制工程. 3 版. 北京：电子工业出版社，2007.

[6] 黄德先，王京春，金以慧. 过程控制系统. 北京：清华大学出版社，2011.

[7] Alevisakis G., Seborg D. E. An extension of the Smith Predictor to multivariable linear systems containing time delays. International Journal of Control, 1973, 3 (17): 541-557.

[8] Ogunnaike B. A., Ray W. H. Multivariable controller design for linear systems having multiple time delays. AIChE Journal, 1979, 25 (6): 1043-1056.

[9] Watanabe K., Ishiyama Y., Ito M. Modified Smith predictor control for multivariable systems with delays and unmeasurable step disturbances. International Journal of Control, 1983, 37 (5): 959-973.

[10] Shiu S. J., Hwang S. H. Sequential design method for multivariable decoupling and multiloop PID controllers. Industrial & Engineering Chemistry Research, 1998, 37 (1): 107-119.

[11] Toh W. H., Rangaiah G. P. A methodology for autotuning of multivariable systems. Industrial & Engineering Chemistry Research, 2002, 41 (18): 4605-4615.

[12] Åström K. J., Johansson K. H., Wang Q. G. Design of decoupled PI controllers for two-by-two systems. IEE Proceedings-Control Theory and Applications, 2002, 149 (1): 74-81.

[13] Chen D., Seborg D. E. Design of decentralized PI control systems based on Nyquist stability analysis. Journal of Process Control, 2003, 13 (1): 27-39.

[14] Lee J., Kim D. H., Edgar T. F. Static decouplers for control of multivariable processes. AIChE Journal, 2005, 51 (10): 2712-2720.

[15] Wang Q. G., Huang B., Guo X. Auto-tuning of TITO decoupling controllers from step tests. ISA Transactions, 2000, 39 (4): 407-418.

[16] Waller M., Waller J. B., Waller K. V. Decoupling revisited. Industrial & Engineering Chemistry Research, 2003, 42 (20): 4575-4577.

[17] Liu T., Zhang W., Gu D. Analytical design of decoupling internal model control (IMC) scheme for two-input-two-output (TITO) processes with time delays. Industrial & Engineering Chemistry Research, 2006, 45 (9): 3149-3160.

[18] Liu T., Zhang W., Gao F. Analytical decoupling control strategy using a unity feedback control structure for MIMO processes with time delays. Journal of Process Control, 2007, 17 (2): 173-186.

[19] Liu T., Zhang W., Gao F. Analytical two-degrees-of-freedom (2-DOF) decoupling control scheme for multiple-input-multiple-output (MIMO) processes with time delays. Industrial & Engineering Chemistry Research, 2007, 46 (20): 6546-6557.

[20] Morari M., Zafiriou E. Robust Process Control, Englewood Cliff, NJ: Prentice Hall, 1989.

[21] Skogestad S., Postlethwaite I. Multivariable Feedback Control: Analysis and Design, 2nd Edition, Chichester: Wiley, 2005.

[22] Zhou K. M., Doyle J. C. Glover K. Robust and Optimal Control, Englewood Cliff, NJ: Prentice Hall, 1996.

[23] Wood R. K., Berry M. W. Terminal composition control of binary distillation column. Chemical Engineering Science, 1973, 28 (10): 1707-1717.

[24] Tyreus B. D. Multivariable control system design for an industrial distillation column. Industrial & Engineering Chemistry Process Design and Development, 1979, 18 (2): 177-182.

[25] Wang Q. G., Zhang Y., Chiu M. S. Non-interacting control design for multivariable industrial processes. Journal of Process Control, 2003, 13 (3): 253-265.

[26] Jerome N. F., Ray W. H. Model-predictive control of linear multivariable systems having time delays and right-half-plane zeros. Chemical Engineering Science, 1992, 47 (4): 763-785.

[27] Limebeer D. J. N., Kasenally E. M., Perkins J. D. On the design of robust two degree of freedom controllers. Automatica, 1993, 29 (1): 157-168.

[28] Prempain E., Bergeon B. A multivariable two-degree-of-freedom control methodology. Automatica, 1998, 34 (12): 1601-1606.

[29] Lundström P., Skogestad S. Two-degree-of-freedom controller design for an ill-conditioned distillation process using μ-synthesis. IEEE Transactions on Automatic Control, 1999, 7 (1): 12-21.

[30] Huang H. P., Lin F. Y. Decoupling multivariable control with two degrees of freedom. Industrial & Engineering Chemistry Research, 2006, 45 (9): 3161-3173.

[31] Jerome N. F., Ray W. H. High-performance multivariable control strategies for systems having time delays. AIChE Journal, 1986, 32 (6): 914-931.

[32] Wang Q. G., Zou B., Zhang Y. Decoupling Smith predictor design for multivariable systems with multiple time delays. Chemical Engineering Research and Design Transactions of the Institute of Chemical Engineers, Part A, 2000, 78 (4): 565-572.

附　控制仿真程序

(1) 例 14.1 的控制仿真程序伪代码及图形化编程方框图

行号	编制程序伪代码	注释
1	$T_s=200$	仿真时间(min)
2	$T_1=0;T_2=100;r_1=r_2=1$	设定点输入起始时间与幅值
3	$g_{11}=\hat{g}_{11}=\dfrac{12.8e^{-s}}{16.7s+1};g_{12}=\hat{g}_{12}=\dfrac{-18.9e^{-3s}}{21s+1};$ $g_{21}=\hat{g}_{21}=\dfrac{6.6e^{-7s}}{10.9s+1};g_{22}=\hat{g}_{22}=\dfrac{-19.4e^{-3s}}{14.4s+1}$	被控过程及其模型
4	$\lambda_1=2;\lambda_2=4$	控制器参数
5	$c_{11}=F\dfrac{16.7s+1}{12.8(\lambda_1 s+1)};$ $c_{12}=F\dfrac{-0.0761(16.7s+1)(14.4s+1)e^{-2s}}{(21s+1)(\lambda_2 s+1)};$ $c_{21}=F\dfrac{0.0266(16.7s+1)(14.4s+1)e^{-4s}}{(10.9s+1)(\lambda_1 s+1)};$ $c_{22}=F\dfrac{-(14.4s+1)}{19.4(\lambda_2 s+1)};$ $F=\dfrac{1}{1-\dfrac{0.5023(16.7s+1)(14.4s+1)}{(21s+1)(10.9s+1)}e^{-6s}}$	控制器公式
6	sim('IMCDecouplingforTITOWoodBerry')	调用仿真图形化组件模块系统,如图 14.26 所示
7	plot(t,y_1);plot(t,y_2);plot(t,u_1);plot(t,u_2)	画系统输出和控制信号图
程序变量	t 为采样控制步长;λ_1、λ_2 为控制器参数	
程序输入	$\boldsymbol{r}=[r_1\quad r_2]^T$ 为设定点跟踪信号	
程序输出	系统输出 $\boldsymbol{y}=[y_1\quad y_2]^T$;控制器输入 $\boldsymbol{u}=[u_1\quad u_2]^T$	

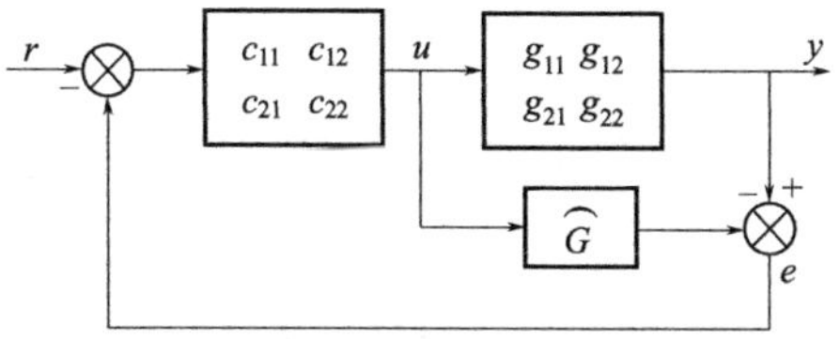

图 14.26　例 14.1 的仿真控制方框图

(2) 例 14.3 的控制仿真程序伪代码及图形化编程方框图

行号	编制程序伪代码	注释
1	$T_s=1000$	仿真时间(s)
2	$T_1=0;T_2=200;T_3=400;r_1=r_2=r_3=1$	设定点输入起始时间与幅值
3	$T_d=600;d_1=d_2=d_3=-0.1$	扰动起始时间与幅值
4	$g_{11}=\dfrac{1.986e^{-0.71s}}{66.7s+1};g_{12}=\dfrac{-5.24e^{-60s}}{400s+1};g_{13}=\dfrac{-5.984e^{-2.24s}}{14.29s+1};$ $g_{21}=\dfrac{-0.0204e^{-0.59s}}{(7.14s+1)^2};g_{22}=\dfrac{0.33e^{-0.68s}}{(2.38s+1)^2};g_{23}=\dfrac{-2.38e^{-0.42s}}{(1.43s+1)^2};$ $g_{31}=\dfrac{-0.374e^{-7.75s}}{22.22s+1};g_{32}=\dfrac{11.3e^{-3.79s}}{(21.74s+1)^2};g_{33}=\dfrac{9.811e^{-1.59s}}{11.36s+1}$	被控过程

续表

行号	编制程序伪代码	注释
5	$\lambda_1=15;\lambda_2=12;\lambda_3=18;\theta_1=0.8;\theta_2=0.68;\theta_3=1.85;$ $N_1=1;N_2=2;N_3=1$	控制器参数
6	$c_{ji}=\dfrac{\dfrac{G^{ij}}{\det(\boldsymbol{G})}e^{-\theta_i s}}{(\lambda_i s+1)^{N_i}}\cdot f_i;\operatorname{adj}(\boldsymbol{G})=[G^{ij}]_{m\times m}^{T},i,j=1,2,3;$ $f_i=\dfrac{1}{1-\dfrac{e^{-\theta_i s}}{(\lambda_i s+1)^{N_i}}}$	控制器公式
7	sim('DecouplingControlforMIMOwithoutRHPzeros')	调用仿真图形化组件模块系统，如图 14.27 所示
8	$plot(t,y_1);plot(t,y_2);plot(t,y_3);$ $plot(t,u_1);plot(t,u_2);plot(t,u_3)$	画系统输出和控制信号图
程序变量	t 为采样控制步长，λ_1、λ_2、λ_3、θ_1、θ_2、θ_3、N_1、N_2、N_2 为控制器参数	
程序输入	$\boldsymbol{R}=[r_1\quad r_2\quad r_3]^T$ 为设定点跟踪信号，$\boldsymbol{D}_I=[d_1\quad d_2\quad d_3]^T$ 为负载扰动	
程序输出	系统输出 $\boldsymbol{Y}=[y_1\quad y_2\quad y_3]^T$，控制器输入 $\boldsymbol{U}=[u_1\quad u_2\quad u_3]^T$	

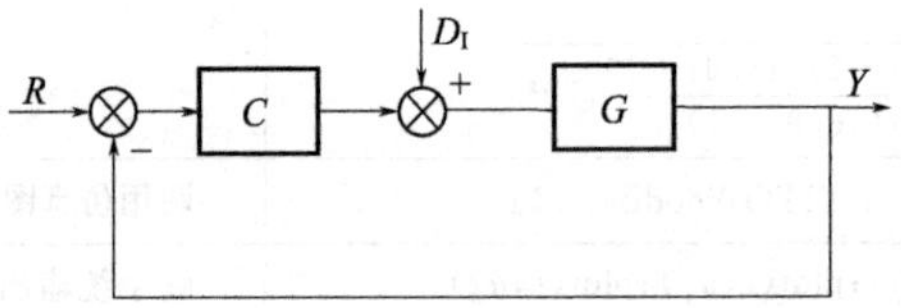

图 14.27 例 14.3 的仿真控制方框图

(3) 例 14.5 的控制仿真程序伪代码及图形化编程方框图

行号	编制程序伪代码	注释
1	$T_s=1400$	仿真时间(s)
2	$T_1=0;T_2=300;T_3=600;r_1=r_2=r_3=1$	设定点输入起始时间与幅值
3	$T_d=900;d_1=d_2=d_3=-1$	扰动起始时间与幅值
4	$\boldsymbol{G}_L=\left[\dfrac{1.986e^{-0.71s}}{66.7s+1}\quad\dfrac{-0.0204e^{-3.53s}}{11.49s+1}\quad\dfrac{-0.374e^{-7.75s}}{22.22s+1}\right]^T$	干扰传递函数
5	$g_{11}=\dfrac{1.986e^{-0.71s}}{66.7s+1};g_{12}=\dfrac{-5.24e^{-60s}}{400s+1};g_{13}=\dfrac{-5.984e^{-2.24s}}{14.29s+1};$ $g_{21}=\dfrac{-0.0204e^{-0.59s}}{(7.14s+1)^2};g_{22}=\dfrac{0.33e^{-0.68s}}{(2.38s+1)^2};g_{23}=\dfrac{-2.38e^{-0.42s}}{(1.43s+1)^2};$ $g_{31}=\dfrac{-0.374e^{-7.75s}}{22.22s+1};g_{32}=\dfrac{11.3e^{-3.79s}}{(21.74s+1)^2};g_{33}=\dfrac{9.811e^{-1.59s}}{11.36s+1}$	被控过程
6	$\theta_{r,1}=0.8;\theta_{r,2}=0.68;\theta_{r,2}=1.85;n_{r,1}=1;n_{r,2}=2;n_{r,3}=1;$ $\lambda_{c,1}=8;\lambda_{c,2}=10;\lambda_{c,3}=15$	设定点跟踪控制器参数
7	$\theta_{d,1}=0.71;\theta_{d,2}=1.85;\theta_{d,3}=1.59;n_{d,1}=n_{d,3}=1;n_{d,2}=2;$ $\lambda_{f,1}=0.2;\lambda_{f,2}=18;\lambda_{f,3}=15$	抗扰控制器参数
8	$h_{r,i}=\dfrac{e^{-\theta_{r,i}s}}{(\lambda_{c,i}s+1)^{n_{r,i}}},i=1,2,3$	期望系统对角传递函数矩阵

续表

行号	编制程序伪代码	注释
9	$c_{ji}=\dfrac{\dfrac{G^{ij}}{\det(\boldsymbol{G})}e^{-\theta_{r,i}s}}{(\lambda_{c,i}s+1)^{n_{r,i}}}$；$\mathrm{adj}(\boldsymbol{G})=[G^{ij}]_{m\times m}^{T}$，$i,j=1,2,3$	设定点跟踪控制器公式
10	$cf_{ij}=\dfrac{\dfrac{G^{ji}}{\det(G)}e^{-\theta_{d,i}s}}{(\lambda_{f,i}s+1)^{n_{d,i}}}\times D_i$；$D_i=\dfrac{1}{1-\dfrac{e^{-\theta_{d,i}s}}{(\lambda_{f,i}s+1)^{n_{d,i}}}}$	抗扰控制器公式
11	sim('2DOFforMIMOwithoutRHPzeros')	调用仿真图形化组件模块系统，如图 14.28 所示
12	plot(t,y_1)；plot(t,y_2)；plot(t,y_3)； plot(t,u_1)；plot(t,u_2)；plot(t,u_3)	画系统输出和控制信号图
程序变量	t 为采样控制步长，$\theta_{r,1}$、$\theta_{r,2}$、$\theta_{r,3}$、$n_{r,1}$、$n_{r,2}$、$n_{r,3}$、$\lambda_{c,1}$、$\lambda_{c,2}$、$\lambda_{c,3}$、$\theta_{d,1}$、$\theta_{d,2}$、$\theta_{d,3}$、$n_{d,1}$、$n_{d,2}$、$n_{d,3}$、$\lambda_{f,1}$、$\lambda_{f,2}$、$\lambda_{f,3}$ 为控制器参数	
程序输入	$\boldsymbol{R}=[r_1\quad r_2\quad r_3]^T$ 为设定点跟踪信号，$\boldsymbol{D}_O=[d_1\quad d_2\quad d_3]^T$ 为负载扰动	
程序输出	系统输出 $\boldsymbol{Y}=[y_1\quad y_2\quad y_3]^T$，控制器输入 $\boldsymbol{U}=[u_1\quad u_2\quad u_3]^T$	

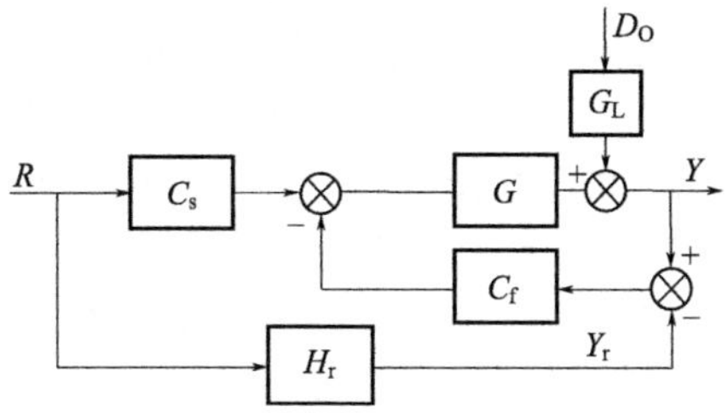

图 14.28　例 14.5 的仿真控制方框图

第15章 批次过程控制

批次过程广泛应用于现代工业生产和制造业中，典型的批次过程包括精细化工反应釜、注塑成型装置、制药结晶罐、半导体电路板生产线、机械手臂加工与搬运操作等。针对批次过程的控制方法研究在过去近几十年里受到国内外学者的广泛关注，并取得了长足的发展[1,2]。其中，迭代学习控制（Iterative learning control，缩写 ILC），因其简单易实现，且对被控对象的模型信息要求较少，已被越来越多地应用于各种批次生产过程的控制与运行优化。ILC 本质上是基于批次过程历史信息来逐批提高系统运行性能和控制质量。如有关 ILC 专著[3-6] 和综述文献[7,8] 所述，针对时不变线性或非线性批次过程和操作系统，已经发展了很多连续时间域或离散域 ILC 方法，可以实现完全跟踪期望轨迹或输出值。然而，ILC 在实际应用中面临的主要问题是对于存在过程时变不确定性情况下的收敛性、稳定性和鲁棒性。

为克服过程时变不确定性，近些年来有一些文献如［9-12］针对无时滞或固定时滞响应的批次过程，发展了一些鲁棒 ILC 设计方法；对于带有时滞响应的批次过程存在时滞不确定性或随批次发生动态特性变化的情况，文献［13］提出基于 Smith 预估器结构的 ILC 方法，可以提高时滞响应批次过程的跟踪性能；文献［14］针对存在输入时滞的批次过程，提出基于相位滞后补偿的 ILC 方法。本章基于工程中常用的 IMC 控制系统，给出一种鲁棒 ILC 设计方法[15]，基于标准的 IMC 控制器结构设计出一个统一的 ILC 控制器形式，以便实际工程应用，并且论证 ILC 系统随批次运行收敛的充分条件。此外，针对工程实践中广泛采用的 PI 闭环回路结构，提出一种只调节闭环系统设定点指令的间接型 ILC 方法[16]，以便于基于已有的闭环 PI 控制系统设计批次运行优化方法，并且基于二维系统理论分析这种间接型 ILC 系统的鲁棒收敛性。对于存在不可重复不确定性的批次过程，提出一种基于扩张状态观测器（ESO）的间接型 ILC 设计方法[17]，可有效提高沿时间和批次方向的控制系统性能。

为便于讲述，本章采用以下符号：定义 $\mathbb{Z}=\{1,2,3,\cdots\}$，$\mathbb{Z}_{+}=\{0,1,2,\cdots\}$，$\mathbb{Z}_{N}=\{0,1,2,\cdots,N\}$，其中 $N\in\mathbb{Z}_{+}$。定义 $\Re$、$\Re^{n}$ 和 $\Re^{n\times m}$ 分别为实数，n 维实向量和 $n\times m$ 实矩阵。对于任意矩阵 $\boldsymbol{P}\in\Re^{m\times m}$，$\boldsymbol{P}>0$（或 $\boldsymbol{P}\geqslant 0$）表示 $\boldsymbol{P}$ 是一个正定（或半正定）矩阵。对于满秩的 $\boldsymbol{P}\in\Re^{m\times m}$，定义 $\boldsymbol{P}^{-1}$ 为 $\boldsymbol{P}$ 的逆，$\boldsymbol{P}^{\mathrm{T}}$ 为 $\boldsymbol{P}$ 的转置。定义 $|a|$ 为 a 的绝对值，$\|\boldsymbol{A}\|_{2}$ 和 $\|\boldsymbol{A}\|_{\infty}$ 为 $\boldsymbol{A}$ 的 2-范数和无穷范数。定义 $\rho(\boldsymbol{P})=\max_{i}|\lambda_{i}(\boldsymbol{P})|$ 为 $\boldsymbol{P}$ 的谱半径，即 $\lambda_{i}(\boldsymbol{P})$ 为 $\boldsymbol{P}$ 的第 i 个特征值。定义 $\boldsymbol{I}$ 和 $\boldsymbol{0}$ 为适当维数的单位向量（矩阵）和零向量（矩阵）。“$*$”表示对阵矩阵中的对称元素。$l_{2}[0,+\infty)$ 表示在非负无穷域内平方可和函数空间。

15.1 基于 IMC 结构的迭代学习控制（ILC）

15.1.1 ILC 方案

第 7 章已介绍过，对于实际工程中常见的常值或阶跃型设定点指令，如果批次时间（T_{p}）足够长，那么经典的 IMC 控制方法[18] 可以保证批次过程输出无稳态偏差。而且，IMC 控制系统可以用于克服过程不确定性，保证闭环系统的鲁棒稳定性。利用 IMC 的这些优点，这里给出基于 IMC 结构的迭代学习控制（ILC）方案，如图 15.1 所示。

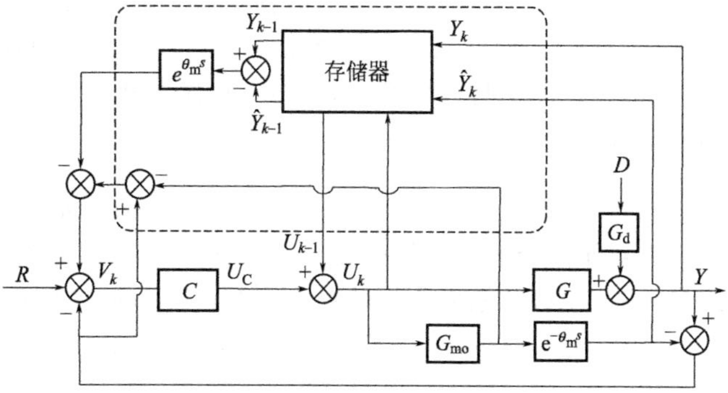

图 15.1　基于 IMC 结构的 ILC 方框图

图 15.1 中虚线框表示 ILC 部分，其余部分是一个典型的 IMC 结构；R 表示系统设定点，Y 表示过程输出，D 表示负载干扰；C 是 IMC 控制器，同时也用于 ILC 控制律的执行，$G_m = G_{mo}e^{-\theta_m s}$ 表示过程模型，G_d 表示负载干扰传递函数；存储器用于记录当前批次的过程输出（Y_k），预测输出（$\hat{Y}_k = G_m U_k$），以及控制输入（U_k），并且提供前一批次的过程输出（Y_{k-1}），预测输出（$\hat{Y}_{k-1}$），以及控制输入（U_{k-1}）；V_k 表示 ILC 对系统设定点的更新信息，用于计算控制增量（U_C），从而调整 U_k。说明：如果上述 IMC 结构已设计为具有一定的鲁棒稳定性，那么对于进入 IMC 系统中的任何有界信号，包括相对独立设计的 ILC 前馈控制信号 V_k，整个控制系统的输出能保证有界。

实际执行如图 15.1 的 ILC 方案时，第一批次只运行 IMC 控制结构，零初始化 ILC 控制律，即 $V_1 = U_0 = 0$。从第二批次开始（$k \geqslant 2$），基于存储器中的 IMC 控制律（U_1），整个控制系统执行 ILC 方案。其关键思想是基于具有一定稳定裕度的 IMC 结构，根据线性叠加原理，ILC 控制律作为一种前馈控制可以沿批次方向逐渐实现完全跟踪期望设定点轨迹。因此，在这个控制方案中，可以分别独立地设计保持控制系统鲁棒稳定性的 IMC 控制律和用于提高设定点跟踪性能的 ILC 控制律。

图 15.1 所示的时滞过程通常可以描述为如下传递函数形式：

$$G_m(s) = G_{mo}e^{-\theta_m s} \tag{15.1}$$

其中，G_m 表示有理传递函数；θ_m 表示过程响应时滞参数。注意这里的 ILC 设计是针对开环稳定的批次过程，因此，我们可以进一步将 G_{mo} 描述为

$$G_{mo}(s) = k_p \frac{B_+(s)B_-(s)}{A(s)} \tag{15.2}$$

其中，k_p 表示过程增益；$A(0) = B_+(0) = B_-(0) = 1$；$A(s)$ 和 $B_-(s)$ 中所有零点都位于复左半平面（LHP）；$B_+(s)$ 中的所有零点都位于复右半平面（RHP）。记 $\deg A(s) = m$，$\deg B_-(s) = n_1$，$\deg B_+(s) = n_2$。一般来说，实际批次过程都是物理正则的，因此满足 $n_1 + n_2 < m$。

记 Y_d 为期望输出轨迹。假设批次运行的时域初始重置条件为 $r(0) = y_d(0) = y_k(0)$，其中，下标 k 表示第 k 批次。为了便于分析，这里考虑零初始条件，即 $y_d(0) = y_k(0) = 0$。对于非零初始条件的情况，可以转化为零初始条件，以便控制设计与分析。

15.1.2　IMC 控制器

针对式(15.1) 和式(15.2) 中给出的过程模型，为了实现 H_2 最优设定点跟踪性能，由 IMC 理论[18] 可得如下的控制器

$$C_{IMC}(s) = \frac{A(s)}{k_p B_-(s) B_+^*(s)(\lambda_c s + 1)^{m-n_1}} \tag{15.3}$$

其中，λ_c 表示可调参数，$B_+^*(s)$ 表示 $B_+(s)$ 的复共轭。容易验证该控制器保持双正则。

为便于分析，假设被控过程的动态特性变化范围在不确定集合 $\Pi = \{G: |G(j\omega) - G_m(j\omega)|/$

$|G_m(j\omega)| \leqslant |\Delta_m(j\omega)|\}$ 中，其中 $\Delta_m(j\omega)$ 表示过程乘性不确定性的上界。根据小增益定理[19]，上述 IMC 系统保持鲁棒稳定性的充要条件是

$$|\Delta_m(j\omega)T(j\omega)| < 1, \forall \omega \in [0,\infty) \tag{15.4}$$

其中，$T = G_m C_{IMC}$ 表示标称情况下（$G = G_m$）的闭环系统传递函数。

将式(15.3) 与过程模型式(15.1) 代入式(15.4)，可得如下鲁棒整定 IMC 控制器参数的约束条件

$$(\lambda_c^2\omega^2+1)^{\frac{m-n_1}{2}} > |\Delta_m(j\omega)|, \forall \omega \in [0,\infty) \tag{15.5}$$

因此，对于一个实际预估的 $\Delta_m(j\omega)$ 上界，闭环系统的稳定性可以通过观察对于 $\omega \in [0,\infty)$ 式(15.5) 左边的幅值曲线是否大于右边来图示化判断。

为便于后续批次执行 ILC 控制律，上述初始批次运行的 IMC 方法的主要目的在于保证控制系统稳定，并且具有一定的稳定裕度。

15.1.3 ILC 控制器

ILC 控制器的主要任务是沿批次方向提高系统输出性能，对于动态特性保持不变的批次过程实现输出完全跟踪期望设定值（或轨迹），数学上可以描述为

$$\lim_{k\to\infty} \| y_d - y_k \| = 0 \tag{15.6}$$

其中，y_d 表示期望的随时间方向系统输出值（或轨迹），通常 y_d 等于系统设定点指令 r，除非设定点不是一个连续信号。例如，如果 r 是实际中常用的阶跃信号，则可以利用一个低通滤波器来得到平滑连续的期望轨迹，即 $Y_d = FR$，F 实际上可以取为一个具有小时间常数的一阶稳定传递函数。

由于存在过程响应时滞，上述控制目标修改为

$$\lim_{k\to\infty} \| y_d e^{-\theta s} - y_k \| = 0 \tag{15.7}$$

其中，θ 表示过程响应时滞。对于实际中通过辨识建模得到的时滞参数 θ_m，可以采用如下目标函数设计 ILC 控制律

$$\lim_{k\to\infty} \| y_d e^{-\theta_m s} - y_k \| = 0 \tag{15.8}$$

由图 15.1 可见，ILC 实质上是基于前一批次过程输出（Y_{k-1}）和控制输入（U_{k-1}）的前馈控制。当前批次的控制输入可以写为

$$U_k = U_{k-1} + C[R - (Y_k - \hat{Y}_k) + V_k] \tag{15.9}$$

在初始批次运行 IMC 控制方法后，IMC 控制律被存为 U_1。在后续批次运行中，通过在 ILC 控制律中删除基于 IMC 的误差信息 $R-(Y_k-\hat{Y}_k)$，就可以分别独立地调节控制系统稳定性（通过 IMC）和跟踪误差收敛率（通过 ILC）。

由式(15.8) 可知，当前批次的跟踪误差为

$$E_k = Y_d e^{-\theta_m s} - Y_k \tag{15.10}$$

在式(15.10) 两边乘以 $e^{\theta_m s}$，得到如下预测形式

$$E_k e^{\theta_m s} = Y_d - Y_k e^{\theta_m s} \tag{15.11}$$

由于 $Y_k e^{\theta_m s}$ 不能提前预知，因此上述的误差预测可以通过如下的过程模型响应来估计

$$\hat{E}_k e^{\theta_m s} = Y_d - \hat{Y}_k e^{\theta_m s} \tag{15.12}$$

它可以用于计算控制增量（U_C）从而调整 U_k，以克服过程时滞的影响，实现无时滞的完全跟踪性能。

此外，随批次运行重复出现的负载干扰响应可以通过如下方式估计：

$$G_{\mathrm{d}}D=Y_{k-1}-\hat{Y}_{k-1} \tag{15.13}$$

其中，$\hat{Y}_{k-1}=G_{\mathrm{m}}U_{k-1}$ 应该被包含在当前批次的 ILC 更新信息（V_k）中，从而可完全消这类扰动的不利影响。

基于上述分析，ILC 更新信息可以表示成如下形式

$$V_k=Y_{\mathrm{d}}-R+(Y_k-\hat{Y}_k)-\mathrm{e}^{\theta_{\mathrm{m}}s}(\hat{Y}_k+Y_{k-1}-\hat{Y}_{k-1}) \tag{15.14}$$

将式(15.14) 代入式(15.9)，可得如下 ILC 控制律

$$U_k=U_{k-1}+C[Y_{\mathrm{d}}-\mathrm{e}^{\theta_{\mathrm{m}}s}(\hat{Y}_k+Y_{k-1}-\hat{Y}_{k-1})] \tag{15.15}$$

如图 15.1 所示，当 $Y_{\mathrm{d}}=R$ 时，式(15.14) 和式(15.15) 可以分别简化为

$$V_k=Y_k-\hat{Y}_k-\mathrm{e}^{\theta_{\mathrm{m}}s}(\hat{Y}_k+Y_{k-1}-\hat{Y}_{k-1}) \tag{15.16}$$

$$U_k=U_{k-1}+C[R-\mathrm{e}^{\theta_{\mathrm{m}}s}(\hat{Y}_k+Y_{k-1}-\hat{Y}_{k-1})] \tag{15.17}$$

在式(15.15) 两边乘以 G，并利用如下关系

$$Y_k=GU_k+G_{\mathrm{d}}D \tag{15.18}$$

$$G_{\mathrm{m}}(Y_k-Y_{k-1})=G(\hat{Y}_k-\hat{Y}_{k-1}) \tag{15.19}$$

以及可重复负载干扰的特性

$$G_{\mathrm{d}}D=Y_k-\hat{Y}_k=Y_{k-1}-\hat{Y}_{k-1} \tag{15.20}$$

可以得到

$$Y_k=\frac{1+C(G_{\mathrm{mo}}-G\mathrm{e}^{\theta_{\mathrm{m}}s})}{1+G_{\mathrm{mo}}C}Y_{k-1}+\frac{GC}{1+G_{\mathrm{mo}}C}Y_{\mathrm{d}} \tag{15.21}$$

由式(15.11) 可得

$$Y_k=Y_{\mathrm{d}}\mathrm{e}^{-\theta_{\mathrm{m}}s}-E_k \tag{15.22}$$

$$Y_{k-1}=Y_{\mathrm{d}}\mathrm{e}^{-\theta_{\mathrm{m}}s}-E_{k-1} \tag{15.23}$$

将式(15.22) 和式(15.23) 代入式(15.21)，可得

$$E_k=\frac{1+C(G_{\mathrm{mo}}-G\mathrm{e}^{\theta_{\mathrm{m}}s})}{1+G_{\mathrm{mo}}C}E_{k-1} \tag{15.24}$$

容易验证当 $Y_{\mathrm{d}}=R$ 时，式(15.24) 亦成立。

记式(15.24) 中的传递函数为

$$Q(s)=1-\frac{GC\mathrm{e}^{\theta_{\mathrm{m}}s}}{1+G_{\mathrm{mo}}C} \tag{15.25}$$

可以看出，如果设计控制器 C 使得 $Q(s)$ 是稳定的，则跟踪误差不会沿着批次方向减小。

说明：由于 $Q(s)$ 的分母是无时滞的，因此具备经典 Smith 预估器的主要优点：对时滞过程得到一个稳定的控制系统线性特征方程。因此，可以根据系统运行的动态响应要求来配置闭环系统极点。

15.1.4 稳定性分析

下面定理给出保证上述 ILC 方法收敛的一个充分条件。

定理 15.1 如果 $\|Q(s)\|_{\infty}=\sup\limits_{\omega\in[0,\infty)}|Q(j\omega)|<1$，则图 15.1 所示的 ILC 方案可以实现系统输出完全跟踪期望设定值（或轨迹），即 $\lim\limits_{k\to\infty}E_k=0$。

证明： 式(15.24) 两边取 2-范数得

$$\|E_k\|_2=\left\|\frac{1+C(G_{\text{mo}}-Ge^{\theta_{\text{m}}s})}{1+G_{\text{mo}}C}\right\|_2\|E_{k-1}\|_2 \tag{15.26}$$

根据 Parseval 定理（参见文献［18,19］），有如下等式成立

$$\|E_k(\text{j}\omega)\|_2=\|e_k(t)\|_2 \tag{15.27}$$

其中，$e_k(t)=y_{\text{d}}(t)-y_k(t)$ 表示第 k 批次时间域的输出跟踪误差。

对于单输入单输出（SISO）系统，如下范数关系成立

$$\left\|\frac{1+C(G_{\text{mo}}-Ge^{\theta_{\text{m}}s})}{1+G_{\text{mo}}C}\right\|_2\leqslant\left\|\frac{1+C(G_{\text{mo}}-Ge^{\theta_{\text{m}}s})}{1+G_{\text{mo}}C}\right\|_\infty \tag{15.28}$$

将式(15.25)，式(15.27) 和式(15.28) 代入式(15.26)，可得

$$\|e_k(t)\|_2\leqslant\|Q(s)\|_\infty\|e_{k-1}(t)\|_2 \tag{15.29}$$

利用递归推导法，可得如下关系

$$\|e_k(t)\|_2\leqslant\|Q(s)\|_\infty^k\|e_0(t)\|_2 \tag{15.30}$$

因此，如果$\|Q(s)\|_\infty<1$，则 $\lim\limits_{k\to\infty}E_k=0$，从而可以实现系统输出完全跟踪期望设定值（或轨迹）。证毕。

在标称情况下，即 $G=G_{\text{m}}$，由式(15.25) 可以类似地得出如下保证上述 ILC 方法收敛的充分条件。

推论 15.1 如果 $\sup\limits_{\omega\in[0,\infty)}|1/(1+G_{\text{mo}}C)|<1$，则在标称情况下，即 $G=G_{\text{m}}$，图 15.1 所示的 ILC 方案可以实现系统输出完全跟踪期望设定值（或轨迹），即 $\lim\limits_{k\to\infty}E_k=0$。

如果批次过程的动态特性变化范围在不确定集合 $\Pi=\{G:|G(\text{j}\omega)-G_{\text{m}}(\text{j}\omega)|/|G_{\text{m}}(\text{j}\omega)|\leqslant|\Delta_{\text{m}}(\text{j}\omega)|\}$ 中，则利用式(15.25) 和式(15.30) 可得如下保证上述 ILC 方法收敛的充分条件。

推论 15.2 如果$|1-G_{\text{mo}}(\text{j}\omega)C(\text{j}\omega)\Delta_{\text{m}}(\text{j}\omega)|<|1+G_{\text{mo}}(\text{j}\omega)C(\text{j}\omega)|$，$\forall\omega\in[0,\infty)$，则对于过程不确定性在集合 $\Pi=\{G:|G(\text{j}\omega)-G_{\text{m}}(\text{j}\omega)|/|G_{\text{m}}(\text{j}\omega)|\leqslant|\Delta_{\text{m}}(\text{j}\omega)|\}$ 中的批次过程，图 15.1 所示的 ILC 方案可以实现系统输出完全跟踪期望设定值（或轨迹），即 $\lim\limits_{k\to\infty}E_k=0$。

对于上述定理和推论中给定的充分条件，这里分析可否采用上述 IMC 控制器来执行 ILC 控制律。在标称情况下，即 $G=G_{\text{m}}$，记

$$S_2(s)=\frac{1}{1+G_{\text{mo}}C} \tag{15.31}$$

将式(15.3) 代入到式(15.31) 中可得

$$S_2(s)=\frac{1}{1+\dfrac{B_+(s)}{B_+^*(s)(\lambda_{\text{c}}s+1)^{m-n_1}}} \tag{15.32}$$

容易验证

$$S_2(0)=\frac{1}{2} \tag{15.33}$$

$$S_2(\infty)=1 \tag{15.34}$$

因此，推论 15.1 中给出的充分条件仅能在低频段得到满足。实际上，如果初始 IMC 运行不产生非常振荡的输出响应，且式(15.25) 给出的 $Q(s)$ 是稳定的，则从前一批次到当前批次的跟踪误差不会包含高频成分。此外，过程控制工程中的设定点参考轨迹通常是低频的，换句话说，通常只要求在控制系统带宽（ω_{b}）内实现准确跟踪设定值（或轨迹）。

注意：如果采用上述的 IMC 控制器执行 ILC 控制律，则对于输出跟踪误差的直通分量收敛率如式(15.33) 所示，这显然影响 ILC 的全局收敛率，因为直通分量通常在期望轨迹（如

阶跃响应曲线）中占有很大的比重。为克服这一缺陷，将上述IMC控制器稍做修改以用于设计ILC控制器，即令

$$C_{\mathrm{ILC}}(s)=\frac{k_{c}A(s)}{k_{p}B_{-}(s)B_{+}^{*}(s)(\lambda_{c}s+1)^{m-n_{1}}} \tag{15.35}$$

相应地，可以推导出

$$S_{2}(0)=\frac{1}{1+k_{c}} \tag{15.36}$$

可以看出，它与 C_{ILC} 的比例增益 k_c 成反比。

与式(15.3) 所示的IMC控制器相比，上述ILC控制器中存在一个可调控制器增益 k_c。令 $k_c=1$，则上述的ILC控制器退化为IMC控制器。因此，式(15.35) 中给出的ILC控制器可以作为一个统一的控制器用于如图15.1所示的基于IMC结构的ILC方案。

对于被控过程的不确定性范围属于 $\Pi=\{G:|G(\mathrm{j}\omega)-G_{\mathrm{m}}(\mathrm{j}\omega)|/|G_{\mathrm{m}}(\mathrm{j}\omega)|\leqslant|\Delta_{\mathrm{m}}(\mathrm{j}\omega)|\}$ 的情况，可记

$$S_{3}(s)=\frac{1-G_{\mathrm{mo}}C\Delta_{\mathrm{m}}}{1+G_{\mathrm{mo}}C} \tag{15.37}$$

将式(15.3) 代入式(15.37)，可得

$$S_{3}(0)=\frac{1-\Delta_{\mathrm{m}}(0)}{2} \tag{15.38}$$

上式意味着要求 $-1<\Delta_{\mathrm{m}}(0)<3$ 来保证 $|S_{3}(0)|<1$，从而实现ILC的收敛性。

采用上述的ILC控制器，可得

$$S_{3}(0)=\frac{1-k_{c}\Delta_{\mathrm{m}}(0)}{1+k_{c}} \tag{15.39}$$

注意，$S_3(0)$ 关于 k_c 的一阶导数为

$$\frac{\mathrm{d}S_{3}(0)}{\mathrm{d}k_{c}}=\frac{-1-\Delta_{\mathrm{m}}(0)}{(1+k_{c})^{2}} \tag{15.40}$$

因此，可以验证

$$\min|S_{3}(0)|=\begin{cases}1, & \Delta_{\mathrm{m}}(0)\leqslant-1\\ |\Delta_{\mathrm{m}}(0)|, & -1<\Delta_{\mathrm{m}}(0)<0\\ 0, & \Delta_{\mathrm{m}}(0)>0\end{cases} \tag{15.41}$$

由式(15.41) 可见，为保证ILC收敛，$\Delta_{\mathrm{m}}(0)$ 不允许小于 -1。对于 $-1<\Delta_{\mathrm{m}}(0)<0$ 的情形，$S_3(0)$ 关于 k_c 单调递减，只有当 $k_c\to\infty$ 时，可以达到最小值 $\min|S_3(0)|$；对于 $\Delta_{\mathrm{m}}(0)>0$ 的情形，当 $k_c=1/\Delta_{\mathrm{m}}(0)$ 时，达到最小值 $\min|S_3(0)|=0$。

为量化上述ILC控制器中可调参数 λ_c 的整定约束，可以采用如下保证ILC收敛的一个必要性条件

$$|Q(\mathrm{j}\omega)|<1,\omega\leqslant\omega_{\mathrm{b}} \tag{15.42}$$

其中，ω_{b} 表示IMC系统的带宽，可以从如下的标称闭环灵敏度函数估计得到：

$$|1-G_{\mathrm{m}}(\mathrm{j}\omega_{\mathrm{b}})C_{\mathrm{IMC}}(\mathrm{j}\omega_{\mathrm{b}})|\leqslant\frac{1}{\sqrt{2}} \tag{15.43}$$

将式(15.3) 代入式(15.43)，可得

$$\left|1-\frac{B_{+}(\mathrm{j}\omega_{\mathrm{b}})\mathrm{e}^{-\mathrm{j}\theta_{\mathrm{m}}\omega_{\mathrm{b}}}}{B_{+}^{*}(\mathrm{j}\omega_{\mathrm{b}})(\mathrm{j}\lambda_{c}\omega_{\mathrm{b}}+1)^{m-n_{1}}}\right|\leqslant\frac{1}{\sqrt{2}} \tag{15.44}$$

基于对上述闭环系统带宽的估计，可以相应地建立ILC控制器中参数 λ_c 的定量整定约束。

在标称情况下，即 $G=G_m$，将式(15.31) 和式(15.35) 代入式(15.42)，可得

$$\left|1+\frac{k_c B_+(j\omega)}{B_+^*(j\omega)(j\lambda_c\omega+1)^{m-n_1}}\right|>1, \forall \omega\leqslant\omega_b \tag{15.45}$$

当被控过程在不确定集合 $\Pi=\{G:|G(j\omega)-G_m(j\omega)|/|G_m(j\omega)|\leqslant|\Delta_m(j\omega)|\}$ 中时，将式(15.35) 和式(15.37) 代入到式(15.42)，可得

$$\left|1+\frac{k_c B_+(j\omega)}{B_+^*(j\omega)(j\lambda_c\omega+1)^{m-n_1}}\right|>\left|1-\frac{k_c B_+(j\omega)\Delta_m(j\omega)}{B_+^*(j\omega)(j\lambda_c\omega+1)^{m-n_1}}\right|, \forall \omega\leqslant\omega_b \tag{15.46}$$

类似于前面鲁棒整定约束条件式(15.5)，上述的整定约束可以通过图示化方法验证，以便收敛性分析。

需要指出，前面给出的 IMC 和 ILC 控制器具有可统一的形式，因而可通过整定参数 λ_c 和 k_c，方便地满足 IMC 的鲁棒稳定性约束和 ILC 的收敛性条件。实际应用时，建议首先基于 IMC 的鲁棒稳定性约束条件整定参数 λ_c，然后应用于 ILC。如果希望得到较快的收敛率，可以在后续批次运行中单调增大 k_c。如果相应的收敛性条件无法满足，则应该根据式(15.42)～式(15.46) 重新整定参数 λ_c。

15.1.5 应用案例

本节采用现有文献中的两个案例来验证说明前面介绍的 ILC 方法的有效性和优越性。其中例 15.1 用于验证对期望输出轨迹的跟踪性能，并且假设过程摄动的情况来说明存在过程不确定性（包括时滞失配）时的鲁棒收敛性。例 15.2 用于说明该方法在负载干扰（包括测量噪声测试）下的批次控制效果。为评估系统输出跟踪性能，采用如下均方误差（MSE）指标

$$\mathrm{MSE}=\frac{1}{N_p}\sum_{i=1}^{N_p}[y_d(iT_s)-y(iT_s)]^2$$

其中，$y_d(iT_s)$ 和 $y(iT_s)$ 分别表示期望轨迹和一个批次时间 T_p 内的过程输出，$N_p=T_p/T_s$ 是一个批次内的所有采样数据个数。

例 15.1 考虑文献［13］中研究的时滞响应批次过程

$$G_1(s)=\frac{1}{s+1}e^{-s}$$

利用过程模型 $G_m(s)=e^{-2s}/(s+1)$，文献［13］（Xu）提出了一种基于 PD 控制器［$C=0.5(s+1)$］和 Smith 预估器的 ILC 控制算法，以跟踪如下期望输出轨迹

$$y_d(t)=\begin{cases}0, & t\leqslant1\\ 1.5(t-1), & 1<t\leqslant7\\ 9, & 7<t\leqslant8\end{cases}$$

该方法初始批次运行带有 PD 控制器的 Smith 预估器控制结构，然后通过 11 个批次运行后基本上达到完全跟踪效果。为了便于对比，同样利用上述的过程模型，由式(15.35) 可以确定如下用于执行 IMC 和 ILC 的统一控制器形式

$$C(s)=\frac{k_c(s+1)}{\lambda_c s+1}$$

在初始批次运行 IMC 以及后续批次运行 ILC 中，分别取 $\lambda_c=1$ 和 $k_c=1$，即 $C(s)=1$，得到的仿真结果如图 15.2 所示。

可以看出，本节方法在 10 个批次运行之后基本上达到完全跟踪效果。图 15.2(c) 表明本节方法具有较快的收敛速度。注意如图 15.2(a) 所示，与文献［14］中的 PD 控制器相比，初始批次的 IMC 控制可以进一步提高沿时间轴方向的跟踪性能。

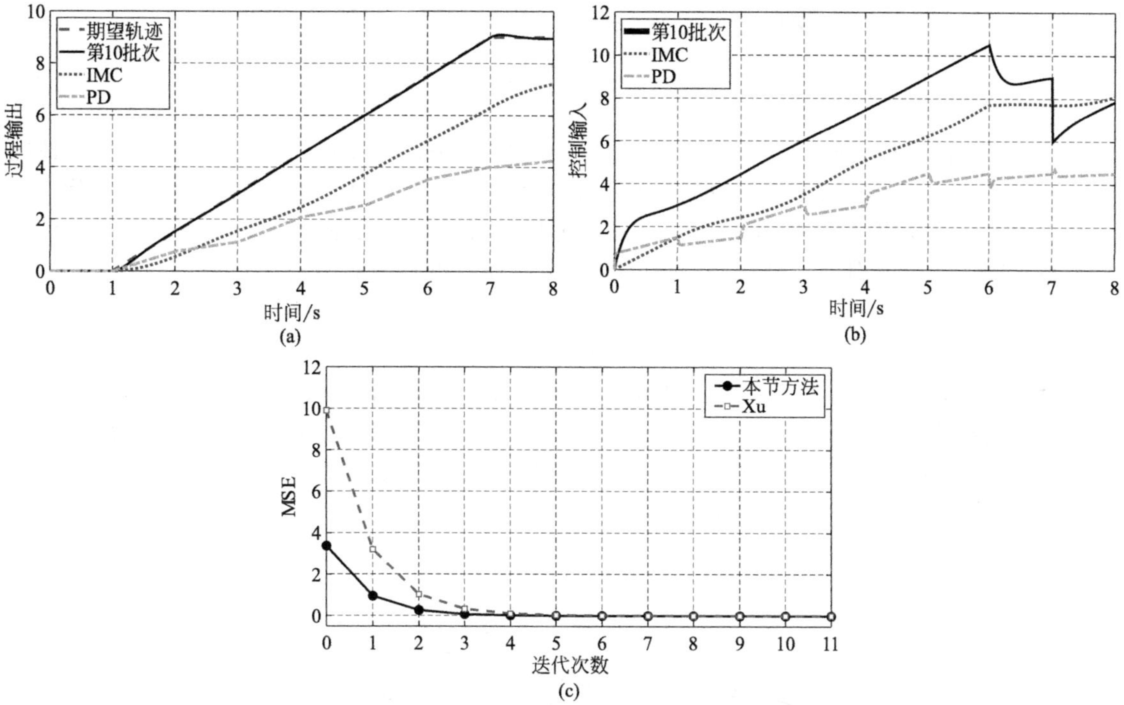

图 15.2 例 15.1 批次运行的跟踪性能比较

图 15.3 示出了 Q 关于频率的幅值曲线，表明尽管在低频段以外出现 $\max_{\omega}|Q|=1.218>1$，但 $Q(\omega_b=0.25)=0.5116$ 可以保证 ILC 的收敛性。

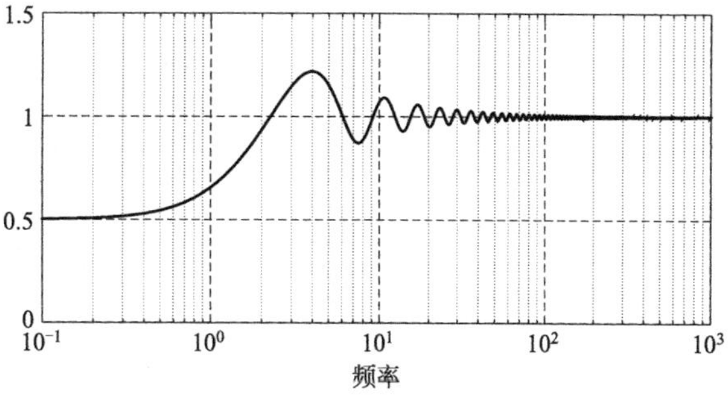

图 15.3 例 15.1 中 Q 的幅值曲线

为验证存在过程响应时滞与模型失配时的鲁棒收敛性，假设在批次运行中过程时滞以随机的方式在区间 [0.8,1.2]s 之间变化。图 15.4 示出了沿批次方向（迭代次数）的 MSE 曲线，表明本节的 ILC 方法具有良好的鲁棒性。

然后，按照文献 [13] 中假设过程模型的有理部分摄动为 $G_o(s)=2/(1.5s+1)$，并且同时伴随着上述的时滞变化。图 15.5 示出了两种 ILC 方案下的 MSE 结果。可以看出，本节方法沿批次方向保持良好的鲁棒收敛性。

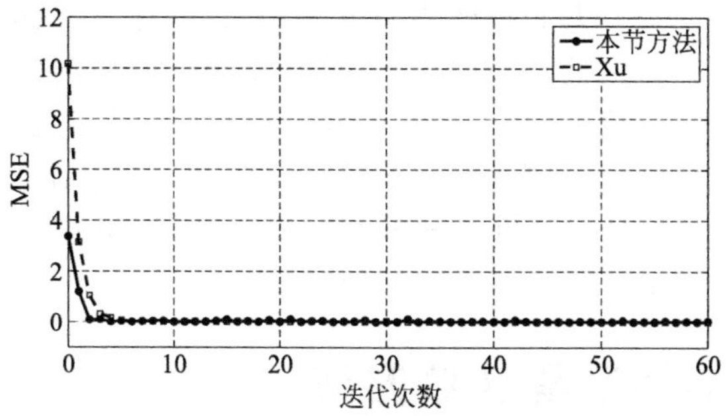

图 15.4 例 15.1 中存在时滞失配情况下的 MSE 结果

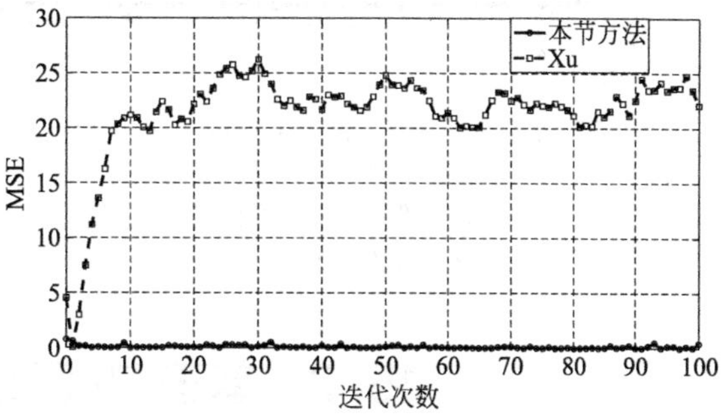

图 15.5 例 15.1 存在时滞和有理模型失配情况下批次运行的 MSE 结果

例 15.2 考虑文献［20］中研究的批次过程

$$G_2(s)=\frac{2.5}{300s^2+35s+1}e^{-\theta s}$$

基于辨识的过程模型 $G_m(s)=1.5e^{\theta_m s}/(270s^2+33s+1)$，文献［20］给出了无时滞情况下（$\theta=\theta_m=0$）的 ILC 方案，以克服具有慢动态特性［$G_d(s)=1/(10s+1)$］的负载干扰。为了便于说明，首先假设 $\theta=3$ 和 $\theta_m=10$，并且过程输入限制在区间［$-10,10$］内。根据前面一节给出的 ILC 控制器公式(15.35)，可以确定如下统一的控制器形式

$$C(s)=\frac{k_c(270s^2+33s+1)}{1.5(\lambda_c s+1)^2}$$

假设一个批次的运行时间为 $T_p=400$s。设定点为一个单位阶跃型指令，$F(s)=1/(3s+1)$ 用于指定期望的输出轨迹。在 $t=200$s 时，加入一个如例 15.1 所述动态特性且幅值为 -0.5 的负载干扰。初始批次运行 IMC 时，取 $\lambda_c=5$ 和 $k_c=1$，后续运行 ILC 时，取 $\lambda_c=8$ 和 $k_c=1.5$，所得仿真结果如图 15.6 所示。

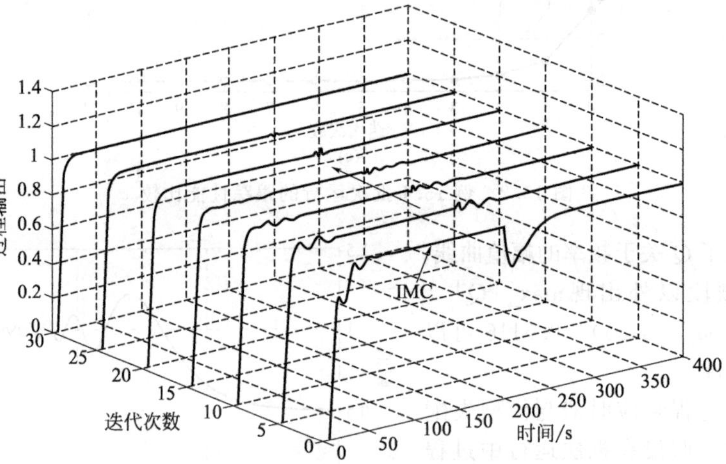

图 15.6 例 15.2 中存在模型失配情况下批次运行的跟踪结果

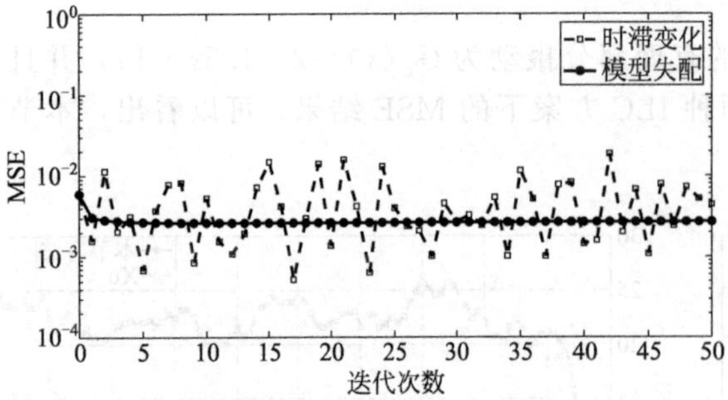

图 15.7 例 15.2 中不同不确定性情况下批次运行的 MSE 结果

可以看出，在 20～30 个批次运行后基本上达到完全跟踪效果。图 15.7 示出了相应的 MSE 结果（实线）。注意由于期望轨迹和实际过程响应之间的时滞失配，MSE 值收敛至一个很小的常数而不是零。

为了验证当存在时滞变化时的鲁棒收敛性，假设在实际批次运行中过程时滞以随机的方式在区间［0,5］之间变化。图 15.7 亦示出了沿批次方向的 MSE 结果（虚线），再次说明了当时滞发生变化时本节 ILC 方法具有良好的鲁棒性。

15.2 基于 PI 回路的间接型 ILC 方法

现代工业生产过程广泛采用闭环 PI 控制回路实现各种操作变量的自动控制，如化工反应

釜的温度、压力、流量控制等。然而化工生产系统普遍存在时变不确定性，要求PI控制器的整定能保证闭环控制回路的鲁棒稳定性。对于批次生产过程，如果已有的闭环PI控制器能保证系统鲁棒稳定性，则期望在保留该闭环PI控制器整定的基础上设计ILC控制律，以优化批次运行性能。为此，本节给出一种仅通过实时调节闭环PI控制系统设定点的间接型ILC设计方法[16]，并且给出一种能镇定过程时变不确定性的鲁棒PI控制器设计方法，以便实际工程应用。为便于阐述，采用批次过程的状态空间描述形式进行控制设计和分析，如下一小节所述。

15.2.1 间接型ILC方案和二维系统描述

带有时变不确定性和负载干扰的批次生产过程一般可以描述为如下离散时间域的状态空间形式：

$$\begin{cases}\boldsymbol{x}_k(t+1)=[\boldsymbol{A}+\Delta\boldsymbol{A}_k(t)]\boldsymbol{x}_k(t)+[\boldsymbol{B}+\Delta\boldsymbol{B}_k(t)]u_k(t)+\boldsymbol{\omega}_k(t)\\ y_k(t)=\boldsymbol{C}\boldsymbol{x}_k(t)\\ \boldsymbol{x}_k(0)=\boldsymbol{x}_0,t=0,1,\cdots,T_{\mathrm{p}}-1;k=1,2,\cdots\end{cases}\tag{15.47}$$

其中，t 和 k 分别表示时间步长和批次标号；T_{p} 表示每个批次的时间周期；$\boldsymbol{x}_k(t)\in\Re^n$，$u_k(t)\in\Re^m$ 和 $y_k(t)\in\Re^p$ 分别表示第 k 批次 t 时刻的过程状态，输入和输出；$\boldsymbol{\omega}_k(t)$ 是有界的外部扰动，且满足 $\|\boldsymbol{\omega}_k(t)-\boldsymbol{\omega}_{k-1}(t)\|\in l_2[0,+\infty)$；$\boldsymbol{A}$，$\boldsymbol{B}$ 和 $\boldsymbol{C}$ 表示适维的标称系统矩阵；$\boldsymbol{x}_0$ 表示初始过程状态；$\Delta\boldsymbol{A}_k(t)$ 和 $\Delta\boldsymbol{B}_k(t)$ 表示范数有界的过程不确定性，且满足

$$[\Delta\boldsymbol{A}_k(t)\quad \Delta\boldsymbol{B}_k(t)]=\boldsymbol{E}\boldsymbol{\Delta}_k(t)[\boldsymbol{F}_{\mathrm{A}}\quad \boldsymbol{F}_{\mathrm{B}}]\tag{15.48}$$

其中，$\boldsymbol{E}$，$\boldsymbol{F}_{\mathrm{A}}$ 和 $\boldsymbol{F}_{\mathrm{B}}$ 是已知或预估的定常矩阵，$\boldsymbol{\Delta}_k(t)$ 是一个时变因子，且满足 $\boldsymbol{\Delta}_k^{\mathrm{T}}(t)\boldsymbol{\Delta}_k(t)\leqslant\boldsymbol{I}$ 和 $\|\boldsymbol{\Delta}_k(t)-\boldsymbol{\Delta}_{k-1}(t)\|\in l_2[0,+\infty)$。

这里定义当前批次（记为 k）的输出误差为

$$e_k(t)\triangleq Y_{\mathrm{r}}(t)-y_k(t)\tag{15.49}$$

其中，$Y_{\mathrm{r}}(t)$ 表示期望的输出轨迹，$y_k(t)$ 表示当前批次的过程输出。

相应地，定义当前批次内沿时间轴方向的输出误差 $e_k(t)$ 的累加和为 $\sum e_k(t)$，即

$$\sum e_k(t)=\sum_{i=0}^{t}e_k(i)\tag{15.50}$$

同时，定义当前批次的设定点跟踪误差为

$$e_k^s(t)\triangleq y_k^s(t)-y_k(t)\tag{15.51}$$

其中，$y_k^s(t)$ 表示当前批次的设定点指令，它不同于期望输出轨迹 $Y_{\mathrm{r}}(t)$。注意这里通过设计一个间接型ILC方案来实时调节 $y_k^s(t)$，以实现跟踪 $Y_{\mathrm{r}}(t)$。

定义当前批次内沿时间轴方向的设定点跟踪误差 $e_k^s(t)$ 的累加和为 $\sum e_k^s(t)$，可知

$$\sum e_k^s(t)=\sum e_k^s(t-1)+e_k^s(t)\tag{15.52}$$

说明一下，工程应用中广泛采用的PI控制器可以描述为

$$u_k(t)=K_{\mathrm{P}}e_k^s(t)+K_{\mathrm{I}}\sum e_k^s(t)\tag{15.53}$$

此外，定义沿批次方向的误差函数为

$$\delta f_k(t)\triangleq f_k(t)-f_{k-1}(t)\tag{15.54}$$

其中，$\boldsymbol{f}$ 可表示上述变量 $\boldsymbol{x}$、y^s、u、e、e^s 或 $\boldsymbol{\omega}$。

由式(15.49)和式(15.54)以及式(15.47)可得

$$e_k(t)=e_{k-1}(t)-C\delta x_k(t)\tag{15.55}$$

$$\delta\boldsymbol{x}_k(t+1)=\overline{\boldsymbol{A}}_k(t)\delta\boldsymbol{x}_k(t)+\overline{\boldsymbol{B}}_k(t)\delta u_k(t)+\overline{\boldsymbol{\omega}}_k(t)\tag{15.56}$$

其中，$\overline{\boldsymbol{A}}_k(t)=\boldsymbol{A}+\Delta\boldsymbol{A}_k(t)$；$\overline{\boldsymbol{B}}_k(t)=\boldsymbol{B}+\Delta\boldsymbol{B}_k(t)$；

$$\overline{\boldsymbol{\omega}}_k(t)=[\Delta\boldsymbol{A}_k(t)-\Delta\boldsymbol{A}_{k-1}(t)]\boldsymbol{x}_k(t)+[\Delta\boldsymbol{B}_k(t)-\Delta\boldsymbol{B}_{k-1}(t)]u_k(t)+\delta\boldsymbol{\omega}_k(t)\tag{15.57}$$

对于式(15.47) 中描述的不可重复过程不确定性或负载干扰，通常可以假设 $\boldsymbol{\varpi}_k(t)\in l_2[0,+\infty)$，将其视为一种不可重复的负载干扰来处理。

根据上述过程描述和定义，这里给出一种基于 PI 控制器回路的间接型 ILC 方案，如图 15.8 所示，其中系统设定点学习控制器 L_1、L_2 和 L_3 用于实时修改设定点指令，即

$$y_k^s(t)=y_{k-1}^s(t)+L_1\delta\sum e_k^s(t-1)+L_2e_k(t)+L_3e_{k-1}(t+1) \tag{15.58}$$

其中 $y_{k-1}^s(t)$ 表示前一批次的设定点指令，$e_{k-1}(t+1)$ 表示前一批次超前一个时刻的跟踪误差。

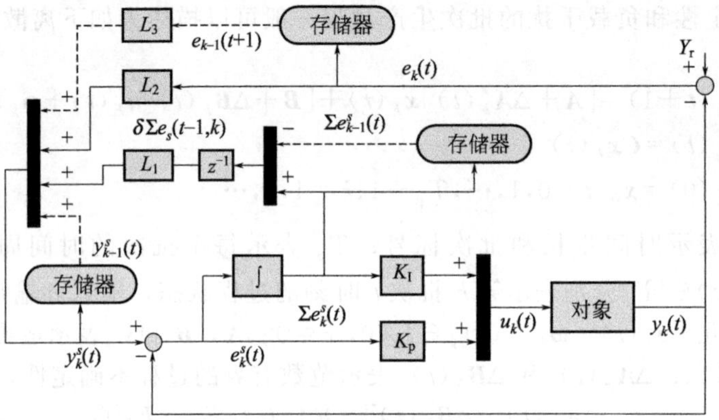

图 15.8　基于 PI 控制器回路的间接型 ILC 方框图

根据图 15.8 所示的 ILC 方案，由式(15.51)，式(15.54)，式(15.55) 和式(15.58) 可得

$$\delta e_k^s(t)=L_1\delta\sum e_k^s(t-1)+L_2e_k(t)+L_3e_{k-1}(t+1)-\boldsymbol{C}\delta\boldsymbol{x}_k(t) \tag{15.59}$$

$$\begin{aligned}\delta\sum e_k^s(t)&=\delta\sum e_k^s(t-1)+\delta e_k^s(t)\\&=(L_1+\boldsymbol{I})\delta\sum e_k^s(t-1)+L_2e_k(t)+L_3e_{k-1}(t+1)-\boldsymbol{C}\delta\boldsymbol{x}_k(t)\end{aligned} \tag{15.60}$$

$$\begin{aligned}\delta u_k(t)&=K_P\delta e_k^s(t)+K_I\delta\sum e_k^s(t)\\&=(K_P+K_I)\delta e_k^s(t)+K_I\delta\sum e_k^s(t-1)\\&=[K_I+(K_P+K_I)L_1]\delta\sum e_k^s(t-1)+(K_P+K_I)L_2e_k(t)+\\&\quad(K_P+K_I)L_3e_{k-1}(t+1)-(K_P+K_I)\boldsymbol{C}\delta\boldsymbol{x}_k(t)\end{aligned} \tag{15.61}$$

将式(15.61) 代入式(15.56)，可得

$$\begin{aligned}\delta\boldsymbol{x}_k(t+1)&=\overline{\boldsymbol{A}}\delta\boldsymbol{x}_k(t)+\overline{\boldsymbol{B}}\delta u_k(t)+\overline{\boldsymbol{\varpi}}_k(t)\\&=[\overline{\boldsymbol{A}}-\overline{\boldsymbol{B}}(K_P+K_I)\boldsymbol{C}]\delta\boldsymbol{x}_k(t)+\overline{\boldsymbol{B}}[K_I+(K_P+K_I)L_1]\delta\sum e_k^s(t-1)+\\&\quad\overline{\boldsymbol{B}}(K_P+K_I)L_2e_k(t)+\overline{\boldsymbol{B}}(K_P+K_I)L_3e_{k-1}(t+1)+\overline{\boldsymbol{\varpi}}_k(t)\end{aligned} \tag{15.62}$$

然后，利用式(15.55) 和式(15.62) 可以得出下一时刻的跟踪误差为

$$\begin{aligned}e_k(t+1)&=e_{k-1}(t+1)-\boldsymbol{C}\delta\boldsymbol{x}_k(t+1)\\&=-\boldsymbol{C}[\overline{\boldsymbol{A}}-\overline{\boldsymbol{B}}(K_P+K_I)\boldsymbol{C}]\delta\boldsymbol{x}_k(t)-\boldsymbol{C}\overline{\boldsymbol{B}}[K_I+(K_P+K_I)L_1]\delta\sum e_k^s(t-1)-\\&\quad\boldsymbol{C}\overline{\boldsymbol{B}}(K_P+K_I)L_2e_k(t)+[\boldsymbol{I}-\boldsymbol{C}\overline{\boldsymbol{B}}(K_P+K_I)L_3]e_{k-1}(t+1)-\boldsymbol{C}\overline{\boldsymbol{\varpi}}_k(t)\end{aligned} \tag{15.63}$$

因此，可以将上述的间接型 ILC 方案描述成如下二维 Fornasini-Marchesini（2D-FM）系统：

$$
\begin{cases}
\begin{bmatrix}\delta \boldsymbol{x}_k(t+1)\\ \delta\sum e_k^s(t)\\ e_k(t+1)\end{bmatrix}=\boldsymbol{\Pi}_1\begin{bmatrix}\delta \boldsymbol{x}_k(t)\\ \delta\sum e_k^s(t-1)\\ e_k(t)\end{bmatrix}+\boldsymbol{\Pi}_2\begin{bmatrix}\delta \boldsymbol{x}_{k-1}(t+1)\\ \delta\sum e_{k-1}^s(t)\\ e_{k-1}(t+1)\end{bmatrix}+\boldsymbol{D}_g\bar{\boldsymbol{\omega}}_k(t)\\
z_k(t)=e_k(t)=\boldsymbol{G}\begin{bmatrix}\delta x_k(t)\\ \delta\sum e_k^s(t-1)\\ e_k(t)\end{bmatrix}
\end{cases}
\tag{15.64}
$$

其中，$\boldsymbol{\Pi}_1=\boldsymbol{\Pi}_{10}+\boldsymbol{\Psi\Delta}_k(t)\boldsymbol{\Phi}_{\mathrm{A}}$；$\boldsymbol{\Pi}_2=\boldsymbol{\Pi}_{20}+\boldsymbol{\Psi\Delta}_k(t)\boldsymbol{\Phi}_{\mathrm{B}}$；

$$
\boldsymbol{\Pi}_{10}=\begin{bmatrix}\boldsymbol{A}-\boldsymbol{B}(K_{\mathrm{P}}+K_{\mathrm{I}})\boldsymbol{C} & \boldsymbol{B}[K_{\mathrm{I}}+(K_{\mathrm{P}}+K_{\mathrm{I}})L_1] & \boldsymbol{B}(K_{\mathrm{P}}+K_{\mathrm{I}})L_2\\ -\boldsymbol{C} & L_1+\boldsymbol{I} & L_2\\ -\boldsymbol{C}[\boldsymbol{A}-\boldsymbol{B}(K_{\mathrm{P}}+K_{\mathrm{I}})\boldsymbol{C}] & -\boldsymbol{CB}[K_{\mathrm{I}}+(K_{\mathrm{P}}+K_{\mathrm{I}})L_1] & -\boldsymbol{CB}(K_{\mathrm{P}}+K_{\mathrm{I}})L_2\end{bmatrix};
$$

$$
\boldsymbol{\Pi}_{20}=\begin{bmatrix}\boldsymbol{0} & \boldsymbol{0} & \boldsymbol{B}(K_{\mathrm{P}}+K_{\mathrm{I}})L_3\\ \boldsymbol{0} & \boldsymbol{0} & L_3\\ \boldsymbol{0} & \boldsymbol{0} & \boldsymbol{I}-\boldsymbol{CB}(K_{\mathrm{P}}+K_{\mathrm{I}})L_3\end{bmatrix};
$$

$$
\boldsymbol{\Psi}=[\boldsymbol{E}^{\mathrm{T}}\quad -\boldsymbol{E}^{\mathrm{T}}\boldsymbol{C}^{\mathrm{T}}]^{\mathrm{T}};\boldsymbol{\Phi}_{\mathrm{B}}=[\boldsymbol{0}\quad \boldsymbol{0}\quad \boldsymbol{F}_B(K_{\mathrm{P}}+K_{\mathrm{I}})L_3];
$$

$$
\boldsymbol{\Phi}_{\mathrm{A}}=[\boldsymbol{F}_{\mathrm{A}}-\boldsymbol{F}_{\mathrm{B}}(K_{\mathrm{P}}+K_{\mathrm{I}})\boldsymbol{C}\quad \boldsymbol{F}_{\mathrm{B}}[K_{\mathrm{I}}+(K_{\mathrm{P}}+K_{\mathrm{I}})L_1]\quad \boldsymbol{F}_{\mathrm{B}}(K_{\mathrm{P}}+K_{\mathrm{I}})L_2];
$$

$$
\boldsymbol{G}=[\boldsymbol{0}\quad \boldsymbol{0}\quad \boldsymbol{I}],\boldsymbol{D}_g=[\boldsymbol{I}\quad \boldsymbol{0}\quad -\boldsymbol{C}^{\mathrm{T}}]^{\mathrm{T}}
\tag{15.65}
$$

相应地，分析如图 15.8 所示的间接型 ILC 方案的稳定性等价于分析上述 2D-FM 系统式(15.64) 的稳定性。

15.2.2 鲁棒 PI 控制器整定

为了克服实际批次生产过程存在的时变不确定性，这里给出一种鲁棒整定闭环 PI 控制器的方法。考虑到上述批次标号（k）与闭环 PI 控制器整定无关，因此为便于阐述将其省略。这样，式(15.53) 中的 PI 控制器形式可以简化为

$$
u_{\mathrm{PI}}(t)=K_{\mathrm{P}}e(t)+K_{\mathrm{I}}\sum e(t)
\tag{15.66}
$$

通过引入沿时间方向的跟踪误差求和，即$\sum e(t)$，定义如下增广对象描述

$$
\begin{bmatrix}\boldsymbol{x}(t+1)\\ \sum e(t)\end{bmatrix}=\begin{bmatrix}\overline{\boldsymbol{A}}(t) & \boldsymbol{0}\\ -\boldsymbol{C} & \boldsymbol{I}\end{bmatrix}\begin{bmatrix}\boldsymbol{x}(t)\\ \sum e(t-1)\end{bmatrix}+\begin{bmatrix}\overline{\boldsymbol{B}}(t)\\ \boldsymbol{0}\end{bmatrix}u(t)+\begin{bmatrix}\boldsymbol{I}\\ \boldsymbol{0}\end{bmatrix}\boldsymbol{\omega}(t)
\tag{15.67}
$$

将式(15.66) 中 PI 控制器代入如式(15.67) 所示的增广系统中，得到如下闭环系统

$$
\begin{cases}\hat{\boldsymbol{x}}(t+1)=\widetilde{\boldsymbol{A}}\hat{\boldsymbol{x}}(t)+\hat{\boldsymbol{D}}\boldsymbol{\omega}(t)\\ e(t)=\hat{\boldsymbol{C}}\hat{\boldsymbol{x}}(t)\end{cases}
\tag{15.68}
$$

其中，$\widetilde{\boldsymbol{A}}=\hat{\boldsymbol{A}}+\hat{\boldsymbol{E}}\boldsymbol{\Delta}(t)\hat{\boldsymbol{F}}$；

$$
\hat{\boldsymbol{A}}=\begin{bmatrix}\boldsymbol{A}-\boldsymbol{B}(K_{\mathrm{P}}+K_{\mathrm{I}})\boldsymbol{C} & \boldsymbol{B}K_{\mathrm{I}}\\ -C & \boldsymbol{I}\end{bmatrix};\hat{\boldsymbol{D}}=\begin{bmatrix}\boldsymbol{I}\\ \boldsymbol{0}\end{bmatrix};\hat{\boldsymbol{x}}(t)=\begin{bmatrix}\boldsymbol{x}(t)\\ \sum e(t-1)\end{bmatrix};
$$

$$
\hat{\boldsymbol{E}}=[\boldsymbol{E}^{\mathrm{T}}\quad \boldsymbol{0}]^{\mathrm{T}};\hat{\boldsymbol{C}}=[-\boldsymbol{C}\quad \boldsymbol{0}];\hat{\boldsymbol{F}}=[\boldsymbol{F}_{\mathrm{A}}-\boldsymbol{F}_{\mathrm{B}}(K_{\mathrm{P}}+K_{\mathrm{I}})\boldsymbol{C}\quad \boldsymbol{B}K_{\mathrm{I}}]。
\tag{15.69}
$$

由于上述闭环系统的动态性能与系统极点有关，因此可以将闭环系统极点配置到一个指定的区域内以实现期望的输出响应[21]。为此，提出如下的性能要求来整定 PI 控制器参数。

① 闭环系统式(15.68) 的所有极点都位于 z 平面内一个以（α,0）为中心、半径为 r 的指定圆形区域 $D(\alpha,r)$ 内，即

$$
\lambda(\widetilde{\boldsymbol{A}})\in D(\alpha,r)
\tag{15.70}
$$

其中，$|\alpha|+r<1$。

② 扰动 $\boldsymbol{\omega}(t)$ 到被控变量 $e(t)$ 的闭环传递函数 $\boldsymbol{H}(z)=\hat{\boldsymbol{C}}(z\boldsymbol{I}-\widetilde{\boldsymbol{A}})^{-1}\hat{\boldsymbol{D}}$ 满足

$$\|\boldsymbol{H}(z)\|_{\infty}<\gamma_{\mathrm{PI}} \tag{15.71}$$

其中，$\gamma_{\mathrm{PI}}>0$ 是实际指定的 H 无穷性能水平。

为了方便叙述整定 PI 控制器的方法，先简要介绍如下两个引理。

引理 15.1[22] 关于适维矩阵 $\boldsymbol{X}$ 和 $\boldsymbol{Y}$，如果任意的标量 $\varepsilon>0$ 和矩阵 Θ 满足 $\Theta^{\mathrm{T}}\Theta\leqslant\boldsymbol{I}$，则有下述不等式成立

$$\boldsymbol{X}\Theta\boldsymbol{Y}+\boldsymbol{Y}^{\mathrm{T}}\Theta^{\mathrm{T}}\boldsymbol{X}^{\mathrm{T}}\leqslant\varepsilon\boldsymbol{X}\boldsymbol{X}^{\mathrm{T}}+\varepsilon^{-1}\boldsymbol{Y}^{\mathrm{T}}\boldsymbol{Y} \tag{15.72}$$

引理 15.2[23] 对于一个圆形区域 $D(\alpha,r)$ 和标量 $\gamma>0$，如果存在一个正定矩阵 $\boldsymbol{P}$ 使得下述的不等式成立

$$\begin{cases}\gamma^2\boldsymbol{I}-\hat{\boldsymbol{D}}^{\mathrm{T}}\boldsymbol{P}\hat{\boldsymbol{D}}>\boldsymbol{0},\\ \boldsymbol{A}_c^{\mathrm{T}}\boldsymbol{P}\boldsymbol{A}_{\mathrm{c}}-\boldsymbol{P}+\beta\hat{\boldsymbol{C}}^{\mathrm{T}}\hat{\boldsymbol{C}}+\beta\widetilde{\boldsymbol{A}}^{\mathrm{T}}\boldsymbol{P}\hat{\boldsymbol{D}}(\gamma^2\boldsymbol{I}-\hat{\boldsymbol{D}}^{\mathrm{T}}\boldsymbol{P}\hat{\boldsymbol{D}})^{-1}\hat{\boldsymbol{D}}^{\mathrm{T}}\boldsymbol{P}\widetilde{\boldsymbol{A}}<\boldsymbol{0}\end{cases} \tag{15.73}$$

其中，$\boldsymbol{A}_{\mathrm{c}}=(\widetilde{\boldsymbol{A}}-\alpha\boldsymbol{I})/r$；$\beta=(1-|\alpha|)/r^2$。则由式(15.68) 描述的闭环控制系统能满足式(15.70) 和式(15.71) 所示的性能要求。

基于上述的引理，下述定理给出整定 PI 控制器参数的一个充分条件，可以同时满足上述两个性能要求。

定理 15.2 对于一个指定的圆形区域 $D(\alpha,r)$，如果存在矩阵 $\boldsymbol{P}_1>\boldsymbol{0}$，$\boldsymbol{P}_3>\boldsymbol{0}$，$\boldsymbol{P}_2$，$\boldsymbol{R}_1$，$\boldsymbol{R}_2$，以及标量 $\varepsilon>0$ 满足下述线性矩阵不等式（LMI）：

$$\begin{bmatrix}\boldsymbol{\Lambda}_1 & \boldsymbol{0} & \boldsymbol{\Lambda}_2 & \boldsymbol{P}\hat{\boldsymbol{C}}^{\mathrm{T}} & \boldsymbol{0} & \boldsymbol{P}\hat{\boldsymbol{F}}^{\mathrm{T}}\\ * & -\beta_1^{-1}\gamma_{\mathrm{PI}}^2\boldsymbol{I} & \hat{\boldsymbol{D}}^{\mathrm{T}} & \boldsymbol{0} & \hat{\boldsymbol{D}}^{\mathrm{T}} & \boldsymbol{0}\\ * & * & \boldsymbol{\Lambda}_3 & \boldsymbol{0} & \boldsymbol{0} & \boldsymbol{0}\\ * & * & * & -\beta_1^{-1}\boldsymbol{I} & \boldsymbol{0} & \boldsymbol{0}\\ * & * & * & * & -\beta_2\boldsymbol{P} & \boldsymbol{0}\\ * & * & * & * & * & -\varepsilon\boldsymbol{I}\end{bmatrix}<\boldsymbol{0} \tag{15.74}$$

其中，$\beta_1=1-|\alpha|$；$\beta_2=(\beta_1^{-1}-1)^{-1}$；

$$\boldsymbol{\Lambda}_1=-\alpha\boldsymbol{P}\hat{\boldsymbol{A}}^{\mathrm{T}}-\alpha\hat{\boldsymbol{A}}\boldsymbol{P}+(\alpha^2-r^2)\boldsymbol{P}+\varepsilon\alpha^2\hat{\boldsymbol{E}}\hat{\boldsymbol{E}}^{\mathrm{T}};$$

$$\boldsymbol{\Lambda}_2=\boldsymbol{P}\hat{\boldsymbol{A}}^{\mathrm{T}}-\varepsilon\alpha\hat{\boldsymbol{E}}\hat{\boldsymbol{E}}^{\mathrm{T}};\boldsymbol{\Lambda}_3=-\boldsymbol{P}+\varepsilon\hat{\boldsymbol{E}}\hat{\boldsymbol{E}}^{\mathrm{T}};$$

$$\hat{\boldsymbol{A}}\boldsymbol{P}=\begin{bmatrix}\boldsymbol{A}\boldsymbol{P}_1-\boldsymbol{B}\boldsymbol{R}_1 & \boldsymbol{A}\boldsymbol{P}_2-\boldsymbol{B}\boldsymbol{R}_2\\ -\boldsymbol{C}\boldsymbol{P}_1+\boldsymbol{P}_2^{\mathrm{T}} & -\boldsymbol{C}\boldsymbol{P}_2+\boldsymbol{P}_3\end{bmatrix};$$

$$\boldsymbol{P}\hat{\boldsymbol{F}}^{\mathrm{T}}=\begin{bmatrix}\boldsymbol{P}_1\boldsymbol{F}_A^{\mathrm{T}}-\boldsymbol{R}_1^{\mathrm{T}}\boldsymbol{F}_B^{\mathrm{T}}\\ \boldsymbol{P}_2^{\mathrm{T}}\boldsymbol{F}_A^{\mathrm{T}}-\boldsymbol{R}_2^{\mathrm{T}}\boldsymbol{F}_B^{\mathrm{T}}\end{bmatrix};\boldsymbol{P}=\begin{bmatrix}\boldsymbol{P}_1 & \boldsymbol{P}_2\\ * & \boldsymbol{P}_3\end{bmatrix}。 \tag{15.75}$$

则闭环系统式(15.68) 保证鲁棒 D-稳定，且满足 H 无穷性能水平 γ_{PI}。而且，如果式(15.74) 中的 LMI 条件可行，则 PI 控制器参数可以通过如下参数化形式得到

$$[(K_{\mathrm{P}}+K_{\mathrm{I}})\boldsymbol{C}\quad -K_{\mathrm{I}}]=[\boldsymbol{R}_1\quad \boldsymbol{R}_2]\boldsymbol{P}^{-1} \tag{15.76}$$

证明：在引理 15.2 的式(15.73) 中第二个不等式两边乘以 r^2，同时应用 Schur 补可得下述等价的矩阵不等式条件

$$\begin{bmatrix}\widetilde{\boldsymbol{A}}^{\mathrm{T}}\boldsymbol{P}\widetilde{\boldsymbol{A}}-\alpha\widetilde{\boldsymbol{A}}^{\mathrm{T}}\boldsymbol{P}-\alpha\boldsymbol{P}\widetilde{\boldsymbol{A}}+(\alpha^2-r^2)\boldsymbol{P}+\beta_1\hat{\boldsymbol{C}}^{\mathrm{T}}\hat{\boldsymbol{C}} & \widetilde{\boldsymbol{A}}^{\mathrm{T}}\boldsymbol{P}\hat{\boldsymbol{D}}\\ * & -\beta_1^{-1}(\gamma_{\mathrm{PI}}^2\boldsymbol{I}-\hat{\boldsymbol{D}}^{\mathrm{T}}\boldsymbol{P}\hat{\boldsymbol{D}})\end{bmatrix}<\boldsymbol{0}$$

或可以写成

$$\begin{bmatrix}\widetilde{\boldsymbol{A}}^{\mathrm{T}}\\ \hat{\boldsymbol{D}}^{\mathrm{T}}\end{bmatrix}\boldsymbol{P}\begin{bmatrix}\widetilde{\boldsymbol{A}} & \hat{\boldsymbol{D}}\end{bmatrix}+\begin{bmatrix}-\alpha\widetilde{\boldsymbol{A}}^{\mathrm{T}}\boldsymbol{P}-\alpha\boldsymbol{P}\widetilde{\boldsymbol{A}}+(\alpha^2-r^2)\boldsymbol{P}+\beta_1\hat{\boldsymbol{C}}^{\mathrm{T}}\hat{\boldsymbol{C}} & \boldsymbol{0}\\ * & -\beta_1^{-1}\gamma_{\mathrm{PI}}^2\boldsymbol{I}+\beta_2^{-1}\hat{\boldsymbol{D}}^{\mathrm{T}}\boldsymbol{P}\hat{\boldsymbol{D}}\end{bmatrix}<\boldsymbol{0}$$

再次应用 Schur 补可得

$$\begin{bmatrix}-\alpha\widetilde{\boldsymbol{A}}^{\mathrm{T}}\boldsymbol{P}-\alpha\boldsymbol{P}\widetilde{\boldsymbol{A}}+(\alpha^2-r^2)\boldsymbol{P} & \boldsymbol{0} & \widetilde{\boldsymbol{A}}^{\mathrm{T}} & \hat{\boldsymbol{C}}^{\mathrm{T}} & \boldsymbol{0}\\ * & -\beta_1^{-1}\gamma_{\mathrm{PI}}^2\boldsymbol{I} & \hat{\boldsymbol{D}}^{\mathrm{T}} & \boldsymbol{0} & \hat{\boldsymbol{D}}^{\mathrm{T}}\\ * & * & -\boldsymbol{P}^{-1} & \boldsymbol{0} & \boldsymbol{0}\\ * & * & * & -\beta_1^{-1}\boldsymbol{I} & \boldsymbol{0}\\ * & * & * & * & -\beta_2\boldsymbol{P}^{-1}\end{bmatrix}<\boldsymbol{0} \quad (15.77)$$

上述不等式两边同时乘以 $\mathrm{diag}\{\boldsymbol{P}^{-1},\boldsymbol{I},\boldsymbol{I},\boldsymbol{I},\boldsymbol{I}\}$，并且定义 $\boldsymbol{P}=\boldsymbol{P}^{-1}$，$\boldsymbol{R}_1=(K_{\mathrm{P}}+K_{\mathrm{I}})\boldsymbol{C}\boldsymbol{P}_1-K_{\mathrm{I}}\boldsymbol{P}_2^{\mathrm{T}}$，$\boldsymbol{R}_2=(K_{\mathrm{P}}+K_{\mathrm{I}})\boldsymbol{C}\boldsymbol{P}_2-K_{\mathrm{I}}\boldsymbol{P}_3$，基于引理 15.1 和 Schur 补，容易验证式(15.74) 中的 LMI 条件成立。证毕。 □

令 $(\boldsymbol{R}_1 \quad \boldsymbol{R}_2)\boldsymbol{P}^{-1}=(\hat{K}_{\mathrm{P}} \quad \hat{K}_{\mathrm{I}})$，由定理 12.2 可以得到如下 PI 控制器参数

$$\begin{aligned}K_{\mathrm{I}}&=-\hat{K}_{\mathrm{I}},\\ K_{\mathrm{P}}&=\hat{K}_{\mathrm{P}}\boldsymbol{C}^{\mathrm{T}}(\boldsymbol{C}\boldsymbol{C}^{\mathrm{T}})^{-1}+\hat{K}_{\mathrm{I}}\end{aligned} \quad (15.78)$$

给定式(15.47) 中的过程模型以及实际估计的过程不确定性界，可以采用数值计算方法（如 MATLAB 软件工具箱）求解式(15.74) 中的 LMI 条件，从而验证是否存在一个可行的 PI 控制器。

为实现最优的鲁棒 H 无穷控制性能，可以通过求解如下优化问题来确定 PI 控制器参数

$$\begin{aligned}&\text{Minimize} \quad \gamma_{\mathrm{PI}}\\ &\text{s. t. 式(15.74)}\end{aligned} \quad (15.79)$$

在实际应用中，选取较小的 γ_{PI} 来整定 PI 控制器参数可取得较快的输出响应，但要求较大的控制信号，反之亦然。因此，应该在实际可达到的控制性能和需要的控制信号输出大小之间做一个权衡。

15.2.3 ILC 控制律设计

对于如图 15.8 所示的间接型 ILC 方案，为设计 ILC 控制律以实时调节闭环系统的设定点指令，这里采用 2D-FM 模型[24] 来描述被控过程沿时间和批次方向的动态响应，形式如下

$$\begin{cases}\boldsymbol{x}_k(t+1)=(\boldsymbol{A}_1+\Delta\boldsymbol{A}_1)\boldsymbol{x}_k(t)+(\boldsymbol{A}_2+\Delta\boldsymbol{A}_2)\boldsymbol{x}_{k-1}(t+1)+\boldsymbol{\omega}_k(t)\\ \boldsymbol{y}_k(t)=\boldsymbol{C}\boldsymbol{x}_k(t),t=0,1,\cdots,k=1,2,\cdots\end{cases} \quad (15.80)$$

其中，$\boldsymbol{x}_k(t)$，$\boldsymbol{y}_k(t)$ 和 $\boldsymbol{\omega}_k(t)$ 分别表示系统状态，输出和负载干扰。记 $\{\boldsymbol{A}_1,\boldsymbol{A}_2,\boldsymbol{C}\}$ 为 2D 系统标称矩阵，$\Delta\boldsymbol{A}_1$ 和 $\Delta\boldsymbol{A}_2$ 为系统不确定性。$\boldsymbol{x}_0(t)$ 和 $\boldsymbol{x}_k(0)$ 分别描述沿时间方向的 T-边界条件和沿批次方向的 K-边界条件。

为便于理解 2D 系统分析，简要给出如下关于 2D 系统稳定性的定义。

定义 15.1[24] 当 $\boldsymbol{\omega}_k(t)=0$ 时，如式(15.80) 所示的非受迫响应 2D 系统称为是 2D 渐近稳定的，如果

$$\lim_{t,k\to\infty}\|\boldsymbol{x}_k(t)\|=0。$$

定义 15.2[25] 当 $\boldsymbol{\omega}_k(t)=0$ 时，如式(15.80) 所示的非受迫响应 2D 系统称为是沿时间方向

(t) 渐近稳定的，如果对任意的整数 $N>0$，有界的 T-边界条件 $\boldsymbol{x}_k(0)(k=1,2,\cdots)$ 和有界的 K-边界条件 $\boldsymbol{x}_0(t)$，下述极限成立

$$\lim_{t\to\infty}\sum_{k=1}^{N}\|\boldsymbol{x}_k(t)\|=0$$

定义 15.3[25] 当 $\boldsymbol{\omega}_k(t)=0$ 时，如式(15.80) 所示的非受迫响应 2D 系统称为是沿批次方向 (k) 渐近稳定的，如果对任意的整数 $N>0$，有界的 K-边界条件 $\boldsymbol{x}_0(t)(t=1,2,\cdots)$ 和有界的 T-边界条件 $\boldsymbol{x}_k(0)$，下述极限成立

$$\lim_{k\to\infty}\sum_{t=1}^{N}\|\boldsymbol{x}_k(t)\|=0$$

下面简要介绍一下 2D-FM 系统稳定性的预备知识。

引理 15.3[11] 当 $\boldsymbol{\omega}_k(t)=0$ 时，如式(15.80) 所示的非受迫响应 2D 系统称为是 2D 渐近稳定的，如果存在一个函数 $V(\cdot)$，标量 $\rho>1$，$\alpha>1$ 以及 $\beta>1$ 满足

① 对任意 $\boldsymbol{x}\in\Re^n$，$V(\boldsymbol{x})\geqslant 0$，$V(\boldsymbol{x})=0\Leftrightarrow\boldsymbol{x}=\boldsymbol{0}$；

② 当 $\|\boldsymbol{x}\|\to\infty$ 时，$V(\boldsymbol{x})\to\infty$；

③ 对任意边界条件，

$$\sum_{\substack{t+k\leqslant T_0+K_0+i+1\\ T_0\leqslant t\leqslant T_0+i\\ K_0\leqslant k\leqslant K_0+i}}V(\boldsymbol{x}_k(t))<\rho^{-1}\sum_{\substack{t+k\leqslant T_0+K_0+i\\ T_0\leqslant t\leqslant T_0+i\\ K_0\leqslant k\leqslant K_0+i}}V(\boldsymbol{x}_k(t)),\forall\, T_0>0,K_0>0,i>0 \tag{15.81}$$

最大的 α 值称为系统沿时间方向的 T-鲁棒收敛指标（T-RCI）；

④ 对任意的 K-边界条件 $\boldsymbol{x}_0(t)$，整数 $N>0$ 以及零 T-边界条件 $\boldsymbol{x}_k(0)$：

$$\sum_{k=1}^{N}V(\boldsymbol{x}_{k+1}(t))<\beta^{-1}\sum_{k=1}^{N}V(\boldsymbol{x}_k(t)),\forall\, k>0 \tag{15.82}$$

最大的 β 值称为系统沿批次方向的 K-鲁棒收敛指标（K-RCI）。

针对批次运行过程，控制目标是最小化沿时间和批次方向的跟踪误差。因此，采用如下 2D H 无穷指标函数

$$J_{\mathrm{BP}}=\sum_{t=0}^{N_1=T_{\mathrm{p}}}\sum_{k=1}^{N_2\to\infty}(\gamma_{\mathrm{ILC}}^{-1}\|e_k(t)\|_2^2-\gamma_{\mathrm{ILC}}\|\boldsymbol{\varpi}_k(t)\|_2^2) \tag{15.83}$$

其中，$\gamma_{\mathrm{ILC}}>0$ 是实际指定的鲁棒 2D 的 H 无穷性能水平。

相应地，通过求解如式(15.64) 所示的 2D-FM 系统的稳定性条件，可以确定 ILC 控制律中的学习增益 L_1、L_2 和 L_3。为此，给出如下定理来阐明保证上述 2D 系统鲁棒稳定性的充分条件，通过求解这样的充分条件来确定这些调节参数。

定理 15.3 对于指定正数 σ_t，$\sigma_k>1$，如式(15.64) 所示的 2D 系统是渐近稳定的，并且满足鲁棒 2D 的 H 无穷性能水平 γ_{ILC}，如果存在 $\boldsymbol{Q}_T>\boldsymbol{0}$，$\boldsymbol{Q}_K>\boldsymbol{0}$，$\boldsymbol{Q}_1>\boldsymbol{0}$，$\boldsymbol{Q}_2>\boldsymbol{0}$，$\boldsymbol{Q}_3>\boldsymbol{0}$，$\hat{\boldsymbol{L}}_1$、$\hat{\boldsymbol{L}}_2$、$\hat{\boldsymbol{L}}_3$ 以及标量 $\varepsilon>0$ 满足下述 LMI

$$\begin{bmatrix}-\boldsymbol{Q}+\varepsilon\boldsymbol{\Psi}\boldsymbol{\Psi}^{\mathrm{T}} & \boldsymbol{\Omega}_1 & \boldsymbol{\Omega}_2 & \boldsymbol{D}_{\mathrm{g}} & \boldsymbol{0} & \boldsymbol{0}\\ * & -\boldsymbol{Q}_T & \boldsymbol{0} & \boldsymbol{0} & \boldsymbol{\Omega}_3 & \boldsymbol{\Omega}_4\\ * & * & -\boldsymbol{Q}_K & \boldsymbol{0} & \boldsymbol{0} & \boldsymbol{\Omega}_5\\ * & * & * & -\gamma_{\mathrm{ILC}}\boldsymbol{I} & \boldsymbol{0} & \boldsymbol{0}\\ * & * & * & * & -\gamma_{\mathrm{ILC}}\boldsymbol{I} & \boldsymbol{0}\\ * & * & * & * & * & -\varepsilon\boldsymbol{I}\end{bmatrix}<\boldsymbol{0} \tag{15.84}$$

$$\sigma_t\boldsymbol{Q}_T+\sigma_k\boldsymbol{Q}_K<\boldsymbol{Q} \tag{15.85}$$

其中，$Q=\mathrm{diag}\{Q_1,Q_2,Q_3\}$；

$$\boldsymbol{\Omega}_1=\begin{bmatrix}[A-B(K_P+K_I)C]Q_1 & B[K_IQ_2+(K_P+K_I)\hat{L}_1] & B(K_P+K_I)\hat{L}_2\\ -CQ_1 & \hat{L}_1+Q_2 & \hat{L}_2\\ -C[A-B(K_P+K_I)C]Q_1 & -CB[K_IQ_2+(K_P+K_I)\hat{L}_1] & -CB(K_P+K_I)\hat{L}_2\end{bmatrix};$$

$$\boldsymbol{\Omega}_2=\begin{bmatrix}0 & 0 & B(K_P+K_I)\hat{L}_3\\ 0 & 0 & \hat{L}_3\\ 0 & 0 & Q_3-CB(K_P+K_I)\hat{L}_3\end{bmatrix};\boldsymbol{\Omega}_3=\begin{bmatrix}0\\0\\Q_3\end{bmatrix};$$

$$\boldsymbol{\Omega}_4=\begin{bmatrix}Q_1[F_A-F_B(K_P+K_I)C]^{\mathrm{T}}\\ [K_IQ_2+(K_P+K_I)\hat{L}_1]^{\mathrm{T}}F_B^{\mathrm{T}}\\ \hat{L}_2^{\mathrm{T}}(K_P+K_I)^{\mathrm{T}}F_B^{\mathrm{T}}\end{bmatrix};\boldsymbol{\Omega}_5=\begin{bmatrix}0\\0\\ \hat{L}_3^{\mathrm{T}}(K_P+K_I)^{\mathrm{T}}F_B^{\mathrm{T}}\end{bmatrix} \tag{15.86}$$

如果上述 LMI 条件式(15.84) 和式(15.85) 可行，则 ILC 控制律可以确定为

$$\begin{cases}L_1=\hat{L}_1Q_2^{-1}\\ L_2=\hat{L}_2Q_3^{-1}\\ L_3=\hat{L}_3Q_3^{-1}\end{cases} \tag{15.87}$$

并且系统的 T-RCI 不小于 σ_t，K-RCI 不小于 σ_k，2D-RCI 不小于 $\rho=\min\{\sigma_t,\sigma_k\}$。

证明： 定义如下 2D 系统的 Lyapunov-Krasovskii 函数[24]

$$V_{[\cdot]}(\xi_k(t))\triangleq\boldsymbol{\xi}_k^{\mathrm{T}}(t)[\cdot]\boldsymbol{\xi}_k(t) \tag{15.88}$$

其中，$\boldsymbol{\xi}_k(t)=[\delta\boldsymbol{x}_k^{\mathrm{T}}(t)\quad \delta\sum e_k^{s\mathrm{T}}(t-1)\quad e_k^{\mathrm{T}}(t)]^{\mathrm{T}}$，$[\cdot]$ 表示适维的正定矩阵。显然对于对称正定的矩阵 $\boldsymbol{P}$，$\boldsymbol{P}_T$ 和 $\boldsymbol{P}_K$，$V_P(\cdot)$，$V_{P_T}(\cdot)$ 和 $V_{P_K}(\cdot)$ 是正值。

当 $\boldsymbol{\varpi}_k(t)\equiv0$ 时，针对如式(15.64) 所示的 2D 系统，取如下形式的 Lyapunov-Krasovskii 函数增量

$$\begin{aligned}\Delta V(t,k)&=V_P(\boldsymbol{\xi}_k(t+1))-V_{P_T}(\boldsymbol{\xi}_k(t))-V_{P_K}(\boldsymbol{\xi}_{k-1}(t+1))\\&=\begin{bmatrix}\boldsymbol{\xi}_k(t)\\ \boldsymbol{\xi}_{k-1}(t+1)\end{bmatrix}^{\mathrm{T}}\boldsymbol{\Omega}\begin{bmatrix}\boldsymbol{\xi}_k(t)\\ \boldsymbol{\xi}_{k-1}(t+1)\end{bmatrix}\end{aligned} \tag{15.89}$$

其中

$$\boldsymbol{\Omega}=\begin{bmatrix}-\boldsymbol{P}_T & 0\\ * & -\boldsymbol{P}_K\end{bmatrix}+\begin{bmatrix}\boldsymbol{\Pi}_1^{\mathrm{T}}\\ \boldsymbol{\Pi}_2^{\mathrm{T}}\end{bmatrix}\boldsymbol{P}[\boldsymbol{\Pi}_1\quad \boldsymbol{\Pi}_2] \tag{15.90}$$

令 $\boldsymbol{P}_i=\boldsymbol{Q}_i^{-1}$，$i=1,2,3$，$\boldsymbol{P}=\mathrm{diag}\{\boldsymbol{P}_1,\boldsymbol{P}_2,\boldsymbol{P}_3\}$，$\boldsymbol{P}_T=\boldsymbol{PQ}_T\boldsymbol{P}$ 和 $\boldsymbol{P}_K=\boldsymbol{PQ}_k\boldsymbol{P}$。在式(15.84) 两边分别乘以 $\boldsymbol{Q}=\mathrm{diag}\{\boldsymbol{I},\boldsymbol{P},\boldsymbol{P},\boldsymbol{I},\boldsymbol{I},\boldsymbol{I}\}$，可得

$$\begin{bmatrix}-\boldsymbol{P}^{-1}+\varepsilon\boldsymbol{\Psi}\boldsymbol{\Psi}^{\mathrm{T}} & \boldsymbol{\Pi}_{10} & \boldsymbol{\Pi}_{20} & \boldsymbol{D}_g & 0 & 0\\ * & -\boldsymbol{P}_T & 0 & 0 & \boldsymbol{G}^{\mathrm{T}} & \boldsymbol{\Phi}_A^{\mathrm{T}}\\ * & * & -\boldsymbol{P}_K & 0 & 0 & \boldsymbol{\Phi}_B^{\mathrm{T}}\\ * & * & * & -\gamma_{\mathrm{ILC}}\boldsymbol{I} & 0 & 0\\ * & * & * & * & -\gamma_{\mathrm{ILC}}\boldsymbol{I} & 0\\ * & * & * & * & * & -\varepsilon\boldsymbol{I}\end{bmatrix}<0 \tag{15.91}$$

由 Schur 补和引理 15.1 可知，上述不等式(15.91) 可以保证

$$\boldsymbol{\Xi}<\boldsymbol{0} \tag{15.92}$$

其中

$$\boldsymbol{\Xi}\triangleq\begin{bmatrix}-\boldsymbol{P}_T+\gamma_{\mathrm{ILC}}^{-1}\boldsymbol{G}^{\mathrm{T}}\boldsymbol{G} & \boldsymbol{0} & \boldsymbol{0}\\ * & -\boldsymbol{P}_K & \boldsymbol{0}\\ * & * & -\gamma_{\mathrm{ILC}}\boldsymbol{I}\end{bmatrix}+\begin{bmatrix}\boldsymbol{\Pi}_1^{\mathrm{T}}\\ \boldsymbol{\Pi}_2^{\mathrm{T}}\\ \boldsymbol{D}_g^{\mathrm{T}}\end{bmatrix}\boldsymbol{P}\begin{bmatrix}\boldsymbol{\Pi}_1 & \boldsymbol{\Pi}_2 & \boldsymbol{D}_g\end{bmatrix}$$

因此，由不等式(15.92) 可以得出 $\boldsymbol{\Omega}<\boldsymbol{0}$。于是有

$$V_P(\boldsymbol{\xi}_k(t+1))<V_{P_T}(\boldsymbol{\xi}_k(t))+V_{P_K}(\boldsymbol{\xi}_{k-1}(t+1)) \tag{15.93}$$

不失一般性地，假设 $\rho=\sigma_t=\min\{\sigma_t,\sigma_k\}$。在不等式(15.85) 两边分别乘以 $\boldsymbol{P}$ 可得 $\boldsymbol{P}_T<\rho^{-1}\boldsymbol{P}-\boldsymbol{P}_K$，因此

$$V_P(\boldsymbol{\xi}_k(t+1))<\rho^{-1}V_P(\boldsymbol{\xi}_k(t))-V_{P_K}(\boldsymbol{\xi}_k(t))+V_{P_K}(\boldsymbol{\xi}_{k-1}(t+1)) \tag{15.94}$$

相应地，对任意整数 T_0、K_0，$i>0$，如下不等式成立

$$\begin{gathered}V_P(\boldsymbol{\xi}_{K_0+i}(T_0+1))<\rho^{-1}V_P(\boldsymbol{\xi}_{K_0+i}(T_0))-V_{P_K}(\boldsymbol{\xi}_{K_0+i}(T_0))+V_{P_K}(\boldsymbol{\xi}_{K_0+i-1}(T_0+1))\\ V_P(\boldsymbol{\xi}_{K_0+i-1}(T_0+2))<\rho^{-1}V_P(\boldsymbol{\xi}_{K_0+i-1}(T_0+1))-V_{P_K}(\boldsymbol{\xi}_{K_0+i-1}(T_0+1))+V_{P_K}(\boldsymbol{\xi}_{K_0+i-2}(T_0+2))\\ \vdots\\ V_P(\boldsymbol{\xi}_{K_0+1}(T_0+i))<\rho^{-1}V_P(\boldsymbol{\xi}_{K_0+1}(T_0+i-1))-V_{P_K}(\boldsymbol{\xi}_{K_0+1}(T_0+i-1))+V_{P_K}(\boldsymbol{\xi}_{K_0}(T_0+i))\end{gathered} \tag{15.95}$$

对上述不等式求和,可得

$$\begin{aligned}\sum_{\substack{t+k=T_0+K_0+i+1\\ T_0\leqslant t<T_0+i\\ K_0\leqslant k\leqslant K_0+i}}V_P(\boldsymbol{\xi}_k(t))&<\rho^{-1}\sum_{\substack{t+k=T_0+K_0+i\\ T_0\leqslant t<T_0+i\\ K_0\leqslant k\leqslant K_0+i}}V_P(\boldsymbol{\xi}_k(t))-\rho^{-1}V_P(\boldsymbol{\xi}_{K_0}(T_0+i))\\ &\quad-V_{P_K}(\boldsymbol{\xi}_{K_0+i}(T_0))+V_{P_K}(\boldsymbol{\xi}_{K_0}(T_0+i))\\ &<\rho^{-1}\sum_{\substack{t+k=T_0+K_0+i\\ T_0\leqslant t<T_0+i\\ K_0\leqslant k\leqslant K_0+i}}V_P(\boldsymbol{\xi}_k(t))-V_{P_K}(\boldsymbol{\xi}_{K_0+i}(T_0))-V_{P_T}(\boldsymbol{\xi}_{K_0}(T_0+i))\\ &<\rho^{-1}\sum_{\substack{t+k=T_0+K_0+i\\ T_0\leqslant t<T_0+i\\ K_0\leqslant k\leqslant K_0+i}}V_P(\boldsymbol{\xi}_k(t))\end{aligned} \tag{15.96}$$

根据引理 15.3，由条件式(15.84) 和式(15.85) 可知，如式(15.64) 所示的 2D 系统具有渐近稳定性。

由不等式(15.93) 和 $\sigma_t\boldsymbol{P}_T+\sigma_k\boldsymbol{P}_K<\boldsymbol{P}$ 可得

$$\begin{gathered}\sigma_tV_{P_T}(\boldsymbol{\xi}_N(t+1))+\sigma_kV_{P_K}(\boldsymbol{\xi}_N(t+1))<V_{P_T}(\boldsymbol{\xi}_N(t))+V_{P_K}(\boldsymbol{\xi}_{N-1}(t+1))\\ \sigma_tV_{P_T}(\boldsymbol{\xi}_{N-1}(t+1))+\sigma_kV_{P_K}(\boldsymbol{\xi}_{N-1}(t+1))<V_{P_T}(\boldsymbol{\xi}_{N-1}(t))+V_{P_K}(\boldsymbol{\xi}_{N-2}(t+1))\\ \vdots\\ \sigma_tV_{P_T}(\boldsymbol{\xi}_1(t+1))+\sigma_kV_{P_K}(\boldsymbol{\xi}_1(t+1))<V_{P_T}(\boldsymbol{\xi}_1(t))+V_{P_K}(\boldsymbol{\xi}_0(t+1))\end{gathered} \tag{15.97}$$

在零初始 K-边界条件下，对上述不等式求和可得

$$\sigma_t \sum_{k=1}^{N} V_{P_T}(\boldsymbol{\xi}_k(t+1)) + \sigma_k \sum_{k=1}^{N} V_{P_K}(\boldsymbol{\xi}_k(t+1)) < \sum_{k=1}^{N} V_{P_T}(\boldsymbol{\xi}_k(t)) + \sum_{k=1}^{N-1} V_{P_K}(\boldsymbol{\xi}_k(t+1)) \tag{15.98}$$

于是有

$$\begin{gathered} \sigma_t \sum_{k=1}^{N} V_{P_T}(\boldsymbol{\xi}_k(t+1)) < \sum_{k=1}^{N} V_{P_T}(\boldsymbol{\xi}_k(t)) - \sigma_k V_{P_K}(\boldsymbol{\xi}_{N-1}(t+1)) \\ (1-\sigma_k) \sum_{k=1}^{N-1} V_{P_K}(\boldsymbol{\xi}_k(t+1)) < \sum_{k=1}^{N} V_{P_T}(\boldsymbol{\xi}_k(t)) \end{gathered} \tag{15.99}$$

根据引理 15.3，可知如式(15.64) 所示的 2D 系统的 T-RCI 不小于 σ_t。类似地，可以推导得知该 2D 系统的 K-RCI 不小于 σ_k。

为了证明当 $\overline{\boldsymbol{\varpi}}(t,k) \neq 0$ 时，如式(15.64) 所示的 2D 系统具有 H 无穷性能水平，选取如下二次增量函数

$$J(t,k) = \Delta V(t,k) + \gamma_{\mathrm{ILC}}^{-1} z_k^{\mathrm{T}}(t) z_k(t) - \gamma_{\mathrm{ILC}} \overline{\boldsymbol{\varpi}}_k^{\mathrm{T}}(t) \overline{\boldsymbol{\varpi}}_k(t) \tag{15.100}$$

由式(15.89) 和式(15.92) 可知，对于 $t,k=1,2,\cdots$，下式成立

$$J(t,k) = \begin{bmatrix} \boldsymbol{\xi}_k(t) \\ \boldsymbol{\xi}_{k-1}(t+1) \\ \overline{\boldsymbol{\varpi}}_k(t) \end{bmatrix}^{\mathrm{T}} \boldsymbol{\Xi} \begin{bmatrix} \boldsymbol{\xi}_k(t) \\ \boldsymbol{\xi}_{k-1}(t+1) \\ \overline{\boldsymbol{\varpi}}_k(t) \end{bmatrix} < 0 \tag{15.101}$$

在零边界条件的假设下，可得

$$\begin{aligned} \sum_{t=0}^{N_1} \sum_{k=1}^{N_2} \Delta V(t,k) &= \sum_{t=0}^{N_1} \sum_{k=1}^{N_2} [V_P(\boldsymbol{\xi}_k(t+1)) - V_{P_T}(\boldsymbol{\xi}_k(t)) - V_{P_K}(\boldsymbol{\xi}_{k-1}(t+1))] = \\ & \sum_{t=0}^{N_1} \sum_{k=1}^{N_2-1} V_{P-P_T-P_K}(\boldsymbol{\xi}_k(t)) + \sum_{k=1}^{N_2-1} V_{P-P_K}(\boldsymbol{\xi}_k(N_1+1)) + V_P(\boldsymbol{\xi}_{N_2}(N_1+1)) \geqslant 0 \end{aligned} \tag{15.102}$$

因此，可以推出

$$J_{\mathrm{BP}} \leqslant \sum_{t=0}^{N_1=T_{\mathrm{p}}} \sum_{k=1}^{N_2 \to \infty} [\Delta V(t,k) + \gamma_{\mathrm{ILC}}^{-1} \| z_k(t) \|_2^2 - \gamma_{\mathrm{ILC}} \| \overline{\boldsymbol{\varpi}}_k(t) \|_2^2] \leqslant \sum_{t=0}^{N_1=T_{\mathrm{p}}} \sum_{k=1}^{N_2 \to \infty} J(t,k) < 0 \tag{15.103}$$

这意味着上述 2D 系统具有 H 无穷性能水平 γ_{ILC}。证毕。 □

说明：定理 15.3 中 σ_t、σ_k 和 γ_{ILC} 是实际应用中指定的参数。理想情况下，σ_t 和 σ_k 应该尽可能取大，从而获得沿时间和批次方向的快速收敛率。同时，γ_{ILC} 应该尽可能取小，以保持对过程不确定性的低灵敏度，即较好的鲁棒稳定性。

需要指出，选取较大的 T-RCI(σ_t)，虽然会提高沿时间方向的收敛率，但对过程不确定性较为敏感，易产生振荡的暂态响应。为便于实际应用，通常建议将 T-RCI 固定取为 1，即 $\sigma_t=1$，然后在如下的优化问题中将 K-RCI(σ_k) 和鲁棒 H 无穷性能水平 (γ_{ILC}) 作为调节参数，以实现不同的控制目标。

① 优化 2D 系统的 H 无穷性能：设定 $\sigma_k \geqslant 1$，求解如下优化问题

$$\begin{gathered} \text{Minimize} \quad \gamma_{\mathrm{ILC}} \\ \text{s. t. 式(15.84)和式(15.85)} \end{gathered} \tag{15.104}$$

该优化目标是在设定沿批次方向收敛率的前提下，得到最佳的扰动抑制性能。

② 优化沿批次方向的收敛率：设定 $\gamma_{\text{ILC}}>0$，求解如下优化问题

$$\begin{aligned}&\text{Minimize}\quad \eta\\&\text{s. t. 式(15.84)和 } \eta \boldsymbol{Q}_T+\boldsymbol{Q}_K<\eta \boldsymbol{Q}\end{aligned} \tag{15.105}$$

其中 $\eta=\sigma_k^{-1}>0$，该优化目标是在设定的扰动抑制性能水平 γ_{ILC} 下，得到最大的沿批次方向收敛率。

注意上述情形①中的优化问题是线性的，可以通过 LMI 工具箱直接求解。然而情形②中的优化问题属于广义特征值问题（GEVPs）[26]，亦可通过 LMI 工具箱求解。

15.2.4 应用案例

例 15.3 考虑文献［27-29］中研究的一个注塑机批次生产过程，该过程包括三个主要步骤：填充、压缩/保持、冷却。在压缩阶段，一个关键的被控变量是喷嘴压力。为保证批次产品质量的一致性，期望在每批生产过程中对该压力有一个期望的操作输出曲线（轨迹）。然而在实际批次运行过程中，喷嘴压力通常具有非稳态的初值，并且螺杆速度和模具负载带有时变的不确定性。为了便于例证，这里采用文献［27,28］中描述过程不确定性的如下模型进行应用验证：

$$P_{\Delta}:\begin{cases}\boldsymbol{x}_k(t+1)=\left(\begin{bmatrix}1.607 & 1\\-0.6086 & 0\end{bmatrix}+\Delta\boldsymbol{A}_k(t)\right)\boldsymbol{x}_k(t)+\left(\begin{bmatrix}1.239\\-0.9282\end{bmatrix}+\Delta\boldsymbol{B}_k(t)\right)u_k(t)+\boldsymbol{\omega}_k(t)\\ y_k(t)=\begin{bmatrix}1 & 0\end{bmatrix}\boldsymbol{x}_k(t)\end{cases}$$

$$\Delta\boldsymbol{A}_k(t)=\begin{bmatrix}0.0804\delta(t) & 0\\-0.0304\delta(t) & 0\end{bmatrix}=\begin{bmatrix}1 & 0\\0 & 1\end{bmatrix}\begin{bmatrix}\delta(t) & 0\\0 & \delta(t)\end{bmatrix}\begin{bmatrix}0.0804 & 0\\-0.0304 & 0\end{bmatrix}$$

$$\Delta\boldsymbol{B}_k(t)=\begin{bmatrix}0.062\delta(t)\\-0.0464\delta(t)\end{bmatrix}=\begin{bmatrix}1 & 0\\0 & 1\end{bmatrix}\begin{bmatrix}\delta(t) & 0\\0 & \delta(t)\end{bmatrix}\begin{bmatrix}0.062\\-0.0464\end{bmatrix}$$

其中，$|\delta(t)|\leqslant 1$。

期望的喷嘴压力输出轨迹描述为如下形式[27,28]：

$$Y_{\text{r}}(t)=\begin{cases}200, & 0\leqslant t\leqslant 100\\200+5(t-100), & 100<t\leqslant 120\\300, & 120<t\leqslant T_{\text{p}}=200\end{cases}$$

首先设计一个鲁棒 PI 控制器，比如选取 $\alpha=0.5$ 和 $r=0.45$，通过求解优化问题［式(15.79)］，可得最优的 H 无穷性能指标为 $\gamma_{\text{PI}}^*=2.08$。为避免控制信号对过程不确定性过于敏感，取 $\gamma_{\text{PI}}=15$ 来求解 LMI 条件式(15.74)，得到 PI 控制器参数为 $K_{\text{P}}=0.6104$ 和 $K_{\text{I}}=0.0037$。

然后设计 ILC 控制律，指定 $\sigma_k=1$，通过求解优化问题式(15.104) 可得最优的鲁棒 H 无穷性能水平为 $\gamma_{\text{ILC}}^*=17.96$，相应地，ILC 控制器参数确定为 $L_1=-0.0060$，$L_2=-2.8726\times 10^{-21}$ 和 $L_3=0.6944$。

为便于说明，我们针对以下三种情况与文献［27］(Wang)，［28］(Liu) 和［29］(Shi) 中的 ILC 方法作对比。

情形 1.（标称情况） 假设 $\Delta\boldsymbol{A}_k(t)$、$\Delta\boldsymbol{B}_k(t)$ 以及扰动 $\boldsymbol{\omega}_k(t)$ 均为零。图 15.9 示出批次运行的输出跟踪结果，图 15.10 示出如下输出跟踪误差指标的计算结果：

$$\text{ATE}(k)=\frac{\sum_{t=1}^{T_{\text{p}}}|e_k(t)|}{T_{\text{p}}}$$

可以看出，与现有的间接型 ILC 方法[27,28] 相比，本节方法在初始批次运行闭环 PI 控制系统之后，通过 5 个批次基本达到完全跟踪期望的输出轨迹，然而其他两种间接型 ILC 方法需要 20 批次以上才能达到完全跟踪。

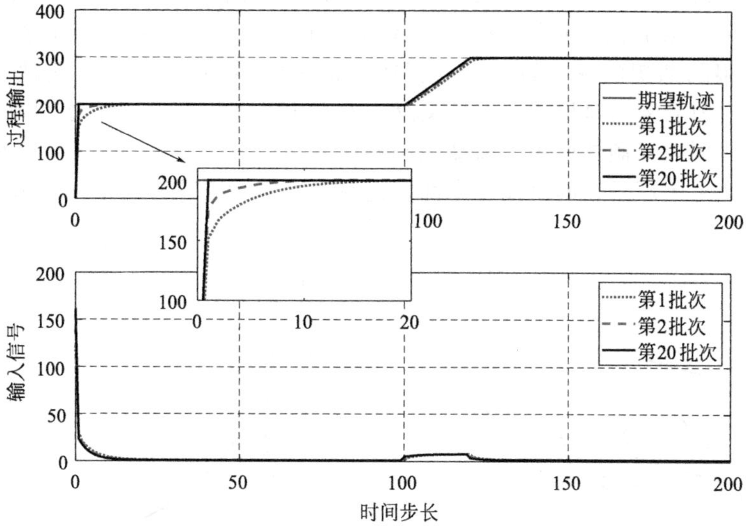

图 15.9　情形 1 下批次运行的输出跟踪性能

此外，为评估 σ_k 对沿批次方向跟踪误差收敛率的影响，选定 $\gamma_{\text{ILC}}=110$，针对不同的 σ_k，求解 LMI 条件式(15.84) 和式(15.85)。表 15.1 中给出了相应的 ILC 控制律，图 15.11 示出输出跟踪误差指标 ATE 的计算结果。

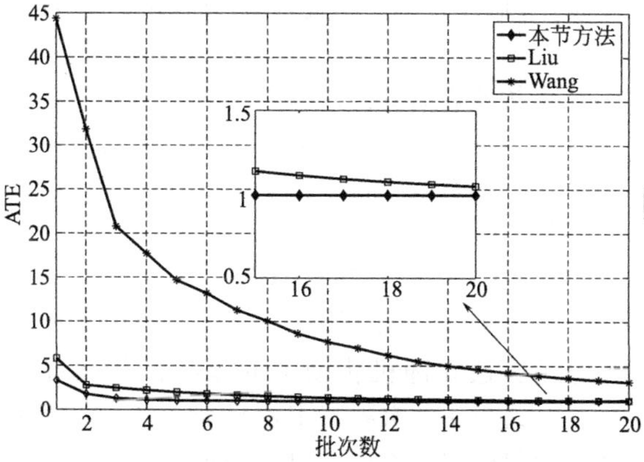

图 15.10　情形 1 下批次运行的 ATE 指标结果

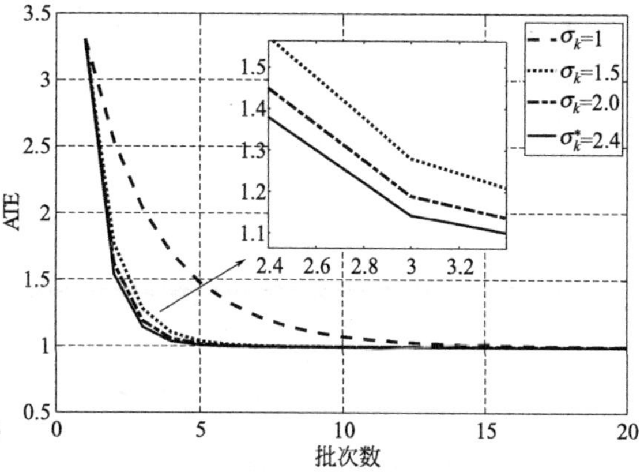

图 15.11　不同 K-RCI 值下的 ATE 指标结果

可以看出，当 K-RCI 增大时，沿批次方向跟踪误差收敛率加快。由优化问题式(15.105)可以计算得到最大值为 $\sigma_k^*=2.4$。

表 15.1　不同 K-RCI 值下的 ILC 控制律

控制器	L_1	L_2	L_3
$\sigma_k=1$	−0.0064	2.8919×10^{-14}	0.3366
$\sigma_k=1.5$	−0.0057	4.1216×10^{-14}	0.6934
$\sigma_k=2.0$	−0.0053	-5.2355×10^{-10}	0.7698
$\sigma_k=2.4$	−0.0059	-4.9396×10^{-18}	0.8178

情形 2.(时不变过程不确定性和重复性扰动)　假设 $\Delta\boldsymbol{A}_k(t)$ 和 $\Delta\boldsymbol{B}_k(t)$ 固定为它们的不确定性上界。重复性负载干扰由一个单位幅值的阶跃信号通过一个慢动态传递函数 $G_{\text{d}}(z)=$

$150(z^{-1}+z^{-2})/(11-4z^{-1})$ 生成，并在 $t=60\text{s}$ 时加入过程输出端。图 15.12 示出了批次运行的输出跟踪结果，图 15.13 示出了相应的 ATE 性能指标。可以看出，本节方法通过 5 个批次可以实现完全跟踪期望的输出轨迹。尽管初始批次的 ATE 指标大于文献［28］给出的结果，但本节方法的收敛率明显提高。注意文献［28］中的间接型 ILC 方法得到的 ATE 指标出现一个拐点，其原因在于额外使用了前馈控制器 $F_i(i=1,2,3)$ 对闭环 PI 控制器进行了重新整定，因此也改变了闭环系统的鲁棒稳定性，这在很多实际工程应用中不宜采用。

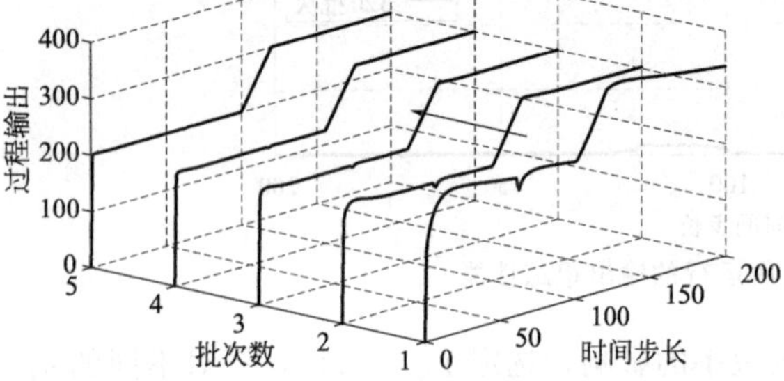

图 15.12　情形 2 下批次运行的输出跟踪性能

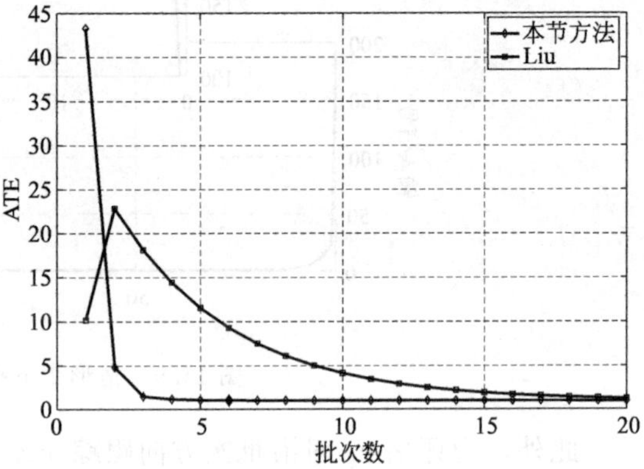

图 15.13　情形 2 下批次运行的 ATE 指标结果

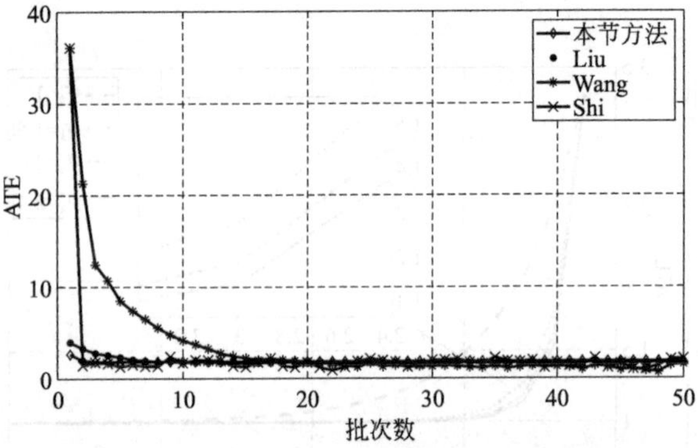

图 15.14　情形 3 下批次运行的 ATE 指标结果

情形 3.（时变过程不确定性和随机扰动）　假设过程不确定性是时变的，参照文献［27,28］令 $|\delta(t)|\leqslant 0.1$，不可重复负载干扰假设为 $\boldsymbol{\omega}_k(t)=\sin(t+\theta(k))$，其中 $\theta(k)$ 是在区间 $[0,2\pi]$ 内随机变化。在该情形下，选取 $\gamma_{\text{ILC}}=110$ 和 $\sigma_k=1.5$，通过求解 LMI 条件式(15.84) 和式(15.85) 可以确定 ILC 控制器参数为 $L_1=-0.0057$，$L_2=4.1216\times10^{-14}$，$L_3=0.6934$。为评估本节方法在随机扰动下的跟踪性能和鲁棒性，进行 100 次蒙特卡罗试验。图 15.14 示出了 ATE 性能指标的平均值结果。可以看出，本节方法保证闭环系统在时间和批次方向上都具有较好的鲁棒稳定性，可有效地克服时变不确定性和随机扰动，实现鲁棒跟踪和批次运行优化。

15.3　基于广义 ESO 的间接型 ILC 方法

对于存在不可重复不确定性和时变性负载干扰的批次过程，本节给出一种基于扩张状态观测器（ESO）的间接型 ILC 设计方法[17]，可有效提高沿时间和批次方向的控制系统性能。

考虑如下单输入单输出的批次过程

$$\begin{cases}\boldsymbol{x}_k(t+1)=\boldsymbol{A}_k(t)\boldsymbol{x}_k(t)+\boldsymbol{B}_k(t)[u_k(t)+\omega_k(t)]\\ y_k(t)=\boldsymbol{C}\boldsymbol{x}_k(t),t\in\mathbb{Z}_N,k\in\mathbb{Z}_+\end{cases}\tag{15.106}$$

其中，t 和 k 分别表示时间步长和批次标号；$\boldsymbol{x}_k(t)\in\Re^n$，$u_k(t)\in\Re$ 和 $y_k(t)\in\Re$ 分别表示过程的状态向量、输入和输出；$\omega_k(t)\in\Re$ 表示负载干扰；$\boldsymbol{A}_k(t)=\boldsymbol{A}+\boldsymbol{E}\boldsymbol{\Delta}_k(t)\boldsymbol{H}_{\text{A}}$ 和 $\boldsymbol{B}_k(t)=\boldsymbol{B}+\boldsymbol{E}\boldsymbol{\Delta}_k(t)\boldsymbol{H}_{\text{B}}$ 表示时变和随批次变化的系统矩阵，其中 $\boldsymbol{E}$，$\boldsymbol{H}_{\text{A}}$ 和 $\boldsymbol{H}_{\text{B}}$ 是预估或已知的矩阵，$\boldsymbol{\Delta}_k(t)$

表示时变的不确定性，且满足 $\boldsymbol{\Delta}_k^{\mathrm{T}}(t)\boldsymbol{\Delta}_k(t)\leqslant \boldsymbol{I}$。不失一般性，假设 $\boldsymbol{CB}_k(t)\neq 0$，以保证系统可控性[30]。

记 $r(t)(t\in\mathbb{Z}_N)$ 为期望输出轨迹，且满足 $|r(t)|\leqslant\beta_r<\infty$，系统输出完全跟踪可描述为

$$\lim_{k\to\infty} y_k(t)=r(t),\ \forall t\in\mathbb{Z}_N \tag{15.107}$$

当存在随批次变化的不确定性时，不可能实现上述的完全跟踪目标。因此，只能满足对任意 $k\in\mathbb{Z}_+$ 和 $t\in\mathbb{Z}_N$，输出跟踪误差 $e_k(t)=r(t)-y_k(t)$ 是有界的，即

$$\sup_{k\geqslant 0}|e_k(t)|\leqslant\beta_e,\ \limsup_{k\to\infty}|e_k(t)|\leqslant\beta_{e_{\sup}} \tag{15.108}$$

其中，$\beta_e>\beta_{e_{\sup}}\geqslant 0$ 是有界值。此外，被控系统的输入和状态也应该有界，即

$$\begin{aligned}&\sup_{k\geqslant 0}\max_{0\leqslant t\leqslant N-1}|u_k(t)|\leqslant\beta_u<\infty\\&\sup_{k\geqslant 0}\max_{0\leqslant t\leqslant N}\|\boldsymbol{x}_k(t)\|\leqslant\beta_x<\infty\end{aligned} \tag{15.109}$$

其中，$\beta_u\geqslant 0$ 和 $\beta_x\geqslant 0$ 是有界值。

为便于分析和设计 ILC，一般性地假设被控过程的批次运行条件如下：

假设 15.1[30]　假设对任意 $k\in\mathbb{Z}_+$ 和 $t\in\mathbb{Z}_N$，$\boldsymbol{x}_k(0)$，$\omega_k(t)$，$\boldsymbol{A}_k(t)$ 和 $\boldsymbol{B}_k(t)$ 是有界的，即

$$\begin{aligned}&\sup_{k\geqslant 0}\|\boldsymbol{x}_k(0)\|\leqslant\beta_{x_0},\ \sup_{k\geqslant 0}\max_{0\leqslant t\leqslant N}|\omega_k(t)|\leqslant\beta_\omega,\\&\sup_{k\geqslant 0}\max_{0\leqslant t\leqslant N}\|\boldsymbol{A}_k(t)\|\leqslant\beta_A,\ \sup_{k\geqslant 0}\max_{0\leqslant t\leqslant N}\|\boldsymbol{B}_k(t)\|\leqslant\beta_B\end{aligned}$$

其中，$\beta_{x_0}\geqslant 0$，$\beta_\omega\geqslant 0$，$\beta_A\geqslant 0$，$\beta_B\geqslant 0$，$\boldsymbol{x}_k(0)$ 表示如式(15.106) 所示的批次过程的初始状态向量。

15.3.1 闭环反馈控制器

为了保证被控过程在每个批次内沿时间方向是鲁棒稳定性的，并且能抑制时变性负载干扰的不利影响，这里提出一种基于广义 ESO 的闭环反馈控制结构，以便后续设计基于调节系统设定点的间接型 ILC 控制律，实现更好的鲁棒跟踪和批次运行优化性能。由于批次标号 k 与广义 ESO 的设计无关，因此在本节中省略。标称过程的 z-域传递函数可以描述为

$$G(z)=\frac{b_1z^{n-1}+\cdots+b_{n-1}z+b_n}{z^n+a_1z^{n-1}+\cdots+a_{n-1}z+a_n} \tag{15.110}$$

对应的不确定性过程响应可以写为

$$Y(z)=G(z)[1+\Delta(z)][U(z)+W(z)] \tag{15.111}$$

其中，$\Delta(z)$ 表示过程不确定性，$W(z)$ 表示负载干扰。注意式(15.111) 可以等价地描述为

$$Y(z)=G(z)[U(z)+W_{\mathrm{sum}}(z)] \tag{15.112}$$

其中，$W_{\mathrm{sum}}(z)=\Delta(z)U(z)+\Delta(z)W(z)+W(z)$ 表示由未建模动态和外部干扰组成的总扰动。

为便于设计状态观测器，如式(15.112) 所示的输出响应可重新描述为能观标准型形式如下

$$\begin{cases}\boldsymbol{x}(t+1)=\boldsymbol{A}_{\mathrm{o}}\boldsymbol{x}(t)+\boldsymbol{B}_{\mathrm{o}}[u(t)+\omega_{\mathrm{sum}}(t)]\\ y(t)=\boldsymbol{C}_{\mathrm{o}}\boldsymbol{x}(t)\end{cases} \tag{15.113}$$

其中，$\boldsymbol{C}_{\mathrm{o}}=[1\ 0\cdots 0\ 0]$；

$$\boldsymbol{A}_{\mathrm{o}}=\begin{bmatrix}-a_1 & 1 & 0 & \cdots & 0\\ \vdots & \vdots & \vdots & \ddots & \vdots\\ -a_{n-1} & 0 & 0 & \cdots & 1\\ -a_n & 0 & 0 & \cdots & 0\end{bmatrix},\ \boldsymbol{B}_{\mathrm{o}}=\begin{bmatrix}b_1\\ \vdots\\ b_{n-1}\\ b_n\end{bmatrix} \tag{15.114}$$

上述两个矩阵分别表示 $\boldsymbol{A}_k(t)$ 和 $\boldsymbol{B}_k(t)$ 的标称部分，$\omega_{\mathrm{sum}}(t)$ 表示 $W_{\mathrm{sum}}(z)$ 的 z 逆变换。为了估计总扰动 $\omega_{\mathrm{sum}}(t)$，将 $\omega_{\mathrm{sum}}(t)$ 视为一个扩张状态向量，构造如下增广系统描述

$$\begin{cases}\boldsymbol{X}(t+1)=\hat{\boldsymbol{A}}\boldsymbol{X}(t)+\hat{\boldsymbol{B}}u(t)+\hat{\boldsymbol{E}}\Delta\omega_{\text{sum}}(t+1)\\ y(t)=\hat{\boldsymbol{C}}\boldsymbol{X}(t)\end{cases} \tag{15.115}$$

其中，$\boldsymbol{X}(t)=[\boldsymbol{x}^{\mathrm{T}}(t)\quad \omega_{\text{sum}}^{\mathrm{T}}(t)]^{\mathrm{T}}$；$\Delta\omega_{\text{sum}}(t+1)=\omega_{\text{sum}}(t+1)-\omega_{\text{sum}}(t)$；

$$\hat{\boldsymbol{A}}=\begin{bmatrix}\boldsymbol{A}_{\mathrm{o}} & \boldsymbol{B}_{\mathrm{o}}\\ \boldsymbol{0} & 1\end{bmatrix};\ \hat{\boldsymbol{B}}=\begin{bmatrix}\boldsymbol{B}_{\mathrm{o}}\\ 0\end{bmatrix};\ \hat{\boldsymbol{C}}=\begin{bmatrix}\boldsymbol{C}_{\mathrm{o}}^{\mathrm{T}}\\ 0\end{bmatrix}^{\mathrm{T}};\ \hat{\boldsymbol{E}}=\begin{bmatrix}\boldsymbol{0}\\ 1\end{bmatrix}。$$

根据式(15.115)，设计如下观测器同时估计系统状态和总扰动

$$\begin{cases}\hat{\boldsymbol{X}}(t+1)=\hat{\boldsymbol{A}}\hat{\boldsymbol{X}}(t)+\hat{\boldsymbol{B}}u(t)+\boldsymbol{L}[y(t)-\hat{y}(t)]\\ \hat{y}(t)=\hat{\boldsymbol{C}}\hat{\boldsymbol{X}}(t)\end{cases} \tag{15.116}$$

其中，$\hat{\boldsymbol{X}}(t)=[\hat{\boldsymbol{x}}^{\mathrm{T}}(t)\quad \hat{\omega}_{\text{sum}}^{\mathrm{T}}(t)]^{\mathrm{T}}$；$\boldsymbol{L}$ 表示观测器增益，它可以通过将 $\hat{\boldsymbol{A}}-\boldsymbol{L}\hat{\boldsymbol{C}}$ 的特征根配置到 z 平面内实轴上 α_0 处来整定，其中 $\alpha_0\in(0,1)$ 是一个可调参数，$\hat{\boldsymbol{x}}(t)$ 和 $\hat{\omega}_{\text{sum}}(t)$ 分别表示 $\boldsymbol{x}(t)$ 和 $\omega_{\text{sum}}(t)$ 的估计值。

相应地，闭环系统控制器设计为

$$u(t)=Fy^{s}(t)-\boldsymbol{K}\hat{\boldsymbol{X}}(t) \tag{15.117}$$

其中，$\boldsymbol{K}=[\boldsymbol{K}_{\mathrm{o}}\ 1]$ 表示反馈控制器，$\boldsymbol{K}_{\mathrm{o}}$ 可以通过将 $\boldsymbol{A}_{\mathrm{o}}-\boldsymbol{B}_{\mathrm{o}}\boldsymbol{K}_{\mathrm{o}}$ 的特征值配置在 z 平面内实轴上 α_{c} 来整定，其中 $\alpha_{\mathrm{c}}\in(0,1)$ 也是一个可调参数，F 表示设定点增益，用于消除稳态跟踪误差，因此可设计为 $F=1/[\boldsymbol{C}_{\mathrm{o}}(\boldsymbol{I}-\boldsymbol{A}_{\mathrm{o}}+\boldsymbol{B}_{\mathrm{o}}\boldsymbol{K}_{o})^{-1}\boldsymbol{B}_{\mathrm{o}}]$。

说明：$\boldsymbol{L}$ 或 $\boldsymbol{K}_{\mathrm{o}}$ 中只含有一个可调参数，因此可以单调地整定以实现闭环系统控制性能和鲁棒稳定性之间的折中。需要指出，基于广义 ESO 的控制方案等价于一个两自由度控制结构[31]，相比于传统的单位反馈控制方案或单控制器回路，可以达到更好的控制性能。

基于上述控制器，可以将闭环系统描述为如下形式

$$\begin{cases}\boldsymbol{\mathcal{X}}_k(t+1)=\boldsymbol{\mathcal{A}}_k(t)\boldsymbol{\mathcal{X}}_k(t)+\boldsymbol{\mathcal{B}}_k(t)y_k^{s}(t)+\boldsymbol{\mathcal{D}}_k(t)\omega_k(t)\\ y_k(t)=\boldsymbol{\mathcal{C}}\boldsymbol{\mathcal{X}}_k(t)\end{cases} \tag{15.118}$$

其中，$\boldsymbol{\mathcal{X}}_k(t)=[\boldsymbol{x}_k^{\mathrm{T}}(t)\quad \hat{\boldsymbol{X}}_k^{\mathrm{T}}(t)]^{\mathrm{T}}$；

$$\boldsymbol{\mathcal{A}}_k(t)=\begin{bmatrix}\boldsymbol{A}_k(t) & -\boldsymbol{B}_k(t)\boldsymbol{K}\\ \boldsymbol{LC} & \hat{\boldsymbol{A}}-\hat{\boldsymbol{B}}\boldsymbol{K}-\boldsymbol{L}\hat{\boldsymbol{C}}\end{bmatrix};\boldsymbol{\mathcal{B}}_k(t)=\begin{bmatrix}\boldsymbol{B}_k(t)F\\ \hat{\boldsymbol{B}}F\end{bmatrix};$$

$$\boldsymbol{\mathcal{C}}=[\boldsymbol{C}\quad \boldsymbol{0}];\boldsymbol{\mathcal{D}}_k(t)=[\boldsymbol{B}_k^{\mathrm{T}}(t)\quad \boldsymbol{0}]^{\mathrm{T}}。$$

其中，$y_k^{s}(t)$ 可以视为是如式(15.118) 所示的闭环系统设定点，可以作为下一节设计间接型 ILC 控制律的调节变量。

15.3.2 间接型 ILC 设计

为便于实现，图 15.15 示出了一个简单 P 型间接 ILC 方案，其中只有一个比例型（P 型）学习增益 Γ 用于调节设定点指令，即

$$y_k^{s}(t)=y_{k-1}^{s}(t)+\Gamma e_{k-1}(t+1) \tag{15.119}$$

其中，$y_{k-1}^{s}(t)$ 和 $e_{k-1}(t+1)$ 分别表示前一批次的设定点指令和超前一步的输出误差。

记 $\delta \boldsymbol{f}_k(t)\triangleq \boldsymbol{f}_k(t)-\boldsymbol{f}_{k-1}(t)$ 为沿批次方向的增量函数，则由式(15.118) 可得

$$\begin{aligned}\delta\boldsymbol{\mathcal{X}}_k(t+1)&=\boldsymbol{\mathcal{A}}_k(t)\delta\boldsymbol{\mathcal{X}}_k(t)+\boldsymbol{\mathcal{B}}_k(t)\delta y_k^{s}(t)+\boldsymbol{\varpi}_k(t)\\ &=\boldsymbol{\mathcal{A}}_k(t)\delta\boldsymbol{\mathcal{X}}_k(t)+\boldsymbol{\mathcal{B}}_k(t)\Gamma e_{k-1}(t+1)+\boldsymbol{\varpi}_k(t)\end{aligned} \tag{15.120}$$

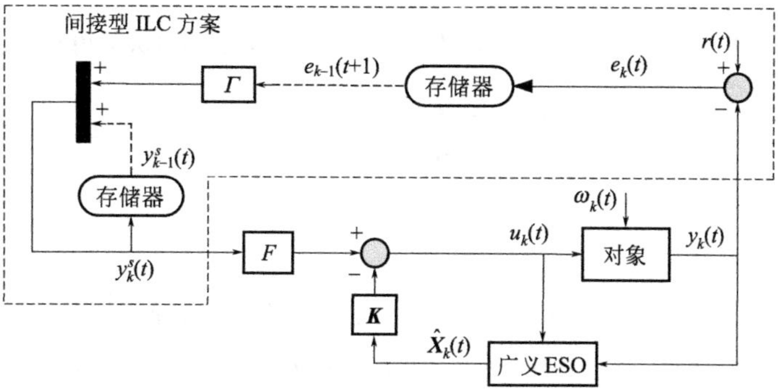

图 15.15　基于广义 ESO 闭环控制系统的间接型 ILC 方案

其中

$$\overline{\boldsymbol{\omega}}_k(t)=\delta\boldsymbol{\mathcal{A}}_k(t)\boldsymbol{\mathcal{X}}_{k-1}(t)+\delta\boldsymbol{\mathcal{B}}_k(t)y^s_{k-1}(t)+\boldsymbol{\mathcal{D}}_k(t)\omega_k(t)-\boldsymbol{\mathcal{D}}_{k-1}(t)\omega_{k-1}(t) \tag{15.121}$$

此外，可写出

$$\begin{aligned}e_k(t+1)&=e_{k-1}(t+1)-\boldsymbol{\mathcal{C}}\delta\boldsymbol{\mathcal{X}}_k(t+1)\\&=[1-\boldsymbol{\mathcal{C}}\boldsymbol{\mathcal{B}}_k(t)\Gamma]e_{k-1}(t+1)-\boldsymbol{\mathcal{C}}\boldsymbol{\mathcal{A}}_k(t)\delta\boldsymbol{\mathcal{X}}_k(t)-\boldsymbol{\mathcal{C}}\overline{\boldsymbol{\omega}}_k(t)\end{aligned} \tag{15.122}$$

因此，由式(15.120) 和式(15.122) 描述的 ILC 系统可以等价地表达成如下 2D Roesser 系统（见文献 [24] 定义）

$$\begin{bmatrix}\delta\boldsymbol{\mathcal{X}}_k(t+1)\\ e_k(t+1)\end{bmatrix}=\overline{\mathbb{A}}\begin{bmatrix}\delta\boldsymbol{\mathcal{X}}_k(t)\\ e_{k-1}(t+1)\end{bmatrix}+\mathbb{D}\overline{\boldsymbol{\omega}}_k(t) \tag{15.123}$$

其中，$\mathbb{D}=[\boldsymbol{I}\quad -\boldsymbol{\mathcal{C}}^{\mathrm{T}}]^{\mathrm{T}}$

$$\overline{\mathbb{A}}=\begin{bmatrix}\boldsymbol{\mathcal{A}}_k(t) & \boldsymbol{\mathcal{B}}_k(t)\Gamma\\ -\boldsymbol{\mathcal{C}}\boldsymbol{\mathcal{A}}_k(t) & 1-\boldsymbol{\mathcal{C}}\boldsymbol{\mathcal{B}}_k(t)\Gamma\end{bmatrix}\triangleq\left[\begin{array}{c|c}\overline{\mathbb{A}}_{11} & \overline{\mathbb{A}}_{12}\\ \hline \overline{\mathbb{A}}_{21} & \overline{\mathbb{A}}_{22}\end{array}\right] \tag{15.124}$$

下面的定理给出保证 ILC 系统沿时间和批次方向同时收敛的一个充分条件。

定理 15.4　考虑如式(15.118) 所示的闭环系统，其中设定点指令由式(15.119) 更新。如果存在矩阵 $\boldsymbol{P}>\boldsymbol{0}$，标量 Γ，$\varepsilon>0$，以及 $\lambda\in(0,1)$ 使得如下 LMI 成立

$$\begin{bmatrix}-\boldsymbol{P}+\varepsilon\boldsymbol{\varepsilon}_1\boldsymbol{\varepsilon}_1^{\mathrm{T}} & \mathbb{A}_{11}\boldsymbol{P} & \mathbb{A}_{12} & \varepsilon\boldsymbol{\varepsilon}_1\boldsymbol{\varepsilon}_2^{\mathrm{T}} & \boldsymbol{0}\\ * & -\boldsymbol{P} & \boldsymbol{0} & \boldsymbol{P}\mathbb{A}_{21}^{\mathrm{T}} & \boldsymbol{P}\boldsymbol{\mathcal{F}}_1^{\mathrm{T}}\\ * & * & -\lambda & \mathbb{A}_{22}^{\mathrm{T}} & \boldsymbol{\mathcal{F}}_2^{\mathrm{T}}\\ * & * & * & -\lambda+\varepsilon\boldsymbol{\varepsilon}_2\boldsymbol{\varepsilon}_2^{\mathrm{T}} & \boldsymbol{0}\\ * & * & * & * & -\varepsilon\boldsymbol{I}\end{bmatrix}<\boldsymbol{0} \tag{15.125}$$

其中，$\boldsymbol{\varepsilon}_1=[\boldsymbol{E}^{\mathrm{T}}\quad \boldsymbol{0}]^{\mathrm{T}}$；$\boldsymbol{\varepsilon}_2=-\boldsymbol{CE}$；$\boldsymbol{\mathcal{F}}_1=[\boldsymbol{H}_{\mathrm{A}}\quad -\boldsymbol{H}_{\mathrm{B}}\boldsymbol{K}]$；$\boldsymbol{\mathcal{F}}_2=\boldsymbol{H}_{\mathrm{B}}F\Gamma$；

$$\mathbb{A}_{11}=\begin{bmatrix}\boldsymbol{A} & -\boldsymbol{BK}\\ \boldsymbol{LC} & \hat{\boldsymbol{A}}-\hat{\boldsymbol{B}}\boldsymbol{K}-\boldsymbol{L}\hat{\boldsymbol{C}}\end{bmatrix};\ \mathbb{A}_{12}=\begin{bmatrix}\boldsymbol{B}F\Gamma\\ \hat{\boldsymbol{B}}F\Gamma\end{bmatrix};$$

$$\mathbb{A}_{21}=[-\boldsymbol{CA}\quad \boldsymbol{CBK}];\ \mathbb{A}_{22}=1-\boldsymbol{CB}F\Gamma。$$

那么可满足有界跟踪目标式(15.108) 和式(15.109)，并且如式(15.118) 所示的闭环系统保证在批次运行中沿时间方向的稳定性。

证明： 对式(15.125) 应用 Schur 补，可得

$$\begin{bmatrix}-\boldsymbol{P} & \mathbb{A}_{11}\boldsymbol{P} & \mathbb{A}_{12} & \boldsymbol{0}\\ * & -\boldsymbol{P} & \boldsymbol{0} & \boldsymbol{P}\mathbb{A}_{21}^{\mathrm{T}}\\ * & * & -\lambda & \mathbb{A}_{22}^{\mathrm{T}}\\ * & * & * & -\lambda\end{bmatrix}+\varepsilon\boldsymbol{\xi}_1^{\mathrm{T}}\boldsymbol{\xi}_1+\varepsilon^{-1}\boldsymbol{\xi}_2^{\mathrm{T}}\boldsymbol{\xi}_2<\boldsymbol{0}$$

其中，$\boldsymbol{\xi}_1=[\boldsymbol{\varepsilon}_1^{\mathrm{T}}\quad \mathbf{0}\quad \mathbf{0}\quad \boldsymbol{\varepsilon}_2^{\mathrm{T}}]$；$\boldsymbol{\xi}_2=[\mathbf{0}\quad \boldsymbol{\mathcal{F}}_1\boldsymbol{P}\quad \boldsymbol{\mathcal{F}}_2\quad \mathbf{0}]$。由引理 15.1 可得

$$\begin{bmatrix} -P & \overline{\mathbb{A}}_{11}\boldsymbol{P} & \overline{\mathbb{A}}_{12} & \mathbf{0} \\ * & -\boldsymbol{P} & \mathbf{0} & \boldsymbol{P}\overline{\mathbb{A}}_{21}^{\mathrm{T}} \\ * & * & -\lambda & \overline{\mathbb{A}}_{22}^{\mathrm{T}} \\ * & * & * & -\lambda \end{bmatrix}<\mathbf{0} \tag{15.126}$$

于是有 $\rho(\overline{\mathbb{A}}_{11})<1$ 和 $\rho(\overline{\mathbb{A}}_{22})<\lambda<1$。基于经典的 H 无穷控制理论[19]，容易验证对任意 $\theta\in[-\pi,\pi]$，有 $\|\mathcal{G}(\mathrm{e}^{\mathrm{j}\theta})\|_\infty<\lambda<1$，其中 $\mathcal{G}(\mathrm{e}^{\mathrm{j}\theta})\triangleq\overline{\mathbb{A}}_{21}(\mathrm{e}^{\mathrm{j}\theta}\boldsymbol{I}-\overline{\mathbb{A}}_{11})^{-1}\overline{\mathbb{A}}_{12}+\overline{\mathbb{A}}_{22}$。

对任意 $t\in\mathbb{Z}_N$ 和 $k\in\mathbb{Z}_+$，有界目标式(15.109) 可以通过对时间 $t\in\mathbb{Z}_N$ 进行数学归纳法来证明得出。首先，将式(15.119) 写成如下形式

$$\begin{aligned} y_k^s(t)&=y_{k-1}^s(t)+\Gamma[r(t+1)-\boldsymbol{C}\boldsymbol{\mathcal{X}}_{k-1}(t+1)] \\ &=[1-\Gamma\boldsymbol{C}\boldsymbol{\mathcal{B}}_{k-1}(t)]y_{k-1}^s(t)-\Gamma\boldsymbol{C}\boldsymbol{\mathcal{A}}_{k-1}(t)\boldsymbol{\mathcal{X}}_{k-1}(t)+\phi_k^s(t) \end{aligned} \tag{15.127}$$

其中，$\phi_k^s(t)\triangleq\Gamma r(t+1)-\Gamma\boldsymbol{C}\boldsymbol{\mathcal{D}}_{k-1}(t)\omega_{k-1}(t)$。容易验证对任意 $t\in\mathbb{Z}_N$ 和 $k\in\mathbb{Z}_+$，有 $|\phi_k^s(t)|\leqslant|\Gamma|(\beta_r+\|C\|\beta_B\beta_\omega)$。此外，由假设 15.1，以及有限的观测器和控制器增益可知，对任意 $t\in\mathbb{Z}_N$ 和 $k\in\mathbb{Z}_+$，$\boldsymbol{\mathcal{A}}_k(t)$ 和 $\boldsymbol{\mathcal{B}}_k(t)$ 是有界的，分别定义其上界为 β_A 和 β_B。余下的证明分为以下两步：

步骤 1　令 $t=0$，可得对任意 $k\in\mathbb{Z}_+$ 有 $|\Gamma\boldsymbol{C}\boldsymbol{\mathcal{A}}_{k-1}(0)\boldsymbol{\mathcal{X}}_{k-1}(0)|\leqslant|\Gamma|\|\boldsymbol{C}\|\beta_{\mathcal{A}}\beta_{\mathcal{X}}(0)$，其中 $\beta_{\mathcal{X}}(0)<\infty$ 是有限的初始状态界。此外，由文献［30］中的引理 9 可知，如果 $\rho(\overline{\mathbb{A}}_{22})<1$，则对于任意 $k\in\mathbb{Z}_+$ 和有限界 $\beta_s(0)<\infty$，$y_k^s(0)$ 是有界的，且满足 $\sup\limits_{k\in\mathbb{Z}_+}|y_k^s(0)|\leqslant\beta_s(0)$。注意对单输入单输出系统，$1-\Gamma\boldsymbol{C}\boldsymbol{\mathcal{B}}_{k-1}(t)=1-\boldsymbol{C}\boldsymbol{\mathcal{B}}_{k-1}(t)\Gamma$ 恒成立。

步骤 2　对任意给定的 $t\in\mathbb{Z}_{N-1}$，假设在 $\rho(\overline{\mathbb{A}}_{22})<1$ 成立的前提下，有 $\sup\limits_{k\in\mathbb{Z}_+}\|\boldsymbol{\mathcal{X}}_k(t)\|\leqslant\beta_{\mathcal{X}}(t)<\infty$ 和 $\sup\limits_{k\in\mathbb{Z}_+}\|y_k^s(t)\|\leqslant\beta_s(t)<\infty$，那么，由式(15.118) 可知，对任意 $k\in\mathbb{Z}_+$，有

$$\begin{aligned} \|\boldsymbol{\mathcal{X}}_k(t+1)\|&\leqslant\|\boldsymbol{\mathcal{A}}_k(t)\|\|\boldsymbol{\mathcal{X}}_k(t)\|+\|\boldsymbol{\mathcal{B}}_k(t)\||y_k^s(t)|+\|\boldsymbol{\mathcal{D}}_k(t)\||\omega_k(t)| \\ &\leqslant\beta_{\mathcal{X}}(t)\beta_{\mathcal{A}}+\beta_s(t)\beta_{\mathcal{B}}+\beta_B\beta_\omega\triangleq\beta_{\mathcal{X}}(t+1) \end{aligned} \tag{15.128}$$

进而有

$$|-\Gamma\boldsymbol{C}\boldsymbol{\mathcal{A}}_{k-1}(t+1)\boldsymbol{\mathcal{X}}_{k-1}(t+1)|\leqslant|\Gamma|\|\boldsymbol{C}\|\beta_{\mathcal{A}}\beta_{\mathcal{X}}(t+1) \tag{15.129}$$

对于 $t+1$ 时刻，将文献［30］中的引理 9 应用到式(15.127) 中可知，如果 $\rho(\overline{\mathbb{A}}_{22})<1$ 成立，则对有限界 $\beta_s(t+1)<\infty$，有 $\sup\limits_{k\in\mathbb{Z}_+}|y_k^s(t+1)|\leqslant\beta_s(t+1)$。此外，由式(15.128) 可知 $\boldsymbol{\mathcal{X}}_k(N)$ 也是有界的。

由数学归纳法可得

$$\sup_{k\in\mathbb{Z}_+}\max_{t\in\mathbb{Z}_{N-1}}|y_k^s(t)|\leqslant\beta_s,\ \sup_{k\in\mathbb{Z}_+}\max_{t\in\mathbb{Z}_N}\|\boldsymbol{\mathcal{X}}_k(t)\|\leqslant\beta_{\mathcal{X}},$$

其中，$\beta_s=\max\limits_{t\in\mathbb{Z}_{N-1}}\beta_s(t)$ 和 $\beta_{\mathcal{X}}=\max\limits_{t\in\mathbb{Z}_N}\beta_{\mathcal{X}}(t)$。根据式(15.117) 中 $y_k^s(t)$ 与 $u_k(t)$ 之间的关系，以及式(15.118) 中 $x_k(t)$ 和 $\boldsymbol{\mathcal{X}}_k(t)$ 之间的关系，可知如果 $\rho(\overline{\mathbb{A}}_{22})<1$，那么有界目标式(15.109) 成立。

由式(15.123) 可得

$$e_k(t+1)=\mathcal{G}(\mathrm{e}^{\mathrm{j}\theta})e_{k-1}(t+1)+\mathcal{G}_\omega(\mathrm{e}^{\mathrm{j}\theta})\overline{\boldsymbol{\varpi}}_k(t) \tag{15.130}$$

其中，$\mathcal{G}_\omega(\mathrm{e}^{\mathrm{j}\theta})=\overline{\mathbb{A}}_{21}(\mathrm{e}^{\mathrm{j}\theta}\boldsymbol{I}-\overline{\mathbb{A}}_{11})^{-1}-\boldsymbol{C}$。由假设 15.1 以及有限的观测器和控制器增益可知，对任意 $\theta\in[-\pi,\pi]$，$t\in\mathbb{Z}_N$ 和 $k\in\mathbb{Z}_+$，$\mathcal{G}_\omega(\mathrm{e}^{\mathrm{j}\theta})$ 是有界的。根据 $\boldsymbol{\mathcal{X}}_k(t)$ 和 $y_k^s(t)$ 的有界性，容易验证 $\overline{\boldsymbol{\varpi}}_k(t)$ 是有界的，即 $\|\overline{\boldsymbol{\varpi}}_k(t)\|\leqslant2\beta_{\mathcal{A}}\beta_{\mathcal{X}}+2\beta_{\mathcal{B}}\beta_s+2\beta_B\beta_\omega$。利用文献［32］中的定理 3

可知，有界跟踪目标式(15.108) 成立。

最后，由于对任意 $t\in\mathbb{Z}_N$ 和 $k\in\mathbb{Z}_+$，$y_k^s(t)$ 和 $\omega_k(t)$ 都是有界的，所以若 $\rho(\overline{\mathbb{A}}_{11})<1$，则如式(15.118) 所示的闭环系统在时间域是稳定的。证毕。 □

需要说明，已有文献如 [30,32] 给出的鲁棒前馈 ILC 方法仅考虑沿批次方向的误差收敛，然而本节提出的间接型 ILC 方法能保证输出跟踪误差沿时间和批次方向均收敛。此外，尽管已有的方法（如文献 [33] ）可以保证批次方向的输出跟踪误差收敛，但在实际执行过程中，不能消除初始批次的输出稳态误差或保证其较小，因而不便实际应用。

对于实际指定的过程不确定性矩阵 $\boldsymbol{A}_k(t)$ 和 $\boldsymbol{B}_k(t)$ 上界，这里提出如下最小化目标函数来优化 ILC 的收敛率

$$\begin{aligned}\lambda^* = &\min_{P>0,\varepsilon>0,\lambda\in(0,1),\Gamma} \lambda \\ &\text{s. t. 式}(15.125)\end{aligned} \tag{15.131}$$

其中，λ^* 表示最优的收敛率。

如果随批次变化的过程不确定性沿批次方向收敛，即

$$\begin{aligned}&\lim_{k\to\infty}\boldsymbol{x}_k(0)=\boldsymbol{x}_0,\lim_{k\to\infty}\omega_k(t)=\omega(t),\\ &\lim_{k\to\infty}\boldsymbol{A}_k(t)=\boldsymbol{A}(t),\lim_{k\to\infty}\boldsymbol{B}_k(t)=\boldsymbol{B}(t),\end{aligned} \tag{15.132}$$

其中，$\boldsymbol{x}_0$，$\omega(t)$，$\boldsymbol{A}(t)$ 和 $\boldsymbol{B}(t)$ 是随批次运行不变的。那么，上述间接型 ILC 方案可以实现完全跟踪期望的输出轨迹。

推论 15.3 对于如式(15.118) 所示的闭环系统采用如式(15.119) 所示的间接型 ILC 更新律，在假设 15.1 和式(15.132) 成立的前提下，如果存在矩阵 $\boldsymbol{P}>\boldsymbol{0}$，标量 Γ，$\varepsilon>0$，以及 $\lambda\in(0,1)$ 使得 LMI 条件式(15.125) 成立，则可实现完全跟踪期望的输出轨迹和有界目标式(15.109)，并且该闭环系统在时间域保持稳定性。

证明： 如果定理 15.4 中的 LMI 条件式(15.125) 成立，则 $\|\mathcal{G}(\mathrm{e}^{\mathrm{j}\theta})\|_\infty<\lambda<1$。由假设 15.1 和式(15.132) 可知，对任意 $t\in\mathbb{Z}_N$，当 $k\to\infty$ 时，$\overline{\boldsymbol{\omega}}_k(t)\to 0$。然后根据式(15.130) 可得

$$\begin{aligned}\|e_k(t)\| &= \|\mathcal{G}(\mathrm{e}^{\mathrm{j}\theta})\|_\infty\|e_{k-1}(t)\|+\|\mathcal{G}_\omega(\mathrm{e}^{\mathrm{j}\theta})\|_\infty\|\overline{\boldsymbol{\omega}}_k(t-1)\|\\ &\leqslant\lambda\|e_{k-1}(t)\|+\beta_\delta\\ &\leqslant\lambda^k\|e_0(t)\|+\frac{1-\lambda^k}{1-\lambda}\beta_\delta\end{aligned} \tag{15.133}$$

其中，$\beta_\delta=\sup_{k\in\mathbb{Z}_+}\{\|\mathcal{G}_\omega(\mathrm{e}^{\mathrm{j}\theta})\|_\infty\|\overline{\boldsymbol{\omega}}_k(t-1)\|\}$，且当 $k\to\infty$ 时，β_δ 趋于零。由于 $e_0(t)$ 是有界的，那么对任意 $t\in\mathbb{Z}_N$，成立 $\lim_{k\to\infty}e_k(t)=0$。证毕。

下面定理进一步给出了保证基于广义 ESO 的间接型 ILC 系统沿批次方向收敛的充分必要条件。

定理 15.5 对于如式(15.118) 所示的闭环系统采用如式(15.119) 所示的间接型 ILC 更新律，在假设 15.1 成立的前提下，有界跟踪目标式(15.108) 和式(15.109) 成立，当且仅当对任意 $t\in\mathbb{Z}_{N-1}$，存在学习增益 $\Gamma_k(t)$ 和一个迭代序列 $\{\xi_s(t):s\in\mathbb{Z}_+\}$ 满足对所有 $s\in\mathbb{Z}_+$，如下不等式条件成立

$$\left|\prod_{j=\xi_s(t)}^{\xi_{s+1}(t)-1}\left[1-\mathcal{CB}_j(t)\Gamma_j(t)\right]\right|<1 \tag{15.134}$$

其中，$\xi_0(t)=0$，对所有 $\sigma(t)\in\mathbb{Z}$，有 $0<\xi_{s+1}(t)-\xi_s(t)\leqslant\sigma(t)$。

证明： 参见文献 [30] 中的引理 9 可以推导得出，因此省略。 □

15.3.3 应用案例

例 15.4 考虑文献 [11,30] 中研究的一个带有时变不确定性和非重复性负载扰动的注塑机批次生产过程，其中被控的喷嘴压力动态响应特性描述如下：

$$
\begin{cases}
\boldsymbol{x}_k(t+1)=\left(\begin{bmatrix}1.607 & 1\\ -0.6086 & 0\end{bmatrix}+\Delta\boldsymbol{A}_k(t)\right)\boldsymbol{x}_k(t)\\
\qquad +\left(\begin{bmatrix}1.2390\\ -0.9282\end{bmatrix}+\Delta\boldsymbol{B}_k(t)\right)[u_k(t)+\omega_k(t)]\\
y_k(t)=[1\quad 0]\boldsymbol{x}_k(t),\boldsymbol{x}_k(0)=\boldsymbol{x}_0+\boldsymbol{\lambda}_k(t)
\end{cases}
\tag{15.135}
$$

其中 $\omega_k(t)=10\sin(0.1t)+\delta_{1,k}(t)$；

$$
\Delta\boldsymbol{A}_k(t)=\begin{bmatrix}0.08\delta_{2,k}(t) & 0\\ 0.08\delta_{3,k}(t) & 0\end{bmatrix};\Delta\boldsymbol{B}_k(t)=\begin{bmatrix}0.1\delta_{4,k}(t)\\ 0.14\delta_{5,k}(t)\end{bmatrix};
$$

$$
\boldsymbol{x}_0=[0\quad 0]^{\mathrm{T}};\boldsymbol{\lambda}_k(t)=[\delta_{6,k}(t)\quad \delta_{7,k}(t)]^{\mathrm{T}}
$$

$\delta_{i,k}(t),i=1,2,\cdots,7$ 被假设为在区间 $[-0.1,0.1]$ 内随机变化的时变参数[30]。

作为被控输出的喷嘴压力参考轨迹为

$$
r(t)=\begin{cases}200, & 0\leqslant t\leqslant 100\\ 200+5(t-100), & 100<t\leqslant 120\\ 300, & 120<t\leqslant N=200\end{cases}
$$

通常作为注塑过程的设定点参考指令。考虑到 $r(t)$ 的初始阶跃变化不便实际执行，这里采用一个前置滤波器 $G_f(z)=(z^{-1}+z^{-2})/(3-z^{-1})$ 来平滑该阶跃信号，以便设计和实现完全跟踪设定点轨迹。

在本节给出的方法中，取 $\alpha_o=0.45$ 和 $\alpha_c=0.5$，可以计算出观测器增益和反馈控制器分别为 $\boldsymbol{L}=[1.2570\quad -1.0144\quad 0.5353]^{\mathrm{T}}$ 和 $\boldsymbol{K}=[2.1966\quad 2.2782\quad 1]$。相应地，可算出设定点增益为 $F=0.8044$。对于上述过程的不确定性界，通过求解优化问题式(15.131)，可以计算出最优的学习增益 $\Gamma^*=0.8865$，相应的最优收敛率为 $\lambda^*=0.33$。为作对比说明，选取一个可行且较小的学习增益，如 $\Gamma=0.5$，将这两种学习增益下的本节方法与文献［28］(Liu) 中基于 PI 控制器的间接型 ILC 方法做比较。图 15.16 示出了标称情况（无过程不确定性和负载扰动）下的跟踪结果，图 15.17 示出了输出跟踪误差的 ATE 指标 $\left[\mathrm{ATE}(k)=\sum_{t=1}^{N}|e_k(t)|/N\right]$。

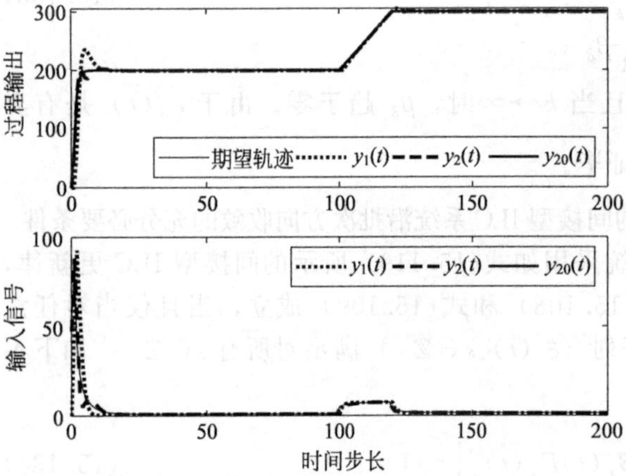

图 15.16　例 15.4 在标称情况下批次运行的输出跟踪性能 ($\Gamma^*=0.8865$)

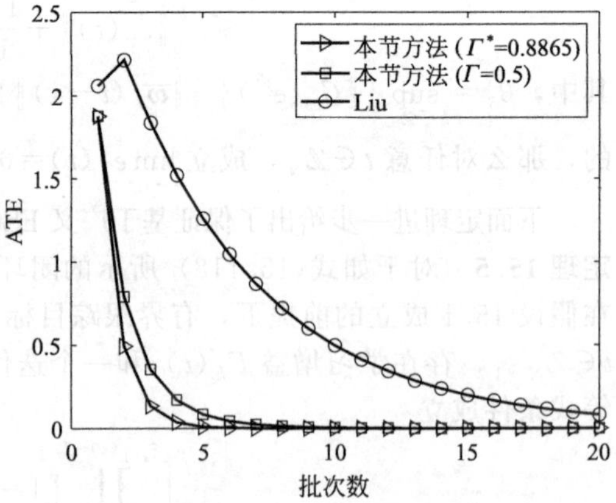

图 15.17　例 15.4 在标称情况下批次运行的 ATE 指标结果

可以看出，本节方法在 5 个批次后实现完全跟踪，然而文献［28］中的间接型 ILC 方法需要大约 20 个批次才能达到相同的跟踪误差水平。此外，本节方法中采用最优学习增益 $\Gamma^*=0.8865$ 可以得到一个最快的收敛速度。注意由于上述过程模型中存在一个慢极点，文献［30］中的设计方法不能找到可行解。

为进一步比较，考虑文献［30］（Meng）中假设的上述过程时变和批次变化不确定性，以及非重复性负载干扰。进行 100 次蒙特卡罗试验，相应的 ATE 性能指标如图 15.18 所示。可以看出，被控系统保持鲁棒稳定，并且同文献［28］中的方法相比，跟踪性能得到明显的改善。需要指出，采用较大的学习增益 $\Gamma^*=0.8865$ 产生相对偏大的稳态跟踪误差，这表明在实际应用中对于存在时变性过程不确定性和非重复性负载干扰的情况，应该在 ILC 收敛速度和稳态跟踪误差之间权衡。

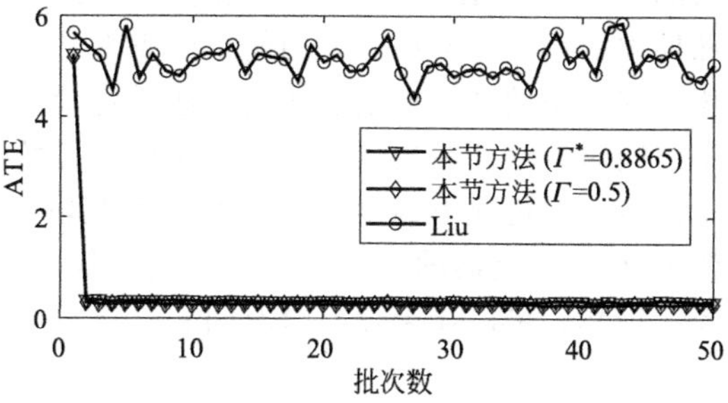

图 15.18 在过程时变和批次变化不确定性以及非重复性负载干扰情况下的 ATE 指标结果

为进一步验证跟踪目标式(15.108) 和式(15.109)，考虑文献［30］中指定的系统设定点参考轨迹 $r(t)=200\sin(t\pi/10)$，$t\in\mathbb{Z}_{20}$。选取能满足条件式(15.134) 的学习增益为

$$\Gamma_k(t)=\begin{cases}0.0249, & k\ \text{为偶数}\\ -0.0124, & k\ \text{为奇数}\end{cases}$$

从而有

$$1-\mathcal{CB}_k(t)\Gamma_k(t)=\begin{cases}[0.9750,0.9754], & k\ \text{为偶数}\\ [1.0119,1.0121], & k\ \text{为奇数}\end{cases}$$

说明：这里选取的 $\Gamma_k(t)$ 不满足传统基于压缩映射的 ILC 收敛条件[34]，然而容易验证存在一个迭代序列 $\xi_s(t)=2s\,(s\in\mathbb{Z}_+)$，对所有 t 满足不等式(15.134) 左边不大于 0.988，类似于文献［30］中给出的鲁棒前馈 ILC 方法。仿真结果如图 15.19 所示。

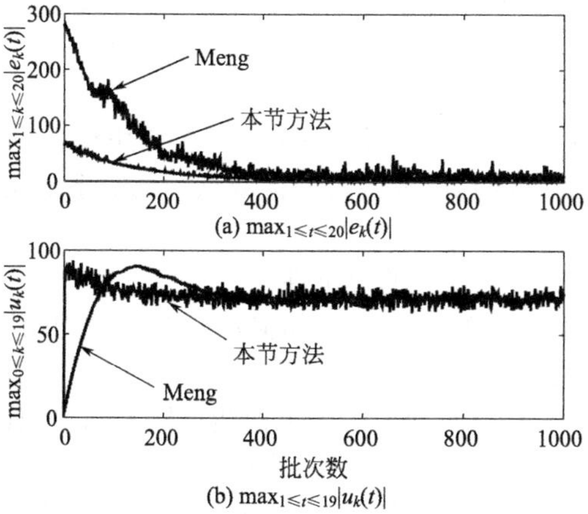

图 15.19 批次跟踪误差和控制输入变化

可以看出，本节方法的跟踪速度以及稳态跟踪误差都有明显的改善，尤其是在初始批次运行阶段。

15.4 本章小结

对于批次生产过程，本章分别给出了基于 IMC 结构的频域 ILC 设计方法，基于 PI 控制器回路的间接型 ILC 方法，以及基于广义 ESO 的间接型 ILC 方法。

针对开环稳定的批次生产过程，为克服工程实践中常见的时滞不确定性，提出一种基于 IMC 结构的 ILC 设计方法。其突出的优点在于可以相对独立地设计 IMC 控制器与 ILC 控制律，前者用于保证闭环系统鲁棒稳定性，后者用于实现批次运行的完全跟踪。为便于实际执行，给出用于初始批次执行 IMC 和后续批次执行 ILC 的统一闭环控制器形式。为克服过程不确定性，建立能保证控制系统鲁棒稳定性以及跟踪误差收敛的控制器整定约束条件。通过调节统一闭环控制器中的单一可调参数，可以实现控制系统跟踪性能和鲁棒稳定性之间的折中。

针对实际工程应用中已有的闭环 PI 控制器系统进行批次运行优化的问题，提出仅实时调节闭环控制系统设定点指令的间接型 ILC 方法。其突出的优点是 ILC 的设计独立于闭环 PI 控制器的整定，即可以不改变已有闭环 PI 控制器的整定。当前批次的输出跟踪误差可以采用 2D 鲁棒 H 无穷控制理论进行优化。为了方便实际工程应用，给出一种能镇定过程时变不确定性的鲁棒 PI 控制器设计方法。此外，通过引入一个沿批次方向的收敛性能指标，可以独立地优化批次方向的收敛性能。

对于存在时变性和批次变化不确定性的开环稳定或不稳定批次过程，提出一种基于广义

ESO 的间接型 ILC 方法。通过配置广义 ESO 和闭环控制系统的期望特征根，确定观测器增益和反馈控制器。然后，采用简单的 P 型 ILC 控制律来修正闭环系统设定点指令，可以实现鲁棒跟踪期望的系统设定点轨迹。通过定量整定单参数学习律，可以实现沿批次方向的最优收敛率。同时，论证给出了控制系统保证稳定性的充分条件，并且阐明当存在过程时变和批次变化不确定性的情况下输出跟踪误差和系统输入的有界性。相对于现有基于传统单位反馈结构和 PI 或 PID 控制器的间接型 ILC 方法，基于广义 ESO 的间接型 ILC 方法由于具有两自由度闭环控制结构，可以显著提高沿时间和批次方向的鲁棒跟踪性能。

习 题

1. 简述什么是迭代学习控制，相比于传统的控制方法，迭代学习控制有什么优点？

2. 解释为什么图 15.1 内虚线框中超前时刻信号可以执行？请写出该图中的 ILC 控制律，说明如何实现完全跟踪期望的系统设定值（或轨迹）。

3. 对于如式(15.2) 所示的被控过程，请说明对于只存在过程增益不确定性的情况，记为 Δk_{p}，基于第 15.1 节介绍的基于 IMC 的 ILC 方法保证控制系统稳定性和沿批次方向收敛的充分条件。

4. 对于例 15.1，如果取统一的闭环控制器参数 $\lambda_{\mathrm{c}}=2$ 和 $k_{\mathrm{c}}=3$，请编写程序给出标称情况下(无过程不确定性和干扰) 的 50 个批次仿真运行结果，并说明控制器参数调大或减小的作用和效果。

5. 简述直接型迭代学习控制与间接型迭代学习控制的区别以及各自的优缺点。说明系统设定点跟踪误差与输出跟踪误差的区别。

6. 说明如图 15.8 所示的间接型 ILC 方案与一个 2D 系统之间的等价性。

7. 如果已整定好如图 15.8 所示的间接型 ILC 方案中的 PI 控制器，如何优化基于该 PI 控制器的间接型 ILC 沿批次方向的收敛率？请写出优化目标函数。

8. 对于例 15.3，如果选取 $\alpha=0.4$ 和 $r=0.5$，请编程计算最优的 H 无穷性能指标 γ_{PI}^{*}，并且整定 PI 控制器参数，通过仿真结果来验证说明能否保证在初始批次内无稳态输出偏差？然后设计 ILC 控制律，利用仿真结果说明在标称情况下运行多少批次可以实现完全跟踪期望输出轨迹？

9. 为什么说第 15.3 节中介绍的基于广义 ESO 的闭环反馈控制结构是一种两自由度控制方案？请写出两自由度控制器的形式，并说明设计方法。

10. 请比较说明对于一个批次生产过程的 2D-FM 系统描述与 2D Roesser 系统描述有何区别？

11. 为什么定理 15.5 给出能保证基于广义 ESO 的间接型 ILC 系统沿批次方向收敛的充分必要条件？请参考文献［30］写出证明过程。

12. 对于例 15.4，如果选取 $\alpha_o=0.5$ 和 $\alpha_c=0.45$，请编程计算观测器增益、反馈控制器参数以及设定点控制器增益，并且根据该批次过程的不确定性界，计算最优的学习增益和收敛率，通过仿真结果来验证说明经过多少批次运行可以实现完全跟踪？

参考文献

［1］ 卢静宜，曹志兴，高福荣. 批次过程控制-回顾与展望. 自动化学报，2017，43（6）：933-943.

［2］ Bovin D，Srinivasan B，Hunkeler D. Control and optimization for batch processes. IEEE Control System Magazine，2006，26（1）：34-45.

［3］ Moore K. L. Iterative learning control for deterministic systems. Springer，London，1993.

［4］ Rogers E.，Galkowski K.，Owens D. H. Control Systems Theory and Applications for Linear Repetitive Processes. Springer：Berlin，2007.

［5］ 孙明轩，黄宝健. 迭代学习控制. 北京：国防工业出版社，1999.

［6］ 王友清，周东华，高福荣，迭代学习控制的二维模型理论及其应用. 北京：科学出版社，2013.

[7] Ahn H.-S., Chen Y.-Q., Moore K. L. Iterative learning control: brief survey and categorization. IEEE Transactions on Systems, Man and Cybernetics, Part C: Applications and Reviews, 2007, 37 (6): 1099-1121.

[8] Wang Y. Q, Gao F., Doyle FJ III. Survey on iterative learning control, repetitive control, and run-to-run control. Journal of Process Control, 2009, 19 (10): 1589-1600.

[9] Lee J. H., Lee K. S., Kim W. C. Model-based iterative learning control with a quadratic criterion for time-varying linear systems. Automatica, 2000, 36 (5): 641-657.

[10] Harte T. J, Hatonen J, Owens D. H. Discrete-time inverse model-based iterative learning control stability, monotonicity and robustness. International Journal of Control, 2005, 78 (8): 577-586.

[11] Shi J, Gao F, Wu T-J. Robust iterative learning control design for batch processes with uncertain perturbations and initialization. AIChE Journal, 2006, 52 (6): 2171-2187.

[12] Wijdeven J, Donkers T, Bosgra O. Iterative learning control for uncertain systems: robust monotonic convergence analysis. Automatica, 2009, 45 (10): 2383-2391.

[13] Xu J.-X., Hu Q., Lee T. H. and Yamamoto S. Iterative learning control with Smith time delay compensator for batch processes. Journal of Process Control, 2001, 11: 321-328.

[14] Tan KK, Zhao S, Huang S, Lee TH, Tay A. A new repetitive control for LTI systems with input delay. Journal of Process Control, 2009, 19 (4): 711-716.

[15] Liu T, Gao F, Wang YQ. IMC-based iterative learning control for batch processes with uncertain time delay. Journal of Process Control, 2010, 20 (2): 173-180.

[16] Hao S. L, Liu T., Gao F. PI based indirect-type iterative learning control for batch processes with time-varying uncertainties: a 2D FM model based approach. Journal of Process Control, 2019, 78: 57-67.

[17] Hao S. L., Liu T., Rogers E. Extended state observer based indirect-type ILC for single-input single-output batch processes with time- and batch-varying uncertainties. Automatica, 2020, 112, 108673.

[18] Morari M. and Zafiriou E. Robust Process Control. Prentice Hall, Englewood Cliffs, New Jersey, 1989.

[19] Zhou K. Doyle J. and Glover K. Robust and Optimal Control. Prentice Hall, Englewood Cliffs, New Jersey, 1995.

[20] Chin I., Qin S. J., Lee K. S., Cho M. A two-stage iterative learning control technique combined with real-time feedback for independent disturbance rejection. Automatica, 2004 40: 1913-1922.

[21] Ge M., Chiu M.-S., Wang Q.-G. Robust PID controller design via LMI approach. Journal of Process Control, 2002, 12 (1): 3-13.

[22] Gu K., Chen J., Kharitonov V. L. Stability of Time-Delay Systems, Birkhauser, 2003.

[23] Xu S., Yang C. Zhou S. Robust H infinity control for uncertain discrete-time systems with circular pole constraints. Systems & Control Letters, 2000, 39 (1): 13-18.

[24] Kaczorek T. Two-dimensional Linear System, Springer-Verlag, Berlin, 1985.

[25] Liu T., Wang Y. A synthetic approach for robust constrained iterative learning control of piecewise affine batch processes. Automatica, 2012, 48 (11): 2762-2775.

[26] Boyd S. Ghaoui L. E., Feron E. Balakrishnan V. Linear Matrix Inequalities in System and Control Theory. SIAM, Philadelphia, PA, 1994.

[27] Wang Y., Liu T., Zhao Z. Advanced PI control with simple learning set-point design: application on batch processes with robust stability analysis. Chemical Engineering Science, 2012, 71 (26): 153-165.

[28] Liu T., Wang X., Chen J. Robust PID based indirect-type iterative learning control for batch processes with time-varying uncertainties. Journal of Process Control, 2014, 24 (12): 95-106.

[29] Shi J. Gao F. Integrated design and structure analysis of robust iterative learning control systems based on a two-dimensional model. Industrial & Engineering Chemistry Research, 2005, 44 (21): 8095-8105.

[30] Meng D., Moore K. Convergence of iterative learning control for SISO nonrepetitive systems subject to iteration-dependent uncertainties. Automatica, 2017, 79: 167-177.

[31] Liu T., Hao S., Li D., Chen W.-H., Wang Q.-G. Predictor-based disturbance rejection control for sampled systems with input delay. IEEE Transactions on Control Systems Technology, 2019, 27 (2): 772-780.

[32] Meng D. Convergence conditions for solving robust iterative learning control problems under nonrepetitive model

uncertainties. IEEE Transactions on Neural Networks and Learning Systems，2019，30 (6)：1908-1919.

[33] Sebastian G.，Tan Y.，Oetomo D. Convergence analysis for feedback-based iterative learning control with input saturation Automatica，2019，101：44-52.

[34] Ahn H.-S.，Moore K. L.，Chen Y.-Q. Iterative learning control：Robustness and monotonic convergence for interval systems. Springer-Verlag. 2007.

附　控制仿真程序

(1) 例 15.1 的控制仿真程序伪代码及图形化编程方框图

行号	编制程序伪代码	注释
1	$T_s=8$	仿真时间(s)
2	CycleNo=60	迭代次数
3	$\theta_m=2$	标称时滞
4	$y_d=\begin{cases}0 & t\leqslant 1\\ 1.5(t-1) & 1<t\leqslant 7\\ 9 & 7<t\leqslant 8\end{cases}$	设定点输入
5	$G(s)=\frac{1}{s+1}e^{-s};G_m(s)=G_{mo}(s)e^{-\theta_m s}=\frac{e^{-\theta_m s}}{s+1}$	被控过程及其模型
6	$\lambda_c=1;k_c=1$	控制器参数
7	$C(s)=\frac{k_c(s+1)}{\lambda_c s+1}$	控制器公式
8	sim('IMCforFOPDTBatchProcess')	调用仿真图形化组件模块系统，如图 15.20 所示
9	$y_1=y;\hat{y}_1=\hat{y};u_1=u$	存储历史数据
10	$y_d;u_{k-1};y_{k-1};\hat{y}_{k-1}$	ILC 输入
11	sim('ILCIMCforFOPDTBatchProcess')	调用仿真图形化组件模块系统，如图 15.21 所示
12	$u_k;y_k;\hat{y}_k$	存储历史数据
13	$plot(t,y_k);plot(t,u_k)$	画系统输出和控制信号图
程序变量	t 为采样控制步长，k 为批次指标，λ_c、k_c 为控制器参数	
程序输入	y_d 为设定点跟踪信号，u_{k-1} 为上一批次控制输入，y_{k-1} 为上一批次过程输出，$\hat{y}_{k-1}$ 为上一批次模型输出	
程序输出	系统输出 y_k，控制器输入 u_k	

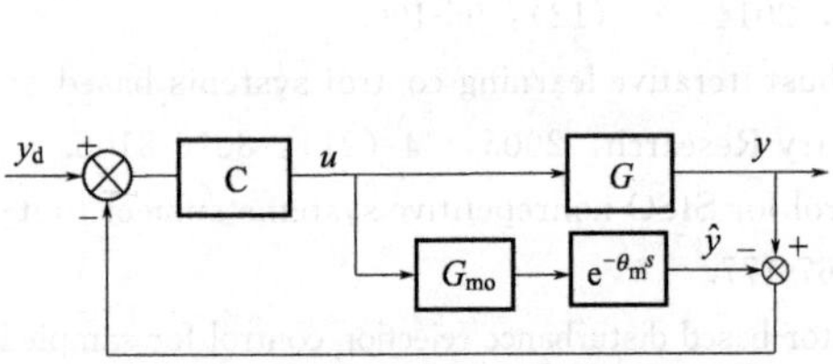

图 15.20　例 15.1 的第一批次 IMC 仿真控制方框图

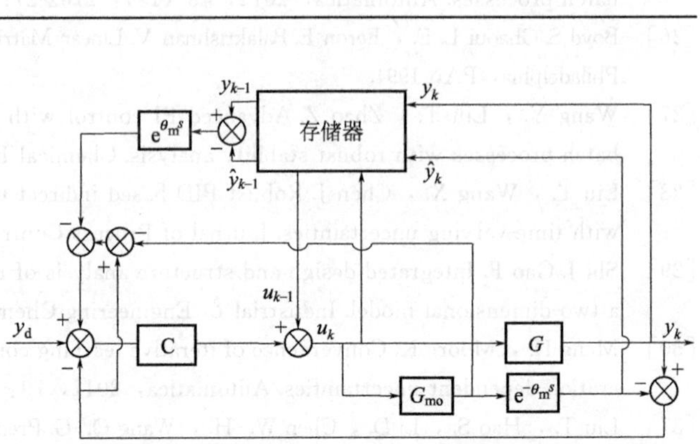

图 15.21　例 15.1 的 ILC 仿真控制方框图

(2) 例 15.3 的控制仿真程序伪代码及图形化编程方框图

行号	编制程序伪代码	注释
1	$T_s=200$	时间步长
2	CycleNo=20	迭代次数
3	$Y_r(t)=\begin{cases}200, & 0\leqslant t\leqslant 100\\ 200+5(t-100), & 100<t\leqslant 120\\ 300, & 120<t\leqslant T_p=200\end{cases}$	设定点输入
4	$K_P=0.6104;K_I=0.0037$	PI 控制器参数
5	$L_1=-0.006;L_2=-2.8726\times 10^{-21};L_3=0.6944$	ILC 控制器参数
6	sim('PIforInjectionMoldingProcess')	调用仿真图形化组件模块系统,如图 15.22 所示
7	$e(t);\sum e(t)$	存储历史数据
8	$Y_r;e_{k-1}(t+1);\sum e_{k-1}^s(t);y_{k-1}^s(t);$ $e_0(t+1)=e(t+1);\sum e_0^s(t)=\sum e(t);y_0^s(t)=Y_r$	ILC 输入
9	sim('ILCPIforInjectionMoldingProcess')	调用仿真图形化组件模块系统,如图 15.23 所示
10	$e_k(t);\sum e_k^s(t);y_k^s(t)$	存储历史数据
11	plot(t,y_k);plot(t,u_k)	画系统输出和控制信号图
程序变量	t 为采样控制步长,k 为批次指标,K_P、K_I 为 PI 控制器参数,L_1,L_2,L_3 为 ILC 控制器参数	
程序输入	Y_r 为设定点跟踪信号,$y_{k-1}^s(t)$为上一批次设定点输入,$e_{k-1}(t+1)$为上一批次超前一个时刻的跟踪误差,$\sum e_{k-1}^s(t)$为上一批次设定点跟踪误差积分	
程序输出	系统输出 y_k,控制器输入 u_k	

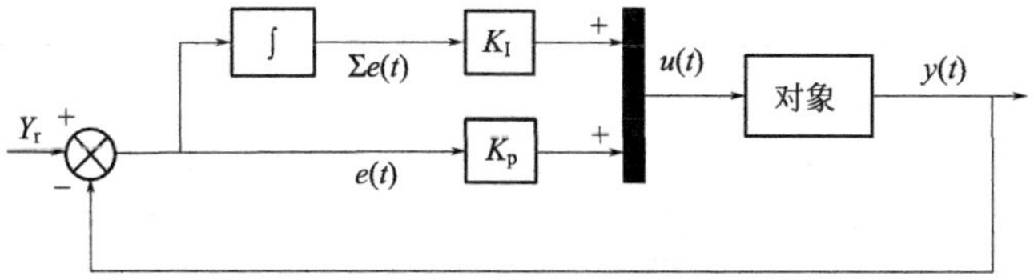

图 15.22 例 15.3 的第一批次 PI 控制仿真方框图

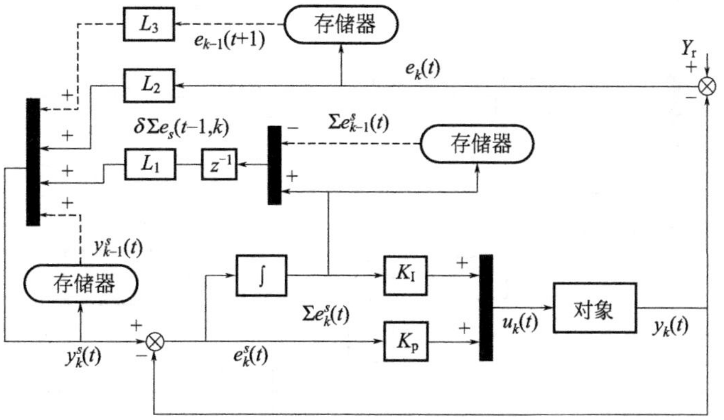

图 15.23 例 15.3 的 ILC 控制仿真方框图

(3) 例 15.4 的控制仿真程序伪代码及图形化编程方框图

行号	编制程序伪代码	注释
1	$T_s=200$	时间步长
2	CycleNo=20	迭代次数
3	$r(t)=\begin{cases}200, & 0\leqslant t\leqslant 100\\ 200+5(t-100), & 100<t\leqslant 120\\ 300, & 120<t\leqslant 200\end{cases}$	期望跟踪轨迹
4	$G_f(z)=(z^{-1}+z^{-2})/(3-z^{-1})$	期望跟踪估计平滑滤波器
5	$\omega_k(t)=10\sin(0.1t)+\delta_{1,k}(t);\delta_{1,k}(t)=\text{rand}(-0.1,0.1)$	扰动信号
6	$\boldsymbol{L}=[1.2570\ \ -1.0144\ \ 0.5353]^{\mathrm{T}}$; $\boldsymbol{K}=[2.1966\ \ 2.2782\ \ 1]$	广义 ESO 增益矩阵与反馈控制矩阵
7	$F=0.8044$	设定点增益
8	$\Gamma=0.8865$	ILC 增益
9	sim('GESOforInjectionMoldingProcess')	调用仿真图形化组件模块系统，如图 15.24 所示
10	$e(t)=r(t)-y(t)$	存储历史数据
11	$r(t);e_{k-1}(t+1);y_{k-1}^s(t);e_0(t+1)=e(t+1)$; $y_0^s(t)=r(t)$	ILC 输入
12	sim('ILCGESOforInjectionMoldingProcess')	调用仿真图形化组件模块系统，如图 15.25 所示
13	$e_k(t);y_k^s(t)$	存储历史数据
14	plot(t,y_k);plot(t,u_k)	画系统输出和控制信号图
程序变量	t 为采样控制步长，k 为批次指标，$\boldsymbol{L}$ 为广义 ESO 增益，$\boldsymbol{K}$ 为闭环反馈控制增益，Γ 为 ILC 控制器增益	
程序输入	$r(t)$为设定点跟踪信号，$y_{k-1}^s(t)$为上一批次设定点输入，$e_{k-1}(t+1)$为上一批次超前一个时刻的跟踪误差	
程序输出	系统输出 y_k，控制器输入 u_k	

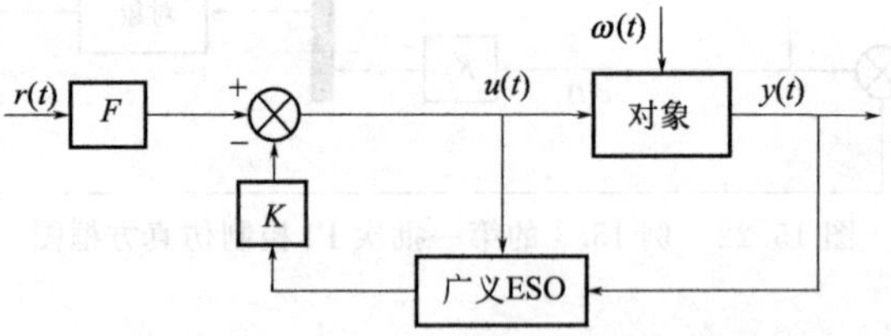

图 15.24　例 15.4 中基于广义 ESO 的控制仿真程序方框图

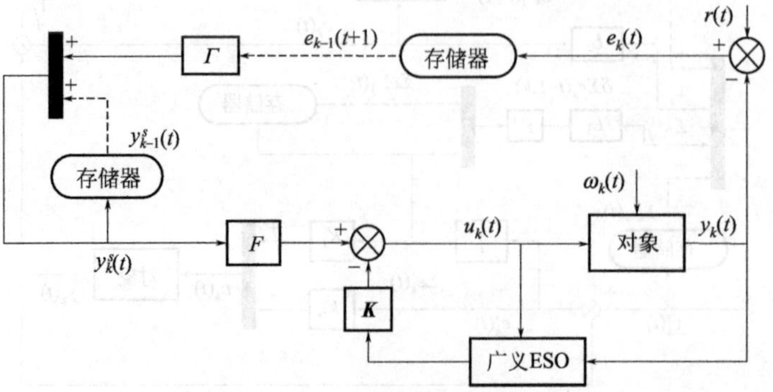

图 15.25　例 15.4 中基于广义 ESO 的间接型 ILC 控制仿真程序方框图

符号表

符号	代表意义	符号	代表意义
$\Re$	实数	z	离散时间算子
$\Re^n$	n 维实数向量	$\exp(P)$	参数 P 的指数
$\Re^{n\times m}$	$n\times m$ 维数实数矩阵	$\lambda_{\min}$	λ 的最小值
$\Re_+$	非负实数域	$\lambda_{\max}$	λ 的最大值
$\mathbb{C}$	复数域	sup	上确界
$\mathbb{Z}_+$	正整数集合	$*$	矩阵的对称元素
P^{-1}	矩阵 P 的逆	$y(t)$	t 时刻的过程输出响应
P^{T}	矩阵 P 的转置	$\Delta y(t)$	输入变化产生的输出增量
$\mathrm{tr}(P)$	矩阵 P 的迹	$\hat{y}(t)$	t 时刻的测量输出响应
$\mathrm{He}(P)$	矩阵 $P+P^{\mathrm{T}}$	$\widehat{y}(t)$	t 时刻的模型响应
$\mathrm{rank}(P)$	矩阵 P 的秩	$\zeta(t)$	t 时刻的测量噪声值
$\det(P)$	矩阵 P 的行列式	$u(t)$	t 时刻的过程输入
$\mathrm{adj}(P)$	矩阵 P 的伴随矩阵	$Y(s)$	输出响应的频域 Laplace 变换
$\Vert P\Vert(\Vert P\Vert_2)$	矩阵 P 范数(欧几里得范数)	$\Delta Y(s)$	$\Delta y(t)$的 Laplace 变换
$\sigma(P)$	矩阵 P 的特征值	$\hat{Y}(s)$	$\hat{y}(t)$的 Laplace 变换
$\rho_{\min}(P)$	对称矩阵 P 的最小特征值	$\xi(s)$	$\zeta(t)$的 Laplace 变换
$\rho_{\max}(P)$	对称矩阵 P 的最大特征值	$U(s)$	过程输入的频域 Laplace 变换
$P>0(\geqslant 0)$	矩阵 P 正定(半正定)	$G(s)$	过程传递函数
$P<0$	矩阵 P 负定	$\widehat{G}(s)$	过程模型的传递函数
$\boldsymbol{I}(\boldsymbol{I}_m)$	适维单位矩阵(m 维数单位矩阵)	$s=\alpha+\mathrm{j}\omega$	Laplace 算子,α 为实部(衰减因子),ω 为虚部(频率)
$\mathbf{0}(\mathbf{0}_{m\times n})$	适维零矩阵($m\times n$ 维零矩阵)	λ	时间尺度因子
$1(k)$	随时刻 k 保持常值为 1 的信号	T_s	采样周期
$\mathbf{I}(p,q)$	区间$[p,q]$上的整数集合,即$\{p,p+1,\cdots,q\}$	t_{set}	阶跃响应上升时间
$\mathbf{I}(T,\infty)$	区间$[T,\infty]$上的整数集合,即$\{T,T+1,\cdots,\infty\}$	t_N	第 N 个采样数据的对应时间
$\mathrm{diag}\{v_1,v_2,\cdots,v_n\}$	以 $v_1,v_2,\cdots,v_n$ 为对角元素的对角矩阵	k_{p}	过程增益
		τ_{p}	过程时间常数
$l_2(0,+\infty)$	无穷平方可和函数空间,即$\{\delta(k)\mid\sum_{k=0}^{\infty}\delta^{\mathrm{T}}(k)\delta(k)<+\infty\}$或者二维有限平方可加函数空间$\{\delta(i,j)\mid\sum_{i=0}^{n}\sum_{j=0}^{m}\delta^{\mathrm{T}}(i,j)\delta(i,j)<+\infty\}$	θ	过程时滞
		$F^{(n)}(s)$	复函数关于 s 的 n 阶导数
		ω_{c}	截止角频率
$E[g]$	矩阵 $\boldsymbol{g}$ 的数学期望	ω_{rc}	参考截止角频率
$\hat{\alpha}$	α 的估计值	σ_{ζ}^2	测量噪声方差

缩写术语表

术语	代表意义	术语	代表意义
ARMAX	带外部输入的自回归移动平均	LTI	线性时不变
ARX	带外部输入的自回归	MIMO	多输入多输出
DOF	自由度	MP	最小相位
DP	扰动响应峰值	MPC	模型预测控制
Err	时域拟合误差	MSE	均方误差
err	频域拟合误差	NMP	非最小相位
FIR	有限脉冲响应	NSR	噪信比
FOPDT	一阶加滞后	P	比例
GM	增益裕量	PI	比例-积分
IAE	绝对误差积分	PID	比例-积分-微分
ILC	迭代学习控制	PM	相位裕量
IMC	内模控制	PRBS	伪随机二进制信号
ISE	平方误差积分	RGA	相对增益阵列
ITAE	时间权绝对误差积分	RLS	递归最小二乘
ITSE	时间权平方误差积分	SISO	单输入单输出
IV	辅助变量	SNR	信噪比
LFT	线性分式变换	SOPDT	二阶加滞后
LHP	左半平面	SVD	奇异值分解
LMI	线性矩阵不等式	TITO	双输入双输出
LS	最小二乘		